이론편

해설이 있는 선형대수학

하 길 찬 지음

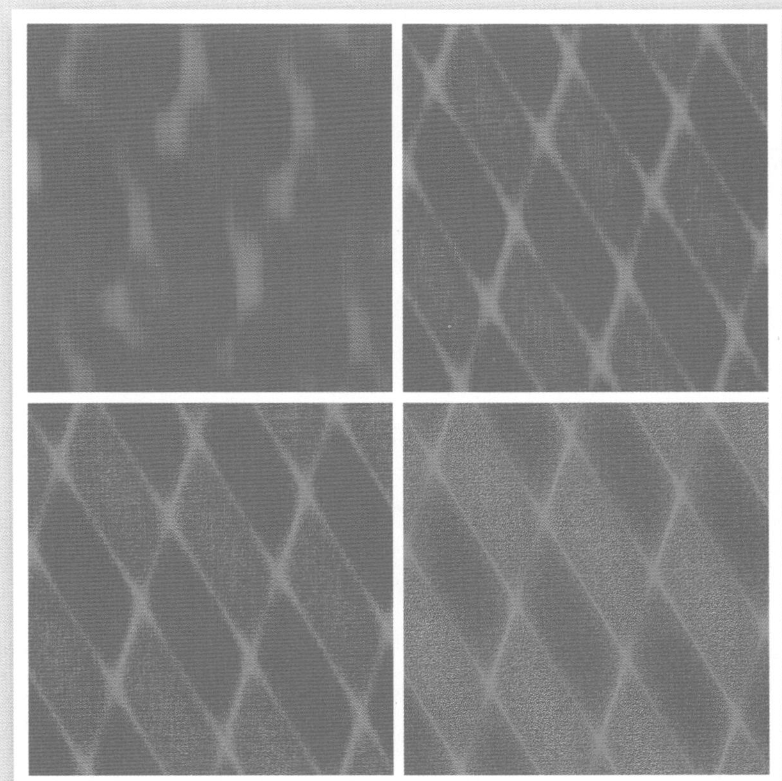

LINEAR ALGEBRA

교우사

지은이 머리말

이 책을 쓴 이유

선형대수학은 보다 깊이 있는 수학을 공부하기 위해 기본적으로 배우는 교과목일 뿐만 아니라, 다양한 분야에서 폭넓게 응용할 수 있는 과목이다. 힘을 대상으로하는 역학은 물론이고, 양자정보이론 등 물리학의 다양한 분야에서 활용된다. 오류정정부호를 포함하여 정보통신의 여러 분야에서도 사용되고, 로봇팔의 관절 움직임을 제어하고 해석하기 위해 로보틱스 분야와 같은 공학에서도 널리 사용된다. 또 최적화와 관련하여 경제학 분야에서 활용되고, 이 책에서도 다루는 특이값 분해는 주성분분석이라는 이름으로 광물학, 심리학, 빅데이터 분석에서도 중요하게 이용된다.

이런 이유로 수학과 학생 뿐만 아니라 다양한 전공분야의 학생들이 선형대수학을 공부하려 하지만, 기본적으로 추상적인 개념을 대상으로 논리적인 이론을 전개해가는 선형대수학은 고등학교까지 계산을 통해 답을 구하는 문제 풀이에 익숙해진 학생들에게는 어렵게 느껴지는 과목이기도 하다. 학생들의 이런 어려움을 덜어주기 위해서인지 많은 선형대수학 교재는 개념을 소개한 다음 이를 확인하는 간단한 계산 위주의 예제들로 구성되어 있고, 다소 어렵게 여겨지는 명제의 경우에는 증명없이 기술하기도 한다. 하지만, 다양한 분야에서 선형대수학을 활용하기 위해서는 선형대수학에서 공부하는 여러 개념을 숙지하고 이를 논리적으로 적용하는 훈련을 통해 주어진 현상이나 문제를 선형대수학 관점에서 모델링하고 해석하는 능력을 길러야 하는데, 단순히 계산 문제를 풀어보는 정도로는 이런 능력을 키우는 것이 쉽지 않다. 오히려, 프로그래밍 언어를 이용하여 계산문제를 해결하는 코드를 작성한다거나 MATLAB, Maple, Mathematica와 같은 상용프로그램 또는 Sage와 같은 무료 소프트웨어를 이용하여 컴퓨터로 계산하는 능력을 키우는 것이 필요하고, 선형대수학을 공부할 때는 보다 논리적으로 사고하는 연습에 집중하는 것이 더 중요하다고 생각된다.

이 책은 십수 년 동안 선형대수학을 강의한 경험을 바탕으로 저술되었다. 이미 충분히 많은 선형대수학 교재들이 출간되어 있는 상황에서 또 한 권의 책을 보태는 이유는 좀 더 논리적으로 사고하고 연습하여 다양한 분야에 응용하기를 원하는 이들에게 도움을 주기 위해서이다.

이 책의 구성과 특징

이런 목표에 도달하기 위해 여러 부분에서 기존의 교재와 다른 체계와 접근 방법으로 서술하였다. 우선, 이 책은 논리적으로 사고하는 훈련이 충분히 되지 않는 독자를 가정하고 있으므로, 지나칠 정도로 상세하게 설명하였다. 따라서, 수업교재가 아닌 혼자서 공부할 목적으로 사용하여도 큰 어려움이 없을 것이다. 각 장은 여러 개의 절과 소절로 이루어져 있는데, 각 절의 앞에 [**미리 보기**]를 두어 해당 절에서 공부할 내용을 간단한 예를 통해 설명하였다. 따라서 [미리 보기]를 먼저 읽고 나면 그 절에서 공부할 핵심 내용이 무엇인지 쉽게 파악할 수 있고, 본문을 통해 [미리 보기]의 내용을 일반화시키거나 논리적으로 설명하는 형태가 되도록 구성하였다. 한편, 연습문제는 단순한 계산 문제보다는 학습한 개념을 이해하고 논리적으로 사고하는데 도움이 되는 문제들로 구성하였으며, 단원 마지막에 문제를 모으는 대신 예제를 공부한 다음에 관련된 문제를 배치하여 학습 효과를 높일 수 있도록 하였다. 또, 각 명제에는 적절한 소제목이 붙어 있어서 '찾아보기'를 통해 쉽게 찾을 수 있게 하였다.

내용 측면에서 이 책은 조르당 분해, 특이값 분해 등 학부 선형대수학에서 다루는 거의 모든 내용을 포함시켰고, 관련된 응용을 다루었다. 응용으로 다룬 선형 미분방정식에서 초기 조건이 주어진 미분방정식의 해가 유일하게 존재한다는 명제의 증명은 다루지 않았으나, 그 외 모든 명제에 대한 증명을 포함시켰다. 경우에 따라 간결하고 멋진 증명보다는 선행 지식이 없더라도 이 책을 차근차근 공부하면 이해할 수 있는 증명을 택하였다.

전체적인 구성은 1장에서 직관적으로 이해하기 쉬운 $\mathbb{R}^2$와 $\mathbb{R}^3$ 벡터공간을 다루고, 2장과 3장에서 행렬과 행렬식에 관련된 내용을 다룬다. 4장에서 실수 상에서 정의된 일반적인 벡터공간과 내적공간에 대해 공부한 다음, 5장에서는 복소수 상에서 정의된 (내적) 벡터공간을 다룬다. 6장에서 벡터공간 사이의 선형사상에 대해 설명하고, 벡터공간의 기저를 선택할 때 행렬로 표현할 수 있음에 대해 공부한다. 이 과정에서 동일한 선형사상을 서로 다른 기저에 대해 행렬로 표현할 때 두 행렬의 관계가 무엇인지 알게 되는데, 이를 이용하여 행렬의 대각화가 무엇을 의미하는지를 7장에서 자연스럽게 설명하였다. 행렬의 대각화를 활용할 수 있는 몇 가지 응용 분야를 살펴보고, 대각화가 되지 않는 행렬의 경우에도 항상 적용할 수 있는 조르당 분해와 특이값 분해를 각각 8장과 9장에서 다룬다. 이 책에서 다루는 세부적인 내용은 차례를 참고하면 쉽게 파악할 수 있다.

또, 이 책에서는 대부분의 교재와 다른 접근 방법으로 서술된 부분들도 있다. 예를 들어, 행렬의 곱셈을 단순히 정의하는데 그치지 않고 네 가지 방법으로 해석하고 적용하는 방식으로 설명하였고, 삼차원 벡터공간 $\mathbb{R}^3$에서 외적을 정의할 때, 보다 직관적이고 기하학적인 해석이 가능한 정의를 선택하였다. 행렬의 행렬식도 실제 계산이나 응용에 도움이 되는 추상적인 정의를 선택하였다. 선형사상이나 행렬의 최소다항식을 구하는 방법도 세련되지는 않지만, 기본적이고 이해하기 쉬운 방식으로 설명하였다. 물론 이런 경우 논리적인 설명 과정을 통해 다른 교재에 기술되어 있는 정의와 동일한 정의가 됨을 보였다. 또, 다른 한글 교재에서는 보통 다루지 않는 특이값 분해와 그 응용을 포함시켜 선형대수학을 공부하려는 다양한 동기를 충족시킬 수 있도록 하였다. 한 가지 아쉬운 점은 책의 분량으로 인해 양자정보이론 등에서 중요하게 사용되는 텐서곱에 대한 내용을 포함시키 못한 것과 다양한 응용 분야를 좀 더 다루지 못한 것이다.

이 책으로 공부하는 분들께

이 책을 공부하기 위해 먼저 공부해야 하는 부분은 없다. 논리적인 측면에서만 본다면, 이 책을 처음부터 차근차근 공부한다면 고등학생도 충분히 이해할 수 있다. 다만, 예제를 이해하고 문제를 풀기 위해서는 고등학교에서 배운 미적분이나, 대학 일학년 때 배우는 미적분이 필요한 경우도 있다.

문제를 풀 때는 한 문제를 풀더라도 충분한 시간을 들여 스스로 고민하는 과정을 거쳐야 한다는 것은 당연한 말이다. 하지만, 선형대수학은 추상적인 개념을 처음으로 다루는 과목 중 하나라는 점에서, 많은 독자들의 경우에는 풀이를 읽고 이해하는 단계도 필요하다는 것을 인정하지 않을 수 없다. 이런 이유로 이 책의 문제 풀이에 대한 해설과 참고사항을 별도의 책 '해설이 있는 선형대수학 - 문제해설편' 으로 만들었으므로 필요에 따라 학습에 도움이 될 수 있을 것이다.

이 책으로 가르치는 분들께

이 책의 개략적인 흐름이나 각 장과 절 사이의 상관관계는 차례의 세부 항목을 보면 쉽게 파악할 수 있다. 일 년 동안 가르치는 경우라면 [좀 더 알아보기] 로 표시되어 있는 부분 중 일부를 제외하고 가르칠 때 모든 내용을 포함시키는데 무리가 없을 것이다.

참고로 이 책에서는 $\mathbb{R}^n$ 의 벡터는 행벡터 $(1 \times n$ 행렬$)$ 로 이해하고, 열벡터로 이해할 필요가 있을 때는 $\mathcal{M}_{n,1}(\mathbb{R})$ 로 구분하였다.

고마운 분들께

이 책은 그 동안 지은이가 강의했던 경험과 강의록을 토대로 한 것이기 때문에, 우선 선형대수학 강의를 수강했던 학생들에게 감사의 뜻을 표한다. 특히, 2014년과 2015년에 선형대수학을 수강한 수학통계학부 학생들은 이 책의 초고를 통해 공부하면서 오타를 수정하고 많은 질문을 통해 책의 완성도를 높이는 데 도움을 주었고, 선형대수학 조교를 맡은 고려대학교 수학교육학과 대학원생 이상준 군도 교정에 도움을 주었다. 또, 서울대학교 수학과 박사과정 김명재 군은 초고의 교정 뿐만 아니라 세심하게 문제를 풀어보며 오류가 없는지 확인해 주었다. 깊은 감사를 표한다.

2015년 9월 26일 추석을 앞두고

하길찬

차 례

CHAPTER **1**

벡터 첫걸음

우리가 일상적으로 접하게 되는 물리적인 양 중에는 길이, 넓이, 질량, 온도와 같이 그 양의 크기만으로 완전히 나타낼 수 있는 스칼라와 힘이나 속도와 같이 크기 뿐만 아니라 작용하는 방향까지 고려해야만 표현할 수 있는 벡터가 있다. 이 절에서는 좌표평면과 좌표공간에서 정의되는 벡터에 대해 간략하게 알아본다.

1.1 $\mathbb{R}^2$ 와 $\mathbb{R}^3$ 의 벡터

[미리보기] 평면과 공간에서 벡터를 생각할 때는 화살표를 이용하여 나타낼 수 있다. 즉, 벡터의 크기는 화살표의 길이로 나타내고, 벡터의 방향은 화살이 향하는 방향으로 표현할 수 있다. 벡터는 크기와 방향에 의해 완전히 결정된다. 따라서, 좌표평면이나 좌표공간에서 벡터를 나타낼 때는 화살표의 시작점을 원점으로 잡아서 끝점에 해당되는 한 점만으로 벡터를 표현할 수 있다.

평면이나 공간에서 벡터

평면이나 공간에서 벡터는 크기와 방향을 가진 화살표로 생각한다. 아래 [그림 1.1] 에서 화살표의 길이는 벡터의 크기를 나타내고, A 에서 B 로 향하는 화살의 방향은 벡터의 방향을 나타낸다.

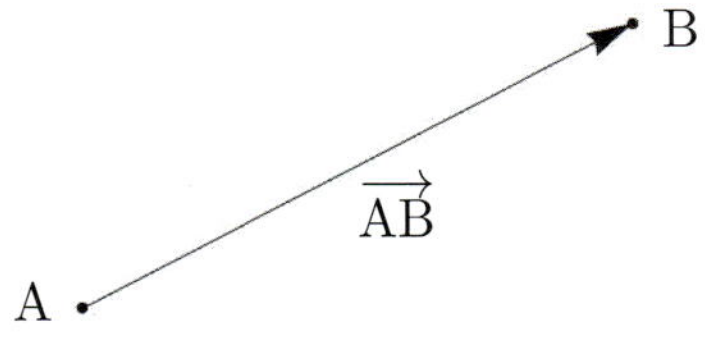

그림 1.1: 화살표로 나타낸 벡터

스칼라를 나타내는 활자체 $a, b, \cdots$ 와 구분하기 위해서, 벡터를 $\vec{a}, \vec{b}, \cdots$ 와 같이 나타내기도 하지만, 이 책에서는 $\mathbf{a}, \mathbf{b}, \cdots$ 와 같이 굵은 활자체로 나타내기로 한다. [그림 1.1] 에서처럼 두 점을 잇는 화살표로 표현한 벡터 $\mathbf{v}$ 의 시작점과 끝점을 표시할 필요가 있을 때는 $\overrightarrow{AB}$ 와 같이 나타낸다.

벡터는 크기와 방향에 의해 완전히 결정되므로, [그림 1.2]에서 벡터 $\mathbf{v}_1$, $\mathbf{v}_2$, $\mathbf{v}_3$는 모두 같은 벡터를 나타낸다.[1)] 두 벡터 $\mathbf{v}_1$과 $\mathbf{v}_2$가 같은 벡터일 때, $\mathbf{v}_1 = \mathbf{v}_2$라고 쓴다.

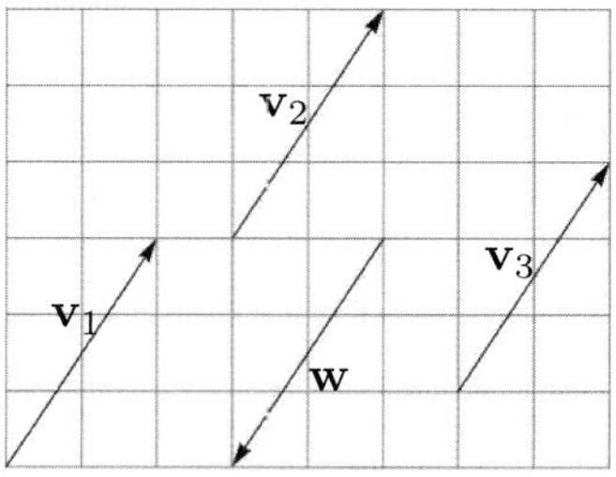

그림 1.2: 같은 벡터

또, [그림 1.2]에서 벡터 $\mathbf{w}$는 벡터 $\mathbf{v}_1$가 크기는 같지만, 방향이 반대이므로 서로 다른 벡터이다. 이처럼 서로 다른 벡터를 $\mathbf{v}_1 \neq \mathbf{w}$로 나타낸다. [2)]

좌표평면이나 좌표공간에서 벡터를 쉽게 나타내는 방법을 생각해보자. 각 벡터를 평행이동시키면 항상 시작점이 원점인 것으로 생각할 수 있으므로, 끝점에 해당되는 점의 좌표로 이 벡터를 나타낼 수 있다. 예를 들어, 좌표평면에서 시작점이 $\mathrm{A}\,(a_1, a_2)$이고 끝점이 $\mathrm{B}\,(b_1, b_2)$인 벡터 $\mathbf{v}$를 평행이동하여 원점이 시작점이 되도록 만들면, 끝점의 좌표는 $(b_1 - a_1, b_2 - a_2)$가 된다. 벡터 $\mathbf{v}$는 이 점에 의해서 완전히 결정되므로, $\mathbf{v} = (b_1 - a_1, b_2 - a_2)$와 같이 끝점의 좌표로 벡터를 나타낼 수 있다.[3)]

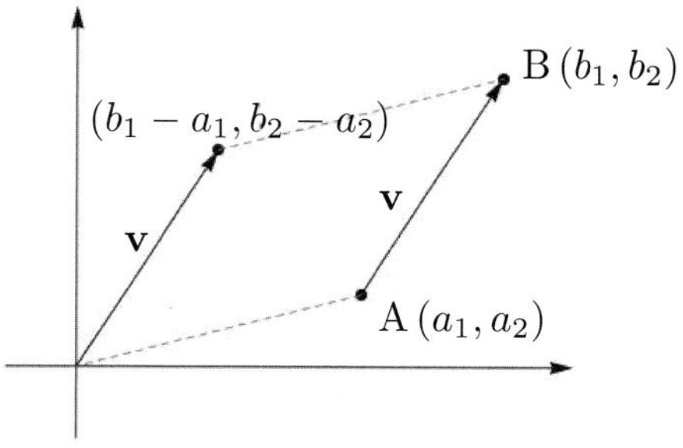

그림 1.3: 좌표평면의 점을 벡터로 이해

마찬가지로, 좌표공간 $\mathbb{R}^3$의 한 점 $\mathrm{A}\,(a_1, a_2, a_3)$에 대해 벡터 $\mathbf{v} = (a_1, a_2, a_3)$라고 표현하면, 시작점이 원점 $\mathrm{O}\,(0,0,0)$이고 끝점이 (a_1, a_2, a_3)인 벡터 $\mathbf{v}$를 의미한다.

1) 화살표를 평행이동시켜 완전히 일치하는 경우 각 화살표는 모두 같은 벡터를 나타낸다.

2) $\mathbf{v}_1$과 $\mathbf{w}$는 서로 다른 벡터이지만, 평행한 벡터이다.

3) (a_1, a_2)가 단순히 $\mathbb{R}^2$의 점의 좌표를 의미하는지, 시작점이 원점이고 끝점의 좌표가 (a_1, a_2)인 벡터를 의미하는지는 상황에 따라 해석할 수 있다.

앞으로 $\mathbf{v} = (a_1, a_2)$ 와 같이 쓰면, $\mathbb{R}^2$ 에서 시작점이 $(0,0)$ 이고, 끝점이 (a_1, a_2) 인 벡터 $\mathbf{v}$ 를 의미한다. $\mathbb{R}^3$ 의 경우도 마찬가지이다.

벡터의 크기와 단위벡터

이처럼, 좌표평면에서 벡터 $\mathbf{v}$를 끝점의 좌표 (a_1, a_2)로 나타낼 때, 벡터의 크기는 원점에서 끝점에 이르는 거리 $\sqrt{a_1^2 + a_2^2}$ 으로 정의하고,

$$\|\mathbf{v}\| = \sqrt{a_1^2 + a_2^2}$$

과 같이 나타낸다. 이때, 벡터 $\mathbf{v}$에 대해 벡터의 크기 $\|\mathbf{v}\|$를 대응시키는 함수 $\|\cdot\|$를 벡터의 **노름**이라고 한다. 같은 방법으로 좌표공간의 벡터 $\mathbf{v} = (a_1, a_2, a_3)$ 의 크기는

$$\|\mathbf{v}\| = \sqrt{a_1^2 + a_2^2 + a_3^2}$$

이 된다.

크기가 1 인 벡터를 **단위벡터**라 부른다. 특히, 좌표평면이나 좌표공간에서 좌표축 방향의 단위벡터를 **표준단위벡터**라 하고, 다음과 같이 $\mathbf{e}_i$ 를 써서 나타낸다.

$\mathbb{R}^2$ 의 표준단위벡터 : $\mathbf{e}_1 = (1,0),\ \mathbf{e}_2 = (0,1),$

$\mathbb{R}^3$ 의 표준단위벡터 : $\mathbf{e}_1 = (1,0,0),\ \mathbf{e}_2 = (0,1,0),\ \mathbf{e}_3 = (0,0,1).$

한편, 크기가 0 인 벡터를 **영벡터**라 하고, $\mathbf{0}$ 으로 나타낸다. $\mathbb{R}^2$ 의 영벡터는 $\mathbf{0} = (0,0)$ 이고, $\mathbb{R}^3$ 의 영벡터는 $\mathbf{0} = (0,0,0)$ 이다. 또, 벡터 $\mathbf{v}$와 크기는 같고 방향이 반대인 벡터를 $-\mathbf{v}$ 로 나타낸다. 따라서, $\mathbf{v} = (a_1, a_2)$ 이면 $-\mathbf{v} = (-a_1, -a_2)$ 이다.

예제 1.1.1. 좌표공간의 네 점 $\mathrm{A}_1(1,1,0)$, $\mathrm{A}_2(2,3,0)$, $\mathrm{A}_3(0,0,1)$, $\mathrm{A}_4(1,2,1)$ 중 두 점을 선택하여 정할 수 있는 크기가 0이 아닌 벡터를 모두 구하고, 각 벡터를 $\mathbb{R}^3$ 의 좌표를 이용하여 나타내시오. 또, 이 결과를 이용하여 네 점이 한 평면 위에 놓여 있음을 보이시오.

풀이 : 서로 다른 두 점 A_i, A_j 에 대해, 벡터 $\overrightarrow{\mathrm{A}_i\mathrm{A}_j}$ 의 시작점이 원점이 되도록 평행이동하고 끝점의 좌표를 구하면 된다. 즉, A_j 좌표의 x 성분에서 A_i 좌표의 x 성분을 빼고, y, z 성분에 대해서도 동일한 방법으로 빼면 된다.

아래 표는 1 열의 점을 시작점, 1 행의 점을 끝점으로 하는 벡터를 나타낸 결과이다.[4)]

	A_1	A_2	A_3	A_4
A_1	$(0,0,0)$	$(1,2,0)$	$(-1,-1,1)$	$(0,1,1)$
A_2	$(-1,-2,0)$	$(0,0,0)$	$(-2,-3,1)$	$(-1,-1,1)$
A_3	$(1,1,-1)$	$(2,3,-1)$	$(0,0,0)$	$(1,2,0)$
A_4	$(0,-1,-1)$	$(1,1,-1)$	$(-1,-2,0)$	$(0,0,0)$

4) 대각선을 기준으로 서로 대칭되는 위치는 시작점과 끝점이 뒤바뀐 벡터이므로 방향이 반대인 벡터가 된다.

따라서, 서로 다른 벡터는 아래와 같이 8개이다.

$$(0,1,1),\ (1,1,-1),\ (1,2,0),\ (2,3,-1),\ (0,-1,-1),\ (-1,-1,1),\ (-1,-2,0),\ (-2,-3,1).$$

한편, 위 결과에서 $\overrightarrow{A_1A_2} = \overrightarrow{A_3A_4}$ 이므로, 두 점 A_1과 A_2를 지나는 직선과 두 점 A_3과 A_4를 지나는 직선은 공간에서 평행한 두 직선이 되어 네 점이 한 평면 위에 놓여있음을 알 수 있다. 또, $\overrightarrow{A_1A_3} = \overrightarrow{A_2A_4}$ 이므로, 네 점은 한 평면 위에서 평행사변형의 꼭짓점이 된다. □

문제 1.1.1. 정육각형의 꼭짓점 중 서로 다른 두 점을 선택하여 만들 수 있는 벡터는 모두 몇 개인가?

문제 1.1.2. 좌표평면에서 한 변의 길이가 1인 정사각형의 무게중심이 원점에 위치하도록 놓여있다. 이 정사각형의 두 꼭짓점을 시작점과 끝점으로 하는 한 벡터가 $\mathbf{v} = (0, \sqrt{2})$ 일 때, 정사각형의 네 점의 좌표를 모두 구하시오.

1.2 벡터의 연산

[미리보기] [그림 1.4]에서 보듯이 두 사람이 동일한 방향으로 같은 세기의 힘[5)]으로 당기면, 한 사람이 당기는 것보다 두 배의 힘을 작용시킨 것으로 생각할 수 있다. 또, 서로 다른 방향으로 다른 세기의 힘으로 당기면, 좀 더 센 힘이 작용하는 쪽으로 치우쳐서 움직이게 된다.

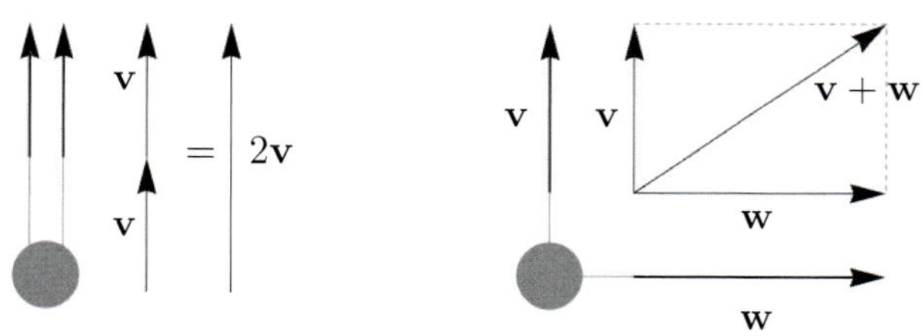

그림 1.4: 벡터의 합

벡터의 덧셈

이처럼 두 힘을 더하면 새로운 힘이 생기는데, 일반적으로 두 개의 벡터를 더하는 것을 벡터의 덧셈이라 하고, 그 결과 만들어진 벡터를 벡터의 합이라 한다.

실제로, $\mathbb{R}^2$의 두 벡터 $\mathbf{a} = (a_1, a_2)$와 $\mathbf{b} = (b_1, b_2)$를 더하여 만든 벡터의 합을 $\mathbf{a} + \mathbf{b}$로 나타내고, 다음과 같이 정의한다.

$$\mathbf{a} + \mathbf{b} = (a_1 + b_1, a_2 + b_2)$$

5) 결과적으로 같은 힘(벡터 $\mathbf{v}$)이 두 개 작용하는 것으로 볼 수 있다.

$\mathbb{R}^3$의 두 벡터 $\mathbf{a} = (a_1, a_2, a_3)$와 $\mathbf{b} = (b_1, b_2, b_3)$에 대해서도 같은 방법으로

$$\mathbf{a} + \mathbf{b} = (a_1 + b_1, a_2 + b_2, a_3 + b_3)$$

로 정의한다.

벡터의 덧셈은 [그림 1.5]와 같이 벡터 $\mathbf{a}$의 끝점에 벡터 $\mathbf{b}$의 시작점을 일치시켜 구할 수도 있고, 두 벡터의 방향이 다를 때는 평행사변형을 이용하여 구할 수도 있다.

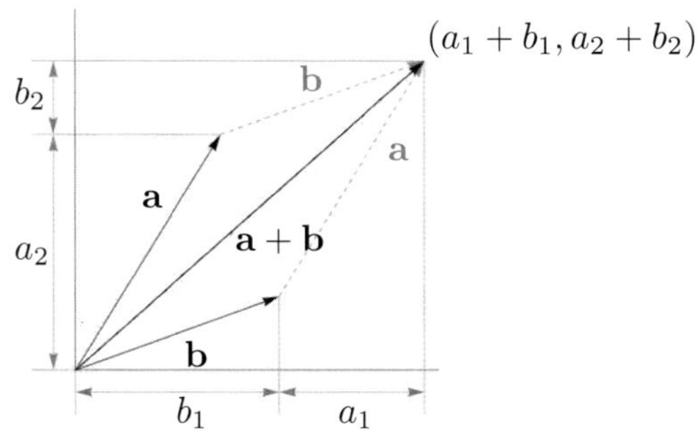

그림 1.5: 좌표평면에서 벡터의 덧셈

벡터의 덧셈에 대해 교환법칙과 결합법칙이 성립하고, 임의의 벡터 $\mathbf{a}$에 대해 $\mathbf{0} + \mathbf{a} = \mathbf{a}$가 성립함을 쉽게 확인할 수 있다.

$$\mathbf{a} + \mathbf{b} = \mathbf{b} + \mathbf{a}, \quad (\mathbf{a} + \mathbf{b}) + \mathbf{c} = \mathbf{a} + (\mathbf{b} + \mathbf{c}).$$

벡터의 상수배

평면에서 같은 벡터 $\mathbf{a} = (a_1, a_2)$끼리 더하면, 방향은 같고 크기가 2배인 벡터 $(2a_1, 2a_2)$가 되는데, 이를 $2\mathbf{a}$로 나타낸다. 이를 일반화시켜 벡터 $\mathbf{a}$의 크기를 $k\,(k > 0)$배한 벡터를 $k\,\mathbf{a} = (ka_1, ka_2)$로 나타낸다.

$k = 0$일 때는 $(0 \cdot a_1, 0 \cdot a_2) = (0, 0)$이 되어 영벡터 $\mathbf{0}$가 되므로, $0\,\mathbf{a} = \mathbf{0}$으로 생각할 수 있다.

한편, $-\mathbf{a}$는 $\mathbf{a}$와 방향이 반대인 벡터를 나타내므로 $-\mathbf{a} = (-a_1, -a_2)$이고, $(-1)\mathbf{a} = -\mathbf{a}$로 이해할 수 있다. 따라서, $k > 0$에 대해, $(-k)\,\mathbf{a} = k \cdot (-1)\mathbf{a} = k(-\mathbf{a})$가 되어, $\mathbf{a}$에 $-k\,(k > 0)$배하는 것은 $\mathbf{a}$와 방향은 반대이고 크기는 k배인 벡터를 만드는 것으로 생각할 수 있다.

이런 의미를 염두에 두고 실수 k와 벡터 $\mathbf{a} = (a_1, a_2)$ 또는 $\mathbf{a} = (a_1, a_2, a_3)$에 대해 벡터의 상수배를 다음과 같이 정의하고, 한 벡터가 다른 벡터의 상수배로 표현될 때 두 벡터가 평행하다고 말한다.

$$k\,\mathbf{a} = k(a_1, a_2) := (ka_1, ka_2), \quad k\,\mathbf{a} = k(a_1, a_2, a_3) := (ka_1, ka_2, ka_3).$$

이때, 임의의 실수 k, ℓ과 $\mathbf{a}$에 대해 $(k\ell)\mathbf{a} = k(\ell\mathbf{a})$가 성립하고, 다음과 같이 벡터의 덧셈에 대해 분배법칙이 성립한다.

$$(k+\ell)\mathbf{a} = k\,\mathbf{a} + \ell\,\mathbf{a}, \quad k\,(\mathbf{a}+\mathbf{b}) = k\,\mathbf{a} + k\,\mathbf{b}.$$

벡터의 뺄셈

이제 벡터의 덧셈과 상수배를 이용하면, 다음과 같이 벡터의 뺄셈을 정의할 수 있다.

$$\mathbf{a} - \mathbf{b} := \mathbf{a} + (-\mathbf{b}).$$

따라서, 두 벡터 $\mathbf{a} = (a_1, a_2, a_3)$와 $\mathbf{b} = (b_1, b_2, b_3)$에 대해 다음이 성립한다.

$$\mathbf{a}-\mathbf{b} = (a_1,a_2,a_3)-(b_1,b_2,b_3) = (a_1,a_2,a_3)+(-b_1,-b_2,-b_3) = (a_1-b_1, a_2-b_2, a_3-b_3).$$

이때, 얻어진 벡터 $\mathbf{a}-\mathbf{b}$를 두 벡터의 차라 한다. 두 벡터의 차 $\mathbf{a}-\mathbf{b}$는 [그림 1.6]에서 보듯이 $\mathbf{b}$의 종점을 시작점으로하고 $\mathbf{a}$의 종점을 종점으로 하는 벡터이다. [6)]

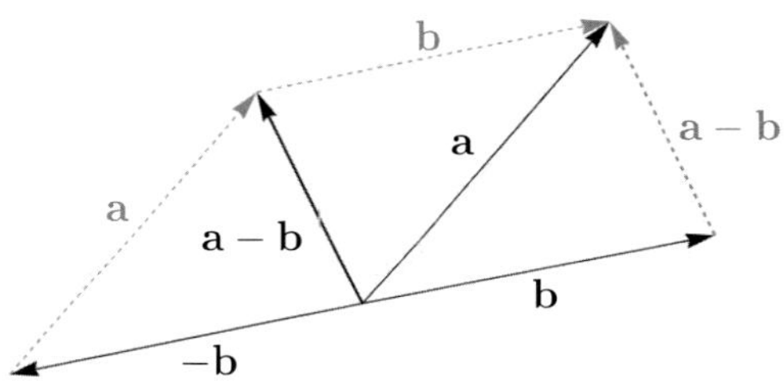

그림 1.6: 좌표평면에서 벡터의 뺄셈

벡터의 선형결합

결론적으로 주어진 벡터로부터 새로운 벡터를 만드는 방법은 한 벡터에 상수를 곱하거나, 두 벡터를 더하여 벡터합을 구하는 것이다. 즉, $\mathbb{R}^3$의 세 벡터 $\mathbf{a}$, $\mathbf{b}$, $\mathbf{c}$가 주어질 때, 이 벡터를 이용하여 만들 수 있는 새로운 벡터의 일반적인 형태는, 임의의 실수 a, b, $c \in \mathbb{R}$에 대해서

$$\mathbf{v} = a\,\mathbf{a} + b\,\mathbf{b} + c\,\mathbf{c} \tag{1.1}$$

꼴이다. 이때 식 (1.1)의 우변에서 상수배와 벡터의 합으로 표시된 형태를 벡터 $\mathbf{a}$, $\mathbf{b}$, $\mathbf{c}$의 선형결합 또는 일차결합이라 부르고, 벡터 $\mathbf{v}$는 벡터 $\mathbf{a}$, $\mathbf{b}$, $\mathbf{c}$로부터 생성되었다고 한다.[7)] 예를 들어, $\mathbb{R}^3$의 한 벡터 $\mathbf{a}$로부터 생성되는 벡터들을 집합은 $\{t\mathbf{a} : t \in \mathbb{R}\}$가 되고, 이는 벡터의 끝점만을 생각할 때 좌표공간에서 원점을 지나는 직선이 된다.

6) [그림 1.6]의 $\mathbf{b} + (-\mathbf{b}) = \mathbf{b} - \mathbf{b} = \mathbf{0}$에서 양 쪽의 힘이 팽팽하여 움직임이 없는 줄다리기를 연상할 수 있다.

7) 벡터 $\mathbf{a}$, $\mathbf{b}$, $\mathbf{c}$가 벡터 $\mathbf{v}$를 생성한다고도 말한다.

예제 1.2.1. 좌표평면에서 임의의 벡터 (x, y)는 표준단위벡터로부터 생성됨을 보이시오.

풀이 : 벡터의 덧셈으로부터 $(x, y) = (x, 0) + (0, y)$이고, 벡터의 상수배로부터 $(x, 0) = x(1, 0)$이고 $(0, y) = y(0, 1)$이다. 따라서, $(x, y) = x\,\mathbf{e}_1 + y\,\mathbf{e}_2$이다. □

예제 1.2.2. 좌표평면에서 두 벡터 $(1, -1)$과 $(2, 1)$는 $\mathbb{R}^2$의 모든 벡터를 생성할 수 있음을 보이시오.

풀이 : $\mathbb{R}^2$의 각 벡터는 실수 x, y에 대해 (x, y)이다. 따라서, $(x, y) = t(1, -1) + s(2, 1)$을 만족하는 실수 s, t를 구하면 된다. 두 벡터가 같다는 것은 좌표의 각 성분이 같다는 뜻이므로, s, t에 대한 다음 연립일차방정식을 풀어 해를 구하면 된다.

$$\begin{cases} t + 2s = x \\ -t + s = y \end{cases} \iff t = \frac{x - 2y}{3}, \quad s = \frac{x + y}{3}$$ □

문제 1.2.1. 두 벡터 $\mathbf{a} = (1, -1)$, $\mathbf{b} = (2, 1)$에 대해, 다음 벡터들의 집합을 $\mathbb{R}^2$ 평면에서 그림으로 나타내시오.

(가) $s\,\mathbf{a} + t\,\mathbf{b}$ (단, $0 \le s \le 1, 0 \le t \le 1$)

(나) $s\,\mathbf{a} + t\,\mathbf{b}$ (단, $0 \le s \le 1, 0 \le t \le 1, s + t = 1$)

문제 1.2.2. 실수 r에 따라, 두 벡터 $a = (1, 2)$, $b = (2, r)$가 생성하는 벡터들의 집합을 구하시오.

벡터의 크기

주어진 벡터로부터 새로운 벡터를 생성하는 방법은 상수배를 하는 방법과 더하는 방법이 있음을 알았다. 이렇게 생성된 벡터의 크기에 대해 알아보자.

벡터 (ka_1, ka_2, ka_3)의 크기는

$$\sqrt{(ka_1)^2 + (ka_2)^2 + (ka_3)^2} = \sqrt{k^2(a_1^2 + a_2^2 + a_3^2)} = |k|\sqrt{a_1^2 + a_2^2 + a_3^2}$$

이다. 따라서, $\mathbb{R}^2$, $\mathbb{R}^3$의 벡터 $\mathbf{a}$와 실수 $\mathbf{k}$에 대해 상수배로 생성된 벡터 $k\,\mathbf{a}$의 크기는

$$\|k\,\mathbf{a}\| = |k|\,\|\mathbf{a}\|$$

이다. 또, 영벡터가 아닌 벡터 $\mathbf{a}$가 주어졌을 때, $\mathbf{a}$와 같은 방향이면서 크기가 1인 단위벡터 $\mathbf{u_a}$는

$$\mathbf{u_a} = \frac{1}{\|\mathbf{a}\|}\mathbf{a} \tag{1.2}$$

와 같이 구할 수 있다.

문제 1.2.3. 다음 각 벡터 방향의 단위벡터를 구하시오.
(가) $(1,1)$
(나) (a,b,c) (단, $(a,b,c) \neq (0,0,0)$)

문제 1.2.4. $\mathbb{R}^3$의 벡터 $\mathbf{a}$에 대해, $\|\mathbf{a}\| = 0$일 필요충분조건은 $\mathbf{a} = \mathbf{0}$임을 보이시오.

두 벡터 $\mathbf{a}$와 $\mathbf{b}$를 더하여 만들어진 벡터 $\mathbf{a}+\mathbf{b}$의 크기를 생각해보자. 두 벡터가 평행한 벡터일 때, 즉, $\mathbf{b} = k\,\mathbf{a}$인 경우에는

$$\|\mathbf{a}+\mathbf{b}\| = \|\mathbf{a}+k\,\mathbf{a}\| = \|(1+k)\,\mathbf{a}\| = |1+k|\,\|\mathbf{a}\|$$

임을 쉽게 알 수 있다. 따라서, 두 벡터가 같은 방향일 때는 $\|\mathbf{a}+\mathbf{b}\| = \|\mathbf{a}\| + \|\mathbf{b}\|$가 되고, 반대 방향일 때는 두 벡터의 크기의 차가 된다.

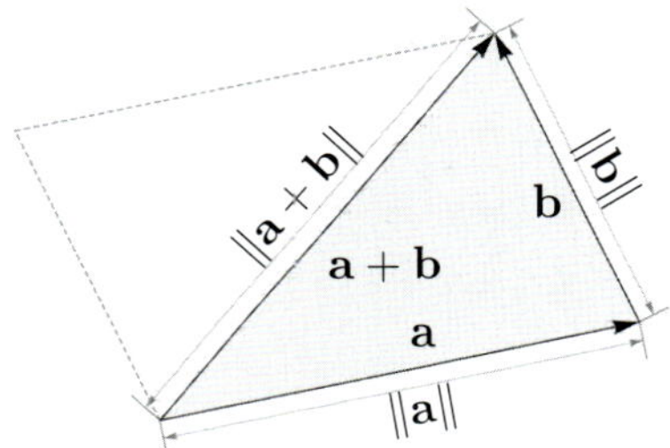

그림 1.7: 벡터의 삼각부등식

이제, 평행하지 않은 두 벡터에 대해 $\|\mathbf{a}+\mathbf{b}\|$를 구해보자. 두 벡터가 평행하지 않은 경우에, [그림 1.7]의 삼각형에서 다른 점을 거쳐가는 거리보다 가로질러 가는 거리가 더 가까우므로

$$\|\mathbf{a}+\mathbf{b}\| \le \|\mathbf{a}\| + \|\mathbf{b}\|$$

가 성립한다. 이 부등식을 벡터에 대한 **삼각부등식**이라고 부른다. 두 벡터의 합의 크기에 대해 좀 더 말을 할 수 있으려면, 다음 소절에서 배우는 벡터의 내적이 필요하다. 벡터의 내적을 이용하면, 삼각부등식도 좀 더 쉽게 증명할 수 있다.

문제 1.2.5. [그림 1.7]을 이용하여, 삼각부등식에서 등호가 성립할 조건을 직관적으로 구해보시오.

1.3 벡터의 내적

[미리보기] $\mathbb{R}^2$ 또는 $\mathbb{R}^3$ 의 두 벡터 $\mathbf{a}$, $\mathbf{b}$가 주어지면, 각 벡터의 시작점에 해당하는 원점과 각 벡터의 끝점에 해당하는 두 점, 즉 세 점이 주어지므로 한 평면이 결정된다.

내적의 정의

시작점이 원점인 두 벡터가 결정하는 평면 위에서 원점과 각 벡터의 끝점을 지나는 두 직선이 이루는 사잇각 θ 중, 두 벡터의 끝 점이 위치하는 두 반직선이 이루는 사잇각 θ를 두 벡터 $\mathbf{a}$와 $\mathbf{b}$의 사잇각이라 정의한다. 따라서 두 벡터의 사잇각 θ는 $0 \le \theta \le \pi$ 범위에 있다.

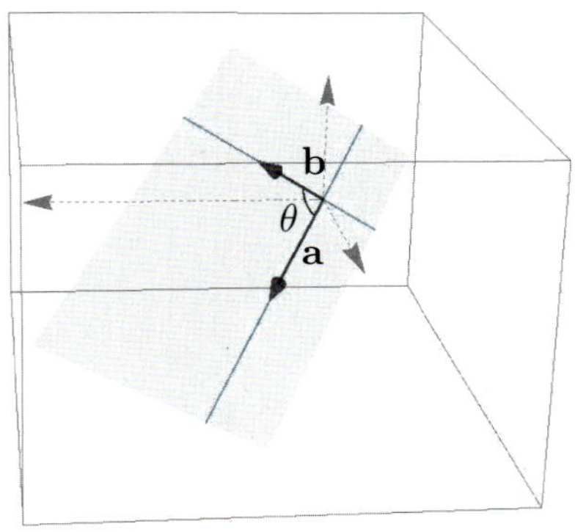

그림 1.8: 두 벡터의 사잇각

실제로 두 벡터 $\mathbf{a} = (a_1, a_2)$와 $\mathbf{b} = (b_1, b_2)$가 주어졌을 때, 두 벡터의 사잇각을 어떻게 구할 수 있는지 알아보자. 두 벡터 방향의 단위벡터를 각각 $\mathbf{u_a}$, $\mathbf{u_b}$라 하면, $\mathbf{a}$와 $\mathbf{b}$의 사잇각은 $\mathbf{u_a}$와 $\mathbf{u_b}$의 사잇각과 같다.

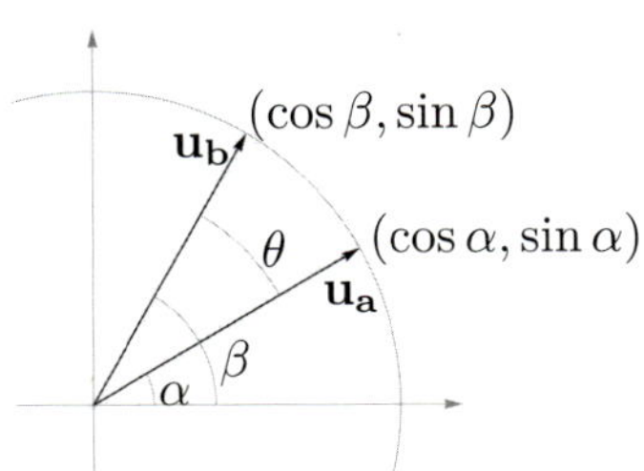

그림 1.9: 두 단위벡터의 사잇각

식 (1.2)에 의해 두 벡터 $\mathbf{u_a}$, $\mathbf{u_b}$는

$$\mathbf{u_a} = \frac{1}{\|\mathbf{a}\|}(a_1, a_2) = (\cos\alpha, \sin\alpha), \quad \mathbf{u_b} = \frac{1}{\|\mathbf{b}\|}(b_1, b_2) = (\cos\beta, \sin\beta)$$

이므로, [그림 1.9]에서 알 수 있듯이 두 벡터의 사잇각 $\theta = \beta - \alpha$ $(\beta > \alpha)$에 대해[8]

$$\cos\theta = \cos(\beta - \alpha) = \cos\beta\cos\alpha + \sin\beta\sin\alpha = \frac{1}{\|\mathbf{a}\|\,\|\mathbf{b}\|}(a_1b_1 + a_2b_2) \tag{1.3}$$

가 성립한다.

식 (1.3)에 의해, 두 벡터 $\mathbf{a} = (a_1, a_2)$, $\mathbf{b} = (b_1, b_2)$의 성분으로 결정되는 값 $a_1b_1 + a_2b_2$이 벡터의 크기와 사잇각을 결정하는 값임을 알 수 있다. 이런 이유로 $\mathbb{R}^2$의 영벡터가 아닌 두 벡터 $\mathbf{a} = (a_1, a_2)$, $\mathbf{b} = (b_1, b_2)$에 대해, $\mathbf{a}\cdot\mathbf{b}$로 나타내는 두 벡터의 내적을 다음과 같이 정의한다.

$$\mathbf{a}\cdot\mathbf{b} = a_1b_1 + a_2b_2$$

또, $\mathbb{R}^3$의 두 벡터 $\mathbf{a} = (a_1, a_2, a_3)$, $\mathbf{b} = (b_1, b_2, b_3)$에 대해서는

$$\mathbf{a}\cdot\mathbf{b} = a_1b_1 + a_2b_2 + a_3b_3$$

와 같이 내적을 정의한다.

내적의 성질

벡터의 내적에 대해서 다음 성질이 성립함을 쉽게 확인할 수 있다.

$\mathbb{R}^2$, $\mathbb{R}^3$에서 내적의 성질

$\mathbb{R}^2$의 벡터, 또는 $\mathbb{R}^3$의 벡터 **a**, **b**, **c**와 실수 k에 대해 다음이 성립한다.

(가) $\mathbf{a}\cdot\mathbf{a} \geq 0$이다. 또, $\mathbf{a}\cdot\mathbf{a} = 0$일 필요충분조건은 $\mathbf{a} = \mathbf{0}$이다.
(나) $\mathbf{a}\cdot\mathbf{b} = \mathbf{b}\cdot\mathbf{a}$
(다) $(\mathbf{a}+\mathbf{b})\cdot\mathbf{c} = \mathbf{a}\cdot\mathbf{c} + \mathbf{b}\cdot\mathbf{c}$ ((나)에 의해서 $\mathbf{c}\cdot(\mathbf{a}+\mathbf{b}) = \mathbf{c}\cdot\mathbf{a} + \mathbf{c} + \mathbf{b}$도 성립)
(라) $(k\,\mathbf{a})\cdot\mathbf{b} = k(\mathbf{a}\cdot\mathbf{b}) = \mathbf{a}\cdot(k\,\mathbf{b})$

위에서 정의한 내적을 이용하여 식 (1.3)이 $\mathbb{R}^3$의 두 벡터에 대해서도 성립함을 알아보자. 한 평면 위에서 세 벡터

$$\mathbf{a} = (a_1, a_2, a_3),\ \mathbf{b} = (b_1, b_2, b_3),\ \mathbf{b} - \mathbf{a} = (b_1 - a_1, b_2 - a_2, b_3 - a_3)$$

의 크기를 세 변으로 하는 삼각형을 생각하면, 코사인법칙[9]으로부터

$$\|\mathbf{b} - \mathbf{a}\|^2 = \|\mathbf{a}\|^2 + \|\mathbf{b}\|^2 - 2\|\mathbf{a}\|\,\|\mathbf{b}\|\cos\theta$$

8) $0 \leq \theta \leq \pi$의 범위에서 $\cos\theta$를 알면, θ가 유일하게 결정된다.

9) 삼각형 ABC에서 변 a의 대각을 θ라 하면, $a^2 = b^2 + c^2 - 2bc\cos\theta$가 성립하는데, 이를 코사인 제 2법칙이라 한다.

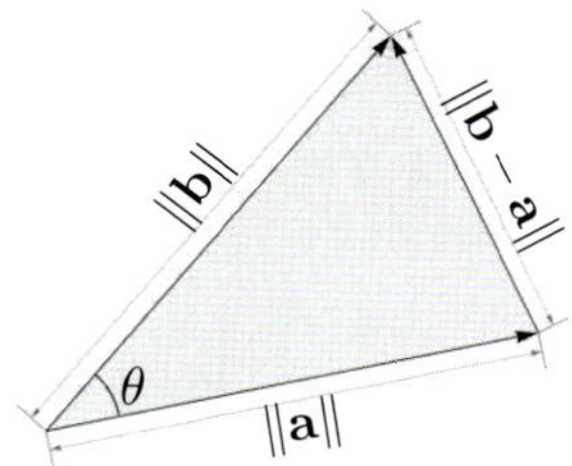

그림 1.10: 두 벡터의 사잇각과 내적

이다. 이때, 벡터의 성분을 이용하여 크기를 계산한 후 정리하면,

$$\|\mathbf{a}\|\,\|\mathbf{b}\|\cos\theta = a_1b_1 + a_2b_2 + a_3b_3 = \mathbf{a}\cdot\mathbf{b}$$

가 성립한다.

$\mathbb{R}^2$, $\mathbb{R}^3$ 에서 벡터의 내적

$$\mathbf{a}\cdot\mathbf{b} = \|\mathbf{a}\|\,\|\mathbf{b}\|\cos\theta \quad (\text{단, }\theta\text{는 두 벡터의 사잇각})$$

예제 1.3.1. $\mathbb{R}^3$ 의 벡터 $\mathbf{a}$와 표준단위벡터 $\mathbf{e}_i$ $(i=1,2,3)$ 의 내적값을 모두 알면, 벡터 $\mathbf{a}$를 결정할 수 있음을 보이시오.

풀이 : $\mathbf{a}=(a_1,a_2,a_3)$라 할 때 $\mathbf{a}\cdot\mathbf{e}_i = a_i$ 이다. 따라서, $i=1,2,3$에 대해 내적 $\mathbf{a}\cdot\mathbf{e}_i$ 값을 모두 알면 a_i 값을 모두 알 수 있다. □

문제 1.3.1. 다음 두 벡터의 사잇각에 대한 코사인 값을 구하시오.

(가) $(1,1,1)$, $(1,-1,0)$　　(나) $(0,1,2)$, $(1,-2,1)$

문제 1.3.2. 두 벡터 $\mathbf{a}$와 $\mathbf{e}_i$ 의 사잇각을 θ_i $(i=1,2,3)$라 할 때, θ_i 의 코사인 값이 다음과 같다.

$$\cos\theta_1 = \frac{1}{3},\ \cos\theta_2 = \frac{2}{3},\ \cos\theta_3 = -\frac{2}{3}$$

이때 벡터 $\mathbf{a}$ 방향의 단위벡터 $\mathbf{u_a}$를 구하시오.

두 벡터의 사잇각이 $\frac{\pi}{2}$ 일 때, 두 벡터가 서로 수직이라고 한다.[10)] 두 벡터의 사잇각 θ에 대한 코사인 함수는 $0\le\theta\le\pi$의 범위에서 일대일대응이 되므로 $\cos\theta=0$일 필요충분조건은 $\theta=\frac{\pi}{2}$이다. 따라서 다음이 성립한다.

10) 수직인 두 벡터를 서로 직교한다고 표현하기도 한다.

서로 수직인 벡터의 내적

영벡터가 아닌 두 벡터 $\mathbf{a}$와 $\mathbf{b}$가 서로 수직일 필요충분조건은 $\mathbf{a}\cdot\mathbf{b}=0$이다.

문제 1.3.3. $\mathbb{R}^2$에서 벡터 $\mathbf{a}=(1,1)$과 수직인 단위벡터를 모두 구하시오.

또, 두 벡터가 같은 방향이면, 두 벡터의 사잇각이 0이므로 두 벡터의 내적은 두 벡터의 크기의 곱이다. 특히, 자기 자신과의 내적은 크기의 제곱이 된다.

벡터의 크기를 내적으로 표현

두 벡터 $\mathbf{a}$와 $\mathbf{b}$가 같은 방향이면 $\mathbf{a}\cdot\mathbf{b}=\|\mathbf{a}\|\,\|\mathbf{b}\|$이다. 특히, 벡터의 크기는 다음과 같이 내적을 이용하여 나타낼 수 있다.

$$\|\mathbf{a}\|^2=\mathbf{a}\cdot\mathbf{a}$$

예제 1.3.2. $\mathbb{R}^3$의 두 벡터 $\mathbf{a}$, $\mathbf{b}$의 크기와 사잇각을 이용하여 벡터 $\mathbf{a}+\mathbf{b}$의 크기를 구하시오.

풀이 : 벡터의 크기의 제곱은 벡터의 내적으로 표현할 수 있으므로 다음과 같이 구할 수 있다.

$$\begin{aligned}\|\mathbf{a}+\mathbf{b}\|^2 &= (\mathbf{a}+\mathbf{b})\cdot(\mathbf{a}+\mathbf{b})\\ &= (\mathbf{a}+\mathbf{b})\cdot\mathbf{a}+(\mathbf{a}+\mathbf{b})\cdot\mathbf{b} \quad (\text{내적의 성질 (다)})\\ &= \mathbf{a}\cdot\mathbf{a}+\mathbf{b}\cdot\mathbf{a}+\mathbf{a}\cdot\mathbf{b}+\mathbf{b}\cdot\mathbf{b} \quad (\text{내적의 성질 (다)})\\ &= \|\mathbf{a}\|^2+2\,\mathbf{a}\cdot\mathbf{b}+\|\mathbf{b}\|^2 \quad (\text{내적의 성질 (나)})\end{aligned}$$

따라서, 두 벡터의 크기와 내적을 이용하여 벡터 합의 크기를 구할 수 있다. □

문제 1.3.4. $\mathbb{R}^3$의 두 벡터 $\mathbf{a}$, $\mathbf{b}$에 대해, 다음이 성립함을 보이시오.

$$\|\mathbf{a}+\mathbf{b}\|^2+\|\mathbf{a}-\mathbf{b}\|^2=2\left(\|\mathbf{a}\|^2+\|\mathbf{b}\|^2\right)$$

문제 1.3.5. 예제 1.3.2의 결과와 벡터의 내적을 이용하여 $\mathbb{R}^3$의 두 벡터에 대해 다음 삼각부등식을 보이시오. 또, 부등식에서 등호가 성립할 필요충분조건을 구하시오.

$$\|\mathbf{a}+\mathbf{b}\|\le\|\mathbf{a}\|+\|\mathbf{b}\|$$

1.4 벡터의 외적

[미리보기] $\mathbb{R}^3$의 두 벡터에 대해 새로운 벡터를 대응시키는 연산을 공부하기 전에 우선, 벡터 $\mathbf{a}$, $\mathbf{b}$, $\mathbf{c}$가 순서대로 오른손 방향을 이룬다는 것의 의미를 [그림 1.11]을 통해 기억하자.

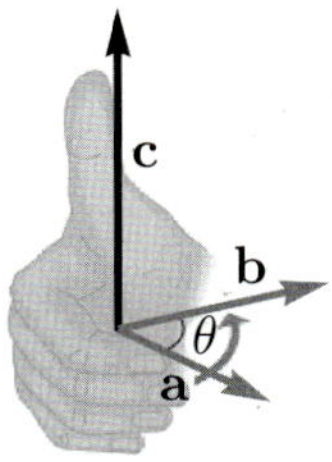

오른손으로 벡터 $\mathbf{a}$에서 $\mathbf{b}$ 쪽으로 감싸쥘 때,
엄지손가락이 향하는 방향이 $\mathbf{c}$의 방향이 되면,
벡터 $\mathbf{a}$, $\mathbf{b}$, $\mathbf{c}$가 순서대로 오른손 방향을 이룬다고 한다.

그림 1.11: 오른손 법칙과 오른손 방향을 이루는 벡터 순서

외적의 정의

앞서 배운 내적을 이용하면, 두 벡터 $\mathbf{a}$와 $\mathbf{b}$에 동시에 수직인 단위벡터 두 개를 구할 수 있는데, 둘 중 $\mathbf{a}$, $\mathbf{b}$, $\mathbf{n}$의 순서로 [미리보기]에서 정의한 오른손 방향을 이루도록 단위벡터 $\mathbf{n}$을 선택한다.[11] 이때, 사잇각이 θ인 두 벡터 $\mathbf{a}$와 $\mathbf{b}$의 외적을 $\mathbf{a}\times\mathbf{b}$로 나타내고, 다음과 같이 정의한다.

$$\mathbf{a}\times\mathbf{b} = \big(\|\mathbf{a}\|\,\|\mathbf{b}\|\,\sin\theta\big)\,\mathbf{n}. \tag{1.4}$$

외적의 정의로부터 벡터 $\mathbf{a}\times\mathbf{b}$는 $\mathbf{a}$와 수직이며 동시에 $\mathbf{b}$와도 수직인 벡터이다. 또, $\mathbf{a}\times\mathbf{b}$와 방향이 반대인 벡터는

$$\mathbf{b}\times\mathbf{a} = -\,\mathbf{a}\times\mathbf{b}$$

이고, 두 벡터의 크기

$$\|\mathbf{a}\times\mathbf{b}\| = \|\mathbf{b}\times\mathbf{a}\| = \|\mathbf{a}\|\,\|\mathbf{b}\|\,\sin\theta$$

는 $\mathbf{a}$와 $\mathbf{b}$로 만들어지는 평행사변형의 넓이가 된다. 또, 실수 k에 대해 벡터의 상수배는 두 벡터의 사잇각을 변화시키지 않으므로

$$(k\,\mathbf{a})\times\mathbf{b} = k(\mathbf{a}\times\mathbf{b}) = \mathbf{a}\times(k\,\mathbf{b})$$

가 성립하고, 다음 성질이 성립하는 것도 정의로부터 쉽게 알 수 있다.

$$\mathbf{a}\times\mathbf{0} = \mathbf{0} = \mathbf{0}\times\mathbf{a}, \quad \mathbf{a}\times\mathbf{a} = \mathbf{0}.$$

특히, 외적의 정의로부터 $\mathbb{R}^3$의 표준단위벡터에 대해 다음 성질이 성립한다.

$$\begin{aligned} &\mathbf{e}_1\times\mathbf{e}_2 = \mathbf{e}_3, \quad &&\mathbf{e}_2\times\mathbf{e}_3 = \mathbf{e}_1, \quad &&\mathbf{e}_3\times\mathbf{e}_1 = \mathbf{e}_2, \\ &\mathbf{e}_2\times\mathbf{e}_1 = -\mathbf{e}_3, \quad &&\mathbf{e}_3\times\mathbf{e}_2 = -\mathbf{e}_1, \quad &&\mathbf{e}_1\times\mathbf{e}_3 = -\mathbf{e}_2. \end{aligned}$$

11) [그림 1.13]의 마지막 그림도 함께 참고하시오.

따라서, 다음 절에서 보일 벡터의 덧셈과 외적에 대한 분배법칙

$$\mathbf{a} + (\mathbf{b} \times \mathbf{c}) = \mathbf{a} \times \mathbf{b} + \mathbf{a} \times \mathbf{c}, \quad (\mathbf{a} + \mathbf{b}) \times \mathbf{c} = \mathbf{a} \times \mathbf{c} + \mathbf{b} \times \mathbf{c}$$

이 성립함을 이용하면, 벡터의 외적을 벡터의 성분을 이용하여 나타낼 수 있다.

$\mathbb{R}^3$ 에서 벡터의 외적을 끝점의 좌표로 표현

$\mathbb{R}^3$ 의 두 벡터 $\mathbf{a} = (a_1, a_2, a_3)$ 와 $\mathbf{b} = (b_1, b_2, b_3)$ 에 대해 다음이 성립한다.

$$\mathbf{a} \times \mathbf{b} = (a_2 b_3 - a_3 b_2,\ a_3 b_1 - a_1 b_3,\ a_1 b_2 - a_2 b_1) \tag{1.5}$$

이 사실을 확인하려면, 분배법칙을 써서 다음처럼 전개하고 정리해보면 된다. [12)]

$$\begin{aligned}\mathbf{a} \times \mathbf{b} &= (a_1\mathbf{e}_1 + a_2\mathbf{e}_2 + a_3\mathbf{e}_3) \times (b_1\mathbf{e}_1 + b_2\mathbf{e}_2 + b_3\mathbf{e}_3) \\ &= a_1 b_2\, \mathbf{e}_1 \times \mathbf{e}_2 + a_1 b_3\, \mathbf{e}_1 \times \mathbf{e}_3 \\ &\quad + a_2 b_1\, \mathbf{e}_2 \times \mathbf{e}_1 + a_2 b_3\, \mathbf{e}_2 \times \mathbf{e}_3 + a_3 b_1\, \mathbf{e}_3 \times \mathbf{e}_1 + a_3 b_2\, \mathbf{e}_3 \times \mathbf{e}_2 \\ &= (a_2 b_3 - a_3 b_2)\mathbf{e}_1 + (a_3 b_1 - a_1 b_3)\mathbf{e}_2 + (a_1 b_2 - a_2 b_1)\mathbf{e}_3.\end{aligned}$$

외적에 대한 식 (1.5) 표현은 다음과 같이 3×3 행렬의 행렬식 형태를 이용하여 기억할 수도 있다 (짙은 회색 선을 따라 곱한 것은 $+$부호, 옅은 회색 선을 따라 곱한 것은 $-$부호).

$\mathbf{a} \times \mathbf{b} =$ 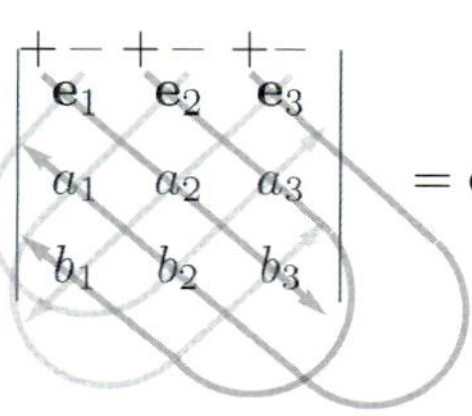

$= \mathbf{e}_1 a_2 b_3 + \mathbf{e}_2 a_3 b_1 + \mathbf{e}_3 b_2 a_1 - \mathbf{e}_1 b_2 a_3 - \mathbf{e}_2 a_1 b_3 - \mathbf{e}_3 a_2 b_1$

그림 1.12: 행렬식 형식을 이용한 외적 벡터 성분 암기법

예제 1.4.1. 두 벡터 $\mathbf{a} = (1, -2, 2)$ 와 $\mathbf{b} = (0, 2, -1)$ 에 동시에 수직인 단위벡터를 모두 구하시오.

풀이 : $\mathbf{a} \times \mathbf{b} = (-2 + 4)\mathbf{e}_1 + (0 + 1)\mathbf{e}_2 + (2 - 0)\mathbf{e}_3 = (2, 1, 2)$ 이므로, $\|\mathbf{a} \times \mathbf{b}\| = 3$ 이다. 따라서, 구하는 두 단위벡터는 $\frac{1}{3}(2, 1, 2)$, $-\frac{1}{3}(2, 1, 2)$ 이다. □

문제 1.4.1. 좌표공간의 세 점 A $(1, 0, 2)$, B $(2, 2, 0)$, C $(0, 3, 4)$ 를 꼭짓점으로 갖는 삼각형의 넓이를 구하시오.

12) 이 책에서는 외적의 기하학적 의미를 강조하기 위해 식 (1.4)을 정의로 삼고, 이로부터 식 (1.5)를 성질로 유도하는 방식을 택했지만, 반대로 식 (1.5)를 정의로 하고 식 (1.4)를 증명할 수도 있다.

벡터의 덧셈과 외적에 대한 분배법칙 [좀 더 알아보기]

분배법칙이 성립하는 것을 보이기 위해서 외적을 다른 방법으로 이해해보자. 우선, $\mathbf{a}$에 수직인 평면 M 위에 $\mathbf{b}$를 정사영[13] 내린 벡터를 $\mathbf{b}'$이라 하자. 따라서, $\|\mathbf{b}'\| = \|\mathbf{b}\| \sin\theta$가 성립한다.

이제 평면 M 위에서 $\mathbf{a}$의 시점을 중심으로 $\mathbf{b}'$을 반시계방향으로 $\frac{\pi}{2}$만큼 회전시킨 것을 벡터 $\mathbf{b}''$라 하면, $\mathbf{b}''$은 $\mathbf{a}$, $\mathbf{b}$와 동시에 수직이며 $\|\mathbf{b}''\| = \|\mathbf{b}'\| = \|\mathbf{b}\| \sin\theta$이다. 특히, $\mathbf{a}$, $\mathbf{b}$, $\mathbf{b}''$는 순서대로 오른손 방향을 이룬다.

또, $\mathbf{b}''$ 방향의 단위벡터를 $\mathbf{u}_{\mathbf{b}''}$라 할 때, $\|\mathbf{a}\|\mathbf{b}'' = \big(\|\mathbf{a}\|\,\|\mathbf{b}\| \sin\theta\big)\mathbf{n}_{\mathbf{b}''}$이므로 외적 $\mathbf{a} \times \mathbf{b}$는 $\mathbf{a} \times \mathbf{b} = \|\mathbf{a}\|\mathbf{b}''$이다.

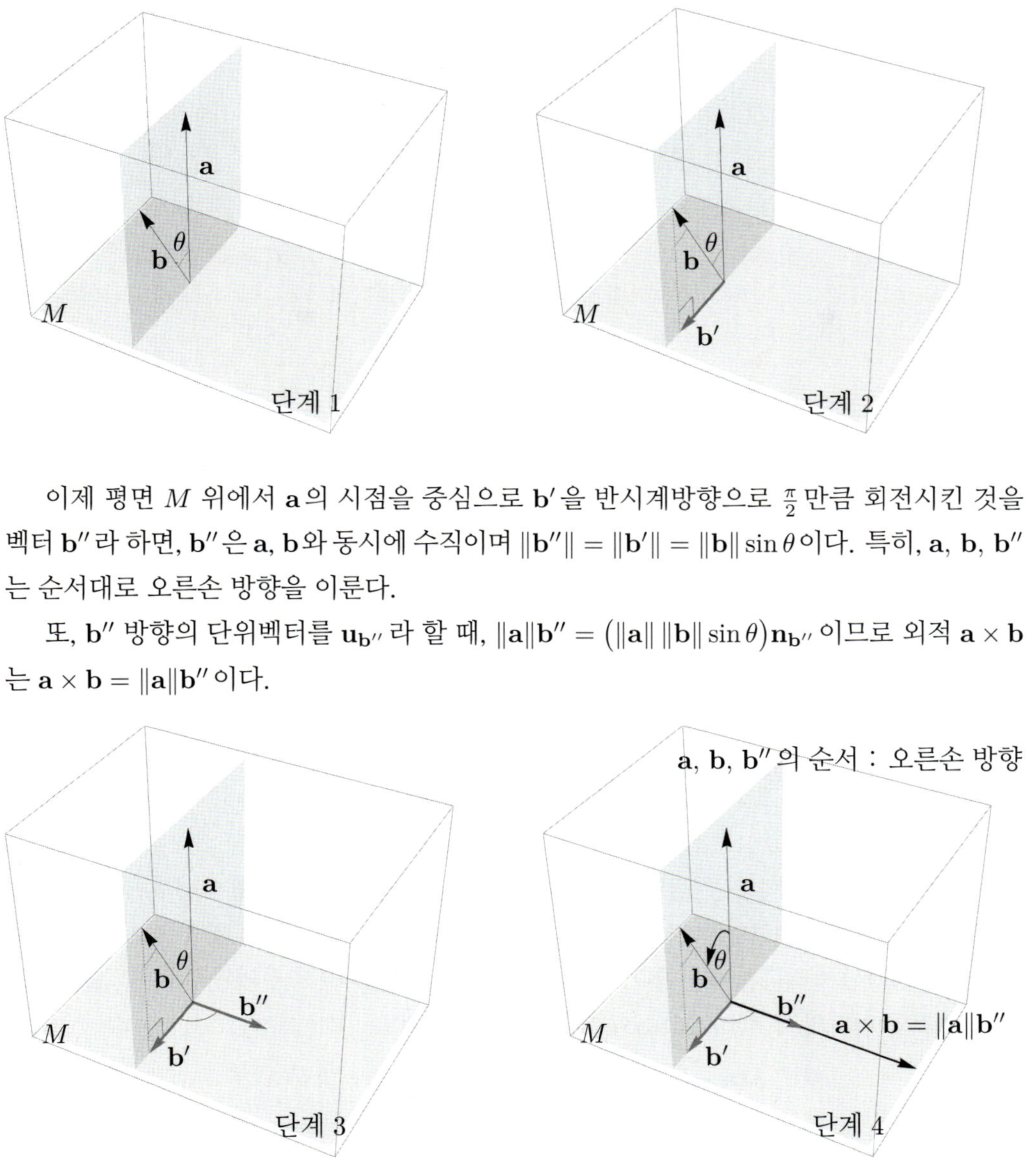

그림 1.13: 벡터의 외적과 오른손 규칙

---

13) 벡터 $\mathbf{b}$의 끝점에서 평면 M에 내린 수선의 발을 끝점으로 하는 벡터를 의미한다.

이제 [그림 1.13]의 단계를 따라 외적 $\mathbf{a}\times(\mathbf{b}+\mathbf{c})$를 구해보자. [그림 1.14]에서 보듯이, $\mathbf{a}$와 수직인 평면에 내린 $\mathbf{b}+\mathbf{c}$의 정사영 벡터 $\mathbf{b}'+\mathbf{c}'$에 대해

$$(\mathbf{b}+\mathbf{c})' = \mathbf{b}'+\mathbf{c}'$$

가 성립하고, 이 평면 위에서 각 벡터를 반시계방향으로 $\frac{\pi}{2}$만큼 회전시키면

$$(\mathbf{b}+\mathbf{c})'' = \mathbf{b}''+\mathbf{c}''$$

가 성립한다. 따라서, [그림 1.13]에서 얻은 결과를 이용하면

$$\mathbf{a}\times(\mathbf{b}+\mathbf{c}) = \|\mathbf{a}\|(\mathbf{b}+\mathbf{c})'' = \|\mathbf{a}\|\mathbf{b}''+\|\mathbf{a}\|\mathbf{c}'' = \mathbf{a}\times\mathbf{b}+\mathbf{a}\times\mathbf{c}$$

가 되어 분배법칙을 얻는다.

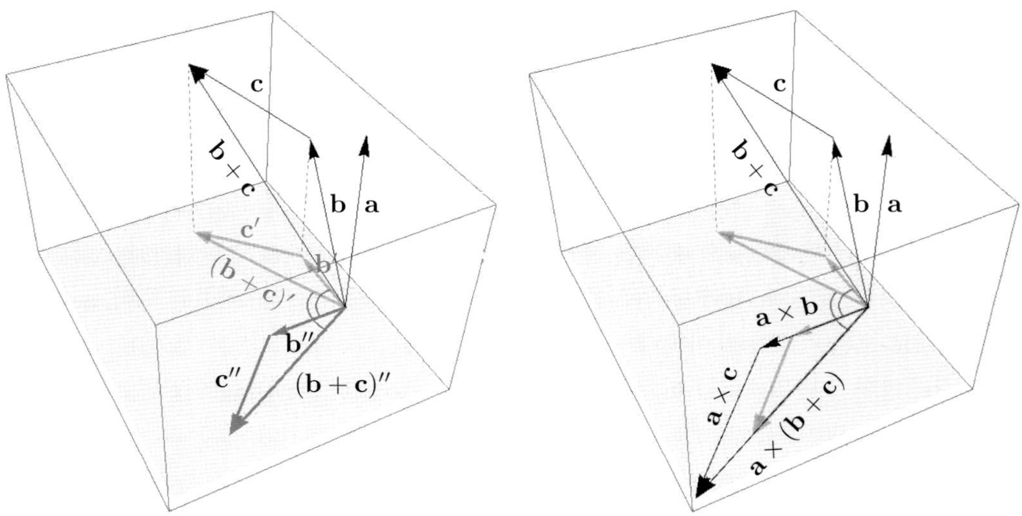

그림 1.14: 벡터의 덧셈과 외적에 대한 분배법칙

$\mathbb{R}^3$의 각 점을 시작점이 원점인 벡터로 이해하면, $\mathbb{R}^3$의 두 점에 대해 벡터의 덧셈을 할 수 있고, 상수배도 할 수 있다. 이처럼 $\mathbb{R}^3$를 연산을 할 수 있는 벡터들의 집합으로 이해할 때, 실수에서 정의된 **벡터공간**이라 한다. 일반적으로 벡터공간 $\mathbb{R}^3$에서 정의된 함수 $F:\mathbb{R}^3\to\mathbb{R}^3$가 실수 k와 임의의 두 벡터 $\mathbf{a}$와 $\mathbf{b}$에 대해 다음 두 조건

$$F(\mathbf{a}+\mathbf{b}) = F(\mathbf{a})+F(\mathbf{b}), \quad F(k\,\mathbf{a}) = k\,F(\mathbf{a})$$

을 만족하면 **선형사상** 또는 **선형변환**이라고 한다.

[그림 1.13]에서 $\mathbf{a}$, $\mathbf{b}$로부터 외적 $\mathbf{a}\times\mathbf{b}$을 얻는 과정에서, $\mathbf{b}$로부터 정사영 벡터 $\mathbf{b}'$를 구하는 과정이나, $\mathbf{b}'$을 회전시켜 $\mathbf{b}''$을 얻는 과정을 각각 함수 P와 R를 써서 $\mathbf{b}'=P(\mathbf{b})$, $\mathbf{b}''=R(\mathbf{b}')$로 나타내면, 함수 P와 R는 선형변환이 되는데, 이것이 벡터의 덧셈과 외적에 대한 분배법칙이 성립하는 핵심적인 이유이다.

1.5 벡터의 응용

[미리보기] 평면에서 두 점 (a_1, b_1)과 (a_2, b_2)를 지나는 직선이 y축에 평행하지 않으면, 그 기울기를 구하여

$$y - b_1 = \frac{b_2 - b_1}{a_2 - a_1}(x - a_1)$$

과 같이 쓸 수 있다. 이때, 이 직선의 방정식은 같은 기울기를 가지면서 원점을 지나는 직선을 x축의 방향으로 a_1 만큼, y축 방향으로 b_1 만큼 평행이동한 것으로 이해할 수 있다.

좌표공간에서 두 점을 지나는 직선의 방정식을 구할 때는 평면에서 직선의 방정식을 구할 때처럼 직선의 기울기를 생각하는 것보다 두 점을 시작점과 끝점으로 하는 벡터로 직선의 방향을 표현하는 것이 훨씬 간단하다. 물론, 평면에서 직선의 방정식을 구할 때도 마찬가지이다.

이 절에서는 벡터를 이용하여 직선의 방정식, 평면의 방정식을 구하는 방법에 대해 알아보고, 직선이나 평면 위에 내린 정사영에 대해 공부한다.

직선에 대한 벡터방정식

좌표공간에서 두 점 $\mathrm{A} = (a_1, a_2, a_3)$, $\mathrm{B} = (b_1, b_2, b_3)$을 지나는 직선의 방정식은 벡터를 이용하여 구할 수 있다.[14] 두 점을 벡터로 이해하면 $\mathbf{a} = (a_1, a_2, a_3)$, $\mathbf{b} = (b_1, b_2, b_3)$이므로 직선의 방향은 벡터 $\mathbf{v} = \mathbf{b} - \mathbf{a}$의 방향과 같다. 이때 벡터 $\mathbf{v}$를 직선의 방향벡터라 한다.

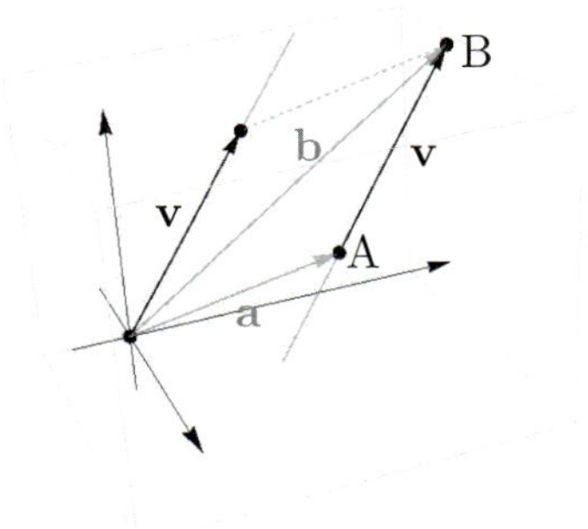

그림 1.15: 직선의 방정식

한편, 벡터 $\mathbf{v}$에 대해 집합 $\{t\,\mathbf{v} : t \in \mathbb{R}\}$는 원점을 지나고 방향벡터가 $\mathbf{v}$인 직선이므로, 점 A를 지나고 같은 방향벡터를 갖는 직선은 다음과 같이 평행이동을 이용하여 구할 수 있다.[15]

$$\{t\mathbf{v} + \mathbf{a} : t \in \mathbb{R}\} \tag{1.6}$$

14) 좌표평면에서도 똑같은 방법으로 구하면 된다.

15) $t\mathbf{v} + \mathbf{a}$는 $t\mathbf{v}$에 해당되는 점을 벡터 $\mathbf{a}$만큼 평행이동한 점으로 생각할 수 있다.

이제, 식 (1.6)에 $\mathbf{v} = \mathbf{b} - \mathbf{a}$를 대입하여 정리하면, 다음과 같이 직선에 대한 벡터방정식 $\mathbf{x}(t)$를 구할 수 있다.

$$\begin{aligned}\mathbf{x}(t) &= t\,(\mathbf{b}-\mathbf{a})+\mathbf{a}\\ &= t\,\mathbf{b}+(1-t)\,\mathbf{a},\ \ t\in\mathbb{R}\end{aligned}$$

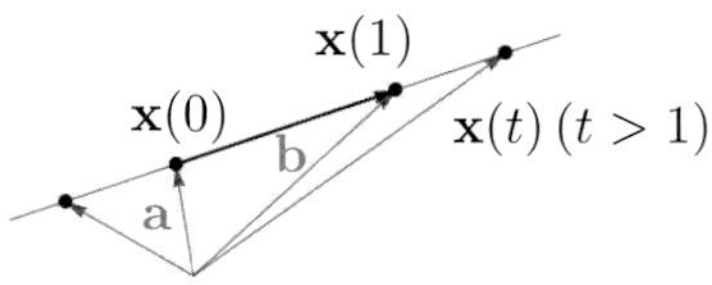

그림 1.16: 직선의 방정식 $\mathbf{x}(t)$

이때, $t = 0$이면 벡터 $\mathbf{a}$가 되어 점 A를 지나는 것을 의미하고, $t = 1$일 때는 $\mathbf{b}$가 되므로 점 B를 지나는 것을 의미한다. 물론, t의 범위를 $0 \le t \le 1$로 제한하면, $\mathbf{x}(t)$는 선분 $\overline{\mathrm{AB}}$에 대한 벡터방정식이 된다.

또, $\mathbf{x}(t)$의 성분을 함수로 나타내어 $\mathbf{x}(t) = (x(t), y(t), z(t))$라 하면, 직선 위의 점의 좌표를 다음과 같이 쉽게 구할 수 있다.

$$x(t) = t\,b_1 + (1-t)a_1, \quad y(t) = t\,b_2 + (1-t)a_2, \quad z(t) = t\,b_3 + (1-t)a_3.$$

예제 1.5.1. 두 점 $(1,1,1)$과 $(0,-1,2)$를 지나는 직선의 방정식을 구하시오.

풀이 : 직선의 방향은 벡터 $(1,1,1)-(0,-1,2) = (1,2,-1)$방향이다. 따라서, 원점을 지나고 이 방향을 갖는 직선의 방정식은 $t\,(1,2,-1)$이고, 이 직선이 점 $(1,1,1)$을 지나도록 평행이동시키면

$$t\,(1,2,-1)+(1,1,1) = (t+1, 2t+1, -t+1),\ \ (t\in\mathbb{R}) \tag{1.7}$$

이 구하는 직선의 방정식이다.

원점을 지나는 직선이 $(0,-1,2)$를 지나도록 평행이동시켜

$$s\,(1,2,-1)+(0,-1,2) = (s, 2s-1, -s+2),\ \ (s\in\mathbb{R}) \tag{1.8}$$

과 같이 구해도 된다. 실제로 식 (1.7)에서 $t = -1$일 때 점 $(0,-1,2)$를 지나고, 식 (1.8)에서 $s = 1$일 때, $(1,1,1)$을 지남을 확인할 수 있다. [16) □

문제 1.5.1. 좌표평면 또는 좌표공간에서 다음 두 점을 지나는 직선의 방정식을 구하시오.

(가) (a,b), (c,d) (나) $(-1,0,1)$, $(2,1,0)$

문제 1.5.2. 점 $(0,1,0)$을 지나고 직선 $\mathbf{x}(t) = (2t, -t+1, t-3)$에 평행한 직선의 방정식을 구하시오.

16) 직선의 방정식으로부터 방향을 알려주는 벡터를 읽을 수 있는지 확인해보는 것이 중요하다!

도전 문제 1.5.1. 좌표평면에 $n+1$의 점 $\mathrm{P}_1, \mathrm{P}_2, \cdots, \mathrm{P}_{n+1}$이 주어질 때, n차 베지에 곡선은 다음과 같이 정의된다.[17)]

(단계 1) 각 실수 $0 \le t \le 1$과 $1 \le i \le n$에 대해 점 P_i와 점 P_{i+1}을 t 대 $1-t$로 내분하는 점 $\mathrm{P}_i^1(t)$를 구한다.

(단계 2) (단계 1)에서 구한 n개의 점 $\mathrm{P}_1^1(t), \mathrm{P}_2^1(t), \cdots, \mathrm{P}_n^1(t)$에 대해 (단계 1)과 똑같은 과정을 반복한다. 즉, 각 실수 $0 \le t \le 1$과 $1 \le i \le n-1$에 대해 점 $\mathrm{P}_i^1(t)$와 점 $\mathrm{P}_{i+1}^1(t)$를 t 대 $1-t$로 내분하는 점 $\mathrm{P}_i^2(t)$를 구한다.

(단계 3) 위 과정을 반복하여 최종적으로 한 점 $\mathrm{P}_1^n(t)$이 남을 때, 집합 $\{\mathrm{P}_1^n(t) : 0 \le t \le 1\}$은 좌표평면 위에서 곡선이 되는데 이를 베지에 곡선이라 한다.

다음 물음에 답하시오.

(가) 세 점 $(1,0), (3,2), (5,1)$로 결정되는 베지에 곡선에 대한 매개변수방정식을 구하시오.

(나) $n+1$개의 점 $\mathrm{P}_1, \mathrm{P}_2, \cdots, \mathrm{P}_{n+1}$으로 주어지는 베지에 곡선의 매개변수방정식은

$$\sum_{k=0}^{n} {}_nC_k t^k (1-t)^{n-k} \mathrm{P}_{k+1}, \quad (0 \le t \le 1)$$

가 됨을 보이시오.

두 직선의 위치관계

좌표평면이나 좌표공간에서 두 점을 지나는 직선의 방정식은 벡터방정식으로 쉽게 나타낼 수 있음을 알았다. 이제, 두 직선의 벡터방정식이 각각 $\mathbf{x}_1(t) = t\,\mathbf{v}_1 + \mathbf{a}_1$, $\mathbf{x}_2(t) = t\,\mathbf{v}_2 + \mathbf{a}_2$로 주어질 때 두 직선의 위치 관계를 살펴보자.

(가) 두 직선의 방향벡터가 어떤 상수 k에 대해 $\mathbf{v}_1 = k\mathbf{v}_2$ 일 때, 즉, 두 방향벡터가 서로 평행할 때,

(가-1) 두 직선의 교점이 존재하면, 두 직선은 같은 직선이다.

(가-2) 두 직선의 교점이 존재하지 않으면, 두 직선은 만나지 않는 평행한 직선이다.

(나) 두 직선의 방향벡터가 서로 평행하지 않을 때,

(가-1) 두 직선의 교점이 존재하면, 두 직선은 한 점에서만 만난다. 이때, 두 직선 사이의 각은 두 방향벡터의 내적을 이용하여 구할 수 있다.

(가-2) 두 직선의 교점이 존재하지 않으면, 두 직선은 꼬인 위치에 있다.

---

17) 이 곡선을 처음 만든 사람은 러시아 수학자 번스타인 (Bernstein)이지만, 자동차 설계 디자이너였던 베지에가 사용하면서 널리 알려지게 되었다.

예제 1.5.2. 벡터방정식으로 주어진 다음 두 직선이 동일한 직선이 되도록 (a_1, a_2, a_3) 의 조건을 구하시오.

$$\text{직선 } \ell_1 : t\,(1,0,2) + (1,1,-1), \quad \text{직선 } \ell_2 : t\,(2,0,4) + (a_1, a_2, a_3)$$

풀이 : 두 직선의 방향벡터가 평행하므로, 적당한 t 와 s 에 대해

$$t\,(1,0,2) + (1,1,-1) = s\,(2,0,4) + (a_1,a_2,a_3) \iff (a_1,a_2,a_3) = (t-2s+1, 1, 2t-4s-1)$$

이 성립하면 된다. 따라서, $a_2 = 1$ 이고, $a_3 - 2a_1 = -3$ 이면 동일한 직선을 나타낸다. □

문제 1.5.3. 벡터방정식으로 주어진 다음 두 직선의 위치관계를 $(a,b,c) = (2,4,-3)$ 일 때와 $(a,b,c) = (3,2,1)$ 일 때 각각 설명하시오.

$$\mathbf{x}_1(t) = t\,(1,1,-1) + (-1,1,0), \quad \mathbf{x}_2(t) = t\,(-2,-2,2) + (a,b,c).$$

예제 1.5.3. 다음 두 직선이 꼬인 위치에 있음을 보이고, 직선 ℓ_1 위의 점 P와 직선 ℓ_2 위의 점 Q에 대해 두 점 사이의 거리가 최소가 되는 점 P, Q를 구하시오.

$$\text{직선 } \ell_1 : t\,(1,0,2) + (1,1,-1), \quad \text{직선 } \ell_2 : t\,(2,0,1) + (1,0,1)$$

풀이 : 우선, 방향벡터가 평행하지 않으므로 한 점에서 만나거나 꼬인 위치에 있게 된다. 교점이 있는지 알아보기 위해 t, s 에 대한 다음 연립방정식

$$t\,(1,0,2) + (1,1,-1) = s\,(2,0,1) + (1,0,1)$$

을 풀면 해가 없음을 알 수 있다. (실제로 두 번째 성분을 비교하면, 좌변은 1 이고, 우변은 0 이 된다.) 따라서, 두 직선은 꼬인 위치에 있다.

이제 두 점 P, Q 사이의 거리가 최소가 되는 경우는 벡터 $\overrightarrow{\mathrm{PQ}} = (2s-t, -1, s-2t+2)$ 가 두 직선의 방향벡터와 동시에 직교할 때이다. 따라서, 내적 조건으로부터 얻어지는 다음 두 연립방정식을 풀면 t, s 를 구할 수 있다.

$$\begin{cases} (2s-t,\ -1,\ s-2t+2)\cdot(1,0,2) = 4s-5t+4 = 0 \\ (2s-t,\ -1,\ s-2t+2)\cdot(2,0,1) = 5s-4t+2 = 0 \end{cases} \iff t = \frac{4}{3},\ s = \frac{2}{3}$$

따라서, $\mathrm{P} = (\frac{7}{3}, 1, \frac{5}{3})$, $\mathrm{Q} = (\frac{7}{3}, 0, \frac{5}{3})$ 이고, 최단거리는 $\|\overrightarrow{PQ}\| = 1$ 이 된다. □

문제 1.5.4. 다음 두 직선이 한 점에서 만날 (a_1, a_2, a_3) 의 조건을 구하고, 그 때 두 직선의 사잇각 중 예각을 구하시오.

$$\text{직선 } \ell_1 : t\,(1,0,2) + (1,1,-1), \quad \text{직선 } \ell_2 : t\,(2,0,1) + (a_1, a_2, a_3)$$

평면에 대한 벡터방정식

좌표공간에서 평면이 유일하게 결정되는 조건들을 생각해보면, 한 직선 위에 있지 않은 세 점이 주어지는 경우, 한 점과 이 점을 지나지 않는 직선이 주어지는 경우, 평행하거나 한 점에서만 만나는 두 직선이 주어지는 경우가 있다.

이 모든 경우는 한 점과 평행하지 않은 두 벡터가 주어진 경우로 바꾸어 생각할 수 있고, 이것은 다시 한 점과 평면에 수직인 벡터가 주어지는 경우로 이해할 수 있다.

한 점 $\mathrm{A}\,(a_1, a_2, a_3)$를 지나고 벡터 $\mathbf{n} = (n_1, n_2, n_3)$에 수직인 평면의 방정식을 구해보자.

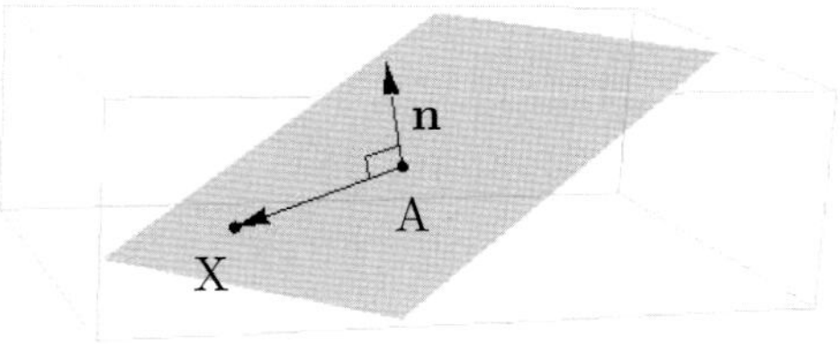

그림 1.17: 평면의 벡터방정식

평면 위의 임의의 점 $\mathrm{X} = (x, y, z)$에 대해 $\overrightarrow{\mathrm{AX}}$와 $\mathbf{n}$은 서로 수직이므로

$$\overrightarrow{\mathrm{AX}} \cdot \mathbf{n} = (x - a_1, y - a_2, z - a_3) \cdot (n_1, n_2, n_3) = n_1(x - a_1) + n_2(y - a_2) + n_3(z - a_3) = 0$$

이 성립한다. 이때, 평면에 수직인 벡터 $\mathbf{n}$을 평면의 법선벡터라 부른다.

예제 1.5.4. 좌표공간의 세 점 $\mathrm{A}\,(1, 0, 1)$, $\mathrm{B}\,(0, 1, 2)$, $\mathrm{C}\,(0, 0, 1)$을 지나는 평면의 방정식을 구하시오.

풀이 : 두 벡터 $\overrightarrow{\mathrm{CA}}$와 $\overrightarrow{\mathrm{CB}}$에 동시에 수직인 벡터를 구하면 다음과 같이 평면의 법선벡터 $\mathbf{n}$을 구할 수 있다.

$$\mathbf{n} = \overrightarrow{\mathrm{CA}} \times \overrightarrow{\mathrm{CB}} = (1, 0, 0) \times (0, 1, 1) = (0, -1, 1).$$

따라서, 구하는 평면의 방정식은 $0 \cdot (x - 0) + (-1) \cdot (y - 0) + 1 \cdot (z - 1) = 0$, 즉, $y - z + 1 = 0$ 이다.[18)] □

18) 점 C가 아닌 A나 B를 지나는 평면의 방정식을 구해도 동일한 식을 얻는다.

문제 1.5.5. 좌표공간에서 직선 $\mathbf{x}(t) = t\,(1,0,1) + (0,2,1)$과 한 점 $(2,0,1)$을 포함하는 평면의 방정식을 구하시오.

문제 1.5.6. 두 직선 $\mathbf{x}_1(t) = t\,(1,0,2) + (1,1,-1)$과 $\mathbf{x}_2(t) = t\,(2,0,1) + (0,1,0)$으로 결정되는 평면의 방정식을 구하시오.

평면과 평면, 평면과 직선의 위치관계

두 평면 $\pi_1 : n_1 x + n_2 y + n_3 z + d_1 = 0$과 $\pi_2 : m_1 x + m_2 y + m_3 z + d_2 = 0$의 위치관계를 따져보자. 두 평면의 법선벡터 $\mathbf{n} = (n_1, n_2, n_3)$과 $\mathbf{m} = (m_1, m_2, m_3)$이 서로 평행하면, 두 평면은 일치하거나 만나지 않는 평행한 평면이 된다. 또, 두 법선벡터가 평행하지 않으면, 두 평면의 교집합은 직선이 되고 이를 교선이라 한다. 두 평면이 교선을 가질 때, 두 평면이 이루는 이면각[19)]은 두 법선벡터의 사잇각으로부터 구할 수 있다.

좌표공간에서 평면과 직선의 위치관계는 평면의 법선벡터와 직선의 방향벡터를 살펴보면 쉽게 따질 수 있다.

예제 1.5.5. 두 평면 $2x + 3y - z = 1$과 $x - 2y + z = 2$의 교선을 구하고 두 평면이 이루는 이면각 중 예각의 코사인 값을 구하시오.

풀이 : 두 식을 연립하여 연립일차방정식을 풀면,

$$x = -\frac{1}{7}z + \frac{8}{7},\ y = \frac{3}{7}z - \frac{3}{7}$$

이므로

$$(x, y, z) = z\left(-\frac{1}{7}, \frac{3}{7}, 1\right) + \left(\frac{8}{7}, -\frac{3}{7}, 0\right)$$

이다. 즉, 점 $\left(\frac{8}{7}, -\frac{3}{7}, 0\right)$를 지나고, 벡터 $\left(-\frac{1}{7}, \frac{3}{7}, 1\right)$에 평행한 직선이 된다.

한편, 두 평면의 법선벡터는 각각 $\mathbf{n} = (2,3,-1)$, $\mathbf{m} = (1,-2,1)$이다. 두 법선벡터의 내적으로부터 법선벡터의 사잇각에 대한 코사인값을 구하면,

$$\cos\theta = \frac{\mathbf{n}\cdot\mathbf{m}}{\|\mathbf{n}\|\,\|\mathbf{m}\|} = \frac{-5}{\sqrt{14}\sqrt{6}}$$

이므로, 법선벡터의 사잇각은 두 평면이 이루는 둔각임을 알 수 있다. 따라서, 두 평면이 이루는 이면각 중 예각의 코사인 값은 $\dfrac{5}{2\sqrt{21}}$이다. □

19) 두 평면 π_1과 π_2의 이면각은 교선 위의 한 점 P를 지나면서 교선에 수직인 π_1 위의 직선 ℓ_1과 P를 지나면서 교선에 수직인 π_2 위의 직선 ℓ_2가 이루는 각을 의미한다.

문제 1.5.7. 평면 $x+y+z=1$과 직선 $\mathbf{x}(t)=t(1,-1,1)+(1,0,1)$의 교점을 구하고, 직선과 평면이 이루는 각 중 예각의 코사인 값을 구하시오.

문제 1.5.8. 두 평면 $2x+3y-z=1$과 $x-2y+z=2$의 교선의 방향벡터를 구하시오. (두 평면의 법선벡터의 외적을 이용하여 구하는 방법을 생각해보시오.)

정사영 벡터

$\mathbb{R}^2$ 또는 $\mathbb{R}^3$에서 평행하지 않은 두 벡터 $\mathbf{a}$와 $\mathbf{b}$에 대해, 벡터 $\mathbf{a}$를 벡터 $\mathbf{b}$와 평행한 벡터 $\mathbf{a}_x$와 $\mathbf{b}$에 수직인 벡터 $\mathbf{a}_y$의 합으로 분해하는 방법을 생각해보자. [그림 1.18]에서 보듯이 $\mathbf{a}$와 $\mathbf{b}$의 사잇각이 예각이든 둔각이든 상관없이 분해하는 것이 가능하다.

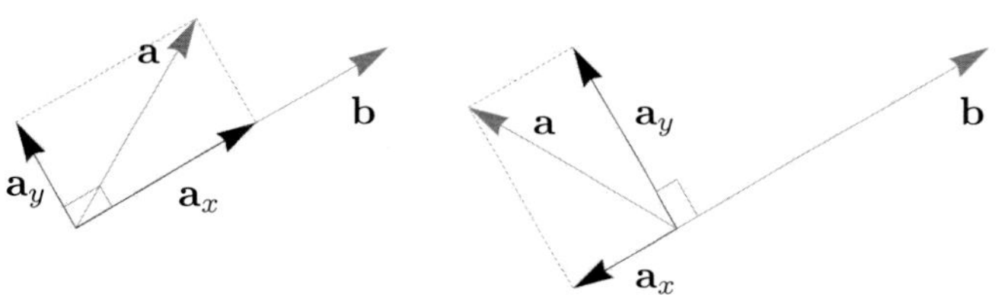

그림 1.18: 벡터의 분해와 정사영 벡터

벡터 $\mathbf{b}$ 방향의 단위벡터를 $\mathbf{u_b}$라 할 때, $\mathbf{a}_y$와 $\mathbf{u_b}$는 서로 수직이므로

$$\mathbf{a}\cdot\mathbf{u_b}=(\mathbf{a}_x+\mathbf{a}_y)\cdot\mathbf{u_b}=\mathbf{a}_x\cdot\mathbf{u_b}=\begin{cases}\|\mathbf{a}_x\|, & \mathbf{a}_x\text{ 가 }\mathbf{b}\text{와 같은 방향}\\ -\|\mathbf{a}_x\|, & \mathbf{a}_x\text{ 가 }\mathbf{b}\text{와 반대 방향}\end{cases}$$

이다. 따라서, 내적 $\mathbf{a}\cdot\mathbf{u_b}$를 알면 $\mathbf{a}_x$의 크기와 방향을 알 수 있고, 결과적으로 다음과 같이 $\mathbf{a}_x$를 구할 수 있다.

$$\mathbf{a}_x=(\mathbf{a}\cdot\mathbf{u_b})\mathbf{u_b}=\frac{\mathbf{a}\cdot\mathbf{b}}{\|\mathbf{b}\|^2}\,\mathbf{b}. \tag{1.9}$$

이때, 두 벡터 $\mathbf{a}$와 $\mathbf{a}_x$를 이용하면 $\mathbf{a}_y=\mathbf{a}-\mathbf{a}_x$도 구할 수 있다.

식 (1.9)에서 구한 벡터 $\mathbf{a}_x$는 [그림 1.18]에서 보듯이 벡터 $\mathbf{b}$ 위에 나타난 벡터 $\mathbf{a}$의 그림자라고 생각할 수 있다. 이런 의미에서 $\mathbf{a}_x$를 $\mathbf{b}$ 위에 내린 $\mathbf{a}$의 정사영 벡터라 하고 $\mathrm{proj}_{\mathbf{b}}(\mathbf{a})$로 쓴다.

$\mathbb{R}^2$, $\mathbb{R}^3$에서 정사영 벡터

$\mathbb{R}^2$ 또는 $\mathbb{R}^3$의 벡터 $\mathbf{a}$, $\mathbf{b}(\neq \mathbf{0})$에 대해 $\mathbf{u_b}$를 $\mathbf{b}$ 방향의 단위벡터라 하자. 이때, 벡터 $\mathbf{a}$를 벡터 $\mathbf{b}$ 위에 내린 정사영 벡터는 다음과 같다.

$$\text{proj}_{\mathbf{b}}(\mathbf{a}) = (\mathbf{a}\cdot\mathbf{u_b})\mathbf{u_b} = \frac{\mathbf{a}\cdot\mathbf{b}}{\|\mathbf{b}\|^2}\mathbf{b}.$$

문제 1.5.9. 벡터 $\mathbf{a}$를 $\mathbf{b}$ 위에 내린 정사영 벡터 $\text{proj}_{\mathbf{b}}(\mathbf{a})$를 다음 설명에 따라 구해보시오.

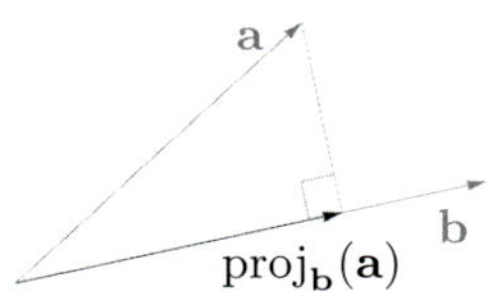

$\text{proj}_{\mathbf{a}}(\mathbf{a})$는 $\mathbf{b}$와 평행한 벡터이므로 $t\mathbf{b}$ 꼴이다. 이때, $\text{proj}_{\mathbf{a}}(\mathbf{a}) - \mathbf{a}$가 $\mathbf{b}$가 수직임을 이용하면 t를 구할 수 있다.

문제 1.5.10. $\mathbf{a} = (2, -1, 3)$, $\mathbf{b} = (4, -1, 2)$에 대해 $\mathbf{a}$를 $\mathbf{b}$ 위로 내린 정사영 벡터 $\text{proj}_{\mathbf{b}}(\mathbf{a})$를 구하시오.

예제 1.5.6. 좌표공간의 한 점 A에서 직선 ℓ에 이르는 수직 거리를 구하시오. 또, A에서 직선 ℓ 위에 내린 수선의 발을 구하시오.

풀이 : 직선 위의 서로 다른 두 점 P, Q를 잡자.

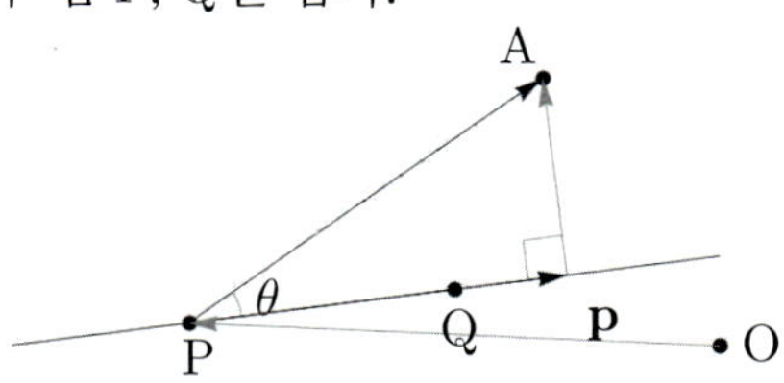

그림 1.19: 한 점에서 직선에 이르는 최단거리

이때, 점 A에서 직선에 이르는 수직거리는 $d = \|\overrightarrow{PA}\|\sin\theta$이다. 한편, 벡터의 외적을 이용하면

$$\|\overrightarrow{PA}\times\overrightarrow{PQ}\| = \|\overrightarrow{PA}\|\,\|\overrightarrow{PQ}\|\sin\theta = d\,\|\overrightarrow{PQ}\|$$

이므로, 구하는 수직거리는 다음과 같다.

$$d = \frac{\|\overrightarrow{PA}\times\overrightarrow{PQ}\|}{\|\overrightarrow{PQ}\|}$$

시작점이 원점 O이고 끝점이 점 P인 벡터를 $\mathbf{p}$라 할 때, 점 A에서 직선 ℓ에 내린 수선의 발은 $\text{proj}_{\overrightarrow{PQ}}(\overrightarrow{PA}) + \mathbf{p}$이다. □

예제 1.5.6에서 알아본 내용을 정리하면 다음과 같다.

점에서 직선까지의 거리

$\mathbb{R}^2$ 또는 $\mathbb{R}^3$의 한 점 A에서 직선 ℓ에 이르는 최단 거리 d와 직선에 내린 수선의 발 H는 다음과 같다.[a] 원점을 O라 하고, 직선 위의 서로 다른 두 점을 P, Q라 할 때,

$$\text{수선의 발}: \overrightarrow{\mathrm{OH}} = \overrightarrow{\mathrm{OP}} + \mathrm{proj}_{\overrightarrow{\mathrm{PQ}}}(\overrightarrow{\mathrm{PA}}), \qquad \text{최단거리}: d = \frac{\|\overrightarrow{\mathrm{PA}} \times \overrightarrow{\mathrm{PQ}}\|}{\|\overrightarrow{\mathrm{PQ}}\|}$$

a) $\mathbb{R}^2$의 벡터 (a, b)는 $\mathbb{R}^3$의 벡터 $(a, b, 0)$으로 이해할 수 있으므로, $\mathbb{R}^2$의 두 벡터에 대해서도 외적을 생각할 수 있다.

문제 1.5.11. 좌표공간의 한 점 $(2, 1, 0)$에서 직선 $\mathbf{x}(t) = (2t-3, t+1, -t+2)$에 이르는 최단거리를 구하시오. 또, 점 $(2, 1, 0)$에서 직선에 내린 수선의 발을 구하시오.

평면 위에 내린 정사영

좌표공간에 한 평면 π가 주어졌을 때, 어떤 도형을 평면 π에 내린 정사영은 도형의 각 점에서 평면 π에 내린 수선의 발[20]들로 이루어진 집합을 의미한다. 따라서, 어떤 도형의 정사영을 구하기 위해서는 평면 밖의 점에서 평면에 내린 수선의 발을 구할 수 있어야 한다.

평면의 방정식이 $ax + by + cz + d = 0$라 할 때, 평면 밖의 점 $\mathrm{P}(p_1, p_2, p_3)$에서 평면에 내린 수선의 발을 $\mathrm{Q}(q_1, q_2, q_3)$라 하자. 이때, $\overrightarrow{\mathrm{PQ}}$는 평면의 법선벡터와 평행하므로 $\overrightarrow{\mathrm{PQ}} = t(a, b, c)$인 t가 존재해서

$$(q_1, q_2, q_3) = t(a, b, c) + (p_1, p_2, p_3) \tag{1.10}$$

가 된다. 한편, Q는 평면 위의 점이므로

$$\begin{aligned} & a(ta + p_1) + b(tb + p_2) + c(tc + p_3) + d = 0 \\ \Longleftrightarrow\ & t = -\frac{1}{a^2 + b^2 + c^2}(ap_1 + bp_2 + cp_3 + d) \end{aligned} \tag{1.11}$$

가 되어 Q를 결정할 수 있다.

또, $\|\overrightarrow{\mathrm{PQ}}\|$는 점 P에서 평면 $ax + by + cz + d = 0$에 이르는 수직거리가 되므로, 점 P에서 평면에 이르는 최단거리 ℓ은 식 (1.10)과 (1.11)로부터 다음과 같다.

$$\ell = \|\overrightarrow{\mathrm{PQ}}\| = |t|\,\|(a, b, c)\| = \frac{|ap_1 + bp_2 + cp_3 + d|}{\sqrt{a^2 + b^2 + c^2}}.$$

20) 수선의 발은 한 점에서 평면에 수직인 직선을 그을 때, 평면과 만나는 점을 뜻한다.

점과 평면사이의 거리

점 $\mathrm{P}(p_1, p_2, p_3)$ 에서 평면 $ax + by + cz + d = 0$ 에 내린 수선의 발과 평면까지의 최단거리 ℓ 은 다음과 같다.

수선의 발 : $(p_1, p_2, p_3) + t_0(a, b, c)$ $\left(\text{단}, t_0 = -\dfrac{1}{a^2+b^2+c^2}(ap_1 + bp_2 + cp_3 + d)\right)$

최단거리 : $\ell = \dfrac{|ap_1 + bp_2 + cp_3 + d|}{\sqrt{a^2+b^2+c^2}}$

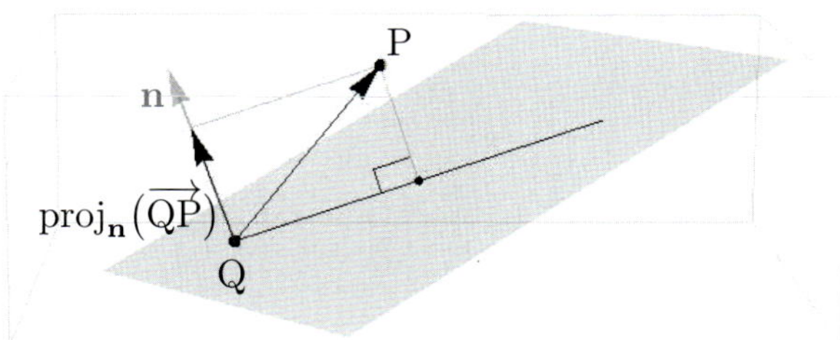

그림 1.20: 한 점에서 평면에 이르는 최단거리

문제 1.5.12. 평면의 법선벡터가 $\mathbf{n}$ 이고 Q가 평면 위의 임의의 점일 때, 평면 밖의 점 P 에서 평면에 이르는 최단거리는 $\|\mathrm{proj}_{\mathbf{n}}(\overrightarrow{\mathrm{QP}})\|$ 임을 보이시오. ([그림 1.20] 을 참고하시오.)

문제 1.5.13. 두 평면 $2x + y - z + 1 = 0$ 과 $2x + y - z + 5 = 0$ 사이의 최단거리를 구하시오.

문제 1.5.14. 직선 $\mathbf{x}(t) = t(1, 1, 3) + (0, 0, 4)$ 위의 점 P 와 평면 $2x + y - z + 5 = 0$ 위의 점 Q 에 대해 $\|\overrightarrow{\mathrm{PQ}}\|$ 의 최솟값을 구하시오.

도전 문제 1.5.2. 좌표공간에서 설치된 대형 거울의 표면이 평면의 방정식 $2x + y + z = 4$ 으로 표현된다고 하자. 점 $(4, 4, 2)$ 의 위치에서 벡터 $\mathbf{v} = (-1, -1, 1)$ 의 방향으로 레이저를 비추었더니 거울의 표면에서 반사되었다.

(가) 레이저 빛이 반사된 지점의 좌표를 구하시오.

(나) 반사된 빛이 지나는 경로를 직선의 방정식으로 나타내시오.

CHAPTER **2**

행렬과 가우스 소거법

이 장에서는 식의 계수만을 이용하여 연립일차방정식을 간단하게 표현할 때 자연스럽게 등장하는 행렬에 대해서 공부한다. 이처럼 행렬을 이용하여 연립일차방정식을 나타내고 나면, 미지수의 개수를 줄여가며 연립일차방정식의 해를 구하는 방법이 행렬에 대한 가우스 (가우스-조르당) 소거법임을 알게 된다.

또, 평면에서 각 점을 회전시키거나 대칭이동시키는 함수는 특별한 성질을 갖게 됨을 6 장에서 배우게 되는데, 선형사상이라 부르는 이런 종류의 함수들은 항상 행렬을 이용하여 나타낼 수 있음을 알게 된다. 또, 행렬의 덧셈, 상수배, 곱셈과 같은 연산을 공부하고 나면, 두 선형사상에 대응되는 행렬과 선형사상의 합, 상수배, 합성함수 등에 대응되는 행렬 사이의 관계를 설명할 수 있다.

2.1 행렬과 그 연산

[미리보기] 앞서 공부한 $\mathbb{R}^3$의 벡터 $\mathbf{a} = (a_1, a_2, a_3)$과 $\mathbf{b} = (b_1, b_2, b_3)$은 각각 세 개의 숫자를 오른쪽에서 왼쪽으로 차례로 나열한 것으로 생각할 수 있다. 두 벡터 $\mathbf{a}$와 $\mathbf{b}$가 각각 1행과 2행에 위치하도록 직사각형 모양으로 배열한 것을 A라 하면, A는

$$A = \begin{pmatrix} a_1 & a_2 & a_3 \\ b_1 & b_2 & b_3 \end{pmatrix}$$

과 같은 형태가 되는데, 이를 행렬이라한다. 또, 가로로 배열된 숫자의 나열을 각각 행이라 부르고, 두 개씩 세로로 배열된 숫자의 나열을 각각 **열**이라고 한다. 이때, A는 두 개의 행과 세 개의 열을 가진 배열이므로 2×3 행렬이라고 한다. 또, 숫자 a_2는 1행 2열에 위치한 숫자이므로 이를 간단히 A의 $(1, 2)$ 성분이라고 한다. 따라서, 벡터 $\mathbf{a}$는 1×3 행렬이라고 할 수 있다.

두 벡터 $\mathbf{a}$와 $\mathbf{b}$의 같은 위치의 성분끼리 더하여 두 벡터의 덧셈 $\mathbf{a} + \mathbf{b} = (a_1 + b_1, a_2 + b_2, a_3 + b_3)$을 정의하였듯이, 행렬에서도 동일한 배열을 갖는 두 행렬에 대해 같은 위치의 성분끼리 더하여 두 행렬의 덧셈을 정의할 수 있고, 행렬의 상수배도 정의할 수 있다. 덧붙여서 적절한 조건을 만족하는 행렬끼리 곱셈도 정의할 수 있음을 알게 된다.

행렬의 정의

[미리보기]에서 살펴본 것처럼 다음과 같이 mn개의 숫자를 m개의 행과 n개의 열을 갖도록 직사각형 모양으로 나열한 것을 **크기**가 $m \times n$인 **행렬**이라 하고, 보통 알파벳 대문자를 써서 A와 같이 나타낸다. 특히, $m = n$이면 n차 **정사각행렬**이라고 한다.

$$A = \begin{pmatrix} a_{11} & a_{12} & \cdots & a_{1n} \\ a_{21} & a_{22} & \cdots & a_{2n} \\ \vdots & \vdots & \ddots & \vdots \\ a_{m1} & a_{m2} & \cdots & a_{mn} \end{pmatrix}$$

행렬 A에서 각 $i = 1, 2, \cdots, m$에 대해

$$(a_{i1}\, a_{i2}, \cdots, a_{in})$$

을 A의 i **행**이라 하고, 각 $j = 1, 2, \cdots, n$에 대해

$$\begin{pmatrix} a_{1j} \\ a_{2j} \\ \vdots \\ a_{mj} \end{pmatrix}$$

를 A의 j **열**이라 한다. 이때, 행렬 A의 i행, j열에 위치한 숫자 a_{ij}를 A의 (i, j) **성분**이라 하고, 행렬 A를 $A = (a_{ij})_{m \times n}$ 또는 간단히 $A = (a_{ij})$와 같이 나타낸다. 또, 행렬 A의 성분이 구체적으로 주어지지 않았을 때 A의 (i, j) 성분은 A_{ij}로 나타낸다.

$m \times n$ 행렬 중 모든 성분이 0인 행렬을 **영행렬**이라 하고, $O_{m \times n}$ 또는 간단히 O로 나타낸다. 예를 들어, $O_{2 \times 2}$와 $O_{2 \times 3}$은 다음과 같다.

$$O_{2 \times 2} = \begin{pmatrix} 0 & 0 \\ 0 & 0 \end{pmatrix}, \quad O_{2 \times 3} = \begin{pmatrix} 0 & 0 & 0 \\ 0 & 0 & 0 \end{pmatrix}$$

n차 정사각행렬 A의 성분 $a_{11}, a_{22}, \cdots, a_{nn}$을 A의 **주대각선 성분**이라 하고, 이들 성분을 연결하는 가상의 대각선을 **주대각선**이라 한다. 특히, 정사각행렬 A의 주대각선 성분을 제외한 모든 성분이 0일 때, A를 **대각행렬**이라 하고,

$$A = \mathrm{Diag}(a_{11}, a_{22}, \cdots, a_{nn})$$

과 같이 나타낸다. 또, 주대각선 성분이 모두 같은 대각행렬을 **상수행렬**이라 하는데, 특히 모든 주대각선 성분이 1인 n차 상수행렬을 n차 **단위행렬**이라 하고 I_n으로 나타낸다.[1] 예를

1) n차를 굳이 나타내지 않아도 될 때는 간단히 I로 표시한다.

들어, 다음은 I_2, I_3를 나타낸다.

$$I_2 = \begin{pmatrix} 1 & 0 \\ 0 & 1 \end{pmatrix}, \quad I_3 = \begin{pmatrix} 1 & 0 & 0 \\ 0 & 1 & 0 \\ 0 & 0 & 1 \end{pmatrix}$$

이 책에서는 행렬의 성분이 모두 실수인 $m \times n$ 행렬들의 집합을

$$\mathcal{M}_{m,n}(\mathbb{R}) \ \text{또는}\ \mathcal{M}_{m,n}$$

으로 나타낸다.[2)] 특히, 행렬이 $\mathcal{M}_{1,n}$에 속할 때 **행벡터**, $\mathcal{M}_{m,1}$에 속할 때 **열벡터**라 부른다.

$\mathbb{R}^2$에서 두 벡터 $\mathbf{a}$와 $\mathbf{b}$가 같은 벡터라는 것은 두 벡터의 같은 위치에 있는 각 성분이 같은 것을 의미하는 것처럼, $\mathcal{M}_{m,n}$의 두 행렬 A, B가 다음 조건을 만족할 때, 서로 **같다**고 하고 $A = B$로 나타낸다.

$$A = B \iff \text{모든}\ 1 \le i \le m,\ 1 \le j \le n \text{에 대해}\ A_{ij} = B_{ij}$$

예제 2.1.1. 행렬 $A = \begin{pmatrix} x-y-1 & x+y-1 \\ z+w & z \end{pmatrix}$에 대해 $A = O_{2,2}$가 성립할 때, 실수 x, y, z, w를 구하시오.

풀이 : 두 행렬의 각 성분을 비교하면

$$x-y-1=0,\ x+y-1=0,\ z+w=0,\ z=0$$

이므로 $x=1$, $y=0$, $z=0$, $w=0$이다. □

문제 2.1.1. 두 행렬 A, B에 대해 $A = B$가 성립하기 위한 a, b, c, d의 값을 구하시오.

$$A = \begin{pmatrix} a+2b & -2 \\ 4 & c-2d \end{pmatrix}, \quad B = \begin{pmatrix} 4 & 2a-b \\ 2c+d & -3 \end{pmatrix}$$

행렬의 연산과 성질

$\mathbb{R}^3$의 두 벡터 $\mathbf{a}$, $\mathbf{b}$와 실수 k에 대해 두 벡터의 덧셈 $\mathbf{a}+\mathbf{b}$와 벡터의 상수배 $k\mathbf{a}$를 정의하였던 것처럼, 두 행렬 $A, B \in \mathcal{M}_{m,n}$에 대해서도 다음과 같이 행렬의 **덧셈** $A+B \in \mathcal{M}_{m,n}$과 **상수배** $k\,A \in \mathcal{M}_{m,n}$을 정의한다.

$$(A+B)_{ij} := A_{ij} + B_{ij}, \quad (k\,A)_{ij} = kA_{ij} \quad (1 \le i \le m,\ 1 \le j \le n)$$

2) 뒤에 5.1절에서 복소수를 배우고 나면, 복소수 성분을 갖는 행렬들의 집합 $\mathcal{M}_{m,n}(\mathbb{C})$에 대해서도 공부하게 되는데, 이들 집합은 다음 절에서 배울 행렬의 연산에 대해 벡터공간(4장과 5.2절 참고)이 됨을 알게 된다.

이때, 모든 $1 \le i \le m$과 $1 \le j \le n$에 대해

$$(A+B)_{ij} = A_{ij} + B_{ij} = B_{ij} + A_{ij} = (B+A)_{ij}$$

가 성립하므로, $A+B = B+A$가 성립하여 행렬의 덧셈에 대해 교환법칙이 성립함을 알 수 있다.

문제 2.1.2. 세 행렬 $A, B, C \in \mathcal{M}_{m,n}$에 대해 다음과 같이 결합법칙이 성립함을 보이시오.

$$(A+B)+C = A+(B+C)$$

행렬의 덧셈과 상수배는 기본적으로 행렬의 성분끼리의 덧셈과 곱셈으로 정의된다. 따라서 행렬의 덧셈에 대해 교환법칙과 결합법칙이 성립하는 것은 실수의 덧셈과 곱셈에 대한 분배법칙, 교환법칙, 결합법칙 등이 자연스럽게 반영된 것으로 생각할 수 있다. 한 가지 예를 더 살펴보자. 행렬 $A, B \in \mathcal{M}_{m,n}$과 상수 k에 대해

$$\big(k(A+B)\big)_{ij} = k(A+B)_{ij} = k(A_{ij}+B_{ij}) = kA_{ij}+kB_{ij} = (kA)_{ij}+(kB)_{ij} = (kA+kB)_{ij}$$

이므로 $k(A+B) = kA+kB$가 성립한다.

문제 2.1.3. 행렬 $A, B \in \mathcal{M}_{m,n}$와 상수 $k, \ell \in \mathbb{R}$에 대해 다음을 보이시오.
(가) $(k+\ell)A = kA + \ell A$ (나) $(k\ell)A = k(\ell A) = \ell(kA)$ (다) $k(A+B) = kA+kB$

한편, A와 크기가 같은 영행렬 O에 대해

$$A+O = A = O+A$$

가 성립함을 쉽게 알 수 있으므로, 영행렬 O를 덧셈에 대한 항등원이라고 한다. 또, 행렬 $A \in \mathcal{M}_{m,n}$에 대해 $A+X = O = X+A$를 만족하는 행렬 $X \in \mathcal{M}_{m,n}$가 존재할 때, X를 덧셈에 대한 A의 역원이라 하고 $-A$로 나타낸다. 다음 예제에서 보듯이 임의의 행렬 A는 덧셈에 대한 역원 $-A$를 가지고, $-A = (-1)A$가 된다.

예제 2.1.2. 행렬 $A \in \mathcal{M}_{m,n}$에 대해 덧셈에 대한 역원 $-A$는 항상 존재하고, $-A = (-1)A$가 됨을 보이시오.

풀이 : 모든 i, j에 대해

$$(A+X)_{ij} = A_{ij} + X_{ij} = 0 \iff X_{ij} = -A_{ij}$$

가 성립한다. 따라서, 역원 $-A$는 존재한다. 또, $(-1)A$의 (i, j) 성분은 $(-1)A_{ij} = -A_{ij}$이다. 따라서, 모든 i, j에 대해 $X_{ij} = \big((-1)A\big)_{ij}$이므로 $X = (-1)A$이다. □

두 행렬 $A, B \in \mathcal{M}_{m,n}$에 대해 두 행렬의 차 $A - B$는

$$A - B = A + (-B)$$

와 같이 덧셈에 대한 역원과 덧셈을 이용하여 정의한다. 따라서, $A - A = A + (-A) = O$, $O - A = O + (-A) = -A$가 성립한다.

벡터의 경우와 달리, 행렬의 경우에는 A의 열의 개수와 B의 행의 개수가 일치할 때 곱셈 AB를 정의할 수 있다. $m \times n$ 행렬 A와 $n \times \ell$ 행렬 B를 곱하여 얻어지는 행렬 AB의 (i, j) 성분은 다음과 같이 정의된다.

$$(AB)_{ij} = A_{i1}B_{1j} + A_{i2}B_{2j} + \cdots + A_{in}B_{nj} = \sum_{k=1}^{n} A_{ik}B_{kj} \qquad (\text{단}, 1 \le i \le m,\ 1 \le j \le \ell).$$

즉, AB의 (i, j) 성분은 A의 i행에 있는 각 성분과 j열에 있는 각 성분을 차례로 곱하여 모두 더한 것을 의미한다.

예제 2.1.3. 다음 두 행렬 A, B에 대해 AB와 BA를 각각 구하시오.

$$A = \begin{pmatrix} 1 & 0 \\ 0 & 0 \end{pmatrix}, \quad B = \begin{pmatrix} 0 & 0 \\ 1 & 0 \end{pmatrix}$$

풀이 : $AB = \begin{pmatrix} 1 & 0 \\ 0 & 0 \end{pmatrix}\begin{pmatrix} 0 & 0 \\ 1 & 0 \end{pmatrix} = \begin{pmatrix} 0 & 0 \\ 0 & 0 \end{pmatrix}, \quad BA = \begin{pmatrix} 0 & 0 \\ 1 & 0 \end{pmatrix}\begin{pmatrix} 1 & 0 \\ 0 & 0 \end{pmatrix} = \begin{pmatrix} 0 & 0 \\ 1 & 0 \end{pmatrix}$ □

위 예제 2.1.3에서 알 수 있듯이 행렬의 곱셈에 대해 교환법칙은 성립하지 않는다. 또, $AB = O$이라고 해서 A 또는 B가 영행렬이라는 말도 할 수 없다. 따라서, $AB = AC$라고 해서 $B = C$라는 보장이 없다. 즉, 행렬의 곱셈은 실수의 곱셈과 그 성질이 많이 다름을 알 수 있다.

하지만, 행렬의 곱셈에 대한 결합법칙이나, 행렬의 덧셈과 곱셈에 대한 분배법칙은 실수의 연산에서처럼 성립한다. 이를 알아보자. 두 행렬 $A, B \in \mathcal{M}_{m,n}$과 행렬 $C \in \mathcal{M}_{n,\ell}$에 대해

$$\begin{aligned} \big((A+B)C\big)_{ij} &= \sum_{k=1}^{n} (A+B)_{ik}C_{kj} \\ &= \sum_{k=1}^{n} (A_{ik} + B_{ik})C_{kj} \\ &= \sum_{k=1}^{n} \big(A_{ik}C_{kj} + B_{ik}C_{kj}\big) = \sum_{k=1}^{n} A_{ik}C_{kj} + \sum_{k=1}^{n} B_{ik}C_{kj} = (AC)_{ij} + (BC)_{ij} \end{aligned}$$

이므로 분배법칙이 성립한다. 또, $A \in \mathcal{M}_{m,n}$, $B \in \mathcal{M}_{n,\ell}$, $C \in \mathcal{M}_{\ell,k}$에 대해

$$\begin{aligned} \big((AB)C\big)_{ij} = \sum_{k=1}^{\ell} (AB)_{ik}C_{kj} &= \sum_{k=1}^{\ell} \big(\sum_{p=1}^{n} A_{ip}B_{pk}\big)C_{kj} \\ &= \sum_{p=1}^{n} A_{ip}\big(\sum_{k=1}^{\ell} B_{pk}C_{kj}\big) = \sum_{p=1}^{n} A_{ip}(BC)_{pj} = \big(A(BC)\big)_{ij} \end{aligned}$$

이므로 곱셈에 대한 결합법칙도 성립한다. 행렬의 상수배에 대해서도 A가 $m \times n$ 행렬이고 B가 $n \times \ell$ 행렬이면

$$k(AB) = (kA)B = A(kB)$$

가 성립한다. 행렬의 연산에 대해 성립하는 성질을 정리하면 다음과 같다.

행렬의 연산에 대한 성질

행렬 A, B, C는 각 연산이 정의될 수 있는 적당한 크기의 행렬이고, k, ℓ이 실수일 때 다음이 성립한다.

(가) $A + B = B + A$ (나) $A + (B + C) = (A + B) + C$

(다) $A(BC) = (AB)C$

(라) $A(B + C) = AB + AC$ (마) $(A + B)C = AC + BC$

(바) $k(A + B) = kA + kB$ (사) $(k + \ell)A = kA + \ell A$

(아) $(k\ell)A = k(\ell A) = \ell(kA)$ (자) $k(AB) = (kA)B = A(kB)$

행렬 A가 n차 정사각행렬일 때, A의 거듭제곱은 다음과 같이 정의한다.

$$A^0 = I_n, \quad A^k = \underbrace{AA \cdots A}_{k \text{ 개}}$$

문제 2.1.4. A가 n차 정사각행렬일 때, k, ℓ이 음이 아닌 정수이면 다음이 성립함을 보이시오.

$$A^k A^\ell = A^{k+\ell}, \quad (A^k)^\ell = A^{k\ell}$$

문제 2.1.5. n차 정사각행렬 A, B에 대해 $AB = BA$가 성립하면, 다음이 성립함을 보이시오.

$$(A + B)^n = \sum_{k=0}^{n} \frac{n!}{k!(n-k)!} A^k B^{n-k}$$

문제 2.1.6. 크기가 같은 두 대각행렬 D_1, D_2에 대해 $D_1 D_2 = D_2 D_1$이 성립함을 보이시오.

역행렬

두 행렬 $A \in \mathcal{M}_{m,n}$, $B \in \mathcal{M}_{n,\ell}$와 단위행렬 I_n에 대해 곱 AI_n과 I_nB를 생각할 수 있다. 고정된 j와 $k = 1, 2, \cdots, n$에 대해 $k = j$이면 $(I_n)_{kj} = 1$이고, $k \neq j$이면 $(I_n)_{kj} = 0$ 이므로

$$(AI_n)_{ij} = \sum_{k=1}^{n} A_{ik}(I_n)_{kj} = A_{ij}$$

가 되어 $AI_n = A$를 얻는다. 비슷한 방법으로 $I_nB = B$도 성립한다. 따라서, A가 n차 정사각행렬이면

$$A\,I_n = A = I_n\,A$$

가 성립하여, $\mathcal{M}_{n,n}$에서 I_n은 행렬의 곱셈에 대한 항등원이 됨을 알 수 있다. 이때, 관계식

$$AX = I_n = XA$$

를 만족하는 n차 정사각행렬 X가 존재하면 X는 곱셈에 대한 A의 역원이 되는데, 이 X를 A의 역행렬이라 한다. 또, 행렬 A가 역행렬을 가질 때, 가역이라 한다.

문제 2.1.7. 이차 정사각행렬 $A = \begin{pmatrix} a & b \\ c & d \end{pmatrix}$에 대해 다음 물음에 답하시오.

(가) 연립일차방정식을 이용하여 $AX = I_2$를 만족하는 $X = \begin{pmatrix} x & y \\ z & w \end{pmatrix}$가 존재할 필요충분조건을 구하고, 이때 X를 A의 성분을 이용하여 나타내시오.

(나) $AX = I_2$를 만족하는 X가 존재하면, $XA = I_2$도 성립하며 $X = A^{-1}$임을 보이시오.

위 문제 2.1.7에서처럼, 일반적으로 n차 정사각행렬 A에 대해 $AX = I_n$을 만족하는 n차 정사각행렬 X가 존재하면, 항상 $XA = I_n$이 성립하여 $X = A^{-1}$가 됨을 일반적으로 보일 수 있다.[3)] 행렬의 역행렬을 구하는 가장 간단한 방법은 2.3 절에서 공부하는 가우스-조르당 소거법을 이용하는 것이다. 실제로 역행렬을 계산하는 방법은 2.3 절로 미루고, 여기서는 역행렬의 성질에 대해 살펴보자.

역행렬의 성질

n차 정사각행렬 A, B가 가역행렬이고, k가 0아닌 실수일 때, 다음이 성립한다.

(가) A의 역행렬은 유일하다.
(나) A^{-1}는 가역이고 $\left(A^{-1}\right)^{-1} = A$이다.
(다) AB는 가역이고, $(AB)^{-1} = B^{-1}A^{-1}$이다.
(라) kA는 가역이고, $(kA)^{-1} = \frac{1}{k}A^{-1}$이다.

증명 : (가) n차 정사각행렬 X와 Y가 각각 n차 정사각행렬 A의 역행렬이라고 하면,

$$AX = I_n \implies X = I_nX = (YA)X = Y(AX) = YI_n = Y$$

로부터 $X = Y$가 됨을 알 수 있다. 즉, 가역행렬 A의 역행렬은 유일하게 존재한다.

3) 뒤에 가우스 소거법을 이용하여 역행렬을 구하는 방법을 공부하거나, 70쪽에서 행렬식의 (성질 9)와 (성질 10)을 공부하고 나면 쉽게 증명할 수 있다.

(나) $AA^{-1} = I_n = A^{-1}A$에서 A^{-1}를 기준으로 생각하면, $\left(A^{-1}\right)^{-1} = A$이다.

(다) $(AB)\left(B^{-1}A^{-1}\right) = A\left(BB^{-1}\right)A^{-1} = AA^{-1} = I_n$이고, $\left(B^{-1}A^{-1}\right)(AB) = I_n$도 비슷하게 보일 수 있으므로 $(AB)^{-1} = B^{-1}A^{-1}$이다.

(라) 다음 식에서 보듯이 마지막 등식도 성립한다.

$$(kA)\left(\frac{1}{k}A^{-1}\right) = k\frac{1}{k}AA^{-1} = I_n = k\frac{1}{k}A^{-1}A = \left(\frac{1}{k}A^{-1}\right)(kA)$$ □

전치행렬과 대칭행렬

행렬 A가 $m \times n$ 행렬일 때, 행렬 A의 1행부터 m행을 차례로 1열부터 m열로 갖는 행렬을 A의 전치행렬이라 하고, A^{T}로 나타낸다. 즉, $n \times m$ 행렬 A^{T}의 성분은 다음과 같다.

$$\left(A^{\mathrm{T}}\right)_{ij} = A_{ji} \ (1 \le i,\, j \le n)$$

전치행렬의 성질을 살펴보자. 우선, 전치행렬의 성질로부터 다음이 성립함은 쉽게 확인할 수 있다.

$$(A^{\mathrm{T}})^{\mathrm{T}} = A, \quad (kA)^{\mathrm{T}} = kA^{\mathrm{T}}, \quad (A+B)^{\mathrm{T}} = A^{\mathrm{T}} + B^{\mathrm{T}}$$

또, A가 $m \times n$ 행렬이고 B가 $n \times m$ 행렬일 때, 모든 $1 \le i,\, j \le m$에 대해

$$\left((AB)^{\mathrm{T}}\right)_{ij} = (AB)_{ji} = \sum_{k=1}^{n} A_{jk}B_{ki} = \sum_{k=1}^{n} \left(B^{\mathrm{T}}\right)_{ik}\left(A^{\mathrm{T}}\right)_{kj} = \left(B^{\mathrm{T}}A^{\mathrm{T}}\right)_{ij} \tag{2.1}$$

가 성립하므로 $(AB)^{\mathrm{T}} = B^{\mathrm{T}}A^{\mathrm{T}}$임을 알 수 있다.

한편, 정사각행렬 A가 가역행렬이면, 성질 (2.1)과 $I_n^{\mathrm{T}} = I_n$로부터

$$I_n = \left(AA^{-1}\right)^{\mathrm{T}} = \left(A^{-1}\right)^{\mathrm{T}}A^{\mathrm{T}} \quad \text{이고} \quad I_n = \left(A^{-1}A\right)^{\mathrm{T}} = A^{\mathrm{T}}\left(A^{-1}\right)^{\mathrm{T}}$$

이므로 A^{T}도 가역행렬이고, $\left(A^{\mathrm{T}}\right)^{-1} = \left(A^{-1}\right)^{\mathrm{T}}$가 성립한다. 따라서, 행렬의 연산과 역행렬에 대해 전치행렬의 성질을 정리하면 다음과 같다.

전치행렬의 성질

(가) $\left(A^{\mathrm{T}}\right)^{\mathrm{T}} = A$ (나) $(kA)^{\mathrm{T}} = kA^{\mathrm{T}}$

(다) $(A+B)^{\mathrm{T}} = A^{\mathrm{T}} + B^{\mathrm{T}}$ (라) 행렬곱이 정의될 때, $(AB)^{\mathrm{T}} = B^{\mathrm{T}}A^{\mathrm{T}}$

(마) A가 가역행렬이면 A^{T}도 가역이고, $\left(A^{\mathrm{T}}\right)^{-1} = \left(A^{-1}\right)^{\mathrm{T}}$

정사각행렬 A에 대해

$$A = A^{\mathrm{T}}$$

가 성립할 때 A를 대칭행렬이라 하고,

$$A = -A^{\mathrm{T}}$$

가 성립할 때 반대칭행렬이라고 한다. 위 정의로부터 정사각행렬이 대칭행렬이면 모든 $1 \le i, j \le n$에 대해 $A_{ij} = A_{ji}$를 만족하고, 반대칭행렬이면 모든 $1 \le i, j \le n$에 대해 $A_{ij} = -A_{ji}$가 성립한다. 따라서, A가 반대칭행렬이면 A의 주대각선성분은 모두 0이 된다.

문제 2.1.8. A가 임의의 정사각행렬일 때, 다음을 보이시오.

(가) $A + A^{\mathrm{T}}$는 대칭행렬이다.

(나) $A - A^{\mathrm{T}}$는 반대칭행렬이다.

(다) 임의의 정사각행렬 A는 대칭행렬과 반대칭행렬의 합으로 표시할 수 있다.

대각합

A가 n차 정사각행렬일 때, A의 주대각선성분을 모두 더한 것을 A의 대각합이라 하고, $\mathrm{Tr}(A)$로 나타낸다. 즉, A의 대각합은

$$\mathrm{Tr}(A) = A_{11} + A_{22} + \cdots + A_{nn} = \sum_{k=1}^{n} A_{kk}$$

이다.

대각합의 정의로부터

$$\mathrm{Tr}\big(A^{\mathrm{T}}\big) = \mathrm{Tr}(A), \quad \mathrm{Tr}(kA) = k\mathrm{Tr}(A), \quad \mathrm{Tr}(A+B) = \mathrm{Tr}(A) + \mathrm{Tr}(B)$$

가 성립함은 자명하다. 이제 대각합의 가장 중요한 성질 중 하나를 살펴보자. 행렬 A는 $m \times n$ 행렬이고, B는 $n \times m$ 행렬이라고 할 때,

$$\begin{aligned}\mathrm{Tr}(AB) = \sum_{k=1}^{m}(AB)_{kk} &= \sum_{k=1}^{m}\Big(\sum_{\ell=1}^{n} A_{k\ell}B_{\ell k}\Big) \\ &= \sum_{\ell=1}^{n}\Big(\sum_{k=1}^{m} B_{\ell k}A_{k\ell}\Big) = \sum_{\ell=1}^{n}(BA)_{\ell\ell} = \mathrm{Tr}(BA)\end{aligned}$$

가 성립한다. 따라서, $\mathrm{Tr}(AB) = \mathrm{Tr}(BA)$가 성립한다.

예제 2.1.4. 관계식 $AB - BA = I_n$을 만족하는 n차 정사각행렬 A, B는 존재하지 않음을 보이시오.

풀이 : n차 정사각행렬 A, B가 조건식 $AB - BA = I_n$을 만족한다고 하자. 이때, 양변에 대각합을 취하면

$$n = \mathrm{Tr}(I_n) = \mathrm{Tr}(AB - BA) = \mathrm{Tr}(AB) - \mathrm{Tr}(BA) = 0$$

이 되어 모순이다. 따라서, 조건식을 만족하는 정사각행렬 A, B는 존재하지 않는다. □

문제 2.1.9. n차 정사각행렬 A, B에 대하여 다음을 보이시오.

(가) 행렬 A가 반대칭행렬이면 $\mathrm{Tr}(A) = 0$이다.
(나) 행렬 A가 대칭행렬이고, 행렬 B가 반대칭행렬이면 $\mathrm{Tr}(AB) = 0$이다.

행렬 A, B에 대하여 $\mathrm{Tr}(AB) = \mathrm{Tr}(BA)$가 성립하므로 곱셈에 대한 결합법칙으로부터

$$\mathrm{Tr}(ABC) = \mathrm{Tr}(CAB) = \mathrm{Tr}(BCA)$$

는 성립하지만, 일반적으로 $\mathrm{Tr}(ABC) \neq \mathrm{Tr}(ACB)$임에 유의하여야 한다.

문제 2.1.10. $\mathrm{Tr}(ABC) \neq \mathrm{Tr}(ACB)$인 정사각행렬 A, B, C의 예를 하나 찾으시오.

문제 2.1.11. $\mathbb{R}^3$를 $\mathcal{M}_{1,3}$로 이해할 때, 두 행벡터 (즉, 1×3행렬) $\mathbf{a}$, $\mathbf{b}$의 내적은 1×1행렬 $\mathbf{ab}^{\mathrm{T}}$와 3×3행렬 $\mathbf{b}^{\mathrm{T}}\mathbf{a}$에 대해

$$\mathbf{a} \cdot \mathbf{b} = \mathrm{Tr}(\,\mathbf{ab}^{\mathrm{T}}\,) = \mathrm{Tr}(\,\mathbf{b}^{\mathrm{T}}\mathbf{a}\,)$$

가 됨을 보이시오.

블록행렬의 곱셈

주어진 행렬을 부분행렬들로 이루어진 블록행렬로 생각하여 연산하는 것이 편리한 경우가 있다. 예를 들어, 5×5 행렬 A_1는 다음과 같이 네 개의 부분행렬로 나누어 생각할 수 있다.

$$A_1 = \begin{pmatrix} X_1 & Y_1 \\ Z_1 & W_1 \end{pmatrix}$$

(단, 행렬 X_1은 2×2 행렬, 행렬 Y_1은 2×3 행렬, 행렬 Z_1은 3×2 행렬, 행렬 Z_1은 3×3 행렬)

이때, 또 다른 5×5 행렬 A_2도 같은 방법으로 부분행렬 X_2, Y_2, Z_2, W_2로 이루어진 블록행렬로 생각하면 두 행렬의 곱 A_1A_2는 성분을 이용한 행렬의 곱셈과 유사하게

$$A_1A_2 = \begin{pmatrix} X_1 & Y_1 \\ Z_1 & W_1 \end{pmatrix} \begin{pmatrix} X_2 & Y_2 \\ Z_2 & W_2 \end{pmatrix} = \begin{pmatrix} X_1X_2 + Y_1Z_2 & X_1Y_2 + Y_1W_2 \\ Z_1X_2 + W_1Z_2 & Z_1Y_2 + W_1W_2 \end{pmatrix}$$

가 된다. 위의 식에서처럼 부분행렬들 사이의 곱이 잘 정의되도록 나누기만 하면 유사하게 블록행렬의 곱셈을 할 수 있다.

문제 2.1.12. 네 개의 2×2 행렬 A, B, C, D에 대해 4×4 행렬 X는 $X = \begin{pmatrix} A & B \\ C & D \end{pmatrix}$로 정의된다.

행렬 A가 가역행렬일 때, $YX = \begin{pmatrix} I_2 & A^{-1}B \\ C & D \end{pmatrix}$ 가 되게 하는 4×4 행렬 Y를 구하시오.

2.2 행렬의 곱셈을 이해하는 네 가지 방법

[미리보기] 행렬 A의 열의 개수와 행렬 B의 행의 개수가 일치할 때, 정의에 따라 두 행렬의 곱셈 AB를 구하는 것은 단순한 계산으로 생각하기 쉽다. 하지만, 어떤 관점에서 이해하느냐에 따라 행렬의 곱셈은 여러 가지 의미를 가질 수 있다. 이 절에서는 네 가지 방법으로 행렬의 곱셈에 의미를 부여하고, 활용할 수 있는 방법에 대해 소개한다.

앞서 설명하였듯이, 행렬 A의 (i,j) 성분을 A_{ij}로 나타내고, A의 i 행은 A_i^R로 A의 j 열은 A_j^C로 나타낸다. 이때 각 A_i^R는 행벡터, A_j^C는 열벡터이다.

A의 행벡터와 B의 열벡터의 곱: 벡터의 내적으로 이해

행렬의 각 행을 행벡터로, 각 열을 열벡터로 이해할 때, 두 행렬 A와 B의 곱 AB의 (i,j) 성분은 A의 i 번째 행벡터와 B의 j 번째 열벡터의 내적으로 이해할 수 있다. 예를 들면,

$$\begin{pmatrix} 1 & 2 \\ 3 & 4 \end{pmatrix}\begin{pmatrix} a & b \\ c & d \end{pmatrix} = \begin{pmatrix} \begin{pmatrix} 1 & 2 \end{pmatrix}\begin{pmatrix} a \\ c \end{pmatrix} & \begin{pmatrix} 1 & 2 \end{pmatrix}\begin{pmatrix} b \\ d \end{pmatrix} \\ \begin{pmatrix} 3 & 4 \end{pmatrix}\begin{pmatrix} a \\ c \end{pmatrix} & \begin{pmatrix} 3 & 4 \end{pmatrix}\begin{pmatrix} b \\ d \end{pmatrix} \end{pmatrix} = \begin{pmatrix} 1a+2c & 1b+2d \\ 3a+4c & 3b+4d \end{pmatrix}$$

이고, 이를

$$\begin{pmatrix} 1a+2c & 1b+2d \\ 3a+4c & 3b+4d \end{pmatrix} = \begin{pmatrix} (1,2)\cdot(a,c) & (1,2)\cdot(b,d) \\ (3,4)\cdot(a,c) & (3,4)\cdot(b,d) \end{pmatrix}$$

와 같이 벡터의 내적으로 이해할 수 있다.

일반적으로, $n \times m$ 행렬 A와 $m \times \ell$ 행렬 B의 곱 AB의 (i,j) 성분을 A의 행벡터와 B의 열벡터를 이용하여 나타내면

$$(AB)_{ij} = \sum_{k=1}^{m} A_{ik}B_{kj} = \begin{pmatrix} A_{i1} & A_{i2} & \cdots & A_{im} \end{pmatrix}\begin{pmatrix} B_{1j} \\ B_{2j} \\ \vdots \\ B_{mj} \end{pmatrix} = A_i^R B_j^C$$

이다. 이때, 열벡터 B_j^C의 전치행렬 $(B_j^C)^{\mathrm{T}}$는 행벡터가 되고, $A_i^R B_j^C$는 두 행벡터 A_i^R와 $(B_j^C)^{\mathrm{T}}$의 내적이 된다.

A의 열벡터와 B의 행벡터의 곱: 계수(rank)가 1인 행렬의 덧셈으로 이해

두 행렬의 곱 AB는 각 i $(1 \le i \le m)$에 대해 A의 i 열과 B의 i 행의 곱셈으로 얻어지는 $n \times \ell$ 행렬을 구한 다음 이것들을 모두 더한 것으로 이해할 수 있다. 예를 들어,

$$\begin{aligned}\begin{pmatrix}1 & 2\\ 3 & 4\end{pmatrix}\begin{pmatrix}a & b\\ c & d\end{pmatrix} &= \begin{pmatrix}1\\ 3\end{pmatrix}\begin{pmatrix}a & b\end{pmatrix} + \begin{pmatrix}2\\ 4\end{pmatrix}\begin{pmatrix}c & d\end{pmatrix}\\ &= \begin{pmatrix}1a & 1b\\ 3a & 3b\end{pmatrix} + \begin{pmatrix}2c & 2d\\ 4c & 4d\end{pmatrix} = \begin{pmatrix}1a+2c & 1b+2d\\ 3a+4c & 3b+4d\end{pmatrix}\end{aligned}$$

와 같이 이해할 수 있다.

일반적으로, $n \times m$ 행렬 A와 $m \times \ell$ 행렬 B의 곱 AB는 A의 열벡터 A_i^C와 B의 행벡터 B_i^R를 이용하여 다음과 같이 나타낼 수 있다.

$$AB = A_1^C B_1^R + A_2^C B_2^R + \cdots + A_m^C B_m^R = \sum_{k=1}^{m} A_k^C B_k^R.$$

이때, 각 i $(1 \le i \le m)$에 대해 $n \times \ell$ 행렬 $A_i^C B_i^R$에 임의의 $\ell \times 1$ 행렬(즉, 열벡터)를 곱하면 열벡터 A_i^C의 상수배가 되므로 $A_i^C B_i^R$를 계수가 1인 행렬이라고 부른다.[4)]

예제 2.2.1. 행렬 $A = (a\ b)^{\mathrm{T}}$와 행렬 $B = (c\ d\ e)$에 대하여 2×3 행렬 C를 $C = AB$로 정의하자. 임의의 3×1 행렬 $X = (x\ y\ z)^{\mathrm{T}}$에 대하여 열벡터 CX는 열벡터 $(1\ 2)^{\mathrm{T}}$와 평행한 벡터가 된다고 할 때, $\frac{a}{b}$의 값을 구하시오.

풀이: $CX = (AB)X = A(BX)$이고, BX는 숫자이므로 CX는 A의 상수배가 된다. 즉, $(a\ b)^{\mathrm{T}} = k(1\ 2)^{\mathrm{T}}$이므로 $\frac{a}{b} = \frac{1}{2}$이다. □

행렬의 곱셈 AB: B의 행벡터들의 일차결합으로 이해

일반적으로 n개의 벡터 $\mathbf{v}_1, \mathbf{v}_2, \cdots, \mathbf{v}_n$와 상수 c_i $(1 \le i \le n)$가 주어질 때,

$$c_1\mathbf{v}_1 + c_2\mathbf{v}_2 + \cdots + c_n\mathbf{v}_n$$

을 주어진 벡터들의 선형결합 또는 일차결합이라고 한다. 이때, 두 행렬의 곱 AB의 i행은 A의 i행의 성분들과 B의 행벡터들의 일차결합으로 이해할 수 있다.

4) 행렬의 행계수(row rank), 열계수(column rank), 계수(rank)에 대해서는 135 쪽에서 공부하게 된다.

예를 들어,

$$\begin{pmatrix}1 & 2\\3 & 4\end{pmatrix}\begin{pmatrix}a & b\\c & d\end{pmatrix}=\begin{pmatrix}\begin{pmatrix}1 & 2\end{pmatrix}\begin{pmatrix}a & b\\c & d\end{pmatrix}\\ \begin{pmatrix}3 & 4\end{pmatrix}\begin{pmatrix}a & b\\c & d\end{pmatrix}\end{pmatrix}$$
$$=\begin{pmatrix}1\begin{pmatrix}a & b\end{pmatrix}+2\begin{pmatrix}c & d\end{pmatrix}\\3\begin{pmatrix}a & b\end{pmatrix}+4\begin{pmatrix}c & d\end{pmatrix}\end{pmatrix}=\begin{pmatrix}1a+2c & 1b+2d\\3a+4c & 3b+4d\end{pmatrix}$$

와 같이 이해할 수 있다.

위 예에서 살펴본 바와 같이, $n\times m$ 행렬 A와 $m\times\ell$ 행렬 B의 곱 AB의 i번째 행은 A의 i 행의 성분과 B의 행벡터를 이용하여 다음과 같이 행벡터 B_k^R의 일차결합으로 나타낼 수 있다.

$$(AB)_i^R=A_i^RB=A_{i1}B_1^R+A_{i2}B_2^R+\cdots+A_{im}B_m^R=\sum_{k=1}^{m}A_{ik}B_k^R.$$

행렬의 곱을 행벡터들의 일차결합으로 이해하는 방식을 응용해보자. 연립방정식을 풀 때나, 역행렬을 구할 때 유용하게 사용하는 가우스 소거법은 아래 세 가지 종류의 **행에 대한 기본연산**(간단히, "**행 기본연산**")을 반복하여 적용하는 방법이다. (이때, 각 행은 행벡터로 이해하여 상수배와 덧셈을 적용시킨다.)[5)]

(i) 두 행의 위치를 맞바꾼다.

(ii) 한 행에 상수배를 한다.

(iii) 한 행에 상수배한 것을 다른 행에 더한다.

예를 들어, 행렬 A의 1행에 -1을 곱한 것을 3행에 더하는 행 기본연산 (iii)을 적용시켜 얻어지는 행렬 $\tilde{A}$는

$$A=\begin{pmatrix}1 & 2 & 1\\0 & 1 & 1\\1 & 1 & 2\end{pmatrix}\xrightarrow[\tilde{A}_3^R=(-1)A_1^R+A_3^R]{\text{기본연산 (iii)}}\tilde{A}=\begin{pmatrix}1 & 2 & 1\\0 & 1 & 1\\0 & -1 & 1\end{pmatrix}$$

와 같이 얻을 수 있다.

이제, 행렬의 곱셈을 행벡터들의 일차결합으로 이해하는 방법을 이용하여 앞의 예에서 $XA=\tilde{A}$를 만족하는 3×3 행렬 X를 구해보자. 우선, XA의 1행은

$$X_{11}A_1^R+X_{12}A_2^R+X_{13}A_3^R=\tilde{A}_1^R=A_1^R$$

5) 가우스 소거법에 대해서는 2.3절에서 자세히 다룬다.

이므로 X의 1행은 $X_1^R = (1\ 0\ 0)$ 임을 알 수 있다. 같은 방법으로 $\tilde{A} = XA$와 A의 2행이 일치하므로 X의 2행 $X_2^R = (0\ 1\ 0)$을 얻는다. 마지막으로 $\tilde{A}$의 3행은 $(-1)A_1^R + A_3^R$이므로 $X_3^R = (-1\ 0\ 1)$이 된다. 따라서, 구하는 X는

$$X = \begin{pmatrix} 1 & 0 & 0 \\ 0 & 1 & 0 \\ -1 & 0 & 1 \end{pmatrix} \tag{2.2}$$

이다.

비슷한 방법으로 행에 대한 기본연산 (i), (ii)도 행렬의 왼쪽에 적절한 행렬을 곱하는 것으로 이해할 수 있다. 즉, 행렬 A가 $n \times m$ 행렬일 때, 각 기본연산을 적용시키는 것은 적절한 $n \times n$ 행렬을 왼쪽에서 곱하는 것으로 이해할 수 있다. 어떤 기본연산이 적용되는지를 알 수 있도록 행렬들을 다음과 같이 정의하자.

(i) i 행과 j 행을 맞바꾸는 기본연산에 대응되는 행렬: $\mathrm{R}_{i,j}$

(ii) i 행을 k배하는 기본연산에 대응되는 행렬: $\mathrm{R}_i\,(k)$

(iii) i 행에 k배한 것을 j 행에 더하는 기본연산에 대응되는 행렬: $\mathrm{R}_{i,j}\,(k)$

예를 들어, 앞의 예 (2.2)에서 구한 행렬 X는 이 정의를 따를 때 $\mathrm{R}_{1,3}\,(-1)$으로 나타낼 수 있다.

문제 2.2.1. 3×4 행렬 A의 행에 대한 기본연산에 대응되는 다음 행렬들을 각각 구하시오.

(가) $\mathrm{R}_{1,3}$ (나) $\mathrm{R}_3\,(2)$ (다) $\mathrm{R}_{1,3}\,(-2)$

예제 2.2.2. 다음 행렬 A의 역행렬 A^{-1}를 구하시오.

$$A = \begin{pmatrix} 1 & 0 & 1 \\ 0 & 1 & 0 \\ 1 & 0 & -1 \end{pmatrix}.$$

풀이 : 주어진 행렬의 역행렬을 구하는 일반적인 방법은 가우스 소거법을 이용하는 것이지만, 예제에서 주어진 행렬처럼 간단한 경우에는 행렬의 곱셈을 행벡터의 일차결합으로 이해하는 것만으로도 쉽게 구할 수 있다. 즉, $XA = I$ (단, I는 단위행렬)를 만족하는 행렬 X를 구하면 되므로

$$X_{11}(1\ 0\ 1) + X_{12}(0\ 1\ 0) + X_{13}(1\ 0\ -1) = (1\ 0\ 0)$$

으로부터 $X_1^R = (\frac{1}{2}\ \ 0\ \ \frac{1}{2})$ 임을 쉽게 알 수 있다. X의 2행과 3행도 같은 방법으로 구하면

$X = \frac{1}{2}\begin{pmatrix} 1 & 0 & 1 \\ 0 & 2 & 0 \\ 1 & 0 & -1 \end{pmatrix}$ 이다. □

문제 2.2.2. 행에 대한 기본연산을 나타내는 다음 3×3 행렬의 역행렬을 구하고, 역행렬도 행에 관한 기본연산을 나타냄을 살펴보시오. 또한, 행에 관한 기본연산의 의미만을 이용하여 계산없이 역행렬을 구해보시오.

(가) $\mathrm{R}_{1,3}$ (나) $\mathrm{R}_3(2)$ (다) $\mathrm{R}_{1,3}(-2)$

행렬의 곱셈 AB: A의 열벡터들의 일차결합으로 이해

AB의 j열은 B의 j열 성분들과 A의 열벡터들의 일차결합으로 이해할 수 있다. 다음 예를 살펴보자.

$$\begin{aligned}\begin{pmatrix} 1 & 2 \\ 3 & 4 \end{pmatrix}\begin{pmatrix} a & b \\ c & d \end{pmatrix} &= \left(\begin{pmatrix} 1 & 2 \\ 3 & 4 \end{pmatrix}\begin{pmatrix} a \\ c \end{pmatrix} \quad \begin{pmatrix} 1 & 2 \\ 3 & 4 \end{pmatrix}\begin{pmatrix} b \\ d \end{pmatrix}\right) \\ &= \left(a\begin{pmatrix} 1 \\ 3 \end{pmatrix} + c\begin{pmatrix} 2 \\ 4 \end{pmatrix} \quad b\begin{pmatrix} 1 \\ 3 \end{pmatrix} + d\begin{pmatrix} 2 \\ 4 \end{pmatrix}\right) \\ &= \begin{pmatrix} 1a + 2c & 1b + 2d \\ 3a + 4c & 3b + 4d \end{pmatrix}\end{aligned}$$

이때, AB의 각 열은 A의 열벡터들의 일차결합으로 이루어짐을 알 수 있다.

앞의 예에서 살펴본 바와 같이, $n \times m$ 행렬 A와 $m \times \ell$ 행렬 B의 곱 AB의 j번째 열은 A의 열벡터와 B의 j열 성분을 이용하여 다음과 같이 나타낼 수 있다.

$$(AB)_j^C = AB_j^C = B_{1j}A_1^C + B_{2j}A_2^C + \cdots + B_{mj}A_m^C = \sum_{k=1}^{m} B_{kj}A_k^C.$$

문제 2.2.3. $n \times m$ 행렬 A의 i열에 k배한 것을 j열에 더해서 얻어진 행렬을 $\tilde{A}$라 할 때, $AX = \tilde{A}$를 만족하는 $m \times m$ 행렬 X를 구하시오. 또, 행렬의 행에 대한 기본연산과 전치행렬의 성질을 이용하여 $X = \mathrm{R}_{i,j}(k)^{\mathrm{T}}$가 됨을 설명하시오.

2.3 가우스 소거법과 연립일차방정식

[미리보기] 연립일차방정식 $\begin{cases} 2y = 4 \\ x+y=1 \end{cases}$ 은 행렬의 곱을 이용하면 $\begin{pmatrix} 0 & 2 \\ 1 & 1 \end{pmatrix}\begin{pmatrix} x \\ y \end{pmatrix} = \begin{pmatrix} 4 \\ 1 \end{pmatrix}$ 로 나타낼 수 있다. 이때, 변수소거법을 이용하여 연립일차방정식의 해를 구하는 과정을 행렬 표현의 변화로 살펴보면, 아래 식에서 보듯이 $(x\ y)^{\mathrm{T}}$ 를 생략하고 연립일차방정식의 계수를 나타내는 2×2 행렬에 $(4\ 1)^{\mathrm{T}}$ 을 덧붙인 2×3 행렬만 고려하면 됨을 알 수 있다.

$$\begin{cases} 2y = 4 \\ x+y=1 \end{cases} \iff \begin{pmatrix} 0 & 2 \\ 1 & 1 \end{pmatrix}\begin{pmatrix} x \\ y \end{pmatrix} = \begin{pmatrix} 4 \\ 1 \end{pmatrix} \iff \left(\begin{array}{cc|c} 0 & 2 & 4 \\ 1 & 1 & 1 \end{array}\right)$$

$$\iff \begin{cases} x+y=1 \\ 2y = 4 \end{cases} \iff \begin{pmatrix} 1 & 1 \\ 0 & 2 \end{pmatrix}\begin{pmatrix} x \\ y \end{pmatrix} = \begin{pmatrix} 1 \\ 4 \end{pmatrix} \iff \left(\begin{array}{cc|c} 1 & 1 & 1 \\ 0 & 2 & 4 \end{array}\right) \quad \text{(연산 1)}$$

$$\iff \begin{cases} x+y=1 \\ y = 2 \end{cases} \iff \begin{pmatrix} 1 & 1 \\ 0 & 1 \end{pmatrix}\begin{pmatrix} x \\ y \end{pmatrix} = \begin{pmatrix} 1 \\ 2 \end{pmatrix} \iff \left(\begin{array}{cc|c} 1 & 1 & 1 \\ 0 & 1 & 2 \end{array}\right) \quad \text{(연산2)}$$

$$\iff \begin{cases} x=-1 \\ y = 2 \end{cases} \iff \begin{pmatrix} 1 & 0 \\ 0 & 1 \end{pmatrix}\begin{pmatrix} x \\ y \end{pmatrix} = \begin{pmatrix} -1 \\ 2 \end{pmatrix} \iff \left(\begin{array}{cc|c} 1 & 0 & -1 \\ 0 & 1 & 2 \end{array}\right) \quad \text{(연산 3)}$$

위 과정의 (연산 1)에서 두 식의 순서를 바꾸는 것은 대응되는 행렬에서 두 행의 위치를 맞바꾸는 것과 같고, (연산 2)에서 두 번째 식의 양 변에 $\frac{1}{2}$ 을 곱하는 것은 행렬에서 2행에 $\frac{1}{2}$ 을 곱하는 것과 같다. 또, (연산 3)에서 두 번째 식에 -1을 곱한 것을 첫 번째 식에 더하는 것은 행렬에서 2행에 -1을 곱한 것을 1행에 더하는 것과 같다.

즉, 연립일차방정식을 푸는 방식은 위의 세 가지 연산을 적절히 반복하여 동치인 연립일차방정식으로 바꾸어 가며 푸는 것인데, 이는 대응되는 행렬에서 대응되는 세 가지 행 기본연산을 적절히 사용하는 것과 같음을 알 수 있다. 이를 가우스-조르당 소거법이라 하는데, 이 절에서는 가우스-조르당 소거법을 이용하여 연립일차방정식을 푸는 방법과 그 응용으로 역행렬을 구하는 방법에 대해 공부한다.

가우스 소거법

[미리보기]에서 살펴본 것처럼, 미지수의 개수가 n개이고, 식의 개수가 m개인 연립일차방정식은 다음과 같이 행렬의 곱을 이용하여 $AX = B$로 나타낼 수 있다.

$$\begin{cases} a_{11}x_1 + a_{12}x_2 + \cdots + a_{1n}x_n = b_1 \\ a_{21}x_1 + a_{22}x_2 + \cdots + a_{2n}x_n = b_2 \\ \qquad\qquad \vdots \\ a_{m1}x_1 + a_{m2}x_2 + \cdots + a_{mn}x_n = b_m \end{cases} \iff \begin{pmatrix} a_{11} & a_{12} & \cdots & a_{1n} \\ a_{21} & a_{22} & \cdots & a_{2n} \\ \vdots & \vdots & \ddots & \vdots \\ a_{m1} & a_{m2} & \cdots & a_{mn} \end{pmatrix}\begin{pmatrix} x_1 \\ x_2 \\ \vdots \\ x_n \end{pmatrix} = \begin{pmatrix} b_1 \\ b_2 \\ \vdots \\ b_m \end{pmatrix}$$

$$\iff AX = B$$

또, 변수소거법을 이용하여 연립일차방정식의 해를 구하는 과정은 방정식의 계수로 이루어진 $m \times n$ 행렬 A에 $m \times 1$ 행렬 B를 덧붙여 만든 $m \times (n+1)$ 첨가행렬 $(A \mid B)$ 에 행에 대한 기본연산 (간단히, 행 기본연산)이라 부르는 다음 세 가지 연산을 적절하게 반복하여 적용하는 것으로 생각할 수 있다.

행에 대한 기본연산

$m \times n$ 행렬 A에 관한 다음 연산을 행에 관한 기본연산이라 한다.

(가) A의 두 행 i 행과 j 행을 서로 바꾼다. : $\tilde{A} = \mathrm{R}_{i,j}A$
(나) A의 i 행에 0이 아닌 상수 k를 곱한다. : $\tilde{A} = \mathrm{R}_i(k)A$
(다) A의 i 행을 k배 하여 j 행에 더한다. : $\tilde{A} = \mathrm{R}_{i,j}(k)A$

위에서 $\tilde{A}$는 A에 행에 관한 기본연산을 적용하여 얻어지는 행렬을 의미하고, 행렬 $\mathrm{R}_{i,j}$, $\mathrm{R}_i(k)$, $\mathrm{R}_{i,j}(k)$는 38 쪽에서 설명한 행 기본연산에 대응되는 행렬이다.

38 쪽에서 설명한 기본연산에 대응되는 $n \times n$ 행렬 $\mathrm{R}_{i,j}$는 $\mathrm{R}_{i,j} = \mathrm{R}_{i,j}I_n$이므로 단위행렬 I_n에서 i 행과 j 행을 서로 바꾼 행렬이다. 기본연산에 대응되는 다른 행렬도 동일한 방법으로 구할 수 있다. 또, 문제 2.2.2에서 보았듯이

$$\mathrm{R}_{i,j}^{-1} = \mathrm{R}_{i,j}, \quad \mathrm{R}_i(k)^{-1} = \mathrm{R}_i\left(\frac{1}{k}\right), \quad \mathrm{R}_{i,j}(k)^{-1} = \mathrm{R}_{i,j}(-k)$$

이다. 따라서, A에 행에 관한 기본연산을 적용하여 얻은 행렬을 B라 하면, B에 행에 관한 기본연산을 적절하게 적용하여 A를 다시 얻을 수 있고, 이런 이유로 A와 B는 **행동치**라고 한다. 결론적으로 첨가행렬이 행동치인 두 연립일차방정식은 동일한 해집합을 갖는 동치인 방정식이 된다.

이제, 연립방정식 $AX = B$에 대응되는 첨가행렬 $(A \mid B)$에 행에 관한 기본연산을 적절하게 적용하여 얻은 행렬의 형태가

$$\left(\begin{array}{cccc|c} 1 & 2 & 1 & 1 & 2 \\ 0 & 1 & 1 & 2 & 3 \\ 0 & 0 & 0 & 1 & 1 \end{array}\right) \quad \text{또는} \quad \left(\begin{array}{cccc|c} 1 & 0 & 1 & 1 & 2 \\ 0 & 0 & 1 & 0 & 3 \\ 0 & 0 & 0 & 1 & 1 \end{array}\right) \tag{2.3}$$

라 하자. 이때, 연립일차방정식 $AX = B$는 마지막 식부터 역순으로 쉽게 풀 수 있다. 식 (2.3)의 첫 번째 첨가행렬에 대응되는 연립일차방정식

$$\begin{cases} x + 2y + z + w = 2 \\ y + z + 2w = 3 \\ w = 1 \end{cases}$$

의 경우를 살펴보자. 우선, 마지막 식에서 $w = 1$이므로, 이를 두 번째 식에 대입하여 $y = 3 - z - 2w = 1 - z$를 얻을 수 있다.

또, 이들 값을 첫 번째 식에 대입하면 $x = 2 - 2y - z - w = 2 - 2(1 - z) - z - 1 = -1 + z$를 얻을 수 있다. 즉, 임의의 실수 z에 대해 해는 $(x,\ y,\ z,\ w) = (-1 + z,\ 1 - z,\ z,\ 1)$이다.

식 (2.3)의 두 번째 첨가행렬에 대응되는 연립일차방정식의 경우에도 마지막 식부터 풀면

$$w = 1 \implies z = 3 \implies x = 2 - z - w = -2$$

이므로 임의의 실수 y에 대해 해는 $(x,\ y,\ z,\ w) = (-2,\ y,\ 3,\ 1)$이 된다.

따라서, 연립일차방정식에 대응되는 첨가행렬 $(A\,|\,B)$로부터 식 (2.3)과 같은 형태로 변형할 수 있으면 연립방정식의 해를 쉽게 구할 수 있다. 식 (2.3)과 같은 형태의 행렬을 행사다리꼴이라 하는데, 이를 엄밀하게 정의하면 다음과 같다.

행사다리꼴과 기약 행사다리꼴

$m \times n$ 행렬 A가 다음 성질을 만족할 때, 행사다리꼴이라고 한다.

(가) 성분이 모두 0인 행이 존재하면 그 행은 행렬의 맨 아래에 위치한다.
(나) 각 행에서 처음으로 나타나는 0이 아닌 성분은 1이다. 이때, 각 행에서 처음으로 나타나는 0이 아닌 성분을 그 행의 선행성분이라고 한다.
(다) i 행과 $i+1$ 행 모두에 선행성분이 존재하면, $i+1$ 행의 선행성분은 i 행의 선행성분보다 오른쪽에 위치한다.

또, 행렬 A가 행사다리꼴이면서 추가로 다음 성질을 만족하면 A를 기약 행사다리꼴이라고 한다.

(라) 어떤 행의 선행성분을 포함하는 열의 다른 성분은 모두 0이다.

앞으로 행사다리꼴은 간단히 REF로 나타내고, 기약 행사다리꼴은 간단히 RREF로 나타낸다. 이제 주어진 행렬의 행사다리꼴을 구하는 방법을 살펴보자. 우선, 주어진 행렬의 첫 번째 선행성분을 구하고, 선행성분을 포함한 열에서 선행성분 아래에 위치한 모든 성분을 0으로 만드는 알고리즘을 생각하자.

[알고리즘 G]

[단계 1] 주어진 행렬의 0이 아닌 성분을 나타나는 첫 번째 열이 n_1이라 하자.

[단계 2] n_1 열에서 m_1 행의 성분이 0이 아닐 때, R_{1,m_1}을 적용하여 $(1, n_1)$ 성분이 0이 아닌 성분이 되도록 행에 관한 기본연산을 시행하여 $\tilde{A}$를 얻는다. 이때, $(1, n_1)$ 성분이 선행성분이 된다.

[단계 3] 행렬 $\tilde{A}$의 $(1, n_1)$ 성분이 k라 할 때, $\mathrm{R}_1\left(\dfrac{1}{k}\right)$를 적용하여 $\tilde{A}$의 $(1,\ n_1)$ 성분을 1로 만든다.

[단계 4] $\tilde{A}_{i,n_1} \neq 0$인 모든 $\tilde{A}_{i,n_1}$에 대해, $\mathrm{R}_{1,i}\left(-\tilde{A}_{i,n_1}\right)$를 적용하여 선행성분을 포함하는 열에서 선행성분 아래에 위치한 모든 성분이 0이 되게 한다.

이제 $m \times n$ 행렬 A의 행사다리꼴을 구하기 위해서는 [알고리즘 G]를 반복하여 적용하면 된다. 즉, 행렬 A에 [알고리즘 G]를 적용하여 첫 번째 선행성분을 구하고 선행성분의 아래 성분을 모두 0으로 만든다. 최종적으로 얻어진 행렬을 A_1이라 하고, 첫 번째 선행성분의 위치가 $(1, n_1)$ 성분이라면 $(2, n_1+1)$ 성분을 포함하여 오른쪽 아래에 위치한 $(m-1)\times(n-n_1)$ 행렬을 B라 한다. 만약 B가 영행렬이면 A_1이 행사다리꼴이고 영행렬이 아니면, 행렬 A_1에서 B부분에만 [알고리즘 G]를 적용하여 행렬 A_2를 얻는다. 이때, 행렬 A_2의 선행성분의 위치가 n_2라면, 다시 행렬 A_2에서 $(2, n_2+1)$을 포함하는 오른쪽 아래의 부분행렬을 새롭게 B라 하고 영행렬인지 아닌지에 따라 계산하는 위의 과정을 반복한다. (이 과정은 처음에 주어진 행렬 A의 크기에 대해 최대 $\min\{m, n\}$번 이하만큼 반복될 수 있다.)

예제를 통해 위 알고리즘을 적용해보자.

예제 2.3.1. 다음 행렬 A의 행사다리꼴을 구하시오.

$$A = \begin{pmatrix} 0 & 0 & 1 & 2 & 1 & 2 \\ 1 & 1 & 0 & 1 & 1 & 1 \\ 1 & 1 & 0 & 2 & 1 & 1 \\ 2 & 2 & 1 & 3 & 3 & 3 \end{pmatrix}$$

풀이 : 행렬 A에 [알고리즘 G]를 적용하자. 0이 아닌 성분을 포함하는 첫 번째 열이 1열이고 $(1, 2)$ 성분이 1이므로 $(1, 2)$ 성분이 첫 번째 선행성분이 되도록 $\mathrm{R}_{1,2}$를 적용하면,

$$\begin{pmatrix} 1 & 1 & 0 & 1 & 1 & 1 \\ 0 & 0 & 1 & 2 & 1 & 2 \\ 1 & 1 & 0 & 2 & 1 & 1 \\ 2 & 2 & 1 & 3 & 3 & 3 \end{pmatrix}$$

이다. 이제 $(1, 1)$ 위치의 선행성분 아래 성분을 모두 0으로 만들기 위해 $\mathrm{R}_{1,3}(-1)$과 $\mathrm{R}_{1,4}(-2)$를 차례로 적용하면 A_1은

$$A_1 = \begin{pmatrix} 1 & 1 & 0 & 1 & 1 & 1 \\ 0 & 0 & 1 & 2 & 1 & 2 \\ 0 & 0 & 0 & 1 & 0 & 0 \\ 0 & 0 & 1 & 1 & 1 & 1 \end{pmatrix}$$

가 된다. 이때, A_1에서 파란색으로 표시된 $(2, 2)$ 성분의 오른쪽 아래에 위치한 3×5 부분행렬 B에 대해 [알고리즘 G]를 다시 적용하자.

부분행렬 B 에서 0 아닌 성분을 갖는 첫 번째 열은 2 열이므로 B 의 $(1,2)$ 성분, 즉, A_1 의 $(2,3)$ 성분이 선행성분이 된다. 따라서, A_1 에 $\mathrm{R}_{2,4}(-1)$ 를 적용하여 다음과 같이 A_2 를 구한다.

$$A_2 = \begin{pmatrix} 1 & 1 & 0 & 1 & 1 & 1 \\ 0 & 0 & 1 & 2 & 1 & 2 \\ 0 & 0 & 0 & 1 & 0 & 0 \\ 0 & 0 & 0 & -1 & 0 & -1 \end{pmatrix}$$

이제, A_2 의 두 번째 선행성분이 $(2,3)$ 성분이므로 $(3,4)$ 성분을 포함하는 오른쪽 아래의 2×3 부분행렬 B 에 대해 [알고리즘 G]를 적용하면 세 번째 선행성분은 A_2 의 $(3,4)$ 성분이 된다. 다시 $\mathrm{R}_{3,4}(1)$ 을 적용하면

$$A_3 = \begin{pmatrix} 1 & 1 & 0 & 1 & 1 & 1 \\ 0 & 0 & 1 & 2 & 1 & 2 \\ 0 & 0 & 0 & 1 & 0 & 0 \\ 0 & 0 & 0 & 0 & 0 & -1 \end{pmatrix}$$

을 얻는다.

다시, 세 번째 선행성분에 대해 $(4,5)$ 성분의 오른쪽 아래에 위치한 1×2 부분행렬에 [알고리즘 G]를 적용하기 위해 A_3 에 $\mathrm{R}_4(-1)$ 을 시행하면 다음과 같이 A_4 를 얻는다.

$$A_4 = \begin{pmatrix} 1 & 1 & 0 & 1 & 1 & 1 \\ 0 & 0 & 1 & 2 & 1 & 2 \\ 0 & 0 & 0 & 1 & 0 & 0 \\ 0 & 0 & 0 & 0 & 0 & 1 \end{pmatrix}$$

이때, 네 번째 선행성분의 오른쪽 아래에 더 이상의 행렬이 없으므로 A_4 가 A 의 행사다리꼴이 된다. □

위 예제에서 A 로부터 A 의 행사다리꼴을 얻는 과정은 다음과 같이 행에 관한 기본연산에 대응되는 행렬을 차례로 곱하는 방식으로 나타내면 편리하다.

$$\mathrm{R}_4(-1)\,\mathrm{R}_{3,4}(1)\,\mathrm{R}_{2,4}(-1)\,\mathrm{R}_{1,4}(-2)\,\mathrm{R}_{1,3}(-1)\,\mathrm{R}_{1,2}A$$

문제 2.3.1. 다음 각 행렬의 행사다리꼴을 구하시오.

$$A = \begin{pmatrix} 3 & 2 & 4 \\ 1 & 0 & 0 \\ 0 & 1 & 2 \\ 1 & 1 & 2 \end{pmatrix}, \quad B = \begin{pmatrix} 0 & 0 & 0 & 0 & 0 \\ 2 & 4 & 2 & 0 & 1 \\ 2 & 4 & 3 & 2 & 4 \\ 0 & 0 & 3 & 4 & 5 \end{pmatrix}$$

행에 관한 기본연산을 적용하여 주어진 행렬의 행사다리꼴을 구하는 방법을 가우스 소거법이라 한다. 따라서, 연립일차방정식 $AX = B$를 풀 때, 첨가행렬 $(A\,|\,B)$의 행사다리꼴 $(\tilde{A}\,|\,\tilde{B})$를 구하여 동치인 연립방정식 $\tilde{A}X = \tilde{B}$의 해를 구하는 방법을 가우스 소거법에 의한 풀이라고 한다.

문제 2.3.2. 가우스 소거법을 이용하여 다음 연립일차방정식의 해를 구하시오.

$$\begin{cases} x + 2y + z + w = 2 \\ x + 3y + 2z + 3w = 5 \\ 2x + 5y + 3z + 5w = 8 \end{cases}$$

가우스-조르당 소거법

주어진 행렬로부터 행사다리꼴을 구하는 가우스 소거법에 덧붙여 가우스-조르당 소거법에 대해 알아보자. 가우스-조르당 소거법은 가우스 소거법으로 구한 행사다리꼴에서 각 선행성분을 포함하는 열에 선행성분을 제외한 모든 성분이 0이 되도록 계산하는 방법으로, 마지막 선행성분부터 시작해서 첫 번째 선행성분까지 역순으로 각 선행성분의 위쪽 성분들이 0이 되도록 적절한 $\mathrm{R}_{i,j}(k)$를 적용하면 된다.

예를 들어, 식 (2.3)에서 살펴본 행사다리꼴로부터 기약 행사다리꼴을 구해보자.

$$(A\,|\,B) = \begin{pmatrix} 1 & 2 & 1 & 1 & | & 2 \\ 0 & 1 & 1 & 2 & | & 3 \\ 0 & 0 & 0 & 1 & | & 1 \end{pmatrix} \tag{2.4}$$

행사다리꼴 $(A\,|\,B)$의 첫 번째 선행성분은 $(1,1)$성분이고 두 번째 선행성분은 $(2,2)$ 성분, 그리고 마지막 선행성분은 $(3,4)$ 성분이다. 따라서, 마지막 선행성분의 위쪽에 위치한 $(2,4)$, $(1,4)$성분을 0으로 만들기 위해 $\mathrm{R}_{3,1}(-1)\,\mathrm{R}_{3,2}(-2)\,(A\,|\,B)$을 구하면

$$\mathrm{R}_{3,1}(-1)\,\mathrm{R}_{3,2}(-2)\,(A\,|\,B) = \begin{pmatrix} 1 & 2 & 1 & 0 & | & 1 \\ 0 & 1 & 1 & 0 & | & 1 \\ 0 & 0 & 0 & 1 & | & 1 \end{pmatrix}$$

이다. 연이어서 두 번째 선행성분의 위쪽을 0으로 만들면

$$\mathrm{R}_{2,1}(-2)\,\mathrm{R}_{3,1}(-1)\,\mathrm{R}_{3,2}(-2)\,(A\,|\,B) = \begin{pmatrix} 1 & 0 & -1 & 0 & | & -1 \\ 0 & 1 & 1 & 0 & | & 1 \\ 0 & 0 & 0 & 1 & | & 1 \end{pmatrix} \tag{2.5}$$

이 되어 기약 행사다리꼴을 구할 수 있다.

문제 2.3.3. 다음 행렬의 기약 행사다리꼴을 구하시오.

(가) $\begin{pmatrix} 2 & 0 & 4 & 2 \\ 3 & -2 & 5 & 6 \\ -1 & 3 & 1 & 1 \end{pmatrix}$ (나) $\begin{pmatrix} 1 & 2 & 1 & 4 \\ 3 & 9 & 7 & 9 \\ 2 & 6 & 8 & 4 \end{pmatrix}$

가우스-조르당 소거법을 이용하면 보다 간편하게 연립일차방정식의 해를 구할 수 있다. 예를 들어, 식 (2.4)의 첨가행렬로 주어지는 연립일차방정식 $AX = B$에 대해 43 쪽에서 설명한 것처럼 w부터 구하여 대입해 나가면서 해를 구할 수도 있지만, $(A \mid B)$와 행동치인 기약 행사다리꼴 (2.5)로부터 보다 간단한 동치 연립일차방정식

$$\begin{cases} x - z = -1 \\ y + z = 1 \\ w = 1 \end{cases} \iff (x,\ y,\ z,\ w) = (z-1,\ 1-z,\ z,\ 1)$$

을 풀어 해를 구할 수도 있다. 이처럼 첨가행렬과 행동치인 기약 행사다리꼴을 구해 연립일차방정식의 해를 구하는 것을 가우스-조르당 소거법으로 방정식을 푼다고 한다.

한 가지 언급할 사실은 가우스-조르당 소거법을 이용하여 연립일차방정식의 해를 구할 때, 선행성분이 없는 열과 곱해지는 미지수는 임의의 값을 가질 수 있고 (즉, 앞의 예에서 3열과 곱해지는 미지수 z), 선행성분과 곱해지는 미지수는 종속변수가 된다 (즉, 앞의 예에서 1, 2, 4과 곱해지는 미지수 x, y, w는 독립변수 z의 값에 따라 결정된다).

예제 2.3.2. 다음 연립일차방정식에 대해 물음에 답하시오.

$$\begin{cases} x + z = 4 \\ 2x + y + 3z = 7 \\ -3x - 3y + (a^2 - 5a)z = a - 11 \end{cases}$$

(가) 해를 갖지 않기 위한 a의 조건

(나) 유일한 해를 갖기 위한 a의 조건

(다) 무수히 많은 해를 갖기 위한 a의 조건

풀이 : 대응되는 첨가행렬을 구하면

$$(A \mid B) = \left(\begin{array}{ccc|c} 1 & 0 & 1 & 4 \\ 2 & 1 & 3 & 7 \\ -3 & -3 & a^2 - 5a & a - 11 \end{array}\right)$$

이고, 가우스 소거법을 이용하여 행사다리꼴을 구하면

$$\mathrm{R}_{2,3}(3)\,\mathrm{R}_{1,3}(3)\,\mathrm{R}_{1,2}(-2)\,(A\,|\,B) = \begin{pmatrix} 1 & 0 & 1 & | & 4 \\ 0 & 1 & 1 & | & -1 \\ 0 & 0 & a^2-5a+6 & | & a-2 \end{pmatrix}$$

이다. 따라서, $a^2 - 5a + 6 \neq 0$이면 세 번째 선행성분이 되어 가우스-조르당 소거법에 의해 유일한 해를 구할 수 있다. 즉, $a \neq 2$이고 $a \neq 3$이면 해는 유일하게 존재한다.

$a^2 - 5a + 6 = 0$인 경우를 따져보자. 우선, $a - 2 = 0$도 성립하면, 즉, $a = 2$이면 $(A\,|\,B)$의 기약 행사다리꼴이

$$\begin{pmatrix} 1 & 0 & 1 & | & 4 \\ 0 & 1 & 1 & | & -1 \\ 0 & 0 & 0 & | & 0 \end{pmatrix}$$

이 되어 z가 독립변수가 된다. 즉, 임의의 실수 z에 대해 $(x,\ y,\ z) = (4 - z,\ -1 - z,\ z)$가 해가 되므로 해는 무수히 많다.

$a^2 - 5a + 6 = 0$이고 $a - 2 \neq 0$인 경우, 즉 $a = 3$인 경우에는 연립방정식의 세 번째 식이 $0 \cdot x + 0 \cdot y + 0 \cdot z = 1$이 되므로 해가 존재하지 않는다.

결론적으로 (가) $a = 3$이면 해가 존재하지 않는다. (나) $a \neq 2$이고 $a \neq 3$이면 해는 유일하게 존재한다. (다) $a = 2$이면 해는 무수히 많이 존재한다. □

문제 2.3.4. 다음 연립일차방정식에 대해 다음 물음에 답하시오.

$$\begin{cases} ax + 2y + 3z = b_1 \\ ax + ay + 4z = b_2 \\ ax + ay + az = b_3 \end{cases}$$

(가) 해를 갖지 않기 위한 $a,\ b_1,\ b_2,\ b_3$의 조건을 구하시오.

(나) 유일한 해를 갖기 위한 $a,\ b_1,\ b_2,\ b_3$의 조건을 구하시오.

(다) 무수히 많은 해를 갖기 위한 $a,\ b_1,\ b_2,\ b_3$의 조건을 구하시오.

연립일차방정식의 해

예제 2.3.2에서 보듯이 연립일차방정식 $AX = B$는 무수히 많은 해를 가질 수도 있고, 해가 존재하지 않을 수도 있고, 유일한 해를 가질 수도 있다.

연립일차방정식을 푸는 일반적인 해법은 첨가행렬 $(A\,|\,B)$에 가우스 소거법이나 가우스-조르당 소거법을 적용하여 행사다리꼴 또는 기약 행사다리꼴을 구하고, 기약 행사다리꼴에

대응되는 연립일차방정식의 해를 구하는 것이다. 특히, 연립방정식이 유일한 해를 가지려면 행렬 A가 정사각행렬이고 A의 기약 행사다리꼴이 단위행렬이 되어야 함을 알 수 있다.

행렬 A의 n과 m이 다를 때, 해가 존재할 필요충분조건 등은 4.5절에서 행렬의 계수와 퇴화차수를 배우고 나면 좀 더 체계적으로 설명할 수 있다.

특히, $m \times 1$ 행렬 B의 모든 성분이 0일 때, 이 연립방정식을 **동차**라고 하는데, 동차 연립일차방정식 $AX = O$에서 $X = O$는 항상 해가 되므로 **자명한 해**라 하고, $X \neq O$인 해를 **자명하지 않은 해**라고 한다.

예제 2.3.3. A가 $m \times n$ 행렬이고 B가 영행렬이 아닌 $m \times 1$ 행렬일 때, $AX = B$는 $X = X_1$을 해로 갖는다고 하자. $AX = O$의 해집합을 $\mathcal{S}$라 할 때, $AX = B$의 해집합은 $\{X_1 + S : S \in \mathcal{S}\}$임을 보이시오.

풀이 : 연립일차방정식

$$AX = B \tag{2.6}$$

에서 $AX_1 = B$를 변끼리 빼면 연립일차방정식

$$A(X - X_1) = O \iff AY = O \tag{2.7}$$

이 된다. 이제 $X = X_2$가 연립일차방정식 (2.6)의 해라면, $X = X_2 - X_1$은 연립일차방정식 (2.7)의 해가 되므로 $Y = X - X_1 \in \mathcal{S}$가 성립한다. 따라서 적당한 $S \in \mathcal{S}$에 대해 $X = X_1 + S$가 된다.

역으로, 연립일차방정식 (2.7)의 해 $S \in \mathcal{S}$에 대해 $A(X_1 + S) = AX_1 + AS = B + O = B$이므로 $X = X_1 + S$는 연립일차방정식 (2.6)의 해가 된다. □

가우스-조르당 소거법을 이용하여 역행렬을 구하는 법

$n \times n$ 행렬 A에 대해 $XA = I$를 만족하는 행렬 X가 존재하면 $AX = I$도 성립하고, X가 A의 역행렬이 됨을 보일 수 있다.[6)]

따라서, 행렬의 곱을 열벡터의 일차결합으로 이해하는 방식을 이용하면[7)], 행렬 A의 역행렬 X를 구하는 것은 다음 n개의 연립방정식을 푸는 것과 같다.

$$AX_1^C = I_1^C,\ AX_2^C = I_2^C,\ \cdots, AX_n^C = I_n^C. \tag{2.8}$$

(위 식에서 I_j^C는 i번째 성분만 1이고 나머지는 모두 0인 열벡터이고, X_i^C는 각각 n개의 미지수로 이루어진 열벡터를 의미한다.)

6) 이것을 설명할 수 있는 여러 가지 방법이 있지만, 뒤에서 배울 행렬식의 성질을 이용하면 가장 쉽게 확인할 수 있다.

7) 41 쪽 참고

연립방정식 $AX_i^C = I_i^C$ 를 푸는 가장 간단한 방법은 첨가행렬 $(A \mid I_i^C)$ 에 가우스-조르당 소거법을 적용시켜 기약 행사다리꼴을 만드는 것이고, 행렬 A가 역행렬을 갖는 경우에는 그 결과가 $(I \mid B_i)$ 꼴이 되어 $X_i^C = B_i$ 와 같이 해를 구하게 된다. 이때, 주목할 것은 행에 관한 기본연산을 어떻게 적용시킬지는 오직 행렬 A에 의해서만 결정된다는 점이다.

따라서, 역행렬을 구할 때 n개의 연립방정식 (2.8)에 대응되는 n개의 첨가행렬 $(A \mid I_i^C)$ 에 대해 가우스-조르당 소거법을 각각 적용시켜 n개의 기약 행사다리꼴 $(I \mid B_i)$를 얻는 대신, 한 개의 $n \times 2n$ 행렬 $(A \mid I_1^C\ I_2^C\ \cdots\ I_n^C) = (A \mid I)$ 에 가우스-조르당 소거법을 적용시켜 $(I \mid B_1\ B_2 \cdots B_n)$을 얻으면 된다. 이때, (2.8)에서 i번째 연립방정식의 해는 $X_i^C = B_i$가 되므로 $(I \mid B_1\ B_2 \cdots B_n) = (I \mid A^{-1})$가 됨을 알 수 있다.

예제 2.3.4. 다음 행렬 A의 역행렬을 구하시오.

$$A = \begin{pmatrix} 1 & 2 & -1 \\ 3 & 1 & 1 \\ 1 & 1 & 1 \end{pmatrix}.$$

풀이 : $(A \mid I)$ 에 가우스-조르당 소거법을 적용하면 다음과 같다. 아래 식은 화살표의 왼쪽에 주어진 행렬에 화살표 위에 표시된 행렬을 곱하면 화살표 오른쪽의 행렬이 됨을 의미한다. (즉, 행에 관한 기본연산을 행렬을 이용하여 표현한 것이다.)

$$\left(\begin{array}{ccc|ccc} 1 & 2 & -1 & 1 & 0 & 0 \\ 3 & 1 & 1 & 0 & 1 & 0 \\ 1 & 1 & 1 & 0 & 0 & 1 \end{array}\right) \xrightarrow{\mathrm{R}_{1,2}(-3)} \left(\begin{array}{ccc|ccc} 1 & 2 & -1 & 1 & 0 & 0 \\ 0 & -5 & 4 & -3 & 1 & 0 \\ 1 & 1 & 1 & 0 & 0 & 1 \end{array}\right)$$

$$\xrightarrow{\mathrm{R}_{1,3}(-1)} \left(\begin{array}{ccc|ccc} 1 & 2 & -1 & 1 & 0 & 0 \\ 0 & -5 & 4 & -3 & 1 & 0 \\ 0 & -1 & 2 & -1 & 0 & 1 \end{array}\right) \xrightarrow{\mathrm{R}_{2,3}} \left(\begin{array}{ccc|ccc} 1 & 2 & -1 & 1 & 0 & 0 \\ 0 & -1 & 2 & -1 & 0 & 1 \\ 0 & -5 & 4 & -3 & 1 & 0 \end{array}\right)$$

$$\xrightarrow{\mathrm{R}_{2}(-1)} \left(\begin{array}{ccc|ccc} 1 & 2 & -1 & 1 & 0 & 0 \\ 0 & 1 & -2 & 1 & 0 & -1 \\ 0 & -5 & 4 & -3 & 1 & 0 \end{array}\right) \xrightarrow{\mathrm{R}_{2,3}(5)} \left(\begin{array}{ccc|ccc} 1 & 2 & -1 & 1 & 0 & 0 \\ 0 & 1 & -2 & 1 & 0 & -1 \\ 0 & 0 & -6 & 2 & 1 & -5 \end{array}\right)$$

$$\xrightarrow{\mathrm{R}_{3}(-\frac{1}{6})} \left(\begin{array}{ccc|ccc} 1 & 2 & -1 & 1 & 0 & 0 \\ 0 & 1 & -2 & 1 & 0 & -1 \\ 0 & 0 & 1 & -\frac{1}{3} & -\frac{1}{6} & \frac{5}{6} \end{array}\right) \xrightarrow{\mathrm{R}_{3,2}(2)} \left(\begin{array}{ccc|ccc} 1 & 2 & -1 & 1 & 0 & 0 \\ 0 & 1 & 0 & \frac{1}{3} & -\frac{1}{3} & \frac{2}{3} \\ 0 & 0 & 1 & -\frac{1}{3} & -\frac{1}{6} & \frac{5}{6} \end{array}\right)$$

$$\xrightarrow{\mathrm{R}_{3,1}(1)} \left(\begin{array}{ccc|ccc} 1 & 2 & 0 & \frac{2}{3} & -\frac{1}{6} & \frac{5}{6} \\ 0 & 1 & 0 & \frac{1}{3} & -\frac{1}{3} & \frac{2}{3} \\ 0 & 0 & 1 & -\frac{1}{3} & -\frac{1}{6} & \frac{5}{6} \end{array}\right) \xrightarrow{\mathrm{R}_{2,1}(-2)} \left(\begin{array}{ccc|ccc} 1 & 0 & 0 & 0 & \frac{1}{2} & -\frac{1}{2} \\ 0 & 1 & 0 & \frac{1}{3} & -\frac{1}{3} & \frac{2}{3} \\ 0 & 0 & 1 & -\frac{1}{3} & -\frac{1}{6} & \frac{5}{6} \end{array}\right)$$

따라서, A의 역행렬은 $A^{-1} = \frac{1}{6}\begin{pmatrix} 0 & 3 & -3 \\ 2 & -2 & 4 \\ -2 & -1 & 5 \end{pmatrix}$ 이다. □

문제 2.3.5. 주어진 행렬의 역행렬을 구하시오.

(가) $\begin{pmatrix} 0 & 0 & 1 \\ 0 & 1 & 2 \\ 1 & 2 & 3 \end{pmatrix}$ (나) $\begin{pmatrix} 2 & 1 & 1 \\ 1 & 2 & 1 \\ 1 & 1 & 2 \end{pmatrix}$

2.4 하삼각행렬과 상삼각행렬의 곱으로 분해: LU factorization

[미리보기] $n \times n$ 행렬에서 0이 아닌 성분은 주대각선의 아래쪽에서만 나타나는 행렬을 하삼각행렬이라 하고, 주대각선의 위쪽에서만 0아닌 성분이 나타나는 행렬을 상삼각행렬이라 한다. 예를 들어, 두 행렬 L과 U를

$$L = \begin{pmatrix} \ell_{11} & 0 & 0 \\ \ell_{21} & \ell_{22} & 0 \\ \ell_{31} & \ell_{32} & \ell_{33} \end{pmatrix}, \quad U = \begin{pmatrix} u_{11} & u_{12} & u_{13} \\ 0 & u_{22} & u_{23} \\ 0 & 0 & u_{33} \end{pmatrix}$$

라 할 때, L은 ℓ_{ij} 의 값에 관계없이 하삼각행렬이고, U는 u_{ij} 의 값에 관계없이 상삼각행렬이다.

다음 예에서 보듯이, 주어진 행렬 A를 $A = LU$와 같이 하삼각행렬 L과 상삼각행렬 U의 곱으로 분해하는 것을 행렬의 LU 분해라고 한다.

$$\begin{pmatrix} 1 & 2 & 4 \\ 3 & 8 & 14 \\ 2 & 6 & 13 \end{pmatrix} = \begin{pmatrix} 1 & 0 & 0 \\ 3 & 1 & 0 \\ 2 & 1 & 1 \end{pmatrix}\begin{pmatrix} 1 & 2 & 4 \\ 0 & 2 & 2 \\ 0 & 0 & 3 \end{pmatrix}. \tag{2.9}$$

$n \times n$ 행렬 A에 가우스-조르당 소거법을 적용하여 기약 행사다리꼴을 구할 때, 소거법에서 사용되는 행에 관한 세 가지 연산은 주어진 행렬의 왼쪽에 대응되는 행렬을 곱하는 것으로 이해할 수 있었다. 이 과정을 잘 살펴보면, 주어진 행렬 A를 $A = LU$와 같이 하삼각 행렬 L과 상삼각 행렬 U의 곱으로 분해할 수 있음을 보일 수 있다. 이때, 주어진 행렬의 LU 분해에서 나타나는 하삼각행렬은 주어진 행렬을 행사다리꼴로 만드는 행연산에 대한 정보를 담고 있고, 상삼각행렬은 행사다리꼴을 기약 행사다리꼴로 만드는 행연산에 대한 정보를 담고 있다.

하삼각행렬과 상삼각행렬의 정의

하삼각행렬, 상삼각행렬의 정의

$1 \le i < j \le n$에 대해 $A_{ij} = 0$인 $n \times n$ 행렬 A를 하삼각행렬이라 하고,
$1 \le j < i \le n$에 대해 $A_{ij} = 0$인 $n \times n$ 행렬 A를 상삼각행렬이라 한다.

행에 관한 기본연산을 나타내는 행렬 $\mathrm{R}_{i,j}(k)$는 $\mathrm{R}_{i,j}(k) = \mathrm{R}_{i,j}(k)\,I$로 생각할 수 있으므로 단위행렬의 i행에 k배한 것을 j행에 더하여 얻을 수 있다. 예를 들면,

$$\mathrm{R}_{1,3}(a) = \begin{pmatrix} 1 & 0 & 0 \\ 0 & 1 & 0 \\ a & 0 & 1 \end{pmatrix}, \quad \mathrm{R}_{3,1}(a) = \begin{pmatrix} 1 & 0 & a \\ 0 & 1 & 0 \\ 0 & 0 & 1 \end{pmatrix}$$

가 되어, $\mathrm{R}_{1,3}(a)$는 하삼각행렬, $\mathrm{R}_{3,1}(a)$는 상삼각행렬이 된다. 즉, 행에 관한 기본연산 $\mathrm{R}_{i,j}(k)$는 $i < j$일 때는 하삼각행렬이고, $j > i$일 때는 상삼각행렬이다. 또, 한 행에 상수배를 하는 행렬 $\mathrm{R}_i(k)$는 대각행렬이므로 하삼각행렬도 되고, 상삼각행렬도 된다.

예제 2.4.1. 3×3행렬에 대한 기본 행연산 과정을 나타내는 행렬의 곱

$$\mathrm{R}_{2,3}(c)\,\mathrm{R}_{1,3}(b)\,\mathrm{R}_{1,2}(a) \quad \text{와} \quad \mathrm{R}_{1,2}(a)\,\mathrm{R}_{1,3}(b)\,\mathrm{R}_{2,3}(c)$$

를 각각 구하고, 그 결과가 역시 하삼각행렬이 됨을 확인하시오.

풀이: 단위행렬 I의 왼쪽에 차례로 $\mathrm{R}_{1,2}(a)$, $\mathrm{R}_{1,3}(b)$, $\mathrm{R}_{2,3}(c)$을 곱하면

$$\begin{pmatrix} 1 & 0 & 0 \\ 0 & 1 & 0 \\ 0 & 0 & 1 \end{pmatrix} \xrightarrow{\mathrm{R}_{1,2}(a)} \begin{pmatrix} 1 & 0 & 0 \\ a & 1 & 0 \\ 0 & 0 & 1 \end{pmatrix} \xrightarrow{\mathrm{R}_{1,3}(b)} \begin{pmatrix} 1 & 0 & 0 \\ a & 1 & 0 \\ b & 0 & 1 \end{pmatrix} \xrightarrow{\mathrm{R}_{2,3}(c)} \begin{pmatrix} 1 & 0 & 0 \\ a & 1 & 0 \\ b+ac & c & 1 \end{pmatrix}$$

이다. 같은 방법으로 $\mathrm{R}_{1,2}(a)\,\mathrm{R}_{1,3}(b)\,\mathrm{R}_{2,3}(c)$를 구하면

$$\begin{pmatrix} 1 & 0 & 0 \\ 0 & 1 & 0 \\ 0 & 0 & 1 \end{pmatrix} \xrightarrow{\mathrm{R}_{2,3}(c)} \begin{pmatrix} 1 & 0 & 0 \\ 0 & 1 & 0 \\ 0 & c & 1 \end{pmatrix} \xrightarrow{\mathrm{R}_{1,3}(b)} \begin{pmatrix} 1 & 0 & 0 \\ 0 & 1 & 0 \\ b & c & 1 \end{pmatrix} \xrightarrow{\mathrm{R}_{1,2}(a)} \begin{pmatrix} 1 & 0 & 0 \\ a & 1 & 0 \\ b & c & 1 \end{pmatrix}$$

가 되어 하삼각행렬이 된다. □

문제 2.4.1. 예제 2.4.1을 잘 관찰하면, 주대각선의 성분이 모두 1인 $n \times n$ 하삼각 행렬은 일정한 규칙에 따라 $\mathrm{R}_{i,j}(k)$를 곱하여 얻을 수 있음을 알 수 있다. 이 규칙을 찾아 다음 하삼각행렬 L_1을 $\mathrm{R}_{i,j}(k)$들의 곱으로 나타내시오.

$$L_1 = \begin{pmatrix} 1 & 0 & 0 & 0 \\ \ell_{21} & 1 & 0 & 0 \\ \ell_{31} & \ell_{32} & 1 & 0 \\ \ell_{41} & \ell_{42} & \ell_{43} & 1 \end{pmatrix}, \quad L_2 = \begin{pmatrix} \ell_{11} & 0 & 0 & 0 \\ \ell_{21} & \ell_{22} & 0 & 0 \\ \ell_{31} & \ell_{32} & \ell_{33} & 0 \\ \ell_{41} & \ell_{42} & \ell_{43} & \ell_{44} \end{pmatrix}.$$

또, L_2를 $\mathrm{R}_{i,j}(k)$와 $\mathrm{R}_i(k)$의 곱으로 나타내시오.

하삼각행렬과 상삼각행렬의 성질

행렬 $\mathrm{R}_{i,j}(k)$는 단위행렬에서 (j,i)-성분만 k로 바꾼 행렬이므로, i행에 $-k$배한 것을 j행에 더해주는 행연산을 통해 단위행렬이 되게 할 수 있다. 즉, $\mathrm{R}_{i,j}(-k)\mathrm{R}_{i,j}(k) = I$이다. 따라서, $\mathrm{R}_{i,j}(k)^{-1} = \mathrm{R}_{i,j}(-k)$가 되어, $i < j$이면 $\mathrm{R}_{i,j}(k)$와 그 역행렬 $\mathrm{R}_{i,j}(-k)$도 다시 하삼각행렬이 됨을 알 수 있다. 같은 방법으로 $\mathrm{R}_i(k)$의 역행렬도 $\mathrm{R}_i\left(\frac{1}{k}\right)$이 되어 하삼각행렬이 된다. 또, 예제 2.4.1에서 본 것처럼 하삼각행렬 $\mathrm{R}_{i,j}(k)$들끼리 곱하여 얻은 행렬도 다시 하삼각행렬이 되는데, 이러한 성질은 일반적인 하삼각행렬에서도 성립한다.

하삼각행렬의 성질

(가) 하삼각행렬끼리의 곱도 하삼각행렬이다.

(나) 모든 대각성분의 곱이 0이 아닌 하삼각행렬의 역행렬도 하삼각행렬이다.

증명 : (가) L과 M이 $n \times n$ 하삼각행렬이라 할 때, 두 행렬의 곱 LM이 하삼각행렬임을 보이기 위해서는

$$\text{모든 } 1 \leq i < j \leq n\text{에 대해 } (LM)_{ij} = \sum_{k=1}^{n} L_{ik}M_{kj} = 0$$

이 성립함을 보이면 된다. $1 \leq k \leq i$의 경우에는 $k < j$이므로 $M_{kj} = 0$이 성립하고, $i < k \leq n$의 경우에는 $L_{ik} = 0$이 성립한다. 따라서, 모든 k에 대해 $L_{ik}M_{kj} = 0$이다.

(나) 하삼각행렬 L의 각 대각성분 L_{ii}이 0이 아니므로 $\left(L \mid I\right)$에 가우스 소거법을 적용하여 $\left(I \mid L^{-1}\right)$로부터 역행렬을 구할 수 있다.[8) □

문제 2.4.2. $a_{11}a_{22}a_{33} \neq 0$일 때, 다음 하삼각행렬 L과 상삼각행렬 U의 역행렬을 각각 구하시오.

$$L = \begin{pmatrix} a_{11} & 0 & 0 \\ a_{21} & a_{22} & 0 \\ a_{31} & a_{32} & a_{33} \end{pmatrix}, \quad U = \begin{pmatrix} a_{11} & a_{12} & a_{13} \\ 0 & a_{22} & a_{23} \\ 0 & 0 & a_{33} \end{pmatrix}.$$

상삼각행렬에 대해서도 비슷한 성질이 성립한다.

상삼각행렬의 성질

(가) 상삼각행렬끼리의 곱도 상삼각행렬이다.

(나) 모든 대각성분의 곱이 0이 아닌 상삼각행렬의 역행렬도 상삼각행렬이다.

---

8) 행렬식을 배우고 나면, 하삼각행렬의 행렬식은 대각성분의 곱이 되는 것을 보일 수 있고, 행렬식이 0이 아니라는 사실로부터 역행렬이 존재함을 보일 수도 있다.

문제 2.4.3. 상삼각행렬의 성질 (가)를 증명하시오.

행렬의 LU 분해 : 간단한 경우

$n \times n$ 행렬 A에 가우스 소거법을 적용하여 행사다리꼴을 만들면 행과 열의 개수가 같으므로, 그 결과는 상삼각행렬 U_A가 된다. 특히, 행사다리꼴을 만드는 과정에서 사용되는 행에 관한 기본연산 $\mathrm{R}_{i,j}(k)$는 $i < j$인 경우 밖에 없으므로 하삼각행렬임을 알 수 있다.[9] 따라서, 두 행의 위치를 바꾸는 연산을 사용하지 않고 A를 행사다리꼴로 만들 수 있는 경우에는 사용하는 모든 행연산이 하삼각 행렬에 대응되므로,[10] 행렬 A에 가우스 소거법을 적용하여 상삼각행렬 U_A를 얻는 과정을 $L_A A = U_A$와 같이 A에 하삼각행렬 L_A를 곱하는 것으로 생각할 수 있다.[11] 결과적으로 $A = L_A^{-1} U_A$와 같이 A의 LU 분해를 얻을 수 있다.[12]

앞의 설명에 따라 가우스 소거법을 이용하여 행렬의 LU 분해를 구해보자. $L_A A = U_A$가 되는 L_A를 구하면

$$A = \begin{pmatrix} 1 & 2 & 4 \\ 3 & 8 & 14 \\ 2 & 6 & 13 \end{pmatrix} \longrightarrow \mathrm{R}_{1,3}(-2)\,\mathrm{R}_{1,2}(-3)\,A = \begin{pmatrix} 1 & 2 & 4 \\ 0 & 2 & 2 \\ 0 & 2 & 5 \end{pmatrix}$$

$$\longrightarrow \mathrm{R}_{2}\left(\frac{1}{2}\right)\mathrm{R}_{1,3}(-2)\,\mathrm{R}_{1,2}(-3)\,A = \begin{pmatrix} 1 & 2 & 4 \\ 0 & 1 & 1 \\ 0 & 2 & 5 \end{pmatrix}$$

$$\longrightarrow \mathrm{R}_{2,3}(-2)\,\mathrm{R}_{2}\left(\frac{1}{2}\right)\mathrm{R}_{1,3}(-2)\,\mathrm{R}_{1,2}(-3)\,A = \begin{pmatrix} 1 & 2 & 4 \\ 0 & 1 & 1 \\ 0 & 0 & 3 \end{pmatrix}$$

로부터 $L_A = \mathrm{R}_{2,3}(-2)\,\mathrm{R}_{2}\left(\frac{1}{2}\right)\mathrm{R}_{1,3}(-2)\,\mathrm{R}_{1,2}(-3)$이다.

---

9) 행사다리꼴로 만든 후 조르당 소거법을 적용시켜 기약 행사다리꼴을 만들 때 사용되는 행연산 $\mathrm{R}_{i,j}(k)$은 $i > j$인 경우 밖에 없다.

10) 한 행에 상수배를 하는 연산 $\mathrm{R}_{i}(k)$는 대각행렬이므로 하삼각행렬로도 볼 수 있고, 상삼각행렬로도 볼 수 있다.

11) 하삼각행렬의 곱은 다시 하삼각행렬이므로 $\mathrm{R}_{i}(k)$와 $\mathrm{R}_{i,j}(k)$들의 곱을 하삼각행렬 L_A로 나타낼 수 있다.

12) L_A는 $\mathrm{R}_{i}(k)$와 $\mathrm{R}_{i,j}(k)$의 곱이고, 이들 행렬은 각각 하삼각행렬인 역행렬을 가진다. 따라서, L_A의 역행렬이 존재하고 L_A^{-1}도 하삼각행렬이다.

이제 A의 LU 분해를 구하기 위해 L_A^{-1}를 구하면,

$$L_A^{-1} = \mathrm{R}_{1,2}(-3)^{-1}\,\mathrm{R}_{1,3}(-2)^{-1}\,\mathrm{R}_2\left(\frac{1}{2}\right)^{-1}\mathrm{R}_{2,3}(-2)^{-1}$$
$$= \mathrm{R}_{1,2}(3)\,\mathrm{R}_{1,3}(2)\,\mathrm{R}_2(2)\,\mathrm{R}_{2,3}(2)\,I = \begin{pmatrix}1&0&0\\3&2&0\\2&2&1\end{pmatrix}$$

가 되어

$$A = \begin{pmatrix}1&2&4\\3&8&14\\2&6&13\end{pmatrix} = \begin{pmatrix}1&0&0\\3&2&0\\2&2&1\end{pmatrix}\begin{pmatrix}1&2&4\\0&1&1\\0&0&3\end{pmatrix}$$

와 같이 LU 분해를 구할 수 있다.

식 (2.9)와 비교해 보면, A에 대해 서로 다른 LU 분해가 가능함을 알 수 있다. 식 (2.9)와 같은 LU 분해를 얻기 위해서는, 행사다리꼴을 만드는 가우스 소거법에서 각 행의 선행성분이 1이 되게 만드는 $\mathrm{R}_i(k)$ 연산을 적용시키지 않고 형태만 사다리꼴이 되도록 하면 된다. 즉, 위의 예에서 선행성분을 1로 만들지 않고 행연산을 적용시키면,

$$\mathrm{R}_{2,3}(-1)\,\mathrm{R}_{1,3}(-2)\,\mathrm{R}_{1,2}(-3)\,A = \begin{pmatrix}1&2&4\\0&2&2\\0&0&3\end{pmatrix}$$

가 되고, 행 기본연산의 역행렬에 대응되는 기본연산을 차례로 적용시키면

$$A = \mathrm{R}_{1,2}(3)\,\mathrm{R}_{1,3}(2)\,\mathrm{R}_{2,3}(1)\,I\begin{pmatrix}1&2&4\\0&2&2\\0&0&3\end{pmatrix} = \begin{pmatrix}1&0&0\\3&1&0\\2&1&1\end{pmatrix}\begin{pmatrix}1&2&4\\0&2&2\\0&0&3\end{pmatrix}$$

와 같이 식 (2.9)의 LU 분해를 얻게 된다.

문제 2.4.4. 다음 조건을 만족하도록 $A = \begin{pmatrix}1&2&3\\2&-4&6\\3&-9&-3\end{pmatrix}$의 LU 분해 $A = L_AU_A$를 구하시오.

(가) L_A의 대각성분이 모두 1

(나) U_A의 대각성분이 모두 1

문제 2.4.5. 행렬 $A = \begin{pmatrix}1&2&3\\2&4&5\\1&3&4\end{pmatrix}$는 LU 분해가 가능하지 않음을 보이시오.

행렬의 LU 분해 : 일반적인 경우 [좀 더 알아보기]

문제 2.4.5의 예에서 보듯이 LU 분해를 할 수 없는 행렬이 존재한다. 하지만, 주어진 행렬이 가역행렬일 때는 행의 순서를 적절히 재배열하고 나면 LU 분해를 할 수 있게 된다.

예를 들어, 문제 2.4.5의 행렬 A 경우에 행사다리꼴을 구하려면 $\mathrm{R}_{2,3}$을 적용하여 2행과 3행의 순서를 바꾸어야 함을 알 수 있는데, 이 연산 $\mathrm{R}_{2,3}$을 A에 적용하여 A의 2행과 3행을 바꾼 $\mathrm{R}_{2,3}A$에 대해서는 다음과 같이 LU 분해가 가능함을 보일 수 있다.

$$\mathrm{R}_{2,3}A = \begin{pmatrix} 1 & 2 & 3 \\ 1 & 3 & 4 \\ 2 & 4 & 5 \end{pmatrix} = \begin{pmatrix} 1 & 0 & 0 \\ 1 & 1 & 0 \\ 2 & 0 & 1 \end{pmatrix} \begin{pmatrix} 1 & 2 & 3 \\ 0 & 1 & 1 \\ 0 & 0 & -1 \end{pmatrix}.$$

$n \times n$ 행렬 A가 가역행렬일 때, 가우스 소거법을 통해 만든 행사다리꼴은 모든 대각원소가 0이 아닌 상삼각 행렬이 됨을 알 수 있다. 일반적인 경우의 LU 분해를 설명하기 위해, 가우스 소거법을 적용하는 과정에서 두 행의 위치를 바꾸는 행연산 $\mathrm{R}_{i,k}$이 사용되는 것은 어떤 경우인지 생각해보자.

우선, A의 $(1,1)$ 성분에 대해 $A_{11} \neq 0$이라고 가정할 수 있다.[13] 이제 가우스 소거법을 적용하여 1열의 $(1,1)$ 성분 아래쪽을 모두 0으로 만드는 연산은 $\mathrm{R}_{1,k}(a_k)$ $(2 \leq k \leq n)$을 주어진 행렬의 왼쪽에 차례로 곱하는 것이다. 만약 $(2,2)$ 성분이 0이 아니면 동일한 방법으로 $\mathrm{R}_{2,k}(b_k)$ $(3 \leq k \leq n)$를 적용하여 2열의 $(2,2)$ 성분 아래를 0으로 만들면 되고, $(2,2)$ 성분이 0인 경우에는 그 값이 0이 아닌 $(\ell, 2)$ 성분(이때, $\ell > 2$)을 찾아[14] 두 행의 위치를 바꾸는 $\mathrm{R}_{2,\ell}$을 적용한 후 동일한 과정을 반복하게 된다.

예를 들어, 4×4 가역행렬[15] A에 대한 가우스 소거법 과정에서 각 행의 선행성분을 구하기 위해 매번 두 행의 위치를 바꾸는 연산이 필요했다면, A에 적용한 행에 관한 기본 연산은[16] 적당한 상수 a_i에 대해

$$U_A = \Big(\mathrm{R}_{3,4}(a_6)\Big)\mathrm{R}_{3,4}\Big(\mathrm{R}_{2,4}(a_5)\,\mathrm{R}_{2,3}(a_4)\Big)\mathrm{R}_{2,n_1}\Big(\mathrm{R}_{1,4}(a_3)\,\mathrm{R}_{1,3}(a_2)\,\mathrm{R}_{1,2}(a_1)\Big)A \quad (2.10)$$

꼴이 된다. 즉, 가우스 소거법에서 $\mathrm{R}_{k,\ell}$이 사용되었다면, $\ell > k$이고 $\mathrm{R}_{k,\ell}$ 이전에 사용된 연산 $\mathrm{R}_{i,j}(a)$는 모두 $i < k$인 경우라는 것을 알 수 있다.

한편, i, j, k, ℓ이 서로 다른 값이면, 네 행이 모두 다른 행이므로

$$\mathrm{R}_{k,\ell}\mathrm{R}_{i,j}(a) = \mathrm{R}_{i,j}(a)\,\mathrm{R}_{k,\ell}$$

---

13) 만약 $A_{11} = 0$이라면, 행렬식 $|A| \neq 0$이므로 $A_{1k} \neq 0$인 성분이 적어도 하나 존재하므로 $\mathrm{R}_{1,k}A$를 주어진 A라고 생각하면 된다.

14) 그 값이 0이 아닌 $(\ell, 2)$ 성분의 존재성도 행렬식이 $|A| \neq 0$이라는 것으로부터 설명할 수 있다.

15) 역행렬이 존재하는 행렬을 가역행렬이라고 한다.

16) 선행성분의 값이 1이 되도록 하는 연산은 제외하고 생각한다.

이 성립함을 알 수 있다. 또, $i < k < j = \ell$일 때, $\mathrm{R}_{k,\ell}\mathrm{R}_{i,j}(a)$에서 i, j, k행과 열만 고려하면

	i열	k열	j열
i행	1	0	0
k행	0	1	0
j행	0	0	1

$$\xrightarrow{\mathrm{R}_{i,j}(a)}$$

	i열	k열	j열
i행	1	0	0
k행	0	1	0
j행	a	0	1

$$\xrightarrow{\mathrm{R}_{k,j}}$$

	i열	k열	j열
i행	1	0	0
k행	a	0	1
j행	0	1	0

가 되고, $\mathrm{R}_{i,k}(a)\,\mathrm{R}_{k,\ell}$는

	i열	k열	j열
i행	1	0	0
k행	0	1	0
j행	0	0	1

$$\xrightarrow{\mathrm{R}_{k,j}}$$

	i열	k열	j열
i행	1	0	0
k행	0	0	1
j행	0	1	0

$$\xrightarrow{\mathrm{R}_{i,k}(a)}$$

	i열	k열	j열
i행	1	0	0
k행	a	0	1
j행	0	1	0

이므로

$$\mathrm{R}_{k,j}\mathrm{R}_{i,j}(a) = \mathrm{R}_{i,k}(a)\,\mathrm{R}_{k,j}$$

가 성립함을 알 수 있다. 같은 방법으로 $i < j = k < \ell$일 때,

$$\mathrm{R}_{j,\ell}\mathrm{R}_{i,j}(a) = \mathrm{R}_{i,\ell}(a)\,\mathrm{R}_{j,\ell}$$

임을 보일 수 있다.

이제, $\mathrm{R}_{k,\ell}$과 $\mathrm{R}_{i,j}(a)$의 곱셈 순서를 바꾸는 규칙을 적용하면, 식 (2.10)에서 모든 $\mathrm{R}_{k,\ell}$를 $\mathrm{R}_{i,j}(a)$ 연산 이전에 적용시키는 것으로 바꿀 수 있다.

예를 들어, 식 (2.10)에서 $n_1 = 3$이면

$$\begin{aligned} U_A &= \Big(\mathrm{R}_{3,4}(a_6)\Big)\mathrm{R}_{3,4}\Big(\mathrm{R}_{2,4}(a_5)\,\mathrm{R}_{2,3}(a_4)\Big)\Big(\mathrm{R}_{1,4}(a_3)\,\mathrm{R}_{1,2}(a_2)\,\mathrm{R}_{1,3}(a_1)\Big)\Big(\mathrm{R}_{2,3}\Big)A \\ &= \Big(\mathrm{R}_{3,4}(a_6)\Big)\Big(\mathrm{R}_{2,3}(a_5)\,\mathrm{R}_{2,4}(a_4)\Big)\mathrm{R}_{3,4}\Big(\mathrm{R}_{1,4}(a_3)\,\mathrm{R}_{1,2}(a_2)\,\mathrm{R}_{1,3}(a_1)\Big)\Big(\mathrm{R}_{2,3}\Big)A \\ &= \Big(\mathrm{R}_{3,4}(a_6)\,\mathrm{R}_{2,3}(a_5)\,\mathrm{R}_{2,4}(a_4)\,\mathrm{R}_{1,3}(a_3)\,\mathrm{R}_{1,2}(a_2)\,\mathrm{R}_{1,4}(a_1)\Big)\Big(\mathrm{R}_{3,4}\mathrm{R}_{2,3}A\Big) \end{aligned}$$

가 되어, A에서 행을 재배열한 $\mathrm{R}_{3,4}\mathrm{R}_{2,3}A$는 LU 분해가 가능한 행렬이 된다. 이때, $\mathrm{R}_{3,4}\mathrm{R}_{2,3}$과 같이 $\mathrm{R}_{k,\ell}$들의 곱으로 이루어진 행렬은 각 행과 열에 1이 오직 한 번씩만 나타나는 행렬이 되는데, 이런 행렬을 치환행렬이라고 한다.[17)]

위 결과를 정리하면 다음과 같다.

가역행렬의 LU 분해

행렬 A가 가역행렬이면, 적당한 치환행렬 P에 대해 PA의 LU 분해를 구할 수 있다.

17) 치환행렬 P의 각 행과 열에는 1이 한 번씩만 나타나므로, $\mathbf{x} = (1, 2, \cdots, n)^{\mathrm{T}}$에 대해 $P\mathbf{x}$는 $\mathbf{x}$의 성분을 재배열한 것이 된다.

문제 2.4.6. $i < j = k < \ell$ 일 때, 다음 등식이 성립함을 보이시오.

$$\mathrm{R}_{j,\ell}\mathrm{R}_{i,j}(a) = \mathrm{R}_{i,\ell}(a)\,\mathrm{R}_{j,\ell}.$$

문제 2.4.7. 행렬 A에 대하여 $PA = LU$를 만족하는 치환행렬 P와 하삼각행렬 L, 상삼각행렬 U를 각각 구하시오.

(가) $A = \begin{pmatrix} 1 & -3 & 7 \\ -2 & 6 & 1 \\ 0 & 3 & -2 \end{pmatrix}$ (나) $A = \begin{pmatrix} 1 & 6 & 2 \\ 2 & 12 & 5 \\ -1 & -3 & -1 \end{pmatrix}$

도전 문제 2.4.1. $n \times n$ 행렬 A에 대해 $k \times k$ 부분행렬 A_k를

$$(A_k)_{ij} = A_{ij} \ (\text{단},\ 1 \le i \le k,\ 1 \le j \le k)$$

로 정의하자. 즉, 부분행렬 A_k는 행렬 A에서 주대각선을 따라 왼쪽 위 귀퉁이부터 $k \times k$ 행렬을 잘라낸 것이다. A가 가역행렬일 때,

$$\text{각 } k = 1, 2, \cdots, n \text{에 대해 } \det(A_k) \neq 0$$

이면 A의 LU 분해가 가능함을 보이시오.[18)]

행렬의 LU 분해를 이용한 연립방정식 해법

다음 연립일차방정식의 해를 구하려면

$$\begin{pmatrix} 1 & 0 & 0 \\ 2 & 1 & 0 \\ 1 & -3 & 1 \end{pmatrix}\begin{pmatrix} x \\ y \\ z \end{pmatrix} = \begin{pmatrix} 2 \\ -1 \\ 0 \end{pmatrix}$$

우선 $x = 1$을 구한 다음, 이를 2행에 대응되는 방정식 $2x + y = -1$에 대입하여 $y = -3$를 얻고, 같은 방법을 마지막 방정식에 적용하여 $z = -10$을 구할 수 있다. 이처럼, 하삼각행렬이나 상삼각행렬 꼴로 주어진 연립방정식은 순차적으로 해를 쉽게 구할 수 있다.

행렬 A의 LU 분해를 알고 있을 때도 해를 쉽게 구할 수 있다. 연립방정식 $AX = B$에서 $A = LU$를 만족하는 하삼각행렬 L과 상삼각행렬 U가 주어졌다고 하자. 이때,

$$AX = L(UX) = B$$

이므로, 하삼각행렬 L에 대해 $LY = B$를 만족하는 Y를 먼저 구하고, 이어서 $UX = Y$를 만족하는 X를 구하면 해를 쉽게 구할 수 있다.

18) 다음 장에서 행렬의 행렬식에 대해 공부한 다음 그 성질을 이용하시오.

예제 2.4.2. $A = \begin{pmatrix} 1 & 2 & 4 \\ 3 & 8 & 14 \\ 2 & 6 & 13 \end{pmatrix} = \begin{pmatrix} 1 & 0 & 0 \\ 3 & 1 & 0 \\ 2 & 1 & 1 \end{pmatrix} \begin{pmatrix} 1 & 2 & 4 \\ 0 & 2 & 2 \\ 0 & 0 & 3 \end{pmatrix}$ 일 때, $A \begin{pmatrix} x_1 \\ x_2 \\ x_3 \end{pmatrix} = \begin{pmatrix} 3 \\ 13 \\ 4 \end{pmatrix}$ 의 해를 구하시오.

풀이 : A 의 LU 분해에서 하삼각행렬을 L, 상삼각행렬을 U 라 하자. $Y = UX$ 라 하면, 연립방정식

$$LY = \begin{pmatrix} 1 & 0 & 0 \\ 3 & 1 & 0 \\ 2 & 1 & 1 \end{pmatrix} \begin{pmatrix} y_1 \\ y_2 \\ y_3 \end{pmatrix} = \begin{pmatrix} 3 \\ 13 \\ 4 \end{pmatrix}$$

에서

$$\begin{cases} y_1 = 3 & \\ 3y_1 + y_2 = 13 & \longrightarrow \ y_2 = 4 \\ 2y_1 + y_2 + y_3 = 4 & \longrightarrow y_3 = -6 \end{cases}$$

가 된다. 이제 연립방정식 $UX = Y$ 에서 마지막 방정식부터 풀면,

$$\begin{cases} 3x_3 = -6 & \longrightarrow \ x_3 = -2 \\ 2x_2 + 2x_3 = 4 & \longrightarrow x_2 = 4 \\ x_1 + 2x_2 + 4x_3 = 3 & \longrightarrow x_1 = 3 \end{cases}$$

과 같이 해를 구할 수 있다. □

문제 2.4.8. 행렬 A 의 LU 분해를 구하고, 이를 이용하여 연립방정식의 해를 구하시오.

$$\begin{pmatrix} 3 & 1 & 6 \\ -6 & 0 & -10 \\ 0 & 8 & 9 \end{pmatrix} \begin{pmatrix} x_1 \\ x_2 \\ x_3 \end{pmatrix} = \begin{pmatrix} 0 \\ 4 \\ 17 \end{pmatrix}.$$

CHAPTER **3**

행렬식과 그 응용

보통 $n \times n$ 행렬 A의 행렬식을 정의하는 방법은

$$|A| = \sum_{\sigma \in S_n} \text{sgn}(\sigma)\, a_{1\sigma(1)} a_{2\sigma(2)} \cdots a_{n\sigma(n)} \tag{3.1}$$

과 같이 구체적인 식으로 정의한 다음, 이렇게 정의된 행렬식의 여러 가지 성질을 밝히고 이 성질들을 이용하여 구체적으로 계산하는 방식을 취한다.

여기서는 각각의 $n \times n$ 행렬에 수[1]를 대응시키는 함수로서 몇 가지 성질[2]을 만족하는 함수를 행렬식이라고 정의한다. 이 정의는 다소 추상적이긴 하지만, 행렬식의 성질을 보다 쉽게 이해하여 실제 계산에 활용할 수 있다는 장점이 있으며, 결과적으로 (3.1)에서 정의한 것과 동일한 정의임을 보일 수 있다.

행렬식을 계산하는 가장 간단한 방법은 가우스 소거법을 적용하면서 행렬식의 성질을 이용하여 구하는 것이지만, 행렬의 성분에 0이 많이 있는 경우에는 성분을 이용하여 행렬식을 구하는 것이 쉬운 경우가 있다. 이 장의 3.3절에서는 행렬의 성분을 이용하여 보다 편리하게 행렬식을 계산하는 여인자 전개와, 여인자를 이용하여 역행렬을 구하는 방법을 공부한다. 또, 연립일차방정식의 특정한 해를 구하는 방법인 크래머(Cramer) 공식에 대해 알아본다.

이 장의 마지막 두 절에서는 행렬식의 응용에 대해 소개한다. $n \times n$ 행렬 A의 행렬식의 기하학적 의미는 주어진 행벡터 $A_1^R, \cdots, A_n^R$ 으로 생성되는 $\mathbb{R}^n$ 의 평행체[3]

$$t_1 A_1^R + t_2 A_2^R + \cdots + t_n A_n^R \ (\text{단}, 0 \le t_1 \le 1)$$

의 부피를 나타내는데, 3.5 절에서는 $n = 2, 3$ 인 경우에 그 이유를 간단히 살펴보고 그 응용으로 삼각형, 평행사변형의 넓이와 평행육면체의 부피 공식을 구한다.

또, 주어진 점을 지나는 다항함수나 이차곡선을 구하는 방법에 대해 3.6 절에서 공부한다.

1) 행렬이 정의된 체(field)를 의미한다. 즉, 실수에서 정의된 행렬이면 실수 $\mathbb{R}$을 뜻하고, 복소수에서 정의된 행렬이면 복소수 체 $\mathbb{C}$를 의미한다.

2) 가우스 소거법에서 사용되는 행에 대한 세 가지 기본 연산과 관련된 성질을 의미한다.

3) $\mathbb{R}^2$ 의 평행사변형, $\mathbb{R}^3$ 의 평행육면체 등을 의미한다.

3.1 행렬식의 정의

[미리보기] 2×2 행렬 $A=\begin{pmatrix} a & b \\ c & d \end{pmatrix}$ 의 행렬식은 $|A|=ad-bc$로 정의된다.[4] 다음 성질이 성립함을 쉽게 알 수 있다.

(i) $\left|\begin{pmatrix} a+\tilde{a} & b+\tilde{b} \\ c & d \end{pmatrix}\right| = (a+\tilde{a})d-(b+\tilde{b})c=(ad-bc)+(\tilde{a}d-\tilde{b}c)=\left|\begin{pmatrix} a & b \\ c & d \end{pmatrix}\right|+\left|\begin{pmatrix} \tilde{a} & \tilde{b} \\ c & d \end{pmatrix}\right|$

(ii) $\left|\begin{pmatrix} ka & kb \\ c & d \end{pmatrix}\right| = (kad-kbc)=k(ad-bc)=k\left|\begin{pmatrix} a & b \\ c & d \end{pmatrix}\right|$

(iii) $\left|\begin{pmatrix} c & d \\ a & b \end{pmatrix}\right| = cb-ad=-(ad-bc)=-\left|\begin{pmatrix} a & b \\ c & d \end{pmatrix}\right|$

(iv) 단위행렬에 대한 행렬식은 $|I|=1$이다.

행렬식의 정의

2×2 행렬의 행렬식이 만족하는 성질을 일반화하여 다음과 같이 행렬식을 정의하자.

행렬식의 정의

$n\times n$ 행렬 A의 k행을 행벡터 A_k^R, $(1\le k\le n)$라 하자. 이 때, $n\times n$ 행렬들의 집합에서 수[a]로 가는 함수 det가 다음 네 가지 성질을 만족하면 행렬식이라고 한다.

(성질 1) 성분의 개수가 n인 행벡터 B^R을 행렬 A의 i행에 더한 행렬의 함숫값은 원래 행렬의 함숫값과 원래 행렬의 i행을 B^R로 바꾼 행렬의 함숫값을 더한 것과 같다. 즉,

$$\det\begin{pmatrix} A_1^R \\ \vdots \\ A_i^R+B^R \\ \vdots \\ A_n^R \end{pmatrix} = \det\begin{pmatrix} A_1^R \\ \vdots \\ A_i^R \\ \vdots \\ A_n^R \end{pmatrix} + \det\begin{pmatrix} A_1^R \\ \vdots \\ B^R \\ \vdots \\ A_n^R \end{pmatrix} \quad (i=1,2,\cdots,n).$$

a) 실수, 복소수와 같이 행렬이 정의된 체(field)를 의미한다.

4) 행렬 A의 행렬식은 $|A|$나 $\det(A)$, 또는 $D(A)$등 여러 형태로 표현된다.

행렬식의 정의 (계속)

(성질 2) 행렬 A의 i 행에 상수 c를 곱한 행렬의 함숫값은 원래 행렬의 함숫값에 c를 곱한 것과 같다. 즉,

$$\det\begin{pmatrix} A_1^R \\ \vdots \\ cA_i^R \\ \vdots \\ A_n^R \end{pmatrix} = c\det\begin{pmatrix} A_1^R \\ \vdots \\ A_i^R \\ \vdots \\ A_n^R \end{pmatrix} \quad (i = 1, 2, \cdots, n).$$

(성질 3) 행렬 A의 서로 다른 두 행을 맞바꾼 행렬을 $\tilde{A}$가 하면 $\det(\tilde{A}) = -\det(A)$ 이다. 즉,

$$\det(\mathrm{R}_{i,j}A) = -\det(A), \quad (1 \leq i \neq j \leq n).$$

(성질 4) 단위행렬 I에 대해, $\det(I) = 1$이다.

이런 성질을 만족하는 함수의 존재성은 식 (3.1)에서 정의된 함수 $|\cdot|$로부터 보장할 수 있으며, [5] 실제로 식 (3.1)로 정의된 함수 밖에 없음을 증명할 수 있다.[6]

문제 3.1.1. 행렬식의 (성질 2)를 이용하여 행렬 A에 k배한 행렬 kA의 행렬식을 $\det(A)$를 이용하여 나타내시오.

행렬식의 정의에서 (성질 1)과 (성질 2)를 합쳐서 각 i행에 대해 **선형**이라고 한다. 또, (성질 2)는 한 행에 상수배를 하는 행 기본연산에 대해 행렬식이 어떻게 바뀌는지를, (성질 3)은 두 행의 위치를 맞바꾸는 행 기본연산에 대해 행렬식이 어떻게 바뀌는지를 알려주는 것이다. 짐작하겠지만, (성질 1)은 한 행에 상수배를 하여 다른 행에 더할 때, 행렬식이 어떻게 바뀌는지를 알려준다. 이 성질을 따져보기 전에 먼저 다음을 살펴보자.

서로 다른 i, j에 대해 행렬 A의 i행과 j행이 같은 경우를 생각해보자. 이때, $\mathrm{R}_{i,j}A = A$이므로 (성질 3)에 의해

$$\det(A) = \det(\mathrm{R}_{i,j}A) = -\det(A)$$

이므로, $2\det(A) = 0$이 되어 $\det(A) = 0$이 된다.

---

5) 3.2 절 (75 쪽)에서 식 (3.1)로 정의된 함수가 (성질 1)에서 (성질 4)를 만족하는 것을 보인다.

6) 67 쪽의 "성분을 이용한 행렬식의 표현"에서 알 수 있듯이 주어진 네 가지 성질을 만족하는 함수는 항상 식 (3.1)꼴과 같아지므로 유일하다는 것을 알 수 있다.

같은 행이 있는 행렬의 행렬식

(성질 5) 행렬 A에서 $A_i^R = A_j^R\ (i \neq j)$이면, $\det(A) = 0$이다.

이 성질을 이용하면, 한 행에 상수배 한 것을 다른 행에 더한 행렬의 행렬식을 구할 수 있다.

$$\det(\mathrm{R}_{i,j}(c)\,A) = \det\begin{pmatrix} A_1^R \\ \vdots \\ A_i^R \\ \vdots \\ cA_i^R + A_j^R \\ \vdots \\ A_n^R \end{pmatrix} = c\det\begin{pmatrix} A_1^R \\ \vdots \\ A_i^R \\ \vdots \\ A_i^R \\ \vdots \\ A_n^R \end{pmatrix} + \det\begin{pmatrix} A_1^R \\ \vdots \\ A_i^R \\ \vdots \\ A_j^R \\ \vdots \\ A_n^R \end{pmatrix} = \det(A).$$

위 식에서 두 번째 등식은 (성질 1)과 (성질 2)를 함께 사용한 결과이고, 마지막 등식은 i번째 행과 j번째 행이 모두 A_i^R이므로 (성질 5)의 결과이다.

한 행에 상수배한 것을 다른 행에 더한 행렬의 행렬식

(성질 6) 행렬 A의 한 행에 상수배한 것을 다른 행에 더해도 행렬식은 변하지 않는다. 즉,

$$\det(\mathrm{R}_{i,j}(c)\,A) = \det(A).$$

이제 성분이 모두 0인 행벡터를 $\mathbf{0}$라고 하고, 어느 한 행이 $\mathbf{0}$인 행렬의 행렬식을 구해보자. 행렬 A의 i행이 $A_i^R = \mathbf{0}$이라 하자. $\mathbf{0} = \mathbf{0} + \mathbf{0}$이므로 (성질 1)에 의해

$$\det(A) = \det(A) + \det(A)$$

가 성립하고, 따라서 $\det(A) = 0$을 얻는다.

한 행의 성분이 모두 0인 행렬의 행렬식

(성질 7) 행렬 A의 어느 한 행의 성분이 모두 0이면 $\det(A) = 0$이다.

$n \times n$ 행렬의 기약 행사다리꼴은 단위행렬이거나, 한 행의 성분이 모두 0인 행렬이 되므로 (성질 4)와 (성질 7)로부터 그 행렬식을 알 수 있다. 또, (성질 2), (성질 3)과 (성질 6)을 이용하면, 주어진 행렬 A에 가우스-조르당 소거법을 이용하여 기약 행사다리꼴을 만드는 과정에서 행렬식이 어떻게 변하는지를 알 수 있으므로 A의 행렬식을 항상 구할 수 있다.

예제 3.1.1. 행렬 $A = \begin{pmatrix} a & b \\ c & d \end{pmatrix}$의 행렬식을 정의에 따라 구하면 $\det(A) = ad - bc$가 됨을 보이시오.

풀이 :

$$
\begin{aligned}
&\det\begin{pmatrix} a & b \\ c & d \end{pmatrix} \\
&= \det\begin{pmatrix} a & 0 \\ c & d \end{pmatrix} + \det\begin{pmatrix} 0 & b \\ c & d \end{pmatrix} = a\det\begin{pmatrix} 1 & 0 \\ c & d \end{pmatrix} + b\det\begin{pmatrix} 0 & 1 \\ c & d \end{pmatrix} && (\text{성질}1,2) \\
&= ac\det\begin{pmatrix} 1 & 0 \\ 1 & 0 \end{pmatrix} + ad\det\begin{pmatrix} 1 & 0 \\ 0 & 1 \end{pmatrix} + bc\det\begin{pmatrix} 0 & 1 \\ 1 & 0 \end{pmatrix} + bd\det\begin{pmatrix} 0 & 1 \\ 0 & 1 \end{pmatrix} && (\text{성질}1,2) \\
&= ad\det\begin{pmatrix} 1 & 0 \\ 0 & 1 \end{pmatrix} + bc\det\begin{pmatrix} 0 & 1 \\ 1 & 0 \end{pmatrix} && (\text{성질}5) \\
&= ad\det\begin{pmatrix} 1 & 0 \\ 0 & 1 \end{pmatrix} - bc\det\begin{pmatrix} 1 & 0 \\ 0 & 1 \end{pmatrix} && (\text{성질}3) \\
&= ad - bc && (\text{성질}4)
\end{aligned}
$$

□

예제3.1.1에서 보듯이 행렬식의 정의를 이용하면, 일반적인 $n \times n$ 행렬의 행렬식을 식 (3.1)과 같이 쓸 수 있다는 것을 보일 수 있다.

우선, 3×3의 경우를 통해 식 (3.1)를 보이는 방법을 알아보자. (성질 1)과 (성질 2)를 이용하여 1행을 각 성분에 대해 분해하면 다음과 같다.

$$
\begin{aligned}
&\det\begin{pmatrix} a_{11} & a_{12} & a_{13} \\ a_{21} & a_{22} & a_{23} \\ a_{31} & a_{32} & a_{33} \end{pmatrix} \\
&= a_{11}\det\begin{pmatrix} 1 & 0 & 0 \\ a_{21} & a_{22} & a_{23} \\ a_{31} & a_{32} & a_{33} \end{pmatrix} + a_{12}\det\begin{pmatrix} 0 & 1 & 0 \\ a_{21} & a_{22} & a_{23} \\ a_{31} & a_{32} & a_{33} \end{pmatrix} + a_{13}\det\begin{pmatrix} 0 & 0 & 1 \\ a_{21} & a_{22} & a_{23} \\ a_{31} & a_{32} & a_{33} \end{pmatrix}
\end{aligned} \tag{3.2}
$$

이때, 다시 (성질 1)과 (성질 2)를 이용하여 식 (3.2)의 각 행렬을 2행에 대해 분해하면, (성질 5)에 의해 각 행렬은 다음과 같이 분해된다. (아래식에서 $|A|$는 $\det(A)$로 나타낸다.)

$$a_{11}\left|\begin{pmatrix}1&0&0\\a_{21}&a_{22}&a_{23}\\a_{31}&a_{32}&a_{33}\end{pmatrix}\right| = a_{11}a_{22}\left|\begin{pmatrix}1&0&0\\0&1&0\\a_{31}&a_{32}&a_{33}\end{pmatrix}\right| + a_{11}a_{23}\left|\begin{pmatrix}1&0&0\\0&0&1\\a_{31}&a_{32}&a_{33}\end{pmatrix}\right|,$$

$$a_{12}\left|\begin{pmatrix}0&1&0\\a_{21}&a_{22}&a_{23}\\a_{31}&a_{32}&a_{33}\end{pmatrix}\right| = a_{12}a_{21}\left|\begin{pmatrix}0&1&0\\1&0&0\\a_{31}&a_{32}&a_{33}\end{pmatrix}\right| + a_{12}a_{23}\left|\begin{pmatrix}0&1&0\\0&0&1\\a_{31}&a_{32}&a_{33}\end{pmatrix}\right|,$$

$$a_{13}\left|\begin{pmatrix}0&0&1\\a_{21}&a_{22}&a_{23}\\a_{31}&a_{32}&a_{33}\end{pmatrix}\right| = a_{13}a_{21}\left|\begin{pmatrix}0&0&1\\1&0&0\\a_{31}&a_{32}&a_{33}\end{pmatrix}\right| + a_{13}a_{22}\left|\begin{pmatrix}0&0&1\\0&1&0\\a_{31}&a_{32}&a_{33}\end{pmatrix}\right|.$$

식을 간단히 나타내기 위해, S_3을 $\{1,2,3\}$에서 $\{1,2,3\}$으로 가는 일대일대응 전체의 집합이라고 하고, 단위행렬의 k행을 I_k^R라고 하자. 마지막으로 앞에서 구한 식의 행렬 각각을 3행에 대해 분해하여 식 (3.2)에 대입하면,

$$\det\begin{pmatrix}a_{11}&a_{12}&a_{13}\\a_{21}&a_{22}&a_{23}\\a_{31}&a_{32}&a_{33}\end{pmatrix} = \sum_{\sigma\in S_3} a_{1\sigma(1)}a_{2\sigma(2)}a_{3\sigma(3)}\det\begin{pmatrix}I_{\sigma(1)}^R\\I_{\sigma(2)}^R\\I_{\sigma(3)}^R\end{pmatrix} \tag{3.3}$$

가 된다. 두 행의 위치를 바꾸는 연산을 적절히 반복하여

$$\begin{pmatrix}I_{\sigma(1)}^R\\I_{\sigma(2)}^R\\I_{\sigma(3)}^R\end{pmatrix}$$

가 단위행렬 I가 되도록 만들면, (성질 3)에 의해

$$\det\begin{pmatrix}I_{\sigma(1)}^R\\I_{\sigma(2)}^R\\I_{\sigma(3)}^R\end{pmatrix} \tag{3.4}$$

는 일대일대응 $\sigma \in S_3$에 따라 1 또는 -1의 값을 갖게 되고, 최종적으로 행렬식을 구할 수 있게 된다. 이때, 일대일대응 σ에 대해 식 (3.4)의 값을 갖는 함수를 $\mathrm{sgn}(\sigma)$로 정의하면,[7)] $n = 3$일 때, 구하는 행렬식이

$$\det(A) = \sum_{\sigma\in S_3}\mathrm{sgn}(\sigma)a_{1\sigma(1)}a_{2\sigma(2)}a_{3\sigma(3)} \tag{3.5}$$

7) $\mathrm{sgn}(\sigma)$의 일반적인 정의는 3.2 절 80쪽에서 설명한다.

처럼 식 (3.1)으로 정의한 행렬식과 일치함을 알 수 있다. 일대일대응 σ와 $\text{sgn}(\sigma)$에 대한 자세한 내용은 3.2절에서 살펴본다.

문제 3.1.2. S_3에 속하는 6개의 일대일대응 σ를 모두 구하고, 각각에 대해 $\text{sgn}(\sigma)$를 구하여 식 (3.5)가

$$\det(A) = a_{11}a_{22}a_{33} + a_{12}a_{23}a_{31} + a_{13}a_{21}a_{32} - a_{13}a_{22}a_{31} - a_{12}a_{21}a_{33} - a_{11}a_{23}a_{32}$$

임을 보이시오.

$n \times n$ 행렬의 경우에 동일한 방법으로 행렬식을 구하면, 먼저 1행의 분해에서 $(1, k)$ $(1 \le k \le n)$만 1이고 나머지 성분은 0인 n개의 행렬에 대한 행렬식으로 분해된다. 다시, 각 행렬식을 2행에 0이 아닌 성분이 1개만 있는 행렬의 행렬식으로 분해하면, 1행과 2행의 같은 위치에 1이 있는 경우에는 (성질 5)에 의해 행렬식이 0이므로 $n-1$개의 행렬식으로 분해된다. 따라서, 각 행에 대해 이 과정을 반복하여 각 행에 1이 한 개만 있고 나머지 성분은 모두 0인 행렬이 될 때까지 반복하면, 총 $n!$개의 행렬식으로 분해된다. 따라서, (3.3)과 같은 꼴을 얻게 되고, 결과적으로 식 (3.1)를 얻게 된다.

성분을 이용한 행렬식의 표현과 행렬식의 유일성

$n \times n$ 행렬 A에 대해

$$\det(A) = \sum_{\sigma \in S_n} \text{sgn}(\sigma) a_{1\sigma(1)} a_{2\sigma(2)} \cdots a_{n\sigma(n)} \tag{3.6}$$

이 성립한다.[a] 따라서, $n \times n$ 행렬 A에 수를 대응시키는 함수 중 네 가지 성질 (성질 1) ~ (성질 4)를 만족하는 함수는 $\det(A)$ 밖에 없다.

a) 여기서 행렬식 $\det(A)$는 63 쪽에서 정의한 행렬식을 의미한다.

행렬의 성분을 이용하여 행렬식을 표현한 위 식의 중요한 의미를 되짚어 보면, 행렬식은 행렬의 각 행과 각 열에서 한 개씩만 뽑아서 곱한 $a_{1\sigma(1)} a_{2\sigma(2)} \cdots a_{n\sigma(n)}$ 값으로부터 σ를 결정하여 $\text{sgn}(\sigma)$구하여 곱하고, 이들 값을 모두 더한 값이다. 이 의미를 이용하면, 행렬의 성분에 0이 많은 경우에 행렬식을 쉽게 구할 수 있다. 다음 예를 살펴보자.

예제 3.1.2. 하삼각행렬의 행렬식은 각 대각성분을 모두 곱한 값임을 보이시오.

풀이 : 행렬식의 성질만을 이용하는 방법과 성분을 이용한 행렬식의 표현을 이용한 방법으로 각각 증명해보자.

[풀이 1] 행렬식의 성질을 이용한 풀이 :

$$A = \begin{pmatrix} A_{11} & 0 & 0 & \cdots & 0 \\ A_{21} & A_{22} & 0 & \cdots & 0 \\ A_{31} & A_{32} & A_{33} & \cdots & 0 \\ \vdots & \vdots & \vdots & \ddots & \vdots \\ A_{n1} & A_{n2} & A_{n3} & \cdots & A_{nn} \end{pmatrix}$$

에서 $A_{11} = 0$이면 행렬식의 (성질 7)에 의해서 $\det(A) = 0$이므로 성립한다. $A_{11} \neq 0$인 경우 $\mathrm{R}_{1,k}\left(-\dfrac{A_{k1}}{A_{11}}\right)$를 곱하여 A_{k1} 성분을 차례로 0으로 만들 수 있는데, (성질 6)에 의해서

$$\det\begin{pmatrix} A_{11} & 0 & 0 & \cdots & 0 \\ A_{21} & A_{22} & 0 & \cdots & 0 \\ A_{31} & A_{32} & A_{33} & \cdots & 0 \\ \vdots & \vdots & \vdots & \ddots & \vdots \\ A_{n1} & A_{n2} & A_{n3} & \cdots & A_{nn} \end{pmatrix} = \det\begin{pmatrix} A_{11} & 0 & 0 & \cdots & 0 \\ 0 & A_{22} & 0 & \cdots & 0 \\ 0 & A_{32} & A_{33} & \cdots & 0 \\ \vdots & \vdots & \vdots & \ddots & \vdots \\ 0 & A_{n2} & A_{n3} & \cdots & A_{nn} \end{pmatrix}$$

이 성립한다.

이 과정을 반복하면, 어떤 k $(1 \leq k \leq n)$에 대해 $A_{kk} = 0$인 경우에는 $\det(A) = 0$이 되고, 모든 k $(1 \leq k \leq n)$에 대해$A_{kk} \neq$인 경우에는

$$\det\begin{pmatrix} A_{11} & 0 & 0 & \cdots & 0 \\ A_{21} & A_{22} & 0 & \cdots & 0 \\ A_{31} & A_{32} & A_{33} & \cdots & 0 \\ \vdots & \vdots & \vdots & \ddots & \vdots \\ A_{n1} & A_{n2} & A_{n3} & \cdots & A_{nn} \end{pmatrix} = \det\begin{pmatrix} A_{11} & 0 & 0 & \cdots & 0 \\ 0 & A_{22} & 0 & \cdots & 0 \\ 0 & 0 & A_{33} & \cdots & 0 \\ \vdots & \vdots & \vdots & \ddots & \vdots \\ 0 & 0 & 0 & \cdots & A_{nn} \end{pmatrix}$$

가 되므로, $\det(A) = A_{11}A_{22}\cdots A_{nn} = \prod_{k=1}^{n} A_{kk}$를 얻는다.

[풀이 2] 성분을 이용한 행렬식의 의미를 이용한 풀이 :

행렬의 각 행과 열에서 한 성분 씩만 골라 곱한 값이 0이 아닌 경우를 모두 구해보자. 우선 1행에서 0이아닌 값 A_{11}을 택하면, 2행에서는 1열을 제외한 열에서만 선택해야 하므로 A_{22}밖에 없다. 또, 3행에서는 1, 2행에서 이미 선택된 1, 2열을 제외하면 A_{33}밖에 없다. 이 과정을 계속하면 선택할 수 있는 곱은 $A_{11}A_{22}\cdots A_{nn}$밖에 없음을 알 수 있다. □

문제 3.1.3. 상삼각행렬의 행렬식은 각 대각성분을 모두 곱한 값임을 보이시오.

상(하)삼각행렬의 행렬식

(성질 8) $n \times n$ 행렬 A가 상삼각행렬이나 하삼각행렬이면, A의 행렬식은 모든 대각성분의 곱이다.
또한, 대각행렬의 행렬식도 모든 대각성분의 곱이다.

문제 3.1.4. 행렬 A가 하삼각행렬이거나 상삼각행렬이면, $\det(A) = \det(A^{\mathrm{T}})$가 성립함을 보이시오.

예제 3.1.3. 행렬 $\begin{pmatrix} 1 & 2 & 0 \\ -2 & -3 & 1 \\ 0 & 1 & 4 \end{pmatrix}$의 행렬식을 구하시오.

풀이 : 가우스 소거법을 적용하여 상삼각행렬을 만들면서 행렬식의 변화를 따져보면,

$$\det\begin{pmatrix} 1 & 2 & 0 \\ -2 & -3 & 1 \\ 0 & 1 & 4 \end{pmatrix} = \det\begin{pmatrix} 1 & 2 & 0 \\ 0 & 1 & 1 \\ 0 & 1 & 4 \end{pmatrix} = \det\begin{pmatrix} 1 & 2 & 0 \\ 0 & 1 & 1 \\ 0 & 0 & 3 \end{pmatrix}$$

이고, 상삼각행렬의 행렬식은 대각성분의 곱이므로 구하는 행렬식은 3이다. □

문제 3.1.5. 다음 행렬의 행렬식을 구하시오.

(가) $\begin{pmatrix} 1 & 0 & 0 & 1 \\ 0 & 1 & 1 & 1 \\ 1 & 1 & 0 & 1 \\ 1 & 0 & 0 & 1 \end{pmatrix}$ (나) $\begin{pmatrix} 1 & 0 & 0 & 2 \\ 0 & 3 & 4 & 5 \\ 4 & 5 & 3 & 0 \\ 2 & 1 & 0 & 1 \end{pmatrix}$

도전 문제 3.1.1. 대각성분은 모두 n이고, 대각선을 제외한 나머지 성분은 모두 1인 $n \times n$행렬의 행렬식을 구하시오.

도전 문제 3.1.2. 아래와 같이 정의된 $n \times n$ 행렬 A의 행렬식을 구하시오.

$$A_{ij} = \begin{cases} 2, & (1 \le i \le n \text{ 에 대해 } i = j \text{ 일 때}) \\ -1, & (1 \le i \le n-1 \text{ 에 대해 } j = i+1 \text{ 일 때}) \\ -1, & (2 \le i \le n \text{ 에 대해 } j = i-1 \text{ 일 때} \\ 0, & (\text{ 그 외의 경우}). \end{cases}$$

이제 행렬식을 이용하여 $n \times n$ 행렬 A의 역행렬을 구해보자. A에 가우스-조르당 소거법을 적용하여 기약 행사다리꼴을 구할 때, 기약 행사다리꼴이 단위행렬이 되면 역행렬이 존재하는 것이고, 모든 성분이 0인 행이 존재하면 역행렬은 존재하지 않음을 알고 있다. 이제 기본

행연산을 적용시키면서 행렬식을 구하면, 행렬이 역행렬을 갖지 않으면 (성질 7)에 의해 그 행렬식이 0이 되고, 역행렬을 가질 때는 (성질 2), (성질 3)과 (성질 6)에 의해 그 행렬식이 0이 아님을 알 수 있다. 따라서, 다음이 성립한다.

역행렬의 존재성과 행렬식

(성질 9) $n \times n$ 행렬 A의 역행렬이 존재할 필요충분조건은 $\det(A) \neq 0$이다.

가우스 소거법을 이용한 연립방정식의 풀이를 생각하면, $n \times n$ 행렬 A에 대해 동차 연립방정식

$$AX = O \quad (\text{단, } X = (x_1, x_2, \cdots, x_n)^{\mathrm{T}},\ O = (0, 0, \cdots, 0)^{\mathrm{T}})$$

이 자명하지 않은 해[8])를 가질 필요충분조건은 $\det(A) = 0$임을 알 수 있다.

이제, $\det(B) = 0$이면 동차 연립방정식 $BX = O$에 대해 자명하지 않은 해 $\mathbf{b} = (b_1, b_2, \cdots, b_n)^{\mathrm{T}}$가 존재하고, 이때, $(AB)\mathbf{b} = A(B\mathbf{b}) = O$이므로 $\mathbf{b}$는 $(AB)X = O$의 자명하지 않은 해도 된다. 따라서, $\det(AB) = 0$이 되어 $\det(AB) = \det(A)\det(B)$가 성립한다.

$\det(B) \neq 0$일 때도, $\det(AB) = \det(A)\det(B)$가 성립함을 알아보자. 우선, 각각의 $n \times n$ 행렬 A에 수를 대응시키는 함수 F를

$$F(A) = \frac{\det(AB)}{\det(B)}$$

로 정의하자.

행렬 AB의 i행은 $(AB)_i^R = A_{i1}B_1^R + A_{i2}B_2^R + \cdots + A_{in}B_n^R$이므로 A의 i행이

$$Q_i^R + \tilde{Q}_i^R = (Q_{i1} + \tilde{Q}_{i1}, Q_{i2} + \tilde{Q}_{i2}, \cdots, Q_{in} + \tilde{Q}_{in})$$

라면, AB의 i행은

$$\begin{aligned}&(Q_{i1} + \tilde{Q}_{i1})B_1^R + (Q_{i2} + \tilde{Q}_{i2})B_2^R + \cdots + (Q_{in} + \tilde{Q}_{in})B_n^R) \\ =&(Q_{i1}B_1^R + Q_{i2}B_2^R + \cdots + Q_{in}B_n^R) + (\tilde{Q}_{i1}B_1^R + \tilde{Q}_{i2}B_2^R + \cdots + \tilde{Q}_{in}B_n^R)\end{aligned}$$

가 된다. 따라서,

$$\det\left(\begin{pmatrix} A_1^R \\ \vdots \\ Q_i^R + \tilde{Q}_i^R \\ \vdots \\ A_n^R \end{pmatrix} B\right) = \det\left(\begin{pmatrix} A_1^R \\ \vdots \\ Q_i^R \\ \vdots \\ A_n^R \end{pmatrix} B\right) + \left(\begin{pmatrix} A_1^R \\ \vdots \\ \tilde{Q}_i^R \\ \vdots \\ A_n^R \end{pmatrix} B\right)$$

8) $X = O$일 때를 자명한 해라고 하고, 한 성분이라도 0이 아닌 해를 자명하지 않은 해라 한다.

가 성립하므로, 식의 양변을 $\det(B)$로 나누면 함수 F에 대해 (성질 1)이 성립함을 알 수 있다. 실제로 함수 F는 (성질 1)에서 (성질 4)까지 네 가지 성질을 모두 만족함을 보일 수 있다. 따라서, 67쪽에서 보인 행렬식의 유일성에 의해 $F(A) = \det(A)$가 된다. 즉,

$$\det(A) = F(A) = \frac{\det(AB)}{\det(B)} \iff \det(AB) = \det(A)\det(B)$$

가 성립한다.

문제 3.1.6. $n \times n$ 행렬 B의 행렬식이 0이 아닐 때,

$$F(A) = \frac{\det(AB)}{\det(B)}, \ (A\text{는 } n \times n \text{ 행렬})$$

로 정의된 함수 F에 대해 행렬식의 성질 (성질 2), (성질 3), (성질 4)도 성립함을 보이시오.

행렬의 곱과 행렬식

(성질 10) $n \times n$ 행렬 A, B에 대해 $\det(AB) = \det(A)\det(B)$이다.

(성질 10)을 이용하면 역행렬을 갖는 행렬 A에 대해 $\det\left(A^{-1}\right) = \det(A)^{-1}$가 됨을 알 수 있다.

역행렬의 행렬식

행렬 A가 역행렬을 가질 때, $\det\left(A^{-1}\right) = \dfrac{1}{\det(A)}$이다.

문제 3.1.7. 등식 $AB = I$ 또는 $BA = I$ 중 하나만 성립해도 $A^{-1} = B$가 됨을 보이시오.

문제 3.1.8. 행렬 P가 가역행렬일 때, $B = PAP^{-1}$이면 $\det(B) = \det(A)$임을 보이시오.

마지막으로 전치행렬 A^{T}의 행렬식을 구해보자. 우선, $\det(A) \neq 0$이면 A의 역행렬이 존재하고, $AA^{-1} = I$이므로 $I = \left(AA^{-1}\right)^{\mathrm{T}} = \left(A^{-1}\right)^{\mathrm{T}} A^{\mathrm{T}}$가 성립한다. 따라서, $\left(A^{\mathrm{T}}\right)^{-1} = \left(A^{-1}\right)^{\mathrm{T}}$가 되어 $\det(A^{\mathrm{T}}) \neq 0$이 된다. 동일한 방법으로 그 역도 성립함을 알 수 있다.

문제 3.1.9. $\det(A^{\mathrm{T}}) \neq 0$이면 $\det(A) \neq 0$임을 보이시오.

문제 3.1.9에 의해, $\det(A) = 0$인 경우에는 $\det(A^{\mathrm{T}}) = 0$이므로 $\det(A) = \det(A^{\mathrm{T}})$가 성립한다. 이제, $\det(A) \neq 0$인 경우에도 $\det(A^{\mathrm{T}}) = \det(A)$가 성립함을 보이자. 이 경우, 58쪽에서 설명했듯이 가역행렬 A에 대해서는 적절한 치환행렬 P에 대해

$$PA = LU$$

와 같이 LU 분해가 가능하므로 (성질 10) 에 의해

$$\det(P)\det(A) = \det(L)\det(U)$$

가 성립한다. 이때, 치환행렬 P는 유한개의 $\mathrm{R}_{i,j}$ 들의 곱

$$P = \mathrm{R}_{i_1,j_1}\mathrm{R}_{i_2,j_2}\cdots\mathrm{R}_{i_k,j_k}$$

이고, 각 $\mathrm{R}_{i,j}$ 는 $\det(\mathrm{R}_{i,j}) = -1$ 인 대칭행렬이므로 (성질 10) 에 의해

$$\det(P) = \det(\mathrm{R}_{i_1,j_1})\cdots\det(\mathrm{R}_{i_k,j_k}) \neq 0$$

이다. 따라서, $\det(L) \neq 0$ 이고 $\det(U) \neq 0$ 이다. 한편,

$$A^{\mathrm{T}}P^{\mathrm{T}} = U^{\mathrm{T}}L^{\mathrm{T}}$$

로부터

$$\det(A^{\mathrm{T}})\det(P^{\mathrm{T}}) = \det(U^{\mathrm{T}})\det(L^{\mathrm{T}})$$

를 얻고, $\det(P) = \det(P^{\mathrm{T}})$, $\det(U) = \det(U^{\mathrm{T}})$, $\det(L) = \det(L^{\mathrm{T}})$ 이므로 $\det(A) = \det(A^{\mathrm{T}})$ 가 성립한다.

전치행렬과 행렬식

(성질 11) $n \times n$ 행렬 A에 대해 $\det(A^T) = \det(A)$ 이다.

문제 3.1.10. $n \times n$ 행렬 Q가 $Q^{\mathrm{T}}Q = I$를 만족할 때, 행렬식 $\det(Q)$를 구하시오.

(성질 11) 로부터 중요한 사실을 알 수 있다. 즉, 행렬에 대한 행연산과 관련이 있는 (성질 1) 부터 (성질 7) 까지 모든 성질이 열에 대한 연산으로 바꾸어도 성립한다는 점이다. 예를 들어, 한 열에 상수배를 하여 다른 열에 더하여도 행렬식은 변하지 않고, 두 열이 같은 행렬의 행렬식은 0 이다. 또, 한 열의 모든 성분이 0 인 행렬의 행렬식도 0 이 되고, 주어진 행렬의 두 열을 바꾼 행렬의 행렬식은 원래 행렬식에 -1을 곱한 값이 된다.

3.2 치환과 치환행렬 [좀 더 알아보기]

[미리보기] $\{1,2,3\}$ 에서 $\{1,2,3\}$ 으로 가는 일대일대응 σ 의 함숫값이 $\sigma(1) = 3$, $\sigma(2) = 1$, $\sigma(3) = 2$ 라면

$$\begin{array}{ccc} (1, & 2, & 3) \\ \downarrow & \downarrow & \downarrow \\ (3, & 1, & 2) \end{array}$$

이므로 1, 2, 3 에 대한 함숫값을 (3, 1, 2) 와 같이 차례대로 순서쌍으로 표시함으로써 함수 σ 를 나타낼 수 있다.

한편, 치환행렬[9] P와 치환 σ 사이에 일대일대응을 정의할 수 있다. 즉, 치환행렬 P의 각 행에서 0이 아닌 성분은 오직 하나 존재하므로, i행에서 1이 나타나는 성분의 열을 치환 σ의 i에 대한 함숫값으로 정의하면 치환행렬과 대응되는 치환사이에 일대일대응을 정의할 수 있다. 예를 들어, 다음 치환행렬 P에서 0이 아닌 성분은 $(1,2)$, $(2,3)$, $(3,1)$ 성분이므로

$$P = \begin{pmatrix} 0 & 1 & 0 \\ 0 & 0 & 1 \\ 1 & 0 & 0 \end{pmatrix} \iff \sigma(1) = 2,\ \sigma(2) = 3,\ \sigma(3) = 1$$

과 같이 치환행렬로부터 치환을 구할 수 있고, 역으로 치환이 주어지면 치환행렬을 구할 수 있다.

치환의 정의

행렬식 (3.1)을 이해하기 위해서는 치환에 대해 이해할 필요가 있다. 집합 $\{1, 2, \cdots, n\}$에서 $\{1, 2, \cdots, n\}$으로 가는 일대일대응인 함수 σ를 **치환**이라고 하고, 모든 치환들의 집합을 S_n으로 표시한다. 이때, 각 치환 σ는 $(\sigma(1), \sigma(2), \cdots, \sigma(n))$과 같이 1부터 n에 대응되는 σ의 함숫값을 차례로 나열한 순서쌍으로 나타낼 수 있다.

치환은 일대일대응이므로 역함수가 존재하고, 이 역함수도 다시 치환이 된다. 예를 들어, 치환 $\sigma = (3, 1, 4, 2)$에 대한 역치환은 $\sigma^{-1} = (2, 4, 1, 3)$이 됨을 쉽게 알 수 있다. 항등함수에서 i, j에 대한 함숫값만 서로 맞바꾼 함수는 일대일대응인데, 이를 **호환**이라고 하고 $\tau_{i,j}$로 나타낸다. 즉, $k \neq i$이고 $k \neq j$일 때, $\tau_{i,j}(k) = k$이고, $\tau_{i,j}(i) = j$, $\tau_{i,j}(j) = i$이다.

문제 3.2.1. 치환 $\tau_{i,j}$의 역치환은 $\tau_{i,j}$가 됨을 보이시오.

이제, S_n에 속하는 가능한 치환 σ의 가짓수를 따져보자. $\sigma(1)$이 될 수 있는 값은 $1, 2, \cdots, n$이므로 n 가지이고, $\sigma(2)$가 될 수 있는 값은 $\sigma(1)$의 값을 제외한 $n-1$ 가지이다. 따라서, 다음을 알 수 있다.

가능한 치환의 개수

가능한 치환의 개수 $|S_n| = n \times (n-1) \times \cdots \times 2 \times 1 = n!$이다.

문제 3.2.2. S_3의 모든 치환을 구하시오.

S_n의 치환 $\sigma = (i_1, i_2, \cdots, i_n)$의 각 수 i_k에 대해 i_k보다 큰 수가 i_k보다 앞에 있을 때 **반전**이 있다고 한다.

9) 앞서 (58쪽)에서, 각 행과 열에 오직 한 개의 1만 있고 나머지 성분은 모두 0인 행렬을 치환행렬이라 정의한 바 있다.

예를 들어, $\sigma = (3, 2, 4, 1)$에서 1에 대해 3개의 반전이 있고, 2에 대해서는 1개의 반전이 있으며, 3과 4에 대해서는 반전이 없다. 즉, 이 치환에는 총 4개의 반전이 있다.

예제 3.2.1. 치환 $\sigma = (3, 2, 4, 1)$을 호환의 합성으로 나타내시오.

풀이 : 1부터 시작하여 반전이 없어지도록 호환을 합성시켜 나가면

$$(3, 2, 4, 1) \xrightarrow{\tau_{1,4}} (3, 2, 1, 4) \xrightarrow{\tau_{1,2}} (3, 1, 2, 4) \xrightarrow{\tau_{1,3}} (1, 3, 2, 4) \xrightarrow{\tau_{2,3}} (1, 2, 3, 4)$$

이다. 따라서, 항등함수를 id라 할 때, $\tau_{2,3} \circ \tau_{1,3} \circ \tau_{1,2} \circ \tau_{1,4} \circ \sigma = \mathrm{id}$이다. 또, 각 호환의 역치환은 자기 자신이므로 양변에 차례로 역치환을 합성하면,

$$\sigma = \tau_{1,4} \circ \tau_{1,2} \circ \tau_{1,3} \circ \tau_{2,3}$$

를 얻는다.

또 다른 방법으로 치환 $(3, 2, 1, 4)$는 호환 $\tau_{1,3}$이므로 $\tau_{1,3} \circ \tau_{1,4} \circ \sigma = \mathrm{id}$로 생각할 수도 있고, 이 경우에는 $\sigma = \tau_{1,4} \circ \tau_{1,3}$으로 표현할 수도 있다. □

짝치환과 홀치환

예제 3.2.1에서 알 수 있듯이, 일반적으로 σ에 총 n개의 반전이 있으면, σ는 n개의 호환의 합성으로 나타낼 수 있다. 실제로는 더 적은 개수의 호환의 합성으로 나타내어질 수도 있지만, n이 짝수라면 항상 짝수 개의 호환의 합성으로 표현되고, n이 홀수라면 항상 홀수 개의 호환의 합성으로 표현된다.[10] 따라서, 치환에 있는 반전의 개수가 짝수인지 홀수인지가 중요하다.

치환에 있는 반전의 총 개수가 짝수 개인 치환을 **짝치환**이라 하고, 반전의 총 개수가 홀수 개인 치환을 **홀치환**이라 한다. 또, 치환 σ가 짝치환인지 홀치환인지를 나타내는 함수 $\mathrm{sgn} : S_n \to \{0, 1\}$[11]를

$$\mathrm{sgn}(\sigma) = \begin{cases} +1, & \sigma \text{ 가 짝치환} \\ -1, & \sigma \text{ 가 홀치환} \end{cases}$$

와 같이 정의한다. 예를 들어, $\mathrm{sgn}((3, 2, 4, 1)) = 1$이다.

문제 3.2.3. 치환 $\sigma = (4, 1, 3, 2)$에 대해, $\mathrm{sgn}(\sigma)$를 구하고, σ를 호환의 합성으로 나타내시오. 또, σ를 가장 적은 개수의 호환의 합성으로 표현할 때, 몇 개의 호환이 필요한지 구하시오.

---

10) 대수학을 공부하고 나면 합성에 대해 S_n이 군을 이루는 것을 알게되고, S_n의 여러 성질을 공부하게 된다. 특히, 치환 σ를 호환의 합성으로 표현하는 방법은 유일하지 않지만, 합성에 사용된 개수를 2로 나눈 값은 일정하다는 것을 공부하게 된다.

11) 66쪽에서 정의한 $\mathrm{sgn}(\cdot)$과 여기서 정의한 $\mathrm{sgn}(\cdot)$이 실제로 같은 정의라는 것은 80쪽에서 치환행렬과 치환의 관계를 공부하고 나면 알게된다. “sgn”는 부호를 나타내는 signature의 약자이다.

치환 σ가 호환 n개의 합성으로 표현된다면, 역치환도 n개의 합성으로 표현된다. 또, 호환 $\tau_{i,j} \circ \sigma$는 $n+1$개의 호환의 합성이 된다. 따라서 $\operatorname{sgn}(\tau_{i,j} \circ \sigma) = -\operatorname{sgn}(\sigma)$가 된다.

치환의 부호

치환 σ에 대해 $\operatorname{sgn}(\sigma) = \operatorname{sgn}(\sigma^{-1})$이다.
또, 호환 $\tau_{i,j}$에 대해 $\operatorname{sgn}(\tau_{i,j} \circ \sigma) = -\operatorname{sgn}(\sigma) = \operatorname{sgn}(\sigma \circ \tau_{i,j})$이다.

따라서, σ가 짝치환이면 $\tau_{1,2} \circ \sigma$는 홀치환이 되고, σ가 홀치환이면 $\tau_{1,2} \circ \sigma$는 짝치환이 된다. 또, 서로 다른 치환 σ_1과 σ_2에 대해 $\tau_{1,2}\sigma_1$과 $\tau_{1,2}\sigma_2$는 서로 다른 치환이 되므로, S_n의 짝치환과 홀치환의 개수가 같음을 알 수 있다.

짝치환과 홀치환의 개수

S_n에서 짝치환의 개수와 홀치환의 개수는 각각 $\dfrac{n!}{2}$이다.

(i,j) 성분이 a_{ij}인 행렬 A에 대해 $B = \mathrm{R}_{i,j}A$라 하면, 식 (3.1)의 함수 $|\cdot|$에 대해

$$\begin{aligned}
|B| &= \sum_{\sigma \in S_n} \operatorname{sgn}(\sigma) a_{1\sigma(1)} \cdots a_{i\sigma(j)} \cdots a_{j\sigma(i)} \cdots a_{n\sigma(n)} \\
&= \sum_{\sigma \in S_n} \operatorname{sgn}(\sigma) a_{1(\sigma\circ\tau_{i,j})(1)} \cdots a_{i(\sigma\circ\tau_{i,j})(i)} \cdots a_{j(\sigma\circ\tau_{i,j})(j)} \cdots a_{n(\sigma\circ\tau_{i,j})(n)} \\
&= -\sum_{\sigma \in S_n} \operatorname{sgn}(\sigma \circ \tau_{i,j}) a_{1(\sigma\circ\tau_{i,j})(1)} \cdots a_{i(\sigma\circ\tau_{i,j})(i)} \cdots a_{j(\sigma\circ\tau_{i,j})(j)} \cdots a_{n(\sigma\circ\tau_{i,j})(n)} \\
&= -|A|
\end{aligned}$$

이므로, 함수 $|\cdot|$가 행렬식의 (성질 3)을 만족함을 알 수 있다. 그 밖에 (성질 1), (성질 2)와 (성질 4)도 성립하므로, 63쪽에서 추상적으로 정의한 행렬식이 실제로 존재함을 알 수 있다.

문제 3.2.4. 식 (3.1)에서 정의한 함수

$$|A| = \sum_{\sigma \in S_n} \operatorname{sgn}(\sigma) a_{1\sigma(1)} a_{2\sigma(2)} \cdots a_{n\sigma(n)}$$

에 대해 (성질 1), (성질 2), (성질 4)가 각각 성립함을 보이시오.

치환행렬

각 행과 열에 오직 하나의 1만 가지고 나머지 성분은 모두 0인 행렬을 치환행렬이라 하는데, 이 소절에서는 치환행렬의 성질에 대해 알아보고, 치환행렬과 치환의 관계를 이용하여 행렬식의 유일성에 대한 증명을 마무리 짓는다.

우선 $n \times n$ 치환행렬 P에 대해 S_n의 두 치환을 자연스럽게 정의할 수 있음을 알아보자. 치환행렬 P의 성분 중 0이 아닌 성분 (즉, 1)이 나타나는 위치는 각 행에 대해서 오직 한 개이므로 그 열의 위치를 함숫값으로 하는 치환 σ_{rc}[12)]를 다음과 같이 생각할 수 있다.

$$P\text{에서 그 값이 1인 성분: } (k, i_k)\ (1 \le k \le n) \iff \sigma_{rc} = (i_1, i_2, \cdots, i_n) \tag{3.7}$$

물론 각 열에 대해서도 1이 나타나는 성분은 오직 하나이므로 다음과 같이 각 열에서 1이 나타나는 행의 위치를 함숫값으로 하는 치환 σ_{cr}도 자연스럽게 생각할 수 있다.

$$P\text{에서 그 값이 1인 성분: } (j_k, k)\ (1 \le k \le n) \iff \sigma_{cr} = (j_1, i_2, \cdots, j_n) \tag{3.8}$$

위 대응관계에서 알 수 있듯이 치환 $\sigma \in S_n$이 주어지면 1이 나타나는 위치가 $\big(k, \sigma(k)\big)$ $(1 \le k \le n)$인 치환행렬을 대응시킬 수도 있고, 그 위치가 $\big(\sigma(k), k\big)$ $(1 \le k \le n)$인 치환행렬을 대응시킬 수도 있다. $n \times n$ 치환행렬들의 집합을 $\mathcal{PM}_n$으로 나타내고, 식 (3.7)의 대응관계를 주는 함수 $\Phi_{rc} : \mathcal{PM}_n \to S_n$와 식 (3.8)의 대응관계를 주는 함수 $\Phi_{cr} : \mathcal{PM}_n \to S_n$을 정의하면 이런 대응관계를 명확하게 나타낼 수 있다. 예를 들어, 다음 치환행렬 P에 대응되는 두 치환 $\sigma_{rc} = \Phi_{rc}(P)$와 $\sigma_{cr} = \Phi_{cr}(P)$는

$$P = \begin{pmatrix} 0 & 0 & 1 & 0 \\ 1 & 0 & 0 & 0 \\ 0 & 0 & 0 & 1 \\ 0 & 1 & 0 & 0 \end{pmatrix} \implies \begin{cases} \Phi_{rc}(P) = \sigma_{rc} = (3, 1, 4, 2), \\ \Phi_{cr}(P) = \sigma_{cr} = (2, 4, 1, 3) \end{cases}$$

가 되고, 치환 $\sigma = (2, 4, 1, 3)$에 대응되는 두 치환행렬 $\Phi_{rc}^{-1}(\sigma)$와 $\Phi_{cr}^{-1}(\sigma)$는 다음과 같다.

$$\Phi_{rc}^{-1}(\sigma) = \begin{pmatrix} 0 & 1 & 0 & 0 \\ 0 & 0 & 0 & 1 \\ 1 & 0 & 0 & 0 \\ 0 & 0 & 1 & 0 \end{pmatrix}, \quad \Phi_{cr}^{-1}(\sigma) = \begin{pmatrix} 0 & 0 & 1 & 0 \\ 1 & 0 & 0 & 0 \\ 0 & 0 & 0 & 1 \\ 0 & 1 & 0 & 0 \end{pmatrix}$$

위의 예에서 치환행렬 P에 대해 두 치환 $\Phi_{rc}(P)$와 $\Phi_{cr}(P)$는 서로 역치환 관계에 있고, 치환 σ에 대해 두 치환행렬 $\Phi_{rc}^{-1}(\sigma)$와 $\Phi_{cr}^{-1}(\sigma)$는 서로 전치행렬의 관계에 있음을 알 수 있다.

---

12) 치환행렬의 0이 아닌 성분의 행, 열 위치에서 행 (row)의 값들을 정의역으로 하고 열 (column)의 값들을 치역으로 하는 치환이란 의미에서 σ_{rc}로 표기하였다.

이런 관계가 일반적으로 성립함을 알아보자.

예제 3.2.2. Φ_{rc}와 Φ_{cr}은 앞에서 정의한 일대일대응 $\Phi_{rc} : \mathcal{PM}_n \to S_n$, $\Phi_{cr} : \mathcal{PM}_n \to S_n$이라 하자.

이때, 치환행렬 $P \in \mathcal{PM}_n$에 대해 치환 $\Phi_{cr}(P)$은 치환 $\Phi_{rc}(P)$의 역치환임을 보이시오. 또, 치환 $\sigma \in S_n$에 대해 치환행렬 $\Phi_{rc}^{-1}(\sigma)$는 치환행렬 $\Phi_{cr}^{-1}(\sigma)$의 전치행렬임을 보이시오.

풀이 : 치환행렬 P의 성분 중 1이 되는 성분의 위치가 (k, i_k) $(1 \le k \le n)$이라면 $\sigma(k) = i_k$ $(1 \le k \le n)$이 되는 치환 $\sigma = \Phi_{rc}(P)$가 유일하게 결정된다. 이때

$$(k, \sigma(k)) \ (1 \le k \le n) \iff (\sigma^{-1}(k), k) \ (1 \le k \le n)$$

이므로 $\Phi_{cr}(P) = \sigma^{-1} = \big(\Phi_{rc}(P)\big)^{-1}$가 성립한다.

한편 $\sigma = (i_1, i_2, \cdots, i_n)$에 대해 $P = \Phi_{rc}^{-1}(\sigma)$는 (k, i_k) $(1 \le k \le n)$ 성분만 1인 치환행렬이 되고, $Q = \Phi_{cr}^{-1}(\sigma)$는 (i_k, k) $(1 \le k \le n)$ 성분만 1인 치환행렬이 된다. 따라서 $P = Q^{\mathrm{T}}$가 성립한다. □

예제 3.2.2에서 두 치환 $\Phi_{rc}(P)$와 $\Phi_{cr}(P)$는 역치환 관계에 있는데, 두 치환행렬 $\Phi_{rc}^{-1}(\sigma)$와 $\Phi_{cr}^{-1}(\sigma)$는 역행렬 관계가 아닌 서로 전치행렬 관계에 있음을 보였다. 실제로는 임의의 치환행렬이 가역이 되고, 그 역행렬은 전치행렬이 된다는 것을 알아보자.

치환행렬 P에서 0이 아닌 성분이 $\big(k, \sigma(k)\big)$ $(1 \le k \le n)$라고 하면 P^{T}에서 0이 아닌 성분은 $\big(\sigma(k), k\big)$ $(1 \le k \le n)$이다. 따라서 임의의 $1 \le i, j \le n$에 대해

$$(PP^{\mathrm{T}})_{ij} = \sum_{k=1}^{n} P_{ik} P^{\mathrm{T}}_{kj} = P_{i\sigma(i)} P^{\mathrm{T}}_{\sigma(i)j} = \begin{cases} 1, & j = i \\ 0, & j \ne i \end{cases}$$

가 성립하고, $PP^{\mathrm{T}} = I$가 되어 $P^{-1} = P^{\mathrm{T}}$를 얻는다. 즉, 임의의 치환행렬은 가역이고, 그 역행렬은 $P^{-1} = P^{\mathrm{T}}$이다.

치환행렬과 치환의 관계

$n \times n$ 치환행렬들의 집합을 $\mathcal{PM}_n$이라 할 때, 치환행렬에 치환을 대응시키는 두 일대일대응 Φ_{rc}, $\Phi_{cr} : \mathcal{PM}_n \to S_n$을 다음과 같이 정의하자.

$$P_{ki_k} = 1 \ (1 \le k \le n) \text{ 인 } P \in \mathcal{PM}_n \xrightarrow{\Phi_{rc}} \Phi_{rc}(P) = (i_1, i_2, \cdots, i_n) \in S_n,$$
$$P_{j_k k} = 1 \ (1 \le k \le n) \text{ 인 } P \in \mathcal{PM}_n \xrightarrow{\Phi_{cr}} \Phi_{cr}(P) = (j_1, j_2, \cdots, j_n) \in S_n.$$

이때 임의의 치환행렬 P에 대해 $\Phi_{rc}(P) = \big(\Phi_{cr}(P)\big)^{-1}$이고, 임의의 치환 σ에 대해 $\Phi_{rc}^{-1}(\sigma) = \big(\Phi_{cr}^{-1}(\sigma)\big)^{\mathrm{T}} = \big(\Phi_{cr}^{-1}(\sigma)\big)^{-1}$이다.

문제 3.2.5. 치환행렬 $P \in \mathcal{PM}_n$ 에 대해 $\Phi_{rc}(P^{\mathrm{T}}) = \Phi_{rc}(P)^{-1} \in S_n$ 임을 보이시오.

이제 두 치환행렬 $P, Q \in \mathcal{PM}_n$ 에 대해 PQ도 치환행렬이 됨을 보이고, P와 Q에 대응되는 치환과 PQ에 대응되는 치환사이의 관계에 대해 알아보자.

우선 $\Phi_{rc}(P) = \sigma$ 이고 $\Phi_{rc}(Q) = \tau$ 라고 하면, P의 성분 중 1이 나타나는 성분은 $(k, \sigma(k))$ $(1 \le k \le n)$이 되고, Q의 성분 중 1이 나타나는 성분은

$$(k, \tau(k))\ (1 \le k \le n) \iff (\tau^{-1}(k), k)\ (1 \le k \le n)$$

이 된다. 이때 PQ가 치환행렬이 됨을 보이려면 각 i에 대해 $(PQ)_{ij} \neq 0$인 j가 오직 한 개 존재하고 그 성분값이 1임을 보이면 되는데,

$$(PQ)_{ij} = \sum_{k=1}^{n} P_{ik}Q_{kj} = P_{i\sigma(i)}Q_{\sigma(i)j} = \begin{cases} 1, & \sigma(i) = \tau^{-1}(j) \iff j = \tau \circ \sigma(i) \\ 0, & \sigma(i) \neq \tau^{-1}(j) \iff \neq \tau \circ \sigma(i) \end{cases}$$

이므로 행렬 PQ는 각 $i = 1, 2, \cdots, n$에 대해 $\big(i, \tau\circ\sigma(i)\big)$ 성분만 1이고 나머지 성분은 모두 0인 치환행렬이 됨을 알 수 있다. 또, 치환사이의 관계식 $\Phi_{rc}(PQ) = \tau \circ \sigma = \Phi_{rc}(Q) \circ \Phi_{rc}(P)$를 얻게 된다. 따라서, 일대일대응 Φ_{cr}로부터 얻어지는 치환에 대해 다음이 성립한다.

$$\Phi_{cr}(PQ) = \big(\Phi_{rc}(PQ)\big)^{-1} = \big(\Phi_{rc}(P)\big)^{-1} \circ \big(\Phi_{rc}(Q)\big)^{-1} = \Phi_{cr}(P) \circ \Phi_{cr}(Q)$$

또, 위의 증명 과정을 잘 살펴보면, 임의의 두 치환 $\sigma, \tau \in S_n$에 대해

$$\Phi_{rc}^{-1}(\tau \circ \sigma) = \Phi_{rc}^{-1}(\sigma)\,\Phi_{rc}^{-1}(\tau), \quad \Phi_{cr}^{-1}(\tau \circ \sigma) = \Phi_{cr}^{-1}(\tau)\,\Phi_{cr}^{-1}(\sigma) \tag{3.9}$$

가 성립함을 쉽게 확인할 수 있다. 이 내용을 정리하면 다음과 같다.

치환행렬의 곱도 치환행렬

두 치환행렬 $P, Q \in \mathcal{PM}_n$ 에 대해, 치환행렬의 곱 PQ도 다시 치환행렬이 되고 대응되는 치환은

$$\Phi_{rc}(PQ) = \Phi_{rc}(Q) \circ \Phi_{rc}(P), \quad \Phi_{cr}(PQ) = \Phi_{cr}(P) \circ \Phi_{cr}(Q)$$

가 된다. 또, 임의의 두 치환 $\sigma, \tau \in S_n$에 대해 다음이 성립한다.

$$\Phi_{rc}^{-1}(\tau \circ \sigma) = \Phi_{rc}^{-1}(\sigma)\Phi_{rc}^{-1}(\tau), \quad \Phi_{cr}^{-1}(\tau \circ \sigma) = \Phi_{cr}^{-1}(\tau)\Phi_{cr}^{-1}(\sigma)$$

행렬의 행렬식을 정의하고 계산할 때, 어떤 치환행렬을 단위행렬로 바꾸기 위해서는 행을 맞바꾸는 행연산 $\mathrm{R}_{i,j}$를 짝수 번 시행해야할 지, 홀수 번 시행해야할 지가 중요하다. 앞의 결과들을 이용하면 임의의 치환행렬 P에 대해 치환 $\sigma = \Phi_{rc}(P)$가 유일하게 대응되고,

임의의 치환 σ는 호환들의 유한 개의 합성 $\sigma = \tau_{i_k j_k} \circ \cdots \circ \tau_{i_2 j_2} \circ \tau_{i_1 j_1}$ 으로 표현되므로 식 (3.9)에 의해 다음이 성립한다.

$$P = \Phi_{rc}^{-1}(\sigma) = \Phi_{rc}^{-1}(\tau_{i_k j_k} \circ \cdots \circ \tau_{i_2 j_2} \circ \tau_{i_1 j_1}) = \Phi_{rc}^{-1}(\tau_{i_1 j_1})\, \Phi_{rc}^{-1}(\tau_{i_2 j_2}) \cdots \Phi_{rc}^{-1}(\tau_{i_k j_k})$$

즉, 치환행렬 P에 대응되는 치환 $\Phi_{rc}(P)$가 k개의 호환들의 합성으로 표현되면, 치환행렬 P는 k개의 치환행렬들의 곱으로 표현된다.

실제로 호환 τ_{ij}에 대해 $\Phi_{rc}^{-1}(\tau_{ij}) = \mathrm{R}_{i,j} = \Phi_{cr}^{-1}(\tau_{ij})$가 성립하는데, 이런 이유로 단위행렬에서 두 행을 맞바꾼 행렬 $\mathrm{R}_{i,j}$를 **호환행렬**이라 부른다. 또, 호환행렬 $\mathrm{R}_{i,j}$은 가역행렬이고, $\mathrm{R}_{i,j}^{-1} = \mathrm{R}_{i,j}^{\mathrm{T}}$ 이므로 위 결과로부터 치환행렬 P가 가역이 되고 그 역행렬은 전치행렬 P^{T}가 됨을 확인할 수 있다.

치환행렬은 호환행렬의 곱

치환행렬 P는 역행렬을 갖고, 항상 호환행렬 유한 개의 곱으로 쓸 수 있다. 이때, $P^{-1} = P^{\mathrm{T}}$ 이다.

예를 들어, $(1,4)$, $(2,2)$, $(3,1)$, $(4,3)$ 성분만 1인 치환행렬

$$P = \begin{pmatrix} 0 & 0 & 0 & 1 \\ 0 & 1 & 0 & 0 \\ 1 & 0 & 0 & 0 \\ 0 & 0 & 1 & 0 \end{pmatrix}$$

를 호환행렬들의 곱으로 나타내보자. 우선 P에 대응되는 치환 $\Phi_{rc}(P) = (4,2,1,3)$에서 반전을 없애면서 항등치환을 만들어 보면, 다음과 같이 네 개의 호환의 합성으로 나타낼 수 있다.

$$\Phi_{rc}(P) = (4,2,1,3) = \tau_{1,2} \circ \tau_{1,4} \circ \tau_{2,4} \circ \tau_{3,4}$$

따라서, 치환행렬 P는 다음

$$P = \Phi_{rc}^{-1}\big((4,2,1,3)\big) = \Phi_{rc}^{-1}(\tau_{3,4})\, \Phi_{rc}^{-1}(\tau_{2,4})\, \Phi_{rc}^{-1}(\tau_{1,4})\, \Phi_{rc}^{-1}(\tau_{1,2}) = \mathrm{R}_{3,4}\, \mathrm{R}_{2,4},\, \mathrm{R}_{1,4}\, \mathrm{R}_{1,2}$$

과 같이 호환행렬들의 곱으로 표현할 수 있다.

문제 3.2.6. $(1,3)$, $(2,2)$, $(3,4)$, $(4,1)$ 성분만 1인 4×4 치환행렬 P를 호환행렬들의 곱으로 나타내고, $\det(P)$를 구하시오.

문제 3.2.7. 조건 $(1\,2\,3\,4\,5)P = (4\,1\,3\,5\,2)$를 만족하는 치환행렬 $P \in \mathcal{PM}_5$를 호환행렬의 곱으로 나타내시오. 또, $\det(P)$를 구하시오.

앞의 문제에서 알 수 있듯이 치환행렬을 호환행렬의 곱으로 나타내고 나면 그 행렬식을 쉽게 구할 수 있다. 즉, 치환행렬 $P \in \mathcal{PM}_n$가 호환행렬의 곱으로 나타낸 것이 $P = \mathrm{R}_{i_1,j_1} \cdots \mathrm{R}_{i_k,j_k}$ 라면

$$\det(P) = \det(\mathrm{R}_{i_1,j_1} \cdots \mathrm{R}_{i_k,j_k}) = (-1)\det(\mathrm{R}_{i_2,j_2} \cdots \mathrm{R}_{i_k,j_k}) = \cdots = (-1)^k \det(I_n) = (-1)^k$$

가 된다.

이때, P를 만들기 위해 필요한 호환행렬의 개수 k는 P에 대응되는 치환 $\Phi_{rc}(P)$를 호환의 합성으로 나타낼 때 사용된 호환의 개수와 같다. 물론, 치환을 호환의 곱으로 만드는 방법은 한 가지가 아니므로 치환행렬을 호환행렬의 곱으로 나타낼 때 호환행렬의 개수는 바뀔 수 있지만, 그 개수가 짝수인지 홀수인지는 바뀌지 않으므로 치환행렬의 행렬식은 일정하다.

이제 66쪽에서 정의한 sgn의 정의

$$\mathrm{sgn}(\sigma) = \det \begin{pmatrix} I^R_{\sigma(1)} \\ I^R_{\sigma(2)} \\ \vdots \\ I^R_{\sigma(n)} \end{pmatrix}$$

와 74쪽에서 정의한 sgn의 정의

$$\mathrm{sgn}(\sigma) = \begin{cases} +1, & \sigma \text{ 가 짝치환} \\ -1, & \sigma \text{ 가 홀치환} \end{cases}$$

가 일치함을 보일 수 있다. 즉, 첫 번째 정의에서 단위행렬의 행을 재배열한 치환행렬 P에 대응되는 치환이 $\Phi_{rc}(P) = \sigma$가 되므로 σ를 k개의 호환의 합성으로 나타낼 수 있다면 P도 k개의 호환행렬의 곱으로 나타낼 수 있다. 따라서 σ가 짝치환이면 행렬식이 1이 되고, 홀치환이라면 행렬식이 -1이 되어 sgn의 두 번째 정의와 일치함을 알 수 있다.

3.3 행렬식의 여인자 전개

[미리보기] 행렬식의 성질을 이용하여 3×3 행렬의 행렬식을 행렬의 성분으로 표현한 것을 되짚어보자. 우선 1행에 대해 (성질 1)과 (성질 6)을 차례로 적용하여

$$\left|\begin{pmatrix} a_{11} & a_{12} & a_{13} \\ a_{21} & a_{22} & a_{23} \\ a_{31} & a_{32} & a_{33} \end{pmatrix}\right| = \left|\begin{pmatrix} a_{11} & 0 & 0 \\ a_{21} & a_{22} & a_{23} \\ a_{31} & a_{32} & a_{33} \end{pmatrix}\right| + \left|\begin{pmatrix} 0 & a_{12} & 0 \\ a_{21} & a_{22} & a_{23} \\ a_{31} & a_{32} & a_{33} \end{pmatrix}\right| + \left|\begin{pmatrix} 0 & 0 & a_{13} \\ a_{21} & a_{22} & a_{23} \\ a_{31} & a_{32} & a_{33} \end{pmatrix}\right|$$

$$= \left|\begin{pmatrix} a_{11} & 0 & 0 \\ 0 & a_{22} & a_{23} \\ 0 & a_{32} & a_{33} \end{pmatrix}\right| + \left|\begin{pmatrix} 0 & a_{12} & 0 \\ a_{21} & 0 & a_{23} \\ a_{31} & 0 & a_{33} \end{pmatrix}\right| + \left|\begin{pmatrix} 0 & 0 & a_{13} \\ a_{21} & a_{22} & 0 \\ a_{31} & a_{32} & 0 \end{pmatrix}\right|$$

를 얻고, 2행, 3행에 비슷한 과정을 반복했었다. 65쪽 3.1절에서 행렬의 성분을 이용하여 표시할 때와 다르게, 이번에는 (성질 11)과 (성질 3)에 의해 두 열의 위치를 맞바꾸면 행렬식에 -1을 곱한 것과 같다는 사실을 이용해보자. 이때, 마지막 등식은

$$\left|\begin{pmatrix} a_{11} & 0 & 0 \\ 0 & a_{22} & a_{23} \\ 0 & a_{32} & a_{33} \end{pmatrix}\right| + (-1)^1 \left|\begin{pmatrix} a_{12} & 0 & 0 \\ 0 & a_{21} & a_{23} \\ 0 & a_{31} & a_{33} \end{pmatrix}\right| + (-1)^2 \left|\begin{pmatrix} a_{13} & 0 & 0 \\ 0 & a_{21} & a_{22} \\ 0 & a_{31} & a_{32} \end{pmatrix}\right|$$

이 된다. 또,

$$\det\begin{pmatrix} a & 0 & 0 \\ 0 & b_1 & b_2 \\ 0 & b_3 & b_4 \end{pmatrix} = a\det\begin{pmatrix} b_1 & b_2 \\ b_3 & b_4 \end{pmatrix}$$

임을 보일 수 있으므로, 결국

$$\begin{aligned} &\left|\begin{pmatrix} a_{11} & a_{12} & a_{13} \\ a_{21} & a_{22} & a_{23} \\ a_{31} & a_{32} & a_{33} \end{pmatrix}\right| \\ =&a_{11}\left|\begin{pmatrix} a_{22} & a_{23} \\ a_{32} & a_{33} \end{pmatrix}\right| + (-1)^1 a_{12}\left|\begin{pmatrix} a_{21} & a_{23} \\ a_{31} & a_{33} \end{pmatrix}\right| + (-1)^2 a_{13}\left|\begin{pmatrix} a_{21} & a_{22} \\ a_{31} & a_{32} \end{pmatrix}\right| \\ =&(-1)^{1+1}a_{11}\left|\begin{pmatrix} a_{22} & a_{23} \\ a_{32} & a_{33} \end{pmatrix}\right| + (-1)^{1+2} a_{12}\left|\begin{pmatrix} a_{21} & a_{23} \\ a_{31} & a_{33} \end{pmatrix}\right| + (-1)^{1+3} a_{13}\left|\begin{pmatrix} a_{21} & a_{22} \\ a_{31} & a_{32} \end{pmatrix}\right| \end{aligned} \tag{3.10}$$

를 얻게 된다. 마지막 식의 각 항에서 a_{1k}에 $(-1)^{1+k}$가 곱해진 것과 행렬식의 2×2 행렬은 원래 3×3 행렬에서 1행과 k열을 제거하여 만든 2×2 행렬이라는 점에 주목하자.

소행렬식과 여인자

[미리 보기]에서 3×3 행렬의 행렬식은 행렬의 크기를 줄여 2×2 행렬의 행렬식으로 바꾸어 구할 수 있음을 보았다. 일반적으로 n차[13] 행렬의 행렬식을 구할 때 $n-1$차 행렬로 줄여서 구할 수 있고, 이와 같은 방법을 반복하면 크기가 큰 행렬의 행렬식은 크기가 작은 행렬의 행렬식을 구하여 얻을 수 있다.

먼저 크기를 줄인 행렬의 행렬식부터 정의하자. (i,j)성분이 a_{ij}인 n차 행렬 A에서 i행과 j열을 제거하여 만든 $n-1$차 부분행렬의 행렬식을 A의 (i,j) **소행렬식**이라 하고 $M_{i,j}(A)$로 나타낸다. 예를 들어, 3×3 행렬 A에서 2행과 3열을 제거하여 만든 부분행렬의 행렬식

13) $n\times n$ 행렬을 n차 행렬이라고 부른다.

$M_{2,3}(A)$는 다음과 같다.

$$A = \begin{pmatrix} a_{11} & a_{12} & a_{13} \\ a_{21} & a_{22} & a_{23} \\ a_{31} & a_{32} & a_{33} \end{pmatrix} \Longrightarrow M_{2,3}(A) = \det \begin{pmatrix} a_{11} & a_{12} \\ a_{31} & a_{32} \end{pmatrix}$$

[미리보기]에서 계산한 3×3 행렬의 행렬식 (3.10)은 1행의 각 성분 a_{1k}에 $(-1)^{1+k}M_{1,k}(A)$를 곱한 것을 k에 대해 더한 값임을 알 수 있다. 이를 간단히 나타내기 위해,

$$A^{i,j} = (-1)^{i+j}M_{i,j}(A)$$

와 같이 행렬 A에 대해 $A^{i,j}$를 정의하고, A의 (i,j) 여인자 또는 a_{ij}의 여인자라고 부른다.

예제 3.3.1. 다음 행렬 A의 a_{11} 여인자와 a_{23} 여인자를 구하시오.

$$A = \begin{pmatrix} 1 & 2 & -1 \\ 2 & 3 & 4 \\ -1 & 4 & -2 \end{pmatrix}$$

풀이 : $M_{11}(A) = \det \begin{pmatrix} 3 & 4 \\ 4 & -2 \end{pmatrix} = -22,\ M_{23}(A) = \det \begin{pmatrix} 1 & 2 \\ -1 & 4 \end{pmatrix} = 6$ 이므로 a_{11}의 여인자는 $(-1)^{1+1}M_{11}(A) = -22$이고, a_{23}의 여인자는 $(-1)^{2+3}M_{23}(A) = -6$이다. □

이제, [미리보기]에서 행렬식을 계산한 방법을 일반적인 n차 행렬의 행렬식에 적용시켜보자. 우선, 행렬식의 (성질 1)을 이용하여 (i,j) 성분이 a_{ij}인 행렬 A의 행렬식을 i행에 대해 분해하고, (성질 6)을 적용하면

$$\begin{aligned} &\det(A) \\ =&a_{i1} \left| \begin{pmatrix} a_{11} & a_{12} & \cdots & a_{1n} \\ \vdots & \vdots & \ddots & \vdots \\ a_{(i-1)1} & a_{(i-1)2} & \cdots & a_{(i-1)n} \\ 1 & 0 & \cdots & 0 \\ a_{(i+1)1} & a_{(i+1)2} & \cdots & a_{(i+1)n} \\ \vdots & \vdots & \ddots & \vdots \\ a_{n1} & a_{n2} & \cdots & a_{nn} \end{pmatrix} \right| + \cdots + a_{in} \left| \begin{pmatrix} a_{11} & a_{12} & \cdots & a_{1n} \\ \vdots & \vdots & \ddots & \vdots \\ a_{(i-1)1} & a_{(i-1)2} & \cdots & a_{(i-1)n} \\ 0 & 0 & \cdots & 1 \\ a_{(i+1)1} & a_{(i+1)2} & \cdots & a_{(i+1)n} \\ \vdots & \vdots & \ddots & \vdots \\ a_{n1} & a_{n2} & \cdots & a_{nn} \end{pmatrix} \right| \end{aligned}$$

$$=a_{i1}\left|\begin{pmatrix} 0 & a_{12} & \cdots & a_{1n} \\ \vdots & \vdots & \ddots & \vdots \\ 0 & a_{(i-1)2} & \cdots & a_{(i-1)n} \\ 1 & 0 & \cdots & 0 \\ 0 & a_{(i+1)2} & \cdots & a_{(i+1)n} \\ \vdots & \vdots & \ddots & \vdots \\ 0 & a_{n2} & \cdots & a_{nn} \end{pmatrix}\right| + \cdots + a_{in}\left|\begin{pmatrix} a_{11} & a_{12} & \cdots & 0 \\ \vdots & \vdots & \ddots & \vdots \\ a_{(i-1)1} & a_{(i-1)2} & \cdots & 0 \\ 0 & 0 & \cdots & 1 \\ a_{(i+1)1} & a_{(i+1)2} & \cdots & 0 \\ \vdots & \vdots & \ddots & \vdots \\ a_{n1} & a_{n2} & \cdots & 0 \end{pmatrix}\right|$$

를 얻는다. 이때, 마지막 등식에 나오는 행렬식의 각 행렬에서 i 행은 차례로 (i, j) $(1 \leq j \leq n)$ 성분만 1이고 나머지 성분은 모두 0이다. 나머지 행과 열의 순서는 바뀌지 않으면서, 1이 나타나는 (i, j) 성분이 $(1, 1)$ 성분이 되도록 두 행의 위치와 두 열의 위치를 맞바꾸려면 $(i-1)$ 번 행을 맞바꾸고, $(j-1)$ 번 열의 위치를 맞바꾸면 된다. 따라서, (성질 3)과 (성질 11)에 의해

$$a_{ij}\left|\begin{pmatrix} a_{11} & \cdots & a_{1(j-1)} & 0 & a_{1(j+1)} & \cdots & a_{1n} \\ \vdots & \ddots & \vdots & 0 & \vdots & \ddots & \vdots \\ a_{(i-1)1} & \cdots & a_{(i-1)(j-1)} & 0 & a_{(i-1)(j+1)} & \cdots & a_{(i-1)n} \\ 0 & 0 & 0 & 1 & 0 & 0 & 0 \\ a_{(i+1)1} & \cdots & a_{(i+1)(j-1)} & 0 & a_{(i+1)(j+1)} & \cdots & a_{(i+1)n} \\ \vdots & \ddots & \vdots & 0 & \vdots & \ddots & \vdots \\ a_{n1} & \cdots & a_{n(j-1)} & 0 & a_{n(j+1)} & \cdots & a_{nn} \end{pmatrix}\right|$$

$$= (-1)^{(i-1+j-1)}a_{ij}\left|\begin{pmatrix} 1 & 0 & 0 & 0 & 0 & 0 & 0 \\ 0 & a_{11} & \cdots & a_{1(j-1)} & a_{1(j+1)} & \cdots & a_{1n} \\ 0 & \vdots & \ddots & \vdots & \vdots & \ddots & \vdots \\ 0 & a_{(i-1)1} & \cdots & a_{(i-1)(j-1)} & a_{(i-1)(j+1)} & \cdots & a_{(i-1)n} \\ 0 & a_{(i+1)1} & \cdots & a_{(i+1)(j-1)} & a_{(i+1)(j+1)} & \cdots & a_{(i+1)n} \\ 0 & \vdots & \ddots & \vdots & \vdots & \ddots & \vdots \\ 0 & a_{n1} & \cdots & a_{n(j-1)} & a_{n(j+1)} & \cdots & a_{nn} \end{pmatrix}\right| \tag{3.11}$$

가 된다. 이때, 마지막 행렬의 1행과 1열을 제거한 부분행렬은 A에서 i 행과 j 행을 제거한 부분행렬이 되고, $(-1)^{i-1+j-1} = (-1)^{i+j}$ 이므로 식 (3.11)의 마지막 식은 $a_{ij}A^{i,j}$ 이 되어,

$$\det(A) = a_{i1}A^{i,1} + a_{i2}A^{i,2} + \cdots + a_{in}A^{i,n} = \sum_{k=1}^{n} a_{ik}A^{i,k}$$

를 얻는다. 이를 행렬 A의 i행에 대한 여인자 전개[14)]라고 부른다.

문제 3.3.1. $n-1$차 행렬 B에 대해 n차 행렬 A는

$$A = \begin{pmatrix} a & O^R \\ O^C & B \end{pmatrix} \quad (\text{단, } O^R \text{와 } O^C \text{는 각각 모든 성분이 0인 행벡터와 열벡터})$$

이다. 이때, $\det(A) = a\det(B)$ 임을 보이시오.

$\det(A^{\mathrm{T}}) = \det(A)$ 이므로 j 열에 대해서도 비슷한 결과를 얻을 수 있다.

행렬식의 여인자 전개

A는 (i, j) 성분이 a_{ij} 인 n차 행렬일 때, i, j $(1 \le i, j \le n)$에 대해 다음이 성립한다.

- i행에 대한 여인자 전개 : $\det(A) = a_{i1}A^{i,1} + a_{i2}A^{i,2} + \cdots + a_{in}A^{i,n} = \sum_{k=1}^{n} a_{ik}A^{i,k}$
- j 열에 대한 여인자 전개: $\det(A) = a_{1j}A^{1,j} + a_{2j}A^{2,j} + \cdots + a_{nj}A^{n,j} = \sum_{k=1}^{n} a_{kj}A^{k,j}$

예제 3.3.2. 다음 행렬 A의 행렬식을 구하시오.

$$A = \begin{pmatrix} 3 & -5 & 2 & 1 \\ 1 & -2 & 1 & -1 \\ 2 & -4 & 1 & -2 \\ 3 & 3 & 2 & 1 \end{pmatrix}$$

풀이 : 2행의 -2배를 3행에 더하고, 2행의 -3배를 1행과 4행에 각각 더하여 행렬식을 구하면,

$$\det(A) = \det \begin{pmatrix} 0 & 1 & -1 & 4 \\ 1 & -2 & 1 & -1 \\ 0 & 0 & -1 & 0 \\ 0 & 9 & -1 & 4 \end{pmatrix}$$

이다. 1 열에 0이 가장 많으므로 1 열에 대해 여인자 전개를 하면

$$\det(A) = (-1)^{2+1}\det \begin{pmatrix} 1 & -1 & 4 \\ 0 & -1 & 0 \\ 9 & -1 & 4 \end{pmatrix}$$

14) 이 같은 방법을 라플라스 여인자 전개라고도 한다.

가 되고, 3×3 행렬을 다시 2행에 대해 여인자 전개를 하면 다음과 같다.

$$\det(A) = -\det\begin{pmatrix} 1 & -1 & 4 \\ 0 & -1 & 0 \\ 9 & -1 & 4 \end{pmatrix} = -(-1)^{2+2}(-1)\det\begin{pmatrix} 1 & 4 \\ 9 & 4 \end{pmatrix} = -32.$$

□

문제 3.3.2. 다음 행렬식을 구하시오.

(가) $\begin{pmatrix} 0 & 0 & -2 & 3 \\ 1 & 0 & 1 & 2 \\ -1 & 1 & 2 & 1 \\ 0 & 2 & -3 & 0 \end{pmatrix}$ (나) $\begin{pmatrix} 1 & 1 & -1 & -1 \\ 1 & -1 & 1 & -1 \\ -1 & -1 & 1 & 1 \\ -1 & 1 & -1 & 1 \end{pmatrix}$

예제 3.3.3. 주대각선의 모든 성분은 2이고, 주대각선 바로 위 대각선과 아래 대각선의 성분은 1, 나머지 성분은 모두 0인 행렬 n차 행렬

$$A_n = \begin{pmatrix} 2 & 1 & 0 & 0 & \cdots & 0 & 0 \\ 1 & 2 & 1 & 0 & \cdots & 0 & 0 \\ 0 & 1 & 2 & 1 & \ddots & 0 & 0 \\ & & & \ddots & & & \\ 0 & 0 & 0 & \ddots & 1 & 2 & 1 \\ 0 & 0 & 0 & \cdots & 0 & 1 & 2 \end{pmatrix}$$

의 행렬식에 대한 점화식 $\det(A_n) = 2\det(A_{n-1}) - \det(A_{n-2})$ $(n = 1, 2, \cdots)$을 여인자 전개를 이용하여 구하시오.

풀이 : 1행에 대한 여인자 전개를 하면,

$$\det(A_n) = (-1)^{1+1}2\det(A_{n-1}) + (-1)^{1+2}\det\begin{pmatrix} 1 & 1 & 0 & \cdots & 0 & 0 \\ 0 & 2 & 1 & \ddots & 0 & 0 \\ & & \ddots & & & \\ 0 & 0 & \ddots & 1 & 2 & 1 \\ 0 & 0 & \cdots & 0 & 1 & 2 \end{pmatrix}$$

이고, $n-1$차 행렬의 행렬식을 다시 1열에 대해 여인자 전개하면

$$\det(A_n) = 2\det(A_{n-1}) - \det(A_{n-2})$$

를 얻는다. □

문제 3.3.3. 예제 3.3.3의 행렬 A_n 에 대해 행렬식 $\det(A_n)$의 값을 구하시오.

도전 문제 3.3.1. 상수 $a_i\,(1 \le i \le n)$과 $b_i\,(1 \le i \le n-1)$에 대해 다음과 같이 정의된 n차 행렬 B_n의 행렬식이 만족하는 점화식을 구하시오.

$$(B_n)_{ij} = \begin{cases} a_i, & (1 \le i \le n \text{ 에 대해 } i = j \text{ 일 때}) \\ b_i, & (1 \le i \le n-1 \text{ 에 대해 } j = i+1 \text{ 일 때}) \\ b_i, & (2 \le i \le n \text{ 에 대해 } j = i-1 \text{ 일 때} \\ 0, & (\text{ 그 외의 경우}). \end{cases}$$

수반행렬과 역행렬

두 행렬 A와 B의 곱 AB의 (i,i) 성분이 $(AB)_{ii} = \sum_{k=1}^{n} A_{ik}B_{ik}$ 임을 생각하면, 행렬식의 여인자 전개 $\sum_{k=1}^{n} a_{ik}A^{i,k}$는 두 행렬의 곱의 (i,i) 성분으로 이해할 수 있다. 이를 위해, (i,j) 성분이 A의 (j,i) 여인자 $A^{j,i}$인 행렬 $\mathrm{adj}(A)$를 다음과 같이 정의한다.

$$\mathrm{adj}(A) = \begin{pmatrix} A^{1,1} & A^{2,1} & \cdots & A^{n,1} \\ A^{1,2} & A^{2,2} & \cdots & A^{n,2} \\ \vdots & \vdots & \ddots & \vdots \\ A^{1,n} & A^{2,n} & \cdots & A^{n,n} \end{pmatrix} = \begin{pmatrix} A^{1,1} & A^{1,2} & \cdots & A^{1,n} \\ A^{2,1} & A^{2,2} & \cdots & A^{2,n} \\ \vdots & \vdots & \ddots & \vdots \\ A^{n,1} & A^{n,2} & \cdots & A^{n,n} \end{pmatrix}^{\mathrm{T}}$$

이때, A에 의해 결정되는 행렬 $\mathrm{adj}(A)$를 A의 수반행렬이라고 한다.

따라서, 행렬식 $\det(A)$의 i행에 대한 여인자 전개식은 A와 수반행렬 $\mathrm{adj}(A)$의 곱에 대해

$$\big(A \cdot \mathrm{adj}(A)\big)_{ii} = \sum_{k=1}^{n} a_{ik}A^{i,k} = \det(A) \quad (i = 1, 2, \cdots, n) \tag{3.12}$$

가 성립함을 의미한다. 이제, 두 행렬의 곱 $A \cdot \mathrm{adj}(A)$의 (i,j) (단, $i \ne j$) 성분을 구하기 위해 다음 식이 성립함을 알아보자.

$$\big(A \cdot \mathrm{adj}(A)\big)_{ij} = a_{i1}A^{j,1} + a_{i2}A^{j,2} + \cdots + a_{in}A^{j,n} = \sum_{k=1}^{n} a_{ik}A^{j,k} = 0. \tag{3.13}$$

(i,j) 성분이 a_{ij} 인 행렬 A에 대해, $i \ne j$일 때 행렬 B를

$$B_k^R = \begin{cases} A_k^R & (1 \le k \le n \text{에 대해 } k \ne j \text{ 일 때}) \\ A_i^R & (k = j \text{ 일 때}) \end{cases}$$

로 정의하면, 행렬 B의 i행과 j행은 모두 A_i^R가 되므로 행렬식의 (성질 5)에 의해 $\det(B) = 0$이다.

또, A에서 j행과 k열을 제거한 부분행렬과 B에서 j행과 k열을 제거한 부분행렬이 같다. 따라서, 행렬 B의 (i,j) 성분을 b_{ij}라 하면, 아래와 같이 식 (3.13)이 성립함을 알 수 있다.

$$\begin{aligned} a_{i1}A^{j,1}+a_{i2}A^{j,2}+\cdots+a_{in}A^{j,n} &= b_{i1}B^{j,1}+b_{i2}B^{j,2}+\cdots+b_{in}B^{j,n} \\ &= b_{j1}B^{j,1}+b_{j2}B^{j,2}+\cdots+b_{jn}B^{jn}=\det(B)=0. \end{aligned}$$

결론적으로, 식 (3.12)과 (3.13)로부터 다음과 같이 A의 역행렬에 대한 식을 얻는다.

수반행렬과 역행렬

n차 행렬 A와 A의 수반행렬 $\mathrm{adj}(A)$에 대해

$$A\cdot \mathrm{adj}(A)=\det(A)I$$

가 성립한다. 따라서, A의 역행렬은 수반행렬을 이용하여

$$A^{-1}=\frac{1}{\det(A)}\mathrm{adj}(A)$$

와 같이 나타낼 수 있다.[a)]

a) 이론적으로는 의미가 있는 식이지만, 실제 역행렬을 구하는 가장 좋은 방법은 가우스 소거법을 이용하는 것이다.

예제 3.3.4. 수반행렬을 이용하여 다음 하삼각행렬 A의 역행렬을 구하시오.

$$A=\begin{pmatrix}1&0&0&0\\1&1&0&0\\1&1&1&0\\1&1&1&1\end{pmatrix}$$

풀이 : 우선, 하삼각 행렬 A의 행렬식은 $\det(A)=1$이다. 행렬 A에서 i행과 j열을 제거한 행렬은 다시 하삼각 행렬이 되거나, 같은 행을 포함한 행렬이 되므로 행렬식을 쉽게 구할 수 있다. 예를 들어, 1행 k $(k=1,2,3,4)$열을 제거한 부분행렬의 행렬식은 차례로 다음과 같다.

$$\left|\begin{pmatrix}1&0&0\\1&1&0\\1&1&1\end{pmatrix}\right|=1,\quad \left|\begin{pmatrix}1&0&0\\1&1&0\\1&1&1\end{pmatrix}\right|=1,\quad \left|\begin{pmatrix}1&1&0\\1&1&0\\1&1&1\end{pmatrix}\right|=0,\quad \left|\begin{pmatrix}1&0&0\\1&1&1\\1&1&1\end{pmatrix}\right|=0.$$

따라서, 이 경우에 $(1,k)$ $(k=1,2,3,4)$의 여인자를 구하면,

$$A^{1,1}=(-1)^2=1,\quad A^{1,2}=(-1)^3=-1\quad A^{1,3}=(-1)^4\cdot 0=0,\quad A^{1,4}=(-1)^5\cdot 0=0$$

을 얻는다. 나머지 여인자도 비슷한 방법으로 계산하여 수반행렬을 구하면,

$$A^{-1} = \frac{1}{1}\mathrm{adj}(A) = \begin{pmatrix} 1 & 0 & 0 & 0 \\ -1 & 1 & 0 & 0 \\ 0 & -1 & 1 & 0 \\ 0 & 0 & -1 & 1 \end{pmatrix}$$

과 같이 역행렬을 구할 수 있다. □

문제 3.3.4. 수반행렬을 이용하여 다음 행렬의 역행렬을 구하시오. (대칭행렬의 경우에는 대칭성을 이용하면 계산을 줄일 수 있음에 주목하시오.)

(가) $\begin{pmatrix} 1 & 2 & 0 \\ 0 & 3 & 0 \\ 0 & 7 & 1 \end{pmatrix}$ (나) $\begin{pmatrix} 2 & -1 & 0 \\ -1 & 2 & -1 \\ 0 & -1 & 2 \end{pmatrix}$

문제 3.3.5. A가 n차 정사각행렬일 때, 다음 필요충분조건을 증명하시오.

$$A\text{의 역행렬이 존재한다.} \iff \mathrm{adj}(A)\text{의 역행렬이 존재한다.}$$

도전 문제 3.3.2.

(가) n차 정사각행렬 A가 하삼각행렬이고 $i > j$이면, A의 (i, j) 여인자 $A^{i,j}$는 $A^{i,j} = 0$이 됨을 보이시오.

(나) (가)의 결과를 이용하여 A의 행렬식이 0이 아닐 때, A^{-1}도 하삼각행렬이 됨을 보이시오.

(다) 가우스 소거법을 이용하여 행렬식이 0이 아닌 하삼각행렬의 역행렬도 하삼각행렬이 됨을 보이시오.

도전 문제 3.3.3. A가 n차 정사각행렬일 때, 다음을 보이시오.

$$\det\big(\mathrm{adj}(A)\big) = \big(\det(A)\big)^{n-1}$$

(도움말 : 우선 $\det(A) \neq 0$일 때 성립함을 보이고, $\det(A) = 0$인 경우에도 성립함을 보이시오.)

3.4 크래머 공식

[미리보기] 미지수가 $x_1, x_2, \cdots, x_n$이고, 방정식의 개수가 n인 연립일차연립방정식 $AX = B$을 다시 생각해보자 (단, $X = (x_1, x_2, \cdots, x_n)^{\mathrm{T}}$, $B = (b_1, b_2, \cdots, b_n)^{\mathrm{T}}$). A의 행렬식이 0이 아니면, A의 역행렬을 이용하여 $X = A^{-1}B$와 같이 유일한 해를 구할 수 있음을 알고 있다.

한편, 수반행렬을 이용한 역행렬의 표현을 이용하면,

$$X = A^{-1}B = \frac{1}{\det(A)}\mathrm{adj}(A) \cdot B$$

가 되고, 이로부터,

$$x_i = \frac{1}{\det(A)} \sum_{k=1}^{n} \mathrm{adj}(A)_{ik} b_k = \frac{1}{\det(A)} \sum_{k=1}^{n} b_k A^{k,i}$$

와 같이 각 x_i를 행렬식과 여인자를 이용하여 나타내는 공식을 얻을 수 있다.

연립방정식의 해를 구체적으로 쓸 수 있는 공식을 준다는 점에서 위 식에 의미가 있긴 하지만, 실제로 미지수가 4개 이상인 연립방정식의 해(또는 역행렬)을 구하는 가장 간단한 방법은 가우스 소거법임을 잊지 말자.

n차 가역행렬 A와 $n \times 1$ 행렬 $X = (x_1, x_2, \cdots, x_n)^{\mathrm{T}}$, $B = (b_1, b_2, \cdots, b_n)^{\mathrm{T}}$에 대해, 연립일차방정식 $AX = B$의 유일한 해는 [미리보기]에서 살펴본 바와 같이

$$x_j = \frac{1}{\det(A)} \sum_{k=1} b_k A^{k,j}, \quad (j = 1, 2, \cdots, n) \tag{3.14}$$

과 같이 쓸 수 있다. 이제, 이 식을 행렬식만을 이용하여 간단하게 나타내보자.

식 (3.14)의 양변에 $\det(A)$를 곱한 것과 j열에 대한 여인자 전개로 구한 A의 행렬식

$$\det(A) = a_{1j}A^{1,j} + a_{2j}A^{2,j} + \cdots + a_{nj}A^{n,j} = \sum_{k=1}^{n} a_{kj}A^{k,j}$$

를 비교하면, 행렬식의 a_{kj} 자리에 b_k가 있음을 알 수 있다. 또, 행렬 A의 j열을 B로 바꾼 행렬을 C_j라 할 때, 여인자 $A^{k,j}$는 행렬 A에서 k행과 j열을 제거한 부분행렬의 행렬식에 의해 결정되므로 $C_j^{k,j} = A^{k,j}$이고, $\sum_{k=1}^{n} b_k A^{k,j} = \det(C_j)$가 됨을 알 수 있다.

따라서, 식 (3.14)로부터 다음 결과를 얻는다.

크래머 공식

n차 가역행렬 A와 $n \times 1$ 행렬 $X = (x_1, x_2, \cdots, x_n)^{\mathrm{T}}$, $B = (b_1, b_2, \cdots, b_n)^{\mathrm{T}}$에 대해, A의 j열을 B로 바꾼 n차 행렬을 C_j $(j = 1, 2, \cdots, n)$라 하자. 이때, 연립일차방정식 $AX = B$의 유일한 해는 다음과 같이 쓸 수 있다.

$$x_j = \frac{\det(C_j)}{\det(A)}, \quad (j = 1, 2, \cdots, n).$$

예제 3.4.1. 다음 연립일차방정식의 해 x_1, x_2, x_3을 크래머 공식을 이용하여 구하시오.

$$\begin{pmatrix} 1 & -1 & -1 \\ 1 & 2 & -1 \\ 2 & 0 & 1 \end{pmatrix} \begin{pmatrix} x_1 \\ x_2 \\ x_3 \end{pmatrix} = \begin{pmatrix} 4 \\ 2 \\ 1 \end{pmatrix}$$

풀이 : 3×3 행렬의 행렬식은 $2+2+0-(-4-1-0)=9$이다. 따라서, 크래머 공식을 이용하여 해를 구하면,

$$x_1 = \frac{1}{9}\det\begin{pmatrix} 4 & -1 & -1 \\ 2 & 2 & -1 \\ 1 & 0 & 1 \end{pmatrix} = \frac{13}{9}, \qquad x_2 = \frac{1}{9}\det\begin{pmatrix} 1 & 4 & -1 \\ 1 & 2 & -1 \\ 2 & 1 & 1 \end{pmatrix} = -\frac{2}{3},$$

$$x_3 = \frac{1}{9}\det\begin{pmatrix} 1 & -1 & 4 \\ 1 & 2 & 2 \\ 2 & 0 & 1 \end{pmatrix} = -\frac{17}{9}$$

이 된다. □

문제 3.4.1. 크래머 공식을 이용하여 다음 연립일차방정식의 해를 구하시오.

(가) $\begin{cases} 2x_1 - 3x_2 + x_3 = -1 \\ x_1 + 3x_2 + x_3 = 6 \\ 2x_1 + x_2 + x_3 = 11 \end{cases}$ (나) $\begin{cases} x_1 + x_2 + x_3 = -1 \\ 2x_1 - x_2 - x_3 = 4 \\ x_1 + 2x_2 - 3x_3 = 7 \end{cases}$

문제 3.4.2. $x=3$이 다음 연립일차방정식의 해일 때, a의 값을 구하시오.

$$\begin{cases} 2x + 3y + 4z = 2 \\ x - 2y - z = a \\ 3x + y + z = 8 \end{cases}$$

3.5 행렬식의 기하학적 의미

[미리보기] 삼각형의 넓이는 밑변의 길이에 높이를 구하고 2를 나눈 값이다. 하지만, 평면에 세 점이 주어졌을 때, 밑변의 길이와 높이를 계산하여 넓이를 구하는 것은 그리 효율적인 방법이 아니다. 이런 경우, 벡터의 외적(14쪽 문제 1.4.1를 참고)이나 내적을 이용하여 삼각형의 넓이를 구하는 것이 더 편리하다.

예를 들어, 세 점 A(1,0), B(0,1), C(2,3)이 주어졌을 때, 두 벡터 $\mathbf{a}$, $\mathbf{b}$를

$$\mathbf{a} = \overrightarrow{AB} = (-1,1), \quad \mathbf{b} = \overrightarrow{AC} = (1,3)$$

라 하고 두 벡터가 이루는 각을 θ라 할 때, 구하는 삼각형의 넓이는

$$S = \frac{1}{2}\|\mathbf{a}\|\|\mathbf{b}\|\sin\theta = \frac{1}{2}\|\mathbf{a}\|\|\mathbf{b}\|\sqrt{1-\cos^2\theta} = \frac{\sqrt{(\|\mathbf{a}\|\|\mathbf{b}\|)^2 - (\mathbf{a}\cdot\mathbf{b})^2}}{2} = 2$$

와 같이 벡터의 크기와 내적을 이용하여 구할 수 있다.

이때, 계산한 삼각형의 넓이가 다음과 같이 주어진 점으로 결정된 행렬의 행렬식의 절대값 대응됨에 주목하자.

$$S = \frac{1}{2}\left|\det\begin{pmatrix} -1 & 1 \\ 1 & 3 \end{pmatrix}\right| = \frac{1}{2}\left|\det\begin{pmatrix} 1 & 0 & 1 \\ 0 & 1 & 1 \\ 2 & 3 & 1 \end{pmatrix}\right|.$$

좌표평면의 세 점으로 결정된 삼각형의 넓이 ($\mathbb{R}^2$ 의 두 벡터로 결정되는 평행사변형의 넓이)

세 점 $\mathrm{A}(a_1, a_2)$, $\mathrm{B}(b_1, b_2)$, $\mathrm{C}(c_1, c_2)$가 주어질 때, 삼각형 $\triangle\mathrm{ABC}$의 넓이는 두 벡터 $\mathbf{u} = \overrightarrow{\mathrm{AB}} = (b_1 - a_1, b_2 - a_2)$ 와 $\mathbf{v} = \overrightarrow{\mathrm{AC}} = (c_1 - a_1, c_2 - a_2)$로 결정되는 삼각형의 넓이를 뜻한다. 물론, 이 넓이는 두 벡터 $\mathbf{u}$와 $\mathbf{v}$로 결정되는 평행사변형

$$t\,\mathbf{u} + s\,\mathbf{v} \quad (\text{단}, 0 \le t \le 1,\ 0 \le s \le 1) \tag{3.15}$$

의 넓이의 절반이다.

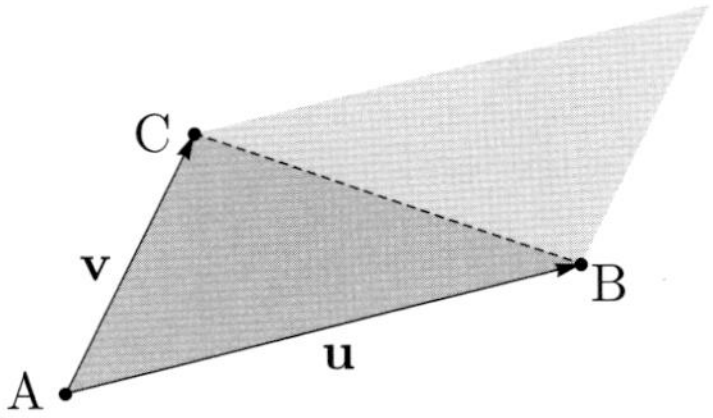

$\mathbb{R}^2$의 두 벡터 $\mathbf{u}$와 $\mathbf{v}$에 대해 평행사변형 (3.15)의 (부호가 있는) 넓이를[15] 대응시키는 함수를 $\mathrm{Area}(\mathbf{u}, \mathbf{v})$라 하자. 평행사변형의 넓이가 행렬식과 관련이 있음을 보이기 위해, 이 함수의 성질을 살펴보면 다음과 같다.

(A 1) 아래 그림에서 보듯이 $\mathrm{Area}(\mathbf{u}+\mathbf{w}, \mathbf{v}) = \mathrm{Area}(\mathbf{u}, \mathbf{v}) + \mathrm{Area}(\mathbf{w}, \mathbf{v})$가 성립한다. 또한, $\mathrm{Area}(\mathbf{u}, \mathbf{v}+\mathbf{w}) = \mathrm{Area}(\mathbf{u}, \mathbf{v}) + \mathrm{Area}(\mathbf{u}, \mathbf{w})$도 성립한다.

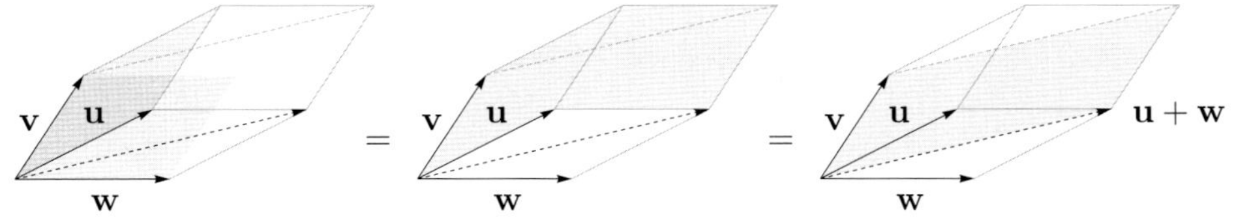

(A 2) $k \ge 0$인 상수 k에 대해, $\mathrm{Area}(k\mathbf{u}, \mathbf{v}) = k\,\mathrm{Area}(\mathbf{u}, \mathbf{v}) = \mathrm{Area}(\mathbf{u}, k\mathbf{v})$가 성립함은 분명하고, $k < 0$일 때도 동일한 성질이 성립한다고 가정한다. [16]

(A 3) 두 벡터가 동일한 벡터이면 넓이가 0이므로 $\mathrm{Area}(\mathbf{v}, \mathbf{v}) = 0$

(A 4) 두 벡터가 $\mathbf{e}_1 = (1, 0)$, $\mathbf{e}_2 = (0, 1)$일 때, 평행사변형의 넓이는 1이므로 $\mathrm{Area}\big(\mathbf{e}_1, \mathbf{e}_2\big) = 1$이다.

---

15) 넓이의 부호에 대해서는 이 함수의 성질을 살펴보는 과정에서 자연스럽게 설명한다.

16) $k > 0$일 때는 대응되는 평행사변형의 넓이를 따지면 되고, $k < 0$일 때는 넓이에 $-$부호를 붙여 생각한다.

함수 Area$(\cdot)$의 성질 (A 1)과 (A 3)으로부터

$$\begin{aligned} 0 = \text{Area}(\mathbf{v}+\mathbf{w}, \mathbf{v}+\mathbf{w}) &= \text{Area}(\mathbf{v}, \mathbf{v}) + \text{Area}(\mathbf{v}, \mathbf{w}) + \text{Area}(\mathbf{w}, \mathbf{v}) + \text{Area}(\mathbf{w}, \mathbf{w}) \\ &= A(\mathbf{v}, \mathbf{w}) + A(\mathbf{w}, \mathbf{v}) \end{aligned}$$

이므로

(A 2') $\text{Area}(\mathbf{v}, \mathbf{w}) = -\text{Area}(\mathbf{w}, \mathbf{v})$

가 성립함을 알 수 있다. 이제, 두 행벡터에 대해 정의된 함수 Area$(\mathbf{v}, \mathbf{w})$를 1 행이 $\mathbf{v}$이고 2 행이 $\mathbf{w}$인 2×2 행렬에 대해 정의된 함수로 생각하면, Area는 행렬식의 (성질 1)부터 (성질 4)를 모두 만족함을 알 수 있다. 따라서, 행렬식의 유일성으로부터

$$\text{Area}(\mathbf{v}, \mathbf{w}) = \det \begin{pmatrix} \mathbf{v} \\ \mathbf{w} \end{pmatrix}$$

가 된다. 이때, 절대값 $|\text{Area}(\mathbf{v}, \mathbf{w})|$는 부호를 생각하지 않은 일반적인 넓이가 된다.

행렬식을 이용한 삼각형의 넓이

세 점 $\mathrm{A}(a_1, a_2)$, $\mathrm{B}(b_1, b_2)$, $\mathrm{C}(c_1, c_2)$로 결정되는 삼각형의 넓이는 다음과 같다.

$$\frac{1}{2}\left|\det \begin{pmatrix} b_1 - a_1 & b_2 - a_2 \\ c_1 - a_1 & c_2 - a_2 \end{pmatrix}\right| = \frac{1}{2}\left|\det \begin{pmatrix} 1 & a_1 & a_2 \\ 1 & b_1 & b_2 \\ 1 & c_1 & c_2 \end{pmatrix}\right| {}^{a)}$$

a) 두 번째 행렬식은 주어진 점의 좌표가 그대로 이용된다는 점에서 편리하다. 두 번째 행렬식에서 가우스 소거법을 이용하여 $(2,1)$, $(3,1)$ 성분을 0으로 만들면 등식이 성립함을 보일 수 있다.

문제 3.5.1. 좌표평면의 세 점 $(1,-1)$, $(-1,1)$, $(4,4)$로 결정되는 삼각형의 넓이를 구하시오.

$\mathbb{R}^3$의 세 벡터로 결정되는 평행육면체의 부피

$\mathbb{R}^3$의 세 벡터 $\mathbf{a} = (a_1, a_2, a_3)$, $\mathbf{b} = (b_1, b_2, b_3)$, $\mathbf{c} = (c_1, c_2, c_3)$로 결정되는 평행육면체

$$x\,\mathbf{a} + y\,\mathbf{b} + z\,\mathbf{c} \quad (\text{단}, 0 \le x \le 1,\ 0 \le y \le 1,\ 0 \le z \le 1)$$

의 부피는 벡터의 외적과 내적을 결합한 삼중적을 이용하여 구할 수 있다.[17] 여기서는 평행사변형의 넓이의 경우처럼, 부호를 갖는 부피 함수가 행렬식의 (성질 1)부터 (성질 4)를 모두 만족하는 것을 보임으로써 실제로 행렬식이 됨을 보인다.

17) 94쪽에서 이 내용을 다룬다.

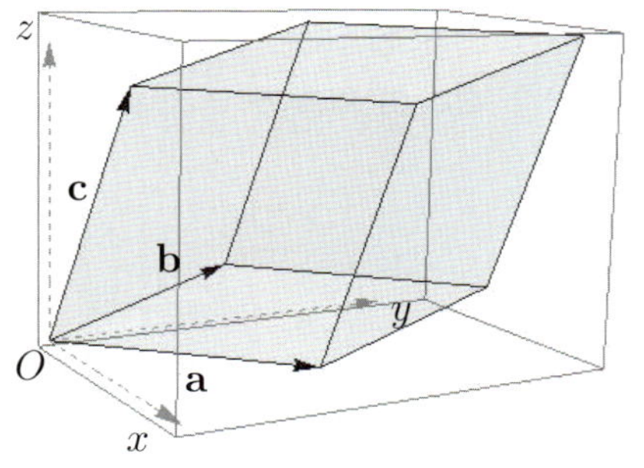

즉, 세 벡터 **a**, **b**, **c**로 결정된 평행육면체의 부피를 대응시키는 함수를 $\mathrm{Vol}\,(\mathbf{a},\ \mathbf{b},\ \mathbf{c})$라 하면, 다음 네 성질이 성립함을 쉽게 확인할 수 있다.

(V 1) 행렬식의 (성질 1)과 동일한 성질이 성립한다.

$$\begin{aligned}\mathrm{Vol}\,(\mathbf{a}+\mathbf{u},\mathbf{b},\mathbf{c}) &= \mathrm{Vol}\,(\mathbf{a},\mathbf{b},\mathbf{c}) + \mathrm{Vol}\,(\mathbf{u},\mathbf{b},\mathbf{c}),\\ \mathrm{Vol}\,(\mathbf{a},\mathbf{b}+\mathbf{u},\mathbf{c}) &= \mathrm{Vol}\,(\mathbf{a},\mathbf{b},\mathbf{c}) + \mathrm{Vol}\,(\mathbf{a},\mathbf{u},\mathbf{c}),\\ \mathrm{Vol}\,(\mathbf{a},\mathbf{b},\mathbf{c}+\mathbf{u}) &= \mathrm{Vol}\,(\mathbf{a},\mathbf{b},\mathbf{c}) + \mathrm{Vol}\,(\mathbf{a},\mathbf{b},\mathbf{u}),\end{aligned}$$

(V 2) $k \geq 0$인 상수 k에 대해,

$$\mathrm{Vol}\,(k\,\mathbf{a},\mathbf{b},\mathbf{c}) = \mathrm{Vol}\,(\mathbf{a},k\,\mathbf{b},\mathbf{c}) = \mathrm{Vol}\,(\mathbf{a},\mathbf{b},k\,\mathbf{c}) = k\,\mathrm{Vol}\,(\mathbf{a},\mathbf{b},\mathbf{c})$$

가 성립한다. $k < 0$일 때도 성립하는 것으로 정의하여 음의 부호를 갖는 부피를 생각한다.

(V3) 세 벡터 **a**, **b**, **c** 중 어느 두 벡터가 평행한 벡터이면 부피 $\mathrm{Vol}\,(\mathbf{a},\mathbf{b},\mathbf{c}) = 0$이다.

(V4) 세 벡터 $\mathbf{e}_1 = (1,0,0)$, $\mathbf{e}_2 = (0,1,0)$, $\mathbf{e}_3 = (0,0,1)$에 대해 $\mathrm{Vol}\,(\mathbf{e}_1,\mathbf{e}_2,\mathbf{e}_3) = 1$이다.

a, **b**, **c**를 차례로 1, 2, 3행으로 하는 3×3행렬에서 정의된 함수로 $\mathrm{Vol}\,(\cdot)$를 생각하면, 위의 성질 (V 3)으로부터 행렬식의 (성질 3)이 성립함을 보일 수 있다. 따라서, 행렬식의 유일성으로부터 함수 Vol 는 행렬식이 된다.

문제 3.5.2. 부피 함수 Vol 의 성질 (V 3)을 이용하여 $\mathrm{Vol}\,(\mathbf{b},\mathbf{a},\mathbf{c}) = -\mathrm{Vol}\,(\mathbf{a},\mathbf{b},\mathbf{c})$가 됨을 보이시오. 또, 이를 이용하여 함수 Vol 에 대해 행렬식의 (성질 3)이 성립함을 보이시오.

평행육면체의 부피

$\mathbb{R}^3$의 세 벡터 $\mathbf{a} = (a_1, a_2, a_3)$, $\mathbf{b} = (b_1, b_2, b_3)$, $\mathbf{c} = (c_1, c_2, c_3)$로 결정되는 평행육면체의 부피는 다음과 같다.

$$\left|\det\begin{pmatrix} a_1 & a_2 & a_3 \\ b_1 & b_2 & b_3 \\ c_1 & c_2 & c_3 \end{pmatrix}\right|$$

세 벡터 $\mathbf{a} = (a_1, a_2, a_3)$, $\mathbf{b} = (b_1, b_2, b_3)$, $\mathbf{c} = (c_1, c_2, c_3)$으로 결정되는 평행육면체의 부피가 행렬식으로 표현된다는 것을 벡터의 외적과 내적을 이용하여 보일 수도 있다.

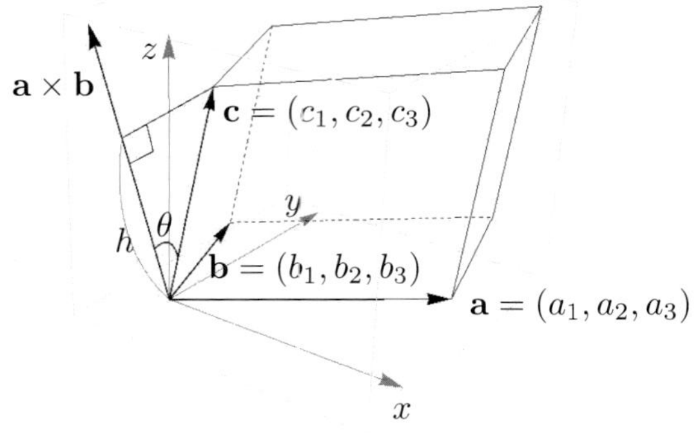

그림 3.1: 벡터의 외적과 내적을 이용한 평행육면체의 부피

[그림 3.5]에서 $\mathbf{a}$와 $\mathbf{b}$로 만들어지는 평행사변형의 넓이는 $S = \|\mathbf{a} \times \mathbf{b}\|$이고, $\mathbf{a} \times \mathbf{b}$가 평행육면체의 밑면에 수직이므로 평행육면체의 높이는 $h = \|\mathbf{c}\| \cos\theta$이다. 따라서, 평행육면체의 부피는

$$V = S \cdot h = \|\mathbf{a} \times \mathbf{b}\| \, \|\mathbf{c}\| \cos\theta = (\mathbf{a} \times \mathbf{b}) \cdot \mathbf{c} \tag{3.16}$$

이다.

한편, 외적 $\mathbf{a} \times \mathbf{b}$의 성분을 형식적인 행렬식[18)]

$$\det \begin{pmatrix} \mathbf{e}_1 & \mathbf{e}_2 & \mathbf{e}_3 \\ a_1 & a_2 & a_3 \\ b_1 & b_2 & b_3 \end{pmatrix} = (a_2b_3 - a_3b_2)\mathbf{e}_1 + (a_3b_1 - a_1b_3)\mathbf{e}_2 + (a_1b_2 - a_2b_1)\mathbf{e}_3$$

으로 표현하는 방법과 비교해보면, 위 식에서 $\mathbf{e}_i$를 c_i로 바꾼 값이 $(\mathbf{a} \times \mathbf{b}) \cdot \mathbf{c}$이다. 따라서, 평행육면체의 부피 V에 대해 다음 식이 성립한다.

$$V = (\mathbf{a} \times \mathbf{b}) \cdot \mathbf{c} = \det \begin{pmatrix} c_1 & c_2 & c_3 \\ a_1 & a_2 & a_3 \\ b_1 & b_2 & b_3 \end{pmatrix} = \det \begin{pmatrix} a_1 & a_2 & a_3 \\ b_1 & b_2 & b_3 \\ c_1 & c_2 & c_3 \end{pmatrix}.$$

위 식에서 세 벡터 $\mathbf{a}$, $\mathbf{b}$, $\mathbf{c}$에 대해 스칼라 $(\mathbf{a} \times \mathbf{b}) \cdot \mathbf{c}$를 스칼라 삼중적이라 부른다.

18) 14쪽 참고

3.6 행렬식과 보간다항식

[미리보기]

좌표평면의 세 점 $X_1(x_1, y_1)$, $X_2(x_2, y_2)$, $X_3(x_3, y_3)$을 지나는 이차이하의 다항함수를 구하는 방법을 생각해보자. 다항함수를 $f(x) = ax^2 + bx + c$라 두면 $y_i = f(x_i)$ $(i = 1, 2, 3)$이 성립할 때 a, b, c를 구하는 것이므로, 다음 연립일차방정식의 해를 구하는 것으로 생각할 수 있다.

$$\begin{cases} ax_1^2 + bx_1 + c = y_1 \\ ax_2^2 + bx_2 + c = y_2 \\ ax_3^2 + bx_3 + c = y_3 \end{cases} \iff \begin{pmatrix} x_1^2 & x_1 & 1 \\ x_2^2 & x_2 & 1 \\ x_3^2 & x_3 & 1 \end{pmatrix} \begin{pmatrix} a \\ b \\ c \end{pmatrix} = \begin{pmatrix} y_1 \\ y_2 \\ y_3 \end{pmatrix}. \tag{3.17}$$

이제, 주어진 세 점을 지나는 $f(x)$가 유일하게 존재하는지의 여부는 식 (3.17)의 행렬이 가역인지를 묻는 것과 같다. 가우스 소거법을 이용하여 행렬식을 계산하면,

$$\begin{aligned} \det\begin{pmatrix} x_1^2 & x_1 & 1 \\ x_2^2 & x_2 & 1 \\ x_3^2 & x_3 & 1 \end{pmatrix} &= \det\begin{pmatrix} x_1^2 & x_1 & 1 \\ (x_2 - x_1)(x_2 + x_1) & x_2 - x_1 & 0 \\ (x_3 - x_1)(x_3 + x_1) & x_3 - x_1 & 0 \end{pmatrix} \\ &= (x_2 - x_1)(x_3 - x_1)\det\begin{pmatrix} x_1^2 & x_1 & 1 \\ x_2 + x_1 & 1 & 0 \\ x_3 + x_1 & 1 & 0 \end{pmatrix} \\ &= (x_2 - x_1)(x_3 - x_1)\det\begin{pmatrix} x_1^2 & x_1 & 1 \\ x_2 + x_1 & 1 & 0 \\ x_3 - x_2 & 0 & 0 \end{pmatrix} \\ &= (x_2 - x_1)(x_3 - x_1)(x_3 - x_2) \\ &= \prod_{1 \le i < j \le 3} (x_j - x_i) \end{aligned}$$

이다. 따라서, 행렬식이 0이 아닐 필요충분조건은 세 수 x_1, x_2, x_3 가운데 서로 같은 수가 없다는 것이고, 이때 역행렬을 이용하여 $f(x)$를 유일하게 결정할 수 있다.

보간다항식과 반데르몽드 행렬

일반적으로 좌표평면에서 $n+1$의 점 (x_i, y_i) $(i = 0, 1, \cdots, n)$이 주어졌을 때, 이 점들을 지나는 n차 이하의 다항함수가 유일하게 결정되면 이 다함함수를 보간다항식이라 한다.[19)]

n차 이하의 다항함수를 $f(x) = a_0 + a_1 x + \cdots + a_n x^n$이라 하자. 이제, $f(x_i) = y_i$로부터 다음 연립일차방정식의 유일한 해 $(a_0, a_1, \cdots, a_n)^{\mathrm{T}}$을 구할 수 있으면, 보간다항식을 결정할

19) 주어진 점들이 실험 데이터와 같이 실제 자료인 경우, 그 결과가 오류를 내포하고 있을 수 있으므로 보간다항식을 구하는 것보다 적절한 의미에서 오류를 최소로 하는 다항함수를 구하는 것이 더 의미있는 경우가 있다. 이 내용에 대해서는 최소제곱법 (197 쪽) 에서 공부한다.

수 있다.

$$\begin{pmatrix} 1 & x_0 & \cdots & x_0^{n-1} & x_0^n \\ 1 & x_1 & \cdots & x_1^{n-1} & x_1^n \\ 1 & x_2 & \cdots & x_2^{n-1} & x_2^n \\ \vdots & \vdots & \ddots & \vdots & \vdots \\ 1 & x_n & \cdots & x_n^{n-1} & x_n^n \end{pmatrix} \begin{pmatrix} a_0 \\ a_1 \\ \vdots \\ a_{n-1} \\ a_n \end{pmatrix} = \begin{pmatrix} y_0 \\ y_1 \\ y_2 \\ \vdots \\ y_n \end{pmatrix}. \tag{3.18}$$

이때, 위 식 (3.18)의 $(n+1)\times(n+1)$ 행렬을 $x_0, \cdots, x_n$ 에 대한 **반데르몽드 행렬**이라 하고, V_{n+1} 로 나타낸다. 이때, V_{n+1} 의 행렬식은

$$\det(V_{n+1}) = \det \begin{pmatrix} 1 & x_0 & \cdots & x_0^{n-1} & x_0^n \\ 1 & x_1 & \cdots & x_1^{n-1} & x_1^n \\ 1 & x_2 & \cdots & x_2^{n-1} & x_2^n \\ \vdots & \vdots & \ddots & \vdots & \vdots \\ 1 & x_n & \cdots & x_n^{n-1} & x_n^n \end{pmatrix} = \prod_{0\le i<j\le n} (x_j - x_i) \tag{3.19}$$

이 됨을 보일 수 있다. 따라서, $x_0, x_1, \cdots, x_n$ 가 모두 서로 다르면 행렬식이 0이 아니고, 보간다항식이 유일하게 결정됨을 알 수 있다.

문제 3.6.1. 식 (3.19)의 행렬식이 성립함을 수학적 귀납법으로 증명하시오.

(도움말) : $\det(V_{n+1})$ 에서 행렬식의 (성질 6)을 이용하여 $(i,1)$ $(2 \le i \le n+1)$ 성분을 0으로 만들고, (성질 2)를 이용하여 각 행의 상수배를 뽑아낸 후, 1 열에 대해 여인자 전개를 하면 $\det(V_n)$ 에 관한 식이 됨을 이용하시오.

예제 3.6.1. 다음 네 점으로 결정되는 보간다항식을 구하고, 두 보간다항식의 차수를 비교해 보시오.

(가) $(-2,-5)$, $(-1,1)$, $(1,1)$, $(2,7)$
(나) $(-2,-3)$, $(-1,2)$, $(1,6)$, $(2,5)$

풀이 : 네 점의 x 좌표가 모두 서로 다르므로 대응되는 반데르몽드 행렬의 행렬식이 0이 아니고, 역행렬을 이용하여 보간다항식을 구할 수 있다. $f(x) = a_0 + a_1x + a_2x^2 + a_3x^3$ 으로 두고 연립방정식을 풀면

$$\begin{pmatrix} 1 & -2 & 4 & -8 \\ 1 & -1 & 1 & -1 \\ 1 & 1 & 1 & 1 \\ 1 & 2 & 4 & 8 \end{pmatrix} \begin{pmatrix} a_0 \\ a_1 \\ a_2 \\ a_3 \end{pmatrix} = \begin{pmatrix} y_1 \\ y_2 \\ y_3 \\ y_4 \end{pmatrix} \iff \begin{pmatrix} a_0 \\ a_1 \\ a_2 \\ a_3 \end{pmatrix} = \frac{1}{12} \begin{pmatrix} -2 & 8 & 8 & -2 \\ 1 & -8 & 8 & -1 \\ 2 & -2 & -2 & 2 \\ -1 & 2 & -2 & 1 \end{pmatrix} \begin{pmatrix} y_1 \\ y_2 \\ y_3 \\ y_4 \end{pmatrix}$$

이다.

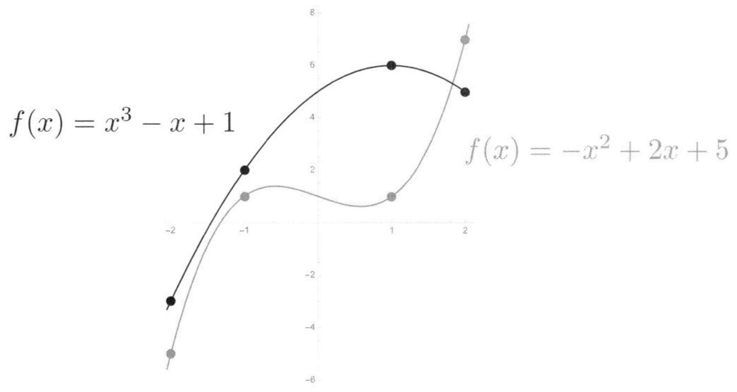

(가) 의 경우에는 $(y_1, y_2, y_3, y_4) = (-5, 1, 1, 7)$ 이므로 $(a_0, a_1, a_2, a_3) = (1, -1, 0, 1)$ 가 되어, 보간다항식은 3차 다항함수 $f(x) = 1 - x + x^3$ 가 된다.

(나) 의 경우에는 $(y_1, y_2, y_3, y_4) = (-3, 2, 6, 5)$ 이므로 $(a_0, a_1, a_2, a_3) = (5, 2, -1, 0)$ 가 되어 보간다항식은 2차 다항함수 $f(x) = 5 + 2x - x^2$ 이 된다. □

문제 3.6.2. 주어진 점을 지나는 보간다항식을 반데르몽드 행렬의 역행렬을 이용하여 구하시오.

(가) $(-1, -4)$, $(0, -1)$, $(1, 0)$, $(2, 5)$ (나) $(-1, -4)$, $(0, -1)$, $(1, -2)$, $(2, -7)$

라그랑주 보간다항식

$n+1$ 개의 점 (x_0, y_0), (x_1, y_1), $\cdots$, (x_n, y_n) 에서 x_i 값들이 모두 서로 다를 때, 이 점들을 지나는 n 차 이하의 보간다항식은 다음과 같이 구할 수도 있다.

$$\begin{aligned} f(x) =& \frac{(x-x_1)(x-x_2)\cdots(x-x_n)}{(x_0-x_1)(x_0-x_2)\cdots(x_0-x_n)} y_0 + \frac{(x-x_0)(x-x_2)\cdots(x-x_n)}{(x_1-x_0)(x_1-x_2)\cdots(x_1-x_n)} y_1 + \\ & \cdots + \frac{(x-x_0)(x-x_1)\cdots(x-x_{n-1})}{(x_n-x_0)(x_n-x_1)\cdots(x_n-x_{n-1})} y_n \\ =& \sum_{i=0}^{n} \left(\prod_{\substack{0\le j\le n \\ j\ne i}} \frac{(x-x_j)}{(x_i-x_j)} \right) y_i. \end{aligned} \tag{3.20}$$

식 (3.20)에서 y_i 에 곱해진 다항식을 $L_i(x)$ 라 할 때,

$$L_i(x) = \prod_{\substack{0\le j\le n \\ j\ne i}} \frac{(x-x_j)}{(x_i-x_j)} = \frac{(x-x_1)\cdots(x-x_{i-1})(x-x_{i+1})\cdots(x-x_n)}{(x_i-x_1)\cdots(x_i-x_{i-1})(x_i-x_{i+1})\cdots(x_i-x_n)}$$

의 분자는 $(x - x_i)$를 제외한 모든 $(x - x_j)$의 곱이고, 분모는 분자의 x에 x_i를 대입한 값이므로

$$L_i(x_j) = \begin{cases} 1 & j = i \\ 0 & j \neq i \end{cases}$$

가 성립한다. 따라서, $f(x_i) = y_i$, $(0 \le i \le n)$가 성립하여 구하려는 보간다항식이 됨을 알 수 있다.

이처럼 보간다항식을 구하는 것을 **라그랑주 보간법**이라 한다.

예를 들어, 예제 3.6.1에서 (가)의 네 점을 지나는 보간다항식을 라그랑주 보간법으로 구하면 다음과 같다.

$$\begin{aligned} f(x) =& \frac{(x+1)(x-1)(x-2)}{(-2+1)(-2-1)(-2-2)}(-5) + \frac{(x+2)(x-1)(x-2)}{(-1+2)(-1-1)(-1-2)}(1) \\ &+ \frac{(x+2)(x+1)(x-2)}{(1+2)(1+1)(1-2)}(1) + \frac{(x+2)(x+1)(x-1)}{(2+2)(2+1)(2-1)}(7) \\ =& 1 - x + x^3. \end{aligned}$$

문제 3.6.3. 주어진 점을 지나는 보간다항식을 라그랑주 보간법을 이용하여 구하시오.

(가) $(-1,-4), (0,-1), (1,0), (2,5)$ (나) $(-1,-4), (0,-1), (1,-2), (2,-7)$

행렬식과 도형의 방정식

예를 들어, 두 점 $(0,1)$과 $(1,2)$가 주어지면, 이 두 점을 지나는 직선은 유일하게 결정된다. 이 직선의 방정식을 $ax + by + c = 0$라 하면, 두 조건

$$\begin{cases} a \cdot 0 + b \cdot 1 + c = 0 \\ a \cdot 1 + b \cdot 2 + c = 0 \end{cases} \iff \begin{pmatrix} 0 & 1 & 1 \\ 1 & 2 & 1 \end{pmatrix} \begin{pmatrix} a \\ b \\ c \end{pmatrix} = \begin{pmatrix} 0 \\ 0 \end{pmatrix} \tag{3.21}$$

로부터 $b = -c$, $a = c$이므로 직선의 방정식 $x - y + 1 = 0$을 구할 수 있다.

행렬식을 이용하여 다르게 생각해보자. 식 (3.21)에서 직선 위의 임의의 점 (x, y)에 대해 $ax + by + c = 0$를 추가하여 연립일차방정식

$$\begin{pmatrix} x & y & 1 \\ 0 & 1 & 1 \\ 1 & 2 & 1 \end{pmatrix} \begin{pmatrix} a \\ b \\ c \end{pmatrix} = \begin{pmatrix} 0 \\ 0 \\ 0 \end{pmatrix}$$

을 생각하면, 자명한 해 $(a, b, c)^{\mathrm{T}} = (0,0,0)^{\mathrm{T}}$ 이외에 해를 가져야 하므로 방정식에서 행렬의 행렬식이 0이 되어야 한다. 이제, 행렬의 1행에 대해 여인자 전개를 하여 행렬식을 구하면,

$$(-1)^2 x \det \begin{pmatrix} 1 & 1 \\ 2 & 1 \end{pmatrix} + (-1)^3 y \det \begin{pmatrix} 0 & 1 \\ 1 & 1 \end{pmatrix} + (-1)^4 \det \begin{pmatrix} 0 & 1 \\ 1 & 2 \end{pmatrix} = 0$$

이다. 따라서, 직선의 방정식 $x-y+1=0$을 구할 수 있다.

일반적으로 두 점 (x_1, y_1), (x_2, y_2)를 지나는 직선의 방정식은 행렬식을 이용하여 다음과 같이 나타낼 수 있다.

$$\left|\begin{pmatrix} x & y & 1 \\ x_1 & y_1 & 1 \\ x_2 & y_2 & 1 \end{pmatrix}\right| = (-1)^2 x \left|\begin{pmatrix} y_1 & 1 \\ y_2 & 1 \end{pmatrix}\right| + (-1)^3 y \left|\begin{pmatrix} x_1 & 1 \\ x_2 & 1 \end{pmatrix}\right| + (-1)^4 \left|\begin{pmatrix} x_1 & y_1 \\ x_2 & y_2 \end{pmatrix}\right| = 0.$$

같은 방법으로 이차곡선의 방정식을 구할 수도 있다.

예제 3.6.2. 한 직선 위에 있지 않은 세 점 (x_1, y_1), (x_2, y_2), (x_3, y_3)을 지나는 원의 방정식을 구하시오.

풀이 : 원의 방정식을

$$ax^2 + ay^2 + bx + cy + d = 0$$

이라 하면, 원 위의 임의의 점 (x, y)에 대해 a, b, c, d에 대한 연립일차방정식

$$\begin{cases} a(x^2+y^2) + bx + cy + d = 0 \\ a(x_1^2+y_1^2) + bx_1 + cy_1 + d = 0 \\ a(x_2^2+y_2^2) + bx_2 + cy_2 + d = 0 \\ a(x_3^2+y_3^2) + bx_3 + cy_3 + d = 0 \end{cases} \iff \begin{pmatrix} x^2+y^2 & x & y & 1 \\ x_1^2+y_1^2 & x_1 & y_1 & 1 \\ x_2^2+y_2^2 & x_2 & y_2 & 1 \\ x_3^2+y_3^2 & x_3 & y_3 & 1 \end{pmatrix} \begin{pmatrix} a \\ b \\ c \\ d \end{pmatrix} = \begin{pmatrix} 0 \\ 0 \\ 0 \\ 0 \end{pmatrix}$$

이 자명하지 않은 해를 가져야하므로, 행렬식이 0이어야 한다.

$$\det \begin{pmatrix} x^2+y^2 & x & y & 1 \\ x_1^2+y_1^2 & x_1 & y_1 & 1 \\ x_2^2+y_2^2 & x_2 & y_2 & 1 \\ x_3^2+y_3^2 & x_3 & y_3 & 1 \end{pmatrix} = 0.$$

이때, 1행에 대한 여인자 전개를 하면 원의 방정식을 얻게 된다. □

이 방법을 적용하면, 일반적인 이차곡선의 방정식, 평면의 방정식, 구의 방정식 등 도형의 방정식을 행렬식을 이용하여 표현할 수 있다.

문제 3.6.4. 다음 다섯 점을 지나는 이차곡선 $ax^2 + by^2 + cxy + dx + ey + f = 0$을 결정하시오.

$$(-3, -3\sqrt{3}), \quad \left(-\frac{3}{2}, \frac{9}{4}\right), \quad (-1, 0), \quad (3, 0), \quad \left(4, \frac{3\sqrt{5}}{2}\right)$$

문제 3.6.5. 다음 세 점을 지나는 평면의 방정식을 구하시오.

$$(-1, -2, -1), \quad (1, 2, 7), \quad (2, -1, -4)$$

CHAPTER 4

실수 상에서 정의된 벡터공간과 부분공간

1장에서 좌표평면이나 좌표공간의 벡터에 대해 공부하고 여러 가지 성질들을 다루었다. 이제 벡터의 개념을 좀 더 일반화하기 위해 앞서 좌표평면이나 좌표공간에서 다루었던 벡터의 성질들로부터 어떤 공리계를 구성한 다음, 이 공리계를 만족하는 원소들의 집합을 벡터공간이라 정의하고, 그 집합의 원소를 벡터라고 할 것이다.

특히 이 장에서는 실수 상에서 정의되는 벡터공간과 그 부분공간을 정의하고, 기본적인 성질들을 알아본다. 또, 벡터공간의 대표적인 예로 $\mathbb{R}^n$을 공부한다.

4.1 실수 상에서 정의된 벡터공간과 내적공간

[미리보기] 좌표평면 $\mathbb{R}^2$나 좌표공간 $\mathbb{R}^3$를 시작점이 원점인 벡터들의 집합으로 이해하면, 덧셈과 상수배를 정의할 수 있었다. 이 덧셈에 대해 항등원과 역원이 존재하고 교환법칙과 결합법칙이 성립하며, 상수배와 덧셈에 대해 분배법칙도 성립했다. 이처럼 어떤 집합에 덧셈과 상수배를 정의하여 이 연산의 결과가 다시 집합의 원소가 되고, 이 연산에 대해 좋은 성질들이 만족될 때 벡터공간이라 부른다.

벡터공간의 정의

공집합이 아닌 임의의 집합 V에 덧셈 $+ : V \times V \to V$라는 연산과 상수배 $\cdot : \mathbb{R} \times V \to V$라는 연산이 정의되어 아래 두 가지 규칙이

- $\mathbf{u}, \mathbf{v} \in V \Longrightarrow \mathbf{u} + \mathbf{v} \in V$
- $\mathbf{u} \in V,\ k \in \mathbb{R} \Longrightarrow k \cdot \mathbf{u} \in V$ $\quad$ ($k \cdot \mathbf{u}$를 간단히 $k\mathbf{u}$라고 쓴다.)

이 성립하고, 각 연산에 대해 다음 일곱 가지 규칙이 성립한다고 하자. 이때, 집합 V를 주어진 연산에 대해 $\mathbb{R}$상에서 정의된 벡터공간이라 하고, 벡터공간 V의 원소를 벡터라고 한다.

[A1] (결합법칙) 임의의 $\mathbf{u}$, $\mathbf{v}$, $\mathbf{w} \in V$에 대해

$$(\mathbf{u} + \mathbf{v}) + \mathbf{w} = \mathbf{u} + (\mathbf{v} + \mathbf{w})$$

가 성립한다.

[A2] (교환법칙) 임의의 $\mathbf{u}$, $\mathbf{v} \in V$에 대해

$$\mathbf{u} + \mathbf{v} = \mathbf{v} + \mathbf{u}$$

가 성립한다.

[A3] (덧셈에 대한 항등원) 모든 $\mathbf{u} \in V$에 대해

$$\mathbf{u} + \mathbf{x} = \mathbf{u} = \mathbf{x} + \mathbf{u}$$

인 $\mathbf{x} \in V$가 존재한다. 이때, $\mathbf{x}$를 V의 영벡터라 하고 $\mathbf{0}$으로 나타낸다.

[A4] (덧셈에 대한 역원) 모든 $\mathbf{u} \in V$에 대해

$$\mathbf{u} + \mathbf{x} = \mathbf{0} = \mathbf{x} + \mathbf{u}$$

인 $\mathbf{x} \in V$가 존재한다. 이때, $\mathbf{x}$를 덧셈에 대한 $\mathbf{u}$의 역원이라 하고, $-\mathbf{u}$로 나타낸다.

[S1] (상수배 $1 \in \mathbb{R}$) 모든 $\mathbf{u} \in V$에 대해 $1\mathbf{u} = \mathbf{u}$이다.

[S2] (상수배에 대한 결합·교환법칙) 임의의 $\mathbf{u} \in V$와 h, $k \in \mathbb{R}$에 대해

$$(h\,k)\mathbf{u} = h(k\mathbf{u}) = k(h\mathbf{u})$$

가 성립한다.

[S3] (덧셈과 상수배의 분배법칙) 임의의 $\mathbf{u}$, $\mathbf{v} \in V$와 h, $k \in \mathbb{R}$에 대해

$$(h + k)\mathbf{u} = h\mathbf{u} + k\mathbf{u}, \quad k(\mathbf{u} + \mathbf{v}) = k\mathbf{u} + k\mathbf{v}$$

가 성립한다.

벡터공간의 정의로부터 좌표평면 벡터들의 집합 $\mathbb{R}^2$와 좌표공간에서 정의된 벡터들의 집합 $\mathbb{R}^3$는 모두 실수 $\mathbb{R}$상에서 정의된 벡터공간이 된다.

벡터공간의 정의에서 상수배를 $\cdot : \mathbb{R} \times V \to V$와 같이 실수에 대한 상수배로 정의했지만, 일반적으로 실수 외에도 복소수처럼 0으로 나누는 것을 제외한 사칙연산[1)]에 대해 닫혀있는 수체계에 대해서도 똑같이 정의할 수 있다. 이런 수체계를 체라고 하는데, 체 $\mathbb{F}$에 대해 상수배가 정의된 벡터공간을 $\mathbb{F}$ 상에서 정의된 벡터공간이라고 부른다. [2)]

규칙 **[A3]**과 **[A4]**에서 덧셈에 대한 항등원과 역원은 각각 유일하게 존재함을 보일 수 있다. 예를 들어, $\mathbf{0}$ 외에 또 다른 항등원 $\tilde{\mathbf{0}}$가 있다고 가정하자. 이때, $\mathbf{0} + \tilde{\mathbf{0}}$에서 $\mathbf{0}$이 항등원이므로 $\mathbf{0} + \tilde{\mathbf{0}} = \tilde{\mathbf{0}}$가 되고, 또 한편으로는 $\tilde{\mathbf{0}}$가 항등원이므로 $\mathbf{0} + \tilde{\mathbf{0}} = \mathbf{0}$이 성립한다. 즉,

$$\tilde{\mathbf{0}} = \mathbf{0} + \tilde{\mathbf{0}} = \mathbf{0}$$

1) 네 가지 연산 덧셈, 뺄셈, 곱셈, 나눗셈을 통칭하는 표현이다.

2) 복소수 $\mathbb{C}$와 일반적인 '체'에 대해서는 5절을 참고하시오.

으로부터 $\tilde{\mathbf{0}} = \mathbf{0}$이 되어 항등원이 유일하게 존재함을 알 수 있다.

비슷한 방법으로 덧셈에 대한 역원도 유일하게 존재함을 보일 수 있다.

문제 4.1.1. 벡터공간 V에서 $\mathbf{u}$의 덧셈에 대한 역원은 유일하게 존재함을 보이시오.

벡터공간 V의 임의의 벡터 $\mathbf{u}$에 실수 0을 곱하면, 영벡터 $\mathbf{0}$이 됨을 알아보자. 우선, 분배법칙으로부터

$$0 \cdot \mathbf{u} = (0+0) \cdot \mathbf{u} = 0 \cdot \mathbf{u} + 0 \cdot \mathbf{u} \tag{4.1}$$

이다. 한편, 벡터 $0 \cdot \mathbf{u}$는 덧셈에 대한 역원 $-(0 \cdot \mathbf{u})$를 가지므로 이를 (4.1)의 양변에 더하면

$$\mathbf{0} = -(0 \cdot \mathbf{u}) + 0 \cdot \mathbf{u} = \big(-(0 \cdot \mathbf{u}) + 0 \cdot \mathbf{u}\big) + 0 \cdot \mathbf{u} = \mathbf{0} + 0 \cdot \mathbf{u} = 0 \cdot \mathbf{u}$$

가 되고, 따라서 $0 \cdot \mathbf{u} = \mathbf{0}$이 성립한다.

위 결과를 이용하면 다음 예제에서 보듯이 상수배 $(-1)\mathbf{u}$가 $\mathbf{u}$의 덧셈에 대한 역원 $-\mathbf{u}$가 됨을 보일 수 있다.

예제 4.1.1. 벡터공간 V에서 덧셈에 대한 $\mathbf{u}$의 역원 $-\mathbf{u}$와 $\mathbf{u}$에 -1을 곱한 벡터 $(-1)\mathbf{u}$가 같음을 보이시오.

풀이 : 벡터공간에서 $\mathbf{u} = 1\mathbf{u}$이므로, $0\mathbf{u} = \mathbf{0}$임을 이용하면

$$\mathbf{u} + (-1)\mathbf{u} = 1\mathbf{u} + (-1)\mathbf{u} = (1 + (-1))\mathbf{u} = 0 \cdot \mathbf{u} = \mathbf{0}$$

이다. 따라서 $(-1)\mathbf{u}$는 $\mathbf{u}$의 덧셈에 대한 역원이 되고, 덧셈에 대한 역원은 유일하므로 $(-1)\mathbf{u} = -\mathbf{u}$가 되어 증명이 끝난다. □

문제 4.1.2. 덧셈에 대한 역원이 유일함을 이용하여 다음을 보이시오.

$$-(-\mathbf{a}) = \mathbf{a}$$

벡터공간의 성질

벡터공간 V의 임의의 벡터 $\mathbf{u}$에 대해, 다음이 성질이 성립한다.

$$0 \cdot \mathbf{u} = \mathbf{0}, \quad (-1)\mathbf{u} = -\mathbf{u}$$

벡터공간의 두 벡터 $\mathbf{u}$와 $\mathbf{v}$에 대해 두 벡터의 뺄셈 $\mathbf{u} - \mathbf{v}$는 덧셈에 대한 역원을 이용하여 다음과 같이 정의한다.

$$\mathbf{u} - \mathbf{v} := \mathbf{u} + (-\mathbf{v}).$$

따라서, $\mathbf{u} - \mathbf{u} = \mathbf{u} + (-\mathbf{u}) = \mathbf{0}$이 된다.

벡터공간 $\mathbb{R}^n$ 과 내적(벡터) 공간

좌표평면에서 벡터는 실수 두 개의 순서쌍 $(x, y) \in \mathbb{R}^2$ 으로 나타내었고, 좌표공간에서 벡터는 실수 세 개의 순서쌍 $(x, y, z) \in \mathbb{R}^3$ 로 나타내었다. 이와 비슷하게 실수 n 개의 순서쌍들로 이루어진 집합을 $\mathbb{R}^n$

$$\mathbb{R}^n := \{(x_1, x_2, \cdots, x_n) : x_i \in \mathbb{R},\ i = 1, 2, \cdots, n\}$$

이라 정의하고, $\mathbb{R}^2$ 나 $\mathbb{R}^3$ 에서처럼 덧셈과 상수배를 정의하여 벡터공간이 됨을 보이자.

뒤에 선형사상을 공부하고 나면, $\mathbb{R}$ 상에서 정의된 유한차원 벡터공간은 본질적으로 $\mathbb{R}^n$ 밖에 없음을 보일 수 있게 된다.

우선 $\mathbb{R}^n$ 의 두 원소 $\mathbf{a} = (a_1, a_2, \cdots, a_n)$ 와 $\mathbf{b} = (b_1, b_2, \cdots, b_n)$ 가 다음 조건

$$\text{“모든 } i = 1, 2, \cdots, n \text{ 에 대해, } a_i = b_i \text{ 가 성립”}$$

을 만족할 때, 두 원소가 같다고 하고 $\mathbf{a} = \mathbf{b}$ 라 쓴다. 이제 $\mathbf{a}$, $\mathbf{b} \in \mathbb{R}^n$ 와 $k \in \mathbb{R}$ 에 대해 덧셈과 상수배를

$$\begin{aligned}
&\textbf{[덧셈]} : \quad (a_1, a_2, \cdots, a_n) + (b_1, b_2, \cdots, b_n) := (a_1 + b_1, a_2 + b_2, \cdots, a_n + b_n) \\
&\textbf{[상수배]} : \quad k(a_1, a_2, \cdots, a_n) := (ka_1, ka_2, \cdots, ka_n)
\end{aligned}$$

과 같이 정의하자. 즉, 두 원소의 합을 $\mathbf{c} := \mathbf{a} + \mathbf{b}$ 라 할 때, 모든 $i = 1, 2, \cdots, n$ 에 대해 $c_i = a_i + b_i$ 임을 의미한다. 이때, 덧셈과 상수배로 얻어진 원소들의 각 성분도 실수이므로 $\mathbb{R}^n$ 의 원소가 됨은 분명하다.

103쪽에서 공부한 벡터공간의 성질을 이용하면, 덧셈에 대한 항등원과 역원의 후보를 쉽게 예측할 수 있다. 즉, $\mathbf{0} = 0\mathbf{a}$ 이고, $-\mathbf{a} = (-1)\mathbf{a}$ 이므로 $\mathbf{0} = (0, 0, \cdots, 0)$ 이 항등원이 되고, $-\mathbf{a} = (-a_1, -a_2, \cdots, -a_n)$ 이 덧셈에 대한 $\mathbf{a}$ 의 역원이 됨을 쉽게 확인할 수 있다. 따라서, 규칙 **[A3]**과 **[A4]**가 성립한다.

벡터공간이 되기 위한 나머지 규칙은 덧셈과 상수배의 정의와 실수의 성질을 이용하면 쉽게 확인할 수 있다. 예를 들어, 실수의 덧셈에 대한 결합법칙을 이용하면, $\mathbf{a}$, $\mathbf{b}$, $\mathbf{c} \in \mathbb{R}^n$ 에 대해

$$\begin{aligned}
(\mathbf{a} + \mathbf{b}) + \mathbf{c} &= (a_1 + b_1, a_2 + b_2, \cdots, a_n + b_n) + (c_1, c_2, \cdots, c_n) \\
&= \big((a_1 + b_1) + c_1, (a_2 + b_2) + c_2, \cdots, (a_n + b_n) + c_n\big) \\
&= \big(a_1 + (b_1 + c_1), a_2 + (b_2 + c_2), \cdots, a_n + (b_n + c_n)\big) \\
&= (a_1, a_2, \cdots, a_n) + (b_1 + c_1, b_2 + c_2, \cdots, b_n + c_n) = \mathbf{a} + (\mathbf{b} + \mathbf{c})
\end{aligned}$$

가 되므로 벡터공간이 되기 위한 규칙 **[A1]**이 성립한다.

문제 4.1.3. $\mathbb{R}^n$ 이 벡터공간이 됨을 확인하시오.

벡터공간 $\mathbb{R}^n$ 의 임의의 벡터 $\mathbf{a} = (a_1, a_2, \cdots, a_n)$은 덧셈과 상수배를 이용하여

$$(a_1, a_2, \cdots, a_n) = a_1(1, 0, \cdots, 0) + a_2(0, 1, \cdots, 0) + \cdots + a_n(0, 0, \cdots, 1)$$

과 같이 나타낼 수 있다. 이때, $\mathbb{R}^2$ 나 $\mathbb{R}^3$ 에서처럼 i 번째 성분만 1이고 나머지 성분은 모두 0인 $\mathbb{R}^n$ 의 벡터를 $\mathbf{e}_i$ 로 나타내고 $\mathbb{R}^n$ 의 **표준단위벡터**라고 부른다.[3)] 즉, $\mathbb{R}^n$ 의 임의의 벡터 $\mathbf{a}$ 는 다음과 같이 표준단위벡터로부터 생성된다.

$$\mathbf{a} = (a_1, a_2, \cdots, a_n) = \sum_{i=1}^{n} a_i \mathbf{e}_i.$$

지금까지 좌표평면이나 좌표공간의 벡터가 만족하는 성질로부터 벡터공간의 공리계를 구성한 다음, 이 공리계를 만족하는 집합을 벡터공간이라고 정의하였다. 이런 접근 방식과 유사하게 $\mathbb{R}^2$ 나 $\mathbb{R}^3$ 에서 정의했던 내적의 성질로부터 규칙을 만들어 일반적인 벡터공간에서 다음과 같이 내적을 정의할 수 있다.

실수 $\mathbb{R}$ 상에서 정의된 벡터공간 V 에 대해 함수 $\langle\ ,\ \rangle : V \times V \to \mathbb{R}$ 가 다음 네 가지 규칙을 만족할 때, (실수 상에서 정의된) **내적**이라고 한다.

[내적 규칙 1] 임의의 $\mathbf{u} \in V$ 에 대해 $\langle \mathbf{u}, \mathbf{u} \rangle \geq 0$ 이고, $\langle \mathbf{u}, \mathbf{u} \rangle = 0 \iff \mathbf{u} = \mathbf{0}$ 이다.
[내적 규칙 2] 임의의 $\mathbf{u}, \mathbf{v} \in V$ 에 대해 $\langle \mathbf{u}, \mathbf{v} \rangle = \langle \mathbf{v}, \mathbf{u} \rangle$ 이다.
[내적 규칙 3] 임의의 $\mathbf{u}$, $\mathbf{v}$, $\mathbf{w}$ 에 대해 $\langle \mathbf{u} + \mathbf{v}, \mathbf{w} \rangle = \langle \mathbf{u}, \mathbf{w} \rangle + \langle \mathbf{v}, \mathbf{w} \rangle$ 이다.
[내적 규칙 4] 임의의 $\mathbf{u}$, $\mathbf{v}$ 와 $k \in \mathbb{R}$ 에 대해 $\langle k\,\mathbf{u}, \mathbf{v} \rangle = k \langle \mathbf{u}, \mathbf{v} \rangle = \langle \mathbf{u}, k\,\mathbf{v} \rangle$ 이다.

이때, 내적을 가진 벡터공간을 **내적공간**라고 부른다.

또, 내적공간 V 에서 벡터 $\mathbf{u}$ 의 크기 $||\mathbf{u}||$ 를

$$||\mathbf{u}|| = \sqrt{\langle \mathbf{u}, \mathbf{u} \rangle}$$

와 같이 정의하고, 이 크기를 주는 함수 $||\cdot||$ 를 벡터의 **노름**이라 부른다. [4)] 예를 들어, $\mathbb{R}^2$ 나 $\mathbb{R}^3$ 는 내적공간이고, 각 벡터의 크기는 $||\mathbf{a}|| = \sqrt{\mathbf{a} \cdot \mathbf{a}}$ 이다.

이제, 벡터공간 $\mathbb{R}^n$ 이 내적공간이 됨을 보이자. $\mathbb{R}^2$ 나 $\mathbb{R}^3$ 에서 정의한 내적을 일반화하여 두 벡터 $\mathbf{a} = (a_1, a_2, \cdots, a_n)$ 과 $= (b_1, b_2, \cdots, b_n)$ 에 대하여 $\langle \mathbf{a}, \mathbf{b} \rangle$ 를 다음과 같이 정의하자.

$$\langle \mathbf{a}, \mathbf{b} \rangle = a_1 b_1 + a_2 b_2 + \cdots + a_n b_n = \sum_{i=1}^{n} a_i b_i. \tag{4.2}$$

이때, $\langle \mathbf{a}, \mathbf{a} \rangle = \sum_{i=1}^{n} a_i^2 \geq 0$ 이고, $a_i^2 = 0$ 일 필요충분조건은 $a_i = 0$ 이므로 **[내적 규칙 1]**이 성립함을 알 수 있다. 나머지 규칙도 정의로부터 쉽게 확인할 수 있으므로 식 (4.2)에서

3) 곧이어 공부할 $\mathbb{R}^n$ 에 내적을 정의하고 나면 벡터의 크기를 정의할 수 있다. 이때, 각 벡터 $\mathbf{e}_i$ 의 크기는 1이 되므로 단위벡터라 부를 수 있다.

4) [내적 규칙 1]에 의해 $\langle \mathbf{u}, \mathbf{u} \rangle \geq 0$ 이 성립하므로, 제곱근을 취할 수 있다.

정의한 함수가 $\mathbb{R}^n$ 의 내적이 되고, 따라서 $\mathbb{R}^n$ 은 내적공간이 된다. 특히, (4.2)와 같이 정의된 내적을 $\mathbb{R}^n$ 의 유클리드 내적이라 부른다.

문제 4.1.4. 식 (4.2)에서 정의한 함수 $\langle \, , \, \rangle : \mathbb{R}^n \times \mathbb{R}^n \to \mathbb{R}$ 에 대해 [내적 규칙 2]부터 [내적 규칙 4]가 모두 성립함을 확인하시오.

이제, 내적공간 $\mathbb{R}^n$ 의 임의의 벡터 $\mathbf{a}$ 에 대해 벡터의 크기는

$$||\mathbf{a}|| = \sqrt{\langle \mathbf{a}, \mathbf{a} \rangle} = \sqrt{a_1^2 + a_2^2 + \cdots + a_n^2}$$

가 되고, 앞서 정의한 표준단위벡터 $\mathbf{e}_i$ 는 실제로 크기가 1 인 벡터가 된다.

예제 4.1.2. $\mathbb{R}^n$ 에서 다음 피타고라스 정리가 성립함을 보이시오.

$$||\mathbf{a} + \mathbf{b}||^2 = ||\mathbf{a}||^2 + ||\mathbf{b}||^2 \iff \langle \mathbf{a}, \mathbf{b} \rangle = 0$$

풀이 : 임의의 벡터에 대해 $||\mathbf{a}||^2 = \langle \mathbf{a}, \mathbf{a} \rangle$ 임을 이용하면

$$\begin{aligned} ||\mathbf{a} + \mathbf{b}||^2 &= \langle \mathbf{a} + \mathbf{b}, \mathbf{a} + \mathbf{b} \rangle \\ &= ||\mathbf{a}||^2 + 2\langle \mathbf{a}, \mathbf{b} \rangle + ||\mathbf{b}||^2 \end{aligned}$$

이므로 피타고라스 정리가 만족될 필요충분조건은 $\langle \mathbf{a}, \mathbf{b} \rangle = 0$ 이다. □

문제 4.1.5. $\mathbb{R}^n$ 에서 다음과 같이 노름으로부터 내적을 얻을 수 있음을 보이시오.

$$\langle \mathbf{a}, \mathbf{b} \rangle = \frac{1}{4}||\mathbf{a} + \mathbf{b}||^2 - \frac{1}{4}||\mathbf{a} - \mathbf{b}||^2$$

내적공간 $\mathbb{R}^n$ 에서 내적의 응용으로 몇 가지 부등식을 알아보자. 우선, 내적 규칙으로부터 임의의 실수 t 에 대해 다음 절대부등식이 성립한다.

$$\langle \mathbf{a} + t\mathbf{b}, \mathbf{a} + t\mathbf{b} \rangle = ||\mathbf{a}||^2 + 2\langle \mathbf{a}, \mathbf{b} \rangle t + ||\mathbf{b}||^2 t^2 \geq 0.$$

따라서, 판별식 조건으로부터 다음 부등식을 얻는데, 이를 코시-슈바르츠 부등식이라고 한다.

$$\langle \mathbf{a}, \mathbf{b} \rangle^2 \leq ||\mathbf{a}||^2 ||\mathbf{b}||^2 \iff (a_1b_1 + a_2b_2 + \cdots + a_nb_n)^2 \leq (a_1^2 + a_2^2 + \cdots + a_n^2)(b_1^2 + b_2^2 + \cdots + b_n^2)$$

한편, 코시-슈바르츠 부등식으로부터

$$-||\mathbf{a}|| \, ||\mathbf{b}|| \leq \langle \mathbf{a}, \mathbf{b} \rangle \leq ||\mathbf{a}|| \, ||\mathbf{b}|| \iff -1 \leq \frac{\langle \mathbf{a}, \mathbf{b} \rangle}{||\mathbf{a}|| \, ||\mathbf{b}||} \leq 1$$

이 성립하므로, $0 \leq \theta \leq \pi$ 범위의 적당한 θ 에 대해

$$\frac{\langle \mathbf{a}, \mathbf{b} \rangle}{||\mathbf{a}|| \, ||\mathbf{b}||} = \cos\theta \iff \langle \mathbf{a}, \mathbf{b} \rangle = ||\mathbf{a}|| \, ||\mathbf{b}|| \cos\theta \tag{4.3}$$

가 성립한다. 비록, $\mathbb{R}^2$ 나 $\mathbb{R}^3$ 의 경우처럼 그림을 그려 이해할 순 없지만, 식 (4.3)을 만족하는 θ를 두 벡터 $\mathbf{a}$와 $\mathbf{b}$ 사이의 각이라고 한다.

특히, 두 벡터 사이의 각이 $\theta = \frac{\pi}{2}$ 일 때 (즉, $\langle \mathbf{a}, \mathbf{b} \rangle = 0$ 일 때) 두 벡터 $\mathbf{a}$와 $\mathbf{b}$는 서로 직교한다고 하고, 두 벡터 사이의 각이 $\theta = 0$ 이거나 $\theta = \pi$ 일 때 (즉, 적당한 실수 k에 대해 $\mathbf{a} = k\mathbf{b}$ 일 때) 두 벡터 $\mathbf{a}$와 $\mathbf{b}$는 평행하다고 한다. 따라서, 코시-슈바르츠 부등식에서 등호가 성립하는 경우는 두 벡터 $\mathbf{a}$와 $\mathbf{b}$가 평행한 경우이다.

코시-슈바르츠 부등식

$\mathbb{R}^n$ 의 임의의 벡터 $\mathbf{a}$, $\mathbf{b}$에 대하여 다음 부등식이 성립한다.

$$\left|\langle \mathbf{a}, \mathbf{b} \rangle\right| \leq ||\mathbf{a}||\,||\mathbf{b}||$$

단, 등호는 $\mathbf{a}$, $\mathbf{b}$ 중 한 벡터가 다른 벡터의 실수배일 때만 성립한다.

예제 4.1.3. $\mathbb{R}^n$ 의 벡터 $\mathbf{a}$, $\mathbf{b}$에 대하여 다음 삼각부등식이 성립함을 보이고, 등호가 성립할 조건을 구하시오.

$$||\mathbf{a} + \mathbf{b}|| \leq ||\mathbf{a}|| + ||\mathbf{b}||$$

풀이 : 코시-슈바르츠 부등식을 이용하면

$$\begin{aligned} ||\mathbf{a} + \mathbf{b}||^2 &= \langle \mathbf{a} + \mathbf{b}, \mathbf{a} + \mathbf{b} \rangle \\ &= ||\mathbf{a}||^2 + 2\langle \mathbf{a}, \mathbf{b} \rangle + ||\mathbf{b}||^2 \\ &\leq ||\mathbf{a}||^2 + 2\left|\langle \mathbf{a}, \mathbf{b} \rangle\right| + ||\mathbf{b}||^2 \\ &\leq ||\mathbf{a}||^2 + 2||\mathbf{a}||\,||\mathbf{b}|| + ||\mathbf{b}||^2 = \left(||\mathbf{a}|| + ||\mathbf{b}||\right)^2 \end{aligned}$$

이므로 삼각부등식이 성립한다.

두 벡터가 모두 영벡터이면 당연히 등호가 성립하므로, $\mathbf{a} \neq \mathbf{0}$ 이라 하고 등호가 성립할 조건을 알아보자. 마지막 부등식에서 코시-슈바르츠 부등식의 등호가 성립할 조건은 적당한 실수 k에 대해 $\mathbf{b} = k\,\mathbf{a}$ 인 것이고, 이때 $\langle \mathbf{a}, \mathbf{b} \rangle = k||\mathbf{a}||^2$ 이므로 $\langle \mathbf{a}, \mathbf{b} \rangle = \left|\langle \mathbf{a}, \mathbf{b} \rangle\right|$ 이 성립하려면 $k \geq 0$ 이어야 한다. 따라서, 삼각부등식에서 등호가 성립할 조건은 두 벡터가 같은 방향의 벡터일 때이다. □

벡터공간의 예

실수 상에서 정의된 벡터공간의 예를 좀 더 알아보기 위해, 정의역 $I \subset \mathbb{R}$ 에서 정의된 모든 함수들의 집합을

$$\mathcal{F}(I) = \{f : I \to \mathbb{R}\}$$

라 하고, 함수 $f, g \in \mathcal{F}(I)$와 실수 $k \in \mathbb{R}$에 대해 덧셈 $f+g$와 상수배 kf를 다음과 같이 정의하자.

$$(f+g)(x) = f(x) + g(x), \qquad (kf)(x) = k\,f(x).$$

이때, 함수의 덧셈 정의와 실수의 덧셈에 대한 결합법칙으로부터

$$\begin{aligned}
((f+g)+h)(x) =& (f+g)(x) + h(x) \\
=& \big(f(x)+g(x)\big) + h(x) \\
=& f(x) + \big(g(x)+h(x)\big) \qquad \text{(실수의 덧셈에 대한 결합법칙)} \\
=& f(x) + (g+h)(x) = \big(f+(g+h)\big)(x)
\end{aligned}$$

벡터공간이 되기 위한 규칙 [A1]이 성립한다. 같은 방법으로 교환법칙에 대한 [A2]도 성립함을 쉽게 확인할 수 있다. 또, 상수함수 $\mathbf{0}$이 덧셈에 대한 항등원이 되고, f의 덧셈에 대한 역원은 $(-1)f$가 되어 [A3], [A4]도 성립한다.[5)] 한편, 상수배에 대해 [S1], [S2], [S3]도 성립하므로 $\mathcal{F}(I)$는 실수 상에서 정의된 벡터공간이 된다.

벡터공간의 또 다른 예로, 모든 성분이 실수인 $n \times m$ 행렬들의 집합을 $\mathcal{M}_{n,m}$이라하면 행렬의 덧셈과 상수배에 대해 $\mathcal{M}_{n,m}$이 벡터공간이 된다. 이때, 덧셈에 대한 항등원은 모든 성분이 0인 영행렬이 되고, 행렬 A의 덧셈에 대한 역원은 (i,j) 성분이 $-A_{ij}$인 행렬 $-A = (-1)A$가 된다.

문제 4.1.6. 집합 $\mathcal{M}_{n,m}$이 실수 상에서 정의된 벡터공간이 됨을 보이시오. 또, 벡터공간 $\mathcal{M}_{n,m}$은 $\langle A, B\rangle = \mathrm{Tr}\,(AB^{\mathrm{T}})$에 대해 실수 상에서 정의된 내적공간이 됨을 보이시오.

4.2 부분공간

[미리보기] 좌표평면에서 원점을 지나고 방향벡터가 $\mathbf{v}$인 직선을 집합 W라 하자. 집합 W를 $\mathbb{R}^2$의 벡터들의 부분집합으로 생각할 때 $\{k\mathbf{v} : k \in \mathbb{R}\}$이고 벡터공간 $\mathbb{R}^2$의 덧셈과 상수배 연산에 대해 $+|_{W\times W} : W \times W \to W$와 $\cdot|_{\mathbb{R}\times W} : \mathbb{R} \times W \to W$가 성립한다. 즉, 임의의 $\mathbf{w}_1$, $\mathbf{w}_2 \in W$에 대해 $\mathbf{w}_1 = k_1\mathbf{v}$, $\mathbf{w}_2 = k_2\mathbf{v}$인 실수 k_1, k_2가 존재하므로

$$\mathbf{w}_1 + \mathbf{w}_2 = k_1\mathbf{v} + k_2\mathbf{v} = (k_1+k_2)\mathbf{v} \in W, \qquad \ell\,\mathbf{w}_1 = \ell(k_1\mathbf{v}) = (\ell k_1)\mathbf{v} \in W$$

가 성립한다. 또, 덧셈에 대한 항등원인 영벡터 $\mathbf{0}$도 W에 포함되고, $k\mathbf{v}$의 덧셈에 대한 역원 $-k\mathbf{v}$도 W의 원소가 된다. 또, 벡터공간이 될 조건을 모두 만족하는 것을 확인할 수 있다. 따라서 $\mathbb{R}^2$의 연산에 대해, 원점을 지나는 직선 W 자체가 벡터공간이 된다.

5) 103쪽 벡터공간의 성질을 이용하면, $\mathcal{F}(I)$에서 덧셈에 대한 항등원의 후보는 $(0\,f)(x) = 0 \cdot f(x) = 0$이 되고, 덧셈에 대한 역원도 예측할 수 있다.

부분공간의 정의

벡터공간 $\mathbb{R}^3$의 부분집합 $W = \{(x, y, 0) : x \in \mathbb{R},\ y \in \mathbb{R}\}$을 생각해보자. $\mathbb{R}^3$의 덧셈과 상수배에 대해, $\mathbf{w}_1 = (x_1, y_1, 0)$, $\mathbf{w}_2 = (x_2, y_2, 0) \in W$이면 $\mathbf{w}_1 + \mathbf{w}_2$의 z좌표도 0이 되므로 W의 원소가 되고, 같은 이유로 실수 k에 대해 $k\,\mathbf{w}_i$ $(i = 1, 2)$도 W의 원소가 된다. 즉, $\mathbb{R}^3$의 덧셈과 상수배를 W에 제한하여 $+ : W \times W \to W$와 $\cdot : \mathbb{R} \times W \to W$로 생각할 수 있다.

이때, 벡터공간의 공리 [A3]과 [A4]를 제외한 모든 공리는 당연히 성립한다. 예를 들어, W에 대해 [A1]가 성립하는 이유를 살펴보자. W의 임의의 세 원소 $\mathbf{w}_1$, $\mathbf{w}_2$, $\mathbf{w}_3$는 벡터공간 $\mathbb{R}^3$의 원소도 되므로, $\mathbb{R}^3$의 원소로써

$$(\mathbf{w}_1 + \mathbf{w}_2) + \mathbf{w}_3 = \mathbf{w}_1 + (\mathbf{w}_2 + \mathbf{w}_3)$$

가 성립한다. 한편, W의 원소끼리 더한 것은 다시 W에 속하므로[6], 위 식의 좌변에서 $\mathbf{w}_1 + \mathbf{w}_2$는 W의 한 원소가 되고, 다시 두 원소의 합 $(\mathbf{w}_1 + \mathbf{w}_2) + \mathbf{w}_3$도 W의 원소가 된다. 같은 방법으로 우변도 W의 원소가 되므로 결론적으로 W의 덧셈에 대해 [A1]이 성립한다.

W의 덧셈에 대해 [A3]가 성립하는 것을 알아보자. 임의의 실수를 W의 원소에 곱한 것은 다시 W의 원소가 되므로 $0 \cdot \mathbf{w} = \mathbf{0}$가 W의 원소가 되는데, 벡터공간의 성질에 의해 $\mathbf{0}$은 $\mathbb{R}^3$의 항등원이므로 W의 항등원이 됨을 알 수 있다.[7] 비슷한 방법으로 공리 [A4]도 성립함을 보일 수 있으므로, $\mathbb{R}^3$의 부분집합 W도 실수 상에서 정의된 벡터공간이 됨을 알 수 있다.

문제 4.2.1. 벡터공간 $\mathbb{R}^3$의 부분집합 W를 $W = \{(x, y, 0) : x \in \mathbb{R},\ y \in \mathbb{R}\}$라 할 때, 임의의 $\mathbf{w} \in W$에 대해 덧셈에 대한 역원이 W의 원소가 됨을 보이시오.

일반적으로 실수 $\mathbb{R}$ 상에서 정의된 벡터공간 V의 부분집합 W가 V의 덧셈 $+$과 상수배 $\cdot$에 대해 다음 두 조건

- $\mathbf{w}_1,\ \mathbf{w}_2 \in W \implies \mathbf{w}_1 + \mathbf{w}_2 \in W$
- $\mathbf{w} \in W,\ k \in \mathbb{R} \implies k\,\mathbf{w} \in W$

를 만족하면, 앞에서 설명한 것과 똑같은 방법으로 W도 $\mathbb{R}$ 상에서 정의된 벡터공간이 됨을 보일 수 있다. 이처럼 벡터공간 V의 부분집합 W가 V의 덧셈과 상수배에 대해 그 자신도 벡터공간이 될 때, W를 V의 **부분공간**이라 하고 $W \preccurlyeq V$와 같이 나타낸다.

---

6) 이를 덧셈에 대해 닫혀있다고 한다.

7) $\mathbf{0} \in W$이고, $\mathbf{0}$은 $\mathbb{R}^n$의 항등원이므로 특히 임의의 $\mathbf{w} \in W$에 대해서도 $\mathbf{w} + \mathbf{0} = \mathbf{w} = \mathbf{0} + \mathbf{w}$가 성립한다. 따라서, $\mathbf{0}$은 W의 항등원도 된다.

부분공간이 될 충분조건

벡터공간 V의 부분집합 W의 임의의 두 원소 $\mathbf{w}_1$, $\mathbf{w}_2$와 임의의 실수 k에 대해 다음 두 조건

$$\mathbf{w}_1 + \mathbf{w}_2 \in W, \quad k\,\mathbf{w}_1 \in W$$

가 성립하면, W는 V의 부분공간이 된다. 특히, V의 영벡터 $\mathbf{0}$은 W에 속한다.

문제 4.2.2. 벡터공간 V의 부분집합 W가 부분공간이 될 필요충분조건은 임의의 $\mathbf{w}_1$, $\mathbf{w}_2 \in W$와 k_1, $k_2 \in \mathbb{R}$에 대해 $k_1\mathbf{w}_1 + k_2\mathbf{w}_2 \in W$가 성립하는 것임을 보이시오.

예제 4.2.1. 벡터공간 $\mathcal{F}([a,b])$의 부분집합 $\mathcal{C}([a,b])$가 다음과 같이 정의될 때, $\mathcal{C}([a,b])$는 벡터공간이 됨을 보이시오.

$$\mathcal{C}([a,b]) := \{f : [a,b] \to \mathbb{R} : f \text{ 은 연속함수}\}$$

또, $\langle f, g\rangle = \displaystyle\int_a^b f(x)g(x)\,dx$에 대해서 $\mathcal{C}([a,b])$가 내적공간이 됨을 보이시오.

풀이 : $[a,b]$에서 정의된 두 연속함수 f, g에 대해 $f+g$는 연속함수가 되고, 임의의 실수 k에 대해 $k\,f$도 연속함수이므로 $\mathcal{C}([a,b])$는 $\mathcal{F}([a,b])$의 부분공간이 된다. 따라서 $\mathcal{C}([a,b])$는 실수 상에서 정의된 벡터공간이다.

적분의 성질로부터 [내적 규칙 2]부터 [내적 규칙 4]까지 모두 성립함은 쉽게 확인할 수 있다. [내적 규칙 1]이 성립함을 보이자. 우선, $f(x)^2 \geq 0$이므로 적분의 성질로부터 $\langle f, f\rangle = \displaystyle\int_a^b f(x)^2\,dx \geq 0$임은 당연하다. 만약 $\langle f, f\rangle = 0$이지만 f가 상수함수 $\mathbf{0}$이 아니라고 가정하면, $f(c) \neq 0$인 $c \in [a,b]$가 존재한다. 이때, 함수 f가 연속함수이므로 c를 포함하는 어떤 구간에서 $f(x)^2 \geq \dfrac{f(c)^2}{2} > 0$를 만족하게 되므로,[8] $\int_a^b f(x)^2\,dx > 0$이 되어 모순이다. 즉, $\langle f, f\rangle = 0$이면 $f = \mathbf{0}$이다. 따라서, $\mathcal{C}([a,b])$는 내적공간이 된다. □

문제 4.2.3. 두 연속함수 f, g에 대하여 다음 부등식이 성립함을 보이시오.

$$\left(\int_a^b f(x)g(x)\,dx\right)^2 \leq \left(\int_a^b f(x)^2\,dx\right)\left(\int_a^b g(x)^2\,dx\right)$$

8) 해석학을 이용하면 $f(c) \neq 0$인 $c \in (a,b)$가 존재할 때, $f(x)^2$도 $x = c$에서 연속이므로 적당한 $\delta > 0$가 존재해서 $|x-c| < \delta$이면 $|f(x)^2 - f(c)^2| < f(c)^2/2$를 만족한다. 즉, $|x-c| < \delta$일 때 $f(c)^2/2 < f(x)^2$이 성립하고, $\int_a^b f(x)^2\,dx = \int_a^{c-\delta} f(x)^2\,dx + \int_{c-\delta}^{c+\delta} f(x)^2\,dx + \int_{c+\delta}^b f(x)^2\,dx > \int_{c-\delta}^{c+\delta} f(x)^2\,dx > f(c)^2\delta > 0$이 된다. ($c = a$ 또는 $c = b$일 때도 비슷하게 증명할 수 있다.)

문제 4.2.4. $[a,b]$에서 연속이고, (a,b)에서 미분가능한 함수들의 집합 $\mathcal{D}([a,b])$는 실수 상에서 정의된 벡터공간이 됨을 보이시오.

문제 4.2.5. $[a,b]$에서 정의된 적분가능한 함수들의 집합 $\mathcal{I}([a,b])$는 실수 상에서 정의된 벡터공간이 됨을 보이시오.

다시 한 번 강조하면, 벡터공간의 어떤 부분집합이 벡터공간이 되는지를 알아보려면 'W의 원소끼리 더한 것이 다시 W의 원소가 되는지'와 'W의 원소에 상수배한 것이 다시 W의 원소가 되는지'만 확인하면 된다.

예제 4.2.2. 실수 계수 n차 이하 다항식들의 집합 $\mathcal{P}_n$은 벡터공간이 됨을 보이시오. 또, 실수 계수 n차 다항식들의 집합은 벡터공간이 될 수 없음을 보이시오.

풀이 : 다항식의 덧셈과 상수배에 대해 직접 벡터공간이 되는지를 확인해도 되지만, n차 다항식을 n차 함수로 생각하면 실수에서 정의된 함수들로 이루어진 벡터공간 $\mathcal{F}(\mathbb{R})$의 부분집합으로 생각할 수 있다. 따라서, 덧셈과 상수배만 확인해보면 된다. 우선 두 다항식을 더한 다항식과 상수배한 다항식은 각각 다음과 같다.

$$(a_0 + a_1x + \cdots a_nx^n) + (b_0 + b_1x + \cdots + b_nx^n) = (a_0 + b_0) + (a_1 + a_n)x + \cdots (a_n + b_n)x^n,$$
$$k(a_0 + a_1x + \cdots a_nx^n) = ka_0 + ka_1x + \cdots ka_nx^n$$

각 경우에 연산의 결과 얻어진 다항식은 n차 이하의 다항식이고 계수가 모두 실수이므로 $\mathcal{P}_n$의 원소가 된다. 따라서, $\mathcal{P}_n$은 $\mathcal{F}(\mathbb{R})$의 부분공간이 되고, 벡터공간임을 알 수 있다.

반면에, n차 다항식의 집합 $\mathcal{P}$가 벡터공간이라면, 임의의 n차 다항식에 0을 곱해서 얻어지는 상수함수 $\mathbf{0}$이 $\mathcal{P}$의 원소가 되어 모순이다. 따라서, n차 다항식의 집합 $\mathcal{P}$는 벡터공간이 아니다. [9] □

문제 4.2.6. $n \times n$ 대칭행렬들의 집합을 $\mathcal{SM}_n$이라 할 때, $\mathcal{SM}_n$은 실수 상에서 정의된 벡터공간임을 보이시오.

문제 4.2.7. $n \times n$ 하삼각행렬들의 집합을 $\mathcal{LM}_n$이라 할 때, $\mathcal{LM}_n$은 실수 상에서 정의된 벡터공간임을 보이시오.

예제 4.2.3. 벡터공간 V에 속하는 n개 벡터 $\mathbf{v}_1, \mathbf{v}_2, \cdots, \mathbf{v}_n$의 선형결합으로 이루어진 집합 W가 V의 부분공간이 됨을 보이시오.

$$W = \{c_1\mathbf{v}_1 + c_2\mathbf{v}_2 + \cdots + c_n\mathbf{v}_n : \text{ 모든 } c_i \text{는 실수}\}$$

9) 최고차항의 계수가 절대값은 같고 부호가 다른 두 다항식을 더하면, 차수가 $n-1$차 이하가 될 수 있으므로 덧셈에 대해 닫혀있지 않음을 보여도 된다.

풀이 : W의 임의의 두 원소를 $\mathbf{a}$, $\mathbf{b}$라 하면, 적당한 실수 a_i, $b_i\,(i=1,2,\cdots,n)$에 대해

$$\mathbf{a}=a_1\mathbf{v}_1+a_2\mathbf{v}_2+\cdots+a_n\mathbf{v}_n,\quad \mathbf{b}=b_1\mathbf{v}_1+b_2\mathbf{v}_2+\cdots+b_n\mathbf{v}_n$$

이 되고, 두 벡터의 합 $\mathbf{a}+\mathbf{b}$와 상수배 $k\mathbf{a}$는 벡터공간 V의 덧셈에 대한 교환법칙과 분배법칙 등을 이용하면 다음과 같다.

$$\begin{aligned}\mathbf{a}+\mathbf{b}&=(a_1+b_1)\mathbf{v}_1+(a_2+b_2)\mathbf{v}_2+\cdots+(a_n+b_n)\mathbf{v}_n,\\ k\mathbf{a}&=ka_1\mathbf{v}_1+ka_2\mathbf{v}_2+\cdots+ka_n\mathbf{v}_n.\end{aligned}$$

즉, $\mathbf{a}+\mathbf{b}$나 $k\mathbf{a}$ 모두 벡터 $\mathbf{v}_1$, $\mathbf{v}_2$, $\cdots$, $\mathbf{v}_n$의 선형결합으로 표현되므로 W에 속한다. 따라서, W는 V의 부분공간이다. □

일차결합(선형결합)과 생성집합

앞서 설명하였듯이, 실수 상에서 정의된 벡터공간 V에서 n개의 벡터 $\mathbf{v}_1,\mathbf{v}_2,\cdots,\mathbf{v}_n$과 임의의 실수 $c_1,c_2,\cdots,c_n$에 대해, 다음 형태의 벡터

$$c_1\mathbf{v}_1+c_2\mathbf{v}_2+\cdots+c_n\mathbf{v}_n\in V$$

를 주어진 벡터 $\mathbf{v}_1,\mathbf{v}_2,\cdots,\mathbf{v}_n$의 일차결합 또는 선형결합이라고 한다. 이때, 벡터 $\mathbf{w}\in V$가 적당한 실수 c_i에 대해 $\mathbf{w}=c_1\mathbf{v}_1+c_2\mathbf{v}_2+\cdots+c_n\mathbf{v}_n$를 만족하면, $\mathbf{w}$는 집합 $\{\mathbf{v}_1,\mathbf{v}_2,\cdots,\mathbf{v}_n\}$으로부터 생성되었다고 한다 (또는 벡터 $\mathbf{v}_1,\cdots,\mathbf{v}_n$으로부터 생성되었다고도 말한다).

주어진 벡터들의 일차결합은 이 벡터들로 만들 수 있는 새로운 벡터의 일반적인 형태이고, 예제 4.1.3에서 살펴보았듯이 주어진 벡터들의 일차결합들로 이루어진 집합

$$W=\{c_1\mathbf{v}_1+c_2\mathbf{v}_2+\cdots+c_n\mathbf{v}_n : c_1\in\mathbb{R},\ c_2\in\mathbb{R},\cdots,c_n\in\mathbb{R}\}$$

은 벡터공간이 된다. 이 벡터공간은 V의 부분집합 $S=\{\mathbf{v}_1,\ \mathbf{v}_2,\cdots,\mathbf{v}_n\}$의 벡터들로 생성되는 부분공간이므로 집합 S를 W의 생성집합이라 하고 기호로

$$W=\mathrm{span}(S)\ \text{ 또는 }\ W=\langle S\rangle$$

와 같이 나타낸다.

예를 들어, $\mathbb{R}^n$의 표준단위벡터 $\{\mathbf{e}_i : 1\le i\le n\}$에 대해 $\mathbb{R}^n=\langle\{\mathbf{e}_1,\ \mathbf{e}_2,\ \cdots,\ \mathbf{e}_n\}\rangle$이다.

예제 4.2.4. $\mathbb{R}^3$의 세 벡터 $\mathbf{a}_1=(1,0,1)$, $\mathbf{a}_2=(0,1,0)$, $\mathbf{a}_3=(1,0,-2)$에 대해

$$\mathbb{R}^3=\langle\{\mathbf{a}_1,\ \mathbf{a}_2,\ \mathbf{a}_3\}\rangle$$

임을 보이시오.

풀이 : $\mathbb{R}^3$의 임의의 벡터 (a,b,c)에 대해

$$\begin{aligned}(a,b,c)&=c_1\mathbf{a}_1+c_2\mathbf{a}_2+c_3\mathbf{a}_3\\&=c_1(1,0,1)+c_2(0,1,0)+c_3(1,0,-2)=(c_1+c_3,c_2,c_1-2c_3)\end{aligned}$$

를 만족하는 실수 c_1, c_2, c_3가 존재함을 보이면 된다. 연립방정식을 풀면

$$c_1 = \frac{1}{3}(2a+c), \quad c_2 = b, \quad c_3 = \frac{1}{3}(a-c)$$

이므로, 세 벡터 $\mathbf{a}_1$, $\mathbf{a}_2$, $\mathbf{a}_3$이 벡터공간 $\mathbb{R}^3$을 생성함을 알 수 있다. □

문제 4.2.8. $\mathbb{R}^3$의 세 벡터 $\mathbf{a}_1 = (1,0,1)$, $\mathbf{a}_2 = (0,2,0)$, $\mathbf{a}_3 = (2,2,2)$에 대해 $\mathbb{R}^3 = \langle\{\mathbf{a}_1, \mathbf{a}_2, \mathbf{a}_3\}\rangle$이 성립하는지 확인하시오. 만약 성립하지 않으면, 한 벡터를 추가하여 $\mathbb{R}^3$을 생성할 수 있는지 설명하시오.

예제 4.2.5. $\mathbb{R}^2$의 모든 부분공간은 다음 세 종류 밖에 없음을 보이시오.

영벡터로 이루어진 부분공간, 원점을 지나는 직선, $\mathbb{R}^2$ 전체

풀이 : $\mathbb{R}^2$의 부분공간을 W라 하자.
(i) 만약 W에 영벡터 이외의 벡터가 없다면 $W = \{\mathbf{0}\}$이다.
(ii) 이제 W가 영벡터가 아닌 벡터 $\mathbf{v}$를 포함한다고 하자. 이때, W는 부분공간이므로 임의의 실수 k에 대해 $k\mathbf{v}$를 포함한다. 즉, $\mathbf{v}$와 평행인 모든 벡터를 포함한다. 만약, W가 $\mathbf{v}$와 평행인 벡터 이외의 벡터를 포함하지 않는다면 W는 $\{k\mathbf{v} : k \in \mathbb{R}\}$가 되어, 원점을 지나고 $\mathbf{v}$에 평행한 직선이 된다.
(iii) 만약, W가 $\mathbf{v}$와 평행하지 않은 벡터 $\mathbf{w}$를 포함한다면, $\mathbb{R}^2$의 임의의 벡터 (a,b)에 대해 다음 [그림 4.1]의 점선처럼 (a,b)를 지나고 $\mathbf{v}$에 평행한 직선과 $\mathbf{w}$에 평행한 직선을 각각 그린다. 또 원점을 지나고 $\mathbf{v}$에 평행한 직선과 $\mathbf{w}$에 평행한 직선을 각각 그리면 평행사변형을 만들 수 있는데, 이로부터 $k\mathbf{v} + \ell\mathbf{w} = (a,b)$를 만족하는 실수 k, ℓ이 존재함을 알 수 있다.

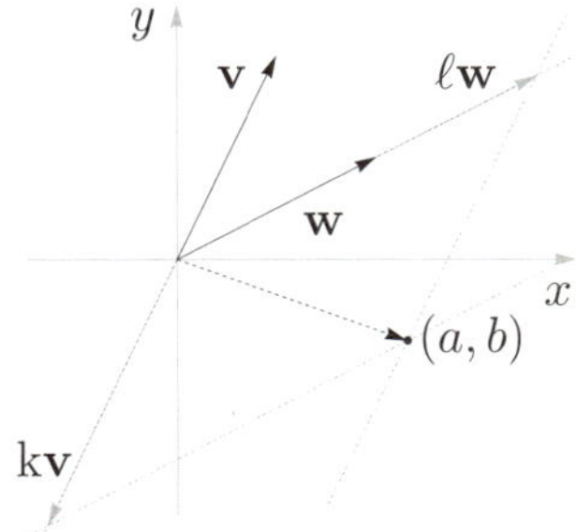

그림 4.1: $\mathbb{R}^2$의 부분공간

실제로 k와 ℓ의 값을 구하기 위해서는 다음 연립방정식의 해를 구하면 된다.

$$\begin{pmatrix} v_1 & w_1 \\ v_2 & w_2 \end{pmatrix} \begin{pmatrix} k \\ \ell \end{pmatrix} = \begin{pmatrix} a \\ b \end{pmatrix}.$$

$\mathbf{v}$와 $\mathbf{w}$가 평행하지 않으므로 행렬식이 0이 아니고, 결국 유일한 해를 구할 수 있다. 따라서, $\mathbb{R}^2$의 임의의 벡터 (a,b)가 $\langle\{\mathbf{v},\mathbf{w}\}\rangle$에 속하므로 $\mathbb{R}^2 = \langle\{\mathbf{v},\mathbf{w}\}\rangle$가 성립한다. □

문제 4.2.9. $\mathbb{R}^3$의 부분공간은 다음 네 가지 중 한 가지임을 보이시오.

$\{\mathbf{0}\}$, 원점을 지나는 직선, 원점을 지나는 평면, $\mathbb{R}^3$

예제 4.2.6. 벡터공간 $\mathcal{M}_{2,2}$의 다음 세 벡터 $\mathbf{A}_1$, $\mathbf{A}_2$, $\mathbf{A}_3$가 대칭행렬들로 이루어진 부분공간 $\mathcal{SM}_2$를 생성함을 보이시오.

$$\mathbf{A}_1 = \begin{pmatrix} 1 & 0 \\ 0 & 0 \end{pmatrix}, \mathbf{A}_2 = \begin{pmatrix} 0 & 0 \\ 0 & 1 \end{pmatrix}, \mathbf{A}_3 = \begin{pmatrix} 0 & 1 \\ 1 & 0 \end{pmatrix}$$

풀이 : $\mathcal{SM}_2$의 임의의 벡터는 $\begin{pmatrix} a & b \\ b & c \end{pmatrix}$이고,

$$\begin{pmatrix} a & b \\ b & c \end{pmatrix} = a\begin{pmatrix} 1 & 0 \\ 0 & 0 \end{pmatrix} + b\begin{pmatrix} 0 & 1 \\ 1 & 0 \end{pmatrix} + c\begin{pmatrix} 0 & 0 \\ 0 & 1 \end{pmatrix} = a\mathbf{A}_1 + b\mathbf{A}_3 + c\mathbf{A}_2$$

이므로 $\operatorname{span}(\{\mathbf{A}_1,\ \mathbf{A}_2,\ \mathbf{A}_3\}) = \mathcal{SM}_2$이다. □

문제 4.2.10. 벡터공간 $\mathcal{M}_{3,3}$에서 대각행렬들로 이루어진 집합 $\mathcal{DM}_3$은 $\mathcal{M}_{3,3}$의 부분공간이 됨을 보이고, $\mathcal{DM}_3$을 생성하는 가능한 세 벡터 쌍 중 한 가지를 구하시오.

행렬과 관련된 $\mathbb{R}^n$의 부분공간

벡터공간 $\mathcal{M}_{1,n}$에 속하는 벡터나 벡터공간 $\mathcal{M}_{n,1}$에 속하는 벡터 모두 $\mathbb{R}^n$의 벡터라고 생각할 수 있다. 이런 의미로 $\mathcal{M}_{1,n} \cong \mathbb{R}^n$, $\mathcal{M}_{n,1} \cong \mathbb{R}^n$과 같이 나타낸다.[10)] 지금부터 벡터공간 $\mathbb{R}^n$의 벡터를 $1 \times n$ 행렬처럼 생각할 때 행벡터라 부르고, $n \times 1$ 행렬처럼 생각할 때 열벡터라고 하자. 또, $\mathbb{R}^n$을 행벡터들로 이루어진 벡터공간으로 이해하는 것을 강조할

10) 선형사상을 공부하고 나면 두 벡터공간이 서로 동형이라는 것을 의미한다.

때 $\mathbb{R}^n_r$ 이라 표시하고, 열벡터들로 이루어진 벡터공간으로 이해하는 것을 강조할 때는 $\mathbb{R}^n_c$ 로 표시하자.

이제 임의의 $n \times m$ 행렬 $A \in \mathcal{M}_{n,m}$ 에 대해 다음과 같이 정의되는 세 종류의 벡터공간 $C(A)$, $R(A)$, $N(A)$ 을 차례로 알아보자.

$$\begin{aligned} C(A) &= \{A\mathbf{v} : \mathbf{v} = (v_1, v_2, \cdots, v_m)^{\mathrm{T}} \in \mathcal{M}_{m,1}\} \\ &= \langle\{A^C_k : k = 1, 2, \cdots, m\}\rangle \subset \mathcal{M}_{n,1} \cong \mathbb{R}^n_c, \end{aligned}$$

$$\begin{aligned} R(A) &= \{\mathbf{w}A : \mathbf{w} = (w_1, w_2, \cdots, w_n) \in \mathcal{M}_{1,n}\} \\ &= \langle\{A^R_k : k = 1, 2, \cdots, n\}\rangle \subset \mathcal{M}_{1,m} \cong \mathbb{R}^m_r, \end{aligned}$$

$$N(A) = \{\mathbf{x} \in \mathcal{M}_{m,1} : A\mathbf{x} = \mathbf{0} \in \mathcal{M}_{n,1}\} \subset \mathcal{M}_{m,1} \cong \mathbb{R}^m_c.$$

우선 행렬 A 의 **열공간**이라고 부르는 $C(A)$ 는 행렬 A 의 모든 열 A^C_k 로 생성되는 $\mathcal{M}_{n,1}$ 의 부분공간이다. 물론, A^C_k 를 $\mathbb{R}^n_c$ 의 열벡터로 이해하여, 이 열벡터들로 생성되는 $\mathbb{R}^n_c$ 의 부분공간이라고 생각할 수도 있다. 실제로 부분공간이 되는 것을 확인해보자. 임의의 두 벡터 $\mathbf{w}_1$, $\mathbf{w}_2 \in C(A)$ 에 대해 $A\mathbf{v}_1 = \mathbf{w}_1$, $A\mathbf{v}_2 = \mathbf{w}_2$ 인 $\mathbf{v}_1$, $\mathbf{v}_2 \in \mathcal{M}_{m,1}$ 이 존재하므로,

$$\mathbf{w}_1 + \mathbf{w}_2 = A\mathbf{v}_1 + A\mathbf{v}_2 = A(\mathbf{v}_1 + \mathbf{v}_2), \qquad k\mathbf{w}_1 = kA\mathbf{v}_1 = A(k\mathbf{v}_1)$$

이다. 한편, $\mathcal{M}_{m,1}$ 이 벡터공간이므로 $\mathbf{v}_1 + \mathbf{v}_2 \in \mathcal{M}_{m,1}$ 과 $k\mathbf{v}_1 \in \mathcal{M}_{m,1}$ 이고, 이로부터 $\mathbf{w}_1 + \mathbf{w}_2$ 와 $k\mathbf{w}_1$ 은 $C(A)$ 에 속하게 된다. 따라서 $C(A)$ 는 $\mathcal{M}_{n,1}$ 의 부분공간이다.

$n \times m$ 행렬 A 와 $n \times 1$ 행렬 B 에 대해 연립일차방정식 $AX = B$ 를 만족하는 $X \in \mathcal{M}_{m,1}$ 가 존재하는지를 묻는 것은 B 가 행렬 A 의 열공간 $C(A)$ 에 속하는지를 묻는 것과 같다. 이때, 해가 $X = (x_1, x_2, \cdots, x_m)^{\mathrm{T}}$ 로 존재한다면 다음과 같이 B 를 A 의 열벡터들의 일차결합으로 표현할 수 있다는 뜻이다.

$$B = x_1 A^C_1 + x_2 A^C_2 + \cdots + x_m A^C_m.$$

문제 4.2.11. 다음 3×3 행렬 A 와 3×1 행렬 B 에 대해 B 가 A 의 열공간의 벡터가 되는지를 확인하시오. 만약 $B \in C(A)$ 라면 B 를 A 의 열벡터들의 일차결합으로 표현하시오.

$$A = \begin{pmatrix} 1 & 1 & 0 \\ -1 & 1 & 2 \\ 0 & 2 & 2 \end{pmatrix}, \quad B = \begin{pmatrix} 2 \\ 1 \\ 3 \end{pmatrix}.$$

문제 4.2.12. 다음 행렬 A 의 열공간 $C(A)$ 는 $\mathbb{R}^3_c$ 를 생성하는가?

$$A = \begin{pmatrix} -1 & 2 & 0 \\ 0 & 1 & 1 \\ 1 & 1 & 3 \end{pmatrix}$$

반면에 $R(A)$는 행렬 A의 모든 행 A_k^R로 생성되는 $\mathcal{M}_{1,m}$의 부분공간으로 행렬 A의 행공간이라 부른다. 물론 각 행을 행벡터로 이해하여 $\mathbb{R}_r^n$의 부분공간으로 이해할 수도 있다.

문제 4.2.13. $n \times m$ 행렬 A에 대해 $R(A)$가 $\mathcal{M}_{1,m}$의 부분공간이 됨을 보이시오.

책에 따라서는 $n \times m$ 행렬 A에 대해 $R(A)$를 다음과 같이 $\mathbb{R}_c^m$의 열벡터들로 이루어진 부분공간으로 정의하기도 한다. [11]

$$\{A^{\mathrm{T}}\mathbf{w} : \mathbf{w} = (w_1, w_2, \cdots, w_n)^{\mathrm{T}} \in \mathcal{M}_{n,1}\} \subset \mathcal{M}_{m,1} \cong \mathbb{R}_c^m. \tag{4.4}$$

행렬 A^{T}의 각 열은 행렬 A의 각 행에 대응되므로 (4.4)에서 정의한 부분공간과 행공간 $R(A)$가 본질적으로 같은 벡터공간임을 알 수 있다.

예제 4.2.7. 행렬 A가 다음과 같을 때, 행렬 A의 행공간 $R(A)$는 어떤 두 벡터로 생성되는 $\mathbb{R}^3$의 부분공간임을 보이시오.

$$A = \begin{pmatrix} 1 & 1 & 0 \\ -1 & 1 & 2 \\ 0 & 2 & 2 \end{pmatrix}$$

풀이 : 행공간 $R(A)$는 A의 행들로 생성되는 벡터공간 $\langle A_1^R, A_2^R, A_3^R \rangle$이므로, 행렬 A에 행에 관한 기본연산을 적용시켜 얻은 벡터는 모두 $R(A)$의 원소가 된다. 따라서, A의 기약 행사다리꼴

$$\mathrm{R}_{2,1}(-1)\,\mathrm{R}_2\left(\frac{1}{2}\right)\mathrm{R}_{2,3}(-1)\,\mathrm{R}_{1,2}(1)\,A = \begin{pmatrix} 1 & 0 & -1 \\ 0 & 1 & 1 \\ 0 & 0 & 0 \end{pmatrix}$$

의 행벡터 $(1, 0, -1)$과 $(0, 1, 1)$은 $R(A)$의 벡터가 된다. 즉,

$$\langle\{(1, 0, -1),\ (0, 1, 1)\}\rangle \preccurlyeq R(A) \tag{4.5}$$

이다.

역으로 다음과 같이 기약 행사다리꼴에 행에 관한 기본연산을 적용시키면 A의 각 행을 만들 수 있으므로

$$\mathrm{R}_{1,2}(-1)\,\mathrm{R}_{2,3}(1)\,\mathrm{R}_2(2)\,\mathrm{R}_{2,1}(1)\begin{pmatrix} 1 & 0 & -1 \\ 0 & 1 & 1 \\ 0 & 0 & 0 \end{pmatrix} = A,$$

11) 벡터공간의 관점에서 볼 때, 두 벡터공간은 동형 (isomorphic) 이므로 같은 벡터공간이다.

A의 각 행은 $\langle\{(1,0,-1),\ (0,1,1)\}\rangle$의 벡터가 되어 식 (4.5)에서 $\langle\{(1,0,-1),\ (0,1,1)\}\rangle = R(A)$가 성립한다. 즉, $\mathbb{R}^3$의 부분공간 $R(A)$는 A의 기약 행사다리꼴의 두 행벡터로 생성된다. □

행렬 A에 행에 관한 기본연산을 적용하는 것은 행렬 A의 왼쪽에 가역행렬을 곱하는 것으로 이해할 수 있고, 행에 관한 기본연산의 결과 만들어진 행은 이전 행렬의 행의 일차결합으로 표시할 수 있다.[12)] 따라서, 예제 4.2.7에서처럼 일반적으로 행렬 A의 행공간과 행렬 A의 기약 행사다리꼴의 행공간은 일치함을 알 수 있다.

행렬의 행공간과 기약행사다리꼴의 행공간

$n \times m$ 행렬 A의 행벡터로 생성되는 행공간과 A에 행에 관한 기본연산을 적용시켜 얻은 행렬의 행공간은 일치한다.
특히, A의 기약 행사다리꼴의 $\mathbf{0}$ 아닌 행벡터로 생성되는 행공간은 A의 행공간과 일치한다.

문제 4.2.14. 다음 행렬 A의 행공간은 n개의 벡터로 생성할 수 있다. n의 최솟값을 구하시오.

$$A = \begin{pmatrix} 1 & 2 & -1 \\ -1 & 1 & 0 \\ 2 & 7 & -3 \end{pmatrix}$$

마지막으로 $n \times m$ 행렬 A에 대해 연립일차방정식 $A\mathbf{x} = \mathbf{0}$의 해들로 이루어진 집합 $N(A)$가 벡터공간이 됨을 알아보자. 임의의 실수 k에 대해, $\mathbf{v}$, $\mathbf{w}$가 $N(A)$의 원소이면

$$A(\mathbf{v}+\mathbf{w}) = A\mathbf{v} + A\mathbf{w} = \mathbf{0}+\mathbf{0} = \mathbf{0}, \quad A(k\,\mathbf{v}) = k\,A\mathbf{v} = k\,\mathbf{0} = \mathbf{0}$$

가 되어 $N(A)$는 벡터공간 $\mathcal{M}_{m,1}$의 부분공간이 된다. $N(A)$는 그 정의로부터 $A\mathbf{x} = 0$의 해공간 또는 행렬 A의 영공간이라 부른다.

예제 4.2.8. 다음 행렬 A의 영공간을 구하시오.

$$A = \begin{pmatrix} 1 & 1 & 5 & 1 \\ 2 & 0 & 6 & -1 \end{pmatrix}$$

12) 예를 들어, $n \times n$ 행렬 A의 2행에 k를 곱한 것을 3행에 더하는 기본연산에 의해 만들어진 행렬의 3행은 $kA_2^R + A_3^R$이므로 A_i^R $(i = 1, 2, \cdots, n)$의 일차결합이다.

풀이 : 행렬 A의 기약행사다리꼴을 구하면,

$$\begin{pmatrix} 1 & 0 & 3 & -\frac{1}{2} \\ 0 & 1 & 2 & \frac{3}{2} \end{pmatrix}$$

이다. 따라서 $A\mathbf{x} = \mathbf{0}$의 해 $\mathbf{x} = (x, y, z, w)^{\mathrm{T}}$를 구하면, 실수 z, w에 대해

$$(x, y, z, w) = \left(-3z + \frac{1}{2}w,\ -2z - \frac{3}{2}w,\ z,\ w\right) = z(-3, -2, 1, 0) + \frac{1}{2}w(1, -3, 0, 2)$$

가 된다. 즉, $N(A) = \langle\{(3, 2, -1, 0),\ (1, -3, 0, 2)\}\rangle$이다. □

문제 4.2.15. 행렬 $\begin{pmatrix} 1 & 1 & 3 & -2 \\ 1 & 2 & 2 & 1 \\ 2 & -2 & 0 & 2 \end{pmatrix}$의 영공간을 구하시오.

4.3 일차독립과 일차종속

[미리보기] $\mathbb{R}^3$의 세 벡터 $\mathbf{a}_1 = (1, 1, 0)$, $\mathbf{a}_2 = (-1, 1, 2)$, $\mathbf{a}_3 = (0, 2, 2)$에 대해 $\mathbf{a}_3 = \mathbf{a}_1 + \mathbf{a}_2$이다. $\mathbf{a}_3$의 경우처럼 주어진 벡터 중 어느 한 벡터를 나머지 벡터들의 일차결합으로 나타낼 수 있을 때, 주어진 벡터들이 일차종속이라고 한다.

주어진 벡터들이 일차종속일 때, 이 벡터들로 생성된 부분공간은 일부 벡터만 가지고도 생성하는 것이 가능하다. 예를 들어, 세 벡터로 생성되는 부분공간 $\mathrm{span}(\{\mathbf{a}_1, \mathbf{a}_2, \mathbf{a}_3\})$은 $\mathrm{span}(\{\mathbf{a}_1, \mathbf{a}_2\})$와 같아진다.

일차독립과 일차종속의 정의

벡터공간 V에서 n개의 벡터 $\mathbf{v}_1, \mathbf{v}_2, \cdots, \mathbf{v}_n$이 주어졌을 때, 이들 벡터가 서로 **일차독립**이라는 것은 이들 벡터 중 어떤 벡터도 나머지 벡터들로부터 생성되지 않는다는 것을 의미한다. 또, 주어진 벡터들이 일차독립이 아닐 때 **일차종속**이라고 한다. 즉, $\mathbf{v}_1, \mathbf{v}_2, \cdots, \mathbf{v}_n$가 일차종속이라는 말은 어떤 한 벡터를 나머지 벡터들의 일차결합으로 나타낼 수 있다는 뜻이다.

또, 벡터공간 V의 부분집합 $S = \{\mathbf{v}_1, \mathbf{v}_2, \cdots, \mathbf{v}_m\}$이 일차독립이라는 것은 m개의 벡터 $\mathbf{v}_1, \mathbf{v}_2, \cdots, \mathbf{v}_m$이 일차독립인 것으로 정의한다. 물론, 일차종속에 대해서도 동일한 방법으로 정의한다.

예를 들어, $\mathbb{R}^2$의 두 벡터 $\mathbf{a}$와 $\mathbf{b}$가 일차종속이라면, 두 벡터 중 한 벡터가 나머지 한 벡터의 일차결합이 된다는 뜻이다. 이 경우 한 벡터의 일차결합으로 만들 수 있는 벡터는 상수배 밖에 없으므로 두 벡터는 평행한 벡터가 된다. 따라서, $\mathbb{R}^2$에서 두 벡터가 일차독립이

될 필요충분조건은 두 벡터가 평행하지 않은 벡터가 된다는 뜻이고, 이는 두 벡터를 각각 행으로 하는 2×2 행렬의 행렬식이 0이 아니라는 것과 동치이다.

일차종속인 두 벡터

벡터공간의 두 벡터 $\mathbf{v}$와 $\mathbf{w}$가 일차종속일 필요충분조건은 두 벡터가 평행한 것이다. 즉, 한 벡터가 다른 벡터의 상수배이다.

일반적으로 n개의 벡터 $\mathbf{v}_1, \mathbf{v}_2, \cdots, \mathbf{v}_n$이 일차종속일 조건을 생각해보자. 어느 한 벡터 $\mathbf{v}_i$가 다른 벡터의 일차결합으로 표현된다고 할 때,

$$\mathbf{v}_i = c_1\mathbf{v}_1 + \cdots + c_{i-1}\mathbf{v}_{i-1} + c_{i+1}\mathbf{v}_{i+1} + \cdots + c_n\mathbf{v}_n$$

을 만족하는 실수 $c_1, \cdots, c_{i-1}, c_{i+1}, \cdots, c_n$이 존재한다. 따라서,

$$c_1\mathbf{v}_1 + \cdots + c_{i-1}\mathbf{v}_{i-1} - \mathbf{v}_i + c_{i+1}\mathbf{v}_{i+1} + \cdots + c_n\mathbf{v}_n = \mathbf{0}$$

이 되어 다음 필요조건이 성립한다.

$$\sum_{k=1}^{n} c_k\mathbf{v}_k = \mathbf{0}\text{을 만족하는 모두가 0은 아닌 } c_k\text{가 존재한다.}^{13)} \tag{4.6}$$

실제로 조건 (4.6)이 벡터 $\mathbf{v}_1, \mathbf{v}_2, \cdots, \mathbf{v}_n$이 일차종속이 될 충분조건도 됨을 보이자. 조건 (4.6)을 만족하는 실수 c_k 중 0이 아닌 것이 c_i라고 하자. 이때,

$$\mathbf{v}_i = -\frac{1}{c_i}(c_1\mathbf{v}_1 + \cdots + c_{i-1}\mathbf{v}_{i-1} + c_{i+1}\mathbf{v}_{i+1} + \cdots + c_n\mathbf{v}_n)$$

이 되어, $\mathbf{v}_i$가 나머지 벡터들의 일차결합으로 표현되므로 주어진 벡터 $\mathbf{v}_1, \mathbf{v}_2, \cdots, \mathbf{v}_n$은 일차종속이 된다.

대우명제를 생각하면, 주어진 벡터가 일차독립일 필요충분조건은 $\sum_{k=1}^{n} c_k\mathbf{v}_k = \mathbf{0}$이면 모든 c_k $(k = 1, 2, \cdots, n)$가 0이 되는 것이다.

일차독립일 필요충분조건

벡터공간에서 n개의 벡터 $\mathbf{v}_1, \mathbf{v}_2, \cdots, \mathbf{v}_n$이 일차독립일 필요충분조건은 다음과 같다.

$$c_1\mathbf{v}_1 + c_2\mathbf{v}_2 + \cdots c_n\mathbf{v}_n = \mathbf{0} \implies c_1 = c_2 = \cdots = c_n = 0.$$

예제 4.3.1. $\mathbb{R}^3$의 다음 세 벡터가 일차독립인지 일차종속인지 확인하시오.

$$\mathbf{a}_1 = (1, 0, -1),\ \mathbf{a}_2 = (1, 1, 0),\ \mathbf{a}_3 = (0, 1, 1)$$

13) 적어도 한 c_k는 0이 아니라는 뜻이며, 예로 든 경우에는 $c_i = -1$이므로 이 조건이 만족된다.

풀이 : $c_1\mathbf{a}_1 + c_2\mathbf{a}_2 + c_3\mathbf{a}_3 = \mathbf{0}$을 만족하는 c_i를 구하면,

$$c_1(1,0,-1) + c_2(1,1,0) + c_3(0,1,1) = (0,0,0)$$

$$\Longleftrightarrow \begin{pmatrix} 1 & 1 & 0 \\ 0 & 1 & 1 \\ -1 & 0 & 1 \end{pmatrix} \begin{pmatrix} c_1 \\ c_2 \\ c_3 \end{pmatrix} = \begin{pmatrix} 0 \\ 0 \\ 0 \end{pmatrix} \Longleftrightarrow \begin{pmatrix} 1 & 0 & -1 \\ 0 & 1 & 1 \\ 0 & 0 & 0 \end{pmatrix} \begin{pmatrix} c_1 \\ c_2 \\ c_3 \end{pmatrix} = \begin{pmatrix} 0 \\ 0 \\ 0 \end{pmatrix}$$

로부터 $c_1 = c_3$, $c_2 = -c_3$가 되어 0이 아닌 c_i가 존재한다. 따라서 세 벡터는 일차종속이다. □

문제 4.3.1. 벡터공간 $\mathbb{R}^n$의 부분집합 $S = \{\mathbf{v}_1, \mathbf{v}_2, \cdots, \mathbf{v}_m\}$에 대해 다음이 성립함을 보이시오.

(가) 집합 S가 $\mathbf{0}$을 포함하면 집합 S는 일차종속이다.

(나) 집합 S의 부분집합 T에 대해, T가 일차종속이면 S도 일차종속이다.
또, S가 일차독립이면 T도 일차독립이다.

문제 4.3.2. $\mathbb{R}^n$에서 영벡터가 아닌 m개의 벡터 $\mathbf{v}_1, \mathbf{v}_2, \cdots, \mathbf{v}_m$ $(m \le n)$가 서로 수직인 벡터이면, 일차독립이 됨을 보이시오.

문제 4.3.3. $n \times n$ 행렬 A가 가역행렬일 때, $\mathbb{R}^n$에서 m개의 벡터 $\mathbf{v}_1, \mathbf{v}_2, \cdots, \mathbf{v}_m$가 일차독립일 필요충분조건은 m개의 벡터

$$A\mathbf{v}_1, A\mathbf{v}_2, \cdots, A\mathbf{v}_m$$

이 일차독립임을 보이시오.

예제 4.3.2. 실수 계수 3차 이하 다항식들로 이루어진 벡터공간 $\mathcal{P}_3$에서 $S = \{1, x, x^2\}$이 일차독립임을 보이시오.

풀이 : $a + bx + cx^2 = \mathbf{0}$이라고 하자. 물론, 영벡터 $\mathbf{0}$은 상수함수 0을 의미하고, $\mathcal{P}_n$에서 두 벡터가 같다는 것은 다항식으로써 항등적으로 같다는 것을 의미한다. 따라서, $x = 0$일 때 두 벡터가 같아야 하므로 $a = 0$을 얻고, $x = 1$과 $x = -1$에 대해서도 두 다항식이 같아야 하므로 $b = 0$과 $c = 0$을 얻을 수 있다. 따라서, $a = b = c = 0$이므로 세 벡터 $1, x, x^2$은 $\mathcal{P}_n$에서 일차독립이다. □

문제 4.3.4. 실수 계수 3차 이하 다항식들로 이루어진 벡터공간 $\mathcal{P}_3$의 다음 부분집합이 일차독립임을 보이시오.

$$S = \{1 - x, x + x^2, 1 + x + x^2\}$$

문제 4.3.5. $\mathcal{M}_{2,2}$ 에서 다음 세 벡터가 일차독립임을 보이시오.

$$\mathbf{A}_1 = \begin{pmatrix} 1 & 0 \\ 0 & 1 \end{pmatrix}, \quad \mathbf{A}_2 = \begin{pmatrix} 1 & 0 \\ 0 & -1 \end{pmatrix}, \quad \mathbf{A}_3 = \begin{pmatrix} 0 & 1 \\ 1 & 0 \end{pmatrix}.$$

예제 4.3.3. 벡터공간 V 의 일차독립인 벡터 $\mathbf{v}_1, \mathbf{v}_2, \cdots, \mathbf{v}_k$ 에 대해 $V \neq \langle\{\mathbf{v}_1, \mathbf{v}_2, \cdots, \mathbf{v}_k\}\rangle$ 이면, $V \setminus \langle\{\mathbf{v}_1, \mathbf{v}_2, \cdots, \mathbf{v}_k\}\rangle$ 에 속하는 임의의 벡터 $\mathbf{w}$ 에 대해 $\{\mathbf{v}_1, \mathbf{v}_2, \cdots, \mathbf{v}_k, \mathbf{w}\}$ 도 일차독립이 됨을 보이시오.

풀이 : $V \neq \langle\{\mathbf{v}_1, \mathbf{v}_2, \cdots, \mathbf{v}_k\}\rangle$ 이므로 $V \setminus \langle\{\mathbf{v}_1, \mathbf{v}_2, \cdots, \mathbf{v}_k\}\rangle$ 에 속하는 벡터가 적어도 하나 존재하는 것은 당연하다. 이 벡터를 $\mathbf{w}$ 라 하고, $\mathbf{v}_1, \cdots, \mathbf{v}_k, \mathbf{w}$ 가 일차종속이라고 가정하자. 이때, $\mathbf{w}$ 는 $\mathbf{v}_1, \cdots, \mathbf{v}_k$ 의 일차결합으로 표시될 수 없으므로 $1 \leq i \leq k$ 인 어떤 i 에 대해서 $\mathbf{v}_i$ 가 나머지 $\mathbf{v}_j$ $(1 \leq j \neq i \leq k)$ 와 $\mathbf{w}$ 의 일차결합으로 표시된다. 즉,

$$\mathbf{v}_i = c_1\mathbf{v}_1 + \cdots + c_{i-1}\mathbf{v}_{i-1} + c_i\mathbf{w} + c_{i+1}\mathbf{v}_{i+1} + \cdots + c_k\mathbf{v}_k$$

를 만족하는 모두가 0은 아닌 실수 $c_1, c_2, \cdots, c_k$ 가 존재한다. 이때, $\mathbf{v}_1, \mathbf{v}_2, \cdots \mathbf{v}_k$ 는 일차독립이므로 $c_i \neq 0$ 임을 알 수 있고, 결과적으로

$$\mathbf{w} = \frac{1}{c_i}\left(\mathbf{v}_i - c_1\mathbf{v}_1 - \cdots - c_{i-1}\mathbf{v}_{i-1} - c_{i+1}\mathbf{v}_{i+1} - \cdots - c_k\mathbf{v}_k\right)$$

가 되어 $\mathbf{w} \in \langle\{\mathbf{v}_1, \mathbf{v}_2, \cdots, \mathbf{v}_k\}\rangle$ 이 성립한다. 이는 $V \setminus \langle\{\mathbf{v}_1, \mathbf{v}_2, \cdots, \mathbf{v}_k\}\rangle$ 에 속하는 $\mathbf{w}$ 를 선택한 것에 모순되므로 귀류법에 의해 증명이 끝난다. □

$\mathbb{R}^n$ 의 부분집합에 대한 일차독립, 일차종속 판별법

위 예제 4.3.1에서 연립방정식을 풀어 $\mathbf{a}_1 - \mathbf{a}_2 + \mathbf{a}_3 = \mathbf{0}$ 이 성립함을 보였고, 이를 통해 $\mathbf{a}_1, \mathbf{a}_2, \mathbf{a}_3$ 가 일차종속이 됨을 알았다. 이를 다른 관점에서 해석해보자.

세 벡터 $\mathbf{a}_1, \mathbf{a}_2, \mathbf{a}_3$ 을 각각 1, 2, 3행으로하는 행렬 A 를 생각하자.

$$A = \begin{pmatrix} 1 & 0 & -1 \\ 1 & 1 & 0 \\ 0 & 1 & 1 \end{pmatrix} \xrightarrow{\text{가우스-조르당 소거법}} \begin{pmatrix} 1 & 0 & -1 \\ 0 & 1 & 1 \\ 0 & 0 & 0 \end{pmatrix}$$

벡터 $\mathbf{a}_3$ 가 $\mathbf{a}_3 = \mathbf{a}_2 - \mathbf{a}_1$ 처럼 $\mathbf{a}_1$ 과 $\mathbf{a}_2$ 의 일차결합으로 표현되므로, 행렬 A 에 행에 관한 기본연산을 적용시키면 3행을 $\mathbf{0}$ 으로 만들 수 있다. [14)]

14) 만약, 세 벡터가 일차독립이었다면, 행렬 A 의 기약행사다리꼴에 모든 성분이 0인 행은 존재하지 않는다.

즉, $\mathbb{R}^n$ 에서 m 개의 벡터 $\mathbf{v}_1, \mathbf{v}_2, \cdots, \mathbf{v}_m$ 이 주어졌을 때, 이 벡터들이 일차독립인지 일차종속인지를 확인하기 위해서는 연립방정식을 풀어 식 (4.6)을 만족하는 c_k 들을 구할 수도 있지만, 다음과 같이 각 벡터를 행으로 갖는 $m \times n$ 행렬의 기약 행사다리꼴을 이용할 수도 있다.

기약 행사다리꼴을 이용한 일차독립 판별

벡터공간 $\mathbb{R}^n$ 에서 m 개의 벡터 $\mathbf{v}_1, \mathbf{v}_2, \cdots, \mathbf{v}_m$ 를 각 행으로 하는 $m \times n$ 행렬을 A 라 하자. 이때, 다음이 성립한다.

$\mathbf{v}_1, \mathbf{v}_2, \cdots, \mathbf{v}_m$ 이 일차독립 $\iff$ A 의 기약 행사다리꼴에 모든 성분이 0 인 행은 없다.

특히, $m = n$ 인 경우에는 다음이 성립한다.

$$\mathbf{v}_1, \mathbf{v}_2, \cdots, \mathbf{v}_m \text{ 이 일차독립} \iff \text{행렬식 } \det(A) \neq 0.$$

문제 4.3.6. $\mathbb{R}^3$ 의 세 벡터 $(1, 2, 1)$, $(1, 0, 2)$, $(5, 6, 7)$ 가 일차독립인지 일차종속인지 판별하시오.

문제 4.3.7. $\mathbb{R}^4$ 의 네 벡터 $\mathbf{v}_1$, $\mathbf{v}_2$, $\mathbf{v}_3$, $\mathbf{v}_4$ 가 일차독립일 때, 다음 네 벡터가 일차독립임을 보이시오.

$$\mathbf{v}_1,\ \mathbf{v}_1 + \mathbf{v}_2,\ \mathbf{v}_1 + \mathbf{v}_2 + \mathbf{v}_3,\ \mathbf{v}_1 + \mathbf{v}_2 + \mathbf{v}_3 + \mathbf{v}_4$$

$\mathbb{R}^n$ 에서 m 개의 벡터들이 일차독립인지를 알아보는 방법으로 이들 벡터를 행으로 갖는 $m \times n$ 행렬의 기약 행사다리꼴을 이용할 수 있음을 알아보았다. 특히, $m > n$ 인 경우에, 이 행렬의 기약 행사다리꼴은 모든 성분이 0 인 행을 적어도 $m - n$ 개 갖게 된다. 따라서, $m > n$ 일 때 $\mathbb{R}^n$ 에서 m 개의 벡터는 항상 일차종속이 된다.

$\mathbb{R}^n$ 에서 일차독립인 벡터의 최대 개수

벡터공간 $\mathbb{R}^n$ 에서 m 개의 벡터가 일차독립이면, $m \leq n$ 이다.

4.4 벡터공간의 기저와 차원

[미리보기] 벡터공간 $\mathbb{R}^2$ 에서

$$(x, y) = x(1, 0) + y(0, 1)$$

이므로, 임의의 벡터 (x, y) 는 두 벡터 $\mathbf{e}_1 = (1, 0)$ 과 $\mathbf{e}_2 = (0, 1)$ 의 일차결합으로 나타낼 수 있다. 즉, 두 벡터 $\mathbf{e}_1$, $\mathbf{e}_2$ 는 벡터공간 $\mathbb{R}^2$ 전체를 생성한다. 더구나, 두 벡터 $\mathbf{e}_1$, $\mathbf{e}_2$ 는 일차독립인데, 이처럼 일차독립이면서 주어진 벡터공간을 생성하는 벡터들의 집합을 그 벡터공간의 기저라고 한다.

벡터공간의 기저는 한 가지만 있는 것이 아니다. 예를 들어, 벡터공간 $\mathbb{R}^2$ 에서 두 벡터 $\mathbf{a}_1 = (1, 1)$ 과 $\mathbf{a}_2 = (1, -1)$ 은 서로 평행하지 않으므로 일차독립이고, 임의의 벡터 $\mathbf{x} = (x, y) \in \mathbb{R}^2$ 에 대해

$$(x, y) = \frac{x + y}{2}(1, 1) + \frac{x - y}{2}(1, -1) \iff \mathbf{x} = \frac{x + y}{2}\mathbf{a}_1 + \frac{x - y}{2}\mathbf{a}_2$$

를 만족하므로 $\mathbb{R}^2$ 를 생성한다. 따라서, $\{\mathbf{a}_1,\ \mathbf{a}_2\}$ 는 $\mathbb{R}^2$ 의 또 다른 기저이다.

벡터공간의 기저

실수 $\mathbb{R}$ 상에서 정의된 벡터공간 V 의 부분집합 $\mathcal{B}$가 다음 세 조건을 만족할 때, 유한차원 벡터공간 V 의 기저라고 한다. 15)

- $\mathcal{B}$의 원소의 개수는 유한개이다.
- $\mathcal{B}$가 V를 생성한다. 즉, $\langle \mathcal{B} \rangle = V$
- $\mathcal{B}$는 일차독립이다.

예제 4.4.1. $\mathbb{R}^n$ 에서 표준단위벡터들의 집합 $\mathcal{B} = \{\mathbf{e}_1, \mathbf{e}_2, \cdots, \mathbf{e}_n\}$ 은 $\mathbb{R}^n$ 의 기저가 됨을 보이시오.

풀이 : 임의의 벡터 $\mathbf{x} = (x_1, x_2, \cdots, x_n) \in \mathbb{R}^n$ 에 대해

$$\begin{aligned}\mathbf{x} =&(x_1, x_2, \cdots, x_n)\\ =&(x_1, 0, \cdots, 0) + (0, x_2, \cdots, 0) + \cdots + (0, 0, \cdots, x_n)\\ =&x_1\mathbf{e}_1 + x_2\mathbf{e}_2 + \cdots + x_n\mathbf{e}_n \in \langle \mathcal{B} \rangle\end{aligned}$$

이므로 $\mathcal{B}$는 $\mathbb{R}^n$ 을 생성한다.

또, 다음 관계식

$$c_1\mathbf{e}_1 + c_2\mathbf{e}_2 + \cdots + c_n\mathbf{e}_n = \mathbf{0} \iff (c_1, c_2, \cdots, c_n) = (0, 0, \cdots, 0)$$

으로부터 $\mathcal{B}$는 일차독립이므로 $\mathcal{B}$는 $\mathbb{R}^n$ 의 기저가 된다. □

예제 4.4.2. $\mathcal{B} = \{(1,1,0),\ (0,1,1),\ (1,0,1)\}$ 가 $\mathbb{R}^3$ 의 기저가 됨을 보이시오.

---

15) 실수 상에서 정의된 임의의 벡터공간에 대해서 기저 $\mathcal{B} \subset V$ 는 다음과 같이 정의한다.
- $\tilde{\mathcal{B}}$가 유한개의 원소를 갖는 $\mathcal{B}$의 부분집합이면 $\tilde{\mathcal{B}}$는 일차독립이다.
- 임의의 벡터 $\mathbf{v} \in V$ 에 대해 $\mathbf{v} = c_1\mathbf{b}_1 + c_2\mathbf{b}_2 + \cdots + c_n\mathbf{b}_n$ 을 만족하는 유한 개의 벡터 $\{\mathbf{b}_1,\ \cdots, \mathbf{b}_n\} \subset \mathcal{B}$ 가 존재한다.

만약, 두 조건을 만족하는 V 의 부분집합 $\mathcal{B}$ 의 원소가 유한 개이면, 이 정의는 앞서 정의한 기저의 정의와 완전히 일치한다. V가 유한차원 벡터공간이 아닐 때, 만약 V 에 노름 (또는 내적) 이 정의되어 있으면 벡터의 무한합을 정의할 수 있으므로 유한차원 벡터공간의 기저와 비슷하게 정의할 수도 있다. 이 책에서는 유한차원 벡터공간만을 고려한다.

풀이 : $\mathcal{B}$가 일차독립인지 확인하기 위해서 각 벡터를 행으로 하는 행렬의 기약 행사다리꼴을 구하면,

$$\left(\begin{array}{ccc|ccc}1&1&0&1&0&0\\0&1&1&0&1&0\\1&0&1&0&0&1\end{array}\right)\xrightarrow{\text{가우스-조르당소거법}}\left(\begin{array}{ccc|ccc}1&0&0&\frac{1}{2}&-\frac{1}{2}&\frac{1}{2}\\0&1&0&\frac{1}{2}&\frac{1}{2}&-\frac{1}{2}\\0&0&1&-\frac{1}{2}&\frac{1}{2}&\frac{1}{2}\end{array}\right)$$

이므로 모든 성분이 0인 행이 없으므로 일차독립이다.[16] 이때, $\mathcal{B}$가 벡터공간 $\mathbb{R}^3$을 생성하는지 확인하는 것을 고려하면, 위에서처럼 역행렬을 함께 구해놓는 것이 효율적이다.

$\mathcal{B}$가 $\mathbb{R}^3$를 생성하는지 알아보자. 임의의 $(a,b,c)\in\mathbb{R}^3$에 대해 다음 식

$$\begin{aligned}&(a,b,c)=x(1,1,0)+y(0,1,1)+z(1,0,1)\\ \iff&\begin{pmatrix}a&b&c\end{pmatrix}=\begin{pmatrix}x&y&z\end{pmatrix}\begin{pmatrix}1&1&0\\0&1&1\\1&0&1\end{pmatrix}\\ \iff&\frac{1}{2}\begin{pmatrix}a&b&c\end{pmatrix}\begin{pmatrix}1&-1&1\\1&1&-1\\-1&1&1\end{pmatrix}=\begin{pmatrix}x&y&z\end{pmatrix}\end{aligned}$$

로부터

$$x=\frac{a+b-c}{2},\ y=\frac{-a+b+c}{2},\ z=\frac{a-b+c}{2}$$

를 얻는다. 따라서 $\mathcal{B}$는 $\mathbb{R}^3$를 생성하고 기저가 된다. □

문제 4.4.1. 주어진 집합 $\mathcal{B}$가 $\mathbb{R}^3$의 기저가 됨을 보이시오.

$$\mathcal{B}=\{(3,2,-4),\ (4,1,-2),\ (5,2,-3)\}$$

문제 4.4.2. 벡터공간 $\mathbb{R}^3$의 한 기저가 $\{\mathbf{a}_1,\mathbf{a}_2,\mathbf{a}_3\}$일 때, $\{\mathbf{a}_1,\mathbf{a}_1+\mathbf{a}_2,\mathbf{a}_1+\mathbf{a}_2+\mathbf{a}_3\}$도 $\mathbb{R}^3$의 기저가 됨을 보이시오.

예제 4.4.3. 세 다항식 $\{1-x,\ 1+x,\ x^2\}$은 2차 이하의 실계수 다항식들로 이루어진 벡터공간 $\mathcal{P}_2$의 한 기저가 됨을 보이시오.

풀이 : 임의의 2차 이하 다항식 $a_0+a_1x+a_2x^2$에 대해, 다음 항등식

$$\begin{aligned}&c_1(1-x)+c_2(1+x)+c_3x^2=a_0+a_1x+a_2x^2\\ \iff&(c_1+c_2)-(c_1-c_2)x+c_3x^3=a_0+a_1x+a_2x^2\end{aligned}\tag{4.7}$$

16) $\mathbb{R}^3$의 세 벡터이므로 행렬식이 0이 아님을 보여도 된다.

이 만족되는 c_1, c_2, c_3를 구하면

$$c_1 = \frac{a_0 - a_1}{2},\ c_2 = \frac{a_0 + a_1}{2},\ c_3 = a_3$$

이므로, 주어진 집합은 $\mathcal{P}_2$를 생성한다.

또, 식 (4.7)에서 우변이 상수함수 0인 경우를 생각하면, $c_1 = c_2 = c_3 = 0$이므로 주어진 집합은 일차독립도 된다. 따라서 $\mathcal{P}_2$의 기저이다. □

문제 4.4.3. 벡터공간 $\mathcal{M}_{3,3}$에서 대각행렬들로 이루어진 부분공간 $\mathcal{DM}_3$의 기저를 하나 구하시오. 또, 대칭행렬들로 이루어진 부분공간 $\mathcal{SM}_3$의 기저를 하나 구하시오.

벡터공간의 차원

흔히 직선은 1차원, 평면은 2차원, 공간은 3차원이라는 말을 한다. 이들 대상 중 원점을 포함하는 대상들은 모두 벡터공간임을 알았는데, 이 소절에서는 일반적으로 벡터공간의 차원이 무엇을 의미하는지에 대해 공부한다.

일반적으로 벡터공간의 차원은 그 벡터공간을 생성하는 기저 $\mathcal{B}$의 원소의 개수 $n(\mathcal{B})$로 정의한다. 이렇게 정의하는 것이 의미가 있으려면, 서로 다른 기저를 잡더라도 각 기저에 속하는 벡터의 개수가 항상 일정하다는 것을 보일 수 있어야 한다.

이를 보이기 위해 우선 다음 명제를 증명하자.

기저를 이루는 벡터보다 많은 개수의 벡터는 일차종속

유한차원 벡터공간 V의 한 기저가 $\mathcal{B} = \{\mathbf{v}_1, \mathbf{v}_2, \cdots, \mathbf{v}_n\}$이라 하자. V의 한 부분집합 $S = \{\mathbf{w}_1, \mathbf{w}_2, \cdots, \mathbf{w}_k\}$의 원소의 개수가 n보다 크면 (즉, $k > n$이면) S는 일차종속이다.

증명 : 우선, $\mathcal{B}$가 기저이므로 S에 속하는 각 벡터는 다음과 같이 $\mathcal{B}$에 속하는 벡터들의 일차결합으로 표현할 수 있다.

$$\begin{aligned}
\mathbf{w}_1 &= u_{11}\mathbf{v}_1 + u_{21}\mathbf{v}_2 + \cdots + u_{n1}\mathbf{v}_n \\
\mathbf{w}_2 &= u_{12}\mathbf{v}_1 + u_{22}\mathbf{v}_2 + \cdots + u_{n2}\mathbf{v}_n \\
&\vdots \\
\mathbf{w}_k &= u_{1k}\mathbf{v}_1 + u_{2k}\mathbf{v}_2 + \cdots + u_{nk}\mathbf{v}_n
\end{aligned} \tag{4.8}$$

이제 S가 일차독립인지 일차종속인지 알아보기 위해

$$c_1\mathbf{w}_1 + c_2\mathbf{w}_2 + \cdots + c_k\mathbf{w}_k = \mathbf{0} \tag{4.9}$$

을 가정하자. 이때, 식 (4.8)로부터 다음이 성립한다.

$$\begin{aligned}\mathbf{0} &= c_1\mathbf{w}_1 + c_2\mathbf{w}_2 + \cdots + c_k\mathbf{w}_k \\ &= c_1\big(u_{11}\mathbf{v}_1 + \cdots + u_{n1}\mathbf{v}_n\big) + c_2\big(u_{12}\mathbf{v}_1 + \cdots + u_{n2}\mathbf{v}_n\big) + \cdots + c_k\big(u_{1k}\mathbf{v}_1 + \cdots + u_{nk}\mathbf{v}_n\big) \\ &= \big(u_{11}c_1 + \cdots u_{1k}c_k\big)\mathbf{v}_1 + \big(u_{21}c_1 + \cdots u_{2k}c_k\big)\mathbf{v}_2 + \cdots + \big(u_{n1}c_1 + \cdots u_{nk}c_k\big)\mathbf{v}_n.\end{aligned}$$

한편, 벡터 $\mathbf{v}_1, \mathbf{v}_2, \cdots, \mathbf{v}_n$ 이 기저를 이루므로 일차독립이 되어 위 식에서 $\mathbf{v}_i\ (i = 1, 2, \cdots, n)$ 의 모든 계수가 0이 되어야 한다. 따라서, $c_i\ (i = 1, 2, \cdots, k)$ 에 대해 다음 일차연립방정식을 얻는다.

$$\begin{cases} u_{11}c_1 + u_{12}c_2 + \cdots + u_{1k}c_k = 0 \\ u_{21}c_1 + u_{22}c_2 + \cdots + u_{2k}c_k = 0 \\ \qquad\qquad\vdots \\ u_{n1}c_1 + u_{n2}c_2 + \cdots + u_{nk}c_k = 0 \end{cases} \iff \begin{pmatrix} u_{11} & u_{12} & \cdots & u_{1k} \\ u_{21} & u_{22} & \cdots & u_{2k} \\ \vdots & \vdots & \ddots & \vdots \\ u_{n1} & u_{n2} & \cdots & u_{nk} \end{pmatrix}\begin{pmatrix} c_1 \\ c_2 \\ \vdots \\ c_k \end{pmatrix} = \begin{pmatrix} 0 \\ 0 \\ \vdots \\ 0 \end{pmatrix}$$

그런데, 연립방정식의 $n \times k$ 행렬에 가우스-조르당 소거법을 적용하여 연립방정식을 풀면, $k > n$ 이므로 자명한하지 않은 해를 가질 수 밖에 없음을 알 수 있다. 즉, 식 (4.9)를 만족하는 모두가 0은 아닌 c_i 가 존재하므로 S 는 일차종속이다. □

따라서, 벡터공간 V 의 어느 한 기저 $\mathcal{B}$ 에 대해 $n(\mathcal{B}) = n$ 일 때, V 의 부분집합 $S = \{\mathbf{w}_1, \mathbf{w}_2, \cdots, \mathbf{w}_k\}$ 가 일차독립이라면 $k \le n$ 이 성립한다.

이제 벡터공간 V 의 두 부분집합 $\mathcal{B}_1$ 과 $\mathcal{B}_2$ 가 각각 V 의 기저이면 $n(\mathcal{B}_1) = n(\mathcal{B}_2)$ 임을 보이자. 우선 $\mathcal{B}_1$ 이 기저이고, $\mathcal{B}_2$ 가 일차독립이므로 $n(\mathcal{B}_2) \le n(\mathcal{B}_1)$ 이다. 또, $\mathcal{B}_2$ 가 기저이고 $\mathcal{B}_1$ 이 일차독립이므로 $n(\mathcal{B}_1) \le n(\mathcal{B}_2)$ 도 성립한다. 따라서 다음 결과를 얻는다.

기저를 이루는 벡터의 개수와 벡터공간의 차원

유한차원 벡터공간 V 의 두 기저 $\mathcal{B}_1, \mathcal{B}_2$ 에 대해 $n(\mathcal{B}_1) = n(\mathcal{B}_2)$ 이 성립한다. 즉, 어떤 벡터공간의 기저를 이루는 벡터의 개수는 항상 일정하므로, 이를 벡터공간의 차원이라고 하고, $\dim_{\mathbb{R}}(V) = n(\mathcal{B}_1)$ 으로 나타낸다.

기저를 정의할 때 언급하였듯이, 유한 개의 원소로 이루어진 기저를 갖는 벡터공간을 유한차원 벡터공간이라 한다. 반면에 유한 개의 원소로 이루어진 기저가 존재하지 않는 벡터공간을 무한차원 벡터공간이라 한다.17)

17) 무한차원 벡터공간도 기저를 갖는다는 것을 증명하는 것은 이 책의 수준을 넘어선다. 이를 증명하기 위해서는 대수학에서 배우는 Zorn's Lemma 또는 Axiom of choice가 필요하다.

실수 상에서 정의된 벡터공간 $\mathbb{R}^n$ 에 대해 $\mathcal{B} = \{\mathbf{e}_1, \mathbf{e}_2, \cdots, \mathbf{e}_n\}$ 가 기저가 되므로 벡터공간 $\mathbb{R}^n$ 의 차원은 n 이다. 즉, $\dim_{\mathbb{R}}(\mathbb{R}^n) = n$ 이다.[18] 또, $\mathbf{v}$ 방향에 평행하고 원점을 지나는 직선은 $\{t\mathbf{v}\}$ 이므로 벡터공간이 되고, $\{\mathbf{v}\}$ 를 기저로 가지므로 차원이 1이다.

문제 4.4.4. 벡터공간 $\mathbb{R}^3$ 에서 원점 O 를 지나는 평면이 벡터공간이 됨을 보이고, 차원을 구하시오.

예제 4.4.4. 벡터공간 $\mathcal{M}_{n,m}$ 에 대해 $\dim_{\mathbb{R}}(\mathcal{M}_{n,m}) = nm$ 임을 보이시오.

풀이 : (i, j) 성분만 1이고 나머지 성분은 모두 0인 행렬을 E_{ij} 라 하자. 임의의 행렬 $A \in \mathcal{M}_{n,m}$ 의 (i, j) 성분을 a_{ij} 라 할 때,

$$A = \sum_{i=1}^{n} \sum_{j=1}^{m} a_{ij} E_{ij}$$

이므로 $\mathcal{B} = \{E_{ij} : 1 \le i \le n,\ 1 \le j \le m\}$ 는 벡터공간 $\mathcal{M}_{n,m}$ 을 생성한다.

또, 영행렬 O 에 대해 $\displaystyle\sum_{i=1}^{n} \sum_{j=1}^{m} a_{ij} E_{ij} = O$ 이면, 두 행렬이 같을 조건으로부터 모든 $a_{ij} = 0$ $(1 \le i \le n,\ 1 \le j \le m)$ 이 성립한다. 따라서 $\mathcal{B}$ 는 기저가 되고, 벡터공간 $\mathcal{M}_{n,m}$ 의 차원은 $\dim_{\mathbb{R}}(\mathcal{M}_{n,m}) = n(\mathcal{B}) = nm$ 이 된다. □

문제 4.4.5. 벡터공간 $\mathcal{M}_{n,n}$ 에서 대칭행렬들로 이루어진 부분공간 $\mathcal{SM}_n$ 의 차원을 구하시오.

문제 4.4.6. n 차 이하 실계수 다항식들의 벡터공간 $\mathcal{P}_n$ 의 차원을 구하시오.

유한차원 벡터공간 V 의 부분공간 W 에 대해 다음이 성립한다.

부분공간의 차원

유한차원 벡터공간 V 의 차원이 n 일 때, V 의 부분공간 $W \neq \{\mathbf{0}\}$ 는 항상 기저를 가지고 $\dim_{\mathbb{R}}(W) \le \dim_{\mathbb{R}}(V)$ 이다.
또, $\dim_{\mathbb{R}}(W) = n$ 인 경우에 $W = V$ 이고, $\dim_{\mathbb{R}}(\{\mathbf{0}\}) = 0$ 이다. [a]

a) 벡터공간 $\{0\}$ 은 일차독립인 원소를 갖지 않으므로 기저의 개수가 0이다.

증명 : 앞의 명제를 증명해보자. 우선 $W \neq \{\mathbf{0}\}$ 이므로 W 는 적어도 하나의 $\mathbf{v}_1 \neq \mathbf{0}$ 을 갖는다.

18) 특히, $\mathbb{R}$ 은 덧셈과 곱하기에 대해서 실수 상에서 정의된 벡터공간이 된다. 또 0이 아닌 임의의 실수 t 를 잡으면, $\{t\}$ 가 벡터공간 $\mathbb{R}$ 의 기저가 된다. 따라서 $\mathbb{R}$ 은 1차원 벡터공간이다.

(i) 만약 $W = \langle\{\mathbf{v}_1\}\rangle$ 이면, $\{\mathbf{v}_1\}$ 은 W 의 기저가 되고 $\dim_{\mathbb{R}}(W) = 1$ 이 되어 명제가 성립한다.
(ii) 만약 $W \neq \langle\{\mathbf{v}_1\}\rangle$ 이면 $W \setminus \langle\{\mathbf{v}_1\}\rangle$ 에 속하는 벡터 $\mathbf{v}_2$ 가 적어도 하나 존재하고, $\mathbf{v}_1$ 과 $\mathbf{v}_2$ 는 서로 평행하지 않으므로 일차독립이다. 이때 만약 $W = \langle\{\mathbf{v}_1, \mathbf{v}_2\}\rangle$ 가 성립하면 $\{\mathbf{v}_1, \mathbf{v}_2\}$ 는 W 의 기저가 되고 $\dim_{\mathbb{R}}(W) = 2$ 가 되어 명제는 성립한다.
(iii) 만약 $W \neq \langle\{\mathbf{v}_1, \mathbf{v}_2\}\rangle$ 이면, $W \setminus \langle\{\mathbf{v}_1, \mathbf{v}_2\}\rangle$ 에 속하는 벡터 $\mathbf{v}_3$ 가 적어도 하나 존재하고, 이때 $\{\mathbf{v}_1, \mathbf{v}_2, \mathbf{v}_3\}$ 는 예제 4.3.3에 의해 일차독립이 된다. 만약 $W = \langle\{\mathbf{v}_1, \mathbf{v}_2, \mathbf{v}_3\}\rangle$ 이면, $\{\mathbf{v}_1, \mathbf{v}_2, \mathbf{v}_3\}$ 가 W 의 기저가 되고 $\dim_{\mathbb{R}}(W) = 3$ 이 되어 명제가 성립하고, $W \neq \langle\{\mathbf{v}_1, \mathbf{v}_2, \mathbf{v}_3\}\rangle$ 이면 새로운 벡터를 추가하는 과정을 반복한다.
(iv) 앞의 과정을 반복하여 $\{\mathbf{v}_1, \mathbf{v}_2, \cdots, \mathbf{v}_n\} \subset W$ 를 만족하는 n 개의 벡터를 구했다고 하자. 이때, 벡터 $\mathbf{v}_k$ $(k = 1, 2, \cdots, n)$ 를 택하는 방법으로부터 이들 벡터는 일차독립이 됨을 기억하자. 만약 $\langle\{\mathbf{v}_1, \mathbf{v}_2, \cdots, \mathbf{v}_n\}\rangle \neq V$ 라면, $V \setminus \{\mathbf{v}_1, \mathbf{v}_2, \cdots, \mathbf{v}_n\}$ 에 속하는 또 다른 벡터 $\mathbf{v} \in V$ 가 존재하는데, 이때 $n+1$ 개의 벡터 $\{\mathbf{v}_1, \mathbf{v}_2, \cdots, \mathbf{v}_n, \mathbf{v}\}$ 는 다시 예제 4.3.3에 의해 일차독립이 된다. 한편, 벡터공간 V 의 차원이 n 이므로 V 에 속하는 $n+1$ 의 벡터는 항상 일차종속이 되어 모순이다. 따라서, $\langle\{\mathbf{v}_1, \mathbf{v}_2, \cdots, \mathbf{v}_n\}\rangle = V$ 가 되고, $\langle\{\mathbf{v}_1, \mathbf{v}_2, \cdots, \mathbf{v}_n\}\rangle \subset W \subset V$ 로부터 $W = V$ 를 얻는다. □

문제 4.4.7. 유한차원 벡터공간 V 의 부분집합 $S = \{\mathbf{v}_1, \mathbf{v}_2, \cdots, \mathbf{v}_k\}$ 이 일차독립이면, S 를 포함하는 V 의 기저가 존재함을 보이시오. (도움말 : '부분공간의 차원' 에 대한 명제를 증명한 것과 유사한 방법으로 증명할 수 있다.)

'부분공간의 차원' 에 대한 앞의 명제를 증명하는 과정 (iv) 에서 n 차원 벡터공간 V 에서 일차독립인 n 개의 벡터가 주어지면 저절로 V 를 생성하고 V 의 기저가 되는 것을 알았다. 비슷하게 n 개의 벡터가 V 를 생성하면, 실제로 n 개의 벡터가 일차독립이 되고 V 의 기저가 됨을 보일 수 있다.

즉, n 차원 벡터공간에서 n 개의 벡터가 기저가 되는지를 확인하려면, '벡터공간 전체를 생성하는지' 와 '일차독립인지' 중 한 가지만 보여도 충분하다.

유한차원 벡터공간의 기저 판별

유한차원 벡터공간 V 의 차원이 n 일 때, n 개의 벡터 $\mathcal{B} = \{\mathbf{v}_1, \mathbf{v}_2, \cdots, \mathbf{v}_n\} \subset V$ 에 대해 다음이 성립한다.

$\mathcal{B}$ 가 일차독립이면, $\mathcal{B}$ 는 V 를 생성하고 기저가 된다.
$\mathcal{B}$ 가 V 를 생성하면, $\mathcal{B}$ 는 일차독립이 되고 기저가 된다.

따라서, V 의 부분공간 W 의 차원이 n 이면, $W = V$ 이다.

증명 : 두 번째 명제만 보이면 된다.

$\mathcal{B}$가 일차독립이 아니면 모순임을 보여 귀류법으로 증명하자. 만약 $\mathcal{B}$가 일차독립이 아니라면 어떤 한 벡터가 나머지 벡터들의 일차결합으로 표현된다. 필요하면 벡터의 이름을 새로 붙여 다른 벡터들의 일차결합이 되는 벡터를 $\mathbf{v}_n$ 이라고 하자. 이때, $\mathcal{B}_1 = \mathcal{B} \setminus \{\mathbf{v}_n\}$ 이라 하면, $\langle \mathcal{B} \rangle \subset \langle \mathcal{B}_1 \rangle \subset V$ 이므로 $\langle \mathcal{B}_1 \rangle = V$ 가 성립한다. 따라서, 만약 $\mathcal{B}_1$ 이 일차독립이면 $\mathcal{B}_1$ 은 V 의 기저가 된다. 만약 $\mathcal{B}_1$ 이 일차독립이 아니면 $\mathcal{B}$로부터 $\mathcal{B}_1$ 을 구성할 때처럼 반복하여 $k\,(1 < k < n)$ 개의 벡터를 제거한 다음 $\langle \mathcal{B}_k \rangle = V$ 이면서 일차독립인 $\mathcal{B}_k$ 를 찾을 수 있다.

따라서, 어느 경우든 $\mathcal{B}$가 일차독립이 아닌 경우에는 원소의 개수가 n 보다 작은 V 의 기저를 찾을 수 있고, 이것은 차원이 n 이라는 것에 모순이다.

n 차원 벡터공간 V 의 부분공간 W 의 차원이 n 이면 W 의 기저를 이루는 n 개의 벡터가 V 에서도 일차독립이므로 위 결과에 의해 V 를 생성한다. 따라서, $W = V$ 이다. □

예제 4.4.5. $\mathbb{R}^3$ 의 두 벡터 $\mathbf{a}_1 = (1, 0, 2)$, $\mathbf{a}_2 = (1, 1, 1)$ 로 생성되는 부분공간을 W 라 하자. $\mathcal{B} = \{x\,\mathbf{a}_1 + y\,\mathbf{a}_2,\ z\,\mathbf{a}_1 + w\,\mathbf{a}_2\}$ 가 W 의 기저가 될 필요충분조건을 구하시오.

풀이 : $\mathbf{b}_1 = x\,\mathbf{a}_1 + y\,\mathbf{a}_2$, $\mathbf{b}_2 = z\,\mathbf{a}_1 + w\,\mathbf{a}_2$ 라 하면, $\dim_{\mathbb{R}}(W) = 2$ 이므로 '유한차원 벡터공간의 기저 판별법'에 의해 기저가 될 필요충분조건은 두 벡터 $\mathbf{b}_1$ 과 $\mathbf{b}_2$ 가 일차독립인 것이다. 한편, 다음 동치조건

$$\mathbf{b}_1, \mathbf{b}_2 \ : \ \text{일차종속} \iff \mathbf{b}_1, \mathbf{b}_2 \ : \ \text{평행한 벡터} \quad \iff (x, y) = t\,(z, w) \text{ 인 실수 } t \text{가 존재}$$

으로부터, 주어진 벡터가 W 의 기저가 될 필요충분조건은 두 벡터를 각각 $\mathbf{a}_1$, $\mathbf{a}_2$ 의 일차결합으로 나타낼 때 계수로 만들어진 $\mathbb{R}^2$ 의 두 벡터 (x, y) 와 (z, w) 가 일차독립이 되는 것이다. □

부분공간의 연산

집합 X 의 두 부분집합 A, B 가 주어지면, 두 부분집합의 교집합과 합집합을 통해 새로운 부분집합을 구성할 수 있다. 벡터공간 V 의 두 부분공간 W_1, W_2 도 기본적으로 집합 V 의 부분집합이므로 교집합 $W_1 \cap W_2$ 와 합집합 $W_1 \cup W_2$ 를 구성할 수 있다. 그렇다면, 이 두 부분집합도 다시 부분공간이 될까?

이를 직관적으로 확인하기 위해 $\mathbb{R}^3$ 에서 원점을 지나는 서로 다른 두 평면을 생각해보자. 원점을 지나는 평면이므로 각각은 $\mathbb{R}^3$ 의 2차원 부분공간이다. 이때 이 두 부분공간의 교집합을 구하면 두 평면의 교선이 되고, 이 또한 원점을 지나므로 $\mathbb{R}^3$ 의 부분공간이 된다. 반면에 두 부분공간을 각각 W_1, W_2 라 하고 각 부분공간에서 교선 위에 있지 않은 벡터

$\mathbf{w}_1 \in W_1$, $\mathbf{w}_2 \in W_2$를 하나씩 선택하여 더하면, $\mathbf{w}_1 + \mathbf{w}_2$는 W_1에도 속하지 않고 W_2에도 속하지 않으므로 $W_1 \cup W_2$에 속하지 않는다.[19)] 따라서 $W_1 \cup W_2$는 벡터공간이 아니다.

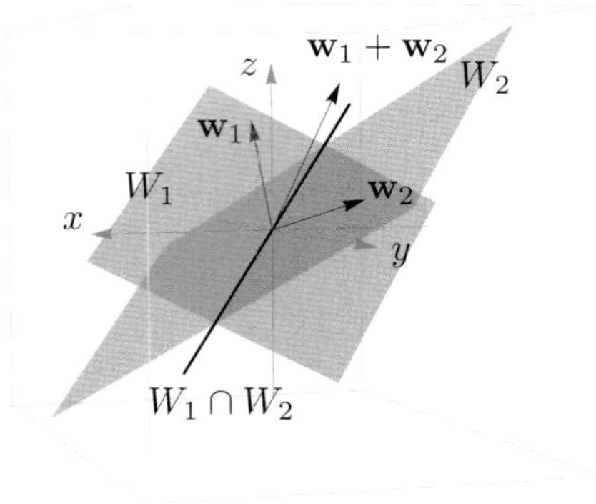

그림 4.2: 부분공간의 교집합과 합집합

V의 두 부분공간 W_1과 W_2를 모두 포함하는 부분공간은 임의의 두 벡터 $\mathbf{w}_1 \in W_1$과 $\mathbf{w}_2 \in W_2$를 더한 벡터를 모두 포함하고 있어야 한다. 이를 염두에 두고 두 벡터공간을 모두 포함하는 벡터공간 $W_1 + W_2$를 다음과 같이 정의한다.

$$W_1 + W_2 := \{\mathbf{w}_1 + \mathbf{w}_2 : \mathbf{w}_1 \in W_1,\ \mathbf{w}_2 \in W_2\} \subset V$$

위에서 정의한 집합이 실제로 V의 부분공간이 됨을 확인해보자. 우선 $W_1 + W_2$의 임의의 두 원소 $\mathbf{a}_1$, $\mathbf{a}_2$에 대해

$$\mathbf{a}_1 = \mathbf{u}_1 + \mathbf{u}_2,\ \ \mathbf{a}_2 = \mathbf{w}_1 + \mathbf{w}_2$$

인 $\mathbf{u}_1$, $\mathbf{w}_1 \in W_1$과 $\mathbf{u}_2$, $\mathbf{w}_2 \in W_2$가 존재한다. 이때, 벡터공간 V에서 덧셈에 대한 교환법칙, 결합법칙이 성립한다는 성질과 W_1, W_2가 각각 부분공간이라는 것을 이용하면 다음과 같이 $\mathbf{a}_1 + \mathbf{a}_2$가 $W_1 + W_2$에 속하는 것을 보일 수 있다.

$$\mathbf{a}_1 + \mathbf{a}_2 = (\mathbf{u}_1 + \mathbf{u}_2) + (\mathbf{w}_1 + \mathbf{w}_2) = (\mathbf{u}_1 + \mathbf{w}_1) + (\mathbf{u}_2 + \mathbf{w}_2) \in W_1 + W_2.$$

비슷한 방법으로 임의의 실수 k에 대해 $k\mathbf{a}_1 \in W_1 + W_2$를 보일 수 있으므로, 결과적으로 $W_1 + W_2$는 V의 부분공간이 된다.

앞서 살펴본 예에서 성립하였듯이, 두 부분공간의 교집합 $W_1 \cap W_2$는 일반적으로 V의 부분공간이 됨을 쉽게 확인할 수 있다.

19) 만약, $\mathbf{w}_1 + \mathbf{w}_2 \in W_1$이라면 W_1이 벡터공간이고 $\mathbf{w}_1 \in W_1$이므로 $\mathbf{w}_2 = (\mathbf{w}_1 + \mathbf{w}_2) - \mathbf{w}_1 \in W_1$이다. 그런데, $\mathbf{w}_2$는 $\mathbf{w}_2 \notin W_1$이도록 선택한 벡터이므로 이는 모순이다. 비슷하게 $\mathbf{w}_1 + \mathbf{w}_2 \notin W_2$도 보일 수 있다.

문제 4.4.8. 벡터공간 V 의 두 부분공간 W_1, W_2 에 대해 교집합 $W_1 \cap W_2$ 가 V 의 부분공간이 됨을 보이시오.

예제 4.4.6. $\mathbb{R}^4$ 의 두 부분공간 W_1, W_2 가 다음과 같을 때 물음에 답하시오.

$W_1 = \langle\{(1,0,1,1),\ (1,1,0,1),\ (1,-1,0,1)\}\rangle$, $W_2 = \langle\{(1,-1,1,0),\ (1,0,0,1),\ (1,1,0,1)\}\rangle$.

(가) 두 벡터공간의 기저와 차원을 각각 구하시오.

(나) 두 벡터공간에 대해 $W_1 \cap W_2$ 의 기저와 차원을 구하시오.

(다) 두 벡터공간에 대해 $W_1 + W_2$ 의 기저와 차원을 구하시오.

(라) 다음 식이 성립함을 보이시오.

$$\dim_{\mathbb{R}}(W_1 + W_2) = \dim_{\mathbb{R}}(W_1) + \dim_{\mathbb{R}}(W_2) - \dim_{\mathbb{R}}(W_1 \cap W_2)$$

풀이 : (가) W_1 과 W_2 의 기저를 구하기 위해 각각 주어진 벡터를 행으로 갖는 행렬의 기약행사다리꼴을 구하면,

$$W_1 : \begin{pmatrix} 1 & 0 & 1 & 1 \\ 1 & 1 & 0 & 1 \\ 1 & -1 & 0 & 1 \end{pmatrix} \xrightarrow[\text{소거법}]{\text{가우스-조르당}} \begin{pmatrix} 1 & 0 & 0 & 1 \\ 0 & 1 & 0 & 0 \\ 0 & 0 & 1 & 0 \end{pmatrix},$$

$$W_2 : \begin{pmatrix} 1 & -1 & 1 & 0 \\ 1 & 0 & 0 & 1 \\ 1 & 1 & 0 & 1 \end{pmatrix} \xrightarrow[\text{소거법}]{\text{가우스-조르당}} \begin{pmatrix} 1 & 0 & 0 & 1 \\ 0 & 1 & 0 & 0 \\ 0 & 0 & 1 & -1 \end{pmatrix}$$

이다. 따라서 각 부분공간을 생성하는 벡터들은 각각 일차독립이고 기저가 된다. 또 부분공간의 차원은

$$\dim_{\mathbb{R}}(W_1) = \dim_{\mathbb{R}}(W_2) = 3$$

이다. 특히, 기약 행사다리꼴의 각 행벡터들도 각 부분공간의 기저를 이룬다.

(나) (가)에서 구한 기약 행사다리꼴로부터 W_1 의 기저 $\{(1,0,0,1),\ (0,1,0,0),\ (0,0,1,0)\}$ 와 W_2 의 기저 $\{(1,0,0,1),\ (0,1,0,0),\ (0,0,1,-1)\}$ 중 두 벡터 $(1,0,0,1)$과 $(0,1,0,0)$은 두 부분공간에 동시에 속하는 일차독립인 벡터이다. 이로부터 $W_1 \cap W_2$ 의 차원이 2이고 이 두 벡터가 $W_1 \cap W_2$ 의 기저임을 다음과 같이 보일 수 있다. 다음 포함관계

$$\langle\{(1,0,0,1),\ (0,1,0,0)\}\rangle \subset W_1 \cap W_2 \subset W_1 = \langle\{(1,0,0,1),\ (0,1,0,0),\ (0,0,1,0)\}\rangle \quad (4.10)$$

로부터, 만약 $\langle\{(1,0,0,1),\ (0,1,0,0)\}\rangle$ 에 속하지 않는 $W_1 \cap W_2$ 의 벡터 $\mathbf{w}$ 가 있다면 예제 4.3.3에 의해 이 세 벡터는 W_1 의 일차독립인 세 벡터가 된다.

이 때, $\dim_{\mathbb{R}}(W_1) = 3$이므로 식 (4.10)의 세 집합이 모두 같아진다.[20] 즉, $W_1 \cap W_2 = W_1$이 된다. 이때, 다음 관계식

$$(0,0,1,0) \in W_1 = W_1 \cap W_2 \subset W_2$$

를 얻는다. 하지만, $(0,0,1,0) \notin W_2$이므로 모순을 얻게 된다.[21] 따라서,

$$\langle\{(1,0,0,1),\ (0,1,0,0)\}\rangle = W_1 \cap W_2, \quad \dim_{\mathbb{R}}(W_1 \cap W_2) = 2$$

가 성립해야 한다.

위 결과를 얻는 또 다른 방법은 다음 식을 만족하는 a_i, b_i $(i = 1,2,3)$을 구하는 것이다.

$$a_1(1,0,1,1) + a_2(1,1,0,1) + a_3(1,-1,0,1) = b_1(1,-1,1,0) + b_2(1,0,0,1) + b_3(1,1,0,1).$$

이 방정식을 풀면, $a_1 = b_1 = 0$이고, 임의의 실수 a_2, a_3에 대해 $b_2 = 2a_3$, $b_3 = a_2 - a_3$가 된다. 즉, $W_1 \cap W_2$에 속하는 임의의 벡터가 두 벡터 $(1,1,0,1)$와 $(1,-1,0,1)$의 일차결합으로 표현되고, 이 두 벡터가 일차독립이므로 $W_1 \cap W_2$의 기저가 된다.

(다) 다음 관계식으로부터 $W_1 + W_2 = \mathbb{R}^4$이고, $\dim_{\mathbb{R}}(W_1 + W_2) = 4$이다.

$$\mathbb{R}^4 = \langle\{(1,0,0,1),\ (0,1,0,0),\ (0,0,1,0),\ (0,0,1,-1)\}\rangle \subset W_1 + W_2 \subset \mathbb{R}^4.$$

(라) (가), (나), (다)에서 구한 결과로부터

$$4 = \dim_{\mathbb{R}}(W_1 + W_2) = 3 + 3 - 2 = \dim_{\mathbb{R}}(W_1) + \dim_{\mathbb{R}}(W_2) - \dim_{\mathbb{R}}(W_1 \cap W_2)$$

가 성립함을 확인할 수 있다. □

문제 4.4.9. 벡터공간 $\mathcal{M}_{3,3}$에서 $\mathcal{UM}_3$은 상삼각행렬들로 이루어진 부분공간이고, $\mathcal{LM}_3$은 하삼각행렬들로 이루어진 부분공간이다. 다음 물음에 답하시오.

(가) $\dim_{\mathbb{R}}(\mathcal{UM}_3)$, $\dim_{\mathbb{R}}(\mathcal{LM}_3)$을 각각 구하시오.

(나) $\dim_{\mathbb{R}}(\mathcal{UM}_3 + \mathcal{LM}_3) = \dim_{\mathbb{R}}(\mathcal{UM}_3) + \dim_{\mathbb{R}}(\mathcal{LM}_3) - \dim_{\mathbb{R}}(\mathcal{UM}_3 \cap \mathcal{LM}_3)$이 성립함을 보이시오.

예제 4.4.7. 유한차원 벡터공간 V의 두 부분공간 W_1, W_2에 대해 $W_1 + W_2$는 W_1과 W_2를 모두 포함하는 가장 작은 V의 부분공간임을 보이시오.

---

20) 128쪽의 '유한차원 벡터공간의 기저 판별' 법을 이용하면, 이 세 벡터가 W_1의 기저가 됨을 알 수 있다.

21) 만약 $(0,0,1,0) \in W_2$라면, $(0,0,1,0) = c_1(1,0,0,1) + c_2(0,1,0,0) + c_3(0,0,1,-1)$을 만족하는 실수 c_1, c_2, c_3가 존재해야 한다. 두 번째와 세 번째 좌표를 비교하면 $c_2 = 0$, $c_3 = 1$이어야 하고, 이때 네 번째 좌표를 비교하여 $c_1 = 1$을 얻는다. 하지만, 구한 c_i에 대해 등식이 성립하지 않으므로 $(0,0,1,0) \notin W_2$이다.

풀이 : W_1과 W_2를 모두 포함하는 임의의 부분공간 W에 대해 $W_1 + W_2 \subset W$가 성립함을 보이면 된다.

$W_1 \subset W$, $W_2 \subset W$이고, W가 벡터공간이므로 임의의 $\mathbf{w}_1 \in W_1$, $\mathbf{w}_2 \in W_2$에 대해 $\mathbf{w}_1 + \mathbf{w}_2 \in W$가 성립한다. 따라서, $W_1 + W_2 \subset W$이다. □

문제 4.4.10. 유한차원 벡터공간 V의 두 부분공간 W_1, W_2에 대해 $W_1 \cap W_2$는 W_1과 W_2에 모두 포함되는 V의 부분공간 중 가장 큰 부분공간임을 보이시오.

예제 4.4.6과 문제 4.4.8에서 살펴본 $\dim_{\mathbb{R}}(W_1 + W_2)$와 $\dim_{\mathbb{R}}(W_1 \cap W_2)$의 관계에 대한 등식이 일반적인 유한차원 벡터공간 V의 두 부분공간 W_1, W_2에 대해서도 성립한다.

$\dim(W_1 + W_2)$와 $\dim(W_1 \cap W_2)$의 관계

실수 상에서 정의된 유한차원 벡터공간 V의 두 부분공간 W_1, W_2에 대해

$$\dim_{\mathbb{R}}(W_1 + W_2) = \dim_{\mathbb{R}}(W_1) + \dim_{\mathbb{R}}(W_2) - \dim_{\mathbb{R}}(W_1 \cap W_2)$$

이 성립한다.[a]

a) 복소수를 포함한 일반적인 체 $\mathbb{F}$에 대해서 정의된 벡터공간을 공부하고 나면 $\dim_{\mathbb{F}}$에 대해서 동일하게 성립한다.

증명 : $W_1 = \{\mathbf{0}\}$이거나 $W_2 = \{\mathbf{0}\}$인 경우에는 쉽게 성립함을 보일 수 있으므로 W_1과 W_2의 차원이 모두 1 이상인 경우만 증명하면 된다.

[경우 1] 우선, $W_1 \cap W_2 = \{\mathbf{0}\}$인 경우에

$$\dim_{\mathbb{R}}(W_1 + W_2) = \dim_{\mathbb{R}}(W_1) + \dim_{\mathbb{R}}(W_2) \tag{4.11}$$

성립함을 보이자.

W_1의 기저를 $\mathcal{B}_1 = \{\mathbf{u}_1, \mathbf{u}_2, \cdots, \mathbf{u}_n\}$, W_2의 기저를 $\mathcal{B}_2 = \{\mathbf{w}_1, \mathbf{w}_2, \cdots, \mathbf{w}_m\}$라고 하자. 이때, $\mathcal{B}$를 $\mathcal{B} = \mathcal{B}_1 \cup \mathcal{B}_2$라 두면, $W_1 + W_2$는 $\mathcal{B}$로 생성된다. 이제 $\mathcal{B}$가 일차독립임을 보이면, $\mathcal{B}$가 $W_1 + W_2$의 기저가 되어 식 (4.11)이 성립한다.

$$c_1\mathbf{u}_1 + \cdots + c_n\mathbf{u}_n + d_1\mathbf{w}_1 + \cdots + d_m\mathbf{w}_m = \mathbf{0}$$

이라고 하면

$$c_1\mathbf{u}_1 + \cdots + c_n\mathbf{u}_n = -d_1\mathbf{w}_1 + \cdots - d_m\mathbf{w}_m \tag{4.12}$$

이다. 이때, 식 (4.12)에서 좌변은 W_1의 벡터이고 우변은 W_2의 벡터이므로 $W_1 \cap W_2 = \{\mathbf{0}\}$의 벡터가 되어 다음 식이 성립한다.

$$c_1\mathbf{u}_1 + \cdots + c_n\mathbf{u}_n = \mathbf{0}, \quad d_1\mathbf{w}_1 + \cdots + d_m\mathbf{w}_m = \mathbf{0}$$

이제, $\mathcal{B}_1$ 이 일차독립이므로 모든 c_i $(i = 1, 2, \cdots, n)$가 0이 되고, $\mathcal{B}_2$가 일차독립이므로 모든 d_j $(j = 1, 2, \cdots, m)$도 0이 된다. 따라서 $\mathcal{B}$는 일차독립이 된다.

[경우 2] 이제, $\dim_{\mathbb{R}}(W_1 \cap W_2) = k > 0$인 일반적인 경우에 증명하자.

$W_1 \cap W_2$의 기저를 $\mathcal{I} = \{\mathbf{v}_1, \cdots, \mathbf{v}_k\}$라 하자. $\mathcal{I} \subset W_1$이므로 $\mathcal{I}$를 포함하는 W_1의 기저 $\mathcal{B}_1 = \{\mathbf{v}_1, \cdots, \mathbf{v}_k, \mathbf{u}_1, \cdots, \mathbf{u}_{n-k}\}$가 존재하고, 같은 이유로 $\mathcal{I}$를 포함하는 W_2의 기저 $\mathcal{B}_2 = \{\mathbf{v}_1, \cdots, \mathbf{v}_k, \mathbf{w}_1, \cdots, \mathbf{w}_{m-k}\}$도 존재한다.[22)] 이제 $\mathcal{B} = \mathcal{B}_1 \cup \mathcal{B}_2$라 하면, $W_1 + W_2$는 $\mathcal{B}$로 생성된다.[23)]

이제, $\mathcal{B}$가 일차독립임을 보이자.

$$c_1\mathbf{v}_1 + \cdots + c_k\mathbf{v}_k + d_1\mathbf{u}_1 + \cdots + d_{n-k}\mathbf{u}_{n-k} + e_1\mathbf{w}_1 + \cdots + e_{m-k}\mathbf{w}_{m-k} = \mathbf{0}$$

이라고 하면

$$c_1\mathbf{v}_1 + \cdots + c_k\mathbf{v}_k + d_1\mathbf{u}_1 + \cdots + d_{n-k}\mathbf{u}_{n-k} = -e_1\mathbf{w}_1 - \cdots - e_{m-k}\mathbf{w}_{m-k} \tag{4.13}$$

이다. 이때, 식 (4.13)에서 좌변은 W_1의 벡터이고 우변은 W_2의 벡터이므로 $W_1 \cap W_2$의 벡터가 되어 $e_1\mathbf{w}_1 + \cdots + e_{m-k}\mathbf{w}_{m-k} \in \langle \mathcal{I} \rangle$이 성립한다. 즉, 적당한 실수 $t_1, t_2, \cdots, t_k$에 대해

$$\begin{aligned} & e_1\mathbf{w}_1 + e_2\mathbf{w}_2 \cdots + e_{m-k}\mathbf{w}_{m-k} = t_1\mathbf{v}_1 + t_2\mathbf{v}_2 + \cdots + t_k\mathbf{v}_k \\ \Longleftrightarrow\ & e_1\mathbf{w}_1 + e_2\mathbf{w}_2 \cdots + e_{m-k}\mathbf{w}_{m-k} - t_1\mathbf{v}_1 - t_2\mathbf{v}_2 - \cdots - t_k\mathbf{v}_k = \mathbf{0} \end{aligned}$$

가 성립한다. 한편 $\mathcal{B}_2$가 일차독립이므로 이 식으로부터 e_i $(1 \le i \le m-k)$와 t_i $(1 \le i \le k)$가 모두 0이 된다. 이때, 식 (4.13)의 좌변이 영벡터 $\mathbf{0}$가 되므로 $\mathcal{B}_1$이 일차독립이라는 사실로부터 모든 c_i $(1 \le i \le k)$와 d_j $(1 \le j \le n-k)$가 0이 된다. 결과적으로 $\mathcal{B}$가 기저가 되므로

$$\dim_{\mathbb{R}}(W_1+W_2) = k+(n-k)+(m-k) = n+m-k = \dim_{\mathbb{R}}(W_1)+\dim_{\mathbb{R}}(W_2)-\dim_{\mathbb{R}}(W_1\cap W_2)$$

이 성립한다. □

예제 4.4.8. 유한차원 벡터공간 V의 두 부분공간 W_1, W_2에 대해 $W_1 \cap W_2 = \{\mathbf{0}\}$이 성립한다고 하자. 이때, 부분공간 $W_1 + W_2$의 임의의 벡터 $\mathbf{v}$에 대해 $\mathbf{v} = \mathbf{w}_1 + \mathbf{w}_2$를 만족하는 $\mathbf{w}_1 \in W_1$과 $\mathbf{w}_2 \in W_2$는 유일하게 존재함을 보이시오.

풀이 : 우선 부분공간의 W_1+W_2의 정의로부터 $\mathbf{v} = \mathbf{w}_1+\mathbf{w}_2$를 만족하는 $\mathbf{w}_1 \in W_1$, $\mathbf{w}_2 \in W_2$가 존재한다. W_1의 벡터 $\mathbf{w}_1$, $\mathbf{u}_1$과 W_2의 벡터 $\mathbf{w}_2$, $\mathbf{u}_2$에 대해 $\mathbf{v} = \mathbf{w}_1 + \mathbf{w}_2 = \mathbf{u}_1 + \mathbf{u}_2$가

22) 문제 4.4.7에 의해 성립한다.

23) $\mathbf{w} \in W_1 + W_2$이면 $w = \mathbf{w}_1 + \mathbf{w}_2$를 만족하는 $\mathbf{w}_1 \in W_1$, $\mathbf{w}_2 \in W_2$가 존재한다. 이때, $\mathbf{w}_1$은 $\mathcal{B}_1$로 생성되고 $\mathbf{w}_2$는 $\mathcal{B}_2$로 생성되므로 결과적으로 $\mathbf{w}$는 $\mathcal{B}$로 생성된다.

성립한다고 하자. 이때, $\mathbf{w}_1 - \mathbf{u}_1 = \mathbf{u}_2 - \mathbf{w}_2 \in W_1 \cap W_2 = \{\mathbf{0}\}$ 이므로 $\mathbf{w}_1 = \mathbf{u}_1$, $\mathbf{w}_2 = \mathbf{u}_2$ 가 성립한다. 따라서, $\mathbf{v} = \mathbf{w}_1 + \mathbf{w}_2$ 를 만족하는 $\mathbf{w}_1$ 과 $\mathbf{w}_2$ 는 유일하게 존재한다. □

예제 4.4.8의 경우처럼 유한차원 벡터공간 V 의 두 부분공간 W_1, W_2 가 조건

$$W_1 \cap W_2 = \{\mathbf{0}\}$$

을 만족할 때, 부분공간 $W_1 + W_2$ 를 $W_1 \oplus W_2$ 로 나타내고 두 부분공간 W_1 과 W_2 의 직합이라고 한다. 예를 들어, $\mathbb{R}^3$ 의 두 부분공간 W_1 과 W_2 가

$$W_1 = \{t(1,0,1) : t \in \mathbb{R}\}, \quad W_2 = \{t(1,1,0) + s(0,1,1) : t \in \mathbb{R},\, s \in \mathbb{R}\}$$

일 때, $W_1 \cap W_2 = \{\mathbf{0}\}$ 이므로 $\dim_{\mathbb{R}}(W_1 + W_2) = 3$ 을 얻고 $\mathbb{R}^3 = W_1 \oplus W_2$ 가 된다.

4.5 행렬의 열계수, 행계수, 퇴화차수

[미리보기] 2×3 행렬 $A = \begin{pmatrix} 1 & 1 & 0 \\ 0 & -1 & 1 \end{pmatrix}$ 의 행벡터들로 생성되는 행공간은

$$R(A) = \left\langle \left\{ \begin{pmatrix} 1 & 1 & 0 \end{pmatrix}, \begin{pmatrix} 0 & -1 & 1 \end{pmatrix} \right\} \right\rangle = \left\langle \left\{ \begin{pmatrix} 1 & 0 & 1 \end{pmatrix}, \begin{pmatrix} 0 & 1 & -1 \end{pmatrix} \right\} \right\rangle$$

이므로 2차원 벡터공간이다. 한편, A 의 열벡터들로 생성되는 열공간은

$$C(A) = \left\langle \left\{ \begin{pmatrix} 1 \\ 0 \end{pmatrix}, \begin{pmatrix} 1 \\ -1 \end{pmatrix}, \begin{pmatrix} 0 \\ 1 \end{pmatrix} \right\} \right\rangle = \left\langle \left\{ \begin{pmatrix} 1 \\ 0 \end{pmatrix}, \begin{pmatrix} 0 \\ 1 \end{pmatrix} \right\} \right\rangle$$

이므로 역시 2차원 벡터공간이다. 이 소절에서는 일반적으로 행공간의 차원과 열공간의 차원이 항상 같아짐을 알아본다.

행렬의 행계수, 열계수, 계수

이 소절에서는 4.2절에서 소개한 벡터공간인 행공간, 열공간, 해공간의 차원과 이들 차원 사이의 관계에 대해서 알아본다.

$n \times m$ 행렬 A 에 대해 $\mathcal{M}_{1,m}$ 의 부분공간이 되는 행공간 $R(A)$ 의 차원을 행렬의 행계수라 하고, $r(A) = \dim_{\mathbb{R}}\big(R(A)\big)$ 와 같이 나타낸다. 행계수를 구하는 가장 간단한 방법은 117쪽에서 공부한 기약 행사다리꼴의 행공간을 이용하는 것이다. 즉, A 의 기약 행사다리꼴을 만들 때, 모든 성분이 0인 행을 제외한 행의 개수가 행계수 $r(A)$ 가 된다.

또, $\mathcal{M}_{n,1}$ 의 부분공간이 되는 열공간 $C(A)$ 의 차원을 행렬의 열계수라 하고, $c(A) = \dim_{\mathbb{R}}\big(C(A)\big)$ 와 같이 나타낸다. 일반적으로 열공간을 구하는 가장 간단한 방법은 행렬 A 의 전치행렬 A^{T} 에 대해 행공간의 기저를 구하고, 이를 열벡터로 바꾸어 열공간을 구하는 것이다. 물론 A^{T} 의 행공간을 구할 때는 기약 행사다리꼴을 구하면 된다.

예제 4.5.1. 다음 행렬 A의 열공간 $C(A)$의 기저와 $c(A)$를 구하시오. 또, $r(A) = c(A)$임을 보이시오.

$$\begin{pmatrix} 1 & 0 & 1 & 1 \\ 1 & 1 & 0 & 1 \\ 3 & 2 & 1 & 3 \end{pmatrix}$$

풀이 : 전치행렬 A^{T}의 기약행사다리꼴을 구하면,

$$\begin{pmatrix} 1 & 1 & 3 \\ 0 & 1 & 2 \\ 1 & 0 & 1 \\ 1 & 1 & 3 \end{pmatrix} \xrightarrow[\text{소거법}]{\text{가우스-조르당}} \begin{pmatrix} 1 & 0 & 1 \\ 0 & 1 & 2 \\ 0 & 0 & 0 \\ 0 & 0 & 0 \end{pmatrix}$$

이므로 A의 열공간 $C(A)$의 기저는 두 벡터 $\begin{pmatrix} 1 & 0 & 1 \end{pmatrix}^{\mathrm{T}}$와 $\begin{pmatrix} 0 & 1 & 2 \end{pmatrix}^{\mathrm{T}}$로 이루어지고, $c(A) = 2$임을 알 수 있다. 실제로, $C(A)$의 1열과 4열은 이 두 벡터의 합이 된다.

$r(A) = 2$임을 보이기 위해 A의 기약행사다리꼴을 구하면

$$\begin{pmatrix} 1 & 0 & 1 & 1 \\ 0 & 1 & -1 & 0 \\ 0 & 0 & 0 & 0 \end{pmatrix}$$

이므로 $r(A) = c(A)$임을 확인할 수 있다. □

행렬 A의 행계수 $r(A)$와 열계수 $c(A)$에 대해 일반적으로 다음이 성립한다.

행렬의 행계수와 열계수

$n \times m$ 행렬 A의 행계수와 열계수는 항상 같다. 즉, 다음이 성립한다.

$$r(A) = c(A)$$

증명 : 행렬 A의 행계수가 $r(A) = k$이고, A의 (i, j) 성분이 a_{ij}라고 하자. A의 기약 행사다리꼴의 i번째 행을 행벡터 $\mathbf{r}_i$라고 할 때, k개의 벡터 $\mathbf{r}_1, \cdots, \mathbf{r}_k$는 모두 영벡터가 아니고 나머지 $n-k$개의 벡터 $\mathbf{r}_i$ $(k+1 \le i \le n)$은 모두 영벡터이다. A의 행공간과 A의 기약 행사다리꼴의 행공간은 같으므로 A의 i번째 행벡터 A_i^R는 다음과 같이 $\mathbf{r}_1, \mathbf{r}_2, \cdots, \mathbf{r}_k$의

일차결합으로 나타낼 수 있다.

$$\begin{aligned} A_1^R &= (a_{11}, a_{12}, \cdots, a_{1m}) = b_{11}\mathbf{r}_1 + b_{12}\mathbf{r}_2 + \cdots + b_{1k}\mathbf{r}_k, \\ A_2^R &= (a_{21}, a_{22}, \cdots, a_{2m}) = b_{21}\mathbf{r}_1 + b_{22}\mathbf{r}_2 + \cdots + b_{2k}\mathbf{r}_k, \\ &\vdots \qquad\qquad = \qquad\qquad \vdots \\ A_n^R &= (a_{n1}, a_{n2}, \cdots, a_{nm}) = b_{n1}\mathbf{r}_1 + b_{n2}\mathbf{r}_2 + \cdots + b_{nk}\mathbf{r}_k. \end{aligned} \tag{4.14}$$

이때, 벡터 $\mathbf{r}_i$의 성분이 각 $i = 1, 2, \cdots, k$에 대해 $\mathbf{r}_i = (r_{i1}, r_{i2}, \cdots, r_{im})$라 하고, 식 (4.14)의 각 벡터에서 j $(1 \le j \le m)$번째 성분을 모아 A의 j번째 열벡터 A_j^C를 구하면 다음과 같다. 단, 다음 식에서 B는 (i, j)성분이 b_{ij}인 $n \times k$ 행렬이다.

$$\begin{aligned} A_j^C = \begin{pmatrix} a_{1j} \\ a_{2j} \\ \vdots \\ a_{nj} \end{pmatrix} &= r_{1j}\begin{pmatrix} b_{11} \\ b_{21} \\ \vdots \\ b_{n1} \end{pmatrix} + r_{2j}\begin{pmatrix} b_{12} \\ b_{22} \\ \vdots \\ b_{n2} \end{pmatrix} + \cdots + r_{kj}\begin{pmatrix} b_{1k} \\ b_{2k} \\ \vdots \\ b_{nk} \end{pmatrix} \\ \Longleftrightarrow A_j^C &= r_{1j}B_1^C + r_{2j}B_2^C + \cdots + r_{kj}B_k^C. \end{aligned}$$

따라서, A의 열공간은 k개의 열벡터 B_1^C, $B_2^C, \cdots, B_k^C$로 생성되고, 열공간의 차원은 $c(A) \le k$를 만족한다. 그러므로 다음 결과를 얻는다.

$$c(A) \le r(A). \tag{4.15}$$

한편, A의 행공간의 차원과 A^{T}의 열공간의 차원은 같으므로 $r(A) = c(A^{\mathrm{T}})$이고, A의 열공간의 차원과 A^{T}의 행공간의 차원도 같으므로 $c(A) = r(A^{\mathrm{T}})$이다. 이제, A^{T}에 대해 식 (4.15)를 적용하면 $c(A^{\mathrm{T}}) \le r(A^{\mathrm{T}})$이므로

$$r(A) = c(A^{\mathrm{T}}) \le r(A^{\mathrm{T}}) = c(A) \tag{4.16}$$

가 성립한다. 결론적으로 식 (4.15)와 (4.16)으로부터 $r(A) = c(A)$가 되어 행렬 A의 행계수와 열계수는 항상 같음을 보일 수 있다. □

행렬의 행계수와 열계수가 항상 같으므로, 이 값을 간단히 **행렬의 계수**라 하고, $\mathrm{rank}(A)$로 나타낸다.

문제 4.5.1. 행렬 $A = \begin{pmatrix} 1 & 2 & 3 & 1 \\ 2 & -1 & 1 & -1 \\ 4 & 3 & 2 & 1 \end{pmatrix}$에 대해 $\mathrm{rank}(A)$를 구하시오.

열공간과 열계수의 응용으로, $n \times m$ 행렬 A와 $n \times 1$ 행렬 $\mathbf{b}$에 대해 연립일차방정식 $A\mathbf{x} = \mathbf{b}$가 해를 가질 조건을 구해보자. 연립방정식의 해 $\mathbf{x} = (x_1, x_2, \cdots, x_m)^{\mathrm{T}}$가 존재할 필요충분조건은

$$\mathbf{b} = A\mathbf{x} = x_1A_1^C + x_2A_2^C + \cdots + x_mA_m^C$$

이 성립하는 것이고, 이것은 열벡터 $\mathbf{b}$가 A의 열벡터 A_i^C $(1 \le i \le m)$의 일차결합이 된다는 것이므로 $\mathbf{b}$가 A의 열공간의 원소가 된다는 뜻이다. 이는 다시 행렬 A의 열공간의 차원이나 첨가행렬 $(A\,|\,\mathbf{b})$의 열공간의 차원이 같다는 것과 동치이므로 다음 결과를 얻는다.

연립방정식 해의 존재성

$n\times m$ 행렬 A와 $n\times 1$행렬 $\mathbf{b}$에 대해 연립방정식 $A\mathbf{x} = \mathbf{b}$가 해를 가질 필요충분조건은 $\text{rank}(A) = \text{rank}\big((A\,|\,\mathbf{b})\big)$이다. 또, 이는 $\mathbf{b} \in C(A)$와 동치이다.

문제 4.5.2. 다음 연립방정식이 해를 갖기 위한 k의 값을 구하시오.

$$\begin{cases} x_1 + 2x_2 - 4x_3 + 3x_4 = -1 \\ 2x_1 - 3x_2 + 3x_3 - 2x_4 = 4 \\ 3x_1 - x_2 - x_3 + x_4 = k \end{cases}$$

행렬의 퇴화차수와 계수정리

$n \times m$ 행렬 A에 대해 A의 영공간은 4.2절에서 소개했듯이 $A\mathbf{x} = \mathbf{0}$을 만족하는 벡터 $\mathbf{x} \in \mathcal{M}_{m,1}$들로 이루어진 해공간이다. 이 영공간(또는 해공간)의 차원을 행렬 A의 **퇴화차수**라 하고, $\text{nullity}(A)$로 나타낸다. 이제 이 연립방정식 $A\mathbf{x} = \mathbf{0}$의 해공간의 기저와 A의 퇴화차수를 구해 보자.

행렬 A의 행계수가 r $(1 \le r \le n)$일 때, 연립방정식 $A\mathbf{x} = \mathbf{0}$의 첨가행렬 $(A\,|\,\mathbf{0})$의 기약행사다리꼴 $(B\,|\,\mathbf{0})$도 행계수가 r이다. 따라서, 1행부터 r행까지 각 행의 선행성분은 1이고, $r+1$행부터 n행까지는 모두 영벡터이다.

일반적인 경우에 해공간의 기저를 구하는 방법을 알아보기 전에 먼저 예를 통해 설명하자. 예를 들어, 행계수가 3인 4×5행렬 A에 대해 $(A\,|\,\mathbf{0})$의 기약행사다리꼴 $(B\,|\,\mathbf{0})$은 1행부터 3행까지 각 행의 선행성분으로 1을 갖는다. 이때, 선행성분의 위치는 다음 첫 번째 예에서 보듯이 1열부터 3열까지 차례로 나열될 수도 있고, 두 번째 예에서처럼 연속되지 않은 열에 나타날 수도 있다.

$$\left(\begin{array}{ccccc|c} 1 & 0 & 0 & 1 & -1 & 0 \\ 0 & 1 & 0 & 0 & 2 & 0 \\ 0 & 0 & 1 & 1 & 0 & 0 \\ 0 & 0 & 0 & 0 & 0 & 0 \end{array}\right) \iff \begin{cases} x_1 + x_4 - x_5 = 0 \\ x_2 + 2x_5 = 0 \\ x_3 + x_4 = 0 \end{cases} \iff \begin{cases} x_1 = -x_4 + x_5 \\ x_2 = -2x_5 \\ x_3 = -x_4 \end{cases}$$

$$\left(\begin{array}{ccccc|c} 1 & 0 & 0 & 0 & 2 & 0 \\ 0 & 0 & 1 & 0 & -1 & 0 \\ 0 & 0 & 0 & 1 & 3 & 0 \\ 0 & 0 & 0 & 0 & 0 & 0 \end{array}\right) \iff \begin{cases} x_1 + 2x_5 = 0 \\ x_3 - x_5 = 0 \\ x_4 + 3x_5 = 0 \end{cases} \iff \begin{cases} x_1 = -2x_5 \\ x_3 = x_5 \\ x_4 = -3x_5 \end{cases}$$

어느 경우이든 위 예의 마지막 등식에서처럼, 연립방정식의 미지수 $\mathbf{x} = (x_1, x_2, \cdots, x_m)^{\mathrm{T}}$ 중에서 선행성분이 나타나는 열의 미지수는 등식의 왼쪽에 남겨두고 나머지 미지수는 등식의 오른쪽으로 보내면, 오른쪽 $m-r$ 개의 미지수 값이 정해질 때마다 이 값에 종속되어 왼쪽 r 개의 미지수 값이 결정된다. 위 예의 첫 번째 경우에 해집합을 구하면,

$$\begin{pmatrix} x_1 \\ x_2 \\ x_3 \\ x_4 \\ x_5 \end{pmatrix} = \begin{pmatrix} -x_4 + x_5 \\ -2x_5 \\ -x_4 \\ x_4 \\ x_5 \end{pmatrix} = x_4 \begin{pmatrix} -1 \\ 0 \\ -1 \\ 1 \\ 0 \end{pmatrix} + x_5 \begin{pmatrix} 1 \\ -2 \\ 0 \\ 0 \\ 1 \end{pmatrix}$$

이 되어, $m - r = 5 - 3 = 2$ 개의 벡터 $(-1, 0, -1, 1, 0)^{\mathrm{T}}$ 과 $(1, -2, 0, 0, 1)^{\mathrm{T}}$ 이 해공간을 생성함을 알 수 있다. 또, 이 두 벡터는 일차독립이므로 해공간의 기저가 되어 퇴화차수는 2가 된다. 특히, 4×5 행렬 A 에 대해 $\mathrm{rank}(A) + \mathrm{nullity}(A) = 3 + 2 = 5$ 가 된다.

두 번째 예의 해집합은

$$\begin{pmatrix} x_1 \\ x_2 \\ x_3 \\ x_4 \\ x_5 \end{pmatrix} = \begin{pmatrix} -2x_5 \\ x_2 \\ x_5 \\ -3x_5 \\ x_5 \end{pmatrix} = x_2 \begin{pmatrix} 0 \\ 1 \\ 0 \\ 0 \\ 0 \end{pmatrix} + x_5 \begin{pmatrix} -2 \\ 0 \\ 1 \\ -3 \\ 1 \end{pmatrix}$$

이므로, $m-r = 5-3 = 2$ 개의 벡터 $(0, 1, 0, 0, 0)^{\mathrm{T}}$ 과 $(-2, 0, 1, -3, 1)^{\mathrm{T}}$ 이 해공간을 생성하고 일차독립이다. 따라서, 이 경우에도 4×5 행렬 A 에 대해 $\mathrm{rank}(A) + \mathrm{nullity}(A) = 3 + 2 = 5$ 가 성립한다.

이제 행계수가 r 인 일반적인 경우에도 기약행사다리꼴에서 각 행의 선행성분이 1 열부터 r 열까지 차례로 나타나는 경우와 그렇지 않은 경우가 있다. 앞의 예에서 보았듯이 본질적으로 두 경우 모두 동일하므로, 기약 행사다리꼴의 선행성분들이 다음과 같이 연속된 열인 경우만

고려해도 충분하다.

$$(B\,|\,\mathbf{0}) = \begin{pmatrix} 1 & 0 & 0 & \cdots & 0 & b_{1(r+1)} & \cdots & b_{1m} & | & 0 \\ 0 & 1 & 0 & \cdots & 0 & b_{2(r+1)} & \cdots & b_{2m} & | & 0 \\ \vdots & \vdots & \vdots & \ddots & \vdots & \vdots & \ddots & \vdots & | & \vdots \\ 0 & 0 & 0 & \cdots & 1 & b_{r(r+1)} & \cdots & b_{rm} & | & 0 \\ 0 & 0 & 0 & \cdots & 0 & 0 & \cdots & 0 & | & 0 \\ \vdots & \vdots & \vdots & \ddots & \vdots & \vdots & \ddots & \vdots & | & \vdots \\ 0 & 0 & 0 & \cdots & 0 & 0 & \cdots & 0 & | & 0 \end{pmatrix}.$$

이때, 연립방정식의 해는 임의의 실수 $s_1, s_2, \cdots, s_{m-r}$에 대해

$$x_{r+i} = s_i, \quad (1 \le i \le m-r) \tag{4.17}$$

이고,

$$\begin{aligned} x_1 &= -b_{1(r+1)}s_1 - b_{1(r+2)}s_2 - \cdots - b_{1m}s_{m-r} \\ x_2 &= -b_{2(r+1)}s_1 - b_{2(r+2)}s_2 - \cdots - b_{2m}s_{m-r} \\ &\vdots \qquad\qquad\qquad \vdots \\ x_r &= -b_{r(r+1)}s_1 - b_{r(r+2)}s_2 - \cdots - b_{rm}s_{m-r} \end{aligned} \tag{4.18}$$

이다. 각 $1 \le i \le m-r$에 대해 $\mathbb{R}^r$의 벡터 $\mathbf{u}_i := \big(-b_{1(r+i)}, -b_{2(r+i)}, \cdots, -b_{r(r+i)}\big)$와 $\mathbb{R}^{m-r}$의 표준단위벡터 $\mathbf{e}_i$를 붙여서 만든 $\mathbb{R}^m$의 벡터 $(\mathbf{u}_i, \mathbf{e}_i)$에 대해 열벡터 $\mathbf{k}_i$를 $\mathbf{k}_i = (\mathbf{u}_i, \mathbf{e}_i)^{\mathrm{T}}$라 정의하자. 이때, 식 (4.17)과 (4.18)로부터 연립방정식의 해는 다음과 같이 열벡터 $\mathbf{k}_1, \mathbf{k}_2, \cdots, \mathbf{k}_{m-r}$들의 일차결합이 됨을 알 수 있다.

$$\begin{pmatrix} x_1 \\ x_2 \\ \vdots \\ x_r \\ x_{r+1} \\ x_{r+2} \\ \vdots \\ x_m \end{pmatrix} = s_1 \begin{pmatrix} -b_{1(r+1)} \\ -b_{2(r+1)} \\ \vdots \\ -b_{r(r+1)} \\ 1 \\ 0 \\ \vdots \\ 0 \end{pmatrix} + s_2 \begin{pmatrix} -b_{1(r+2)} \\ -b_{2(r+2)} \\ \vdots \\ -b_{r(r+2)} \\ 0 \\ 1 \\ \vdots \\ 0 \end{pmatrix} + \cdots + s_{m-r} \begin{pmatrix} -b_{1m} \\ -b_{2m} \\ \vdots \\ -b_{rm} \\ 0 \\ 0 \\ \vdots \\ 1 \end{pmatrix}$$

$$\iff \mathbf{x} = s_1\mathbf{k}_1 + s_2\mathbf{k}_2 + s_{m-r}\mathbf{k}_{m-r}.$$

한편, $\{\mathbf{e}_i : 1 \le i \le m-r\}$이 일차독립이므로 $\{\mathbf{k}_1, \mathbf{k}_2, \cdots, \mathbf{k}_{m-r}\}$도 일차독립이다. 결국, $\{\mathbf{k}_1, \mathbf{k}_2, \cdots, \mathbf{k}_{m-r}\}$은 연립방정식 $A\mathbf{x} = \mathbf{0}$의 해공간에 대한 기저가 되어 행계수와 퇴화차수에 대한 다음 관계를 얻는다.

행렬의 계수와 퇴화차수의 관계 : 계수 정리

$n \times m$ 행렬 A의 계수와 퇴화차수에 대해 다음 관계식이 성립한다.

$$\text{rank}(A) + \text{nullity}(A) = m$$

예제 4.5.2. 다음 동차 연립방정식의 해공간의 기저와 차원을 구하시오. 또, 계수 정리가 성립하는지 확인하시오.

$$\begin{cases} -x_1 + x_2 + 2x_4 - 3x_5 + x_6 = 0 \\ 2x_1 + 2x_2 + x_3 + 2x_5 - 2x_6 = 0 \\ x_1 + 3x_2 + x_3 + 2x_4 - x_5 - x_6 = 0 \\ 3x_1 + x_2 + x_3 - 2x_4 + 5x_5 - 3x_6 = 0 \end{cases}$$

풀이 : 연립방정식의 첨가행렬의 기약행사다리꼴을 구하면

$$\left(\begin{array}{cccccc|c} -1 & 1 & 0 & 2 & -3 & 1 & 0 \\ 2 & 2 & 1 & 0 & 2 & -2 & 0 \\ 1 & 3 & 1 & 2 & -1 & -1 & 0 \\ 3 & 1 & 1 & -2 & 5 & -3 & 0 \end{array}\right) \to \left(\begin{array}{cccccc|c} 1 & 0 & \frac{1}{4} & -1 & 2 & -1 & 0 \\ 0 & 1 & \frac{1}{4} & 1 & -1 & 0 & 0 \\ 0 & 0 & 0 & 0 & 0 & 0 & 0 \\ 0 & 0 & 0 & 0 & 0 & 0 & 0 \end{array}\right)$$

이므로, 행렬의 계수는 2이다. 이제 해를 구하면

$$\begin{cases} x_1 = -\frac{1}{4}x_3 + x_4 - 2x_5 + x_6 \\ x_2 = -\frac{1}{4}x_3 - x_4 + x_5 \end{cases}$$

이므로,

$$\begin{pmatrix} x_1 \\ x_2 \\ x_3 \\ x_4 \\ x_5 \\ x_6 \end{pmatrix} = x_3 \begin{pmatrix} -\frac{1}{4} \\ -\frac{1}{4} \\ 1 \\ 0 \\ 0 \\ 0 \end{pmatrix} + x_4 \begin{pmatrix} 1 \\ -1 \\ 0 \\ 1 \\ 0 \\ 0 \end{pmatrix} + x_5 \begin{pmatrix} -2 \\ 1 \\ 0 \\ 0 \\ 1 \\ 0 \end{pmatrix} + x_6 \begin{pmatrix} 1 \\ 0 \\ 0 \\ 0 \\ 0 \\ 1 \end{pmatrix}$$

가 되어 해공간의 기저는 다음 네 벡터이고 퇴화차수는 4이다.

$$\left\{ \left(-\frac{1}{4}, -\frac{1}{4}, 1, 0, 0, 0\right)^{\mathrm{T}}, (1, -1, 0, 1, 0, 0)^{\mathrm{T}}, (-2, 1, 0, 0, 1, 0)^{\mathrm{T}}, (1, 0, 0, 0, 0, 1)^{\mathrm{T}} \right\}.$$

이때, 행렬의 계수와 퇴화차수의 합은 $2 + 4 = 6$이므로 계수정리가 성립한다. □

$n \times n$ 정사각행렬 A에 대해 $\mathrm{rank}(A) = n$일 필요충분조건은 계수정리로부터

$$\mathrm{nullity}(A) = 0$$

인 것이다. 이외에도 지금까지 공부한 내용들을 종합하면 다음과 같은 필요충분조건을 얻을 수 있다.

n차 정사각행렬의 계수가 n일 조건

n차 정사각행렬 A의 계수가 n일 필요충분조건은 다음과 같다.

(가) $\mathrm{rank}(A) = n$
(나) $\mathrm{nullity}(A) = 0$
(다) A의 n개의 행벡터 $\{A_i^R : 1 \le i \le n\}$은 일차독립이다.
(라) A의 n개의 열벡터 $\{A_i^C : 1 \le i \le n\}$은 일차독립이다.
(마) 연립방정식 $A\mathbf{x} = \mathbf{0}$은 자명한 해 $\mathbf{x} = \mathbf{0}$만을 갖는다.
(바) 연립방정식 $A\mathbf{x} = \mathbf{b}$는 임의의 $n \times 1$ 행렬 $\mathbf{b}$에 대해 유일한 해를 갖는다.
(사) 행렬 A의 기약 행사다리꼴은 단위행렬 I_n이다.
(아) 행렬 A는 가역이다.
(자) 행렬 A의 행렬식은 $\det(A) \neq 0$이다.

문제 4.5.3. $k \times m$ 행렬 A와 $m \times n$ 행렬 B에 대해 다음이 성립함을 보이시오.

$$\mathrm{rank}(AB) \le \min\{\mathrm{rank}(A), \mathrm{rank}(B)\}$$

(도움말 : $C = AB$의 각 행은 행렬 B의 각 행벡터들의 일차결합이 되므로 $\mathrm{rank}(C) = r(C)$와 $\mathrm{rank}(B) = r(B)$와 비교할 수 있다. 또, C의 각 열은 A의 열벡터들의 일차결합이 되므로 $\mathrm{rank}(C)$와 $\mathrm{rank}(A) = c(A)$를 비교할 수 있다.)

CHAPTER **5**

체 상에서 정의된 일반적인 벡터공간

지금까지 실수 상에서 정의된 벡터공간에 대해 공부하였는데, 벡터공간을 정의할 때 실수의 역할은 상수배 연산을 정의하기 위해 필요한 것으로 주어진 벡터들의 일차결합이나 일차독립여부를 따질 때 중요하게 사용된다. 한편, 상수배 연산의 정의에 사용되는 실수의 성질은 덧셈, 및 곱셈에 대한 항등원을 갖고 각 연산에 대해 임의의 원소에 대한 역원을 갖는다는 점[1)]과 각 연산에 대한 결합법칙과 교환법칙 그리고 두 연산에 대한 분배법칙이 성립한다는 것이었다. 이런 대수적 성질은 실수 뿐만 아니라 더 작은 집합인 유리수, 또는 더 큰 집합인 복소수에 대해서도 성립하는 성질이며, 심지어는 유한 개의 원소로만 이루어진 집합 중에서도 이런 성질을 만족하는 집합[2)]이 있다.

실수와 같은 대수적 성질을 같는 집합을 '체 (field)'라고 부르는데, 일반적인 체 상에서 벡터공간을 정의할 수 있다. 이 절에서는 특히, 선형대수학을 공부할 때 필연적으로 고려할 수 밖에 없는 복소수에 대해 간략하게 소개하고, 복소수 상에서 정의된 복소벡터공간과 두 벡터에 대해 복소수를 대응시키는 복소내적을 갖는 복소내적공간에 대해 공부하다.

일반적인 체의 정의와 기본적인 성질에 대해 관심있는 독자는 부록을 참고하기 바란다.

5.1 복소수 $\mathbb{C}$와 복소행렬

[미리보기] 방정식 $x^2 = -1$을 만족하는 실수는 존재하지 않는다.[3)] 이 방정식이 해를 갖도록 실수를 포함하는 집합을 구성하여 체가 되도록 만든 것이 복소수이다.

실제로 복소수를 계수로 갖는 n차 방정식은 복소수 범위에서 항상 n개의 해를 갖는다는 것을 보일 수 있는데, 이를 대수학의 기본 정리라고 한다.

---

1) 물론, 0의 곱셈에 대한 역원을 제외한다.

2) 유한체라 부른다. 부록을 참고하라

3) 실수에는 순서구조가 있어서, 임의의 실수 a는 $a > 0$이든지 $a = 0$이든지 $a < 0$ 중의 한 가지 조건을 만족해야 한다. 어느 경우이든 $a^2 \geq 0$이고, $-1 < 0$이므로 $a^2 = -1$을 만족하는 실수 a는 존재하지 않는다.

복소수의 정의

$i^2 = -1$을 만족하는 허수단위 i를 도입하여, 실수 a, b에 대해 $a+bi$와 같이 형식적으로 나타낸 수를 복소수라 하고, 복소수들의 집합을 $\mathbb{C}$로 나타낸다.

$$\mathbb{C} = \{a + bi \,:\, a \in \mathbb{R},\, b \in \mathbb{R}\}$$

이때, 임의의 실수 a는 $a = a + 0i$로 생각할 수 있으므로, 복소수의 집합 $\mathbb{C}$는 실수의 집합 $\mathbb{R}$을 포함하는 것으로 생각할 수 있다. 이런 의미로 복소수 $z = a + bi$에서 a를 실수부, b를 허수부라 하고, $a = \mathrm{Re}(z)$, $b = \mathrm{Im}(z)$로 나타낸다. 특히, $z = 0 + bi = bi$와 같이 실수부가 0인 복소수를 순허수라고 한다. 또, 두 복소수 $z = a + bi$와 $w = c + di$가 같다는 것은 다음과 같이 실수부와 허수부가 각각 같은 것으로 정의한다.

$$\text{복소수의 상등} : a + bi = c + di \iff a = c \text{ 이고 } b = d.$$

복소수의 연산

복소수에서 덧셈은 벡터공간 $\mathbb{R}^2$에서 두 벡터의 합을 구할 때 대응되는 성분을 더하는 것과 같이 실수부와 허수부를 각각 더하는 것으로 정의한다. 즉, 두 복소수 $z_1 = a_i + b_1 i$와 $z_2 = a_2 + b_2 i$에 대해 다음과 같이 덧셈을 정의한다.

$$z_1 + z_2 := (a_1 + b_1 i) + (a_2 + b_2 i) = (a_1 + a_2) + (b_1 + b_2)i$$

이때, 덧셈에 대한 항등원은 $0 + 0i = 0$이 되고, $z = a + bi$의 덧셈에 대한 역원을 $-z$라 할 때 $-z = -a + (-b)i$가 되는 것을 쉽게 확인할 수 있다. 앞으로는 $a + (-b)i$를 간단히 $a - bi$라고 나타내기도 한다. 또, 덧셈에 대해 결합법칙과 교환법칙이 성립한다.

복소수의 덧셈에 대한 역원을 이용하여 두 복소수 $z_1 = a_1 + b_1 i$와 $z_2 = a_2 + b_2 i$의 뺄셈을 다음과 같이 정의한다.

$$z_1 - z_2 := z_1 + (-z_2) = (a_1 + b_1 i) + (-a_2 + (-b_2)i) = (a_1 - a_2) + (b_1 - b_2)i$$

[그림 5.1]에서처럼 직교좌표계에서 x축이 복소수의 실수부를 나타내고, y축이 복소수의 허수부를 나타내는 것으로 약속한 것을 복소평면이라고 부른다. 즉, 복소평면에서 점 (a, b)는 복소수 $a + bi$를 나타내는 것이다. 이처럼 복소수를 복소평면의 점으로 나타내면, 두 복소수의 덧셈과 뺄셈은 각 점을 벡터공간 $\mathbb{R}^2$의 벡터로 이해하여 덧셈과 뺄셈을 하는 것으로 이해할 수 있다.

이제 복소수의 곱셈에 대해 알아보자. 임의의 두 복소수 $z_1 = a + bi$와 $z_2 = a_2 + b_2 i$에 대해 곱을 다음과 같이 정의한다.

$$z_1 z_2 = (a_1 + b_1 i)(a_2 + b_2 i) = (a_1 a_2 - b_1 b_2) + (a_1 b_2 + a_2 b_1)i$$

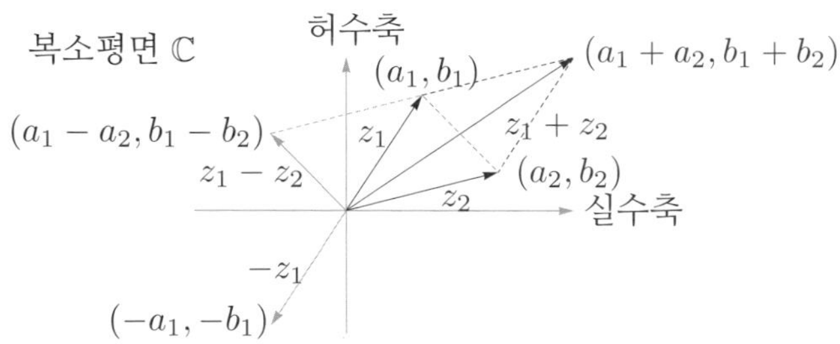

그림 5.1: 복소평면에서 복소수의 덧셈과 뺄셈

특히, $i^2 = (0+i)(0+i) = (0\cdot 0 - 1\cdot 1) + (0\cdot 1 + 1\cdot 0)i = -1$이 성립한다.[4)]

$1\cdot(a+bi) = (1+0i)(a+bi) = (1\cdot a - 0\cdot b) + (1\cdot b + 0\cdot a)i = a+bi$이고, 같은 방법으로 $(a+bi)\cdot 1 = a+bi$가 되므로 실수 1이 곱셈에 대한 항등원이 됨을 알 수 있다. 또, 곱셈에 대해 결합법칙과 교환법칙이 성립하는 것도 쉽게 확인할 수 있다.

한편, $z = a+bi$에 대해 z^{-1}을 다음

$$z^{-1} = \frac{a}{a^2+b^2} - \frac{b}{a^2+b^2}i \tag{5.1}$$

과 같이 정의하면,

$$\begin{aligned} z^{-1}z &= \left(\frac{a}{a^2+b^2} - \frac{b}{a^2+b^2}i\right)(a+bi) \\ &= \left(\frac{a}{a^2+b^2}a + \frac{b}{a^2+b^2}b\right) + \left(\frac{a}{a^2+b^2}b - \frac{b}{a^2+b^2}a\right)i = 1 \end{aligned}$$

이므로 z^{-1}가 z의 곱셈에 대한 역원이 됨을 알 수 있다. z^{-1}을 $\frac{1}{z}$로 쓰기도 한다.

복소수 $z = a+bi$에 대해 복소수 $a-bi$를 z의 **켤레복소수**라 하고 $\bar{z}$로 나타낸다. 즉,

$$\bar{z} = a - bi$$

또한, 복소수 $z = a+bi$의 **절대값** (**또는 크기**) $|z|$를 다음과 같이 정의한다.

$$|z| = \sqrt{a^2+b^2}$$

특히, 복소수의 크기는 다음과 같이 복소수와 켤레복소수의 곱으로 표현할 수 있다.

$$z\bar{z} = (a+bi)(a-bi) = a^2+b^2 = |z|^2$$

복소평면에서 $z = a+bi$는 점 (a,b)에 대응이 되므로 z의 절대값 $|z|$는 복소평면에서 원점으로부터 z까지의 거리를 나타내는 것이다.

4) 복소수의 곱셈을 분배법칙과 교환법칙이 성립하는 것으로 생각하고 $i^2 = -1$을 이용하여

$$(a_1+b_1i)(a_2+b_2i) = a_1a_2 + a_1b_2i + a_2b_1i + b_1b_2i^2$$

처럼 전개하여 구한 것이라고 기억하면 편리하다.

복소수의 덧셈에 대한 역원을 이용하여 뺄셈을 정의한 것처럼, 곱셈에 대한 역원을 이용하여 다음과 같이 $z_2 \neq 0$일 때 복소수의 나눗셈을 정의하고 $z_1 \div z_2$를 $\frac{z_1}{z_2}$로 나타낸다.

$$z_1 \div z_2 = z_1 \cdot \frac{1}{z_2} = \frac{z_1}{z_2}$$

복소수의 켤레복소수와 크기를 이용하면, 복소수 z의 곱셈에 대한 역원을 식 (5.1)에서처럼 정의한 이유를 다음과 같이 쉽게 생각할 수 있다.

$$\frac{1}{z} = \frac{1}{z} \cdot \frac{\bar{z}}{\bar{z}} = \frac{\bar{z}}{|z|^2} = \frac{a - bi}{a^2 + b^2} = \frac{a}{a^2 + b^2} - \frac{b}{a^2 + b^2} i$$

같은 방법으로 $z_2 \neq 0$일 때, $\dfrac{z_1}{z_2}$는

$$\frac{z_1}{z_2} = \frac{z_1 \overline{z_2}}{z_2 \overline{z_2}} = \frac{z_1 \overline{z_2}}{|z_2|^2}$$

와 같이 계산할 수 있다.

예제 5.1.1. 복소수 $z = 2 + i$, $w = 3 - 2i$에 대하여

$$z + 2w, \quad z - w, \quad zw, \quad \frac{z}{w}$$

를 각각 구하시오.

풀이 :

$$\begin{aligned}
&z + 2w = (2 + i) + 2(3 - 2i) = (2 + i) + (6 - 4i) = 8 - 3i \\
&z - w = (2 + i) - (3 - 2i) = -1 + 3i \\
&zw = (2 + i)(3 - 2i) = (6 + 2) + (3 - 4)i = 8 - i \\
&\frac{z}{w} = \frac{2 + i}{3 - 2i} = \frac{(2 + i)(3 + 2i)}{(3 - 2i)(3 + 2i)} = \frac{4 + 7i}{13} = \frac{4}{13} + \frac{7}{13} i
\end{aligned}$$

□

문제 5.1.1. 실수에서처럼 복소수의 곱셈과 덧셈에 대해서도 분배법칙

$$(z_1 + z_2)w = z_1 w + z_2 w$$

이 성립함을 보이시오.

문제 5.1.2. 복소수 z에 대해 다음 등식을 보이시오.

$$\mathrm{Re}(z) = \frac{1}{2}(z + \bar{z}), \quad \mathrm{Im}(z) = \frac{1}{2i}(z - \bar{z})$$

문제 5.1.3. 복소수 z가 실수일 필요충분조건은 $z = \bar{z}$임을 보이시오.

두 복소수 $z_1 = a_1 + b_1 i$, $z_2 = a_2 + b_2 i$에 대해 $z_1 z_2 = (a_1 a_2 - b_1 b_2) + (a_1 b_2 + a_2 b_1)i$이므로 $z_1 z_2$의 켤레복소수 $\overline{z_1 z_2}$에 대해 다음이 성립한다.

$$\overline{z_1 \cdot z_2} = (a_1 a_2 - b_1 b_2) - (a_1 b_2 + a_2 b_1)i = (a_1 - b_1 i)(a_2 - b_2 i) = \overline{z_1} \cdot \overline{z_2}.$$

비슷한 방법으로 다음을 보일 수 있다.

켤레복소수의 성질

복소수 z, w에 대해 다음이 성립한다.

(가) $\overline{z + w} = \bar{z} + \bar{w}$ (나) $\overline{zw} = \bar{z}\bar{w}$ (다) $\overline{\left(\frac{z}{w}\right)} = \frac{\bar{z}}{\bar{w}}$

(라) $\bar{\bar{z}} = z$ (마) $|z|^2 = z\bar{z}$ (바) $|z| = |\bar{z}|$

예제 5.1.2. 두 복소수 z_1, z_2에 대해 다음 등식을 보이시오.

$$|z_1 + z_2|^2 = |z_1|^2 + |z_2|^2 + 2\mathrm{Re}(z_1 \overline{z_2})$$

풀이 : 복소수 z에 대해 $|z|^2 = z\bar{z}$가 성립함을 이용하면,

$$\begin{aligned} |z_1 + z_2|^2 &= (z_1 + z_2)(\overline{z_1 + z_2}) \\ &= (z_1 + z_2)(\overline{z_1} + \overline{z_2}) \\ &= z_1\overline{z_1} + z_1\overline{z_2} + z_2\overline{z_1} + z_2\overline{z_2} \\ &= |z_1|^2 + 2\,\mathrm{Re}(z_1\overline{z_2}) + |z_2|^2. \end{aligned}$$

위 식의 마지막 등식에서 $\overline{z_1\overline{z_2}} = \overline{z_1} z_2$이므로 $z_1\overline{z_2} + \overline{z_1} z_2 = 2\,\mathrm{Re}(z_1\overline{z_2})$이다. □

문제 5.1.4. 복소수 z, w에 대해 다음을 보이시오.

(가) $|\mathrm{Re}(z)| \le |z|$이고 $|\mathrm{Im}(z)| \le |z|$임을 보이시오.

(나) $|zw| = |z|\,|w|$가 성립함을 보이시오.

(다) 예제 5.1.2와 (가), (나)의 결과를 이용하여 다음 삼각부등식을 보이시오.

$$|z + w| \le |z| + |w|$$

복소수의 극형식과 곱셈

복소수 $z = a + bi$를 복소평면에서 직교좌표계의 점 (a, b)에 대응시켜 생각하면, 복소수의 덧셈과 뺄셈을 벡터의 연산으로 이해할 수 있었다.

이 소절에서는 극좌표계를 이용하여 복소수를 이해하면 곱셈을 보다 쉽게 이해할 수 있음을 알아보자. 복소평면에서 원점과 복소수 $z = x+yi$를 잇는 선분이 실수축의 양의 방향과 이루는 각을 θ라 할 때, 원점으로부터 z까지의 거리 $|z|$를 이용하여 $z = x+yi = |z|\,(\cos\theta+i\sin\theta)$를 얻는다.

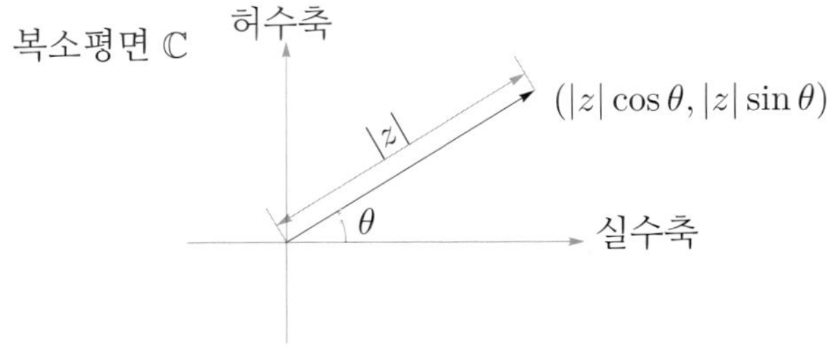

그림 5.2: 복소평면에서 복소수의 극형식

이때, $\tan\theta = \dfrac{y}{x}$를 만족하는 각 θ를 복소수 z의 **편각**이라 하고 $\arg(z) = \theta$로 쓴다. 또, 절대값과 편각을 이용하여

$$z = r(\cos\theta + i\sin\theta), \quad \big(단, r = |z|,\ \theta = \arg(z)\big)$$

와 같이 나타낸 것을 **복소수의 극형식**이라고 한다. 즉, 복소수의 극형식을 이용하면 복소수의 절대값과 편각만 알면 복소수를 구할 수 있다. 복소수의 극형식은 복소수의 곱셈과 나눗셈을 이해하고 계산하는데 유용하다. 두 복소수 $z_1 = r_1(\cos\theta_1 + i\sin\theta_2)$와 $z_2 = r_2(\cos\theta_2 + i\sin\theta_2)$에 대해

$$\begin{aligned} z_1z_2 =& r_1r_2(\cos\theta_1 + i\sin\theta_1)(\cos\theta_2 + i\sin\theta_2) \\ =& r_1r_2\big((\cos\theta_1\cos\theta_2 - \sin\theta_1\sin\theta_2) + i(\sin\theta_1\cos\theta_2 + \sin\theta_2\cos\theta)\big) \\ =& r_1r_2\big(\cos(\theta_1+\theta_2) + i\sin(\theta_1+\theta_2)\big) \end{aligned}$$

이므로, 두 복소수를 곱해서 얻은 복소수의 절대값은 각각의 절대값을 곱한 것과 같고 편각은 각각의 편각을 더한 것이 된다. 또,

$$\frac{1}{z_2} = \frac{1}{r_2(\cos\theta_2 + i\sin\theta_2)} = \frac{1}{r_2}(\cos\theta_2 - \sin\theta_2) = \frac{1}{r_2}\big(\cos(-\theta_2) + \sin(-\theta_2)\big)$$

이므로 $\dfrac{1}{z_2}$의 절대값과 편각은 각각

$$\left|\frac{1}{z_2}\right| = \frac{1}{|z_2|}, \quad \arg\left(\frac{1}{z_2}\right) = -\arg(z_2)$$

가 된다.

이때, 두 복소수의 나눗셈은 $\frac{z_1}{z_2} = z_1\frac{1}{z_2}$와 같이 복소수의 곱셈을 이용하여 구할 수 있다. 즉, 나눗셈의 결과 얻어지는 복소수의 절대값은 z_1의 절대값을 z_2의 절대값으로 나눈 값이고, 편각은 z_1의 편각에서 z_2의 편각을 뺀 값이다.

극형식을 이용한 복소수의 곱셈과 나눗셈

두 복소수 $z_1 = r_1(\cos\theta_1 + i\sin\theta_1)$과 $z_2 = r_2(\cos\theta_2 + i\sin\theta_2)$에 대해 다음이 성립한다.

$$|z_1 z_2| = r_1 r_2, \quad \arg(z_1 z_2) = \theta_1 + \theta_2, \qquad \left|\frac{z_1}{z_2}\right| = \frac{r_1}{r_2}, \quad \arg\left(\frac{z_1}{z_2}\right) = \theta_1 - \theta_2$$

특히, 위 결과로부터 $z = r(\cos\theta + i\sin\theta)$일 때, $|z^n| = r^n$이고 $\arg(z^n) = n\theta$가 됨을 알 수 있는데 이를 드 모와브르 법칙이라 한다.

드 모와브르 법칙

$$\big(r(\cos\theta + i\sin\theta)\big)^n = r^n\big(\cos(n\theta) + i\sin(n\theta)\big) \quad (\text{단, } n\text{은 정수})$$

드 모와브르 법칙을 이용하면 어떤 복소수 α에 대해 방정식 $z^n = \alpha$의 해를 구할 수 있다.

예제 5.1.3. 방정식 $z^5 = \dfrac{1}{\sqrt{2}} + \dfrac{1}{\sqrt{2}}i$의 해를 구하시오.

풀이 : 우선 복소수 $\alpha = \dfrac{1}{\sqrt{2}} + \dfrac{1}{\sqrt{2}}i$의 절대값은 1이므로 이를 극형식으로 나타내면,

$$\frac{1}{\sqrt{2}} + \frac{1}{\sqrt{2}}i = \cos\frac{\pi}{4} + i\sin\frac{\pi}{4}$$

이다. 따라서, $z = r(\cos\theta + i\sin\theta)$라 할 때,

$$r^5\big(\cos(5\theta) + i\sin(5\theta)\big) = \cos\frac{\pi}{4} + i\sin\frac{\pi}{4}$$

로부터 $r = 1$이고, $5\theta = \dfrac{\pi}{4} + 2k\pi$ $(k \in \mathbb{Z})$를 얻는다. 이때, 구하는 해는

$$z = \cos\Big(\frac{\pi}{20} + \frac{2k\pi}{5}\Big) + i\sin\Big(\frac{\pi}{20} + \frac{2k\pi}{5}\Big) \quad (\text{단, } k{=}0, 1, 2, 3, 4)$$

이다([그림 5.3] 참고). □

문제 5.1.5. 다음 방정식의 해를 구하시오.

(가) $z^2 + 2z - i = 0$ (나) $z^2 + 2(1+i)z + (2-\sqrt{3})i = 0$

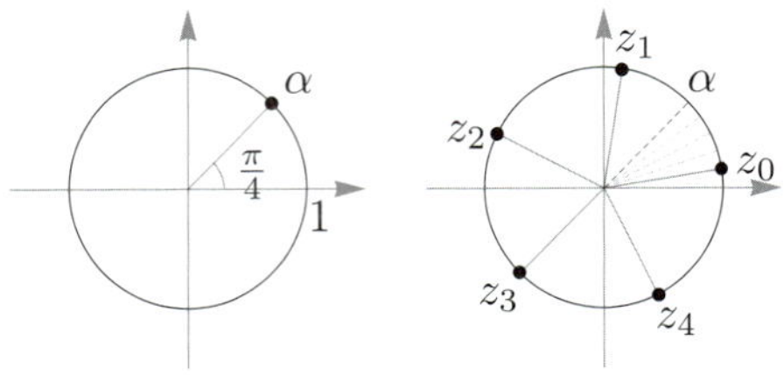

그림 5.3: 방정식 $z^5 = \alpha$의 해

일반적으로 복소수 계수를 갖는 n차 방정식에 대해 다음이 성립한다.

대수학의 기본정리

계수가 복소수 a_i $(i = 0, 1, \cdots, n)$인 n차 방정식

$$P(z) = a_0 + a_1 z + \cdots + a_n z^n = 0, \quad (a_n \neq 0)$$

에 대해 $P(\alpha) = 0$을 만족하는 복소수 α가 항상 존재한다

위 정리의 증명은 이 책의 범위를 벗어난다. 위 정리를 받아들이면, 나눗셈 정리에 의해 $P(z) = (z - \alpha)Q_{n-1}(z)$인 복소수 계수 $(n-1)$차 다항식 $Q_{n-1}(z)$가 존재하고, 방정식 $Q_{n-1}(z) = 0$에 대해 다시 대수학의 기본정리를 적용할 수 있다. 따라서, 수학적 귀납법을 이용하여 다음 따름정리를 보일 수 있다.

복소 방정식에 대한 해의 존재성

계수가 복소수 a_i $(i = 0,\ 1,\ \cdots,\ n)$인 n차 방정식은 중근을 중복하여 셀 때, 정확하게 n개의 복소수 근을 갖는다.[a] 즉,

$$a_0 + a_1 z + \cdots + a_n z^n = a_0(z - \alpha_1)(z - \alpha_2)\cdots(z - \alpha_n)$$

인 $\alpha_k \in \mathbb{C}$ $(k = 1,\ 2,\ \cdots,\ n)$이 존재한다.

a) 실수 근도 복소수 근에 포함된다.

예제 5.1.4. 실수 계수 n차 방정식이 복소수 α를 근으로 가지면, $\bar{\alpha}$도 근이 됨을 보이시오.

풀이 : 실수 계수 n차 방정식을 $a_0 + a_1x + \cdots + a_nx^2 = 0$이라 할 때, α가 근이므로

$$\begin{aligned} 0 =& a_0 + a_1\alpha + a_2\alpha^2 + \cdots + a_n\alpha^n \\ =& \overline{a_0 + a_1\alpha + a_2\alpha^2 + \cdots + a_n\alpha^n} \\ =& \bar{a}_0 + \bar{a}_1\bar{\alpha} + \bar{a}_2\bar{\alpha}^2 + \cdots \bar{a}_n\bar{\alpha}^n \\ =& a_0 + a_1\bar{\alpha} + a_2\bar{\alpha}^2 + \cdots + a_n\bar{\alpha}^n \quad (\because a_i \in \mathbb{R}) \end{aligned}$$

이므로 $\bar{\alpha}$도 근이다. □

문제 5.1.6. 실수 계수 n차 다항식 $a_0 + a_1x + \cdots + z_nx^n$은 실수 범위에서 2차 이하 다항식들의 곱으로 인수분해됨을 보이시오. (단, $(x^2 + ax + b)^3$ 처럼 동일한 2차 다항식들을 중복해서 곱할 수 있다.)

두 복소수의 곱 z_1z_2를 복소평면에서 기하학적으로 해석하면, z_1을 나타내는 점과 같은 방향으로 크기를 $|z_2|$배한 다음 z_2의 편각만큼 회전시키는 것에 해당된다. 예를 들어, $z_1 = \cos(\frac{\pi}{4}) + i\sin(\frac{\pi}{4})$, $z_2 = 2(\cos(-\frac{\pi}{6}) + i\sin(-\frac{\pi}{6}))$ 일 때, z_1z_2는 복소평면에서 z_1을 벡터로 이해하여 $|z_2| = 2$배한 다음, $\arg(z_2) = -\frac{\pi}{6}$만큼 회전시킨 것이다.

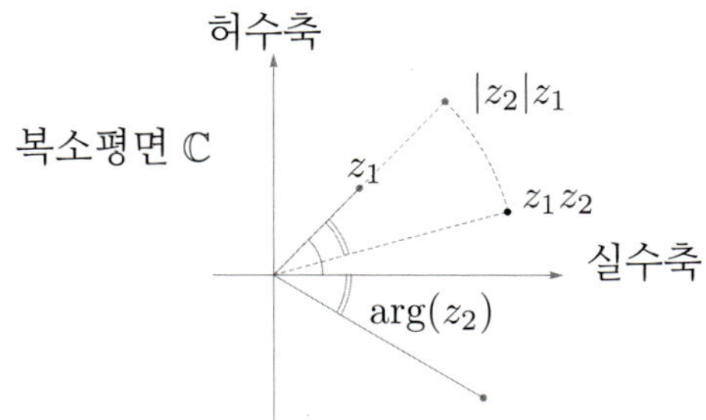

그림 5.4: 복소수의 극형식을 이용한 곱셈의 기하학적 의미

예제 5.1.5. 복소수 집합의 부분집합 S_1, S_2가 다음과 같다.

$$S_1 = \{z \in \mathbb{C} : |z| = 2\}, \quad S_2 = \{x + yi \in \mathbb{C} : 1 \le x \le 3,\ -1 \le y \le 1\}$$

집합 T를 $T = \{z_1z_2 : z_1 \in S_1,\ z_2 \in S_2\}$로 정의할 때, 복소평면에서 집합 T를 그리고, 집합 T에 속하는 복소수 z의 절대값의 최댓값과 최솟값을 구하시오.

풀이 : 복소수 z_1에 대해 집합 $\{z_1z_2 : z_2 \in S_2\}$를 z_1S라고 나타내자. 이때, S_1의 한 복소수 z_1을 고정하고 S_2의 모든 복소수 z_2의 곱을 생각하면, 우선 각각의 $z_2 \in S_2$에 대해 절대값을 2배로 하여 집합 $|z_1|S_2$를 얻고 ([그림 5.5]의 두 번째 그림), z_1의 편각 $\arg(z_1)$만큼 회전시켜 집합 z_1S_2 ([그림 5.5]의 세 번째 그림)를 얻을 수 있다.

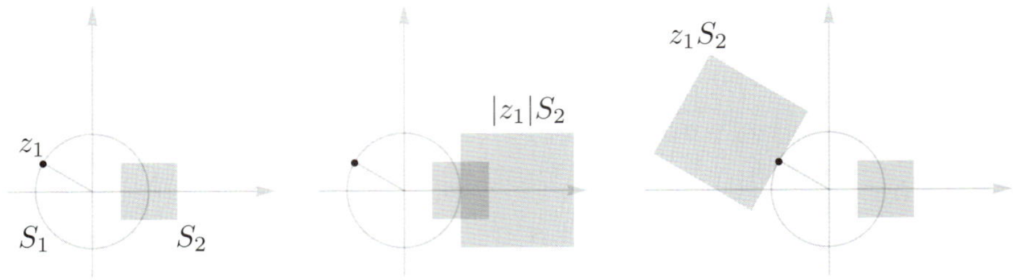

그림 5.5: 고정된 복소수 z_1 에 대한 z_1S_2

이제 집합 T 는 $T = \cup_{z_1 \in S_1} z_1S_2$ 이므로 결과적으로 다음과 같이 그릴 수 있고, T 에 속하는 벡터의 절대값의 최솟값은 1 이고, 최댓값은 $\sqrt{6^2+2^2} = \sqrt{40}$ 이다. □

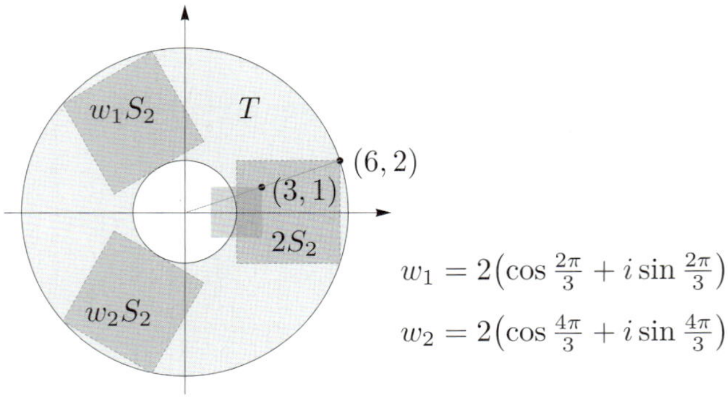

그림 5.6: 집합 $\{z_1z_2 : z_1 \in S_1,\ z_2 \in S_2\}$

문제 5.1.7. 복소수 집합의 부분집합 S_1, S_2 가 다음과 같다.

$$S_1 = \{z \in \mathbb{C} : \arg(z) = \frac{\pi}{3},\ 2 \le |z| \le 10\}, \quad S_2 = \{z \in \mathbb{C} : |z| \le 1\}$$

집합 T 를 $T = \{z_1 + z_2 : z_1 \in S_1,\ z_2 \in S_2\}$ 로 정의할 때, 복소평면에서 집합 T 를 그리고, T 에 속하는 w 에 대해 $\arg(w)$ 의 최솟값과 최댓값을 구하시오.

복소행렬

$n \times m$ 행렬 A 의 모든 (i,j) 성분이 복소수일 때 이 행렬을 **복소행렬**이라 하고, $n \times m$ 복소행렬들의 집합을 $\mathcal{M}_{n,m}(\mathbb{C})$ 로 나타낸다. 행렬의 덧셈, 곱셈, 상수배는 모두 행렬의 성분에 대한 사칙연산을 이용하여 정의되는데, 복소수에 대해 이 연산들을 한 결과는 다시 복소수가 되므로, 실수에서 정의된 행렬의 경우와 동일하게 연산을 정의할 수 있다.

예를 들어, $n \times m$ 복소행렬 A와 $m \times \ell$ 복소행렬 B의 곱 AB의 (i, j)성분은 다음 식에서 보듯이 복소수끼리 곱한 것을 더하는 것이므로 다시 복소수가 되고, 따라서 AB도 복소행렬이 된다.

$$(AB)_{ij} = A_{i1}B_{1j} + A_{i2}B_{2j} + \cdots + A_{im}B_{mj} = \sum_{k=1}^{m} A_{ik}B_{kj}$$

예제 5.1.6. 다음 행렬 A, B에 대해 $A+B$, $(1+i)A$, AB를 각각 구하시오.

$$A = \begin{pmatrix} 1 & 1+i \\ 1-i & -1 \end{pmatrix}, \quad B = \begin{pmatrix} i & 1 \\ 1 & -i \end{pmatrix}$$

풀이 : 실수에서 정의된 행렬의 연산과 똑같은 방법으로 구하면,

$$A+B = \begin{pmatrix} 1+i & 2+i \\ 2-i & -1-i \end{pmatrix},$$

$$(1+i)A = \begin{pmatrix} 1+i & 2i \\ 2 & -1-i \end{pmatrix},$$

$$AB = \begin{pmatrix} 1\cdot i + (1+i)\cdot 1 & 1\cdot 1 + (1+i)\cdot(-i) \\ (1-i)\cdot i + (-1)\cdot 1 & (1-i)\cdot 1 + (-1)\cdot(-i) \end{pmatrix} = \begin{pmatrix} 1+2i & 2-i \\ i & 1 \end{pmatrix}. \quad \square$$

행에 관한 기본연산을 통해 기약 행사다리꼴을 만드는 가우스-조르당 소거법도 복소행렬에 똑같은 방법으로 적용할 수 있고, 이를 이용하여 복소수 계수를 갖는 연립일차방정식의 해를 구할 수 있다. 물론, 역행렬을 구하는 방법도 동일하다.

예제 5.1.7. 다음 행렬의 기약 행사다리꼴을 구하시오.

$$\begin{pmatrix} i & 1 & 1 \\ -i & 1 & 1+i \\ 1 & 2-i & 2 \end{pmatrix}$$

풀이 :

$$\begin{pmatrix} i & 1 & 1 \\ -i & 1 & 1+i \\ 1 & 2-i & 2 \end{pmatrix} \xrightarrow{\mathrm{R}_1(-i)} \begin{pmatrix} 1 & -i & -i \\ -i & 1 & 1+i \\ 1 & 2-i & 2 \end{pmatrix} \xrightarrow{\mathrm{R}_{1,3}(-1)\mathrm{R}_{1,2}(i)} \begin{pmatrix} 1 & -i & -i \\ 0 & 2 & 2+i \\ 0 & 2 & 2+i \end{pmatrix}$$

$$\xrightarrow{\mathrm{R}_2(\frac{1}{2})\mathrm{R}_{2,3}(-1)} \begin{pmatrix} 1 & -i & -i \\ 0 & 1 & 1+\frac{i}{2} \\ 0 & 0 & 0 \end{pmatrix} \xrightarrow{\mathrm{R}_{2,1}(i)} \begin{pmatrix} 1 & 0 & -\frac{1}{2} \\ 0 & 1 & 1+\frac{i}{2} \\ 0 & 0 & 0 \end{pmatrix}$$

□

문제 5.1.8. 다음 행렬의 역행렬을 구하시오.

$$\begin{pmatrix} i & 1 & 1+i \\ -i & 1 & 1+i \\ 1 & 2-i & 2 \end{pmatrix}$$

$n \times n$ 복소행렬에 대한 행렬식도 3.1절에서 정의한 것처럼 계산할 수 있고, 행렬식의 성질도 동일하게 성립한다.

예제 5.1.8. 다음 행렬의 행렬식 $\det(A)$를 구하시오.

$$A = \begin{pmatrix} 1+i & 0 & 1 & 0 \\ -1 & i & 1-i & 1 \\ 2 & 0 & 1 & i \\ 0 & 1 & i & -i \end{pmatrix}$$

풀이 : 행렬식의 (성질 11) 과 (성질 6) 에 의해 1 열에서 3 열의 상수배를 빼도 행렬식은 변하지 않으므로

$$\det(A) = \det \begin{pmatrix} 0 & 0 & 1 & 0 \\ -3 & i & 1-i & 1 \\ 1-i & 0 & 1 & i \\ 1-i & 1 & i & -i \end{pmatrix}$$

이고, 이어서 1 행에 대한 여인자 전개를 하면,

$$\det(A) = (-1)^4 \det \begin{pmatrix} -3 & i & 1 \\ 1-i & 0 & i \\ 1-i & 1 & -i \end{pmatrix} = -(1-i) + (1-i) - (1-i) + 3i = -1 + 4i$$

를 얻는다. □

문제 5.1.9. 다음 행렬의 행렬식을 구하시오.

$$\begin{pmatrix} 1 & 1 & 1 & 1 \\ 1 & i & i^2 & i^3 \\ 1 & i^2 & i^4 & i^6 \\ 1 & i^3 & i^6 & i^9 \end{pmatrix}$$

복소행렬에 대해서도 성분이 실수인 행렬에 대해서 정의한 것과 똑같이 전치행렬을 정의한다. 즉, $n \times m$ 행렬 A에 대해 $m \times n$ 전치행렬 A^{T}는 다음과 같이 정의된다.

$$\left(A^{\mathrm{T}}\right)_{ij} = A_{ji} \quad (\text{단}, 1 \le i \le m, 1 \le j \le n)$$

$n \times m$ 복소행렬 A의 (i,j)성분을 a_{ij}라 할 때, 각 성분이 켤레복소수 $\bar{a}_{ij}$인 $n \times m$ 행렬을 복소행렬 A의 **켤레행렬**이라 하고, $\overline{A}$로 나타낸다.

또, 다음 예에서처럼 $n \times m$ 복소행렬 A에 대해 A의 켤레행렬을 구하고 연이어 전치행렬을 구해서 만든 $m \times n$ 복소행렬 $(\overline{A})^{\mathrm{T}}$를 A의 **켤레전치행렬**이라 하고, A^*로 나타낸다.

$$A = \begin{pmatrix} 1+i & 2 & i \\ 1 & 1-i & 0 \end{pmatrix} \longrightarrow \overline{A} = \begin{pmatrix} 1-i & 2 & -i \\ 1 & 1+i & 0 \end{pmatrix} \longrightarrow A^* = \overline{A}^{\mathrm{T}} = \begin{pmatrix} 1-i & 1 \\ 2 & 1+i \\ -i & 0 \end{pmatrix}.$$

즉, A의 (i,j) 성분을 a_{ij}라 할 때, 켤레전치행렬 A^*의 (i,j) 성분은 $\bar{a}_{ji}$가 된다. 이때 $(\overline{A})^{\mathrm{T}} = \overline{(A^{\mathrm{T}})}$이 성립하므로 켤레전치행렬 A^*는 간단히 $\overline{A}^{\mathrm{T}}$로 쓴다.[5)]

켤레전치행렬의 성질을 살펴보자. $\left((A^*)^*\right)_{ij} = \overline{(A^*)_{ji}} = \overline{(\overline{A})_{ij}} = A_{ij}$ 이므로 $(A^*)^* = A$가 성립한다. 물론,

$$(A^*)^* = \overline{\left(\overline{A}^{\mathrm{T}}\right)}^{\mathrm{T}} = \overline{\left(\overline{A}^{\mathrm{T}}\right)^{\mathrm{T}}} = \overline{(\overline{A})} = A$$

와 같이 확인할 수도 있다. 비슷한 방법으로 다음을 확인할 수 있다.

켤레전치행렬의 성질

$n \times m$ 복소행렬 A와 B와 $m \times n$ 행렬 C에 대해 다음 성질이 성립한다.

(가) $(A^*)^* = A$

(나) $(A+B)^* = A^* + B^*$

(다) $(\alpha A)^* = \bar{\alpha} A^*$ (단, $\alpha \in \mathbb{C}$)

(라) $(AC)^* = B^* C^*$

(마) A가 가역행렬이면, A^*도 가역행렬이고, $(A^*)^{-1} = (A^{-1})^*$이다.

(바) $\det(A^*) = \overline{\det(A)}$

문제 5.1.10. 위 켤레전치행렬의 성질을 증명하시오.

---

5) 많은 물리학자들은 수학자와 달리 복소수 z의 켤레복소수를 나타내기 위해 $\bar{z}$ 대신 z^*를 주로 사용한다. 따라서, A의 켤레행렬도 $\overline{A}$ 대신 A^*로 나타내고, 켤레전치행렬은 $A^\dagger$로 나타낸다. 따라서 혼란이 없도록 책에서 사용하는 표현법을 항상 확인해야 한다.

$n \times n$ 복소행렬 A에 대해서도 $A^{\mathrm{T}} = A$가 만족될 때 대칭행렬이라 하고, $A^* = A$가 만족될 때 에르미트행렬이라 한다. 또, $A^* = -A$일 때, A를 반에르미트행렬이라 부른다.

$n \times n$ 복소행렬 A가 에르미트행렬이면, 모든 $1 \le i,\ j \le n$에 대해 $\overline{A}_{ji} = A_{ij}$가 성립하므로 주 대각선을 기준으로 서로 대칭되는 위치의 성분은 서로 켤레복소수 관계를 만족하고, 주대각선 위치의 (i, i) 성분은 모두 실수가 된다. 예를 들어, 다음 행렬 A는 에르미트행렬이 되고, 행렬 B와 C는 에르미트행렬이 아니다.[6]

$$A = \begin{pmatrix} 1 & 1+i & i \\ 1-i & 2 & 1 \\ -i & 1 & 0 \end{pmatrix}, \quad B = \begin{pmatrix} i & 1+i & i \\ 1-i & 2 & 1 \\ -i & 1 & 0 \end{pmatrix}, \quad C = \begin{pmatrix} 1 & 1+i & i \\ 1+i & 2 & 1 \\ -i & 1 & 0 \end{pmatrix}.$$

예제 5.1.9. $n \times n$ 행렬 A가 에르미트행렬이면 A의 행렬식이 실수가 됨을 보이시오.

풀이 : 행렬 A의 (i, j)성분을 a_{ij}라 하고, 성분을 이용하여 $\overline{A}$의 행렬식을 나타내면

$$\begin{aligned} \det(\overline{A}) &= \sum_{\sigma \in S_n} \operatorname{sgn}(\sigma) \bar{a}_{1\sigma(1)} \bar{a}_{2\sigma(2)} \cdots \bar{a}_{n\sigma(n)} \\ &= \overline{\sum_{\sigma \in S_n} \operatorname{sgn}(\sigma) a_{1\sigma(1)} a_{2\sigma(2)} \cdots a_{n\sigma(n)}} \\ &= \overline{\det(A)} \end{aligned}$$

이다. 한편, 행렬식의 (성질 11)에 의해 $\det(A) = \det(A^{\mathrm{T}})$이므로

$$\det\big(A^*\big) = \det\big(\overline{A}^{\mathrm{T}}\big) = \det(\overline{A}) = \overline{\det(A)}$$

가 성립한다. 따라서, A가 에르미트행렬이면 $A^* = A$로부터 $\overline{\det(A)} = \det\big(A^*\big) = \det(A)$가 성립하므로 복소수 $\det(A)$는 실수이다. □

문제 5.1.11. 행렬 A, B가 에르미트행렬일 때, 다음을 보이시오.

(가) $A + B$는 에르미트행렬이다.

(나) A가 가역행렬이면, A^{-1}도 에르미트행렬이다.

(다) AB가 에르미트행렬이 될 필요충분조건은 $AB = BA$이다.

(라) 복소수 k에 대해 kA가 에르미트행렬이 될 필요충분조건은 $k \in \mathbb{R}$이다.

---

6) B는 $(1, 1)$ 성분이 실수가 아니므로 에르미트행렬이 아니고, C는 $(2, 1)$ 성분이 $(1, 2)$ 성분의 켤레복소수가 아니므로 에르미트행렬이 아니다.

5.2 복소벡터공간과 복소내적공간

[미리보기] 실수와 복소수의 곱은 다시 복소수가 되므로, 복소수의 집합 $\mathbb{C}$는 $\mathbb{C}$의 덧셈과 곱셈에 대해 실수 상에서 정의된 벡터공간이 됨을 쉽게 확인할 수 있다. 실제로 임의의 복소수 $a+bi = a\cdot 1 + b\cdot i$이므로 $\mathbb{C} = \langle\{1, i\}\rangle$이고, $c_1\cdot 1 + c_2\cdot i = 0 + 0\cdot i$로부터 $c_1 = c_2 = 0$이 되므로 $\{1, i\}$는 실수 상에서 정의된 벡터공간 $\mathbb{C}$의 기저가 된다. 따라서, $\mathbb{C}$를 실수 상에서 정의된 벡터공간으로 볼 때, $\dim_{\mathbb{R}}(\mathbb{C}) = 2$이다.

한편, 실수 상에서 정의된 벡터공간 $\mathbb{C}$에서 $\mathbb{R}\times V \to V$로 정의되었던 상수배를 $\mathbb{C}\times\mathbb{C}\to\mathbb{C}$로 바꾸어 생각해도 벡터공간이 만족해야 하는 모든 성질(101쪽 참고)이 만족되는 것을 알 수 있다. 이처럼 덧셈 $V\times V \to V$와 복소수 상수배 $\mathbb{C}\times V \to V$에 대해 101쪽의 모든 조건을 만족하는 집합 V를 복소수 상에서 정의된 벡터공간이라한다. 이때, 임의의 복소수 α는 $\alpha = \alpha\cdot 1$이고, $\{1\}$은 일차독립이므로 $\mathbb{C}$는 복소수 상에서 정의된 벡터공간으로 생각할 때 $\{1\}$을 기저로 갖는 벡터공간이 된다. 따라서 $\dim_{\mathbb{C}}(\mathbb{C}) = 1$이다.

이처럼 동일한 집합이라도 $\mathbb{R}$상에서 정의된 벡터공간으로 보는지, $\mathbb{C}$ 상에서 정의된 벡터공간으로 보는지에 따라 벡터들로 생성되는 집합도 달라지고, 일차독립인지 일차종속인지도 달라진다.

복소벡터공간

[미리보기]에서 언급하였듯이 실수 상에서 정의된 벡터공간에서 상수배만 복소수 범위로 확장하면 다음과 같이 복소수 상에서 정의된 벡터공간을 정의할 수 있다.

공집합이 아닌 임의의 집합 V에 덧셈 $+ : V\times V \to V$라는 연산과 상수배 $\cdot : \mathbb{C}\times V \to V$라는 연산이 정의되어 아래 두 가지 규칙이

- $\mathbf{u}, \mathbf{v} \in V \Longrightarrow \mathbf{u}+\mathbf{v} \in V$
- $\mathbf{u} \in V,\ k \in \mathbb{C} \Longrightarrow k\cdot\mathbf{u} \in V$ ($k\cdot\mathbf{u}$를 간단히 $k\mathbf{u}$라고 쓴다.)

이 성립하고, 각 연산에 대해 다음 일곱가지 규칙이 성립한다고 하자. 이때, 집합 V를 주어진 연산에 대해 $\mathbb{C}$상에서 정의된 벡터공간 또는 **복소벡터공간**이라 하고, 벡터공간 V의 원소를 벡터라고 한다.

[A1] (결합법칙) $\mathbf{u}, \mathbf{v}, \mathbf{w} \in V \Longrightarrow (\mathbf{u}+\mathbf{v})+\mathbf{w} = \mathbf{u}+(\mathbf{v}+\mathbf{w})$

[A2] (교환법칙) $\mathbf{u}, \mathbf{v} \in V \Longrightarrow \mathbf{u}+\mathbf{v} = \mathbf{v}+\mathbf{u}$

[A3] (덧셈에 대한 항등원) 모든 $\mathbf{u} \in V$에 대해

$$\mathbf{u}+\mathbf{x} = \mathbf{u} = \mathbf{x}+\mathbf{u}$$

인 $\mathbf{x} \in V$가 존재한다. 이때, $\mathbf{x}$를 V의 영벡터라 하고 $\mathbf{0}$으로 나타낸다.

[A4] (덧셈에 대한 역원) 모든 $\mathbf{u} \in V$에 대해

$$\mathbf{u}+\mathbf{x} = \mathbf{0} = \mathbf{x}+\mathbf{u}$$

인 $\mathbf{x} \in V$가 존재한다. 이때, $\mathbf{x}$를 덧셈에 대한 $\mathbf{u}$의 역원이라 하고, $-\mathbf{u}$로 나타낸다.

[S1] (상수배 $1 \in \mathbb{C}$) $\mathbf{u} \in V \implies 1\mathbf{u} = \mathbf{u}$

[S2] (상수배에 대한 결합·교환법칙)

$\mathbf{u} \in V,\ \alpha,\ \beta \in \mathbb{C} \implies (\alpha\,\beta)\mathbf{u} = \alpha(\beta\mathbf{u}) = \beta(\alpha\mathbf{u})$

[S3] (덧셈과 상수배의 분배법칙)

$\mathbf{u},\ \mathbf{v} \in V,\ \alpha,\ \beta \in \mathbb{C} \implies (\alpha + \beta)\mathbf{u} = \alpha\mathbf{u} + \beta\mathbf{u}, \quad \alpha(\mathbf{u} + \mathbf{v}) = \alpha\mathbf{u} + \alpha\mathbf{v}$

실제로는 실수나 복소수 뿐만 아니라 일반적인 체 $\mathbb{F}$에 대해 상수배를 정의하고, 일곱가지 규칙이 만족되면 체 F 상에서 정의된 벡터공간이라고 한다.

상수배 연산이 복소수에 대해 이루어진다는 점만 제외하면, 실수 상에서 정의된 벡터공간에서 소개했던 부분공간, 일차결합, 일차독립, 일차종속, 생성집합, 기저, 차원과 같은 모든 개념이 동일하게 정의된다. 예를 들어, 복소벡터공간 V의 부분집합 W가 V의 덧셈과 상수배에 대해 부분공간이 될 필요충분조건은 임의의 $\mathbf{w}_1,\ \mathbf{w}_2 \in W$와 $\alpha \in \mathbb{C}$에 대해 다음 두 조건이 성립하는 것이다.

$$\mathbf{w}_1 + \mathbf{w}_2 \in W, \quad \alpha\,\mathbf{w}_1 \in W$$

하지만, [미리보기]의 $\mathbb{C}$의 경우에 살펴보았듯이 주어진 집합이 실수 상에서 정의된 벡터공간인지 복수수 상에서 정의된 벡터공간인지에 따라, 주어진 벡터들로 생성할 수 있는 벡터들이 달라지고 일차독립 여부도 바뀔 수 있음에 유의해야 한다.

문제 5.2.1. 복소벡터공간 V의 부분집합 W가 부분공간이 될 필요충분조건은 임의의 $\mathbf{u},\ \mathbf{w} \in W$와 $\alpha,\ \beta \in \mathbb{C}$에 대해 $\alpha\mathbf{u} + \beta\mathbf{w} \in W$이 성립하는 것임을 보이시오.

복소벡터공간의 예

복소벡터공간의 예를 살펴보자. 우선 집합 $\mathbb{C}^n$을

$$\mathbb{C}^n := \{(z_1, z_2, \cdots, z_n) : z_i \in \mathbb{C} \quad (i = 1, 2, \cdots, n)\}$$

와 같이 정의하고, 덧셈 $+ : \mathbb{C}^n \times \mathbb{C}^n \to \mathbb{C}^n$과 상수배 $\cdot : \mathbb{C} \times \mathbb{C}^n \to \mathbb{C}^n$를

$$\begin{aligned}&(z_1, z_2, \cdots, z_n) + (w_1, w_2, \cdots, w_n) := (z_1 + w_1, z_2 + w_2, \cdots, z_n + w_n),\\ &\alpha(z_1, z_2, \cdots, z_n) = (\alpha z_1, \alpha z_2, \cdots, \alpha z_n)\end{aligned}$$

으로 정의하자. 물론, 두 원소에 대해 $(z_1, z_2, \cdots, z_n) = (w_1, w_2, \cdots, w_n)$가 성립한다는 것은 각 성분에 대해 $z_k = w_k\ (k = 1, 2, \cdots, n)$이 성립하는 것을 의미한다.

이때, 덧셈과 상수배가 각 성분의 덧셈과 상수배로 정의되어 있고, 복소수는 덧셈과 곱셈에 대해 각각 교환법칙, 결합법칙이 성립하고 두 연산에 대해 분배법칙이 성립하므로 규칙 [A1], [A2], [S1]. [S2], [S3]가 성립함을 알 수 있다. 덧셈에 대한 항등원이 될 수 있는 유일한 후보는 $0 \cdot (z_1, z_2, \cdots, z_n) = (0, 0, \cdots, 0)$인데, 실제로 덧셈에 대한 항등원이 됨을

확인할 수 있으므로 [A3]이 성립한다. 또, $(z_1, z_2, \cdots, z_n)$의 덧셈에 대한 역원의 유일한 후보는 $(-1) \cdot (z_1, z_2, \cdots, z_n) = (-z_1, -z_2, \cdots, -z_n)$이고, 실제로 역원이 됨을 확인할 수 있으므로 규칙 [A4]도 성립한다. 따라서, $\mathbb{C}^n$은 복소수 상에서 정의된 복소벡터공간이 된다.

복소벡터공간 $\mathbb{C}^n$의 차원을 구해보자. k번째 성분만 1이고 나머지 성분은 모두 0인 벡터를 $\mathbf{e}_k$ $(k = 1, 2, \cdots, n)$라 할 때,[7] 임의의 벡터 $(z_1, z_2, \cdots, z_n) \in \mathbb{C}^n$는

$$(z_1, z_2, \cdots, z_n) = z_1\mathbf{e}_1 + z_2\mathbf{e}_2 + \cdots + z_n\mathbf{e}_n$$

와 같이 $\mathbf{e}_1, \mathbf{e}_2, \cdots, \mathbf{e}_n$의 일차결합으로 표현된다. 또, 위 일차결합이 영벡터가 되는 경우를 생각하면 모든 $z_i = 0$이 되므로 $\mathcal{B} = \{\mathbf{e}_k : 1 \le k \le n\}$는 일차독립이 된다. 따라서 $\mathcal{B}$는 $\mathbb{C}^n$의 한 기저가 되고 $\dim_{\mathbb{C}}(\mathbb{C}^n) = n$이다.

한편, 집합 $\mathbb{C}^n$은 실수 상에서 정의된 $2n$차원 벡터공간으로 생각할 수도 있다. 이를 보이기 위해, k번째 성분만 순허수 i이고 나머지 성분은 모두 0인 벡터를 $\mathbf{i}_k$ $(k = 1, 2, \cdots, n)$이라 하자. 상수배를 실수로만 제한할 때 벡터공간이 되는 것은 쉽게 확인할 수 있으므로 $\mathbf{i}_k$와 표준단위벡터 $\mathbf{e}_k$에 대해 $\mathcal{B} = \{\mathbf{e}_1, \cdots, \mathbf{e}_n, \mathbf{i}_1, \cdots, \mathbf{i}_n\}$가 실수 상에서 정의된 벡터공간 $\mathbb{C}^n$의 기저가 됨을 보이면 충분하다.

우선, 임의의 벡터 $(x_1 + y_1 i, x_2 + y_2 i, \cdots, x_n + y_n i) \in \mathbb{C}^n$에 대해

$$(x_1 + y_1 i, x_2 + y_2 i, \cdots, x_n + y_n i) = x_1\mathbf{e}_1 + y_1\mathbf{i}_1 + x_2\mathbf{e}_2 + y_2\mathbf{i}_2 + \cdots + +x_n\mathbf{e}_n + y_n\mathbf{i}_n$$

이므로 $\mathcal{B}$는 실수의 상수배만을 이용하여 실수 상에서 정의된 벡터공간 $\mathbb{C}^n$을 생성한다. 또, 일차독립 여부를 확인하기 위해 위의 일차결합이 영벡터라 하면,

$$(x_1 + y_1 i, x_2 + y_2 i, \cdots, x_n + y_n i) = (0 + 0i, 0 + 0i, \cdots, 0 + 0i)$$

에서 각 성분이 같아야 하고, 두 복소수가 같을 조건은 실수부와 허수부가 각각 같을 때이므로 모든 x_i와 y_i는 0이 된다. 따라서 $\mathcal{B}$는 일차독립도 되어 실수 상에서 정의된 벡터공간 $\mathbb{C}^n$의 기저가 된다.

예제 5.2.1. $\mathbb{R}^n$은 실수 상에서 정의된 벡터공간 $\mathbb{C}^n$의 부분공간이 됨을 보이시오. 하지만, $\mathbb{R}^n$은 복소수 상에서 정의된 벡터공간 $\mathbb{C}^n$의 부분공간은 될 수 없음을 보이시오.

풀이 : 우선 $\mathbb{R}^n$에 속하는 임의의 두 벡터 $\mathbf{a} = (a_1, a_2, \cdots, a_n)$, $\mathbf{b} = (b_1, b_2, \cdots, b_n)$은 $\mathbb{C}^n$의 벡터도 되고, $\mathbb{C}^n$의 덧셈에 대해 $\mathbf{a} + \mathbf{b} \in \mathbb{R}^n$이 된다.

또, 임의의 실수 k에 대해 $ka_i \in \mathbb{R}$이므로 $k\mathbf{a} \in \mathbb{R}^n$이 성립한다. 따라서, $\mathbb{R}^n$은 실수상에서 정의된 벡터공간 $\mathbb{C}^n$의 부분공간이 된다.

반면에, 임의의 복소수 α에 대해 $\alpha\mathbf{a}$은 $\mathbb{R}^n$의 원소가 아닐 수도 있다. (예를 들어, $\alpha = i$인 경우를 생각하라.) 따라서, $\mathbb{R}^n$은 복소벡터공간 $\mathbb{C}^n$의 부분공간은 될 수 없다. □

7) $\mathbb{C}^n$의 경우에도 이들 벡터를 표준단위벡터라 한다.

문제 5.2.2. 집합 $\mathbb{C}^2$의 두 원소 $\mathbf{z}_1 = (1+i, i)$와 $\mathbf{z}_2 = (2, 1+i)$에 대해 다음 물음에 답하시오.

(가) 두 벡터 $\mathbf{z}_1$, $\mathbf{z}_2$는 복소수 상에서 정의된 벡터공간 $\mathbb{C}^2$에서 일차종속임을 보이시오.

(나) 두 벡터 $\mathbf{z}_1$, $\mathbf{z}_2$는 실수 상에서 정의된 벡터공간 $\mathbb{C}^2$에서 일차독립임을 보이시오.

문제 5.2.3. $n \times m$ 복소행렬들의 집합 $\mathcal{M}_{n,m}(\mathbb{C})$는 행렬의 덧셈과 상수배에 대해 복소벡터공간이 됨을 보이시오. 또, $\dim_{\mathbb{C}}\big(\mathcal{M}_{n,m}(\mathbb{C})\big) = nm$이고 $\dim_{\mathbb{R}}\big(\mathcal{M}_{n,m}(\mathbb{C})\big) = 2nm$임을 보이시오.

문제 5.2.4. 구간 $I \subset \mathbb{R}$에서 정의된 복소수 값을 갖는 함수들의 집합 $\mathcal{F}_{\mathbb{C}}(I) = \{f : I \to \mathbb{C}\}$는 함수의 덧셈과 상수배에 대해 복소수 상에서 정의된 벡터공간이 됨을 보이시오.

복소내적공간

V가 복소벡터공간일 때, 다음 네 가지 규칙을 만족하는 함수 $\langle\cdot,\cdot\rangle : V \times V \to \mathbb{C}$를 복소내적 또는 에르미트 내적이라 한다. 또, 복소내적이 정의된 복소벡터공간을 간단히 복소내적공간이라 부른다.

[복소내적 규칙 1] 임의의 $\mathbf{u} \in V$에 대해 $\langle \mathbf{u}, \mathbf{u}\rangle \geq 0$이고, $\langle \mathbf{u}, \mathbf{u}\rangle = 0 \iff \mathbf{u} = \mathbf{0}$이다.
[복소내적 규칙 2] 임의의 $\mathbf{u}$, $\mathbf{v} \in V$에 대해 $\langle \mathbf{u}, \mathbf{v}\rangle = \overline{\langle \mathbf{v}, \mathbf{u}\rangle}$이다.
[복소내적 규칙 3] 임의의 $\mathbf{u}$, $\mathbf{v}$, $\mathbf{w} \in V$에 대해 $\langle \mathbf{u}+\mathbf{v}, \mathbf{w}\rangle = \langle \mathbf{u}, \mathbf{w}\rangle + \langle \mathbf{v}, \mathbf{w}\rangle$이다.
[복소내적 규칙 4] 임의의 $\mathbf{u}$, $\mathbf{v} \in V$와 $\alpha \in \mathbb{C}$에 대해 $\langle \alpha\,\mathbf{u}, \mathbf{v}\rangle = \alpha\langle \mathbf{u}, \mathbf{v}\rangle$이다.

[규칙 2]와 [규칙 3]으로부터

$$\langle \mathbf{u}, \mathbf{v}+\mathbf{w}\rangle = \overline{\langle \mathbf{v}+\mathbf{w}, \mathbf{u}\rangle} = \overline{\langle \mathbf{v}, \mathbf{u}\rangle + \langle \mathbf{w}, \mathbf{u}\rangle} = \overline{\langle \mathbf{v}, \mathbf{u}\rangle} + \overline{\langle \mathbf{w}, \mathbf{u}\rangle} = \langle \mathbf{u}, \mathbf{w}\rangle + \langle \mathbf{u}, \mathbf{w}\rangle$$

가 성립하고, 비슷한 방법으로

$$\langle \mathbf{u}, \alpha\mathbf{v}\rangle = \bar{\alpha}\langle \mathbf{u}, \mathbf{v}\rangle$$

가 성립한다.

실수에서 정의된 내적공간에서처럼 각 벡터의 노름 $||\cdot||$ 또는 크기를 $||\mathbf{v}|| = \sqrt{\langle \mathbf{v}, \mathbf{v}\rangle}$로 정의하고, 두 벡터사이의 거리를 $d(\mathbf{u}, \mathbf{v}) = ||\mathbf{u} - \mathbf{v}||$로 정의한다. 물론, 두 벡터의 내적이 $\langle \mathbf{u}, \mathbf{v}\rangle = 0$일 때, 두 벡터는 서로 직교한다고 한다.[8)]

8) 서로 수직이라는 것과 동일한 말이다.

복소내적공간의 예로 벡터공간 $\mathbb{C}^n$을 들 수 있다. 임의의 두 벡터 $\mathbf{z} = (z_1, z_2, \cdots, z_n)$과 $\mathbf{w} = (w_1, w_2, \cdots, w_n)$에 대해

$$\langle \mathbf{z}, \mathbf{w} \rangle = z_1\bar{w}_1 + z_2\bar{w}_2 + \cdots z_n\bar{w}_n = \sum_{k=1}^{n} z_k\bar{w}_k$$

로 정의하면, $\langle \cdot, \cdot \rangle : \mathbb{C}^n \times \mathbb{C}^n \to \mathbb{C}$는 복소내적이 된다. 이를 확인하기 위해 우선 [규칙 1]이 성립함을 살펴보자.

벡터 $\mathbf{z} \in \mathbb{C}^n$에 대해

$$\langle \mathbf{z}, \mathbf{z} \rangle = \sum_{k=1}^{n} z_k\bar{z}_k = \sum_{k=1}^{n} |z_k|^2 \geq 0$$

이 되고, 각 복소수 $z_k = x_k + y_k i\ (k = 1, 2, \cdots, n)$ (단, x_k, y_k는 실수)에 대해 $|z_k|^2 = x_k^2 + y_k^2$이므로 $|z_k|^2 = 0 \iff z_k = 0$이 성립한다. 따라서, $\langle \mathbf{z}, \mathbf{z} \rangle = 0 \iff \mathbf{z} = \mathbf{0}$이다. 나머지 규칙들도 복소수의 켤레복소수에 대한 성질을 이용하면 쉽게 확인할 수 있다.

예제 5.2.2. 복소내적공간 $\mathbb{C}^2$의 두 벡터 $\mathbf{z} = (1+i, 1-i)$와 $\mathbf{w} = (i, -1)$는 서로 수직임을 보이시오.

풀이 : 내적을 계산하면, $\langle \mathbf{z}, \mathbf{w} \rangle = (1+i)(-i) + (1-i)(-1) = -i + 1 - 1 + i = 0$이므로 서로 수직임을 알 수 있다. □

문제 5.2.5. 복소내적공간 V에서 $\mathbf{u} = \mathbf{0}$일 필요충분조건은 임의의 벡터 $\mathbf{v} \in V$에 대해 $\langle \mathbf{u}, \mathbf{v} \rangle = 0$임을 보이시오.
(도움말 : 벡터공간에서 임의의 벡터 $\mathbf{w}$에 대해 $0 \cdot \mathbf{w} = \mathbf{0}$임과 [규칙 1], [규칙 4]를 적용하시오.)

내적공간에서 정사영 벡터

실수 상에서 정의된 벡터공간 $\mathbb{R}^3$에서 정사영 벡터를 생각한 것처럼, $\mathbb{F} = \mathbb{C}$ 또는 $\mathbb{R}$일 때 $\mathbb{F}$상에서 정의된 내적공간 V에서 벡터 $\mathbf{v}$를 $\mathbf{w}$(단, $||\mathbf{w}|| \neq 0$)에 내린 정사영 벡터 $\text{proj}_{\mathbf{w}}(\mathbf{v})$를 다음과 같이 생각할 수 있다.

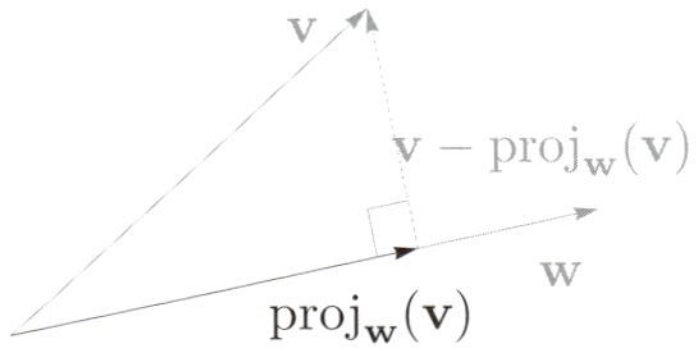

그림 5.7: 일반적인 내적공간에서 정사영 벡터

실제로 벡터공간 V의 그림을 그릴 수는 없지만, [그림 5.7]에서처럼 상상하여 $\mathbf{w}$와 같은 방향인 벡터인 $\alpha\mathbf{w}$꼴의 벡터 중에서 $\mathbf{v}-\alpha\mathbf{w}$가 $\mathbf{w}$와 수직이 되는 $\alpha\mathbf{w}$를 $\mathbf{v}$를 $\mathbf{w}$에 내린 정사영 벡터라고 정의한다. 물론, 내적이 주어진 벡터공간이므로 여기서 수직이라 함은 주어진 내적에 대해 내적값이 0이 됨을 의미한다.

이제 $\mathbf{v}-\alpha\mathbf{w}$와 $\mathbf{w}$의 내적이 0이라는 조건으로부터 $\alpha \in \mathbb{F}$값을 구하면,

$$\langle \mathbf{v}-\alpha\mathbf{w}, \mathbf{w}\rangle = \langle \mathbf{v}, \mathbf{w}\rangle - \alpha\langle \mathbf{w}, \mathbf{w}\rangle = 0 \iff \alpha = \frac{\langle \mathbf{v}, \mathbf{w}\rangle}{||\mathbf{w}||^2}$$

이다. 따라서 다음 결과를 얻는다.

내적공간에서 정사영 벡터

$\mathbb{R}$ 또는 $\mathbb{C}$상에서 정의된 내적공간 V의 벡터 $\mathbf{v}$, $\mathbf{w}$(단, $||\mathbf{w}|| \neq 0$)에 대해 벡터 $\mathbf{v}$를 벡터 $\mathbf{w}$ 위에 내린 정사영 벡터는 다음과 같다.

$$\mathrm{proj}_{\mathbf{w}}(\mathbf{v}) = \frac{\langle \mathbf{v}, \mathbf{w}\rangle}{||\mathbf{w}||^2}\mathbf{w}.$$

일반적인 내적공간에서의 정사영 벡터를 이용하면, 복소내적공간에서도 코시-슈바르츠 부등식과 삼각 부등식이 성립한다.

복소내적공간에서 코시-슈바르츠 부등식과 삼각 부등식

복소내적공간 V의 임의의 두 벡터 $\mathbf{u}$, $\mathbf{v}$에 대해 다음이 성립한다.

(가) (코시-슈바르츠 부등식) : $|\langle \mathbf{u}, \mathbf{v}\rangle| \leq ||\mathbf{u}||\,||\mathbf{v}||$
(나) (삼각부등식) : $||\mathbf{u}+\mathbf{v}|| \leq ||\mathbf{u}|| + ||\mathbf{v}||$

증명 : (가) $\mathbf{v}=\mathbf{0}$인 경우, 문제 5.2.5에 의해 $|\langle \mathbf{u}, \mathbf{v}\rangle| = 0$이고, $||\mathbf{u}||\,||\mathbf{v}|| = 0$이므로 부등식이 성립한다. 이제 $\mathbf{v} \neq 0$이라 하고, 정사영 벡터 $\mathbf{p} = \mathrm{proj}_{\mathbf{v}}(\mathbf{u})$에 대해 $\mathbf{w} = \mathbf{u}-\mathbf{p}$라 하자. 이때, 정사영 벡터의 정의로부터 $\langle \mathbf{w}, \mathbf{v}\rangle = \langle \mathbf{w}, \mathbf{p}\rangle = 0$이므로,

$$0 \leq \langle \mathbf{w}, \mathbf{w}\rangle = \langle \mathbf{w}, \mathbf{u}-\mathbf{p}\rangle = \langle \mathbf{w}, \mathbf{u}\rangle = \langle \mathbf{u}-\mathbf{p}, \mathbf{u}\rangle = ||\mathbf{u}||^2 - \left\langle \frac{\langle \mathbf{u}, \mathbf{v}\rangle}{||\mathbf{v}||^2}\mathbf{v}, \mathbf{u}\right\rangle = ||\mathbf{u}||^2 - \frac{|\langle \mathbf{u}, \mathbf{v}\rangle|^2}{||\mathbf{v}||^2}$$

이 되어 코시-슈바르츠 부등식이 증명된다.[9] 특히, 코시-슈바르츠 부등식에서 등식이 성립하는 경우는 $\mathbf{w}=0$인 경우이므로 $|\langle \mathbf{u}, \mathbf{v}\rangle| = ||\mathbf{u}||\,||\mathbf{v}||$가 성립할 때이고, 이것은 다시 절대값이 1인 어떤 복소수 $\alpha = \cos\theta + i\sin\theta$에 대해 $\langle \mathbf{u}, \mathbf{v}\rangle = \alpha||\mathbf{u}||\,||\mathbf{v}||$가 성립할 때이다.

9) 부등식의 마지막 등식은 [규칙 2]를 적용하여 $\langle \mathbf{u}, \mathbf{v}\rangle\langle \mathbf{v}, \mathbf{u}\rangle = \langle \mathbf{u}, \mathbf{v}\rangle\overline{\langle \mathbf{u}, \mathbf{v}\rangle} = |\langle \mathbf{u}, \mathbf{v}\rangle|^2$로부터 얻어진다.

(나) 내적규칙으로부터

$$||\mathbf{u}+\mathbf{v}||^2 = \langle \mathbf{u}+\mathbf{v}, \mathbf{u}+\mathbf{v}\rangle = ||\mathbf{u}||^2 + \langle \mathbf{u},\mathbf{v}\rangle + \langle \mathbf{v},\mathbf{u}\rangle + ||\mathbf{v}||^2 = ||\mathbf{u}||^2 + 2\,\mathrm{Re}(\langle \mathbf{u},\mathbf{v}\rangle) + ||\mathbf{v}||^2$$

이고, 임의의 복소수 $z \in \mathbb{C}$에 대해 $\mathrm{Re}(z) \leq |z|$이므로 $\mathrm{Re}(\langle \mathbf{u},\mathbf{v}\rangle) \leq |\langle \mathbf{u},\mathbf{v}\rangle|$이다. 또, 코시-슈바르츠 부등식으로부터 $|\langle \mathbf{u},\mathbf{v}\rangle| \leq ||\mathbf{u}||\,||\mathbf{v}||$이므로

$$||\mathbf{u}+\mathbf{v}||^2 \leq ||\mathbf{u}||^2 + 2||\mathbf{u}||\,||\mathbf{v}|| + ||\mathbf{v}||^2 = (||\mathbf{u}|| + ||\mathbf{v}||)^2$$

이 성립한다. 특히, 등식은 $\mathrm{Re}(\langle \mathbf{u},\mathbf{v}\rangle) = |\langle \mathbf{u},\mathbf{v}\rangle|$이고 절대값이 1인 어떤 복소수 α에 대해 $\langle \mathbf{u},\mathbf{v}\rangle = \alpha||\mathbf{u}||\,||\mathbf{v}||$일 때 성립하는데, 첫 번째 조건으로부터 $\langle \mathbf{u},\mathbf{v}\rangle$가 음이 아닌 실수이어야 하므로 $\langle \mathbf{u},\mathbf{v}\rangle = ||\mathbf{u}||\,||\mathbf{v}||$일 때 성립한다. □

특히, $\mathbb{C}^n$에서 코시-슈바르츠 부등식과 삼각부등식을 다시 쓰면 다음과 같다.

$$\text{코시-슈바르츠 부등식} : \left|\sum_{k=1}^{n} z_k \bar{w}_k\right|^2 \leq \left(\sum_{k=1}^{n}|z_k|^2\right)\left(\sum_{k=1}^{n}|w_k|^2\right)$$

$$\text{삼각 부등식} : \left(\sum_{k=1}^{n}|z_k + w_k|^2\right)^{\frac{1}{2}} \leq \left(\sum_{k=1}^{n}|z_k|^2\right)^{\frac{1}{2}} + \left(\sum_{k=1}^{n}|w_k|^2\right)^{\frac{1}{2}}$$

문제 5.2.6. 복소내적공간 V의 두 벡터 $\mathbf{u}$, $\mathbf{v}$가 수직일 필요충분조건은

$$||\mathbf{u}+\mathbf{v}||^2 = ||\mathbf{u}||^2 + ||\mathbf{v}||^2 \text{ 이고 } \mathrm{Im}(\langle \mathbf{u},\mathbf{v}\rangle) = 0$$

임을 보이시오.

복소내적공간의 다른 예 [좀 더 알아보기]

구간 $I = [a,b] \subset \mathbb{R}$에서 정의된 복소수 값을 갖는 함수 $f : I \to \mathbb{C}$는 실수 값을 갖는 함수 f_1, f_2에 대해 $f(t) = f_1(t) + f_2(t)\,i$꼴이 된다. 이때, 함수 f_1, f_2가 I에서 연속이면 f가 $[a,b]$에서 연속이라 하고, 연속함수 f를 I에서 적분한 값 $\int_a^b f(t)\,dt = \int_a^b f_1(t) + f_2(t)i\,dt$는 $\int_a^b f_1(t)\,dt + i\int_a^b f_2(t)\,dt$로 정의한다. 복소수 값을 갖는 함수 $f : I \to \mathbb{C}$들의 집합을 $\mathcal{C}_{\mathbb{C}}(I)$라 하면, $\mathcal{C}_{\mathbb{C}}(I)$는 복소벡터공간 $\mathcal{F}_{\mathbb{C}}(I)$의 부분공간이 된다.

이제 복소벡터공간 $\mathcal{C}_{\mathbb{C}}([a,b])$의 두 함수 f, g에 대해 함수 $\langle\cdot,\cdot\rangle : \mathcal{C}_{\mathbb{C}}(I) \times \mathcal{C}_{\mathbb{C}}(I) \to \mathbb{C}$를

$$\langle f, g\rangle := \int_a^b f(t)\overline{g(t)}dt$$

로 정의하면, $\mathcal{C}_{\mathbb{C}}(I)$는 이 함수를 내적으로 갖는 복소내적공간이 된다. 이를 보이기 위해 우선 [규칙 1]을 확인해보자. 함수 $f(t) = f_1(t) + f_2(t)\,i \in \mathcal{C}_{\mathbb{C}}(I)$에 대해

$$\langle f, f\rangle = \int_a^b f(t)\overline{f(t)}\,dt = \int_a^b |f(t)|^2\,dt = \int_a^b f_1(t)^2 + f_2(t)^2\,dt \geq 0$$

이고, $f_1(t)^2 + f_2(t)^2$ 은 실수값을 갖는 연속함수이므로 $\langle f, f\rangle = \mathbf{0}$ 일 필요충분조건은 $f = 0$ 이 된다.[10)]

또, 함수 f, $g \in \mathcal{C}_{\mathbb{C}}(I)$ 에 대해 $f(t) = f_1(t)+f_2(t)\,i$, $g(t) = g_1(t)+g_2(t)\,i$ (단, f_1, f_2, g_1, g_2 는 실수 값을 갖는 함수) 라 하면

$$\begin{aligned}
\langle f, g\rangle &= \int_a^b f(t)\overline{g(t)}\,dt \\
&= \int_a^b \big(f_1(t) + f_2(t)\,i\big)\big(g_1(t) - g_2(t)\,i\big)\,dt \\
&= \int_a^b \big(f_1(t)g_1(t) + f_2(t)g_2(t)\big)\,dt + i\int_a^b \big(f_2(t)g_1(t) - f_1(t)g_2(t)\big)\,dt \\
&= \overline{\int_a^b \big(f_1(t)g_1(t) + f_2(t)g_2(t)\big)\,dt + i\int_a^b \big(f_1(t)g_2(t) - f_2(t)g_1(t)\big)\,dt} \\
&= \overline{\int_a^b \big(f_1(t) - f_2(t)\,i\big)\big(g_1(t) + g_2(t)\,i\big)\,dt} \\
&= \overline{\int_a^b g(t)\overline{f(t)}\,dt} \\
&= \overline{\langle g, f\rangle}
\end{aligned}$$

이므로 [규칙 2]가 성립한다. [규칙 3]과 [규칙 4]도 비슷한 방법으로 보일 수 있다.

문제 5.2.7. 복소내적공간 $\mathcal{C}_{\mathbb{C}}([-\pi, \pi])$ 에서 정수 $k \in \mathbb{Z}$ 에 대해 벡터 $e_k(t)$ 를

$$e_k(t) = \frac{1}{\sqrt{2\pi}}\big(\cos(k\,t) + i\sin(k\,t)\big)$$

로 정의하자. 다음이 성립함을 보이시오.

$$\langle e_k, e_\ell\rangle = \begin{cases} 1 & (k = \ell) \\ 0 & (k \neq \ell) \end{cases}$$

문제 5.2.8. 복소내적공간 $\mathcal{C}_{\mathbb{C}}([a, b])$ 의 두 벡터 f, g 에 대해 다음이 성립함을 보이시오.

$$\left|\int_a^b f(t)\overline{g(t)}\,dt\right| \leq \left(\int_a^b |f(t)|^2\,dt\right)^{\frac{1}{2}} \left(\int_a^b |g(t)|^2\,dt\right)^{\frac{1}{2}}$$

이제 $n \times m$ 복소행렬들로 이루어진 복소벡터공간 $\mathcal{M}_{n,m}(\mathbb{C})$ 에 내적을 정의해보자. 두 벡터 A, $B \in \mathcal{M}_{n,m}(\mathbb{C})$ 에 대해 함수 $\langle\cdot,\cdot\rangle : \mathcal{M}_{n,m}(\mathbb{C}) \times \mathcal{M}_{n,m}(\mathbb{C}) \to \mathbb{C}$ 를

$$\langle A, B\rangle = \mathrm{Tr}\,(AB^*)$$

10) 예제 4.2.1의 풀이를 참고하시오.

로 정의하자.

행렬 $A \in \mathcal{M}_{n,m}(\mathbb{C})$의 (i,j) 성분을 A_{ij}라 할 때,

$$(AA^*)_{ii} = \sum_{k=1}^{m} A_{ik}A^*_{ki} = \sum_{k=1}^{m} A_{ik}\overline{A_{ik}} = \sum_{k=1}^{m} |A_{ik}|^2 \geq 0$$

이므로

$$\langle A, A\rangle = \mathrm{Tr}\,(AA^*) = \sum_{i=1}^{n}(AA^*)_{ii} = \sum_{i=1}^{n}\sum_{k=1}^{m}|A_{ik}|^2 \geq 0 \text{이고 } \langle A, A\rangle = 0 \iff A = 0$$

이 된다. 따라서 [규칙 1]이 성립한다.

또, $\mathrm{Tr}\,(A) = \mathrm{Tr}\,(A^{\mathrm{T}})$, $\mathrm{Tr}\,(\bar{A}) = \overline{\mathrm{Tr}\,(A)}$이고 $\mathrm{Tr}\,(AB) = \mathrm{Tr}\,(BA)$이므로

$$\langle A, B\rangle = \mathrm{Tr}\,(AB^*) = \mathrm{Tr}\,\left((AB^*)^{\mathrm{T}}\right) = \mathrm{Tr}\,\left((B^*)^{\mathrm{T}}A^{\mathrm{T}}\right) = \mathrm{Tr}\,\left(\bar{B}A^{\mathrm{T}}\right) = \overline{\mathrm{Tr}\,\left(BA^*\right)} = \overline{\langle B, A\rangle}$$

가 성립한다. 따라서 [규칙 2]도 성립한다.

[규칙 3]의 경우에는 다음과 같이 성립하고, [규칙 4]도 비슷하게 확인할 수 있다.

$$\langle A+B, C\rangle = \mathrm{Tr}\,\left((A+B)C^*\right) = \mathrm{Tr}\,\left(AC^*+BC^*\right) = \mathrm{Tr}\,(AC^*)+\mathrm{Tr}\,(BC^*) = \langle A, C\rangle+\langle B, C\rangle$$

따라서 정의한 내적에 대해 $\mathcal{M}_{n,m}(\mathbb{C})$는 내적공간이 된다.

예제 5.2.3. 복소내적공간 $\mathcal{M}_{2,2}(\mathbb{C})$의 내적 $\langle A, B\rangle = \mathrm{Tr}\,(AB^*)$로부터 정의되는 벡터 A의 노름 $||A||$는 벡터 A를 $\mathbb{C}^n$의 벡터 $\mathbf{a} = (A_{11}, A_{12}, A_{21}, A_{22})$로 이해하여 구한 노름 $||\mathbf{a}||$와 같음을 보이시오.

풀이 : $A \in \mathcal{M}_{n,n}(\mathbb{C})$에 대해

$$\begin{aligned} ||A||^2 &= \mathrm{Tr}\,(AA^*) = (AA^*)_{11} + (AA^*)_{22} \\ &= \left(A_{11}A^*_{11} + A_{12}A^*_{21}\right) + \left(A_{21}A^*_{12} + A_{22}A^*_{22}\right) \\ &= A_{11}\overline{A_{11}} + A_{12}\overline{A_{12}} + A_{21}\overline{A_{21}} + A_{22}\overline{A_{22}} \\ &= \langle \mathbf{a}, \mathbf{a}\rangle = ||\mathbf{a}||^2 \end{aligned}$$

이 성립하므로 $||A|| = ||\mathbf{a}||$이다. □

문제 5.2.9. $n \times m$ 복소행렬 A, B에 대해 다음 부등식이 성립함을 보이시오.

$$|\mathrm{Tr}\,(AB^*)|^2 \leq \mathrm{Tr}\,(AA^*)\,\mathrm{Tr}\,(BB^*)$$

모든 성분이 실수인 $n \times m$ 행렬들로 이루어진 벡터공간 $\mathcal{M}_{n,m}$은 $\langle A, B\rangle = \mathrm{Tr}\,(AB^{\mathrm{T}})$에 대해 실수 상에서 정의한 내적공간이 됨을 동일한 방법으로 보일 수 있다 (문제 4.1.6 참고).

문제 5.2.10. 복소내적공간 $\mathbb{C}^n$의 벡터는 복소내적공간 $\mathcal{M}_{1,n}(\mathbb{C})$의 벡터로 이해할 수도 있다. 이때, 두 벡터 $\mathbf{z} = (z_1, \cdots, z_n)$과 $\mathbf{w} = (w_1, \cdots, w_n)$을 $\mathcal{M}_{1,n}(\mathbb{C})$의 벡터로 생각할 때 복소내적 $\langle \mathbf{z}, \mathbf{w}\rangle_{\mathcal{M}_{1,n}(\mathbb{C})} = \mathrm{Tr}(\mathbf{z}\mathbf{w}^*)$는 $\mathbb{C}^n$에서의 복소내적 $z_1w_1 + \cdots + z_nw_n$과 같음을 보이시오.

5.3 $\mathbb{R}$ 또는 $\mathbb{C}$ 상에서 정의된 벡터공간: 좌표벡터와 추이행렬

[미리보기] 실수 상에서 정의된 4차원 벡터공간 $\mathcal{M}_{2,2}$의 네 벡터

$$\mathbf{a}_1 = \begin{pmatrix} 1 & 0 \\ 0 & 0 \end{pmatrix},\ \mathbf{a}_2 = \begin{pmatrix} 1 & 0 \\ 0 & 1 \end{pmatrix},\ \mathbf{a}_3 = \begin{pmatrix} 0 & 1 \\ 0 & 0 \end{pmatrix},\ \mathbf{a}_4 = \begin{pmatrix} 0 & 1 \\ 1 & 0 \end{pmatrix}$$

는 일차독립이므로 한 기저가 된다.[11] 이 기저 $\mathcal{B} = \{\mathbf{a}_1, \mathbf{a}_2, \mathbf{a}_3, \mathbf{a}_4\}$에 대해 임의의 벡터 $\mathbf{x} \in \mathcal{M}_{2,2}$는

$$\mathbf{x} = \begin{pmatrix} x & y \\ z & w \end{pmatrix} = (x-w)\mathbf{a}_1 + w\mathbf{a}_2 + (y-z)\mathbf{a}_3 + z\mathbf{a}_4$$

와 같이 기저를 이루는 벡터들의 일차결합으로 유일하게 나타낼 수 있다. 따라서, 기저 $\mathcal{B}$에서 벡터들의 순서를 고정하고 나면, 벡터 $\mathbf{x}$를 구체적으로 주는 대신 일차결합에서 나타나는 상수값을 순서대로 나열한 $(x-w, w, y-z, z)^{\mathrm{T}} \in \mathcal{M}_{4,1}$로도 벡터 $\mathbf{x}$를 나타낼 수 있다. 이때, 일차결합에서 나타나는 상수값을 1행부터 4행까지 차례로 나열한 $\mathcal{M}_{4,1}$의 벡터를 순서기저 $\mathcal{B}$에 대한 벡터 $\mathbf{x} \in \mathcal{M}_{2,2}$의 좌표벡터라 하고 $[\mathbf{x}]_{\mathcal{B}}$로 나타낸다. 예를 들어, 좌표벡터가 $[\mathbf{x}]_{\mathcal{B}} = (1,0,2,1)^{\mathrm{T}}$인 벡터 $\mathbf{x}$는 다음과 같이 구할 수 있다.

$$\mathbf{x} = 1\cdot\begin{pmatrix} 1 & 0 \\ 0 & 0 \end{pmatrix} + 0\cdot\begin{pmatrix} 1 & 0 \\ 0 & 1 \end{pmatrix} + 2\begin{pmatrix} 0 & 1 \\ 0 & 0 \end{pmatrix} + 1\cdot\begin{pmatrix} 0 & 1 \\ 1 & 0 \end{pmatrix} = \begin{pmatrix} 1 & 3 \\ 1 & 0 \end{pmatrix}$$

물론, 기저가 바뀌면 동일한 벡터에 대한 좌표벡터는 달라진다. 이 절에서는 주어진 기저에 대해 좌표벡터를 구할 수 있는 이유와 방법, 서로 다른 기저에 대한 좌표벡터의 관계 등에 대해서 공부한다.

순서기저와 좌표벡터

벡터공간에서 기저의 개념은 좌표계의 개념과 유사한 의미를 갖는다. 일반적인 체 $\mathbb{F}$ 상에서 정의된 유한차원 벡터공간 V의 한 기저를 $\mathcal{B} = \{\mathbf{v}_1, \mathbf{v}_2, \cdots, \mathbf{v}_n\}$이라 하자. (이 책에서는 $\mathbb{F} = \mathbb{R}$ 또는 $\mathbb{F} = \mathbb{C}$인 경우만 다룬다.) 특히, 기저 $\mathcal{B}$를 이루는 벡터들의 순서를 유지하여 언급할 때 순서기저라고 부른다.

$\mathcal{B}$가 기저이므로 V를 생성하고, 따라서 V에 속하는 임의의 벡터 $\mathbf{v}$에 대해

$$\mathbf{v} = c_1\mathbf{v}_1 + c_2\mathbf{v}_2 + \cdots + c_n\mathbf{v}_n \tag{5.2}$$

이 되는 계수 $c_i \in \mathbb{F}$들이 존재한다. 우선 이 기저들이 유일하게 결정됨을 알아보자. 동일한 $\mathbf{v}$에 대해

$$\mathbf{v} = d_1\mathbf{v}_1 + c_2\mathbf{v}_2 + \cdots + d_n\mathbf{v}_n$$

도 성립한다고 하자. 이때, $\mathbf{v}$에 대한 두 개의 일차결합 표현으로부터

$$(c_1 - d_1)\mathbf{v}_1 + (c_2 - d_2)\mathbf{v}_2 + \cdots + (c_n - d_n)\mathbf{v}_n = \mathbf{0}$$

11) 128쪽의 '유한차원 벡터공간의 기저 판별법'에 의해 성립한다.

가 성립하는데, $\mathcal{B}$의 벡터들은 일차독립이므로 모든 $k = 1, 2, \cdots, n$에 대해 $c_k = d_k$가 된다. 이처럼 순서기저 $\mathcal{B}$가 주어졌을 때, 임의의 벡터 $\mathbf{v} \in V$에 대해 식 (5.2)를 만족하는 $\mathcal{M}_{n,1}(\mathbb{F})$의 벡터 $(c_1, c_2, \cdots, c_n)^{\mathrm{T}}$는 유일하게 존재하는데, $\mathcal{M}_{n,1}(\mathbb{F})$에 속하는 이 벡터를 주어진 순서기저 $\mathcal{B}$에 대한 $\mathbf{v}$의 **좌표벡터**라 하고 $[\mathbf{v}]_{\mathcal{B}}$로 나타낸다. 즉, $[\mathbf{v}]_{\mathcal{B}} = (c_1, c_2, \cdots, c_n)^{\mathrm{T}}$이다.

좌표벡터에 대해 다음 두 가지 중요한 성질이 성립한다.

[좌표벡터 성질 1] $[\mathbf{v} + \mathbf{w}]_{\mathcal{B}} = [\mathbf{v}]_{\mathcal{B}} + [\mathbf{w}]_{\mathcal{B}}$
[좌표벡터 성질 2] $[\alpha\mathbf{v}]_{\mathcal{B}} = \alpha[\mathbf{v}]_{\mathcal{B}}$ $(\alpha \in \mathbb{F})$

첫 번째 성질이 성립함을 보이기 위해 $\mathcal{B} = \{\mathbf{v}_1, \mathbf{v}_2, \cdots, \mathbf{v}_n\}$이라 하고 $\mathbf{v}$와 $\mathbf{w}$의 $\mathcal{B}$에 대한 좌표벡터가 $[\mathbf{v}]_{\mathcal{B}} = (v_1, v_2, \cdots, v_n)^{\mathrm{T}}$, $[\mathbf{w}]_{\mathcal{B}} = (w_1, w_2, \cdots, w_n)^{\mathrm{T}}$라 하자. 이때,

$$\begin{aligned}\mathbf{v} + \mathbf{w} =& (v_1\mathbf{v}_1 + v_2\mathbf{v}_2 + \cdots + v_n\mathbf{v}_n) + (w_1\mathbf{v}_1 + w_2\mathbf{v}_2 + \cdots + w_n\mathbf{v}_n) \\ =& (v_1 + w_1)\mathbf{v}_1 + (v_2 + w_2)\mathbf{v}_2 + \cdots + (v_n + w_n)\mathbf{v}_n\end{aligned}$$

이고, $(v_1 + w_1, v_2 + w_2, \cdots, v_n + w_n)^{\mathrm{T}} = (v_1, v_2, \cdots, v_n)^{\mathrm{T}} + (w_1, w_2, \cdots, w_n)^{\mathrm{T}}$이므로

$$[\mathbf{v} + \mathbf{w}]_{\mathcal{B}} = [\mathbf{v}]_{\mathcal{B}} + [\mathbf{w}]_{\mathcal{B}}$$

가 성립한다. 두 번째 성질도 비슷한 방법으로 보일 수 있다.

이처럼 $\mathbb{F}$상에서 정의된 n차원 벡터공간 V의 기저 $\mathcal{B}$가 주어졌을 때 각 벡터의 좌표벡터를 구하는 것은 V로부터 $\mathbb{F}$상에서 정의된 벡터공간 $\mathcal{M}_{n,1}(F)$로 가는 함수 $\Gamma_{\mathcal{B}}(\mathbf{v}) = [\mathbf{v}]_{\mathcal{B}}$를 정의하여 생각할 수 있다. 실제로, 기저가 벡터공간을 생성한다는 것으로부터 $\mathbf{v} \in V$에 $[\mathbf{v}]_{\mathcal{B}}$를 대응시킬 수 있고, 기저가 일차독립이라는 것으로부터 $[\mathbf{v}]_{\mathcal{B}}$가 유일하게 대응되어 $\Gamma_{\mathcal{B}}$는 V에서 정의된 함수가 된다. 특히, 좌표벡터의 성질로부터 $\Gamma_{\mathcal{B}}$는 두 가지 성질

[함수 성질 1] 모든 $\mathbf{v}, \mathbf{w} \in V$에 대해 $\Gamma_{\mathcal{B}}(\mathbf{v} + \mathbf{w}) = \Gamma_{\mathcal{B}}(\mathbf{v}) + \Gamma_{\mathcal{B}}(\mathbf{w})$,
[함수 성질 2] 모든 $\mathbf{v} \in V$, $\alpha \in \mathbb{F}$에 대해 $\Gamma_{\mathcal{B}}(\alpha\mathbf{v}) = \alpha\Gamma_{\mathcal{B}}(\mathbf{v})$

가 성립하는데, 이는 $\Gamma_{\mathcal{B}}$가 나중에 공부할 **선형사상**이 된다는 뜻이다 (210쪽 참고).

예제 5.3.1. 실수 상에서 정의된 5차원 벡터공간 $\mathcal{P}_4$의 한 기저 $\mathcal{B} = \{1, 1 + x, x^2, x^3, x^4\}$에 대해 두 벡터 $\mathbf{a}$와 $\mathbf{b}$의 좌표벡터가 각각 $[\mathbf{a}]_{\mathcal{B}} = (1, 0, 0, 1, 2)^{\mathrm{T}}$, $[\mathbf{b}]_{\mathcal{B}} = (2, -1, 1, 0, 1)^{\mathrm{T}}$이다. 두 벡터의 합 $\mathbf{a} + \mathbf{b}$를 구하시오.

풀이 : 두 벡터 $\mathbf{a}$와 $\mathbf{b}$의 합 $\mathbf{a} + \mathbf{b}$의 좌표벡터는 좌표벡터의 [성질 1]에 의해

$$[\mathbf{a} + \mathbf{b}]_{\mathcal{B}} = [\mathbf{a}]_{\mathcal{B}} + [\mathbf{b}]_{\mathcal{B}} = (3, -1, 1, 1, 3)^{\mathrm{T}}$$

이므로 $\mathbf{a} + \mathbf{b} = 3 \cdot 1 + (-1) \cdot (1 + x) + 1 \cdot x^2 + 1 \cdot x^3 + 3 \cdot x^4 = 2 - x + x^2 + x^3 + 3x^4$이다. □

예제 5.3.2. (가) $\mathbb{C}^2$를 $\mathbb{C}$상에서 정의된 벡터공간으로 볼 때 두 벡터

$$\mathbf{z}_1 = (1, i),\ \mathbf{z}_2 = (1+i, 1)$$

에 대해 $\mathcal{B}_1 = \{\mathbf{z}_1, \mathbf{z}_2\}$는 $\mathbb{C}^2$의 기저가 됨을 보이시오. 또, 임의의 벡터 $\mathbf{w} = (w_1, w_2) \in \mathbb{C}^2$의 $\mathcal{B}_1$에 대한 좌표벡터 $[\mathbf{w}]_{\mathcal{B}_1}$를 구하시오.
(나) $\mathbb{C}^2$를 $\mathbb{R}$상에서 정의된 벡터공간으로 볼 때 네 벡터

$$\mathbf{a}_1 = (1, i),\ \mathbf{a}_2 = (i, 1),\ \mathbf{a}_3 = (1, 1),\ \mathbf{a}_4 = (-i, i)$$

에 대해 $\mathcal{B}_2 = \{\mathbf{a}_1, \mathbf{a}_2, \mathbf{a}_3, \mathbf{a}_4\}$는 $\mathbb{C}^2$의 기저가 됨을 보이시오. 또, 임의의 $\mathbf{w} = (w_1, w_2) \in \mathbb{C}^2$의 $\mathcal{B}_2$에 대한 좌표벡터 $[\mathbf{w}]_{\mathcal{B}_2}$를 구하시오.

풀이 : (가) $\mathbb{C}^2$는 2차원 벡터공간이므로 주어진 두 벡터가 일차독립임을 보이면 기저가 된다. 복소수 α, β에 대해

$$\alpha\mathbf{z}_1 + \beta\mathbf{z}_2 = (\alpha+\beta+\beta i, \alpha i+\beta) = (0,0) \iff \begin{pmatrix}\alpha & \beta\end{pmatrix}\begin{pmatrix}1 & i\\ 1+i & 1\end{pmatrix} = \begin{pmatrix}0 & 0\end{pmatrix}$$

이라 하자. 위 식의 2×2 행렬을 A라 하면 행렬식이 $\det(A) = 2-i \neq 0$이 아니므로 역행렬

$$A^{-1} = \frac{1}{2-i}\begin{pmatrix}1 & -i\\ -1-i & 1\end{pmatrix} = \frac{1}{5}\begin{pmatrix}2+i & 1-2i\\ -1-3i & 2+i\end{pmatrix}$$

가 존재하고 $\alpha = 0$, $\beta = 0$을 얻는다. 따라서, $\mathcal{B}_1$은 일차독립이다. 이제, 임의의 벡터 $\mathbf{w} = (w_1, w_2)$의 $\mathcal{B}_1$에 대한 좌표벡터를 구하기 위해

$$\alpha\mathbf{z}_1 + \beta\mathbf{z}_2 = (\alpha+\beta+\beta i, \alpha i+\beta) = (w_1, w_2) \iff \begin{pmatrix}\alpha & \beta\end{pmatrix}\begin{pmatrix}1 & i\\ 1+i & 1\end{pmatrix} = \begin{pmatrix}w_1 & w_2\end{pmatrix}$$

를 위에서 구한 역행렬을 이용하여 풀면

$$\begin{aligned}\begin{pmatrix}\alpha & \beta\end{pmatrix} &= \frac{1}{5}\begin{pmatrix}w_1 & w_2\end{pmatrix}\begin{pmatrix}2+i & 1-2i\\ -1-3i & 2+i\end{pmatrix}\\ &= \begin{pmatrix}\frac{1}{5}(2+i)w_1 - \frac{1}{5}(1+3i)w_2 & \frac{1}{5}(1-2i)w_1 + \frac{1}{5}(2+i)w_2\end{pmatrix}\end{aligned}$$

가 된다. 따라서, 좌표벡터는 다음과 같다.

$$[\mathbf{w}]_{\mathcal{B}_1} = \frac{1}{5}\begin{pmatrix}(2+i)w_1 - (1+3i)w_2\\ (1-2i)w_1 + (2+i)w_2\end{pmatrix}$$

(나) 실수 상에서 정의된 벡터공간 $\mathbb{C}^2$의 한 기저가 $\{(1,0), (i,0), (0,1), (0,i)\}$ 임을 알고 있으므로 $\dim_{\mathbb{R}}(\mathbb{C}^2) = 4$이다. 따라서, 네 벡터가 일차독립인 것만 보이면 기저가 된다. 일차독립을 확인하기 위해 실수 t_i $(i = 1, 2, 3, 4)$에 대해

$$t_1\mathbf{a}_1 + t_2\mathbf{a}_2 + t_3\mathbf{a}_3 + t_4\mathbf{a}_4 = (t_1 + t_2 i + t_3 - t_4 i,\ t_1 i + t_2 + t_3 + t_4 i) = (0,0)$$

이라 하면, 다음 연립방정식을 얻는다.

$$\begin{cases}(t_1+t_3)+(t_2-t_4)i=0\\(t_2+t_3)+(t_1+t_4)i=0\end{cases} \iff \begin{cases}t_1+t_3=0\\t_2-t_4=0\\t_2+t_3=0\\t_1+t_4=0\end{cases} \iff \begin{pmatrix}1&0&1&0\\0&1&0&-1\\0&1&1&0\\1&0&0&1\end{pmatrix}\begin{pmatrix}t_1\\t_2\\t_3\\t_4\end{pmatrix}=\begin{pmatrix}0\\0\\0\\0\end{pmatrix}$$

연립방정식에서 4×4행렬을 A라 하고, $B = (A\,|\,I)$에 가우스-조르당 소거법을 적용하여 역행렬을 구하면

$$\begin{aligned}&\mathrm{R}_{3,1}(-1)\,\mathrm{R}_{4,2}(1)\,\mathrm{R}_{4,3}(-1)\,\mathrm{R}_4\left(\frac{1}{2}\right)\mathrm{R}_{3,4}(1)\,\mathrm{R}_{2,3}(-1)\,\mathrm{R}_{1,4}(-1)\,B\\ &=\left(\begin{array}{cccc|cccc}1&0&0&0&\frac{1}{2}&\frac{1}{2}&-\frac{1}{2}&\frac{1}{2}\\0&1&0&0&-\frac{1}{2}&\frac{1}{2}&\frac{1}{2}&\frac{1}{2}\\0&0&1&0&\frac{1}{2}&-\frac{1}{2}&\frac{1}{2}&-\frac{1}{2}\\0&0&0&1&-\frac{1}{2}&-\frac{1}{2}&\frac{1}{2}&\frac{1}{2}\end{array}\right)\end{aligned}$$

이므로 $t_1 = t_2 = t_3 = t_4 = 0$이다. 따라서 $\mathcal{B}_2$는 기저가 된다.

이제 임의의 $\mathbf{w} = (w_1, w_2) \in \mathbb{C}^2$를 실수부와 허수부로 표현하여 $w_k = x_k + y_k\,i$ $(k = 1, 2)$라 하자. 기저 $\mathcal{B}_2$에 대한 좌표벡터를 구하기 위해

$$t_1\mathbf{a}_1 + t_2\mathbf{a}_2 + t_3\mathbf{a}_3 + t_4\mathbf{a}_4 = (t_1 + t_2 i + t_3 - t_4 i,\ t_1 i + t_2 + t_3 + t_4 i) = (x_1 + y_1\,i, x_2 + y_2\,i)$$

로부터 다음 연립방정식을 얻는다.

$$\begin{cases}(t_1+t_3)+(t_2-t_4)i\\=x_1+y_1 i\\(t_2+t_3)+(t_1+t_4)i\\=x_2+y_2 i\end{cases} \iff \begin{cases}t_1+t_3=x_1\\t_2-t_4=y_1\\t_2+t_3=x_2\\t_1+t_4=y_2\end{cases} \iff \begin{pmatrix}1&0&1&0\\0&1&0&-1\\0&1&1&0\\1&0&0&1\end{pmatrix}\begin{pmatrix}t_1\\t_2\\t_3\\t_4\end{pmatrix}=\begin{pmatrix}x_1\\y_1\\x_2\\y_2\end{pmatrix}$$

따라서, 계산된 역행렬로부터 연립방정식의 해를 구하면 좌표벡터는 다음과 같다.

$$[\mathbf{w}]_{\mathcal{B}_2} = \frac{1}{2}\begin{pmatrix}x_1+y_1-x_2+y_2\\-x_1+y_1+x_2+y_2\\x_1-y_1+x_2-y_2\\-x_1-y_1+x_2+y_2\end{pmatrix}$$

□

벡터와 대응되는 좌표벡터의 일차독립성

벡터공간 $\mathbb{R}^n$ 에 속하는 k 개의 벡터들이 일차독립인지 아닌지를 따질 때는 각 벡터들을 행으로 하는 $k \times n$ 행렬의 기약 행사다리꼴을 살펴보면 쉽게 확인할 수 있었다. (122쪽 '기약 행사다리꼴을 이용한 일차독립 판별' 참고)

일반적인 벡터공간의 경우에도 기저에 대한 좌표벡터를 생각하면 기약 행사다리꼴을 이용해서 쉽게 일차독립 여부를 판단할 수 있음을 알아보자.

$\mathbb{F}$ 상에서 정의된 벡터공간 V 의 한 순서기저 $\mathcal{B}$ 가 주어졌을 때, 주어진 기저에 대한 좌표벡터는 유일하게 결정된다는 사실로부터

$$[\mathbf{v}]_{\mathcal{B}} = \mathbf{0} \in \mathcal{M}_{n,1}(\mathbb{R}) \iff \mathbf{v} = \mathbf{0} \in V$$

가 성립한다. 이제, n 차원 벡터공간 V 의 벡터 $\{\mathbf{u}_1, \mathbf{u}_2, \cdots, \mathbf{u}_k\}$ 에 대해, 좌표벡터의 [성질 1]과 [성질 2]로부터

$$\begin{aligned} & c_1\mathbf{u}_1 + c_2\mathbf{u}_2 + \cdots + c_k\mathbf{u}_k = \mathbf{0} \in V \\ \iff & [c_1\mathbf{u}_1 + c_2\mathbf{u}_2 + \cdots + c_k\mathbf{u}_k]_{\mathcal{B}} = \mathbf{0} \in \mathcal{M}_{n,1}(\mathbb{F}) \\ \iff & c_1[\mathbf{u}_1]_{\mathcal{B}} + c_2[\mathbf{u}_2]_{\mathcal{B}} + \cdots + c_k[\mathbf{u}_k]_{\mathcal{B}} = \mathbf{0} \in \mathcal{M}_{n,1}(\mathbb{F}) \end{aligned}$$

가 성립한다. 따라서, $\{\mathbf{u}_1, \mathbf{u}_2, \cdots, \mathbf{u}_k\} \subset V$ 가 일차독립일 필요충분조건은 좌표벡터 $\{[\mathbf{u}_1]_{\mathcal{B}}, [\mathbf{u}_2]_{\mathcal{B}}, \cdots, [\mathbf{u}_k]_{\mathcal{B}}\} \subset \mathcal{M}_{n,1}(\mathbb{F})$ 가 일차독립인 것이다.

좌표벡터를 이용한 일차독립 판별

체 $\mathbb{F}$ 상에서 정의된 n 차원 벡터공간 V 의 한 기저가 $\mathcal{B}$ 라고 하자. V 에 속하는 k 개의 벡터 $\{\mathbf{v}_1, \mathbf{v}_2, \cdots, \mathbf{v}_k\}$ 가 일차독립일 필요충분조건은 좌표벡터 $\{[\mathbf{v}_1]_{\mathcal{B}}, [\mathbf{v}_2]_{\mathcal{B}}, \cdots, [\mathbf{v}_k]_{\mathcal{B}}\} \subset \mathcal{M}_{n,1}(\mathbb{F})$ 가 일차독립인 것이다.

따라서, 일반적인 벡터공간에서 주어진 벡터들이 일차독립인지를 확인하기 위해서는 좌표벡터를 구하기 쉬운 기저를 하나 잡고, 이 기저에 대한 좌표벡터들이 일차독립인지를 확인하면 된다. 다음 예제를 통해 이를 연습해보자.

예제 5.3.3. 실수 상에서 정의된 벡터공간 $\mathcal{M}_{2,3}$ 의 다음 네 벡터가 일차독립인지 판별하시오.

$$\mathbf{a}_1 = \begin{pmatrix} 1 & 2 & -1 \\ 0 & 1 & 1 \end{pmatrix}, \mathbf{a}_2 = \begin{pmatrix} 0 & 1 & 1 \\ 1 & -1 & -1 \end{pmatrix}, \mathbf{a}_3 = \begin{pmatrix} 1 & 1 & 1 \\ 1 & 0 & 0 \end{pmatrix}, \mathbf{a}_4 = \begin{pmatrix} 4 & 5 & -1 \\ 1 & 3 & 3 \end{pmatrix}$$

풀이 : $\mathbf{e}_{ij}$ 를 (i, j) 성분만 1이고 나머지 성분은 모두 0인 행렬이라고 할 때,

$$\mathcal{B} = \{\mathbf{e}_{11}, \mathbf{e}_{12}, \mathbf{e}_{13}, \mathbf{e}_{21}, \mathbf{e}_{22}, \mathbf{e}_{23}\}$$

은 $\mathcal{M}_{2,3}$의 한 기저가 됨을 쉽게 확인할 수 있다. 이제 기저 $\mathcal{B}$에 대한 각 벡터의 좌표벡터를 구하여, 이들 벡터를 차례로 행으로 갖는 행렬 A와 A의 기약행사다리꼴을 구하면

$$A = \begin{pmatrix} 1 & 2 & -1 & 0 & 1 & 1 \\ 0 & 1 & 1 & 1 & -1 & -1 \\ 1 & 1 & 1 & 1 & 0 & 0 \\ 4 & 5 & -1 & 1 & 3 & 3 \end{pmatrix} \xrightarrow[\text{소거법}]{\text{가우스-조르당}} \begin{pmatrix} 1 & 0 & 0 & 0 & 1 & 1 \\ 0 & 1 & 0 & \frac{1}{3} & -\frac{1}{3} & -\frac{1}{3} \\ 0 & 0 & 1 & \frac{2}{3} & -\frac{2}{3} & -\frac{2}{3} \\ 0 & 0 & 0 & 0 & 0 & 0 \end{pmatrix}$$

이다. 이때, A의 기약행사다리꼴에 영벡터가 있으므로 주어진 벡터들은 일차종속임을 알 수 있다. □

문제 5.3.1. 실수 상에서 정의된 벡터공간 $\mathcal{M}_{2,3}$의 다음 다섯 벡터가 일차독립인지 판별하시오.

$$\begin{pmatrix} 1 & 0 & 1 \\ 1 & 1 & 1 \end{pmatrix}, \begin{pmatrix} 0 & 1 & 1 \\ 1 & 0 & 1 \end{pmatrix}, \begin{pmatrix} 1 & 1 & 1 \\ 1 & 1 & 1 \end{pmatrix}, \begin{pmatrix} 1 & 1 & 0 \\ 1 & 1 & 0 \end{pmatrix}, \begin{pmatrix} 2 & 1 & 0 \\ 1 & 2 & 1 \end{pmatrix}$$

또, 위 벡터를 포함하는 $\mathcal{M}_{2,3}$의 기저를 구하시오.

예제 5.3.4. 실수 상에서 정의된 벡터공간 $\mathcal{P}_4$의 다음 네 벡터가 일차독립인지 판별하시오.

$\mathbf{v}_1 = 2 - x^2 + 3x^3 + x^4,\ \mathbf{v}_2 = x + x^3 - x^4,\ \mathbf{v}_3 = 1 + x + x^2 - x^3,\ \mathbf{v}_4 = 3 + x + x^2 - x^3 + x^4$

풀이 : $\mathcal{P}_4$의 한 기저 $\{1, x, x^2, x^3, x^4\}$에 대한 좌표벡터를 각 행으로하는 행렬 A와 그 기약행사다리꼴을 구하면 다음과 같다.

$$A = \begin{pmatrix} 2 & 0 & -1 & 3 & 1 \\ 0 & 1 & 0 & 1 & -1 \\ 1 & 1 & 1 & -1 & 0 \\ 3 & 1 & 1 & -1 & 1 \end{pmatrix} \xrightarrow[\text{소거법}]{\text{가우스-조르당}} \begin{pmatrix} 1 & 0 & 0 & 0 & \frac{1}{2} \\ 0 & 1 & 0 & 0 & -\frac{3}{2} \\ 0 & 0 & 1 & 0 & \frac{3}{2} \\ 0 & 0 & 0 & 1 & \frac{1}{2} \end{pmatrix}$$

A의 기약행사다리꼴에 영벡터가 없으므로 주어진 좌표벡터들은 일차독립이고, 따라서 $\{\mathbf{v}_1, \mathbf{v}_2, \mathbf{v}_3, \mathbf{v}_4\}$도 일차독립이다. □

추이행렬

$\mathbb{F}$상에서 정의된 n 차원 벡터공간 V의 서로 다른 두 기저

$$\mathcal{B}_1 = \{\mathbf{v}_1, \mathbf{v}_2, \cdots, \mathbf{v}_n\}, \quad \mathcal{B}_2 = \{\mathbf{w}_1, \mathbf{w}_2, \cdots, \mathbf{w}_n\}$$

에 대해 $\mathbf{v} \in V$의 두 좌표벡터

$$[\mathbf{v}]_{\mathcal{B}_1} = (a_1, a_2, \cdots, a_n)^{\mathrm{T}}, \quad [\mathbf{v}]_{\mathcal{B}_2} = (b_1, b_2, \cdots, b_n)^{\mathrm{T}}$$

의 관계에 대해 알아보자.

167쪽에서 살펴본 좌표벡터의 성질을 이용하면 기저 $\mathcal{B}_1$ 에 대한 $\mathbf{v}$ 의 좌표벡터로부터

$$\mathbf{v} = a_1\mathbf{v}_1 + a_2\mathbf{v}_2 + \cdots + a_n\mathbf{v}_n \iff [\mathbf{v}]_{\mathcal{B}_2} = a_1[\mathbf{v}_1]_{\mathcal{B}_2} + a_2[\mathbf{v}_2]_{\mathcal{B}_2} + \cdots + a_n[\mathbf{v}_n]_{\mathcal{B}_2} \quad (5.3)$$

가 되므로, $\mathbf{v}_k\ (k = 1, 2, \cdots, n)$ 의 $\mathcal{B}_2$ 에 대한 좌표벡터 $[\mathbf{v}_k]_{\mathcal{B}_2}$ 만 알면 두 좌표벡터 사이의 관계를 얻을 수 있다.

이제, 기저 $\mathcal{B}_1$ 에 속하는 각 벡터 $\mathbf{v}_k$ 의 기저 $\mathcal{B}_2$ 에 대한 좌표벡터가

$$[\mathbf{v}_k]_{\mathcal{B}_2} = (p_{1k}, p_{2k}, \cdots, p_{nk})^{\mathrm{T}}\ (k = 1, 2, \cdots, n) \quad (5.4)$$

라 할 때, 각 좌표벡터를 차례로 열로 갖는 행렬 $P_{\mathcal{B}_1,\mathcal{B}_2}$ 를 다음과 같이 정의하자.

$$P_{\mathcal{B}_1,\mathcal{B}_2} = \begin{pmatrix} p_{11} & p_{12} & \cdots & p_{1n} \\ p_{21} & p_{22} & \cdots & p_{2n} \\ \vdots & \vdots & \ddots & \vdots \\ p_{n1} & p_{n2} & \cdots & p_{nn} \end{pmatrix}$$

이때, 식 (5.3)와 (5.4)로부터

$$\begin{aligned} [\mathbf{v}]_{\mathcal{B}_2} = \begin{pmatrix} b_1 \\ b_2 \\ \vdots \\ b_n \end{pmatrix} &= a_1 \begin{pmatrix} p_{11} \\ p_{21} \\ \vdots \\ p_{n1} \end{pmatrix} + a_2 \begin{pmatrix} p_{12} \\ p_{22} \\ \vdots \\ p_{n2} \end{pmatrix} + \cdots + a_n \begin{pmatrix} p_{1n} \\ p_{2n} \\ \vdots \\ p_{nn} \end{pmatrix} \\ &= \begin{pmatrix} p_{11} & p_{12} & \cdots & p_{1n} \\ p_{21} & p_{22} & \cdots & p_{2n} \\ \vdots & \vdots & \ddots & \vdots \\ p_{n1} & p_{n2} & \cdots & p_{nn} \end{pmatrix} \begin{pmatrix} a_1 \\ a_2 \\ \vdots \\ a_n \end{pmatrix} \end{aligned}$$

이 성립한다.

즉, 기저 $\mathcal{B}_1$ 에 속하는 각 벡터 $\mathbf{v}_k$ 의 $\mathcal{B}_2$ 에 대한 좌표벡터를 k 열로 갖는 $n \times n$ 행렬 $P_{\mathcal{B}_1,\mathcal{B}_2}$ 를 알면, $\mathbf{v}$ 의 기저 $\mathcal{B}_1$ 에 대한 좌표벡터로부터 기저 $\mathcal{B}_2$ 에 대한 좌표벡터 $[\mathbf{v}]_{\mathcal{B}_2}$ 를 다음과 같이 곧바로 얻을 수 있다.[12)]

$$[\mathbf{v}]_{\mathcal{B}_2} = P_{\mathcal{B}_1,\mathcal{B}_2}\,[\mathbf{v}]_{\mathcal{B}_1} \quad (5.5)$$

이런 의미로 행렬 $P_{\mathcal{B}_1,\mathcal{B}_2}$ 를 기저 $\mathcal{B}_1$ 에서 $\mathcal{B}_2$ 로의 추이행렬이라 한다.

한편, 기저 $\mathcal{B}_2$ 에서 기저 $\mathcal{B}_1$ 으로의 추이행렬 $P_{\mathcal{B}_2,\mathcal{B}_1}$ 도 동일한 방법으로

$$[\mathbf{v}]_{\mathcal{B}_1} = P_{\mathcal{B}_2,\mathcal{B}_1}\,[\mathbf{v}]_{\mathcal{B}_2} \quad (5.6)$$

12) 이 식에서 각 좌표벡터는 $1 \times n$ 행렬로 이해하고 있다.

가 성립하도록 구할 수 있다. 이때, 식 (5.5)와 (5.6)로부터 임의의 벡터 $\mathbf{v} \in V$에 대해 다음 관계식이 성립한다.[13)]

$$[\mathbf{v}]_{\mathcal{B}_2} = P_{\mathcal{B}_1,\mathcal{B}_2}\,[\mathbf{v}]_{\mathcal{B}_1} = P_{\mathcal{B}_1,\mathcal{B}_2}\,P_{\mathcal{B}_2,\mathcal{B}_1}\,[\mathbf{v}]_{\mathcal{B}_2} \tag{5.7}$$

따라서, 두 추이행렬의 곱은 단위행렬이 되어 $P_{\mathcal{B}_1,\mathcal{B}_2} = P_{\mathcal{B}_2,\mathcal{B}_1}^{-1}$ 가 됨을 알 수 있다.[14)]

두 기저 사이의 추이행렬

$\mathbb{F}$상에서 정의된 n차원 벡터공간 V의 두 순서기저를 $\mathcal{B}_1$, $\mathcal{B}_2$라 하자. 주어진 벡터에 대한 좌표벡터를 열벡터로 나타낼 때, 기저 $\mathcal{B}_1$에서 $\mathcal{B}_2$로의 추이행렬 $P_{\mathcal{B}_1,\mathcal{B}_2}$는 $\mathcal{B}_1$의 k번째 벡터 $\mathbf{v}_k$의 $\mathcal{B}_2$에 대한 좌표벡터 $[\mathbf{v}_k]_{\mathcal{B}_2}$를 k열로 갖는 $n \times n$ 행렬이다.
이때, 임의의 벡터 $\mathbf{v} \in V$에 대해 다음 관계식이 성립한다.

$$[\mathbf{v}]_{\mathcal{B}_2} = P_{\mathcal{B}_1,\mathcal{B}_2}\,[\mathbf{v}]_{\mathcal{B}_1}$$

또, 기저 $\mathcal{B}_2$에서 $\mathcal{B}_1$으로의 추이행렬은 $P_{\mathcal{B}_2,\mathcal{B}_1} = P_{\mathcal{B}_1,\mathcal{B}_2}^{-1}$ 이다.

예제 5.3.5. 실수 상에서 정의된 벡터공간 $\mathcal{P}_2$의 두 기저

$$\mathcal{B}_1 = \{1,\, x,\, x^2\}, \quad \mathcal{B}_2 = \{1+x, x-x^2, -1+x^2\}$$

에 대해 다음 물음에 답하시오. (단, 각 좌표벡터는 열벡터로 나타낸다.)
(가) 기저 $\mathcal{B}_1$에서 $\mathcal{B}_2$로의 추이행렬 $P_{\mathcal{B}_1,\mathcal{B}_2}$를 구하시오.
(나) 벡터 $\mathbf{v} = 2 - x + 3x^2$의 기저 $\mathcal{B}_2$에 대한 좌표벡터 $[\mathbf{v}]_{\mathcal{B}_2}$를 구하시오.

풀이 : (가) $\mathcal{B}_1$에 속하는 각 벡터의 기저 $\mathcal{B}_2$에 대한 좌표벡터를 구하여 추이행렬을 구하면 된다. 본질적으로 같은 계산을 필요로 하지만, 기저 $\mathcal{B}_1$에 대해 좌표벡터를 구하는 것이 더 간단하므로 이 풀이에서는 기저 $\mathcal{B}_2$에서 $\mathcal{B}_1$로의 추이행렬 $P_{\mathcal{B}_2,\mathcal{B}_1}$을 구한 뒤 역행렬을 계산하는 방법으로 구해보자.

13) $\{\mathbf{v}_k : 1 \le k \le n\}$이 일차독립이므로 좌표벡터 $\{[\mathbf{v}_k]_{\mathcal{B}_2} : 1 \le k \le n\}$도 일차독립이다. 따라서, 추이행렬 $P_{\mathcal{B}_1,\mathcal{B}_2}$가 가역행렬이 된다고 설명할 수도 있다.

14) 식 (5.7)에서 $\mathbf{v}$의 자리에 순서기저 $\mathcal{B}_2$의 벡터를 차례대로 대입하자. 이때, k번째 기저벡터를 대입하면 식의 좌변은 $\mathbb{R}^n$의 k번째 표준단위벡터 $\mathbf{e}_k$가 되고 식의 우변은 $n \times n$ 행렬 $P_{\mathcal{B}_2,\mathcal{B}_1}P_{\mathcal{B}_1,\mathcal{B}_2}$의 k번째 열이 되므로 $P_{\mathcal{B}_2,\mathcal{B}_1}P_{\mathcal{B}_1,\mathcal{B}_2}$가 단위행렬이 됨을 알 수 있다.

$[1+x]_{\mathcal{B}_1} = (1,1,0)^{\mathrm{T}}$, $[x-x^2]_{\mathcal{B}_1} = (0,1,-1)^{\mathrm{T}}$, $[-1+x^2]_{\mathcal{B}_2} = (-1,0,1)^{\mathrm{T}}$ 이므로 추이행렬 $P_{\mathcal{B}_2,\mathcal{B}_1}$ 과 그 역행렬 $P^{-1}_{\mathcal{B}_2,\mathcal{B}_1}$ 은

$$P_{\mathcal{B}_2,\mathcal{B}_1} = \begin{pmatrix} 1 & 0 & -1 \\ 1 & 1 & 0 \\ 0 & -1 & 1 \end{pmatrix}, \quad P_{\mathcal{B}_1,\mathcal{B}_2} = P^{-1}_{\mathcal{B}_2,\mathcal{B}_1} = \frac{1}{2}\begin{pmatrix} 1 & 1 & 1 \\ -1 & 1 & -1 \\ -1 & 1 & 1 \end{pmatrix}$$

이다.

(나) $[\mathbf{v}]_{\mathcal{B}_1} = (2,-1,3)^{\mathrm{T}}$ 이므로 다음과 같이 추이행렬 $P_{\mathcal{B}_1,\mathcal{B}_2}$ 를 이용하여 구할 수 있다.

$$[\mathbf{v}]_{\mathcal{B}_2} = P_{\mathcal{B}_1,\mathcal{B}_2}[\mathbf{v}]_{\mathcal{B}_1} = \frac{1}{2}\begin{pmatrix} 1 & 1 & 1 \\ -1 & 1 & -1 \\ -1 & 1 & 1 \end{pmatrix}\begin{pmatrix} 2 \\ -1 \\ 3 \end{pmatrix} = \begin{pmatrix} 2 \\ -3 \\ 0 \end{pmatrix}$$ □

문제 5.3.2. 실수 상에서 정의된 벡터공간 $M_{2,2}$ 의 한 기저를

$$\mathcal{B}_1 = \{\mathbf{e}_{11}+\mathbf{e}_{12},\ \mathbf{e}_{12}+\mathbf{e}_{22},\ \mathbf{e}_{21}+\mathbf{e}_{22},\ \mathbf{e}_{11}-\mathbf{e}_{21}\}$$

라 하자. (단, $\mathbf{e}_{ij}$ 는 (i,j) 성분만 1이고 나머지 성분은 모두 0인 2×2 행렬이다.) $\mathcal{M}_{2,2}$ 의 다른 기저를 $\mathcal{B}_2$ 라 할 때, 임의의 벡터 $\mathbf{v}$ 에 대해 다음 행렬 Q 는 $[\mathbf{v}]_{\mathcal{B}_2} = Q\,[\mathbf{v}]_{\mathcal{B}_1}$ 를 만족한다. 기저 $\mathcal{B}_2$ 의 네 벡터를 모두 구하시오.

$$Q = \begin{pmatrix} 1 & 1 & 0 & 0 \\ 0 & 1 & 0 & 1 \\ 0 & 0 & 1 & 1 \\ 1 & 0 & -1 & 0 \end{pmatrix}$$

5.4 직교여공간

[미리보기] 실수 상에서 정의된 벡터공간 $\mathbb{R}^3$ 에서 원점을 지나는 직선으로 표현되는 부분공간 $W_1 = \{t\mathbf{v} : t \in \mathbb{R}\}$ 이 주어졌을 때, 이 부분공간의 모든 벡터와 직교하는 $\mathbb{R}^3$ 의 집합을 생각하면 원점을 지나고 $\mathbf{v}$ 를 법선벡터로 갖는 평면 $W_2 = \{\mathbf{x} \in \mathbb{R}^3 : \langle \mathbf{x}, \mathbf{v}\rangle = 0\}$ 가 된다.

이때, 세 가지 사실에 주목해보자. 우선 W_2 를 구할 때, W_1 의 모든 벡터와 직교한다는 조건은 $\langle \mathbf{x}, t\mathbf{v}\rangle = t\langle \mathbf{x}, \mathbf{v}\rangle = 0$ 이므로 실제로는 W_1 의 기저를 이루는 벡터 $\mathbf{v}$ 와 직교한다는 조건 $\langle \mathbf{x}, \mathbf{v}\rangle = 0$ 만으로 충분하다.

또, 두 부분공간 W_1, W_2 에 대해 $W_1 \cap W_2 = \{\mathbf{0}\}$ 이라는 점이다. 만약 벡터 $t\mathbf{v} \in W_1$ 가 W_2 에도 속한다면, $0 = \langle t\mathbf{v}, \mathbf{v}\rangle = t\|\mathbf{v}\|^2$ 으로부터 $t = 0$ 이 되므로 두 부분공간에 동시에 속하는 벡터는 $\mathbf{0}$ 밖에 없다.

따라서, 두 부분공간으로 생성되는 $W_1 + W_2$ 는 직합 $W_1 \oplus W_2$ 가 되고, $\dim_{\mathbb{R}}(W_1 \oplus W_2) = \dim_{\mathbb{R}}(W_1) + \dim_{\mathbb{R}}(W_2) = 1 + 2 = 3$ 이 성립한다. 따라서, $W_1 \oplus W_2 = \mathbb{R}^3$ 를 얻게 된다. 즉, 벡터공간 $\mathbb{R}^3$ 의 임의의 벡터 $\mathbf{w}$ 는 W_1 에 속하는 $\mathbf{w}_1$ 과 W_2 에 속하는 $\mathbf{w}_2$ 의 합 $\mathbf{w}_1 + \mathbf{w}_2$ 으로 표현되며 그 표현방법은 유일하다. 이런 의미에서 W_2 를 W_1 의 직교여공간이라 한다.

이 절에서는 일반적인 내적공간에서 직교라는 개념을 이용하여 얻을 수 있는 여러가지 풍부한 내용 중 내적공간의 부분공간에 대한 직교여공간에 대해 공부하고, 이를 이용하여 부분공간 위에 내린 정사영 벡터에 대해 알아본다.

직교여공간

$\mathbb{F}$상에서 정의된 내적공간 V의 한 부분공간 W에 대해 (물론, $\mathbb{F}=\mathbb{C}$인 경우에는 복소내적을 의미한다), 다음과 같이 W의 모든 벡터와 직교인 V의 벡터들로 이루어진 집합을 $W^\perp$이라 하자.

$$W^\perp = \{\mathbf{v} \in V : \text{모든 } \mathbf{w} \in W \text{에 대해 } \langle \mathbf{v}, \mathbf{w} \rangle = 0\}$$

이때, 임의의 벡터 $\mathbf{v}_1$, $\mathbf{v}_2 \in W^\perp$와 $\alpha \in \mathbb{F}$에 대해 $\langle \mathbf{v}_1 + \mathbf{v}_2, \mathbf{w} \rangle = \langle \mathbf{v}_1, \mathbf{w} \rangle + \langle \mathbf{v}_2, \mathbf{w} \rangle = 0$과 $\langle \alpha\mathbf{v}_1, \mathbf{w} \rangle = \alpha\langle \mathbf{v}_1, \mathbf{w} \rangle = 0$이 성립하므로 $W^\perp$도 V의 부분공간이 된다.

이 두 부분공간 W와 $W^\perp$은 앞서 [미리보기]에서 살펴본 직선과 그 직선에 수직인 평면의 역할을 하게 되는데, 이런 이유로 $W^\perp$을 W의 직교여공간이라 부른다.[15)]

만약 V가 n차원 벡터공간이고 k $(k<n)$차원 부분공간 W의 기저가 $\mathcal{B} = \{\mathbf{w}_1, \cdots, \mathbf{w}_k\}$라면 W의 임의의 벡터 $\mathbf{w}$는 기저 벡터로부터 생성되므로 $\mathbf{w} = c_1\mathbf{w}_1 + c_2\mathbf{w}_2 + \cdots + c_k\mathbf{w}_k$ 꼴이고, 관계식

$$\langle \mathbf{v}, \mathbf{w} \rangle = c_1\langle \mathbf{v}, \mathbf{w}_1 \rangle + c_2\langle \mathbf{v}, \mathbf{w}_2 \rangle + \cdots + c_k\langle \mathbf{v}, \mathbf{w}_k \rangle$$

로부터 $\mathbf{v} \in W^\perp$일 필요충분조건은 W의 모든 기저 벡터 $\mathbf{w}_i\,(i=1,2,\cdots,k)$에 대해 $\langle \mathbf{v}, \mathbf{w}_i \rangle = 0$가 성립하는 것임을 알 수 있다.

직교여공간의 벡터가 될 필요충분조건

$\mathbb{R}$ 또는 $\mathbb{C}$상에서 정의된 내적공간 V의 부분공간 W의 한 기저가 $\mathcal{B}$일 때, 벡터 $\mathbf{v} \in V$가 직교여공간 $W^\perp$에 속할 필요충분조건은 다음과 같다.

$$\text{모든 } \mathbf{w} \in \mathcal{B} \text{에 대해 } \langle \mathbf{v}, \mathbf{w} \rangle = 0 \text{이다.}$$

예제 5.4.1. 2차 이하 실계수 다항함수들로 이루어진 벡터공간 $\mathcal{P}_2$는 $\langle f, g \rangle = \int_0^1 f(x)g(x)\,dx$에 대해 실수 상에서 정의된 내적공간이 된다. 두 벡터 1과 x로 생성되는 부분공간을 W라 할 때, $W^\perp$를 구하시오.

15) 이 명칭은 V의 임의의 벡터가 W와 $W^\perp$ 각각에서 유일하게 결정된 벡터의 합으로 표현된다는 것에서 나온 것이다.

풀이 : $f(x) = a_0 + a_1x + a_2x^2$이 $W^\perp$에 속할 필요충분조건은 다음 두 조건

$$\int_0^1 1\cdot f(x)\,dx = a_0 + \frac{1}{2}a_1 + \frac{1}{3}a_2 = 0, \qquad \int_0^1 x\cdot f(x)\,dx = \frac{1}{2}a_0 + \frac{1}{3}a_1 + \frac{1}{4}a_2 = 0$$

을 만족하는 것이다. 이 연립방정식을 풀면 $a_1 = -6a_0$, $a_2 = 6a_0$이므로, $W^\perp$은 다음과 같이 1차원 부분공간이 된다.

$$W^\perp = \operatorname{span}\big(\{6x^2 - 6x + 1\}\big)$$

□

이제 두 부분공간 W와 $W^\perp$의 합공간 $W + W^\perp$을 생각해보자. 우선, 벡터 $\mathbf{v}$가 W에도 속하고, $W^\perp$에도 속한다면 $\langle \mathbf{v}, \mathbf{v}\rangle = ||\mathbf{v}||^2 = 0$이 되어야 하므로 $\mathbf{v} = \mathbf{0}$인 경우 밖에 없다. 따라서, $W \cap W^\perp = \{\mathbf{0}\}$이다. 따라서, 두 벡터공간의 합공간 $W_1 + W_2$는 직합공간 $W_1 \oplus W_2$가 되는데[16], 이 공간이 실제로는 전체 벡터공간 V가 된다.

직교여공간의 차원

$\mathbb{R}$ 또는 $\mathbb{C}$상에서 정의된 내적공간 V의 부분공간 W와 W의 직교여공간 $W^\perp$에 대해 다음이 성립한다.

$$V = W \oplus W^\perp, \quad \dim_{\mathbb{F}}(W \oplus W^-) = \dim_{\mathbb{F}}(W) + \dim_{\mathbb{F}}(W^\perp) = \dim_{\mathbb{F}}(V)$$

증명 : 이를 보이기 위해 $\dim_{\mathbb{F}}(W^\perp) + \dim_{\mathbb{F}}(W) = n$임을 보이면 충분하다. 왜냐하면, $W \cap W^\perp = \{\mathbf{0}\}$이므로 $\dim_{\mathbb{F}}(W \oplus W^\perp) = \dim_{\mathbb{F}}(W^\perp) + \dim_{\mathbb{F}}(W)$인데, V의 부분공간 $W \oplus W^\perp$의 차원이 V의 차원과 같아지면 $V = W \oplus W^\perp$이기 때문이다.[17]

$\dim_{\mathbb{F}}(W^\perp)$를 구하기 위해, W의 기저 $\mathcal{B}_1 = \{\mathbf{w}_1, \mathbf{w}_2, \cdots, \mathbf{w}_k\}$를 포함하는 V의 기저를

$$\mathcal{B} = \{\mathbf{w}_1, \mathbf{w}_2, \cdots, \mathbf{w}_k, \mathbf{v}_{k+1}, \cdots, \mathbf{v}_n\}$$

라 하자.[18] 이제 임의의 $\mathbf{v} \in W^\perp$는 기저 $\mathcal{B}$로 생성되므로

$$\mathbf{v} = c_1\mathbf{w}_1 + \cdots + c_k\mathbf{w}_k + c_{k+1}\mathbf{v}_{k+1} + \cdots + c_n\mathbf{v}_n$$

인 $c_i \in \mathbb{F}\,(i = 1, 2, \cdots, n)$이 존재한다. 이때, $\mathbf{v} \in W^\perp$라는 조건으로부터 모든 $i = 1, 2, \cdots, k$에 대해 상수 $c_j\ (j = 1, 2, \cdots, n)$는

$$\langle \mathbf{v}, \mathbf{w}_i\rangle = c_1\langle \mathbf{w}_1, \mathbf{w}_i\rangle + \cdots + c_k\langle \mathbf{w}_k, \mathbf{w}_i\rangle + c_{k+1}\langle \mathbf{v}_{k+1}, \mathbf{w}_i\rangle + \cdots + c_n\langle \mathbf{v}_n, \mathbf{w}_i\rangle = 0$$

16) 135쪽 참고

17) 128쪽 '유한차원 벡터공간의 기저 판별'를 참고하시오.

18) 128쪽 문제 4.4.7에 의해 이런 기저를 항상 잡을 수 있다.

을 만족해야 한다. 즉, n개의 미지수 c_i에 대한 k개의 연립방정식을 얻는다. 이 연립방정식을 $k \times n$행렬 A와 $\mathbf{c} = (c_1, \cdots, c_n)^{\mathrm{T}}$에 대해 $A\mathbf{c} = \mathbf{0}$이라 하자. 이때, 부분공간 $W^{\perp}$의 차원은 $A\mathbf{c} = \mathbf{0}$의 해공간의 차원, 즉, 행렬 A의 영공간의 차원과 같다. 한편, 행계수와 퇴화차수의 관계(141쪽 참고)에 의해 A의 영공간의 차원은 $n - \mathrm{rank}(A)$가 되므로 $\mathrm{rank}(A) = k$임을 보이면 된다.

우선 행렬 A는 $k \times n$행렬이고 $k < n$이므로 $\mathrm{rank}(A) \leq k$임은 자명하다. 이제 $\mathrm{rank}(A) < k$이면 모순임을 보이자. 만약 A의 계수가 k보다 작다면, A의 행벡터들은 일차종속이므로

$$\alpha_1 A_1^R + \alpha_2 A_2^R + \cdots + \alpha_k A_k^R = \mathbf{0} \tag{5.8}$$

인 $\alpha_i \in \mathbb{F}$가 존재해서 적어도 한 $\alpha_i \neq 0$을 만족한다. 한편, A의 i번째 행은

$$\big(\langle \mathbf{w}_1, \mathbf{w}_i \rangle, \cdots, \langle \mathbf{w}_k, \mathbf{w}_i \rangle, \langle \mathbf{v}_{k+1}, \mathbf{w}_i \rangle, \cdots, \langle \mathbf{v}_n, \mathbf{w}_i \rangle\big)$$

이므로 식 (5.8)의 양변의 벡터에서 j번째 성분만 비교하면, $j = 1, 2, \cdots, n$에 대해

$$\begin{cases} \alpha_1 \langle \mathbf{w}_j, \mathbf{w}_1 \rangle + \alpha_2 \langle \mathbf{w}_j, \mathbf{w}_2 \rangle + \cdots + \alpha_k \langle \mathbf{w}_j, \mathbf{w}_k \rangle = \left\langle \mathbf{w}_j, \sum_{i=1}^{k} \bar{\alpha}_i \mathbf{w}_i \right\rangle = 0, & 1 \leq j \leq k \\ \alpha_1 \langle \mathbf{v}_j, \mathbf{w}_1 \rangle + \alpha_2 \langle \mathbf{v}_j, \mathbf{w}_2 \rangle + \cdots + \alpha_k \langle \mathbf{v}_j, \mathbf{w}_k \rangle = \left\langle \mathbf{v}_j, \sum_{i=1}^{k} \bar{\alpha}_i \mathbf{w}_i \right\rangle = 0, & k+1 \leq j \leq n \end{cases}$$

을 얻는다. 따라서, 벡터 $\mathbf{w} = \bar{\alpha}_1 \mathbf{w}_1 + \cdots + \bar{\alpha}_k \mathbf{w}_k$는 V의 기저를 이루는 모든 벡터와 직교하므로 $\mathbf{w} = 0$이 된다.[19] 이때, $\mathbf{w}_1, \cdots, \mathbf{w}_n$가 일차독립이므로 $\alpha_1 = \alpha_2 = \cdots = \alpha_k = 0$이 되어 $\alpha_i \neq 0$인 α_i가 적어도 하나 존재한다는 가정에 모순이다. 따라서, $\mathrm{rank}(A) = k$가 되어 증명이 끝난다. □

위 사실로부터 다음이 성립함을 쉽게 보일 수 있다.

직교여공간의 직교여공간

$\mathbb{F}$상에서 정의된 내적공간 V의 부분공간 W에 대해 다음이 성립한다.

$$(W^{\perp})^{\perp} = W$$

증명 : W에 속하는 각 벡터 $\mathbf{w}$는 모든 $\mathbf{v} \in W^{\perp}$에 대해 $\langle \mathbf{w}, \mathbf{v} \rangle = \overline{\langle \mathbf{v}, \mathbf{w} \rangle} = 0$를 만족하므로 $W \subset (W^{\perp})^{\perp}$가 성립한다. 한편, '직교여공간의 차원'에 대한 결과로부터

$$\dim_{\mathbb{F}}\big((W^{\perp})^{\perp}\big) = \dim_{\mathbb{F}}(V) - \dim_{\mathbb{F}}(W^{\perp}) = \dim_{\mathbb{F}}(V) - \big(\dim_{\mathbb{F}}(V) - \dim_{\mathbb{F}}(W)\big) = \dim_{\mathbb{F}}(W)$$

이므로 $W = (W^{\perp})^{\perp}$이 성립한다.[20] □

19) 실제로는 $\mathbf{w}_i$ $(1 \leq i \leq k)$와 수직이라는 것으로부터 나온다. 이 경우 $\mathbf{w}$는 이들 벡터로 생성되므로 $\langle \mathbf{w}, \mathbf{w} \rangle = ||\mathbf{w}||^2 = 0$이 되어 $\mathbf{w} = \mathbf{0}$이 됨을 알 수 있다.

20) 128쪽 '유한차원 벡터공간의 기저 판별'를 참고하시오.

문제 5.4.1. $\mathbb{F}$상에서 정의된 내적공간 V의 두 부분공간 S, T에 대해 다음을 보이시오.

(가) $S \subset T \implies T^\perp \subset S^\perp$

(나) $(S+T)^\perp = S^\perp \cap T^\perp$

(다) $S^\perp = T^\perp \iff S = T$

(라) $(S \cap T)^\perp = S^\perp + T^\perp$

예제 5.4.2. $n \times m$ 복소행렬 A의 영공간 $N(A)$와 A^*의 열공간 $C(A^*)$에 대해

$$\big(C(A^*)\big)^\perp = N(A)$$

가 성립함을 보이시오. (이 결과는 A의 모든 성분이 실수이면 $\big(C(A^{\mathrm{T}})\big)^\perp = N(A)$가 됨을 내포하고 있다.)

풀이 : $n \times m$ 행렬 A에 대해 A^*의 열공간 $C(A^*) = \mathrm{span}(\{(A^*)_i^C : 1 \le i \le n\})$과 A의 영공간은 모두 내적공간 $\mathcal{M}_{m,1}$의 부분공간이다. 행렬 A의 (i,j) 성분을 A_{ij}라 하자. 이때, 벡터 $\mathbf{v} = (v_1, v_2, \cdots, v_m)^{\mathrm{T}}$가 $N(A)$에 속하면, 각 $i = 1, 2, \cdots, n$에 대해

$$0 = A_{i1}v_1 + A_{i2}v_2 + \cdots + A_{im}v_m = v_1 A_{1i}^* + v_2 A_{2i}^* + \cdots v_m A_{mi}^* = \langle \mathbf{v}, (A^*)_i^C \rangle$$

가 성립하고, $\{(A^*)_i^C : i = 1, 2, \cdots, n\}$이 열공간 $C(A^*)$의 기저이므로 $C(A^*)$에 속하는 임의의 벡터 $\mathbf{w}$에 대해 $\langle \mathbf{v}, \mathbf{w} \rangle = 0$이 성립한다. 따라서, $\mathbf{v} \in \big(C(A^*)\big)^\perp$이고,

$$N(A) \subset \big(C(A^*)\big)^\perp$$

을 얻는다.

한편, 행계수와 퇴화차수의 관계로부터

$$\dim_{\mathbb{F}}(N(A)) = m - \mathrm{rank}(A), \quad \dim_{\mathbb{F}}\big(C(A^*)\big) = \mathrm{rank}(A^*) = \mathrm{rank}(A)$$

가 성립하고, $\dim_{\mathbb{F}}\big(((C(A^*))^\perp\big) = m - \dim_{\mathbb{F}}\big(C(A^*)\big)$이므로[21)]

$$\dim_{\mathbb{F}}\big((N(A)\big) = \dim_{\mathbb{F}}\big(((C(A^*))^\perp\big)$$

가 된다. 따라서 위의 두 결과를 종합하면 $\big(C(A^*)\big)^\perp = N(A)$가 됨을 알 수 있다. □

문제 5.4.2. $n \times m$ 복소행렬 A에 대해 다음이 성립함을 보이시오.

(가) $N(A)^\perp = C(A^*)$

(나) $N(A^*)^\perp = C(A)$

(다) $C(A)^\perp = N(A^*)$

21) 176쪽 '직교여공간의 차원'에 의해 성립한다.

부분공간 위로의 정사영

$\mathbb{F}$상에서 정의된 내적공간 V의 부분공간 W가 주어지면, W의 직교여공간 $W^\perp$에 대해 $V = W \oplus W^\perp$이 성립하므로, 임의의 벡터 $\mathbf{v}$는 W와 $W^\perp$에서 각각 유일하게 결정되는 벡터들의 합으로 표현된다. 즉, W의 벡터를 $\mathbf{w}$, 대응되는 $W^\perp$의 벡터를 $\mathbf{w}^\perp$으로 나타낼 때, 임의의 벡터 $\mathbf{v}$에 대해

$$\mathbf{v} = \mathbf{w} + \mathbf{w}^\perp \tag{5.9}$$

과 같이 표현되는 $\mathbf{w} \in W$와 $\mathbf{w}^\perp$은 각각 유일하게 결정된다.

이 상황은 두 벡터 $\mathbf{a}$와 $\mathbf{b}$가 주어졌을 때, $\mathbf{a}$를 $\mathbf{b}$에 평행한 벡터 $\mathbf{a}_x$와 $\mathbf{b}$에 수직인 두 벡터 $\mathbf{a}_y$의 합으로 유일하게 표현할 수 있다는 것을 보다 일반화한 상황으로 이해할 수 있다.

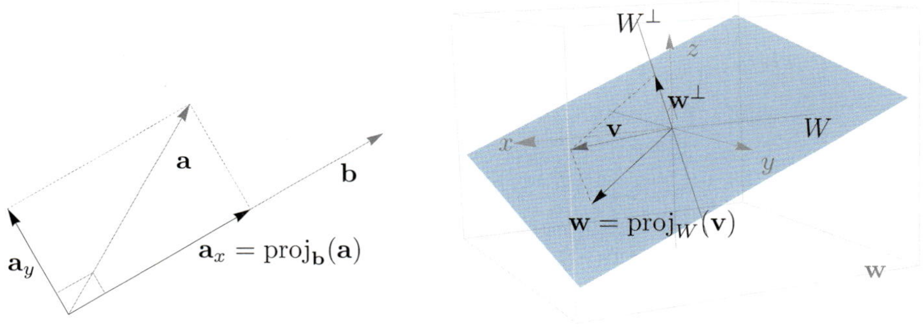

그림 5.8: 부분공간 위로 내린 정사영 벡터

따라서, 벡터의 경우에 $\mathbf{a} = \mathbf{a}_x + \mathbf{a}_y$에서 $\mathbf{b}$에 평행한 벡터 $\mathbf{a}_x$를 '$\mathbf{b}$위에 내린 $\mathbf{a}$의 정사영 벡터 $\text{proj}_{\mathbf{b}}(\mathbf{a})$'라고 불렀던 것처럼, 식 (5.9)에서 $\mathbf{w}$를 '부분공간 W 위에 내린 $\mathbf{v}$의 정사영 벡터'라고 부르고 $\text{proj}_W(\mathbf{v})$로 나타낸다.

예제 5.4.3. 실수 상에서 정의된 내적공간 $\mathbb{R}^3$의 부분공간 $W = \text{span}\big(\{(1,2,1), (1,-1,1)\}\big)$과 벡터 $\mathbf{a} = (5, 1, -2)$에 대해 $\mathbf{a}$를 W에 내린 정사영 벡터 $\text{proj}_W(\mathbf{a})$를 구하시오.

풀이 : 다음 조건을 만족하는 벡터 $\mathbf{w} \in W$를 찾아야한다.

$$\mathbf{a} - \mathbf{w} \in W^\perp$$

W의 기저 벡터를 $\mathbf{w}_1 = (1,2,1)$, $\mathbf{w}_2 = (1,-1,1)$라 하고 $\mathbf{w} = c_1\mathbf{w}_1 + c_2\mathbf{w}_2$로 두면, 위 조건은

$$\begin{aligned}\langle \mathbf{a} - (c_1\mathbf{w}_1 + c_2\mathbf{w}_2), \mathbf{w}_1\rangle &= \langle \mathbf{a}, \mathbf{w}_1\rangle - c_1\langle \mathbf{w}_1, \mathbf{w}_1\rangle - c_2\langle \mathbf{w}_2, \mathbf{w}_1\rangle = 5 - 6c_1 = 0,\\ \langle \mathbf{a} - (c_1\mathbf{w}_1 + c_2\mathbf{w}_2), \mathbf{w}_2\rangle &= \langle \mathbf{a}, \mathbf{w}_2\rangle - c_1\langle \mathbf{w}_1, \mathbf{w}_2\rangle - c_2\langle \mathbf{w}_2, \mathbf{w}_2\rangle = 2 - 3c_2 = 0\end{aligned}$$

이 되고, 이 연립방정식을 풀면 $\text{proj}_W(\mathbf{a}) = \mathbf{w} = \frac{5}{6}\mathbf{w}_1 + \frac{2}{3}\mathbf{w}_2 = \left(\frac{3}{2}, 1, \frac{3}{2}\right)$이다. □

문제 5.4.3. 2차 이하 실계수 다항함수들로 이루어진 벡터공간 $\mathcal{P}_2$는 $\langle f, g\rangle = \int_0^1 f(x)g(x)\,dx$에 대해 실수 상에서 정의된 내적공간이 된다. 두 벡터 $1-x^2$과 $2-x+x^2$으로 생성되는 부분공간을 W라 할 때, W 위에 내린 x의 정사영 벡터 $\text{proj}_W(x)$를 구하시오.

5.5 정규직교집합과 그람-슈미트 직교화

[미리보기] 실수 상에서 정의된 벡터공간 $\mathbb{R}^3$의 두 벡터 $\mathbf{a} = (1,1,0)$과 $\mathbf{b} = (0,2,0)$은 서로 일차독립이므로 $\mathbb{R}^3$의 부분공간 $W = \{(x,y,0) : (x,y) \in \mathbb{R}^2\}$의 기저가 된다. 이때, $\mathbf{a}$와 $\mathbf{c} = \mathbf{a}-\mathbf{b} = (1,-1,0)$도 W의 기저가 되는데, $\langle \mathbf{a}, \mathbf{c}\rangle = 0$이므로 서로 직교하는 벡터가 된다.

이처럼 서로 직교하는 벡터들로 이루어진 집합 $\{\mathbf{a}, \mathbf{c}\}$를 직교집합이라 한다. 특히, 서로 직교하는 두 벡터에 각각 크기의 역수를 곱해 단위벡터로 만들때, 집합 $\left\{\frac{1}{||\mathbf{a}||}\mathbf{a},\ \frac{1}{||\mathbf{b}||}\mathbf{b}\right\}$를 정규직교집합이라 한다.

이 절에서는 일반적인 내적공간에서 어떤 부분공간의 순서기저 $\mathcal{B}_1 = \{\mathbf{v}_1, \mathbf{v}_2, \cdots, \mathbf{v}_k\}$가 주어질 때, 다음 조건을 만족하는 정규직교벡터들로 이루어진 순서기저 $\mathcal{B}_2 = \{\mathbf{u}_1, \mathbf{u}_2, \cdots, \mathbf{u}_k\}$를 구하는 방법인 그람-슈미트 직교화과정에 대해 공부한다.

[조건] : 모든 $1 \le i \le k$에 대해 $\text{span}(\{\mathbf{v}_1, \cdots, \mathbf{v}_i\}) = \text{span}(\{\mathbf{u}_1, \cdots, \mathbf{u}_i\})$

정규직교집합, 정규직교기저

$\mathbb{F}$상에서 정의된 내적공간 V의 부분집합 S가 영벡터가 아닌 벡터들로 이루어져 있고 다음 조건을 만족할 때 직교집합이라 한다.

임의의 두 벡터 $\mathbf{v}, \mathbf{w} \in S$에 대해 $\mathbf{v} \neq \mathbf{w}$이면 $\langle \mathbf{v}, \mathbf{w}\rangle = 0$이다.

특히, 직교집합 S에 속하는 각 벡터의 크기가 1일 때, S를 정규직교집합이라고 한다. 또, 정규직교집합 S가 어떤 부분공간의 기저가 될 때, 정규직교기저라고 한다. 즉, $S = \{\mathbf{v}_1, \mathbf{v}_2, \cdots, \mathbf{v}_n\}$이 정규직교집합이라는 것은 다음 조건이 성립한다는 말이다.

$$\langle \mathbf{v}_i, \mathbf{v}_j\rangle = \delta_{ij} \quad (\text{단, } i=j \text{이면 } \delta_{ij}=1 \text{이고, } i \neq j \text{이면 } \delta_{ij}=0)$$

예를 들어, 실수 상에서 정의된 내적공간 $\mathbb{R}^n$의 표준단위벡터들로 이루어진 집합 $\mathcal{B} = \{\mathbf{e}_k : k = 1, 2, \cdots, n\}$은 $\mathbb{R}^n$의 정규직교기저이다. 또, 복소수 상에서 정의된 내적공간 $\mathbb{C}^n$에 대해서도 표준단위벡터들로 이루어진 $\mathcal{B}$는 $\mathbb{C}^n$의 정규직교기저가 된다.

문제 5.5.1. 실수 상에서 정의된 내적공간 $\mathcal{C}([0,\pi])$의 부분집합

$$S = \left\{\sqrt{\frac{2}{\pi}}\sin(mx) : m = 1, 2, 3, \cdots\right\}$$

은 내적 $\langle f, g\rangle = \int_0^\pi f(x)g(x)\,dx$에 대해 정규직교집합이 됨을 보이시오.

내적공간에서 직교집합은 항상 일차독립이 된다. 또, 벡터공간의 직교기저를 알면, 임의의 벡터를 직교기저의 일차결합으로 보다 쉽게 나타낼 수 있다.

정규집합은 일차독립

체 $\mathbb{F}$상에서 정의된 내적공간 V의 직교집합 $S = \{\mathbf{v}_1, \mathbf{v}_2, \cdots, \mathbf{v}_k\}$에 대해 다음이 성립한다.

(가) S는 일차독립이다.

(나) 임의의 벡터 $\mathbf{v} \in \text{span}(S)$에 대해

$$\mathbf{v} = \frac{\langle \mathbf{v}, \mathbf{v}_1 \rangle}{||\mathbf{v}_1||^2}\mathbf{v}_1 + \frac{\langle \mathbf{v}, \mathbf{v}_2 \rangle}{||\mathbf{v}_2||^2}\mathbf{v}_2 + \cdots + \frac{\langle \mathbf{v}, \mathbf{v}_k \rangle}{||\mathbf{v}_k||^2}\mathbf{v}_k, \tag{5.10}$$

이다. 특히, S가 정규직교집합이면, (5.10)은 다음과 같다.

$$\begin{aligned} \mathbf{v} &= \langle \mathbf{v}, \mathbf{v}_1 \rangle \mathbf{v}_1 + \langle \mathbf{v}, \mathbf{v}_2 \rangle \mathbf{v}_2 + \cdots + \langle \mathbf{v}, \mathbf{v}_k \rangle \mathbf{v}_k \\ \Longleftrightarrow [\mathbf{v}]_S &= \left(\langle \mathbf{v}, \mathbf{v}_1 \rangle, \langle \mathbf{v}, \mathbf{v}_2 \rangle, \cdots, \langle \mathbf{v}, \mathbf{v}_k \rangle\right)^{\mathrm{T}} \end{aligned} \tag{5.11}$$

증명 : (가) $c_1\mathbf{v}_1 + c_2\mathbf{v}_2 + \cdots + c_k\mathbf{v}_k = \mathbf{0}$이라 하자. 등식에서 양변의 벡터와 $\mathbf{v}_i$ $(i = 1, 2, \cdots, k)$를 내적하면, $i \neq j$일 때, $\langle \mathbf{v}_i, \mathbf{v}_j \rangle = 0$이고 $\langle \mathbf{0}, \mathbf{v}_j \rangle = 0$이므로

$$c_i \langle \mathbf{v}_i, \mathbf{v}_i \rangle = c_i ||\mathbf{v}_i||^2 = 0$$

이다. 이때 $\mathbf{v} \neq \mathbf{0}$이므로 모든 $i = 1, 2, \cdots, k$에 대해 $c_i = 0$이 되어 S는 일차독립이다.

(나) $\mathbf{v} \in \text{span}(S)$에 대해 $\mathbf{v} = c_1\mathbf{v}_1 + c_2\mathbf{v}_2 + \cdots + c_k\mathbf{v}_k$를 만족하는 $c_i \in \mathbf{F}$ $(i = 1, 2, \cdots, k)$가 존재한다. 이때, S가 직교벡터이므로

$$\langle \mathbf{v}, \mathbf{v}_i \rangle = c_1 \langle \mathbf{v}_i, \mathbf{v}_i \rangle = c_i ||\mathbf{v}||^2 \iff c_i = \frac{\langle \mathbf{v}, \mathbf{v}_i \rangle}{||\mathbf{v}||^2} \ (i = 1, 2, \cdots, k)$$

로부터 식 (5.10)를 얻는다. 또, S가 정규직교벡터인 경우에는 $||\mathbf{v}_i|| = 1$ $(i = 1, 2, \cdots, k)$를 이용하면 된다. □

$\mathbb{F}$상에서 정의된 n차원 내적공간 V가 정규직교기저 $\mathcal{B} = \{\mathbf{u}_1, \mathbf{u}_2, \cdots, \mathbf{u}_n\}$를 가질 때, $\mathcal{B}$에 대한 좌표벡터를 생각하는 것은 V에 대해 직교좌표계를 도입하는 것과 유사하다.

우선, 내적공간 V의 임의의 벡터 $\mathbf{v}, \mathbf{w}$에 대해 식 (5.11)과 내적의 성질로부터 다음과 같이 $\langle \mathbf{v}, \mathbf{w} \rangle = \left\langle [\mathbf{v}]_{\mathcal{B}}, [\mathbf{w}]_{\mathcal{B}} \right\rangle$이 성립함을 보일 수 있다.[22) (단, 어느 내적공간에서의 내적인지를

22) 아래 식에서 일반적인 복소내적에 대해 기술하고 있지만, 실수의 켤레복소수는 자기 자신이므로 실수 상에서 정의된 내적에 대해서도 동일하게 성립한다.

구분하기 위해 $\mathbb{F}^n$ 에서의 내적을 $\langle\cdot,\cdot\rangle_{\mathbb{F}^n}$ 과 같이 표시한다.)

$$\begin{aligned}\langle\mathbf{v},\mathbf{w}\rangle &= \left\langle\sum_{i=1}^{n}\langle\mathbf{v},\mathbf{u}_i\rangle\mathbf{u}_i, \sum_{j=1}^{n}\langle\mathbf{w},\mathbf{u}_j\rangle\mathbf{u}_j\right\rangle \\ &= \sum_{i=1}^{n}\langle\mathbf{v},\mathbf{u}_i\rangle\left\langle\mathbf{u}_i, \sum_{j=1}^{n}\langle\mathbf{w},\mathbf{u}_j\rangle\mathbf{u}_j\right\rangle \\ &= \sum_{i=1}^{n}\langle\mathbf{v},\mathbf{u}_i\rangle\overline{\langle\mathbf{w},\mathbf{u}_i\rangle} \quad (\because\ \langle\mathbf{u}_i,\mathbf{u}_j\rangle=\delta_{ij}\ \text{이고}\ ||\mathbf{u}_i||^2=1) \\ &= \big\langle[\mathbf{v}]_{\mathcal{B}},[\mathbf{w}]_{\mathcal{B}}\big\rangle_{\mathbb{F}^n}.\end{aligned}$$

따라서, 벡터 $\mathbf{v}$ 의 크기는 좌표벡터의 크기와 같다. 즉, 다음이 성립한다. (단, 서로 다른 벡터공간에서의 노름을 구분하기 위해 V 에서 정의된 노름은 $||\cdot||_V$ 와 같이 나타낸다.)

$$||\mathbf{v}||_V = \big|\big|[\mathbf{v}]_{\mathcal{B}}\big|\big|_{\mathbb{F}^n}.$$

특히, $\mathbb{R}^3$ 에서 벡터 $\mathbf{a}=(a_1,a_2,a_3)$를 yz 평면에 내린 정사영 벡터가 $(0,a_2,a_3)$가 되는 것처럼, 순서기저 $\mathcal{B}$에 대한 $\mathbf{v}$의 좌표벡터가 $[\mathbf{v}]_{\mathcal{B}}=(v_1,\ v_2,\ \cdots,v_n)$ 일 때, $\text{span}(\{\mathbf{u}_1,\cdots,\mathbf{u}_k\})$ 에 내린 $\mathbf{v}$의 정사영 벡터는 $(v_1,\cdots,v_k,0,\cdots,0)$ 이 된다.

정규직교기저의 성질

체 $\mathbb{F}$ 상에서 정의된 내적공간 V 의 정규직교기저 $\mathcal{B}=\{\mathbf{u}_1,\mathbf{u}_2,\cdots,\mathbf{u}_n\}$ 에 대해 다음이 성립한다.

(가) 임의의 $\mathbf{v},\mathbf{w}\in V$ 에 대해 $\langle\mathbf{v},\mathbf{w}\rangle_V=\big\langle[\mathbf{v}]_{\mathcal{B}},[\mathbf{w}]_{\mathcal{B}}\big\rangle_{\mathbb{F}^n}$ 이다.

(나) 임의의 $\mathbf{v}\in V$ 에 대해 $||\mathbf{v}||_V=\big|\big|[\mathbf{v}]_{\mathbf{B}}\big|\big|_{\mathbb{F}^n}$ 이다.

(다) 임의의 부분집합 $S=\{\mathbf{u}_{i_1},\cdots,\mathbf{u}_{i_k}\}\subset\mathcal{B}$에 대해 부분공간 $W=\text{span}(S)$ 에 내린 벡터 $\mathbf{v}$의 정사영 벡터 $\text{proj}_W(\mathbf{v})$는 다음과 같다.

$$\text{proj}_W(\mathbf{v})=\langle\mathbf{v},\mathbf{u}_{i_1}\rangle\mathbf{u}_{i_1}+\langle\mathbf{v},\mathbf{u}_{i_2}\rangle\mathbf{u}_{i_2}+\cdots+\langle\mathbf{v},\mathbf{u}_{i_k}\rangle\mathbf{u}_{i_k}$$

증명 : (다) S는 W 의 정규직교기저가 되므로 $\text{proj}_W(\mathbf{v})=c_1\mathbf{u}_{i_1}+c_2\mathbf{u}_{i_2}+\cdots+c_k\mathbf{u}_{i_k}$ 인 $c_i\in\mathbb{F}$가 존재한다. 이제 조건 $\big\langle\mathbf{v}-\text{proj}_W(\mathbf{v}),\mathbf{u}_{i_j}\big\rangle=0\ (j=1,2,\cdots,k)$ 로부터 c_j 를 결정하면,

$$\begin{aligned}0 &= \big\langle\mathbf{v}-\text{proj}_W(\mathbf{v}),\mathbf{u}_{i_j}\big\rangle \\ &= \langle\mathbf{v},\mathbf{u}_{i_j}\rangle-\sum_{\ell=1}^{k}c_\ell\langle\mathbf{u}_{i_\ell},\mathbf{u}_{i_j}\rangle=\langle\mathbf{v},\mathbf{u}_{i_j}\rangle-c_{i_j}\end{aligned}$$

로부터 $c_{i_j}=\langle\mathbf{v},\mathbf{u}_{i_j}\rangle$가 되어 (다)의 결과를 얻는다. □

예제 5.5.1. 실수 상에서 정의된 내적공간 $\mathbb{R}^3$의 두 벡터

$$\mathbf{u}_1 = \frac{1}{\sqrt{6}}(1, -2, 1),\ \mathbf{u}_2 = \frac{1}{\sqrt{5}}(2, 1, 0)$$

은 $\mathbb{R}^3$의 부분공간 W의 정규직교기저가 된다. $\mathbb{R}^3$의 벡터 $\mathbf{a} = (1, -1, 1)$을 W에 내린 정사영 벡터 $\text{proj}_W(\mathbf{a})$를 구하시오.

풀이 : $\{\mathbf{u}_1, \mathbf{u}_2\}$는 W의 정규직교기저이므로 구하는 정사영 벡터는

$$\text{proj}_W(\mathbf{a}) = \langle \mathbf{a}, \mathbf{u}_1 \rangle \mathbf{u}_1 + \langle \mathbf{a}, \mathbf{u}_2 \rangle \mathbf{u}_2 = \frac{4}{6}(1, -2, 1) + \frac{1}{5}(2, 1, 0) = \frac{1}{15}(16, -17, 10)$$

이다. □

문제 5.5.2. 예제 5.5.1에서 부분공간 W와 $W^{\perp}$에 대해 벡터 $\mathbf{a} = (1, -1, 1)$을

$$\mathbf{a} = \mathbf{w} + \mathbf{w}^{\perp}$$

으로 분해할 때, $\mathbf{w} \in W$와 $\mathbf{w}^{\perp}$을 구하시오.

그람-슈미트 직교화

5.5절에서 벡터공간에 정규직교기저가 존재하면 여러 면에서 아주 유용하다는 것을 알았다. 일반적으로 체 $\mathbb{F}$상에서 정의된 내적공간 V에서 일차독립인 부분집합 $S = \{\mathbf{v}_1, \mathbf{v}_2, \cdots, \mathbf{v}_k\}$가 주어졌을 때, 임의의 $i = 1, 2, \cdots, k$에 대해 조건

$$\text{span}\big(\{\mathbf{v}_j : 1 \le j \le i\}\big) = \text{span}\big(\{\mathbf{u}_j : 1 \le j \le i\}\big)$$

을 만족하는 V의 정규직교집합 $\{\mathbf{u}_1, \mathbf{u}_2, \cdots, \mathbf{u}_k\}$를 구하는 방법을 그람-슈미트 직교화 과정이라 한다. 다시 말해, 집합 S가 생성하는 부분공간의 정규직교기저이면서 다음 조건

$$\begin{aligned} \text{span}\big(\{\mathbf{v}_1\}\big) &= \text{span}\big(\{\mathbf{u}_1\}\big) \\ \text{span}\big(\{\mathbf{v}_1, \mathbf{v}_2\}\big) &= \text{span}\big(\{\mathbf{u}_1, \mathbf{u}_2\}\big) \\ \vdots \quad &= \quad \vdots \\ \text{span}\big(\{\mathbf{v}_1, \mathbf{v}_2, \cdots, \mathbf{v}_k\}\big) &= \text{span}\big(\{\mathbf{u}_1, \mathbf{u}_2, \cdots, \mathbf{u}_k\}\big) \end{aligned} \tag{5.12}$$

가 성립하도록 정규직교집합 $\{\mathbf{u}_1, \mathbf{u}_2, \cdots, \mathbf{u}_k\}$를 구체적으로 구하는 방법을 그람-슈미트 직교화 과정이라 하는데, 이 절에서는 이 방법에 대해 알아본다.

한 가지 강조할 사실은 그람-슈미트 과정으로 얻어진 정규직교집합은 단순히 정규직교집합이 아니라 식 (5.12)를 만족해야 한다는 것이다. 예를 들어, 표준단위벡터로 이루어진 집합 $\{\mathbf{e}_1, \mathbf{e}_2, \mathbf{e}_3\}$은 $\mathbb{R}^3$의 정규직교기저이지만, 일반적으로 일차독립인 벡터들의 집합 $\{\mathbf{v}_1, \mathbf{v}_2, \mathbf{v}_3\}$에 그람-슈미트 직교화 과정을 통해 얻어진 정규직교기저와는 다르다.

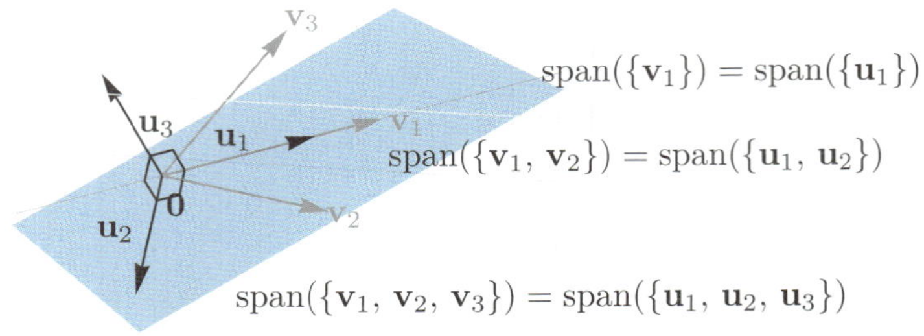

그림 5.9: 그람-슈미트 직교화

우선, 그람-슈미트 직교화 과정에서 중요하게 사용되는 핵심 내용을 먼저 살펴보자.

그람-슈미트 직교화 과정의 핵심 내용

$\mathbb{F}$ 상에서 정의된 내적공간의 정규직교집합 $T = \{\mathbf{u}_1, \mathbf{u}_2, \cdots, \mathbf{u}_\ell\}$ 과 부분공간 $W = \text{span}(T)$ 에 속하지 않는 벡터 $\mathbf{v}$ 에 대해 $\text{span}(T \cup \{\mathbf{v}\}) = \text{span}(T \cup \{\mathbf{u}_{\ell+1}\})$ 을 만족하면서 $T \cup \{\mathbf{u}_{\ell+1}\}$ 도 정규직교집합이 되는 벡터 $\mathbf{u}_{\ell+1}$ 이 존재한다.
실제로, W 에 대해 $\mathbf{v} = \mathbf{w} + \mathbf{w}^\perp$ 을 만족하는 유일한 두 벡터 $\mathbf{w} \in W$, $\mathbf{w}^\perp \in W^\perp$ 에 대해 $\mathbf{u}_{\ell+1}$ 은 다음과 같다.

$$\mathbf{w} = \text{proj}_W(\mathbf{v}) = \langle \mathbf{v}, \mathbf{u}_1 \rangle \mathbf{u}_1 + \langle \mathbf{v}, \mathbf{u}_2 \rangle \mathbf{u}_2 + \cdots + \langle \mathbf{v}, \mathbf{u}_\ell \rangle \mathbf{u}_\ell, \tag{5.13}$$

$$\mathbf{w}^\perp = \mathbf{v} - \mathbf{w}, \qquad \mathbf{u}_{\ell+1} = \frac{1}{||\mathbf{w}^\perp||}\mathbf{w}^\perp \tag{5.14}$$

증명 : 식 (5.9)에 의해 임의의 벡터 $\mathbf{v}$ 에 대해 $\mathbf{v} = \mathbf{w} + \mathbf{w}^\perp$ 를 만족하는 두 벡터 $\mathbf{w} \in W$ 와 $\mathbf{w}^\perp \in W^\perp$ 이 유일하게 존재한다. 또, 182쪽에서 공부한 정규직교기저의 성질 (다) 에 의해 $\mathbf{w}$ 는 W 의 정규직교기저 T 에 대해 (5.13)처럼 구할 수 있다. 이때, $\mathbf{w}^\perp$ 는 $W^\perp$ 에 속하는 벡터로서 T 의 모든 벡터와 직교하므로, $T \cup \{\mathbf{u}_{\ell+1}\}$ 는 정규직교집합이 되고, $\mathbf{w}^\perp = \mathbf{v} - \mathbf{w}$ 이므로 $\text{span}(T \cup \{\mathbf{v}\}) = \text{span}(T \cup \{\mathbf{w}^\perp\})$ 가 성립하여 증명이 끝난다.[23] □

이제 그람-슈미트 직교화과정을 살펴보자.[24] 주어진 벡터 $\{\mathbf{v}_1, \mathbf{v}_2, \cdots, \mathbf{v}_k\}$ 가 일차독립일 때, 다음과 같이 184쪽의 '그람-슈미트 직교화 과정의 핵심 내용'을 반복적으로 적용하면

23) $\mathbf{w}^\perp = \mathbf{v} - \mathbf{w}$ 로부터 $\text{span}(T \cup \{\mathbf{w}^\perp\}) \subset \text{span}(T \cup \{\mathbf{v}\})$ 가 성립하고, $\mathbf{v} = \mathbf{w} + \mathbf{w}^\perp$ 로부터 $\text{span}(T \cup \{\mathbf{v}\}) \subset \text{span}(T \cup \{\mathbf{w}^\perp\})$ 가 성립한다.

24) 기본적으로 그람-슈미트 과정은 주어진 벡터들로부터 식 (5.12)을 만족하는 직교집합을 구하는 '그람' 의 방법과 각 단계에서 구해진 벡터를 단위벡터로 만들면 계산이 보다 간단해진다는 '슈미트' 의 방법이 결합된 것이다.

식 (5.12)를 만족하는 정규직교기저 $\mathbf{u}_i$ $(i = 1, 2, \cdots, k)$를 구할 수 있다.

(단계 1) $\mathbf{v}$ 방향의 단위벡터를 $\mathbf{u}_1$ 이라 하고, $T_1 = \{\mathbf{u}_1\}$ 에 대해 부분공간 W_1 을 $W_1 :=$ $\text{span}(T_1)$ 로 둔다.

$$\mathbf{u}_1 = \frac{1}{||\mathbf{v}_1||}\mathbf{v}_1$$

(단계 2) 전 단계에서 구한 T_1, W_1 과 $\mathbf{v}_2$ 에 대해 식 (5.13), (5.14)를 만족하는 $\mathbf{u}_2$ 를 구하고, $T_2 = \{\mathbf{u}_1, \mathbf{u}_2\}$ 에 대해 부분공간 W_2 를 $W_2 = \text{span}(T_2)$ 로 둔다.
이때, $\text{span}(\{\mathbf{v}_1, \mathbf{v}_2\}) = \text{span}(T_2)$ 이다.

$$\mathbf{u}_2 = \frac{1}{||\mathbf{v}_2 - \langle \mathbf{v}_2, \mathbf{u}_1 \rangle \mathbf{u}_1||}(\mathbf{v}_2 - \langle \mathbf{v}_2, \mathbf{u}_1 \rangle \mathbf{u}_1)$$

(단계 3) 위 단계를 반복하여 구한 $T_{k-1} = \{\mathbf{u}_1, \mathbf{u}_2, \cdots, \mathbf{u}_{k-1}\}$, $W_{k-1} = \text{span}(T_{k-1})$ 과 $\mathbf{v}_k$ 에 대해 식 (5.13), (5.14)를 만족하는 $\mathbf{u}_k$ 를 구하면, $T_k = T_{k-1} \cup \{\mathbf{u}_k\}$ 가 구하는 정규직교기저이다.

$$\mathbf{u}_k = \frac{1}{||\mathbf{v}_k - \sum_{i=1}^{k-1} \langle \mathbf{v}_k, \mathbf{u}_i \rangle \mathbf{u}_i||}\left(\mathbf{v}_k - \sum_{i=1}^{k-1} \langle \mathbf{v}_k, \mathbf{u}_i \rangle \mathbf{u}_i\right)$$

그람-슈미트 직교화 과정

$\mathbb{F}$ 상에서 정의된 내적공간 V 의 부분집합 $S = \{\mathbf{v}_1, \mathbf{v}_2, \cdots, \mathbf{v}_k\}$ 가 일차독립일 때, 각 $i = 1, 2, \cdots, k$ 에 대해 $W_i = \text{span}\big(\{\mathbf{v}_1, \cdots, \mathbf{v}_i\}\big)$ 라고 하자. 이때, 다음과 같이

$$\mathbf{u}_1 = \frac{1}{||\mathbf{v}_1||}\mathbf{v}_1, \quad \mathbf{u}_{i+1} = \frac{1}{||\mathbf{v}_{i+1} - \text{proj}_{W_i}(\mathbf{v}_{i+1})||}\Big(\mathbf{v}_{i+1} - \text{proj}_{W_i}(\mathbf{v}_{i+1})\Big),$$

점화식으로 정의된 벡터 $\{\mathbf{u}_1, \mathbf{u}_2, \cdots, \mathbf{u}_k\}$ 는 식 (5.12)를 만족하는 정규직교집합이 된다. 특히, 각 $i = 1, 2, \cdots, k$ 에 대해 $W_i = \text{span}\big(\{\mathbf{u}_1, \cdots, \mathbf{u}_i\}\big)$ 이므로 계산하는 각 단계에서 다음을 이용할 수 있다.

$$\text{proj}_{W_i}(\mathbf{v}_{i+1}) = \langle \mathbf{v}_{i+1}, \mathbf{u}_1 \rangle \mathbf{u}_1 + \cdots + \langle \mathbf{v}_{i+1}, \mathbf{u}_i \rangle \mathbf{u}_i$$

예제 5.5.2. 다음 행렬 A 의 열공간 $C(A)$ 에 대한 정규직교기저를 구하시오.

$$A = \begin{pmatrix} 1 & 1 & 2 \\ 1 & 2 & 3 \\ 1 & 2 & 1 \\ 1 & 1 & 6 \end{pmatrix}$$

풀이 : 열공간 $C(A)$는 $\mathcal{M}_{4,1}$의 부분공간이므로 $C(A)$의 두 벡터 $C_1,\ C_2 \in \mathcal{M}_{4,1}$의 내적은

$$\langle C_1, C_2\rangle = \mathrm{Tr}(C_1C_2^{\mathrm{T}}) = \mathrm{Tr}(C_2^{\mathrm{T}}C_1) = C_2^{\mathrm{T}}C_1$$

이다. $C(A)$의 기저를 이루는 세 열벡터를

$$A_1^C = (1,1,1,1)^{\mathrm{T}},\ A_2^C = (1,2,2,1)^{\mathrm{T}},\ A_3^C = (2,3,1,6)^{\mathrm{T}}$$

라 하고, 그람-슈미트 직교화 과정을 적용하자.
(단계 1) $||A_1^C||^2 = \langle A_1^C, A_1^C\rangle = \left(A_1^C\right)^{\mathrm{T}}A_1^C = (1,1,1,1)(1,1,1,1)^{\mathrm{T}} = 4$이므로

$$\mathbf{u}_1 = \frac{1}{2}(1,1,1,1)^{\mathrm{T}}$$

이다.
(단계 2) $W_1 = \{\mathbf{u}_1\}$이라 하고, $\mathrm{proj}_{W_1}(A_2^C)$를 구하면

$$\mathrm{proj}_{W_1}(A_2^C) = \langle A_2^C, \mathbf{u}_1\rangle\mathbf{u}_1 = \left(\mathbf{u}_1^{\mathrm{T}}A_2^C\right)\mathbf{u}_1 = \frac{1}{2}(1,1,1,1)(1,2,2,1)^{\mathrm{T}}\mathbf{u}_1 = \frac{3}{2}(1,1,1,1)^{\mathrm{T}}$$

이고,

$$A_2^C - \mathrm{proj}_{W_1}(A_2^C) = (1,2,2,1)^{\mathrm{T}} - \frac{3}{2}(1,1,1,1)^{\mathrm{T}} = \left(-\frac{1}{2}, \frac{1}{2}, \frac{1}{2}, -\frac{1}{2}\right)^{\mathrm{T}}$$

이므로 $\left|\left|A_2^C - \mathrm{proj}_{W_1}(A_2^C)\right|\right| = 1$이 되어

$$\mathbf{u}_2 = \frac{1}{\left|\left|A_2^C - \mathrm{proj}_{W_1}(A_2^C)\right|\right|}\left(A_2^C - \mathrm{proj}_{W_1}(A_2^C)\right) = \frac{1}{2}(-1,1,1,-1)^{\mathrm{T}}$$

이다.
(단계 3) $W_2 = \{\mathbf{u}_1,\ \mathbf{u}_2\}$라 하고, $\mathrm{proj}_{W_2}(A_3^C)$을 구하면

$$\begin{aligned}\mathrm{proj}_{W_2}(A_3^C) &= \langle A_3^C, \mathbf{u}_1\rangle\mathbf{u}_1 + \langle A_3^C, \mathbf{u}_2\rangle\mathbf{u}_2\\ &= \left(\mathbf{u}_1^{\mathrm{T}}A_3^C\right)\mathbf{u}_1 + \left(\mathbf{u}_2^{\mathrm{T}}A_3^C\right)\mathbf{u}_2\\ &= \frac{1}{2}(1,1,1,1)(2,3,1,6)^{\mathrm{T}}\mathbf{u}_1 + \frac{1}{2}(-1,1,1,-1)(2,3,1,6)^{\mathrm{T}}\mathbf{u}_2\\ &= 3(1,1,1,1)^{\mathrm{T}} - (-1,1,1,-1)^{\mathrm{T}} = (4,2,2,4)^{\mathrm{T}}\end{aligned}$$

이고,

$$A_3^C - \mathrm{proj}_{W_2}(A_3^C) = (2,3,1,6)^{\mathrm{T}} - (4,2,2,4)^{\mathrm{T}} = (-2,1,-1,2)^{\mathrm{T}}$$

이므로 $\left|\left|A_3^C - \mathrm{proj}_{W_2}(A_3^C)\right|\right| = \sqrt{10}$이 되어

$$\mathbf{u}_3 = \frac{1}{\left|\left|A_3^C - \mathrm{proj}_{W_2}(A_3^C)\right|\right|}\left(\left|\left|A_3^C - \mathrm{proj}_{W_2}(A_3^C)\right|\right|\right) = \frac{1}{\sqrt{10}}(-2,1,-1,2)^{\mathrm{T}}$$

이다. 따라서, $C(A)$의 정규직교기저는

$$\{\mathbf{u}_1,\ \mathbf{u}_2,\ \mathbf{u}_3\} = \left\{ \frac{1}{2}\begin{pmatrix}1\\1\\1\\1\end{pmatrix},\ \frac{1}{2}\begin{pmatrix}-1\\1\\1\\-1\end{pmatrix},\ \frac{1}{\sqrt{10}}\begin{pmatrix}-2\\1\\-1\\2\end{pmatrix} \right\}$$

이다. □

예제 5.5.3. 실수 계수를 갖는 이차 이하 다항식들로 이루어진 벡터공간 $\mathcal{P}_2$는 $\langle f, g\rangle = \int_{-1}^{1} f(x)g(x)\,dx$ 대해 실수 상에서 정의된 내적공간이 된다. 이 공간의 정규직교기저를 구하시오.

풀이 : $\mathcal{P}_2$의 세 벡터 $f_1(x) = 1,\ f_2(x) = x,\ f_3(x) = x^2$에 대해 $\mathcal{B} = \{f_1,\ f_2,\ f_3\}$는 $\mathcal{P}_2$의 기저가 된다. 이제 $\mathcal{B}$에 그람-슈미트 직교화 과정을 적용하자.

(단계 1) $||f_1||^2 = \langle f_1, f_1\rangle = \int_{-1}^{1} 1\,dx = 2$이므로

$$u_1(x) = \frac{1}{||f_1||} f_1(x) = \frac{1}{\sqrt{2}} \cdot 1$$

이다.

(단계 2) $W_1 = \{u_1\}$이라 두고, $\text{proj}_{W_1}(f_2)$를 구하면

$$\text{proj}_{W_1}(f_2)(x) = \langle f_2, u_1\rangle\, u_1(x) = \Big(\int_{-1}^{1} f_2(x)u_1(x)\,dx\Big)\, u_1(x) = \Big(\frac{1}{\sqrt{2}}\int_{-1}^{1} x\,dx\Big)\, u_1(x) = 0$$

이고, $f_2 - \text{proj}_{W_1}(f_2) = f_2$이므로

$$||f_2 - \text{proj}_{W_1}(f_2)||^2 = ||f_2||^2 = \langle f_2, f_2\rangle = \int_{-1}^{1} x^2\,dx = \frac{2}{3}$$

가 되어

$$u_2(x) = \frac{1}{||f_2 - \text{proj}_{W_1}(f_2)||}\Big(f_2(x) - \text{proj}_{W_1}(f_2)(x)\Big) = \sqrt{\frac{3}{2}}\,x$$

를 얻는다.

(단계 3) $W_2 = \{u_1,\ u_2\}$라 하고, $\text{proj}_{W_2}(f_3)$을 구하면

$$\begin{aligned}\text{proj}_{W_2}(f_3)(x) &= \langle f_3, u_1\rangle\, u_1(x) + \langle f_3, u_2\rangle\, u_2(x)\\ &= \Big(\frac{1}{\sqrt{2}}\int_{-1}^{1} x^2\,dx\Big)\, u_1(x) + \Big(\sqrt{\frac{3}{2}}\int_{-1}^{1} x^3\,dx\Big) u_2(x) = \frac{1}{3}\end{aligned}$$

이다. 따라서,

$$||f_3 - \mathrm{proj}_{W_2}(f_3)||^2 = \left|\left|f_3 - \frac{1}{3}\right|\right|^2 = \int_{-1}^{1} \left(x^2 - \frac{1}{3}\right)^2 dx = \frac{8}{45}$$

로부터 마지막 벡터 u_3는

$$u_3(x) = \frac{1}{||f_3 - \mathrm{proj}_{W_2}(f_3)||}\Big(f_3(x) - \mathrm{proj}_{W_2}(f_3)(x)\Big) = \frac{3\sqrt{5}}{2\sqrt{2}}\left(x^2 - \frac{1}{3}\right)$$

가 된다. 결론적으로 다음과 같이 $\mathcal{P}_2$의 정규직교기저를 얻는다.

$$\left\{\frac{1}{\sqrt{2}},\ \sqrt{\frac{3}{2}}x,\ \frac{3\sqrt{5}}{2\sqrt{2}}\Big(x^2 - \frac{1}{3}\Big)\right\}$$ □

문제 5.5.3. 실수 상에서 정의된 내적공간 $\mathbb{R}^3$의 세 벡터

$$\mathbf{v}_1 = (1,0,0),\ \mathbf{v}_2 = (1,1,1),\ \mathbf{v}_3 = (1,0,1)$$

에 그람-슈미트 직교화 과정을 적용하여 $\mathbb{R}^3$의 정규직교기저를 구하시오.

문제 5.5.4. 실수 상에서 정의된 내적공간 $\mathcal{P}_2$의 두 벡터 $f_1(x) = 1-6x$, $f_2(x) = 1-6x^2$로 생성되는 부분공간 W의 정규직교기저를 구하시오. (단, 벡터공간 $\mathcal{P}_2$는 $\langle f,g\rangle = \int_0^1 f(x)g(x)\,dx$로 정의된 내적에 의해 내적공간이 되는 것으로 생각한다.)

문제 5.5.5. $\mathbb{F} = \mathbb{R}$ 또는 $\mathbb{C}$상에서 정의된 내적공간 V의 일차독립인 벡터 $\{\mathbf{v}_1, \mathbf{v}_2, \cdots, \mathbf{v}_n\}$에 그람-슈미트 직교화 과정을 통해 얻은 정규직교집합을 $\{\mathbf{u}_1, \mathbf{u}_2, \cdots, \mathbf{u}_n\}$이라 하자. 이때, $\mathbb{F}$에 관계없이 $\langle \mathbf{v}_i, \mathbf{u}_i\rangle$는 실수가 되고, 다음 식이 성립함을 보이시오.

$$\langle \mathbf{v}_i, \mathbf{u}_i\rangle > 0, \quad (i = 1, 2, \cdots, n)$$

(도움말 : 모든 $i = 1, 2, \cdots n$에 대해 V의 부분공간 W_i를

$$W_i = \mathrm{span}\big(\{\mathbf{v}_1, \cdots, \mathbf{v}_i\}\big)$$

라 하면, 각 벡터 $\mathbf{v}_i$에 대해 유일하게 결정되는 $\mathbf{w}_i \in W_{i-1}$, $\mathbf{w}_i^{\perp} \in W_{i-1}^{\perp}$가 존재해서 $\mathbf{v}_i = \mathbf{w}_i + \mathbf{w}_i^{\perp}$가 된다. 이때, 각 $i = 1, 2, \cdots, n$에 대해 $\langle \mathbf{v}_i, \mathbf{u}_i\rangle = ||\mathbf{w}_i^{\perp}||$가 성립함을 보이시오.)

행렬의 QR 분해

이 절에서는 그람-슈미트 직교화의 응용으로 행렬의 QR 분해에 대해 소개한다.

체 $\mathbb{F}$가 $\mathbb{R}$ 또는 $\mathbb{C}$일 때, $m\times n$ 행렬 A는 모든 성분이 $\mathbb{F}$에 속하는 행렬이라 하자. 만약 행렬 A의 계수가 n이라면 (즉, $\dim_{\mathbb{F}}\big(C(A)\big) = n$이라면), 행렬 A의 행공간 $C(A)$를 생성하는

각 열벡터 $A_1^C, A_2^C, \cdots, A_n^C$ 은 벡터공간 $\mathcal{M}_{m,1}(\mathbb{F})$ 에서 일차독립인 벡터이다. 따라서, 그람-슈미트 직교화 과정을 $\mathcal{M}_{m,1}(\mathbb{F})$ 의 정규직교집합 $\mathcal{B} = \{Q_1, Q_2, \cdots, Q_n\}$ 을 구할 수 있다.

이때, $\mathcal{B}$는 식 (5.12)를 만족하는 $\text{span}(C(A))$ 의 정규직교기저이므로 2.2절의 결과를 이용하면 다음이 성립한다.

$$\begin{aligned}
A_1^C &= \langle A_1^C, Q_1\rangle Q_1 + \langle A_1^C, Q_2\rangle Q_2 + \cdots + \langle A_1^C, Q_n\rangle Q_n,\\
A_2^C &= \langle A_2^C, Q_1\rangle Q_1 + \langle A_2^C, Q_2\rangle Q_2 + \cdots + \langle A_2^C, Q_n\rangle Q_n,\\
\vdots &= \qquad\qquad \vdots\\
A_n^C &= \langle A_n^C, Q_1\rangle Q_1 + \langle A_n^C, Q_2\rangle Q_2 + \cdots + \langle A_n^C, Q_n\rangle Q_n.
\end{aligned}$$

$$\begin{aligned}
\iff \quad A &= \left(A_1^C \,|\, A_2^C \,|, \cdots \,|\, A_n^C\right) \qquad (5.15)\\
&= (Q_1 \,|\, Q_2 \,|\, \cdots \,|\, Q_n) \begin{pmatrix} \langle A_1^C, Q_1\rangle & \langle A_2^C, Q_1\rangle & \cdots & \langle A_n^C, Q_1\rangle \\ \langle A_1^C, Q_2\rangle & \langle A_2^C, Q_2\rangle & \cdots & \langle A_n^C, Q_2\rangle \\ \vdots & \vdots & \ddots & \vdots \\ \langle A_1^C, Q_n\rangle & \langle A_2^C, Q_n\rangle & \cdots & \langle A_n^C, Q_n\rangle \end{pmatrix}
\end{aligned}$$

이때, 식 (5.12)의 성질로부터 $A_i^C \in \text{span}\big(\{Q_1, \cdots, Q_i\}\big)$ 이므로

$$\langle A_i^C, Q_j\rangle = 0, \quad (i+1 \le j \le n)$$

가 성립하므로 식 (5.15)은

$$A = (Q_1 \,|\, Q_2 \,|\, \cdots \,|\, Q_n) \begin{pmatrix} \langle A_1^C, Q_1\rangle & \langle A_2^C, Q_1\rangle & \cdots & \langle A_n^C, Q_1\rangle \\ 0 & \langle A_2^C, Q_2\rangle & \cdots & \langle A_n^C, Q_2\rangle \\ \vdots & \vdots & \ddots & \vdots \\ 0 & 0 & \cdots & \langle A_n^C, Q_n\rangle \end{pmatrix} \qquad (5.16)$$

이 된다. 특히, 문제 5.5.5로부터 $\langle A_i^C, Q_i\rangle > 0,\ (i = 1, 2, \cdots, n)$ 이므로 식 (5.16)의 상삼각행렬에서 모든 대각원소는 양의 실수가 된다. 이때 행렬 A에 대해, 식 (5.16)의 우변에서처럼 열벡터 $\{Q_i : i = 1, 2, \cdots, n\}$가 정규직교집합이 되는 행렬과 대각성분이 모두 양의 실수인 상삼각행렬의 곱으로 분해하는 것을 행렬 A의 **QR 분해**라 한다. QR 분해란 이름은 식 (5.16)의 우변에 나타나는 행렬을 관습적으로 각각 Q와 R이라고 쓰는 것에서 유래한다.

예제 5.5.4. 예제 5.5.2의 4×3 행렬 A에 대해 QR 분해를 구하시오.

풀이 : $C(A)$ 의 기저를 이루는 세 벡터를

$$A_1^C = (1, 1, 1, 1)^{\mathrm{T}},\ A_2^C = (1, 2, 2, 1)^{\mathrm{T}},\ A_3^C = (2, 3, 1, 6)^{\mathrm{T}}$$

에 그람-슈미트 과정을 적용하여 얻은 정규직교집합은

$$Q_1 = \frac{1}{2}(1,1,1,1)^{\mathrm{T}},\ Q_2 = \frac{1}{2}(-1,1,1,-1)^{\mathrm{T}},\ Q_3 = \frac{1}{\sqrt{10}}(-2,1,-1,2)$$

이다. 따라서, $A = QR$을 만족하는 Q와 R은 다음과 같다.

$$Q = \frac{1}{2\sqrt{10}}\begin{pmatrix} \sqrt{10} & -\sqrt{10} & -4 \\ \sqrt{10} & \sqrt{10} & 2 \\ \sqrt{10} & \sqrt{10} & -2 \\ \sqrt{10} & -\sqrt{10} & 4 \end{pmatrix},$$

$$R = \begin{pmatrix} \langle A_1^C, Q_1\rangle & \langle A_2^C, Q_1\rangle & \langle A_3^C, Q_1\rangle \\ 0 & \langle A_2^C, Q_2\rangle & \langle A_3^C, Q_2\rangle \\ 0 & 0 & \langle A_3^C, Q_3\rangle \end{pmatrix} = \begin{pmatrix} 2 & 3 & 6 \\ 0 & 1 & -2 \\ 0 & 0 & \sqrt{10} \end{pmatrix}.$$

□

문제 5.5.6. 다음 행렬 A의 QR 분해를 구하시오.

$$A = \begin{pmatrix} 1 & 0 & 1 \\ 1 & 1 & 0 \\ 0 & 1 & 1 \end{pmatrix}$$

문제 5.5.6에서처럼 행렬 A가 $n \times n$ 가역행렬이면, A의 QR 분해에서 행렬 Q도 가역행렬이 되고, Q의 열벡터들은 $\mathcal{M}_{n,1}(\mathbb{F})$의 정규직교기저가 된다. 따라서, 모든 $i = 1, 2, \cdots, n$과 $j = 1, 2, \cdots, n$에 대해

$$\delta_{ij} = \langle Q_i^C, Q_j^C\rangle = \mathrm{Tr}\big(Q_i^C\,(Q_j^C)^*\big) = \big(Q_j^C\big)^* Q_i^C \tag{5.17}$$

가 성립한다.[25)]

한편, $(Q^*)_i^R = \big(Q_i^C\big)^*$이므로 식 5.17로부터

$$\delta_{ji} = \big(Q_i^C\big)^* Q_j^C = (Q^*)_i^R Q_j^C = \big(Q^*Q\big)_{ij}$$

가 되어 $Q^*Q = I$를 얻는다. 즉, 가역행렬 Q의 역행렬이 $Q^{-1} = Q^*$가 되므로 $QQ^* = I$도 성립한다. 즉, A가 $n \times n$ 가역행렬이면 A의 QR 분해에서 행렬 Q는

$$Q^*Q = I = QQ^* \iff Q^{-1} = Q^*$$

를 만족하는 $n \times n$ 가역행렬이 되는데, $\mathbb{F} = \mathbb{C}$일 때 이 조건을 만족하는 행렬을 유니타리행렬이라 하고, $\mathbb{F} = \mathbb{R}$일 때 이 조건을 만족하는 행렬을 직교행렬이라 부른다. 특히, $\mathbb{F} = \mathbb{R}$일 때, 위 식은 실제로 다음과 같음에 주목하자.

$$Q^{\mathrm{T}}Q = I = QQ^{\mathrm{T}} \iff Q^{-1} = Q^{\mathrm{T}}$$

---

25) $\mathbb{F} = \mathbb{R}$인 경우 $Q^* = Q^{\mathrm{T}}$가 됨을 상기하자. 또, δ_{ij}는 $i = j$일 때는 1이고 $i \neq j$일 때는 0을 의미한다.

행렬의 QR 분해

체 $\mathbb{F}$의 수를 성분으로 갖는 $m \times n$ 행렬 A의 계수가 n이면, 다음과 같이 각 열이 $\mathcal{M}_{m,1}(\mathbb{F})$에서 정규직교집합이 되는 $m \times n$ 행렬 Q와 대각성분이 모두 양의 실수인 $n \times n$ 상삼각행렬 R의 곱으로 분해할 수 있다.

$$A = QR$$

실제로 Q의 각 열벡터 $\{Q_1^C, \cdots, Q_n^C\}$은 A의 열벡터 $\{A_1^C, \cdots, A_n^C\}$에 그람-슈미트 직교화 과정을 적용하여 얻은 정규직교집합이고, 행렬 R은 (i, j) 성분이 $\mathbb{F}$ 상에서 정의된 내적 $\langle A_j^C, Q_i^C \rangle = \overline{\langle Q_i^C, A_j^C \rangle}$로 정의되는 상삼각행렬이다.
특히, $n = m$일 때, 가역행렬 A의 QR 분해 $A = QR$에서

(가) $\mathbb{F} = \mathbb{C}$이면 Q는 유니타리행렬
(나) $\mathbb{F} = \mathbb{R}$이면 Q는 직교행렬

이 된다.

문제 5.5.7. $n \times n$ 행렬 Q_1와 Q_2가 각각 유니타리행렬이면, $Q_1 Q_2$도 유니타리행렬이 됨을 보이시오. 또, Q_1^*도 유니타리행렬이 됨을 보이시오.

문제 5.5.8. A가 $n \times n$ 가역행렬이면, A의 QR 분해에서 나타나는 행렬 Q와 R은 유일하게 결정됨을 보이시오.
(도움말 : $A = Q_1 R_1 = Q_2 R_2$라 하면, $Q_1^{-1} Q_2 = R_1 R_2^{-1}$에서 문제 5.5.7에 의해 좌변은 유니터리(직교행렬)이고 우변은 상삼각행렬이 된다. 이때, 두 행렬의 성분을 비교하여 $Q_1^{-1} Q_2 = I_n$ 임을 먼저 보이시오.)

행렬의 QR 분해의 응용 [좀 더 알아보기]

$m \times n$ 행렬 A의 QR 분해가 유용하게 이용되는 예를 생각해보자. $m \times n$ 행렬 A와 $\mathcal{M}_{n,1}$의 열벡터 형태로 주어진 k개의 자료값 $\mathbf{x}_1, \mathbf{x}_2, \cdots, \mathbf{x}_k$에 대해 k개의 자료값 $\mathbf{b}_i = A\mathbf{x}_i \in \mathcal{M}_{m,1}$ $(i = 1, 2, \cdots, k)$가 주어졌다고 하자. 경우에 따라, 주어진 각 $\mathbf{b}_i$에 대해 $A\mathbf{x} = \mathbf{b}_i$를 만족하는 $\mathbf{x}$를 구할 필요가 있다.[26] 즉, 주어진 상황은 동일한 A로 주어진 연립일차방정식을 서로 다른 $\mathbf{b}_i$에 대해 반복해서 풀어야 하는 상황이다. 이런 경우 A가 $n \times n$ 가역행렬이면 A의 역행렬을 한 번 구한 다음, $\mathbf{x} = A^{-1}\mathbf{b}_i$를 이용하여 각 $\mathbf{b}_i$에 대한

26) 이런 형태의 문제를 선형 역문제라고 한다.

해를 구할 수 있지만, 그렇지 않은 경우 행렬의 QR 분해가 유용하게 사용될 수 있다.[27)]

[경우 1] $n < m$ 인 경우에 행렬의 QR 분해가 어떻게 이용될 수 있는지 알아보자. $m \times n$ 행렬 A 의 계수가 n 일 때, 각 $\mathbf{b}_i$, $(i = 1, 2, \cdots, k)$ 에 대해 연립일차방정식 $A\mathbf{x} = \mathbf{b}_i$ 의 해를 구한다고 하자. 이 경우, 미지수의 개수보다 식의 개수가 많으므로 해가 존재하지 않거나 존재한다면 오직 한 개가 존재하게 된다. 해가 존재하는 경우, 유일하게 결정되는 이유를 살펴보자. 만약 $A\mathbf{x} = \mathbf{b}_i$ 와 $A\mathbf{y} = \mathbf{b}_i$ 가 성립한다면, $A(\mathbf{x} - \mathbf{y}) = \mathbf{0}$ 이 되는데, 행렬 A 의 계수가 n 이므로 A 의 기약 행사다리꼴의 1 행부터 n 행까지는 $n \times n$ 단위행렬 I 가 되고, $n+1$ 행부터 m 행까지는 $(n+1) \times m$ 영행렬이 된다. 즉,

$$\begin{pmatrix} I \\ O \end{pmatrix} (\mathbf{x} - \mathbf{y}) = \mathbf{0} \iff \begin{pmatrix} \mathbf{x} - \mathbf{y} \\ O \end{pmatrix} = \mathbf{0}$$

따라서, $\mathbf{x} = \mathbf{y}$ 를 얻게 된다.

이제, A 의 QR 분해가 $A = QR$ 라고 하자. Q 의 열벡터 $\{Q_1^C, \cdots, Q_n^C\} \subset \mathcal{M}_{m,1}$ 를 포함하는 $\mathcal{M}_{m,1}$ 의 정규직교기저를

$$\{Q_1^C, \cdots, Q_n^C, P_{n+1}^C, \cdots, P_m^C\}$$

이라 하고, $m \times (m-n)$ 행렬 P 를

$$P = \begin{pmatrix} P_{n+1}^C & \cdots & P_m^C \end{pmatrix}$$

이라 하자. 이때, 연립방정식 $A\mathbf{x} = \mathbf{b}_i$ 가 해를 갖는다면 138쪽에서 설명하였듯이

$$\mathbf{b}_i \in C(A) = C(Q)$$

가 성립하고, P 의 열벡터들은 Q 의 열벡터들과 직교하므로

$$\langle \mathbf{b}_i, P_{n+j}^C \rangle = \mathrm{Tr}\big(\mathbf{b}_i (P_{n+j}^C)^*\big) = (P_{n+j}^C)^* \mathbf{b}_i = (P^*)_{n+j}^R \mathbf{b}_i = 0, \quad (j = 1, \cdots, m-n) \tag{5.18}$$

이 성립한다. 따라서, $P^* \mathbf{b}_i = \mathbf{0}$ 이다. 한편, $m \times m$ 유니타리행렬 $\tilde{Q}$ 를

$$\tilde{Q} = \begin{pmatrix} Q & P \end{pmatrix}$$

라 하고 $\ell \times \ell$ 단위행렬을 I_ℓ 이라 할 때, $(\tilde{Q})^* \tilde{Q} = I_m = \tilde{Q}(\tilde{Q})^*$ 이고 $n \times n$ 행렬 R 이 가역행

27) 이 절의 설명에서 주어진 행렬의 성분이 모두 실수인 경우에는 A^* 를 A^{T} 로 해석하면 된다.

렬이므로 다음 동치관계를 얻는다.

$$
\begin{aligned}
& A\mathbf{x} = \mathbf{b}_i \\
\iff & QR\mathbf{x} = \mathbf{b}_i \\
\iff & \begin{pmatrix} Q & P \end{pmatrix} \begin{pmatrix} R \\ O \end{pmatrix} \mathbf{x} = \mathbf{b}_i \\
\iff & \begin{pmatrix} Q^* \\ P^* \end{pmatrix} \begin{pmatrix} Q & P \end{pmatrix} \begin{pmatrix} R \\ O \end{pmatrix} \mathbf{x} = \begin{pmatrix} Q^* \\ P^* \end{pmatrix} \mathbf{b}_i, \quad (\tilde{Q})^* = \begin{pmatrix} Q^* \\ P^* \end{pmatrix} \\
\iff & \begin{pmatrix} R \\ O \end{pmatrix} \mathbf{x} = \begin{pmatrix} Q^* \\ P^* \end{pmatrix} \mathbf{b}_i, \\
\iff & \begin{pmatrix} R^{-1} & O \\ O & I_{m-n} \end{pmatrix} \begin{pmatrix} R \\ O \end{pmatrix} \mathbf{x} = \begin{pmatrix} R^{-1} & O \\ O & I_{m-n} \end{pmatrix} \begin{pmatrix} Q^* \\ P^* \end{pmatrix} \mathbf{b}_i \\
\iff & \begin{pmatrix} \mathbf{x} \\ \mathbf{0} \end{pmatrix} = \begin{pmatrix} I_n \\ O \end{pmatrix} \mathbf{x} = \begin{pmatrix} R^{-1}Q^* \\ P^* \end{pmatrix} \mathbf{b}_i = \begin{pmatrix} R^{-1}Q^*\mathbf{b}_i \\ \mathbf{0} \end{pmatrix}
\end{aligned}
$$

따라서, $\mathbf{b}_i \in C(A) = C(Q)$의 경우에는 식 (5.18)로부터 $P^*\mathbf{b}_i = \mathbf{0}$이므로 $A\mathbf{x} = \mathbf{b}_i$의 유일한 해

$$\mathbf{x} = R^{-1}Q^*\mathbf{b}_i$$

를 구할 수 있다. 물론, $B_i \notin C(A) = C(Q)$일 때는 해가 존재하지 않는다. 이 경우에는 다음 절에서 소개하는 최소제곱법을 이용하여 $||A\mathbf{x} - \mathbf{b}_i||$가 최소가 되는 $\mathbf{x}$를 구할 수 있다. 결론적으로, A가 가역행렬이 아니더라도 QR 분해를 이용하여 $R^{-1}Q^*$를 구해두면, 서로 다른 $\mathbf{b}_i$에 대해 손쉽게 해를 구할 수 있다. 특히, R이 상삼각행렬이므로 R^{-1}를 계산하는 것도 간단하다.

[경우 2] $n > m$이고 $m \times n$ 행렬 A의 계수가 m일 때, 각 $\mathbf{b}_i$, $(i = 1, 2, \cdots, k)$에 대해 연립일차방정식 $A\mathbf{x} = \mathbf{b}_i$의 해를 구하는 경우를 생각해보자. 이 경우,

$$A\mathbf{y} = \mathbf{b}_i$$

를 만족하는 해 $\mathbf{y}$를 하나 구하기만 하면, $A\mathbf{v} = \mathbf{0}$을 만족하는 A의 해공간 (또는 A의 영공간) $N(A)$에 대해, 연립방정식의 모든 해는

$$\mathbf{x} = \mathbf{y} + \mathbf{v}, \quad \mathbf{v} \in N(A)$$

가 됨을 알고 있다. 따라서, $\mathbf{b}_i$에 관계없이 A의 영공간 $N(A)$를 구해놓으면, 각 $\mathbf{b}_i$에 대해 $A\mathbf{y} = \mathbf{b}_i$를 만족하는 해를 하나 찾기만 하면 된다. 이때, $\mathbf{y}$를 $A\mathbf{x} = \mathbf{b}_i$의 특수해라 부른다.

우선, n개의 열벡터는 $\mathcal{M}_{m,1}$에서 일차종속이 되어 A에 QR 분해를 적용할 수 없으므로 A^*의 QR 분해 $A^* = QR$을 구한다. 이제, $\mathbb{F}^n$의 정규직교집합 $\{Q_1^C, \cdots, Q_m^C\}$을 포함하는

$\mathbb{F}^n$ 의 정규직교기저

$$\{Q_1^C, \cdots, Q_m^C, P_{m+1}^C, \cdots, P_n^C\}$$

을 잡고, 이 열벡터를 순서대로 나열하여 얻은 $n \times n$ 유니타리행렬을 $\tilde{Q}$ 라 하자. 즉, $n \times (n-m)$ 행렬

$$P = \begin{pmatrix} P_{m+1}^C & P_{m+1}^C & \cdots & , P_n^C \end{pmatrix}$$

에 대해

$$\tilde{Q} = \begin{pmatrix} Q & P \end{pmatrix}$$

이다. 이때, 다음 식이 성립한다.

$$A^* = QR = \begin{pmatrix} Q & P \end{pmatrix} \begin{pmatrix} R \\ O \end{pmatrix} \Longleftrightarrow A = R^* Q^* = \begin{pmatrix} R^* & O \end{pmatrix} \begin{pmatrix} Q^* \\ P^* \end{pmatrix}$$

따라서, 다음 동치관계를 얻는다.

$$A\mathbf{y} = \mathbf{b}_i \iff R^* Q^* \mathbf{y} = \mathbf{b}_i \iff Q^* \mathbf{y} = \left(R^*\right)^{-1} \mathbf{b}_i \tag{5.19}$$

우리의 목표는 $A\mathbf{x} = \mathbf{b}_i$ 를 만족하는 $\mathbf{y}$를 하나 구하는 것인데, 식 (5.19)를 만족하는 $\mathbf{y}$ 중 $P^*\mathbf{y} = \mathbf{0}$을 만족하는 것이 있는지 알아보기 위해 다음 식을 생각하면, $A\mathbf{y} = \mathbf{b}_i$ 를 만족하는 특수해의 후보를 찾을 수 있다.

$$\begin{aligned} & Q^*\mathbf{y} = \left(R^*\right)^{-1}\mathbf{b}_i \\ \Longleftrightarrow & \begin{pmatrix} Q^* \\ P^* \end{pmatrix} \mathbf{y} = \begin{pmatrix} Q^*\mathbf{y} \\ P^*\mathbf{y} \end{pmatrix} = \begin{pmatrix} Q^*\mathbf{y} \\ \mathbf{0} \end{pmatrix} = \begin{pmatrix} \left(R^*\right)^{-1}\mathbf{b}_i \\ \mathbf{0} \end{pmatrix} \qquad (\text{단, } P^*\mathbf{y} = \mathbf{0}) \\ \Longleftrightarrow & \mathbf{y} = \begin{pmatrix} Q & P \end{pmatrix} \begin{pmatrix} \left(R^*\right)^{-1}\mathbf{b}_i \\ \mathbf{0} \end{pmatrix} = \tilde{Q} \begin{pmatrix} \left(R^*\right)^{-1}\mathbf{b}_i \\ \mathbf{0} \end{pmatrix} \end{aligned} \tag{5.20}$$

한편, 유니타리행렬 $\tilde{Q}$에 대해 $(\tilde{Q})^*\tilde{Q} = I_n$ 이므로 다음 식에서 알 수 있듯이 (5.20)에서 찾은 $\mathbf{y}$가 실제로 특수해가 됨을 확인할 수 있다.

$$A\mathbf{y} = \left[\begin{pmatrix} R^* & O \end{pmatrix} (\tilde{Q})^* \right] \left[\tilde{Q} \begin{pmatrix} \left(R^*\right)^{-1}\mathbf{b}_i \\ \mathbf{0} \end{pmatrix} \right] = \mathbf{b}_i.$$

따라서, $n > m$ 의 경우에도 행렬의 QR 분해를 이용하면 여러 개의 자료에 대한 선형 역문제를 손쉽게 해결할 수 있다.

행렬의 QR 분해를 이용한 선형 역문제의 해법

체 $\mathbb{F}$ ($\mathbb{R}$ 또는 $\mathbb{C}$)의 수를 성분으로 갖는 $m \times n$ 행렬 A와 $\mathcal{M}_{m,1}$에 속하는 k개의 벡터 $\mathbf{b}_i$에 대해 다음과 같이 행렬의 QR 분해를 이용하여 $A\mathbf{x}_i = \mathbf{b}_i$의 해를 구할 수 있다.

(가) $n < m$이고 $\mathrm{rank}(A) = n$인 경우 : $\mathbf{b}_i \in C(A)$이면 A의 QR 분해

$$A = QR$$

에 대해 유일한 해 $\mathbf{x}_i$는 다음과 같다.

$$\mathbf{x}_i = R^{-1}Q^*\mathbf{b}_i \quad (i = 1, 2, \cdots, k)$$

이때, $m \times n$ 행렬 Q의 열벡터는 정규직교집합을 이루고, 열공간은 $C(A) = C(Q)$를 만족한다.

(나) $n > m$이고 $\mathrm{rank}(A) = m$인 경우 : A^*의 QR 분해가

$$A^* = QR = \begin{pmatrix} Q & P \end{pmatrix} \begin{pmatrix} R \\ O \end{pmatrix}, \quad \tilde{Q} := \begin{pmatrix} Q & P \end{pmatrix}$$

(단, Q는 $C(A^*) = C(Q)$인 $n \times m$ 행렬이고, $\tilde{Q}$는 유니타리행렬)

일 때, 아래와 같이 정의된 특수해 $\mathbf{y}_i$

$$\mathbf{y}_i = \tilde{Q} \begin{pmatrix} (R^*)^{-1}\mathbf{b}_i \\ \mathbf{0} \end{pmatrix}, \quad (i = 1, 2, \cdots, k)$$

와 A의 영공간 $N(A)$에 대해 일반해 $\mathbf{x}_i$는 다음과 같다.

$$\mathbf{x}_i = \mathbf{y}_i + \mathbf{v}, \quad \mathbf{v} \in N(A) \quad (i = 1, 2, \cdots, k)$$

예제 5.5.5. 행렬 A와 $\mathbf{b}_i$ $(i = 1, 2, \cdots, 5)$가 다음과 같을 때, 각 $\mathbf{b}_i$에 대해 $A\mathbf{x} = \mathbf{b}_i$를 만족하는 $\mathbf{x}$를 모두 구하시오.

$$A = \begin{pmatrix} 1 & 1 & 1 & 1 \\ 1 & 2 & 2 & 1 \\ 2 & 3 & 1 & 6 \end{pmatrix}, \quad \mathbf{b}_1 = \begin{pmatrix} 1 \\ 1 \\ 3 \end{pmatrix}, \mathbf{b}_2 = \begin{pmatrix} 0 \\ 1 \\ 1 \end{pmatrix}, \mathbf{b}_3 = \begin{pmatrix} 0 \\ 0 \\ -1 \end{pmatrix}, \mathbf{b}_4 = \begin{pmatrix} 2 \\ 1 \\ 2 \end{pmatrix}, \mathbf{b}_5 = \begin{pmatrix} 3 \\ -1 \\ -1 \end{pmatrix}.$$

풀이 : 우선 가우스-조르당 소거법을 이용하여 A의 영공간을 구하면

$$N(A) = \mathrm{span}\big(\{1, 2, -2, -1)^{\mathrm{T}}\}\big)$$

이다. 따라서, 퇴화차수와 행계수의 관계에 의해 A의 계수는 3이다. 또, 예제 5.5.2의 결과로부터 A^*의 열공간 $C(A^*)$의 정규직교기저는 다음과 같다.

$$\mathbf{u}_1 = \frac{1}{2}\begin{pmatrix}1\\1\\1\\1\end{pmatrix}, \quad \mathbf{u}_2 = \frac{1}{2}\begin{pmatrix}-1\\1\\1\\-1\end{pmatrix}, \quad \mathbf{u}_3 = \frac{1}{\sqrt{10}}\begin{pmatrix}-2\\1\\-1\\2\end{pmatrix}$$

이제 행렬 A^*의 QR 분해를 유니타리행렬을 이용하여 나타내기 위해 $\{\mathbf{u}_1, \mathbf{u}_2, \mathbf{u}_3\}$를 포함하는 $\mathbb{C}^4$의 정규직교기저를 구하자. $\mathbf{a} = (1,0,0,0)^{\mathrm{T}}$가 $W = C(A^*)$에 속하지 않음을 쉽게 확인할 수 있으므로 $\mathrm{proj}_W(\mathbf{a})$를 구하면

$$\begin{aligned}\mathrm{proj}_W(\mathbf{a}) =&\langle \mathbf{a}, \mathbf{u}_1\rangle \mathbf{u}_1 + \langle \mathbf{a}, \mathbf{u}_2\rangle \mathbf{u}_2 + \langle \mathbf{a}, \mathbf{u}_3\rangle \mathbf{u}_3\\ =&\frac{1}{4}(1,1,1,1)^{\mathrm{T}} - \frac{1}{4}(-1,1,1,-1)^{\mathrm{T}} - \frac{1}{5}(-2,1,-1,2)^{\mathrm{T}} = \frac{1}{10}(9,-2,2,1)^{\mathrm{T}}\end{aligned}$$

이고,

$$\mathbf{a} - \mathrm{proj}_W(\mathbf{a}) = (1,0,0,0)^{\mathrm{T}} - \frac{1}{10}(9,-2,2,1)^{\mathrm{T}} = \frac{1}{10}(1,2,-2,-1)^{\mathrm{T}}$$

이므로 $||\mathbf{a} - \mathrm{proj}_W(\mathbf{a})|| = \frac{1}{\sqrt{10}}$이 되어

$$\mathbf{u}_4 = \frac{1}{||\mathbf{a} - \mathrm{proj}_W(\mathbf{a})||}\Big(\mathbf{a} - \mathrm{proj}_W(\mathbf{a})\Big) = \frac{1}{\sqrt{10}}(1,2,-2,-1)^{\mathrm{T}}$$

이다. 따라서 유니타리행렬 $\tilde{Q}$는 다음과 같다.

$$\tilde{Q} = \frac{1}{2\sqrt{10}}\begin{pmatrix}\sqrt{10} & -\sqrt{10} & -4 & 2\\ \sqrt{10} & \sqrt{10} & 2 & 4\\ \sqrt{10} & \sqrt{10} & -2 & -4\\ \sqrt{10} & -\sqrt{10} & 4 & -2\end{pmatrix}$$

이제, A^*의 QR 분해를 위해 R와 $(R^*)^{-1}$를 구하면

$$R = \begin{pmatrix}\langle (A^*)_1^C, \tilde{Q}_1^C\rangle & \langle (A^*)_2^C, \tilde{Q}_1^C\rangle & \langle (A^*)_3^C, \tilde{Q}_1^C\rangle\\ 0 & \langle (A^*)_2^C, \tilde{Q}_2^C\rangle & \langle (A^*)_3^C, \tilde{Q}_2^C\rangle\\ 0 & 0 & \langle (A^*)_3^C, \tilde{Q}_3^C\rangle\end{pmatrix} = \begin{pmatrix}2 & 3 & 6\\ 0 & 1 & -2\\ 0 & 0 & \sqrt{10}\end{pmatrix},$$

$$(R^*)^{-1} = \frac{1}{2\sqrt{5}}\begin{pmatrix}\sqrt{5} & 0 & 0\\ -3\sqrt{5} & 2\sqrt{5} & 0\\ -6\sqrt{2} & 2\sqrt{2} & \sqrt{2}\end{pmatrix}$$

이므로, 각 $\mathbf{b}_i$ 에 대해 특수해 $\mathbf{y}_i$ 를 구하면 $\mathbf{y}_i = \tilde{Q}\begin{pmatrix}(R^*)^{-1}\mathbf{b}_i \\ 0\end{pmatrix}$ 로부터

$$\mathbf{y}_1 = \frac{1}{10}\begin{pmatrix}7\\-1\\1\\3\end{pmatrix}, \mathbf{y}_2 = \frac{1}{10}\begin{pmatrix}-11\\8\\2\\1\end{pmatrix}, \mathbf{y}_3 = \frac{1}{10}\begin{pmatrix}2\\-1\\1\\-2\end{pmatrix}, \mathbf{y}_4 = \frac{1}{10}\begin{pmatrix}31\\-13\\3\\-1\end{pmatrix}, \mathbf{y}_5 = \frac{1}{10}\begin{pmatrix}77\\-41\\1\\-7\end{pmatrix}$$

가 된다. 따라서 각 $\mathbf{b}_i$ 에 대응되는 해는 위에서 구한 각 $\mathbf{y}_i$ 에 대해 $\mathbf{y}_i + t\,(1, 2, -2, -1)^{\mathrm{T}}$ $(t \in \mathbb{R})$ 이다. □

5.6 최소제곱법

[미리보기] 시각 t에 대해 얻어진 데이터를 $f(t)$라 할 때, 좌표평면에 유한 개의 데이터를 유한 개의 점 $(t, f(t))$로 나타낸 것이 아래 첫 번째 그림과 같다고 하자.

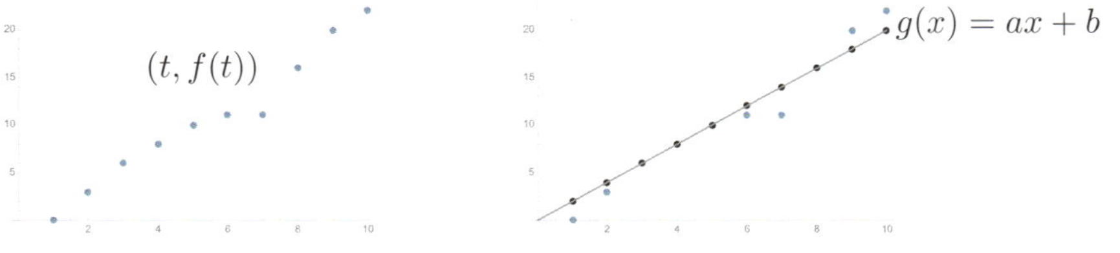

그림 5.10: 오차가 최소가 되게 일차함수로 근사하기

이 데이터들의 분포를 오차가 최소가 되도록 일차함수 $y = g(x)$의 그래프로 근사시키는 방법 가운데

$$\sum_{k=1}^{10} |f(k) - g(k)|^2 = \sum_{k=1}^{10} (f(k) - ak - b)^2$$

이 최소가 되도록 하는 방법을 최소제곱법이라고 한다. 이 예의 경우, 다변수 미적분학을 이용하면 두 변수 a, b에 대한 편도함수가 0이 됨을 이용하여 a, b의 값을 결정할 수 있지만, 이 절에서는 이미 공부한 벡터공간의 개념과 부분공간 위로의 정사영을 이용하여 다른 방법으로 해법을 찾으려고 한다.

우선, 위 식은 $\mathcal{M}_{10,1}$ 의 두 벡터 $\mathbf{f} = (f(1), f(2), \cdots, f(10))^{\mathrm{T}}$ 과 $\mathbf{g} = (g(1), g(2), \cdots, g(10))^{\mathrm{T}}$ 에 대해 $\|\mathbf{f} - \mathbf{g}\|^2$ 를 나타낸다. 또 일차함수 $g(x) = ax + b$에 대해 벡터 $\mathbf{g}$는 다음과 같이 10×2 행렬 G에 $\mathbf{a} = (a, b)^{\mathrm{T}}$ 를 곱한 것으로 이해할 수 있다. 한 가지 주목할 사실은 행렬 G의 열벡터들이 일차독립이 된다는 점이다.

$$\mathbf{g} = G\mathbf{a} := \begin{pmatrix}1 & 1\\2 & 1\\\vdots & \vdots\\10 & 1\end{pmatrix}\begin{pmatrix}a\\b\end{pmatrix}$$

따라서, a, b의 값에 무관하게 $\mathbf{g}$는 G의 두 열벡터로 생성되는 $\mathcal{M}_{10,2}$의 부분공간 $W = \mathrm{span}(\{G_1^C,\ G_2^C\})$에 속하는 벡터가 된다. 만약 $\mathbf{f}$가 W 속한다면 정확하게 $\mathbf{f} = G\mathbf{a}$가 성립하는 $\mathbf{a}$가 존재하게 되며, 이는 모든 데이터 점 $(k, f(k))$가 $\mathbf{a} = (a, b)^{\mathrm{T}}$로 결정되는 함수 $g(x) = ax + b$ 위의 점이 됨을 의미한다.

또, $\mathbf{f}$가 부분공간 W에 속하지 않는 경우에는 W 위에 내린 $\mathbf{f}$의 정사영 $\mathbf{w} = \mathrm{proj}_W(\mathbf{f})$와 $\mathbf{w}^\perp \in W^\perp$에 대해 $\mathbf{f} = \mathbf{w} + \mathbf{w}^\perp$으로 표현할 수 있으므로

$$||\mathbf{f} - \mathbf{g}||^2 = ||\mathbf{w} + \mathbf{w}^\perp - \mathbf{g}||^2 = ||\mathbf{w} - \mathbf{g}||^2 + ||\mathbf{w}^\perp||^2$$

가 됨을 보일 수 있다. 한편, $||\mathbf{w}^\perp||$는 고정된 상수이므로 오차가 최소가 될 조건은 $||\mathbf{w} - \mathbf{g}||^2 = 0$이 되는 것이고, $\{G_1^C,\ G_2^C\}$가 W의 기저이고 $\mathbf{w} \in W$이므로

$$\mathbf{w} = G\mathbf{a} \iff \mathbf{w} = a\,G_1^C + b\,G_2^C$$

를 만족하는 a, b가 유일하게 존재한다. 즉, 오차가 최소가 되는 근사식을 구할 수 있다.

또한, 이 절에서 접근하는 방법은 일차함수 뿐만 아니라 일반적인 근사다항식을 구하는 데에도 곧바로 적용할 수 있음을 알게 된다.

$\mathcal{M}_{n,1}$의 부분공간으로의 정사영

[미리보기]에서 소개한 최소제곱법을 이해하려면, $\mathcal{M}_{n,1}$의 부분공간 위에 내린 정사영 벡터를 계산할 수 있어야 한다. 이미 5.4절(179 쪽)에서 내적공간의 부분공간 위로 내린 정사영 벡터에 대해 소개한 바 있고, 부분공간의 정규직교기저가 주어진 경우에 이를 좀 더 쉽게 구하는 방법(182 쪽)에 대해서도 소개하였다.

하지만, 복소내적공간 $\mathcal{M}_{n,1}(\mathbb{C})$의 부분공간 위로 내린 정사영 벡터는 자주 구하게 되므로 이를 구하는 방법에 대해 좀 더 살펴보기로 한다.[28] 물론, 여기서 다루는 내용은 실수 상에서 정의된 내적으로 바꾸어 생각할 때, $\mathcal{M}_{n,1}$에 대해서도 동일하게 성립한다.

$\mathcal{M}_{n,1}(\mathbb{C})$의 부분공간 W의 기저가 $\mathcal{B} = \{\mathbf{b}_1,\ \mathbf{b}_2,\ \cdots,\ \mathbf{b}_k\}$ $(1 \le k < n)$이라 하자($\mathcal{B}$는 정규집합조차 아닐 수도 있다). 이때, 임의의 벡터 $\mathbf{a} \in \mathcal{M}_{n,1}(\mathbb{C})$를 W 위에 내린 정사영 벡터 $\mathrm{proj}_W(\mathbf{a})$는

$$\mathrm{proj}_W(\mathbf{a}) = \hat{a}_1\mathbf{b}_1 + \hat{a}_2\mathbf{b}_2 + \cdots + \hat{a}_k\mathbf{b}_k,\ (\text{각},\ \hat{a}_i \in \mathbb{C}) \tag{5.21}$$

꼴이고, $\mathbf{a} - \mathrm{proj}_W(\mathbf{a}) \in W^\perp$을 만족해야 하므로 모든 $\mathbf{b}_i,\ (i = 1, 2, \cdots, k)$에 대해

$$\langle \mathbf{a} - \mathrm{proj}_W(\mathbf{a}), \mathbf{b}_i \rangle = 0 \tag{5.22}$$

28) 뒤에 선형사상을 배우고 나면, 내적공간 $\mathcal{M}_{n,1}$과 $\mathbb{R}^n$, $\mathcal{M}_{n,1}(\mathbb{C})$와 $\mathbb{C}^n$은 같은 내적공간으로 생각할 수 있음을 알게 된다.

을 만족해야 한다. 한편, 각 열벡터 $\{\mathbf{b}_1, \mathbf{b}_2, \cdots, \mathbf{b}_k\}$를 차례로 열로 갖는 $n \times k$ 행렬을 B라 하고, 계수 $\hat{a}_i$를 i번째 행의 성분으로 갖는 $k \times 1$ 행렬을 $\hat{\mathbf{a}}$라 할 때, 식 (5.21)은

$$\mathrm{proj}_W(\mathbf{a}) = B\,\hat{\mathbf{a}} = \begin{pmatrix} \mathbf{b}_1 & \mathbf{b}_2 & \cdots & \mathbf{b}_k \end{pmatrix} \begin{pmatrix} \hat{a}_1 \\ \hat{a}_2 \\ \vdots \\ \hat{a}_k \end{pmatrix}$$

가 된다. 또, $\mathcal{M}_{n,1}(\mathbb{C})$의 내적은 $n \times 1$ 행렬 $\mathbf{v}$, $\mathbf{w}$에 대해

$$\langle \mathbf{v}, \mathbf{w} \rangle = \mathrm{Tr}(\mathbf{v}\mathbf{w}^*) = \mathrm{Tr}(\mathbf{w}^*\mathbf{v}) = \mathbf{w}^*\mathbf{v}$$

가 되므로 식 (5.22)는

$$\begin{cases} \mathbf{b}_1^*\big(\mathbf{a} - \mathrm{proj}_W(\mathbf{a})\big) = \mathbf{b}_1^*\big(\mathbf{a} - B\,\hat{\mathbf{a}}\big) = 0 \\ \qquad\vdots \\ \mathbf{b}_k^*\big(\mathbf{a} - \mathrm{proj}_W(\mathbf{a})\big) = \mathbf{b}_k^*\big(\mathbf{a} - B\,\hat{\mathbf{a}}\big) = 0 \end{cases} \iff \begin{pmatrix} \mathbf{b}_1^* \\ \vdots \\ \mathbf{b}_k^* \end{pmatrix} \Big(\mathbf{a} - B\,\hat{\mathbf{a}}\Big) = \mathbf{0}$$

이 된다. 결론적으로 정사영 벡터 $\mathrm{proj}_W(\mathbf{a})$를 구하려면 식 (5.21)의 일차결합에서 계수들로 이루어진 좌표 벡터 $[\mathrm{proj}_W(\mathbf{a})]_{\mathcal{B}} = \hat{\mathbf{a}}$를 구하면 되는데, 이 벡터를 구하기 위해서는 위 조건으로부터

$$B^*\Big(\mathbf{a} - B\,\hat{\mathbf{a}}\Big) = \mathbf{0} \iff B^*B\hat{\mathbf{a}} = B^*\,\mathbf{a} \tag{5.23}$$

를 만족하는 $\hat{\mathbf{a}}$을 구하면 된다. 일반적으로 $n \times k$ 행렬 B의 각 열벡터들이 일차독립이면 B^*B가 항상 역행렬을 가짐을 보일 수 있으므로, 정사영 벡터의 기저 $\mathcal{B}$에 대한 좌표벡터는

$$\hat{\mathbf{a}} = \Big(B^*B\Big)^{-1}B^*\mathbf{a}$$

가 된다. 즉, 부분공간의 기저를 열벡터로 갖는 행렬과 벡터 $\mathbf{a}$를 이용하여 계산할 수 있다.

$\mathcal{M}_{n,1}(\mathbb{C})$의 부분공간 위로의 정사영 벡터

$\mathcal{M}_{n,1}(\mathbb{C})$의 부분공간 W의 기저가 $\{\mathbf{b}_1, \mathbf{b}_2, \cdots, \mathbf{b}_k\}$일 때, 기저벡터를 순서대로 열로 갖는 $n \times k$ 행렬을 B라 하면, W 위로 내린 $\mathbf{a}$의 정사영 벡터는 다음과 같다.

$$\mathrm{proj}_W(\mathbf{a}) = B\hat{\mathbf{a}} = B\Big(B^*B\Big)^{-1}B^*\mathbf{a}$$

마찬가지로, 동일한 상황에서 행렬의 각 성분이 실수일 때 정사영 벡터는 다음과 같다.

$$\mathrm{proj}_W(\mathbf{a}) = B\hat{\mathbf{a}} = B\Big(B^{\mathrm{T}}B\Big)^{-1}B^{\mathrm{T}}\mathbf{a}$$

또, 정사영 벡터의 좌표벡터는 $\hat{\mathbf{a}} = [\mathrm{proj}_W(\mathbf{a})]_{\mathcal{B}} = \big(B^*B\big)^{-1}B^*\mathbf{a}$이다.

다음 결과를 보이면, $\mathcal{M}_{n,1}$ 의 부분공간 위로 내린 정사영 벡터에 관한 정리의 증명이 끝난다.

역행렬을 가지는 B^*B

체 $\mathbb{R}$ 또는 $\mathbb{C}$에서 정의된 $n \times k$ 행렬 B에 대해 다음이 성립한다.

$$B^*B\text{가 가역행렬} \iff \text{행렬 } B\text{의 열벡터 } \{B_1^C,\, B_2^C, \cdots, B_k^C\}\text{가 일차독립}$$

증명 : B^*B는 $k \times k$ 행렬이므로 역행렬을 가질 필요충분조건은 $\text{rank}(B^*B) = k$이 성립하는 것이다. 또, 퇴화차수와 행계수의 관계에 의해, 이는 $\text{nullity}(B^*B) = 0$이 되는 것과 동치이다.

만약 $\text{nullity}(B^*B) = \text{nullity}(B)$ 임을 보이면, 다시 퇴화차수와 행계수의 관계에 의해

$$\text{nullity}(B) = k - \text{rank}(B) = 0 \iff \{B_1^C,\, B_2^C, \cdots, B_k^C\}\text{가 일차독립}$$

이므로 증명이 끝나게 된다.

이제, $\text{nullity}(B^*B) = \text{nullity}(B)$가 성립하는 것을 보이자. 우선, $\mathbf{a} \in N(B)$이면

$$B^*B\,\mathbf{a} = B^*\,\mathbf{0} = \mathbf{0}$$

이므로 $\mathbf{a} \in N(B^*B)$가 성립한다. 역으로, $\mathbf{a} \in N(B^*B)$라 하자. 이때,

$$B^*B\,\mathbf{a} = \mathbf{0} \implies \mathbf{a}^*\,B^*B\,\mathbf{a} = (B\,\mathbf{a})^*(B\,\mathbf{a}) = \langle B\,\mathbf{a}, B\,\mathbf{a}\rangle = 0$$

이므로 $B\,\mathbf{a} = 0$이 되고, 따라서 $\mathbf{a} \in N(B)$가 성립한다. 즉, $N(B) = N(B^*B)$가 되어 $\text{nullity}(B^*B) = \text{nullity}(B)$이다. □

예제 5.6.1. $\mathcal{M}_{3,1}$의 두 벡터 $\mathbf{b}_1 = (1,\,1,\,1)^{\mathrm{T}}$, $\mathbf{b}_2 = (0,\,1,\,2)^{\mathrm{T}}$로 생성되는 부분공간 W 위로 내린 $\mathbf{a} = (6,\,0,\,0)^{\mathrm{T}}$의 정사영 벡터를 구하시오.

풀이 : 3×2행렬 B에 대해 2×2 행렬 B^*B의 역행렬을 구하면,

$$B = \begin{pmatrix} 1 & 0 \\ 1 & 1 \\ 1 & 2 \end{pmatrix},\; B^{\mathrm{T}}B = \begin{pmatrix} 1 & 1 & 1 \\ 0 & 1 & 2 \end{pmatrix}\begin{pmatrix} 1 & 0 \\ 1 & 1 \\ 1 & 2 \end{pmatrix} = \begin{pmatrix} 3 & 3 \\ 3 & 5 \end{pmatrix},\; (B^{\mathrm{T}}B)^{-1} = \frac{1}{6}\begin{pmatrix} 5 & -3 \\ -3 & 3 \end{pmatrix}$$

따라서, 구하는 정사영 벡터 $\text{proj}_W(\mathbf{a})$는

$$\text{proj}_W(\mathbf{a}) = B\Big(B^{\mathrm{T}}B\Big)^{-1}B^{\mathrm{T}}\mathbf{a} = \frac{1}{6}\begin{pmatrix} 1 & 0 \\ 1 & 1 \\ 1 & 2 \end{pmatrix}\begin{pmatrix} 5 & -3 \\ -3 & 3 \end{pmatrix}\begin{pmatrix} 1 & 1 & 1 \\ 0 & 1 & 2 \end{pmatrix}\begin{pmatrix} 6 \\ 0 \\ 0 \end{pmatrix} = \begin{pmatrix} 5 \\ 2 \\ -1 \end{pmatrix}$$

이다. 특히, $\hat{\mathbf{a}} = \big(B^{\mathrm{T}}B\big)^{-1}B^{\mathrm{T}}\mathbf{a} = (5,-3)^{\mathrm{T}}$이므로 $\text{proj}_W(\mathbf{a}) = 5\mathbf{b}_1 - 3\mathbf{b}_2$ 임을 알 수 있다. □

문제 5.6.1. $\mathcal{M}_{3,1}$ 의 두 벡터 $\mathbf{b}_1 = (1,\, 1,\, 0)^{\mathrm{T}}$ $\mathbf{b}_2 = (1,\, 1,\, 1)^{\mathrm{T}}$ 로 생성되는 부분공간 W 위로 내린 $\mathbf{a} = (2,\, 2,\, 3)^{\mathrm{T}}$ 의 정사영 벡터를 구하시오.

문제 5.6.2. $\mathbb{C}$에서 정의된 $n \times k$ 행렬 A의 계수가 k일 때, 행렬 $P = A(A^*A)^{-1}A^*$ 에 대해 다음을 보이시오.

(가) P는 에르미트행렬이다. 즉, $P^* = P$이다.
(나) $P^2 = P$

문제 5.6.3. $\mathbb{C}$에서 정의된 $n \times k$ 행렬 A에 대해 AA^*가 가역행렬이 될 필요충분조건은 A의 각 행벡터들이 일차독립이 되는 것임을 보이시오.

다항식으로의 근사: 최소제곱법

[미리보기]에서 살펴본 내용을 일반화하여 m개의 자료

$$\{(x_1, y_1),\, (x_2, y_2),\, \cdots,\, (x_m, y_m)\} \subset \mathbb{R}^2$$

가 주어졌을 때, 이 자료의 분포를 근사적으로 나타내는 n $(n < m)$차 다항함수 $y = f(x)$를 구하는 방법에 대해 생각해보자.

자료의 각 x_i에 대해 함수값 $f(x_i)$와 실제 자료값 y_i의 오차의 합이 최소가 되도록 하기 위해

$$\sum_{i=1}^{m} \big(y_i - f(x_i)\big)^2 \tag{5.24}$$

이 최소가 되는 다항함수 f를 구하는 방법을 최소제곱법이라 한다.[29)]

$\mathcal{M}_{m,1}$ 의 내적은 $\langle \mathbf{a}, \mathbf{b} \rangle = \mathrm{Tr}\,(\mathbf{a}\,\mathbf{b}^{\mathrm{T}}) = \mathrm{Tr}\,(\mathbf{b}^{\mathrm{T}}\mathbf{a}) = \mathbf{b}^{\mathrm{T}}\mathbf{a}$ 이므로, $\mathcal{M}_{m,1}$ 의 두 벡터

$$\mathbf{y} = (y_1,\, y_2, \cdots, y_m)^{\mathrm{T}}, \quad \mathbf{f} = \big(f(x_1),\, f(x_2),\, \cdots,\, f(x_m)\big)^{\mathrm{T}}$$

에 대해, 식 (5.24)는

$$||\,\mathbf{y} - \mathbf{f}\,||^2 = \langle\, \mathbf{y} - \mathbf{f},\, \mathbf{y} - \mathbf{f}\,\rangle = \begin{pmatrix} y_1 - f(x_1) & \cdots & y_m - f(x_m) \end{pmatrix} \begin{pmatrix} y_1 - f(x_1) \\ \vdots \\ y_m - f(x_m) \end{pmatrix} \tag{5.25}$$

과 동치이다.

29) 통계에서 자료의 흩어짐을 나타내는 표준편차의 계산에서처럼 $y_i \neq f(x_i)$ 일 때, $y_i > f(x_i)$ 일 수도 있고, 그 반대일 수도 있으므로 $y_i - f(x_i)$ 의 제곱을 고려한다.

한편, n $(m > n)$차 다항함수 $f(x) = a_0 + a_1 x + \cdots + a_n x^n$에 대해, $\mathbf{f}$는 다음과 같이 $m \times (n+1)$ 행렬 B와 $(n+1) \times 1$ 열벡터 $\mathbf{a}$의 곱이 된다.

$$\mathbf{f} = \begin{pmatrix} f(x_1) \\ f(x_2) \\ \vdots \\ f(x_m) \end{pmatrix} = \begin{pmatrix} a_0 + a_1 x_1 + \cdots + a_n x_1^n \\ a_0 + a_1 x_2 + \cdots + a_n x_2^n \\ \vdots \\ a_0 + a_1 x_m + \cdots + a_n x_m^n \end{pmatrix} = \begin{pmatrix} 1 & x_1 & x_1^2 & \cdots & x_1^n \\ 1 & x_2 & x_2^2 & \cdots & x_2^n \\ \vdots & \vdots & \vdots & \ddots & \vdots \\ 1 & x_m & x_m^2 & \cdots & x_m^n \end{pmatrix} \begin{pmatrix} a_0 \\ a_1 \\ a_2 \\ \vdots \\ a_n \end{pmatrix} = B\mathbf{a}$$

또, 행렬 B의 열벡터 $\mathcal{B} = \{B_1^C, B_2^C, \cdots, B_{n+1}^C\}$로 생성되는 열공간 $C(B)$를 $\mathcal{M}_{m,1}$의 부분공간 W라 나타내면, 행렬 B는 서로 다른 x_i값들에 대해 가역인 $m \times m$ 반데르몽드 행렬의 일부 열벡터들로 이루어진 행렬이므로 $\mathcal{B}$는 W의 기저가 된다.[30)]

이때, $\mathbf{y}$는 W에 내린 정사영 벡터 $\mathbf{w} = \mathrm{proj}_W(\mathbf{y})$와 $\mathbf{w}^\perp = \mathbf{y} - \mathbf{w} \in W^\perp$로 분해할 수 있고, $\mathbf{f} = B\mathbf{a} \in W$이므로, 식 (5.25)를 다음과 같이 변형할 수 있다.

$$\begin{aligned} ||\,\mathbf{y} - \mathbf{f}\,||^2 &= ||\,(\mathbf{w} - \mathbf{f}) + \mathbf{w}^\perp||^2 \\ &= \left\langle (\mathbf{w} - \mathbf{f}) + \mathbf{w}^\perp, (\mathbf{w} - \mathbf{f}) + \mathbf{w}^\perp \right\rangle \\ &= ||\,\mathbf{w} - \mathbf{f}\,||^2 + ||\,\mathbf{w}^\perp\,||^2 \\ &= ||\,\mathbf{w} - B\,\mathbf{a}\,||^2 + ||\,\mathbf{w}^\perp\,||^2 \end{aligned}$$

따라서, $||\,\mathbf{y} - \mathbf{f}\,||$가 최소가 되도록 함수 f를 결정하는 것은, $||\,\mathbf{w} - \mathbf{f}\,|| = ||\,\mathbf{w} - B\,\mathbf{a}\,||$가 최소가 되도록 f의 계수 벡터 $\mathbf{a} = (a_0, a_1, \cdots, a_n)^{\mathrm{T}}$를 결정하는 것과 같다.[31)] 그런데, $\mathbf{w} \in W = C(B)$이고, $\mathcal{B}$가 $C(B)$의 기저이므로

$$||\,\mathbf{w} - B\,\mathbf{a}\,|| = 0 \iff \mathbf{w} = B\,\mathbf{a} = \mathbf{f}$$

가 되는 $\mathbf{a}$가 유일하게 존재하게 되고, 이 벡터 $\mathbf{a} = (a_0, a_1, \cdots, a_n)^{\mathrm{T}}$로 결정되는 함수 $f(x) = a_0 + a_1 x + \cdots + a_n x^n$이 구하는 함수이다.

실제로 $\mathbf{y}$를 W에 내린 정사영 벡터는 199쪽의 결과에 의해

$$\mathbf{w} = \mathrm{proj}_W(\mathbf{y}) = B\left(B^{\mathrm{T}}B\right)^{-1}B^{\mathrm{T}}\mathbf{y}$$

이고, 함수 f의 계수를 결정하는 벡터 $\mathbf{a}$는 $\mathbf{w} = B\,\mathbf{a}$로부터 $[\mathbf{w}]_{\mathcal{B}}$이므로

$$\mathbf{a} = \left(B^{\mathrm{T}}B\right)^{-1}B^{\mathrm{T}}\mathbf{y}$$

30) 식 (3.18)을 참고하시오.

31) 주어진 자료 (x_i, y_i)의 y_i값들로부터 $\mathbf{y}$가 유일하게 결정되고, 주어진 x_i값들로부터 행렬 B가 유일하게 결정되므로, $\mathbf{w}$와 $\mathbf{w}^\perp$도 주어진 자료에 대해 유일하게 결정되는 벡터이다. 따라서, $||\mathbf{w}^\perp||$값은 주어진 자료에 대해 일정한 상수값이 된다.

가 된다.

최소제곱법을 이용한 근사 다항식

m개의 자료 $\{(x_1, y_1), (x_2, y_2), \cdots, (x_m, y_m)\} \subset \mathbb{R}^2$에 대해

$$\sum_{i=1}^{m} \big(y_i - f(x_i)\big)^2$$

가 최소가 되도록 하는 n $(n < m)$차 근사 다항식 $f(x) = a_0 + a_1 x + \cdots a_n x^n$의 계수 벡터 $\mathbf{a} = (a_0, a_1, \cdots, a_n)^{\mathrm{T}}$는 주어진 자료의 x좌표로 만들어진 $m \times (n+1)$ 행렬 B

$$B = \begin{pmatrix} 1 & x_1 & x_1^2 & \cdots & x_1^n \\ 1 & x_2 & x_2^2 & \cdots & x_2^n \\ \vdots & \vdots & \vdots & \ddots & \vdots \\ 1 & x_m & x_m^2 & \cdots & x_m^n \end{pmatrix}$$

에 대해 다음과 같이 구할 수 있다.

$$\mathbf{a} = \left(B^{\mathrm{T}} B\right)^{-1} B^{\mathrm{T}} \mathbf{y}$$

예제 5.6.2. 최소제곱법을 이용하여 다음 자료 $(x_i,\, y_i)$를 근사적으로 나타내는 일차함수 $f(x) = a_0 + a_1 x$를 구하시오. 또, 분포를 근사적으로 나타내는 이차함수 $g(x) = b_0 + b_1 x + b_2 x^2$를 구하시오.

$$(-2,\, 4),\ (-1,\, 2),\ (0,\, -1),\ (1,\, 0),\ (2,\, 0)$$

풀이 : 다음 식이 성립하도록 5×2 행렬 F와 5×3 행렬 G를 각각 구하면

$$\big(f(-2),\, f(-1),\, f(0),\, f(1),\, f(2)\big)^{\mathrm{T}} = F\,(a_0,\, a_1)^{\mathrm{T}},$$
$$\big(g(-2),\, g(-1),\, g(0),\, g(1),\, g(2)\big)^{\mathrm{T}} = G\,(b_0,\, b_1,\, b_2)^{\mathrm{T}}$$

$$F^{\mathrm{T}} = \begin{pmatrix} 1 & 1 & 1 & 1 & 1 \\ -2 & -1 & 0 & 1 & 2 \end{pmatrix}, \quad G^{\mathrm{T}} = \begin{pmatrix} 1 & 1 & 1 & 1 & 1 \\ -2 & -1 & 0 & 1 & 2 \\ 4 & 1 & 0 & 1 & 4 \end{pmatrix}$$

이다. 이제 $F^{\mathrm{T}}F$, $\left(F^{\mathrm{T}}F\right)^{-1}$와 $G^{\mathrm{T}}G$, $\left(G^{\mathrm{T}}G\right)^{-1}$를 각각 계산하면 다음과 같다.

$$F^{\mathrm{T}}F = \begin{pmatrix} 5 & 0 \\ 0 & 10 \end{pmatrix}, \quad \left(F^{\mathrm{T}}F\right)^{-1} = \frac{1}{10}\begin{pmatrix} 2 & 0 \\ 0 & 1 \end{pmatrix},$$

$$G^{\mathrm{T}}G = \begin{pmatrix} 5 & 0 & 10 \\ 0 & 10 & 0 \\ 10 & 0 & 34 \end{pmatrix}, \quad \left(G^{\mathrm{T}}G\right)^{-1} = \frac{1}{70}\begin{pmatrix} 34 & 0 & -10 \\ 0 & 7 & 0 \\ -10 & 0 & 5 \end{pmatrix}.$$

따라서, 자료의 y_i 값들로 이루어진 $\mathbf{y} = (4,\ 2,\ -1,\ 0,\ 0)^{\mathrm{T}}$ 에 대해

$$\begin{pmatrix} a_0 \\ a_1 \end{pmatrix} = \left(F^{\mathrm{T}}F\right)^{-1}F^{\mathrm{T}}\mathbf{y} = \frac{1}{10}\begin{pmatrix} 2 & 0 \\ 0 & 1 \end{pmatrix}\begin{pmatrix} 1 & 1 & 1 & 1 & 1 \\ -2 & -1 & 0 & 1 & 2 \end{pmatrix}\begin{pmatrix} 4 \\ 2 \\ -1 \\ 0 \\ 0 \end{pmatrix} = \begin{pmatrix} 1 \\ -1 \end{pmatrix}$$

$$\begin{pmatrix} b_0 \\ b_1 \\ b_2 \end{pmatrix} = \left(G^{\mathrm{T}}G\right)^{-1}G^{\mathrm{T}}\mathbf{y} = \frac{1}{70}\begin{pmatrix} 34 & 0 & -10 \\ 0 & 7 & 0 \\ -10 & 0 & 5 \end{pmatrix}\begin{pmatrix} 1 & 1 & 1 & 1 & 1 \\ -2 & -1 & 0 & 1 & 2 \\ 4 & 1 & 0 & 1 & 4 \end{pmatrix}\begin{pmatrix} 4 \\ 2 \\ -1 \\ 0 \\ 0 \end{pmatrix} = \frac{1}{7}\begin{pmatrix} -1 \\ -7 \\ 4 \end{pmatrix}$$

이다.

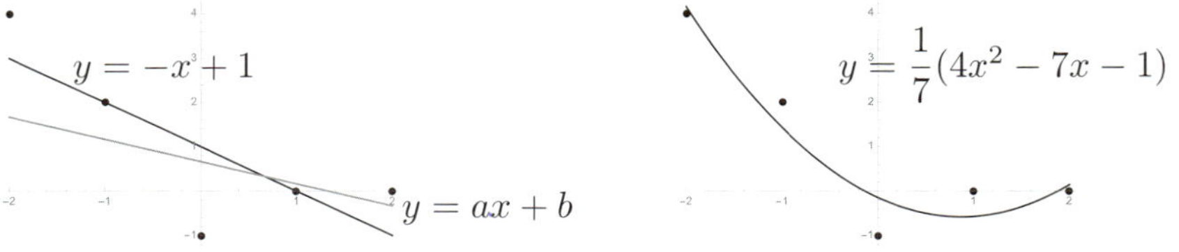

그림 5.11: 일차 근사식과 이차근사식

즉, 오차를 최소로 하는 일차함수 f 와 이차함수 g 는 각각

$$f(x) = 1 - x, \quad g(x) = \frac{1}{7}(4x^2 - 7x - 1)$$

이다. □

문제 5.6.4. 다음은 어느 실험 데이터이다. 데이터의 y_i 값은 x_i 에 대한 이차함수 값이 될 것으로 예측될 때, 최소제곱법을 이용하여 근사적으로 이차함수를 구하시오.

x	-1	0	1	2
y	0	1	3	9

주어진 자료에 대한 근사 다항식을 구하는 문제에서처럼, $m \times n$ 행렬 A에 대해 연립방정식 $A\mathbf{x} = \mathbf{b}$가 주어질 때, 변수의 개수보다 식의 개수가 많으면 (즉, $m > n$)이면 일반적으로 해가 존재하지 않는다.

따라서 이런 경우 근사해를 구하게 되는데, 행렬 A의 계수 $\text{rank}(A) = n$일 때 이 연립방정식의 근사해 $\hat{\mathbf{x}}$을 최소제곱법으로 구한다는 것은 $||A\mathbf{x} - \mathbf{b}||$가 최소가 되는 $\hat{\mathbf{x}}$을 구한다는 의미이다. 이때, 근사해 $\hat{\mathbf{x}}$은 앞의 근사다항식 문제에서와 같이

$$A\mathbf{x} = \text{proj}_{C(A)}(\mathbf{b}) \iff A\mathbf{x} = A\big(A^*A\big)^{-1}A^*\mathbf{b}$$

의 해를 구하는 것과 동치이므로 근사해

$$\hat{\mathbf{x}} = \big(A^*A\big)^{-1}A^*\mathbf{b} \tag{5.26}$$

를 구할 수 있다(A의 열벡터들이 열공간 $C(A)$의 기저가 되므로 $A\mathbf{x} = A\mathbf{y}$이면 $\mathbf{x} = \mathbf{y}$가 성립한다.)

이 결과를 쉽게 기억하는 방법은 미지수의 개수보다 식의 개수가 많은 연립방정식 $A\mathbf{x} = \mathbf{b}$에서 양변에 A^*를 곱하여 새로운 연립방정식

$$A^*A\mathbf{x} = A^*\mathbf{b}$$

를 생각하는 것이다. 이때, A의 열벡터들이 $C(A)$의 기저가 되므로 A^*A가 $n \times n$ 가역행렬이 되어[32] 유일한 해 $\hat{\mathbf{x}}$를 갖게 되는데, 그것이 바로 식 (5.26)이다.

최소제곱법을 이용한 근사해

$m > n$일 때, 계수가 n인 $m \times n$ 행렬 A와 $m \times 1$ 행렬 $\mathbf{b}$에 대해 연립방정식

$$A\mathbf{x} = \mathbf{b}$$

의 근사해 $\hat{\mathbf{x}}$중 $||A\mathbf{x} - \mathbf{b}||$가 최소가 되는 것을 구하면, $n \times n$ 가역행렬 A^*A에 대해 연립방정식

$$A^*A\mathbf{x} = A^*\mathbf{b}$$

의 해 $\hat{\mathbf{x}}$가 된다. 이때 $\hat{\mathbf{x}}$는 다음과 같다.

$$\hat{\mathbf{x}} = \big(A^*A\big)^{-1}A^*\mathbf{b}$$

32) 200 쪽 참고

예제 5.6.3. 통계학에서 n개의 자료값 $y_1, y_2, \cdots, y_n$에 대한 평균은 $m = \frac{1}{n}\sum_{i=1}^{n} y_i$로 정의한다. 최소제곱법을 이용하여 평균 m은 실제로 다음 식

$$\sigma^2 = \sum_{i=1}^{n}(y_i - m)^2$$

이 최소가 되도록 하는 상수 값임을 보이시오.

풀이 : 벡터 $\mathbf{y}$를 $\mathbf{b} = (y_1, y_2, \cdots, y_n)^{\mathrm{T}}$로 정의하고, 상수함수 $f(x) = m$에 대해 벡터 $\mathbf{f}$를 $\mathbf{f} = (f(1), f(2), \cdots, f(n))^{\mathrm{T}} = (m, m \cdots, m)^{\mathrm{T}}$이라 하자. 주어진 자료를 (k, y_k) $(k = 1, 2, \cdots, n)$으로 이해하면, 분산이 최소가 되게 하는 m을 구하는 것은 최소제곱법으로 $||\mathbf{y} - \mathbf{f}||$가 최소가 되게 하는 상수함수 f를 구하는 것과 동치이다.

이제 $\mathbf{f} = (1, 1, \cdots, 1)^{\mathrm{T}} m = B\,m$으로 쓰고, 최소제곱법으로 근사해를 구하면

$$\begin{aligned} m = \left(B^{\mathrm{T}}B\right)^{-1}B^{\mathrm{T}}\mathbf{y} &= \left(\begin{pmatrix}1 & 1 & \cdots & 1\end{pmatrix}\begin{pmatrix}1\\1\\\vdots\\1\end{pmatrix}\right)^{-1}\begin{pmatrix}1 & 1 & \cdots & 1\end{pmatrix}\begin{pmatrix}y_1\\y_2\\\vdots\\y_n\end{pmatrix} \\ &= \frac{1}{n}(y_1 + y_2 + \cdots + y_n) \end{aligned}$$

이 되어, 평균의 정의와 일치함을 알 수 있다. □

문제 5.6.5. 최소제곱법을 이용하여 다음 연립방정식의 근사해를 구하시오.

$$\begin{cases} x_1 & +x_2 & +x_3 & = 4 \\ -x_1 & +x_2 & +x_3 & = 0 \\ & -x_2 & +x_3 & = 1 \\ x_1 & & +x_3 & = 2 \end{cases}$$

행렬의 QR 분해를 이용한 최소제곱법 [좀 더 알아보기]

$m \times n$ $(m > n)$ 행렬 A의 계수가 n일 때, 연립방정식 $A\mathbf{x} = \mathbf{b}$의 근사해 $\hat{\mathbf{x}}$를 최소제곱법으로 구하면

$$\hat{\mathbf{x}} = \left(A^*A\right)^{-1}A^*\mathbf{b} \tag{5.27}$$

가 됨을 알았다. 이 소절에서는 행렬 A의 QR 분해 $A = QR$을 알 때, 이 근사해를 보다 손쉽게 구하는 방법에 대해 소개한다.

행렬 Q의 열벡터들은 정규직교집합을 이루므로 $Q^*Q = I_n$이 성립한다. 따라서, 식 (5.27)에서 A의 QR 분해를 적용하면,

$$\hat{\mathbf{x}} = \Big((QR)^*(QR)\Big)^{-1}(QR)^*\mathbf{b} = \Big(R^*Q^*QR\Big)^{-1}R^*Q^*\mathbf{b} = R^{-1}(R^*)^{-1}R^*Q^*\mathbf{b} = R^{-1}Q^*\mathbf{b}$$

가 되고, 상삼각행렬 R의 역행렬을 구하는 것은 쉬우므로 근사해를 손쉽게 구할 수 있다.

행렬의 QR 분해를 이용한 최소제곱법

$m \times n$ $(m > n)$ 행렬 A의 계수가 n일 때, A의 QR 분해가 $A = QR$이면, 최소제곱법으로 구한 연립방정식

$$A\mathbf{x} = \mathbf{b}$$

의 근사해 $\hat{\mathbf{x}}$는 다음과 같다.

$$\hat{\mathbf{x}} = R^{-1}Q^*\mathbf{b}$$

문제 5.6.6. 다음 행렬 A의 QR 분해를 구하고, 이를 이용하여 연립방정식 $A\mathbf{x} = \mathbf{b}$의 근사해를 최소제곱법으로 구하시오.

$$A = \begin{pmatrix} 1 & 1 & 3 \\ 1 & 2 & 3 \\ 1 & 2 & 1 \end{pmatrix}, \quad \mathbf{b} = \begin{pmatrix} 1 \\ 1 \\ 1 \end{pmatrix}^{\mathrm{T}}$$

CHAPTER **6**

선형사상

이 장에서는 벡터공간 사이에 정의된 함수 가운데, 벡터공간에서 정의되어 있는 대수적 구조를 유지하는 함수에 대해 공부한다. 이런 함수를 선형사상 또는 선형변환이라 부르는데, 일반적인 함수에 비해 좋은 성질을 갖고 있다. 예를 들어, $\mathbb{R}^3$ 에서 $\mathbb{R}^3$ 으로 가는 일반적인 함수의 성질을 공부하는 것은 어려운 일이다. 하지만, 벡터공간 $\mathbb{R}^3$ 의 덧셈과 상수배에 관한 연산 구조를 유지하는 선형사상의 경우에는, $\mathbb{R}^3$ 의 한 기저 (즉, 일차독립인 세 벡터) 에 대한 함숫값만 알면 모든 벡터에 대한 함숫값을 알 수 있다. 이런 의미로 고차원 벡터공간 사이에 정의된 함수 중 가장 간단한 형태의 함수가 선형사상이라 할 수 있다.

선형사상의 예로, 좌표평면에서 각 점을 원점을 중심으로 일정한 각만큼 회전시키는 회전변환을 들 수 있다. 뿐만 아니라, 미분가능한 함수들로 이루어진 벡터공간의 각 함수에 대해 도함수를 대응시키는 것도 선형사상이고, 적분가능한 함수에 대해 부정적분을 대응시키는 것도 선형사상이 된다.

선형사상은 그 응용의 범위도 넓다. 컴퓨터에서 폰트나 그림을 벡터 방식으로 표현할 때, 폰트의 기울임체를 얻거나 확대 또는 축소할 때, 로보트 공학에서 관절의 움직임 등을 제어할 때도 선형사상이 이용된다.

6.1 선형사상

[미리보기] 실수 상에서 정의된 벡터공간 $\mathbb{R}^2$ 에서 $\mathbb{R}^2$ 로 가는 함수 f 가 $\mathbb{R}^2$ 의 임의의 벡터 $\mathbf{a}$, $\mathbf{b}$ 와 임의의 실수 $k \in \mathbb{R}$ 에 대해 다음 두 조건을 만족한다고 하자.

$$f(\mathbf{a}+\mathbf{b}) = f(\mathbf{a}) + f(\mathbf{b}), \quad f(k\,\mathbf{a}) = k\,f(\mathbf{a})$$

이 때, 두 벡터 $\mathcal{B} = \{\mathbf{e}_1 = (1,0),\ \mathbf{e}_2 = (0,1)\}$ 는 $\mathbb{R}^2$ 의 기저가 되므로 임의의 벡터 $\mathbf{v} = (v_1, v_2)$ 는 $\mathbf{v} = v_1\,\mathbf{e}_1 + v_2\,\mathbf{e}_2$ 로 나타낼 수 있고,

$$f(\mathbf{v}) = f(v_1\,\mathbf{e}_1 + v_2\,\mathbf{e}_2) = f(v_1\,\mathbf{e}_1) + f(v_2\,\mathbf{e}_2) = v_1 f(\mathbf{e}_1) + v_2 f(\mathbf{e}_2)$$

가 성립한다. 즉, 임의의 벡터에 대한 함숫값은 기저를 이루는 두 벡터 $\mathbf{e}_1$, $\mathbf{e}_2$ 에 대한 함숫값만 알면 항상 구할 수 있다. 이처럼 벡터공간의 덧셈과 상수배를 보존하는 함수를 선형사상 또는 선형변환이라고 한다.

한편, 기저 $\mathcal{B} = \{\mathbf{e}_1, \mathbf{e}_2\}$에 대한 $F(\mathbf{v})$의 좌표벡터는

$$[f(\mathbf{v})]_{\mathcal{B}} = [v_1 f(\mathbf{e}_1) + v_2 f(\mathbf{e}_2)]_{\mathcal{B}} = v_1[f(\mathbf{e}_1)]_{\mathcal{B}} + v_2[f(\mathbf{e}_2)]_{\mathcal{B}}$$

이다. 따라서, $[f(\mathbf{e}_1)]_{\mathcal{B}} = (a_1, a_2)^{\mathrm{T}}$, $[f(\mathbf{e}_2)]_{\mathcal{B}} = (b_1, b_2)^{\mathrm{T}}$를 차례로 1, 2열로 갖는 2×2 행렬을 F라 하면,

$$[f(\mathbf{v})]_{\mathcal{B}} = \begin{pmatrix} [f(\mathbf{e}_1)]_{\mathcal{B}} & [f(\mathbf{e}_2)]_{\mathcal{B}} \end{pmatrix} [\mathbf{v}]_{\mathcal{B}} = \begin{pmatrix} a_1 & b_1 \\ a_2 & b_2 \end{pmatrix} \begin{pmatrix} v_1 \\ v_2 \end{pmatrix}$$

를 얻게 된다.

이 절에서는 체 $\mathbb{F}$ 상에서 정의된 벡터공간에 대해 선형사상을 정의하고, 그 성질에 대해 알아본다.

선형사상의 정의

두 집합 V와 W가 체 $\mathbb{F}$ 위에서 정의된 벡터공간이라 하자. 이때, V의 각 벡터에 대해 W의 벡터를 대응시키는 함수 $L : V \to W$가 임의의 벡터 $\mathbf{u}, \mathbf{v} \in V$와 임의의 상수 $\alpha \in \mathbb{F}$에 대해 다음 두 가지 성질을 만족할 때, L을 V에서 W로 가는 **선형사상** 또는 **선형변환**이라 한다.

[성질 1] $L(\mathbf{u} + \mathbf{v}) = L(\mathbf{u}) + L(\mathbf{v})$

[성질 2] $L(\alpha\,\mathbf{u}) = \alpha L(\mathbf{u})$

간단한 예로, 모든 $\mathbf{v} \in V$에 대해 함수 $L : V \to W$를 $L(\mathbf{v}) = \mathbf{0}$으로 정의하면,

$$L(\mathbf{u} + \mathbf{v}) = \mathbf{0} = \mathbf{0} + \mathbf{0} = L(\mathbf{v}) + L(\mathbf{w}), \quad L(k\,\mathbf{u}) = \mathbf{0} = k\,\mathbf{0} = kL(\mathbf{u})$$

이므로 선형사상이 된다. 이런 선형사상을 **영사상**이라 하고 O로 나타낸다. 모든 벡터에 자기 자신을 대응시키는 함수 $L : V \to V$도

$$L(\mathbf{u} + \mathbf{v}) = \mathbf{u} + \mathbf{v} = L(\mathbf{u}) + L(\mathbf{v}), \qquad L(k\,\mathbf{u}) = k\,\mathbf{u} = kL(\mathbf{u})$$

이므로 선형사상이 되는데, 이런 선형사상을 **항등사상**이라 하고, id_V 또는 id로 나타낸다.

한편, 선형사상의 정의로부터 V에서 W로 가는 선형사상 L은 임의의 벡터 $\mathbf{u}, \mathbf{v} \in V$와 임의의 $\alpha, \beta \in \mathbb{F}$에 대해

$$L(\alpha\mathbf{u} + \beta\mathbf{v}) = L(\alpha\mathbf{u}) + L(\beta\mathbf{v}) = \alpha L(\mathbf{u}) + \beta L(\mathbf{v}) \tag{6.1}$$

를 만족한다. 역으로 임의의 벡터 $\mathbf{u}, \mathbf{v}$와 임의의 $\alpha, \beta \in \mathbb{F}$에 대해 식 (6.1)이 성립하면, $\alpha = \beta = 1$인 경우에 [성질 1]을 얻고, $\beta = 0$인 경우에 [성질 2]를 얻으므로 L이 V에서 W로 가는 선형사상이 됨을 알 수 있다.

특히, $0\,\mathbf{v} = \mathbf{0}$이므로 [성질 1]에서 $\alpha = 0$일 때, $L(\mathbf{0}) = \mathbf{0}$를 얻고, $(-1)\mathbf{v} = -\mathbf{v}$이므로 $\alpha = 1$, $\beta = -1$인 경우를 생각하면 식 (6.1)에서 $L(\mathbf{u} - \mathbf{v}) = L(\mathbf{u}) - L(\mathbf{v})$가 성립한다.

선형사상이 될 필요충분조건

$\mathbb{F}$ 상의 벡터공간 V 에서 W 로 가는 함수 L 이 선형사상이 될 필요충분조건은 임의의 벡터 $\mathbf{u}, \mathbf{v} \in V$ 와 임의의 실수 $\alpha, \beta \in \mathbb{F}$ 에 대해

$$L(\alpha\mathbf{u} + \beta\mathbf{v}) = \alpha L(\mathbf{u}) + \beta L(\mathbf{v})$$

가 성립하는 것이다. 특히, 기저에서의 함숫값만 알면 선형사상은 결정된다.
또, L 이 선형사상이면, 다음이 성립한다.

$$L(\mathbf{0}) = \mathbf{0}, \quad L(-\mathbf{v}) = -L(\mathbf{v}), \quad L(\mathbf{u} - \mathbf{v}) = L(\mathbf{u}) - L(\mathbf{v})$$

이제 n 차원 벡터공간 V 의 한 기저를 $\mathcal{B} = \{\mathbf{v}_1, \mathbf{v}_2, \cdots, \mathbf{v}_n\}$ 이라 하자. 이때, V 의 임의의 벡터 $\mathbf{v}$ 에 대해

$$\mathbf{v} = v_1\mathbf{v}_1 + v_2\mathbf{v}_2 + \cdots + v_n\mathbf{v}_n$$

를 만족하는 $v_i \in \mathbb{F}\ (i = 1, 2, \cdots, n)$ 가 유일하게 존재한다. 따라서, 함수 L 이 V 에서 정의된 선형사상이면,

$$L(\mathbf{v}) = L(\sum_{k=1}^{n} v_i\mathbf{v}_i) = \sum_{k=1}^{n} L(v_i\mathbf{v}_i) = \sum_{k=1}^{n} v_i L(\mathbf{v}_i)$$

가 성립한다. 즉, L 이 선형사상이면, 기저에 속하는 n 개의 벡터 $\mathbf{v}_i \in \mathcal{B}$ 에 대한 함숫값 $L(\mathbf{v}_i)$ 만 알면 L 이 완전히 결정된다.

예제 6.1.1. $\mathbb{R}^2$ 에서 $\mathbb{R}^3$ 로 가는 선형사상 L 은 다음과 같은 형태임을 보이시오.[1)]

$$L(x, y) = (a_1x + b_1y,\ a_2x + b_2y,\ a_3x + b_3y)$$

풀이 : $\mathbb{R}^2$ 의 기저를 $\{(1,0), (0,1)\}$ 이라 하자. 이때, 기저에 대한 함숫값 $L(1,0)$, $L(0,1)$ 은 $\mathbb{R}^3$ 의 벡터이므로 $L(1,0) = (a_1, a_2, a_3)$, $L(0,1) = (b_1, b_2, b_3)$ 와 같은 형태이다. 따라서, 선형사상의 성질로부터

$$\begin{aligned} L(x, y) =& xL(1,0) + yL(0,1) \\ =& x(a_1, a_2, a_3) + y(b_1, b_2, b_3) = (a_1x + b_1y,\ a_2x + b_2y,\ a_3x + b_3y) \end{aligned}$$

가 성립한다. □

$\mathbb{R}^2$ 에서 $\mathbb{R}^3$ 로 가는 함수 F, G 가

$$F(x, y) = (2x - 3y + 1,\ x + 2y,\ x - y), \quad G(x, y) = (x^2 - 2y,\ x + y,\ x - y)$$

1) 벡터 $\mathbf{x} = (x, y)$ 에 대한 함숫값은 $L(\mathbf{v}) = L\big((x, y)\big)$ 로 써야 옳은 표현이지만, 간단히 $L(x, y)$ 로 나타낸다.

와 같이 정의되었다고 하자. 이때, $F(x, y)$는 첫 번째 좌표에 상수항이 있고, $G(x, y)$는 첫 번째 좌표에 x^2항이 있으므로, 예제 6.1.1의 결과로부터 두 함수 모두 선형사상이 아님을 알 수 있다.

문제 6.1.1. 두 함수 $F(x, y) = (2x - 3y + 1,\ x + 2y,\ x - y)$와 $G(x, y) = (x^2 - 2y,\ x + y,\ x - y)$는 [성질 1] 또는 [성질 2]를 만족하지 않음을 보이시오.

예제 6.1.2. n차 이하의 실계수 다항함수로 이루어진 벡터공간 $\mathcal{P}_n$에 대해 다음과 같이 정의된 함수 $L : \mathcal{P}_n \to \mathcal{P}_{n-1}$은 선형사상이 됨을 보이시오.

$$L(a_0+a_1x+a_2x^2+\cdots a_nx^n) := \frac{d}{dx}(a_0+a_1x+a_2x^2+\cdots+a_nx^n) = a_1+2a_2x+\cdots+na_nx^{n-1}$$

풀이 : $\mathcal{P}_n$의 두 다항함수 f, g에 대해

$$L\big(f(x)+g(x)\big) = \frac{d}{dx}\big(f(x)+g(x)\big) = \frac{d}{dx}f(x) + \frac{d}{dx}g(x) = L\big(f(x)\big) + L\big(g(x)\big)$$

이고, 임의의 실수 $k \in \mathbb{R}$에 대해

$$L\big(k\,f(x)\big) = \frac{d}{dx}\big(k\,f(x)\big) = k\frac{d}{dx}f(x) = kL(x)$$

이다. 따라서 L은 선형사상이다. □

문제 6.1.2. $\mathcal{P}_n$에서 $\mathcal{P}_{n+1}$로 가는 함수 $L(f(x)) = \displaystyle\int_0^x f(t)\,dt$는 선형사상이 됨을 보이시오.

문제 6.1.3. 복소수 상의 벡터공간 $\mathcal{M}_{n,n}(\mathbb{C})$에서 $\mathcal{M}_{n,n}(\mathbb{C})$로 가는 함수 $L(A) = A^{\mathrm{T}}$는 선형사상이 되지만 함수 $L(A) = A^*$는 선형사상이 되지 않음을 보이시오.

문제 6.1.4. 복소수 상의 벡터공간 $\mathcal{M}_{n,n}(\mathbb{C})$에서 $\mathbb{C}$로 가는 함수 $L(A) = \mathrm{Tr}(A)$는 선형사상이 됨을 보이시오.

예제 6.1.3. 좌표평면에서 각 점을 원점을 지나는 직선에 대해 대칭이동시키는 변환은 선형사상이 되지만, 원점을 지나지 않는 직선에 대해 대칭이동시키는 변환은 선형사상이 될 수 없다. 그림을 이용하여 그 이유를 유추하여 보시오.

풀이 : 좌표평면에서 두 벡터의 합은 평행사변형을 이용하여 설명할 수 있고, 평행사변형을 직선에 대해 대칭이동시키면 역시 평행사변형이 된다.

원점을 지나는 직선에 대해 대칭이동을 하는 경우에는 [그림 6.1]의 첫 번째 그림에서 보듯이, 원점이 원점으로 옮겨지므로 대칭이동시키고 난 이후의 평행사변형도 원점을 지나는

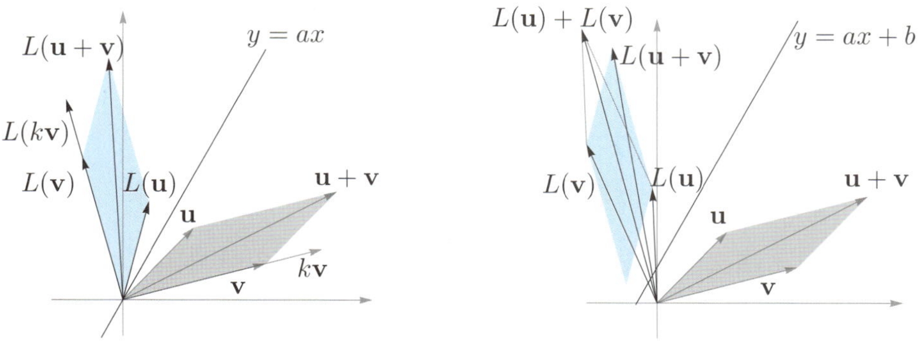

그림 6.1: 직선에 대한 대칭변환

평행사변형이 된다. 따라서, $L(\mathbf{u}+\mathbf{v}) = L(\mathbf{u}) + L(\mathbf{v})$가 성립하고, $L(k\mathbf{v}) = kL(\mathbf{v})$도 성립한다. 따라서, 직선에 대해 대칭이동시키는 변환은 선형사상이 됨을 짐작할 수 있다.

반면에 원점을 지나지 않는 직선에 대해 대칭이동시키는 경우에 평행사변형은 평행사변형으로 옮겨지지만, 두 번째 그림에서 보듯이 $L(\mathbf{u}+\mathbf{v}) \neq L(\mathbf{u}) + L(\mathbf{v})$이므로 선형사상이 될 수 없음을 알 수 있다. □

문제 6.1.5. 좌표평면의 각 점을 원점을 중심으로 θ만큼 회전시키는 변환은 선형사상이 되지만, 원점이 아닌 점을 중심으로 θ만큼 회전시키는 변환은 선형사상이 될 수 없다. 그림 또는 복소수의 극형식을 이용하여 그 이유를 유추하여 보시오.

선형사상의 핵공간

두 벡터공간 V와 W에 대해 V에서 W로 가는 선형사상 L도 함수이다. 따라서, 정의역의 서로 다른 벡터를 서로 다른 벡터로 보내는지 따지는 것은 자연스러운 일이다. 단순히 집합 사이에 정의된 함수의 경우와 어떤 점이 다른지 알아보자.

$L : V \to W$를 두 벡터공간 V와 W 사이에 정의된 선형사상이라 하자. 임의의 두 벡터 $\mathbf{u}, \mathbf{v}$에 대해

$$\mathbf{v}_1 \neq \mathbf{v}_2 \implies L(\mathbf{v}_1) \neq L(\mathbf{v}_2) \tag{6.2}$$

가 성립할 때, 선형사상 L을 단사 또는 일대일 사상이라 한다. 식 (6.2)의 대우명제를 생각하면 L이 단사가 될 조건은

$$L(\mathbf{v}_1) = L(\mathbf{v}_2) \implies \mathbf{v}_1 = \mathbf{v}_2 \tag{6.3}$$

임을 알 수 있다. 이제 집합 사이에서 정의된 함수가 단사인 경우와 벡터공간 사이에 정의된 선형사상이 단사인 경우의 차이를 알아보기 위해 다음 집합을 생각하자.

$$\mathrm{Ker}(L) = \{\mathbf{v} \in V : L(\mathbf{v}) = \mathbf{0}\}.$$

집합 $\mathrm{Ker}(L)$에 속하는 임의의 두 벡터 $\mathbf{u}$, $\mathbf{v}$에 대해

$$L(\mathbf{u}+\mathbf{v}) = L(\mathbf{u}) + L(\mathbf{v}) = \mathbf{0}+\mathbf{0}=\mathbf{0}$$

이므로 $\mathbf{u}+\mathbf{v} \in \mathrm{Ker}(L)$이 성립한다. 또, 임의의 $k \in \mathbb{F}$에 대해

$$L(k\,\mathbf{u}) = k\,L(\mathbf{u}) = k\,\mathbf{0} = \mathbf{0}$$

이므로 $k\,\mathbf{u} \in \mathrm{Ker}(L)$도 성립한다. 따라서, $\mathrm{Ker}(L)$은 V의 부분공간이 되는데, 이를 선형사상 L의 핵공간이라 부른다.

한편, 선형사상 L에 대해 다음 동치관계

$$L(\mathbf{v}_1) = L(\mathbf{v}_2) \iff L(\mathbf{v}_1 - \mathbf{v}_2) = \mathbf{0}$$

이 성립하므로, 식 (6.3)으로부터 선형사상 L이 단사가 될 필요충분조건은

$$L(\mathbf{v}) = \mathbf{0} \implies \mathbf{v} = \mathbf{0}$$

이 성립하는 것임을 알 수 있다. 따라서, 다음 결과를 얻는다.

선형사상이 단사일 필요충분조건

두 벡터공간사이에 정의된 선형사상 $L : V \to W$가 단사일 필요충분조건은 L의 핵공간이 $\mathrm{Ker}(L) = \{\mathbf{0}\}$인 것이다.

예제 6.1.4. 함수 $L:\mathbb{R}^4 \to \mathbb{R}^2$가 $L(x,\,y,\,z,\,w) = (x-y,\,z+w)$로 정의될 때, L이 선형사상임을 보이고 L의 핵공간 $\mathrm{Ker}(L)$을 구하시오. 또, L이 단사인지 아닌지 판별하시오.

풀이 : $\mathbb{R}^4$의 임의의 두 벡터 $\mathbf{x}_1 = (x_1,\,y_1,\,z_1,\,w_1)$과 $\mathbf{x}_2 = (x_2,\,y_2,\,z_2,\,w_2)$에 대해

$$\begin{aligned} L(\mathbf{x}_1+\mathbf{x}_2) &= L(x_1+x_2,\,y_1+y_2,\,z_1+z_2,\,w_1+w_2) \\ &= (x_1+x_2-y_1-y_2,\,z_1+z_2+w_1+w_2) \\ &= (x_1-y_1,\,z_1+w_1)+(x_2-y_2,\,z_2+w_2) = L(\mathbf{x}_1)+L(\mathbf{x}_2) \end{aligned}$$

이고

$$L(k\,\mathbf{x}_1) = L(kx_1,\,ky_1,\,kz_1,\,kw_1) = \big(k(x_1-y_1),k(z_1+w_1)\big) = kL(x_1,\,y_1,\,z_1,\,w_1) = kL(\mathbf{x}_1)$$

이므로, L은 선형사상이다.

$\mathrm{Ker}(L)$을 구하기 위해 다음 연립방정식을 풀면,

$$\begin{aligned} & L(x,\,y,\,z,\,w) = (x-y,\,z+w) = (0,0) \\ \iff & (x,\,y,\,z,\,w) = (y,\,y,\,-w,\,w) = y(1,\,1,\,0,\,0)+w(0,\,0,\,-1,\,1) \end{aligned}$$

이므로, $\mathrm{Ker}(L) = \mathrm{span}\big(\{(1,\,1,\,0,\,0),\,(0,\,0,\,-1,\,1)\}\big)$이다. 따라서, $\dim_{\mathbb{R}}\big(\mathrm{Ker}(L)\big) = 2$이므로 L은 단사가 아니다. □

문제 6.1.6. 선형사상 L이 다음과 같이 정의될 때, 주어진 L이 단사인지 아닌지를 판별하시오.
(가) $L(x,\, y) = (0,\, x-y)$ (나) $L(x,\, y) = (2x+3y,\, x-2y)$

문제 6.1.7. 2×2 가역행렬 A에 대해 $\mathcal{M}_{2,2}$에서 $\mathcal{M}_{2,2}$로 가는 함수 L을 $L(X) = AX$로 정의하자. 이때, 함수 L이 선형사상임을 보이고, 단사임을 보이시오.

문제 6.1.8. 체 $\mathbb{F}$ 상에서 정의된 두 벡터공간 V, W에 대해 선형사상 $L : V \to W$가 단사라고 하자. 이때, $\{\mathbf{v}_1, \mathbf{v}_2, \cdots, \mathbf{v}_n\} \subset V$가 일차독립일 필요충분조건은 $\{L(\mathbf{v}_1), L(\mathbf{v}_2), \cdots, L(\mathbf{v}_n)\}$이 일차독립이 되는 것임을 보이시오.

선형사상의 상공간과 계수정리

집합 사이에서 정의된 함수의 경우처럼 선형사상 $L : V \to W$에 대해서도 L의 치역

$$\mathrm{Im}(L) = \{L(\mathbf{x}) : \mathbf{x} \in V\}$$

를 생각할 수 있다. 선형사상 L의 핵공간 $\mathrm{Ker}(L)$이 V의 부분공간이었듯이, $\mathrm{Im}(L)$도 W의 부분공간이 된다. 이를 보이기 위해 $\mathrm{Im}(L)$의 임의의 두 벡터 $\mathbf{w}_1$, $\mathbf{w}_2$를 생각하면, $\mathbf{w}_1 = L(\mathbf{v}_1)$인 $\mathbf{v}_1 \in V$와 $\mathbf{w}_2 = L(\mathbf{v}_2)$인 $\mathbf{v}_2$가 존재한다. 이때, 다음 식

$$\mathbf{w}_1 + \mathbf{w}_2 = L(\mathbf{v}_1) + L(\mathbf{v}_2) = L(\mathbf{v}_1 + \mathbf{v}_2)$$

에서, V가 벡터공간이므로 $\mathbf{v}_1 + \mathbf{v}_2 \in V$가 되어 $\mathbf{w}_1 + \mathbf{w}_2 \in \mathrm{Im}(L)$이 성립한다. 또, 임의의 실수 k에 대해 $k\,\mathbf{v}_1 \in V$가 성립하므로, $k\,\mathbf{w}_1 = k\,L(\mathbf{v}_1) = L(k\,\mathbf{v}_1)$로부터 $k\,\mathbf{w}_1 \in \mathrm{Im}(L)$도 성립한다. 따라서, $\mathrm{Im}(L)$은 W의 부분공간이다. 앞으로 이 부분공간을 선형사상 L의 상공간이라 부른다.

집합에서 정의된 함수의 경우처럼, 선형사상 $L : V \to W$의 상공간 $\mathrm{Im}(L)$이 W 전체가 될 때, 선형사상 L을 전사 또는 위로의 사상이라 한다. $\mathrm{Im}(L)$은 W의 부분공간이므로 $\dim_{\mathbb{F}}\big(\mathrm{Im}(L)\big) = \dim_{\mathbb{F}}(W)$이 만족되면, L은 전사가 된다.

예제 6.1.5. $\mathbb{R}^4$에서 $\mathbb{R}^3$로 가는 선형사상 L이

$$L(x_1,\, x_2,\, x_3,\, x_4) = (x_1 + x_2,\, x_2 + x_3,\, x_3 + x_4)$$

로 정의될 때, $\mathrm{Im}(L)$의 기저를 구하고, L이 전사인지 아닌지 판별하시오.

풀이 : $L(x_1,\, x_2,\, x_3,\, x_4) = x_1(1,0,0) + x_2(1,1,0) + x_3(0,1,1) + x_4(0,0,1)$이므로 $\mathrm{Im}(L)$은 네 벡터 $\{(1,0,0),\, (1,1,0),\, (0,1,1),\, (0,0,1)\}$로 생성된다. 이들 중 일차독립인 벡터를

구하기 위해 다음 행렬의 기약행사다리꼴을 구하면,

$$\begin{pmatrix} 1 & 0 & 0 \\ 1 & 1 & 0 \\ 0 & 1 & 1 \\ 0 & 0 & 1 \end{pmatrix} \xrightarrow[\text{소거법}]{\text{가우스–조르당}} \begin{pmatrix} 1 & 0 & 0 \\ 0 & 1 & 0 \\ 0 & 0 & 1 \\ 0 & 0 & 0 \end{pmatrix}$$

이다. 따라서, 네 벡터 중 어느 한 벡터를 제외하면 항상 일차독립이 되어 기저가 된다.

또, $\dim_{\mathbb{R}}\big(\mathrm{Im}(L)\big) = 3 = \dim_{\mathbb{R}}(\mathbb{R}^3)$ 이므로 L은 전사이다. □

문제 6.1.9. $\mathbb{R}^3$ 에서 $\mathbb{R}^3$ 으로 가는 선형사상 L이

$$L(x_1, x_2, x_3) = (x_1 + x_3, x_1 + x_2 + 2x_3, 2x_1 + x_2 + x_3)$$

으로 정의될 때, L이 전사인지 판별하시오.

예제 6.1.6. n차 이하의 실계수 다항식으로 이루어진 벡터공간 $\mathcal{P}_n$에 대해 선형사상 $L : \mathcal{P}_n \to \mathcal{P}_{n-1}$ 이 $L\big(f(x)\big) = \dfrac{d}{dx}f(x)$로 정의될 때, L의 $\mathrm{Ker}(L)$과 $\mathrm{Im}(L)$의 기저를 각각 구하시오.

풀이 : 선형사상 L의 핵공간 $\mathrm{Ker}(L)$부터 구하자. $\mathcal{P}_n$의 임의의 벡터 $f(x) = a_0 + a_1x + \cdots + a_nx^n$에 대해 $L(f(x)) = \mathbf{0}$이 되는 $f(x)$를 구하면,

$$L(a_0 + a_1x + \cdots + a_nx^n) = a_1 + 2a_2x^2 + \cdots + na_nx^{n-1} = \mathbf{0}$$

으로부터 $f(x) = a_0$가 되어, $\mathrm{Ker}(L) = \mathrm{span}(\{1\})$이 된다. 즉, $\dim_{\mathbb{R}}\big(\mathrm{Ker}(L)\big) = 1$이다.

이제, $\mathrm{Ker}(L)$의 기저 1을 포함하는 $\mathcal{P}_n$의 기저를 $\mathcal{B} = \{1, x, \cdots, x^n\}$이라 하면, 선형사상 L은 기저 $\mathcal{B}$에 속하는 벡터에 의해 완전히 결정되므로 $\mathrm{Im}(L)$은

$$\{L(1), L(x), \cdots, L(x^n)\} = \{1, 2x, \cdots, nx^{n-1}\}$$

에 의해 생성된다. 이들 벡터는 일차독립이므로 $\mathrm{Im}(L) = \mathrm{span}(\{1, x, \cdots, x^{n-1}\})$이 되어 $\dim_{\mathbb{R}}\big(\mathrm{Im}(L)\big) = n$이다. □

예제 6.1.6에서 $n+1$ 차원 벡터공간 $\mathcal{P}_n$에서 정의된 선형사상 L에 대해

$$\dim_{\mathbb{R}}\big(\mathrm{Ker}(L)\big) + \dim_{\mathbb{R}}\big(\mathrm{Im}(L)\big) = 1 + n = \dim_{\mathbb{R}}(\mathcal{P}_n)$$

이 성립함을 알았다. 이 성질이 일반적인 경우에 성립하는지 알아보기 전에 몇 가지 용어를 정의하자. 체 $\mathbb{F}$ 상의 두 벡터공간 V, W 사이에 정의된 선형사상 $L : V \to W$에 대해,

핵공간의 차원을 L의 **퇴화차수**라 하고 $\text{nullity}(L)$로 나타낸다. 또, L의 상공간의 차원을 L의 **계수**라 하고 $\text{rank}(L)$로 나타낸다. 즉, 선형사상의 퇴화차수와 계수는 다음과 같이 정의된다.

$$\text{nullity}(L) = \dim_{\mathbb{F}}\big(\text{Ker}(L)\big), \quad \text{rank}(L) = \dim_{\mathbb{F}}\big(\text{Im}(L)\big)$$

이때, 예제 6.1.6에서처럼 다음과 같은 관계가 성립한다.

선형사상의 계수정리

체 $\mathbb{F}$ 상에서 정의된 두 벡터공간 V, W 사이에 정의된 선형사상 $L : V \to W$에 대해 다음이 성립한다.

$$\text{nullity}(L) + \text{rank}(L) = \dim_{\mathbb{F}}(V)$$

증명 : n차원 벡터공간 V의 부분공간 $\text{Ker}(L)$의 차원이 k라 하자. 만약, $k = n$이면, V의 임의의 벡터 $\mathbf{v}$에 대해 $L(\mathbf{v}) = \mathbf{0}$이다. 즉, $\text{Im}(L) = \{\mathbf{0}\}$이므로 $\text{rank}(L) = 0$이 되고, 보이려는 관계식이 성립한다.

따라서, $0 \leq k < n$이라 가정할 수 있다. 이제 $\text{Ker}(L)$의 기저 $\{\mathbf{v}_1, \mathbf{v}_2, \cdots, \mathbf{v}_k\}$를 하나 잡고, $\text{Ker}(L)$의 기저를 포함하는 V의 기저 $\mathcal{B}$를

$$\mathcal{B} := \{\mathbf{v}_1, \cdots, \mathbf{v}_k, \mathbf{v}_{k+1}, \cdots, \mathbf{v}_n\}$$

과 같이 택하자.

앞서 예제에서 살펴보았듯이, $\text{Im}(L)$은 다음과 같이 $\tilde{\mathcal{B}} := \{L(\mathbf{v}_i) : k+1 \leq i \leq n\}$으로 생성된다.

$$\begin{aligned}
\mathbf{v} \in V \quad &\Longrightarrow \quad \mathbf{v} = v_1\mathbf{v}_1 + \cdots + v_k\mathbf{v}_k + v_{k+1}\mathbf{v}_{k+1} + \cdots + v_n\mathbf{v}_n \text{ 인 } v_1, \cdots, v_n \in \mathbb{F}\text{가 존재} \\
&\Longrightarrow \quad L(\mathbf{v}) = v_1L(\mathbf{v}_1) + \cdots + v_kL(\mathbf{v}_k) + v_{k+1}L(\mathbf{v}_{k+1}) + \cdots + v_nL(\mathbf{v}_n) \\
&\Longrightarrow \quad L(\mathbf{v}) = v_{k+1}L(\mathbf{v}_{k+1}) + \cdots + v_nL(\mathbf{v}_n) \\
&\Longrightarrow \quad L(\mathbf{v}) \in \text{span}\big(\{L(\mathbf{v}_{k+1}, \cdots, L(\mathbf{v}_n)\}\big).
\end{aligned}$$

실제로 $\tilde{\mathcal{B}}$가 $\text{Im}(L)$의 기저가 됨을 보이기 위해 일차독립인지 따져보자.

$$c_1L(\mathbf{v}_{k+1}) + c_2L(\mathbf{v}_{k+2}) + \cdots + c_{n-k}L(\mathbf{v}_n) = \mathbf{0}$$

이라 할 때, $L(c_1\mathbf{v}_{k+1} + \cdots + c_{n-k}\mathbf{v}_n) = \mathbf{0}$이므로 $c_1\mathbf{v}_{k+1} + \cdots + c_{n-k}\mathbf{v}_n \in \text{Ker}(L)$이 된다. 또, $\text{Ker}(L)$의 기저가 $\{\mathbf{v}_1, \cdots, \mathbf{v}_k\}$이므로

$$a_1\mathbf{v}_1 + \cdots + a_k\mathbf{v}_k = c_1\mathbf{v}_{k+1} + \cdots + c_{n-k}\mathbf{v}_n \iff a_1\mathbf{v}_1 + \cdots + a_k\mathbf{v}_k - c_1\mathbf{v}_{k+1} - \cdots - c_{n-k}\mathbf{v}_n = \mathbf{0}$$

이 성립한다. 한편, $\mathcal{B}$가 V의 기저이므로 모든 a_i $(i = 1, \cdots, k)$와 c_j $(j = 1, \cdots, n-k)$는 모두 0이 된다. 따라서, $\tilde{\mathcal{B}}$는 일차독립이 되어 $\text{Im}(L)$의 기저가 된다.

결론적으로 $\dim_{\mathbb{F}}\big(\text{Ker}(L)\big) = k$이고, $\dim_{\mathbb{F}}\big(\text{Im}(L)\big) = n-k$이므로 $\text{nullity}(L) + \text{rank}(L) = n = \dim_{\mathbb{F}}(V)$이다. □

문제 6.1.10. $\mathbb{R}^3$ 에서 $\mathbb{R}^2$ 로 가는 선형사상 $L(x_1, x_2, x_3) = (x_1 + 3x_2 + x_3, 2x_1 + 7x_2 - x_3)$ 의 계수와 퇴화차수를 각각 구하고, 선형사상에 대한 계수정리가 성립함을 확인하시오.

문제 6.1.11. 선형변환 $L : \mathcal{P}_2 \to \mathcal{P}_1$ 이 $L(a_0 + a_1x + a_2x^2) = (a_0 + a_1) + (a_2 - a_1)x$ 로 정의될 때, $\text{nullity}(L)$ 과 $\text{rank}(L)$ 을 각각 구하고, 선형사상에 대한 계수정리가 성립함을 확인하시오.

예제 6.1.7. $\mathbb{F}$ 상에서 정의된 두 벡터공간 V 와 W 에 대해, 선형변환 $L : V \to W$ 가 단사일 필요충분조건은 $\dim_{\mathbb{F}}\big(\text{Im}(L)\big) = \dim_{\mathbb{F}}(V)$ 임을 보이시오.

풀이 : L 이 단사가 될 필요충분조건은 $\text{Ker}(L) = \{\mathbf{0}\}$ 이므로, 선형사상에 대한 계수정리

$$\dim_{\mathbb{F}}\big(\text{Im}(L)\big) = \dim_{\mathbb{F}}(V) - \dim_{\mathbb{F}}\big(\text{Ker}(L)\big)$$

로부터, L 이 단사가 될 필요충분조건은 $\dim_{\mathbb{F}}\big(\text{Im}(L)\big) = \dim_{\mathbb{F}}(V)$ 이다. □

문제 6.1.12. $\mathbb{F}$ 상에서 정의된 두 벡터공간 V 와 W 의 차원이 같을 때, 선형변환 $L : V \to W$ 가 전사가 될 필요충분조건은 $\text{Ker}(L) = \{\mathbf{0}\}$ 임을 보이시오.

문제 6.1.13. $\mathbb{F}$ 상에서 정의된 두 벡터공간 V 와 W 에 대해, 선형변환 $L : V \to W$ 가 전사이면 $\dim(W) \le \dim(V)$ 임을 보이시오.

예제 6.1.8. $\mathbb{C}$ 상에서 정의된 내적공간 $M_{n,1}(\mathbb{C})$ 의 일차독립인 벡터 $\mathbf{v}_1, \mathbf{v}_2, \cdots, \mathbf{v}_k$ (단, $1 \le k \le n$) 에 대해 선형사상 $L : M_{n,1}(\mathbb{C}) \to M_{n,1}(\mathbb{C})$ 는

$$L(\mathbf{v}) = (\mathbf{v}_1\mathbf{v}_1^* + \mathbf{v}_2\mathbf{v}_2^* + \cdots + \mathbf{v}_k\mathbf{v}_k^*)\mathbf{v}$$

로 정의된다. 선형사상 L 에 대해 $\text{rank}(L) = k$ 가 됨을 보이시오.

풀이 : $\mathbf{v}_1\mathbf{v}_1^* + \mathbf{v}_2\mathbf{v}_2^* + \cdots + \mathbf{v}_k\mathbf{v}_k^*$ 은 $n \times n$ 행렬이므로 주어진 L 이 선형사상인 것은 분명하다. 선형사상의 계수와 퇴화차수에 대한 정리로부터 $\text{nullity}(L) = n - k$ 임을 보이면 충분하다. 주어진 벡터 $\mathbf{v}_1, \mathbf{v}_2, \cdots, \mathbf{v}_k$ 로 생성되는 $\mathcal{M}_{n,1}(\mathbb{C})$ 의 부분공간을 W 라 하면, W 의 직교여공간 $W^\perp$ 의 차원은 $n - k$ 이다.

이제, $\text{Ker}(L) = W^\perp$ 임을 보이기 위해, 벡터 $\mathbf{v} \in \mathcal{M}_{n,1}$ 가 $\mathbf{v} \in \text{Ker}(L)$ 라고 하자. 이때,

$$\begin{aligned}\mathbf{0} = L(\mathbf{v}) &= \mathbf{v}_1(\mathbf{v}_1^*\mathbf{v}) + \mathbf{v}_2(\mathbf{v}_2^*\mathbf{v}) + \cdots + \mathbf{v}_k(\mathbf{v}_k^*\mathbf{v}) \\ &= \text{Tr}(\mathbf{v}\mathbf{v}_1^*)\mathbf{v}_1 + \text{Tr}(\mathbf{v}\mathbf{v}_2^*)\mathbf{v}_2 + \cdots + \text{Tr}(\mathbf{v}\mathbf{v}_k^*)\mathbf{v}_k \\ &= \langle \mathbf{v}, \mathbf{v}_1 \rangle \mathbf{v}_1 + \langle \mathbf{v}, \mathbf{v}_2 \rangle \mathbf{v}_2 + \cdots + \langle \mathbf{v}, \mathbf{v}_k \rangle \mathbf{v}_k\end{aligned}$$

가 성립하고, $\mathbf{v}_1$, $\mathbf{v}_2, \cdots, \mathbf{v}_k$가 일차독립이므로 모든 $i = 1, 2, \cdots, k$에 대해

$$\langle \mathbf{v}, \mathbf{v}_i \rangle = 0$$

을 얻는다. 한편 $\mathbf{v}_1$, $\mathbf{v}_2, \cdots, \mathbf{v}_k$는 부분공간 W의 기저이므로 W의 임의의 벡터 $\mathbf{w}$에 대해 $\langle \mathbf{v}, \mathbf{w} \rangle = 0$이 성립하고, 따라서 $\mathbf{v} \in W^{\perp}$이 된다. 즉, $\mathrm{Ker}(L) \subset W^{\perp}$이다. 역으로 $\mathbf{v} \in W^{\perp}$에 대해 $\langle \mathbf{v}, \mathbf{v}_i \rangle = 0$ $(i = 1, 2, \cdots, k)$이므로 $L(\mathbf{v}) = \mathbf{0}$이 되어 $W^{\perp} \subset \mathrm{Ker}(L)$도 성립한다. 결론적으로 $\mathrm{Ker}(L) = W^{\perp}$이 되어, $\mathrm{nullity}(L) = n - k$이 성립한다. □

문제 6.1.14. 실수 상에서 정의된 벡터공간 $\mathcal{M}_{n,1}$ 사이에 정의된 선형사상 $L : \mathcal{M}_{n,1} \to \mathcal{M}_{n,1}$이 $\mathcal{M}_{n,1}$의 $\mathbf{0}$가 아닌 두 벡터 $\mathbf{a}$, $\mathbf{b}$에 대해

$$L(\mathbf{x}) = \left(\mathbf{a}\mathbf{a}^{\mathrm{T}} + \mathbf{b}\mathbf{b}^{\mathrm{T}}\right)\mathbf{x}$$

로 정의된다고 하자. 선형사상 L의 계수 $\mathrm{rank}(L) = 1$이 될 필요충분조건을 구하시오.

문제 6.1.15. 실수 상에서 정의된 벡터공간 $\mathcal{M}_{n,1}$의 벡터 $\{\mathbf{v}_1, \mathbf{v}_2, \cdots, \mathbf{v}_k\}$가 일차독립일 때, $\mathcal{M}_{1,n}$의 벡터 $\mathbf{w}_1$, $\mathbf{w}_2, \cdots, \mathbf{w}_k$에 대해 행렬 A는

$$A = \mathbf{v}_1\mathbf{w}_1 + \mathbf{v}_2\mathbf{w}_2 + \cdots + \mathbf{v}_k\mathbf{w}_k$$

로 정의된다. $\{\mathbf{w}_i : 1 \leq i \leq k\}$로 생성되는 $\mathcal{M}_{1,n}$의 부분공간을 W라 할 때, $\mathrm{rank}(A) = \dim_{\mathbb{R}}(W)$임을 보이시오.

동형사상과 등장사상

벡터공간을 단순히 집합으로 생각하면, 두 선형사상에 대해 합성함수를 생각할 수 있다. 실제로 이 합성함수도 선형사상이 됨을 알아보자. 체 $\mathbb{F}$ 상에서 정의된 세 벡터공간 V_1, V_2, V_3에 대해 두 선형사상 $L_1 : V_1 \to V_2$와 $L_2 : V_2 \to V_3$이 정의되어 있다면, 합성사상 $L_2 \circ L_1$을 만들 수 있다. 이때, V_1에 속하는 임의의 두 벡터 $\mathbf{u}$, $\mathbf{v}$와 임의의 $\alpha \in F$에 대해

$$\begin{aligned} L_2 \circ L_1(\mathbf{u} + \mathbf{v}) &= L_2\left(L_1(\mathbf{u} + \mathbf{v})\right) \\ &= L_2\left(L_1(\mathbf{u}) + L_1(\mathbf{v})\right) \\ &= L_2\left(L_1(\mathbf{u})\right) + L_2\left(L_1(\mathbf{v})\right) = L_2 \circ L_1(\mathbf{u}) + L_2 \circ L_1(\mathbf{v}) \end{aligned}$$

이고,

$$L_2 \circ L_1(\alpha\,\mathbf{u}) = L_2\left(L_1(\alpha\,\mathbf{u})\right) = L_2\left(\alpha\, L_1(\mathbf{u})\right) = \alpha\, L_2\left(L_1(\mathbf{u})\right) = \alpha\, L_2 \circ L_1(\mathbf{u})$$

이므로 $L_2 \circ L_1$도 선형사상이 된다.

한편, 두 집합 사이에 정의된 함수가 역함수를 가지려면, 주어진 함수가 단사이면서 동시에 전사가 되어야 한다. 특히, 두 벡터공간 사이에 정의된 선형사상의 경우에는 단사이면서

전사일 때 **동형사상**이라 하고, 두 벡터공간 사이에 동형사상이 존재할 때 두 벡터공간이 **동형**이라고 한다. 또, 서로 동형인 두 벡터공간 V, W를 $V \cong W$로 나타낸다.

따라서, $L : V \to W$가 동형사상이면 역함수 $L^{-1} : W \to V$가 존재한다. 또, $\text{nullity}(L) = 0$이고, $\text{Im}(L) = W$이므로 선형사상에 대한 계수정리로부터

$$\dim_{\mathbb{F}}(V) = \text{nullity}(L) + \text{rank}(L) = 0 + \dim_{\mathbb{F}}\big(\text{Im}(L)\big) = 0 + \dim_{\mathbb{F}}(W)$$

가 성립하여 V와 W는 같은 차원을 갖는 벡터공간이 된다. 이 역함수 L^{-1}도 다시 선형사상이 됨을 알아보자. 우선, L이 전사이므로 W에 속하는 임의의 두 벡터 $\mathbf{w}_1$, $\mathbf{w}_2$에 대해,

$$L(\mathbf{v}_1) = \mathbf{w}_1, \quad L(\mathbf{v}_2) = \mathbf{w}_2 \tag{6.4}$$

를 만족하는 V의 벡터 $\mathbf{v}_1$, $\mathbf{v}_2$가 존재한다. 특히, L이 단사이므로 식 (6.4)가 성립하는 $\mathbf{v}_1$, $\mathbf{v}_2$는 유일하게 결정된다. 즉, $L^{-1}(\mathbf{w}_1) = \mathbf{v}_1$이고 $L^{-1}(\mathbf{w}_2) = \mathbf{v}_2$이다. 이때, $L(\mathbf{v}_1 + \mathbf{v}_2) = L(\mathbf{v}_1) + L(\mathbf{v}_2) = \mathbf{w}_1 + \mathbf{w}_2$이고, L이 단사이므로 $L(\mathbf{v}) = \mathbf{w}_1 + \mathbf{w}_2$가 되는 유일한 벡터는 $\mathbf{v} = \mathbf{v}_1 + \mathbf{v}_2$이다. 따라서,

$$L^{-1}(\mathbf{w}_1 + \mathbf{w}_2) = \mathbf{v}_1 + \mathbf{v}_2 = L^{-1}(\mathbf{w}_1) + L^{-1}(\mathbf{w}_2)$$

가 성립한다. 또, 임의의 $\alpha \in \mathbb{F}$에 대해 L이 단사이므로

$$\alpha\,\mathbf{w}_1 = \alpha\, L(\mathbf{v}_1) = L(\alpha\,\mathbf{v}_1) \iff L^{-1}(\alpha\,\mathbf{w}_1) = \alpha\,\mathbf{v}_1 = \alpha\, L^{-1}(\mathbf{w}_1)$$

이 성립하여, L^{-1}는 선형사상이 된다. 보통 동형사상 L의 역함수를 L의 **역사상**이라 부른다.

선형사상의 합성, 선형사상의 역사상

체 $\mathbb{F}$ 상에서 정의된 세 벡터공간 V_1, V_2, V_3 사이에 정의된 두 선형사상 $L_1 : V_1 \to V_2$와 $L_2 : V_2 \to V_3$에 대해, 합성함수 $L_2 \circ L_1$도 선형사상이 된다.
또, 선형사상 L_1이 동형사상이면, L_1의 역함수 L^{-1}도 선형사상이 되고, 이 역사상도 동형사상이다.

문제 6.1.16. 체 $\mathbb{F}$ 상에서 정의된 세 벡터공간 V_1, V_2, V_3에 대해 두 선형사상 $L_1 : V_1 \to V_2$와 $L_2 : V_2 \to V_3$가 각각 동형사상이면, 두 선형사상의 합성 $L_2 \circ L_1$도 동형사상이 됨을 보이시오.

위 문제 6.1.16에서 두 동형사상 $L_1 : V_1 \to V_2$와 $L_2 : V_2 \to V_3$에 대해 $(L_2 \circ L_1)^{-1} = L_1^{-1} \circ L_2^{-1}$가 됨은 자명하다.

예제 6.1.9. 체 $\mathbb{F}$ 상에서 정의된 n 차원 벡터공간 V의 한 기저를 $\mathcal{B}$라 하자. V의 임의의 벡터 $\mathbf{v}$에 대해 $\mathbf{v}$의 기저 $\mathcal{B}$에 대한 좌표벡터 $[\mathbf{v}]_{\mathcal{B}} \in \mathcal{M}_{n,1}(\mathbb{F})$를 대응시키는 함수를 $\Gamma_{\mathcal{B}}$라 하자. 이때, $\Gamma_{\mathcal{B}}$가 동형사상이 됨을 보이시오.

풀이 : 167 쪽에서 살펴보았듯이, 함수 $\Gamma_{\mathcal{B}}$는 선형사상이 된다. 또, 각 벡터에 대해 좌표벡터는 유일하게 결정되므로 $\Gamma_{\mathcal{B}}$는 단사이다.

한편, 기저 $\mathcal{B}$를 $\mathcal{B} = \{\mathbf{v}_1, \cdots, \mathbf{v}_n\}$라 할 때 상공간 $\text{Im}(\Gamma_{\mathcal{B}})$는 $\{\Gamma_{\mathcal{B}}(\mathbf{v}_i) : 1 \le i \le n\}$으로 생성되는데, $\Gamma_{\mathcal{B}}(\mathbf{v}_i)$는 i번째 행에만 1이고 나머지 행은 모두 0인 $\mathcal{M}_{n,1}(\mathbb{F})$의 표준단위벡터이다. 따라서, $\text{rank}(\Gamma_{\mathcal{B}}) = n = \dim_{\mathbb{F}}\big(\mathcal{M}_{n,1}(\mathbb{F})\big)$이므로 $\Gamma_{\mathcal{B}}$는 전사이다. 결론적으로 $\Gamma_{\mathcal{B}}$는 동형사상이 된다. □

앞의 예제 6.1.9에 의해, 체 $\mathbb{F}$ 상에서 정의된 n 차원 벡터공간은 모두 동형임을 보일 수 있다.

동일한 차원을 갖는 벡터공간은 모두 동형

체 $\mathbb{F}$ 상에서 정의된 n 차원 벡터공간은 모두 서로 동형이다.

증명 : 체 $\mathbb{F}$ 상에서 정의된 두 벡터공간 V와 W의 차원이 모두 n이라 하자. V와 W의 기저를 각각 $\mathcal{B}_V$, $\mathcal{B}_W$라 할 때, 동형사상 $\Gamma_{\mathcal{B}_V}$에 의해 $V \cong \mathcal{M}_{n,1}(\mathbb{F})$이고, 동형사상 $\Gamma_{\mathcal{B}_W}$에 의해 $W \cong \mathcal{M}_{n,1}(\mathbb{F})$이다. 따라서, $\Gamma_{\mathcal{B}_W}^{-1}$ 도 동형사상이 되고, 합성사상

$$\Gamma_{\mathcal{B}_W}^{-1} \circ \Gamma_{\mathcal{B}_V} : V \to W \quad \left(V \xrightarrow{\Gamma_{\mathcal{B}_V}} \mathcal{M}_{n,1}(\mathbb{F}) \xrightarrow{\Gamma_{\mathcal{B}_W}^{-1}} W\right)$$

도 동형사상이 되어 V와 W는 동형이 된다. □

문제 6.1.17. $\mathbb{R}$ 상에서 정의된 벡터공간 $\mathbb{C}^2$는 $\mathbb{R}$ 상에서 정의된 벡터공간 $\mathbb{R}^4$와 동형임을 보이시오.

문제 6.1.18. $\mathbb{R}$ 상에서 정의된 두 벡터공간 $\mathcal{P}_3$과 $\mathcal{M}_{2,2}$는 모두 4차원 벡터공간이므로 동형이다. 동형사상 $L : \mathcal{P}_3 \to \mathcal{M}_{2,2}$를 하나 구체적으로 구하시오.

문제 6.1.19. $\mathbb{R}^2$ 사이에 정의된 두 선형사상 $L_1(x_1, x_2) = (x_1 + 2x_2, x_2)$와 $L_2(x_1, x_2) = (x_2, x_1)$에 대해 다음 물음에 답하시오.

(가) 선형사상 L_1과 L_2가 각각 동형사상임을 보이고, 역사상 L_1^{-1}와 L_2^{-1}를 각각 구하시오.
(나) 합성사상 $L_2 \circ L_1$을 구하고, 동형사상이 됨을 보이시오. 또, $L_2 \circ L_1$의 역사상을 구하시오.
(다) $(L_2 \circ L_1)^{-1} = L_1^{-1} \circ L_2^{-1}$가 성립함을 확인하시오.

문제 6.1.20. 체 $\mathbb{F}$ 상에서 정의된 두 벡터공간 V와 W가 선형사상 $L : V \to W$에 의해 동형이 될 때, $\{\mathbf{v}_1, \mathbf{v}_2, \cdots, \mathbf{v}_n\}$이 V의 기저가 될 필요충분조건은 $\{L(\mathbf{v}_1), L(\mathbf{v}_2), \cdots, L(\mathbf{v}_n)\}$이 W의 기저가 되는 것임을 보이시오.

체 $\mathbb{F}$ 상에서 정의된 두 벡터공간 V와 W 사이의 함수를 생각할 때, 벡터공간의 연산구조를 보존하기 위해 선형사상을 고려하였다. 만약 두 벡터공간이 모두 내적공간인 경우에는 벡터공간의 연산구조 외에 내적까지 유지하는 함수를 생각할 수 있다. 즉, 선형사상으로서

$$\langle L(\mathbf{u}), L(\mathbf{v})\rangle_W = \langle \mathbf{u}, \mathbf{v}\rangle_V$$

를 만족하는 함수 L을 생각할 수 있는데, 이를 **등장사상**이라고 한다.[2)]

내적을 보존하는 선형사상을 등장사상이라 부르는 이유는 벡터의 노름을 보존하기 때문이다.[3)] 즉, 선형사상 $L : V \to W$가 등장사상이면,

$$\|L(\mathbf{u})\|^2 = \langle L(\mathbf{u}), L(\mathbf{u})\rangle = \langle \mathbf{u}, \mathbf{u}\rangle = \|\mathbf{u}\|^2$$

가 성립한다. 역으로 내적공간 V, W에서 선형사상 $L : V \to W$가 내적으로부터 정의된 노름을 보존하면 (즉, $\|L(\mathbf{u})\| = \|\mathbf{u}\|$이면), L은 등장사상이 됨을 보일 수 있다. 이를 위해 노름으로부터 내적을 재구성하는 다음 정리를 우선 살펴보자.

내적공간에서 노름과 내적의 관계

체 $\mathbb{F}$ 상에서 정의된 내적공간 V에서 노름을 $\|\mathbf{v}\|^2 = \langle \mathbf{v}, \mathbf{v}\rangle$로 정의할 때, V의 내적은 다음과 같이 노름으로부터 재구성할 수 있다.

$$\mathrm{Re}\big(\langle \mathbf{u}, \mathbf{v}\rangle\big) = \frac{1}{4}\big(\|\mathbf{u}+\mathbf{v}\|^2 - \|\mathbf{u}-\mathbf{v}\|^2\big), \quad \mathrm{Im}\big(\langle \mathbf{u}, \mathbf{v}\rangle\big) = \mathrm{Re}\big(\langle \mathbf{u}, i\,\mathbf{v}\rangle\big),$$

$$\mathbb{F} = \mathbb{C}\text{일 때}: \langle \mathbf{u}, \mathbf{v}\rangle = \frac{1}{4}\big(\|\mathbf{u}+\mathbf{v}\|^2 - \|\mathbf{u}-\mathbf{v}\|^2 + i\,\|\mathbf{u}+\mathbf{v}\,i\|^2 - i\|\mathbf{u}-\mathbf{v}\,i\|^2\big)$$

$$\mathbb{F} = \mathbb{R}\text{일 때}: \langle \mathbf{u}, \mathbf{v}\rangle = \frac{1}{4}\big(\|\mathbf{u}+\mathbf{v}\|^2 - \|\mathbf{u}-\mathbf{v}\|^2\big)$$

증명 : 임의의 두 벡터 $\mathbf{u}, \mathbf{v} \in V$에 대해

$$\begin{aligned}\|\mathbf{u}+\mathbf{v}\|^2 - \|\mathbf{u}-\mathbf{v}\|^2 &= \langle \mathbf{u}+\mathbf{v}, \mathbf{u}+\mathbf{v}\rangle - \langle \mathbf{u}-\mathbf{v}, \mathbf{u}-\mathbf{v}\rangle \\ &= \|\mathbf{u}\|^2 + \langle \mathbf{u}, \mathbf{v}\rangle + \langle \mathbf{v}, \mathbf{u}\rangle + \|\mathbf{v}\|^2 - \|\mathbf{u}\|^2 + \langle \mathbf{u}, \mathbf{v}\rangle + \langle \mathbf{v}, \mathbf{u}\rangle - \|\mathbf{v}\|^2 \\ &= 2\big(\langle \mathbf{u}, \mathbf{v}\rangle + \langle \mathbf{v}, \mathbf{u}\rangle\big) = 4\,\mathrm{Re}\big(\langle \mathbf{u}, \mathbf{v}\rangle\big)\end{aligned}$$

이므로 첫 번째 등식이 성립한다. 따라서, $\mathbb{F} = \mathbb{R}$의 경우에는 $\mathrm{Re}\big(\langle \mathbf{u}, \mathbf{v}\rangle\big) = \langle \mathbf{u}, \mathbf{v}\rangle$이므로 마지막 등식을 얻는다.

$\mathbb{F} = \mathbb{C}$의 경우에는

$$\mathrm{Im}\big(\langle \mathbf{u}, \mathbf{v}\rangle\big) = \mathrm{Re}\big(-i\langle \mathbf{u}, \mathbf{v}\rangle\big) = \mathrm{Re}\big(\langle \mathbf{u}, i\,\mathbf{v}\rangle\big)$$

2) 어느 벡터공간의 내적인지를 구분하기 위해 V의 내적을 $\langle \cdot, \cdot \rangle_V$로 표시하였다.

3) 두 벡터 $\mathbf{u}, \mathbf{v}$사이의 거리는 $\|\mathbf{u}-\mathbf{v}\|$로 정의되므로, 벡터의 노름을 보존하면 두 벡터 사이의 거리도 보존된다.

이므로

$$\begin{aligned}\langle \mathbf{u}, \mathbf{v}\rangle =&\mathrm{Re}\big(\langle \mathbf{u}, \mathbf{v}\rangle\big) + i\,\mathrm{Im}\big(\langle \mathbf{u}, \mathbf{v}\rangle\big)\\ =&\mathrm{Re}\big(\langle \mathbf{u}, \mathbf{v}\rangle\big) + i\,\mathrm{Re}\big(\langle \mathbf{u}, \mathbf{v}\,i\rangle\big)\\ =&\frac{1}{4}\big(\|\mathbf{u}+\mathbf{v}\|^2 - \|\mathbf{u}-\mathbf{v}\|^2 + i\,\|\mathbf{u}+\mathbf{v}\,i\|^2 - i\|\mathbf{u}-\mathbf{v}\,i\|^2\big)\end{aligned}$$

가 되어 증명이 끝난다.[4) □

내적과 노름의 관계에 대한 정리로부터 내적공간 사이에 정의된 선형사상 $L : V \to W$ 가 V 의 임의의 벡터 $\mathbf{v} \in V$ 에 대해 $\|L(\mathbf{v})\| = \|\mathbf{v}\|$ 를 만족하면, V 의 임의의 두 벡터 $\mathbf{u}$, $\mathbf{v}$ 에 대해

$$\begin{aligned}&\langle L(\mathbf{u}), L(\mathbf{v})\rangle\\ =&\frac{1}{4}\big(\|L(\mathbf{u})+L(\mathbf{v})\|^2 - \|L(\mathbf{u})-L(\mathbf{v})\|^2 + i\,\|L(\mathbf{u})+L(\mathbf{v})i\|^2 - i\,\|L(\mathbf{u})-L(\mathbf{v})i\|^2\big)\\ =&\frac{1}{4}\big(\|L(\mathbf{u}+\mathbf{v})\|^2 - \|L(\mathbf{u}-\mathbf{v})\|^2 + i\,\|L(\mathbf{u}+\mathbf{v}\,i)\|^2 - i\,\|L(\mathbf{u}-\mathbf{v}\,i)\|^2\big)\\ =&\frac{1}{4}\big(\|\mathbf{u}+\mathbf{v}\|^2 - \|\mathbf{u}-\mathbf{v}\|^2 + i\,\|\mathbf{u}+\mathbf{v}\,i\|^2 - i\,\|\mathbf{u}-\mathbf{v}\,i\|^2\big)\\ =&\langle \mathbf{u}, \mathbf{v}\rangle\end{aligned}$$

가 성립하여 선형사상 L 이 등장사상이 됨을 알 수 있다.

등장사상의 성질

체 $\mathbb{F}$ 상에서 정의된 두 내적공간 V, W 에 대해 선형사상 $L : V \to W$ 이 등장사상이면, V 의 임의의 벡터 $\mathbf{u}$, $\mathbf{v}$ 에 대해 다음이 성립한다.

$$\langle L(\mathbf{u}), L(\mathbf{v})\rangle = \langle \mathbf{u}, \mathbf{v}\rangle \iff \|L(\mathbf{u})\| = \|\mathbf{u}\|$$

예제 6.1.10. 체 $\mathbb{F}$ 상에서 정의된 n 차원 내적공간 V 의 한 정규직교기저를 $\mathcal{B}$ 라 하자. V 의 임의의 벡터 $\mathbf{v}$ 에 대해, $\mathbf{v}$ 의 기저 $\mathcal{B}$ 에 대한 좌표벡터 $[\mathbf{v}]_{\mathcal{B}} \in \mathcal{M}_{n,1}(\mathbb{F})$ 를 대응시키는 함수를 $\Gamma_{\mathcal{B}}$ 이라 하자. 이때, $\Gamma_{\mathcal{B}} : V \to \mathcal{M}_{n,1}(\mathbb{F})$ 가 동형사상이면서 동시에 등장사상이 됨을 보이시오.

풀이 : 예제 6.1.9에서 $\Gamma_{\mathcal{B}}$ 가 동형사상임을 보였으므로, 등장사상이 됨을 보이면 된다. 정규직교기저 $\mathcal{B}$ 를 순서대로 $\mathbf{u}_1$, $\mathbf{u}_2$, $\cdots$, $\mathbf{u}_n$ 이라 하고, 임의의 두 벡터 $\mathbf{v}$, $\mathbf{w}$ 의 좌표벡터가 각각

4) 실제로 $\|\alpha\mathbf{v}\| = |\alpha|\,\|\mathbf{v}\|$ 이므로 재구성된 내적에서 $\langle \mathbf{v}, \mathbf{v}\rangle = \frac{1}{4}\big(4\|\mathbf{v}\|^2 + i|1+i|^2\|\mathbf{v}\|^2 - i|1-i|^2\|\mathbf{v}\|^2\big) = \|\mathbf{v}\|^2$ 이 된다.

$[\mathbf{v}]_{\mathcal{B}} = (v_1, v_2, \cdots, v_n)^{\mathrm{T}}$, $[\mathbf{w}]_{\mathcal{B}} = (w_1, w_2, \cdots, w_n)^{\mathrm{T}}$ 라 하자. 이때,

$$\begin{aligned}\langle \mathbf{v}, \mathbf{w}\rangle_V &= \langle \sum_{i=1}^{n} v_i \mathbf{u}_i, \sum_{j=1}^{n} w_j \mathbf{u}_j \rangle_V \\ &= \sum_{i=1}^{n}\sum_{j=1}^{n} \langle v_i \mathbf{u}_i, w_j \mathbf{u}_j\rangle_V \\ &= \sum_{i=1}^{n}\sum_{j=1}^{n} v_i \bar{w}_j \langle \mathbf{u}_i, \mathbf{u}_j\rangle_V \\ &= \sum_{i=1}^{n} v_i \bar{w}_i = \langle [\mathbf{v}]_{\mathcal{B}}, [\mathbf{w}]_{\mathcal{B}}\rangle_{\mathcal{M}_{n,1}(\mathbb{F})} = \langle \Gamma_{\mathcal{B}}(\mathbf{v}), \Gamma_{\mathcal{B}}(\mathbf{w})\rangle_{\mathcal{M}_{n,1}(\mathbb{F})} \quad (\because \langle \mathbf{u}_i, \mathbf{u}_j\rangle = \delta_{ij})\end{aligned}$$

가 성립한다. 따라서, $\Gamma_{\mathcal{B}}$ 는 등장사상이다. □

예제 6.1.11. $\mathbb{C}$ 상에서 정의된 벡터공간 $\mathbb{C}^2$ 에 대해 선형사상 $L : \mathbb{C}^2 \to \mathbb{C}^2$ 가

$$L(z_1, z_2) = \frac{1}{\sqrt{2}}(z_1 + i\,z_2, i\,z_1 + z_2)$$

로 정의될 때, L 이 등장사상임을 보이시오.

풀이 : 다음과 같이 $\|L(z_1, z_2)\| = \|(z_1, z_2)\|$ 이므로 등장사상이다.

$$\begin{aligned}\|L(z_1, z_2)\|^2 &= \langle L(z_1, z_2), L(z_1, z_2)\rangle \\ &= \frac{1}{2}\big((z_1 + i\,z_2)\overline{(z_1 + i\,z_2)} + (i\,z_1 + z_2)\overline{(i\,z_1 + z_2)}\big) \\ &= \frac{1}{2}\big(z_1\bar{z}_1 - i\,z_1\bar{z}_2 + i\,z_2\bar{z}_1 + z_2\bar{z}_2 + z_1\bar{z}_1 + i\,z_1\bar{z}_2 - i\,z_2\bar{z}_1 + z_2\bar{z}_2\big) \\ &= z_1\bar{z}_1 + z_2\bar{z}_2 = \langle (z_1, z_2), (z_1, z_2)\rangle = \|(z_1, z_2)\|^2\end{aligned}$$

□

문제 6.1.21. $\mathbb{R}$ 상에서 정의된 벡터공간 $\mathbb{R}^2$ 에 대하여, 선형사상 $L : \mathbb{R}^2 \to \mathbb{R}^2$ 가

$$L(x, y) = (\cos\theta\, x - \sin\theta\, y, \sin\theta\, x + \cos\theta\, y)$$

로 정의될 때, 선형사상 L 은 θ 에 관계없이 등장사상이 됨을 보이시오.

문제 6.1.22. 체 $\mathbb{F}$ 상에서 정의된 벡터공간 V, W 에 대하여 선형사상 $L : V \to W$ 가 등장사상이면, L 이 단사임을 보이시오.
(도움말 : $\|\mathbf{v}\|^2 = \langle \mathbf{v}, \mathbf{v}\rangle = 0 \iff \mathbf{v} = \mathbf{0}$ 임을 이용하시오.)

6.2 선형사상의 행렬표현

[미리보기] 실수 상에서 정의된 벡터공간 $\mathcal{M}_{2,1}$ 사이에 정의된 선형사상은 2×2 행렬로 결정됨을 알아보자. 우선, 2×2 행렬 A에 대해 선형사상 $L_A : \mathcal{M}_{2,1} \to \mathcal{M}_{2,1}$ 을

$$L_A(\mathbf{x}) = A\mathbf{x} = \begin{pmatrix} a_{11} & a_{12} \\ a_{21} & a_{22} \end{pmatrix} \begin{pmatrix} x \\ y \end{pmatrix} = \begin{pmatrix} a_{11}x + a_{12}y \\ a_{21}x + a_{22}y \end{pmatrix} \tag{6.5}$$

로 정의하면, 임의의 두 벡터 $\mathbf{u}, \mathbf{v} \in \mathcal{M}_{2,1}$와 임의의 실수 k에 대해

$$L_A(\mathbf{u}+\mathbf{v}) = A(\mathbf{u}+\mathbf{v}) = A\mathbf{u} + A\mathbf{v} = L_A(\mathbf{u}) + L_A(\mathbf{v}), \quad L_A(k\mathbf{u}) = A(k\mathbf{u}) = kA\mathbf{u} = kL_A(\mathbf{u})$$

가 성립하므로 L_A는 선형사상이 된다. 즉, 2×2 행렬이 주어지면, 식 (6.5)의 형태로 정의된 함수 L_A는 선형사상이 된다.

역으로 임의의 선형사상 $L : \mathcal{M}_{2,1} \to \mathcal{M}_{2,1}$ 이 주어졌다고 하자. 두 벡터 $\mathbf{e}_1 = (1,0)^T$, $\mathbf{e}_2 = (0,1)^T$ 가 $\mathcal{M}_{2,1}$ 의 기저를 이루므로 임의의 벡터 $\mathbf{x} = (x,y)^T$는 $\mathbf{x} = x\,\mathbf{e}_1 + y\,\mathbf{e}_2$가 되고,

$$L(\mathbf{x}) = xL(\mathbf{e}_1) + yL(\mathbf{e}_2)$$

이다. 이때, $\mathcal{M}_{2,1}$ 의 두 벡터 $L(\mathbf{e}_1)$, $L(\mathbf{e}_2)$를 각각 순서대로 $(a_{11},\, a_{21})^T$, $(a_{12}, a_{22})^T$라 두면

$$L(\mathbf{x}) = xL(\mathbf{e}_1) + yL(\mathbf{e}_2) = \begin{pmatrix} L(\mathbf{e}_1) & L(\mathbf{e}_2) \end{pmatrix} \begin{pmatrix} x \\ y \end{pmatrix} = \begin{pmatrix} a_{11} & a_{12} \\ a_{21} & a_{22} \end{pmatrix} \begin{pmatrix} x \\ y \end{pmatrix}$$

가 되어, 2×2행렬 $A = \begin{pmatrix} L(\mathbf{e}_1)\, L(\mathbf{e}_2) \end{pmatrix}$에 대해 $L = L_A$가 된다.

결론적으로 $\mathcal{M}_{2,1}$ 사이에 정의된 선형사상 L은 항상 어떤 2×2행렬 A에 대해 $L = L_A$ 꼴이 된다.

주어진 기저에 대한 선형사상의 행렬표현

[미리보기]에서 살펴본 것과 동일한 방법으로 $\mathbb{F}$ 상에서 정의된 벡터공간 $\mathcal{M}_{n,1}(\mathbb{F})$에서 $\mathcal{M}_{m,1}(\mathbb{F})$로 가는 선형사상 L은 $L_A(\mathbf{v}) = A\mathbf{v}$ (단, $A \in \mathcal{M}_{m,n}(\mathbb{F})$)로 정의된 선형사상 L_A가 됨을 보일 수 있다. 물론, 이 경우 행렬 A는 i번째 행 성분만 1이고 나머지 성분은 모두 0인 $\mathcal{M}_{n,1}$ 의 표준단위벡터 $\mathbf{e}_i$에 대해

$$A = \begin{pmatrix} L(\mathbf{e}_1)\, L(\mathbf{e}_2) \cdots L(\mathbf{e}_n) \end{pmatrix}$$

이 된다.

이와 유사하게, 일반적으로 벡터공간의 기저를 고정하고 나면, 두 벡터공간 사이에 정의된 선형사상에 대응되는 유일한 행렬을 결정할 수 있고 이 행렬을 이용하여 선형사상을 나타낼 수 있다. 이 절에서 기저는 모두 순서기저를 의미한다.

체 $\mathbb{F}$ 상에서 정의된 n차원 벡터공간 V와 m차원 벡터공간 W의 기저가 각각 다음과 같다고 하자.

$$\mathcal{B}_V = \{\mathbf{v}_1, \mathbf{v}_2, \cdots, \mathbf{v}_n\}, \quad \mathcal{B}_W = \{\mathbf{w}_1, \mathbf{w}_2, \cdots, \mathbf{w}_m\}$$

이때, 선형사상 $L : V \to W$는 $\{L(\mathbf{v}_1), L(\mathbf{v}_2), \cdots, L(\mathbf{v}_n)\}$에 의해 결정된다. 즉, 임의의 벡터 $\mathbf{v} \in V$는 기저 $\mathcal{B}_V$에 대해 $\mathbf{v} = c_1\mathbf{v}_1 + c_2\mathbf{v}_2 + \cdots + c_n\mathbf{v}_n$이므로

$$L(\mathbf{v}) = c_1 L(\mathbf{v}_1) + \cdots + c_n L(\mathbf{v}_n)$$

이 되어, 기저 $\mathcal{B}_1$의 벡터에 대한 함숫값만 알면 L을 결정할 수 있다. 이제, W의 기저 $\mathcal{B}_W$에 대해 $L(\mathbf{v})$의 좌표벡터를 구하면

$$\begin{aligned}[L(\mathbf{v})]_{\mathcal{B}_W} &= [c_1 L(\mathbf{v}_1) + c_2 L(\mathbf{v}_2) + \cdots + c_n L(\mathbf{v}_n)]_{\mathcal{B}_W} \\ &= c_1[L(\mathbf{v}_1)]_{\mathcal{B}_W} + c_2[L(\mathbf{v}_2)]_{\mathcal{B}_W} + \cdots + c_n[L(\mathbf{v}_n)]_{\mathcal{B}_W} \\ &= \Big([L(\mathbf{v}_1)]_{\mathcal{B}_W}\ [L(\mathbf{v}_2)]_{\mathcal{B}_W}\ \cdots\ [L(\mathbf{v}_n)]_{\mathcal{B}_W}\Big)\begin{pmatrix} c_1 \\ c_2 \\ \vdots \\ c_n \end{pmatrix}\end{aligned}$$

이다. 따라서, $m \times n$ 행렬 $\Big([L(\mathbf{v}_1)]_{\mathcal{B}_W}\ [L(\mathbf{v}_2)]_{\mathcal{B}_W}\ \cdots\ [L(\mathbf{v}_n)]_{\mathcal{B}_W}\Big) \in \mathcal{M}_{m,n}(\mathbb{F})$를 $[L]_{\mathcal{B}_V,\mathcal{B}_W}$라 할 때,

$$[L(\mathbf{v})]_{\mathcal{B}_W} = [L]_{\mathcal{B}_V,\mathcal{B}_W}[\mathbf{v}]_{\mathcal{B}_V} \tag{6.6}$$

가 성립한다.

벡터공간에서 한 기저를 고정하면, 벡터의 좌표벡터를 아는 것과 그 벡터를 아는 것은 같다. 따라서, 식 (6.6)가 의미하는 것은 V와 W의 기저를 고정시키고 나면, 두 벡터공간 사이의 선형사상 L에 대응되는 $\mathcal{M}_{m,n}$의 행렬 $[L]_{\mathcal{B}_V,\mathcal{B}_W}$가 유일하게 결정됨을 의미한다. 이런 의미로, 두 벡터공간의 기저 $\mathcal{B}_V$, $\mathcal{B}_W$와 선형사상 L에 의해 결정되는 $m \times n$ 행렬 $[L]_{\mathcal{B}_V,\mathcal{B}_W}$를 기저 $\mathcal{B}_V$와 기저 $\mathcal{B}_W$에 대한 선형사상 L의 **행렬표현**이라 한다.

이제 역으로 V의 기저 $\mathcal{B}_V$와 W의 기저 $\mathcal{B}_W$와 $\mathcal{M}_{m,n}(\mathbb{F})$의 행렬 A가 주어졌을 때, 이 행렬에 의해 결정되는 선형사상 $L : V \to W$를 생각해보자. 임의의 벡터 $\mathbf{v} \in V$에 대해 $L(\mathbf{v})$의 기저 $\mathcal{B}_W$에 대한 좌표벡터가 결정되면 $L(\mathbf{v})$도 결정되므로,

$$[L(\mathbf{v})]_{\mathcal{B}_W} = A[\mathbf{v}]_{\mathcal{B}_V} \tag{6.7}$$

와 같이 $L(\mathbf{v})$를 정의하자. 이때, 167 쪽 좌표벡터의 성질로부터

$$[L(\mathbf{u}+\mathbf{v})]_{\mathcal{B}_W} = A[\mathbf{u}+\mathbf{v}]_{\mathbf{B}_V} = A[\mathbf{u}]_{\mathcal{B}_V} + A[\mathbf{v}]_{\mathcal{B}_V} = [L(\mathbf{u})]_{\mathcal{B}_W} + [L(\mathbf{v})]_{\mathcal{B}_W} = [L(\mathbf{u}) + L(\mathbf{v})]_{\mathcal{B}_W}$$

가 성립한다. 따라서, 예제 6.1.9에 의해 $L(\mathbf{u}+\mathbf{v}) = L(\mathbf{u}) + L(\mathbf{v})$가 성립한다. 비슷한 방법으로 $L(\alpha\mathbf{u}) = \alpha L(\mathbf{u})$가 성립함을 보일 수 있으므로 식 (6.7)에서 정의한 함수 L은 선형사상이 된다.

(6.7)에서 정의한 선형사상 L에 대해 식 (6.6)에서처럼 $[L]_{\mathcal{B}_V,\mathcal{B}_W}$를 구해보자. B_V의 k $(k = 1, 2, \cdots, n)$번째 벡터 $\mathbf{v}_k$에 대해 $[\mathbf{v}_k]_{\mathcal{B}_V} = \mathbf{e}_k$이므로

$$[L(\mathbf{v}_k)]_{\mathcal{B}_W} = A\mathbf{e}_k = A_k^C$$

가 된다. 따라서, $m\times n$ 행렬 $[L]_{\mathcal{B}_V,\mathcal{B}_W}=\Big([L(\mathbf{v}_1)]_{\mathcal{B}_W}\cdots[L(\mathbf{v}_n)]_{\mathcal{B}_W}\Big)=\Big(A_1^C\,A_2^C\cdots A_n^C\Big)=A$가 되어 결론적으로 다음 결과를 얻는다.

주어진 기저에 대한 선형사상의 행렬 표현

체 $\mathbb{F}$ 상에서 정의된 두 내적공간 V, W 의 기저를 각각 $\mathcal{B}_V$, $\mathcal{B}_W$ 라 하자. $L:V\to W$ 가 선형사상일 때, 기저 $\mathcal{B}_V$ 와 $\mathcal{B}_W$ 에 대한 L 의 행렬표현 $[L]_{\mathcal{B}_V,\mathcal{B}_W}$ 를

$$\Big([L(\mathbf{v}_1)]_{\mathcal{B}_W}\,[L(\mathbf{v}_2)]_{\mathcal{B}_W}\,\cdots\,[L(\mathbf{v}_n)]_{\mathcal{B}_W}\Big)\in\mathcal{M}_{m,n}(\mathbb{F}),\quad (\mathcal{B}_V=\{\mathbf{v}_1,\cdots,\mathbf{v}_n\})$$

라 하면,

$$[L(\mathbf{v})]_{\mathcal{B}_W}=[L]_{\mathcal{B}_V,\mathcal{B}_W}[\mathbf{v}]_{\mathcal{B}_V}$$

가 성립한다.

역으로, $\mathcal{M}_{m,n}(\mathbb{F})$ 의 행렬 A가 주어지면,

$$[L(\mathbf{v})]_{\mathcal{B}_W}=A[\mathbf{v}]_{\mathcal{B}_V}$$

로 정의되는 선형사상 $L:V\to W$ 가 결정되며, $[L]_{\mathcal{B}_V,\mathcal{B}_W}=A$가 된다.

동형인 벡터공간을 이용하면, 앞의 결과를 좀 더 도식화하여 나타낼 수 있다. 다음 그림에서 n차원 벡터공간 V는 V의 벡터 $\mathbf{v}$에 좌표벡터 $[\mathbf{v}]_{\mathcal{B}_V}$ 를 대응시키는 동형사상 $\Gamma_{\mathcal{B}_V}$ 에 의해 $\mathcal{M}_{n,1}$ 과 동형이고, m차원 벡터공간 W는 동형사상 $\Gamma_{\mathcal{B}_W}$ 에 의해 $\mathcal{M}_{m,1}$ 과 동형이다. 그림에서 동형사상 $\Gamma_{\mathcal{B}_V}$ $\Gamma_{\mathcal{B}_W}$ 는 아래로 향하는 화살표를 나타내고, 위로 향하는 화살표는 각각의 역사상을 의미한다. 또, 선형사상 L이 주어질 때 $m\times n$ 행렬 A는 $[L]_{\mathcal{B}_V,\mathcal{B}_W}$ 를 의미하고, 선형사상 $L_A:\mathcal{M}_{n,1}\to\mathcal{M}_{m,1}$ 은 $L_A(\mathbf{x})=A\mathbf{x}$로 정의되는 선형사상을 의미한다. 그림에서 화살표 방향을 따라 시계 방향과 반시계 방향으로 이동하여 얻은 값은 모두 같음을 알 수 있다. 예를 들어, 반시계 방향으로 얻은 $A[\mathbf{v}]_{\mathcal{B}_V}$ 와 시계 방향으로 얻은 $[L(\mathbf{v})]_{\mathcal{B}_W}$ 는 같은 값이다.

$$\begin{array}{ccc} V & \xrightarrow{\ L\ } & W \\ {\scriptstyle \Gamma_{\mathcal{B}_V}}\big\downarrow\cong & \circlearrowleft & \cong\big\uparrow{\scriptstyle \Gamma_{\mathcal{B}_W}^{-1}} \\ \mathcal{M}_{n,1} & \xrightarrow[L_A]{} & \mathcal{M}_{m,1} \end{array}\qquad\qquad \begin{array}{ccc} \mathbf{v} & \xrightarrow{\ L\ } & L(\mathbf{v}) \\ {\scriptstyle \Gamma_{\mathcal{B}_V}}\big\downarrow & & \big\uparrow{\scriptstyle \Gamma_{\mathcal{B}_W}^{-1}} \\ [\mathbf{v}]_{\mathcal{B}_V} & \xrightarrow[L_A]{} & A[\mathbf{v}]_{\mathcal{B}_V} \end{array}\tag{6.8}$$

그림 (6.8)에서 $L(\mathbf{v})=\mathbf{0}$이면 $[L(\mathbf{v})]_{\mathcal{B}_W}=[L]_{\mathcal{B}_V,\mathcal{B}_W}[\mathbf{v}]_{\mathcal{B}_V}=\mathbf{0}$이 되고, 그 역도 성립하므로 다음을 얻는다.

$$\mathrm{Ker}(L)\cong\mathrm{Ker}\big(L_{[L]_{\mathcal{B}_V,\mathcal{B}_W}}\big)=N\big([L]_{\mathcal{B}_V,\mathcal{B}_W}\big).$$

따라서, 선형사상 및 행렬의 퇴화차수와 계수에 관한 정리에 의해

$$\text{rank}(L) = \text{rank}([L]_{\mathcal{B}_V,\mathcal{B}_W})$$

가 되고, 선형사상의 상공간 $\text{Im}(L)$과 행렬 $[L]_{\mathcal{B}_V,\mathcal{B}_W}$의 열공간 $C\big([L]_{\mathcal{B}_V,\mathcal{B}_W}\big)$에 대해

$$\text{Im}(L) \cong C\big([L]_{\mathcal{B}_V,\mathcal{B}_W}\big)$$

가 성립함을 알 수 있다.

선형사상과 대응되는 행렬표현의 성질

체 $\mathbb{F}$ 상에서 정의된 두 벡터공간 V_1, V_2의 순서기저를 각각 $\mathcal{B}_1$, $\mathcal{B}_2$라 하자. 선형사상 $L : V_1 \to V_2$의 기저 $\mathcal{B}_1, \mathcal{B}_2$에 대한 행렬표현을 $[L]_{\mathcal{B}_1,\mathcal{B}_2}$라 할 때, 다음이 성립한다.

$$\begin{aligned} L\text{이 단사} &\iff \text{nullity}\big([L]_{\mathcal{B}_1,\mathcal{B}_2}\big) = 0 \\ L\text{이 전사} &\iff \text{rank}\big([L]_{\mathcal{B}_1,\mathcal{B}_2}\big) = \dim(V_2) \end{aligned}$$

예제 6.2.1. n차 이하의 실계수 다항식으로 이루어진 벡터공간 $\mathcal{P}_n$에 대해 선형사상 $L : \mathcal{P}_3 \to \mathcal{P}_2$는 $L\big(f(x)\big) = \dfrac{d}{dx}f(x)$로 정의된다. $\mathcal{P}_n$의 기저를 $\mathcal{B}_n = \{1, x, \cdots, x^n\}$이라 할 때, 선형사상 L의 행렬표현 $[L]_{\mathcal{B}_3,\mathcal{B}_2}$를 구하시오. 또, 식 (6.6)가 성립하는지 확인하시오.

풀이 : $\mathcal{B}_3$에 속하는 각 벡터 $\mathbf{v}$에 대해 차례로 $[L(\mathbf{v})]_{\mathcal{B}_2}$를 구하면,

$$[L(1)]_{\mathcal{B}_2} = [0]_{\mathcal{B}_2} = \begin{pmatrix} 0 \\ 0 \\ 0 \end{pmatrix}, \ [L(x)]_{\mathcal{B}_2} = [1]_{\mathcal{B}_2} = \begin{pmatrix} 1 \\ 0 \\ 0 \end{pmatrix},$$

$$[L(x^2)]_{\mathcal{B}_2} = [2x]_{\mathcal{B}_2} = \begin{pmatrix} 0 \\ 2 \\ 0 \end{pmatrix}, \ [L(x^3)]_{\mathcal{B}_2} = [3x^2]_{\mathcal{B}_2} = \begin{pmatrix} 0 \\ 0 \\ 3 \end{pmatrix},$$

이므로

$$[L]_{\mathcal{B}_1,\mathcal{B}_2} = \begin{pmatrix} 0 & 1 & 0 & 0 \\ 0 & 0 & 2 & 0 \\ 0 & 0 & 0 & 3 \end{pmatrix}$$

가 된다.

한편, 임의의 벡터 $\mathbf{f} = a_0 + a_1x + a_2x^2 + a_3x^3 \in \mathcal{P}_3$ 에 대해 $L(\mathbf{f}) = a_1 + 2a_2x + 3a_3x^2$ 이므로 $[L(\mathbf{f})]_{\mathcal{B}_2} = (a_1,\ 2a_2,\ 3a_3)^{\mathrm{T}}$ 이다. 또, $[\mathbf{f}]_{\mathcal{B}_1} = (a_0,\ a_1,\ a_2,\ a_3)^{\mathrm{T}}$ 이므로

$$[L]_{\mathcal{B}_1,\mathcal{B}_2}[\mathbf{f}]_{\mathcal{B}_1} = \begin{pmatrix} 0 & 1 & 0 & 0 \\ 0 & 0 & 2 & 0 \\ 0 & 0 & 0 & 3 \end{pmatrix} \begin{pmatrix} a_0 \\ a_1 \\ a_2 \\ a_3 \end{pmatrix} = \begin{pmatrix} a_1 \\ 2a_2 \\ 3a_3 \end{pmatrix} = [L(\mathbf{f})]_{\mathcal{B}_2}$$

가 되어 식 (6.6)이 성립한다. □

문제 6.2.1. 실수 상에서 정의된 벡터공간 $\mathcal{M}_{2,2}$ 의 두 순서기저를

$$\mathcal{B}_1 = \left\{ \begin{pmatrix} 1 & 0 \\ 0 & 0 \end{pmatrix}, \begin{pmatrix} 0 & 1 \\ 0 & 0 \end{pmatrix}, \begin{pmatrix} 0 & 0 \\ 1 & 0 \end{pmatrix}, \begin{pmatrix} 0 & 0 \\ 0 & 1 \end{pmatrix} \right\}$$
$$\mathcal{B}_2 = \left\{ \begin{pmatrix} 1 & 1 \\ 0 & 0 \end{pmatrix}, \begin{pmatrix} 0 & 1 \\ 0 & 1 \end{pmatrix}, \begin{pmatrix} 0 & 0 \\ 1 & 1 \end{pmatrix}, \begin{pmatrix} 1 & 1 \\ 0 & 1 \end{pmatrix} \right\}$$

라 하자. 선형사상 $L : \mathcal{M}_{2,2} \to \mathcal{M}_{2,2}$ 의 기저 $\mathcal{B}_1$, $\mathcal{B}_2$ 에 대한 행렬표현이 다음과 같을 때, $L\begin{pmatrix} a & b \\ c & d \end{pmatrix}$ 를 구하시오.

$$[L]_{\mathcal{B}_1,\mathcal{B}_2} = \begin{pmatrix} 1 & 1 & 0 & 1 \\ 2 & 1 & 1 & 0 \\ 0 & 0 & 1 & 1 \\ 0 & 0 & 2 & 1 \end{pmatrix}$$

주어진 기저에 대한 선형사상의 행렬표현을 이용하면, 서로 다른 기저에 대한 좌표벡터의 관계를 알려주는 추이행렬[5])을 쉽게 설명할 수 있다. 다음 예제를 살펴보자.

예제 6.2.2. 체 $\mathbb{F}$ 상에서 정의된 벡터공간 V 의 두 기저를 $\mathcal{B}_1$, $\mathcal{B}_2$ 라 하자. 기저 $\mathcal{B}_1$ 에서 $\mathcal{B}_2$ 로 가는 추이행렬 $P_{\mathcal{B}_1,\mathcal{B}_2}$ 는 항등사상 $\mathrm{id} : V \to V$ 의 기저 $\mathcal{B}_1$, $\mathcal{B}_2$ 에 대한 행렬표현 $[\mathrm{id}]_{\mathcal{B}_1,\mathcal{B}_2}$ 와 같음을 보이시오.

풀이 : 항등사상 $\mathrm{id} : V \to V$ 의 정의역의 순서기저를 $\mathcal{B}_1 = \{\mathbf{v}_1, \cdots, \mathbf{v}_n\}$ 하고, 공역의 기저를 $\mathcal{B}_2$ 라 하자. 이때, 기저 $\mathcal{B}_1$, $\mathcal{B}_2$ 에 대한 id의 행렬표현은

$$[\mathrm{id}]_{\mathcal{B}_1,\mathcal{B}_2} = \Big([\mathrm{id}(\mathbf{v}_1)]_{\mathcal{B}_2}\ [\mathrm{id}(\mathbf{v}_2)]_{\mathcal{B}_2}\ \cdots\ [\mathrm{id}(\mathbf{v}_n)]_{\mathcal{B}_2}\Big) = \Big([\mathbf{v}_1]_{\mathcal{B}_2}\ [\mathbf{v}_2]_{\mathcal{B}_2}\ \cdots\ [\mathbf{v}_n]_{\mathcal{B}_2}\Big) = P_{\mathcal{B}_1,\mathcal{B}_2}$$

이다. 즉, 추이행렬은 서로 다른 기저에 대한 항등사상의 행렬표현으로 이해할 수 있다. □

5) 173 쪽 참고

문제 6.2.2. 복소수 상에서 정의된 벡터공간 $\mathcal{M}_{2,2}$ 의 두 순서기저를[6]

$$\mathcal{B}_1 = \left\{ \begin{pmatrix} 1 & 0 \\ 0 & 0 \end{pmatrix}, \begin{pmatrix} 0 & 1 \\ 0 & 0 \end{pmatrix}, \begin{pmatrix} 0 & 0 \\ 1 & 0 \end{pmatrix}, \begin{pmatrix} 0 & 0 \\ 0 & 1 \end{pmatrix} \right\}$$

$$\mathcal{B}_2 = \left\{ \begin{pmatrix} 1 & 0 \\ 0 & 1 \end{pmatrix}, \begin{pmatrix} 0 & 1 \\ 1 & 0 \end{pmatrix}, \begin{pmatrix} 0 & -i \\ i & 0 \end{pmatrix}, \begin{pmatrix} 1 & 0 \\ 0 & -1 \end{pmatrix} \right\}$$

라 할 때, 기저 $\mathcal{B}_1$ 에서 $\mathcal{B}_2$ 로 가는 추이행렬 $P_{\mathcal{B}_1,\mathcal{B}_2}$ 를 구하시오.

합성사상, 역사상의 행렬표현

앞 소절에서 공부한 내용을 바탕으로 합성사상, 역사상에 대응되는 행렬표현을 알아보자. 체 $\mathbb{F}$ 상에서 정의된 세 벡터공간 V_1, V_2, V_3 의 순서기저를 각각 $\mathcal{B}_1$, $\mathcal{B}_2$, $\mathcal{B}_3$ 이라 하고, $F : V_1 \to V_2$, $G : V_2 \to V_3$ 를 각각 선형사상이라 하자. 이때, 합성사상 $G \circ F$ 의 기저 $\mathcal{B}_1$, $\mathcal{B}_3$ 에 대한 행렬표현 $[G \circ F]_{\mathcal{B}_1,\mathcal{B}_3}$ 는 임의의 벡터 $\mathbf{v} \in V_1$ 에 대해 다음을 만족한다.

$$[(G \circ F)(\mathbf{v})]_{\mathcal{B}_3} = [G \circ F]_{\mathcal{B}_1,\mathcal{B}_3}[\mathbf{v}]_{\mathcal{B}_1}$$

한편, $F(\mathbf{v}) \in V_2$ 이므로

$$[(G \circ F)(\mathbf{v})]_{\mathcal{B}_3} = \big[G\big(F(\mathbf{v})\big)\big]_{\mathcal{B}_3} = [G]_{\mathcal{B}_2,\mathcal{B}_3}[F(\mathbf{v})]_{\mathcal{B}_2} = [G]_{\mathcal{B}_2,\mathcal{B}_3}[F]_{\mathcal{B}_1,\mathcal{B}_2}[\mathbf{v}]_{\mathcal{B}_1}$$

도 성립한다. $\dim(V_i) = n_i$ $(i = 1, 2, 3)$ 이라 하면 $V_i \cong \mathcal{M}_{n_i,1}$ 이므로, 모든 $[\mathbf{v}]_{\mathcal{B}_1}$ 에 대해

$$[G \circ F]_{\mathcal{B}_1,\mathcal{B}_3}[\mathbf{v}]_{\mathcal{B}_1} = \big[(G \circ F)(\mathbf{v})\big]_{\mathcal{B}_3} = [G]_{\mathcal{B}_2,\mathcal{B}_3}[F]_{\mathcal{B}_1,\mathcal{B}_2}[\mathbf{v}]_{\mathcal{B}_1}$$

이 성립한다는 사실로부터 다음 결과를 얻는다.

$$[G \circ F]_{\mathcal{B}_1,\mathcal{B}_3} = [G]_{\mathcal{B}_2,\mathcal{B}_3}[F]_{\mathcal{B}_1,\mathcal{B}_2} \tag{6.9}$$

즉, 합성사상에 대응되는 행렬표현은 각 선형사상에 대응되는 행렬의 곱이 된다.

$$\begin{array}{ccccc} V_1 & \xrightarrow{F} & V_2 & \xrightarrow{G} & V_3 \\ \Gamma_{\mathcal{B}_1}\big\downarrow\cong & \circlearrowleft & \Gamma_{\mathcal{B}_2}\big\downarrow\cong & \circlearrowleft & \Gamma_{\mathcal{B}_3}\big\downarrow\cong \\ \mathcal{M}_{n_1,1} & \xrightarrow[L_{[F]_{\mathcal{B}_1,\mathcal{B}_2}}]{} & \mathcal{M}_{n_2,1} & \xrightarrow[L_{[G]_{\mathcal{B}_2,\mathcal{B}_3}}]{} & \mathcal{M}_{n_3,1} \end{array} \iff \begin{array}{ccc} V_1 & \xrightarrow{G \circ F} & V_3 \\ \Gamma_{\mathcal{B}_1}\big\downarrow\cong & \circlearrowleft & \Gamma_{\mathcal{B}_3}\big\downarrow\cong \\ \mathcal{M}_{n_1,1} & \xrightarrow[L_{[G]_{\mathcal{B}_2,\mathcal{B}_3}[F]_{\mathcal{B}_1,\mathcal{B}_2}}]{} & \mathcal{M}_{n_3,1} \end{array}$$

6) 기저 $\mathcal{B}_2$ 를 파울리 행렬 (Pauli matrices)이라 하는데 양자역학에서 중요하게 사용된다.

합성사상의 행렬표현

체 $\mathbb{F}$ 상에서 정의된 세 벡터공간 V_1, V_2, V_3의 순서기저를 각각 $\mathcal{B}_1$, $\mathcal{B}_2$, $\mathcal{B}_3$이라 하고, $F: V_1 \to V_2$, $G: V_2 \to V_3$를 각각 선형사상이라 하자. 이때, 합성사상 $G \circ F$의 기저 $\mathcal{B}_1$, $\mathcal{B}_3$에 대한 행렬표현은 다음과 같다.

$$[G \circ F]_{\mathcal{B}_1, \mathcal{B}_3} = [G]_{\mathcal{B}_2, \mathcal{B}_3}[F]_{\mathcal{B}_1, \mathcal{B}_2}$$

이제 역사상의 행렬표현에 대해 알아보자. 체 $\mathbb{F}$ 상에서 정의된 두 벡터공간 V_1, V_2의 기저가 각각 $\mathcal{B}_1$, $\mathcal{B}_2$라 하고, 선형사상 $L: V_1 \to V_2$가 역사상 $L^{-1}: V_2 \to V_1$을 가진다고 하자. 이때, $\dim_{\mathbb{F}}(V_1) = \dim_{\mathbb{F}}(V_2) = n$이 되고, 합성사상에 대한 행렬표현으로부터

$$[\,\mathrm{id}\,]_{\mathcal{B}_1, \mathcal{B}_1} = [L^{-1} \circ L]_{\mathcal{B}_1, \mathcal{B}_1} = [L^{-1}]_{\mathcal{B}_2, \mathcal{B}_1}[L]_{\mathcal{B}_1, \mathcal{B}_2} \tag{6.10}$$

가 성립한다. 한편, $n \times n$ 행렬 $[\,\mathrm{id}\,]_{\mathcal{B}_1, \mathcal{B}_1}$는 단위행렬 I_n이 되므로 식 (6.10)으로부터

$$[L^{-1}]_{\mathcal{B}_2, \mathcal{B}_1} = \big([L]_{\mathcal{B}_1, \mathcal{B}_2}\big)^{-1}$$

가 성립한다.

역사상의 행렬표현

체 $\mathbb{F}$ 상에서 정의된 두 동형공간 V_1, V_2의 순서기저를 각각 $\mathcal{B}_1$, $\mathcal{B}_2$라 하고, $L: V_1 \to V_2$를 동형사상이라 하자. 이때, L의 역사상 L^{-1}를 기저 $\mathcal{B}_2$, $\mathcal{B}_1$에 대해 표현한 행렬은 다음과 같다.

$$[L^{-1}]_{\mathcal{B}_2, \mathcal{B}_1} = \big([L]_{\mathcal{B}_1, \mathcal{B}_2}\big)^{-1}$$

예제 6.2.3. 실수 상에서 정의된 벡터공간 $\mathcal{P}_2$, $\mathcal{P}_3$에 대해, $F: \mathcal{P}_2 \to \mathcal{P}_3$는 $F\big(f(x)\big) = xf(x)$로 정의되고, $G: \mathcal{P}_3 \to \mathcal{P}_2$는 $G\big(f(x)\big) = \dfrac{d}{dx}f(x)$로 정의된다. $\mathcal{P}_2$의 기저를 $\mathcal{B}_2 = \{1,\, x,\, x^2\}$, $\mathcal{P}_3$의 기저를 $\mathcal{B}_3 = \{1,\, x,\, x^2,\, x^3\}$이라 할 때, 다음 물음에 답하시오.

(가) 기저 $\mathcal{B}_2$, $\mathcal{B}_3$에 대한 F의 행렬표현 $[F]_{\mathcal{B}_2, \mathcal{B}_3}$과 기저 $\mathcal{B}_3$, $\mathcal{B}_2$에 대한 G의 행렬표현 $[G]_{\mathcal{B}_3, \mathcal{B}_2}$를 각각 구하시오.

(나) 합성사상 $(G \circ F)\big(f(x)\big) = \dfrac{d}{dx}\big(xf(x)\big) = f(x) + xf'(x)$의 기저 $\mathcal{B}_2, \mathcal{B}_2$에 대한 행렬표현 $[G \circ F]_{\mathcal{B}_2, \mathcal{B}_2}$를 구하시오.

(다) $[G \circ F]_{\mathcal{B}_2, \mathcal{B}_2} = [G]_{\mathcal{B}_3, \mathcal{B}_2}[F]_{\mathcal{B}_2, \mathcal{B}_3}$가 성립함을 보이시오.

풀이 : (가) 각 선형사상의 주어진 기저에 대한 행렬표현을 구하면 다음과 같다.

$$\begin{aligned}[F]_{\mathcal{B}_2,\mathcal{B}_3} &= \Big([F(1)]_{\mathcal{B}_3}\ [F(x)]_{\mathcal{B}_3}\ [F(x^2)]_{\mathcal{B}_3}\Big) \\ &= \Big([x]_{\mathcal{B}_3}\ [x^2]_{\mathcal{B}_3}\ [x^3]_{\mathcal{B}_3}\Big) = \begin{pmatrix} 0 & 0 & 0 \\ 1 & 0 & 0 \\ 0 & 1 & 0 \\ 0 & 0 & 1 \end{pmatrix}, \\ [G]_{\mathcal{B}_3,\mathcal{B}_2} &= \Big([G(1)]_{\mathcal{B}_2}\ [G(x)]_{\mathcal{B}_2}\ [G(x^2)]_{\mathcal{B}_2}\ [G(x^3)]_{\mathcal{B}_2}\Big) \\ &= \Big([0]_{\mathcal{B}_2}\ [1]_{\mathcal{B}_2}\ [2x]_{\mathcal{B}_2}\ [3x^2]_{\mathcal{B}_2}\Big) = \begin{pmatrix} 0 & 1 & 0 & 0 \\ 0 & 0 & 2 & 0 \\ 0 & 0 & 0 & 3 \end{pmatrix}.\end{aligned}$$

(나) $(G \circ F)(1) = 1$, $(G \circ F)(x) = 2x$, $(G \circ F)(x^2) = 3x^2$ 이므로 기저 $\mathcal{B}_2$, $\mathcal{B}_2$ 에 대한 $G \circ F$ 의 행렬표현은 다음과 같다.

$$[G \circ F]_{\mathcal{B}_2,\mathcal{B}_2} = \begin{pmatrix} 1 & 0 & 0 \\ 0 & 2 & 0 \\ 0 & 0 & 3 \end{pmatrix}$$

(다) (가), (나)의 결과로부터 $[G \circ F]_{\mathcal{B}_2,\mathcal{B}_2} = [G]_{\mathcal{B}_3,\mathcal{B}_2}[F]_{\mathcal{B}_2,\mathcal{B}_3}$ 가 성립함을 알 수 있다.

$$[G]_{\mathcal{B}_3,\mathcal{B}_2}[F]_{\mathcal{B}_2,\mathcal{B}_3} = \begin{pmatrix} 0 & 1 & 0 & 0 \\ 0 & 0 & 2 & 0 \\ 0 & 0 & 0 & 3 \end{pmatrix} \begin{pmatrix} 0 & 0 & 0 \\ 1 & 0 & 0 \\ 0 & 1 & 0 \\ 0 & 0 & 1 \end{pmatrix} = \begin{pmatrix} 1 & 0 & 0 \\ 0 & 2 & 0 \\ 0 & 0 & 3 \end{pmatrix} = [G \circ F]_{\mathcal{B}_2,\mathcal{B}_2}$$

□

문제 6.2.3. 실수 상에서 정의된 벡터공간 $\mathcal{P}_2$ 사이에 정의된 선형사상 $\mathcal{P}_2 \to \mathcal{P}_2$ 가 $L(f(x)) = \dfrac{d^2}{dx^2}\big(x^2 f(x)\big)$ 로 정의될 때, L 이 동형사상임을 보이고, 역사상을 구하시오.
(도움말 : $\mathcal{P}_2$ 의 기저 $\mathcal{B} = \{1,\ x,\ x^2\}$ 에 대해 $[L]_{\mathcal{B},\mathcal{B}}$ 를 구해보시오.)

문제 6.2.4. 실수 상에서 정의된 벡터공간 $\mathbb{R}^3$ 의 순서기저를 표준단위벡터들로 이루어진 $\mathcal{B} = \{\mathbf{e}_1,\ \mathbf{e}_2,\ \mathbf{e}_3\}$ 이라 할 때, 이 기저에 대한 선형사상 $L : \mathbb{R}^3 \to \mathbb{R}^3$ 의 행렬표현이 다음과 같다.

선형사상 L 이 동형사상임을 보이고 역사상에 대응되는 행렬 $[L^{-1}]_{\mathcal{B},\mathcal{B}}$ 를 구하시오.

$$[L]_{\mathcal{B},\mathcal{B}} = \begin{pmatrix} 2 & 1 & 1 \\ 1 & 2 & 1 \\ 1 & 1 & 2 \end{pmatrix}$$

내적공간 사이에 정의된 등장사상의 행렬표현

$\mathbb{F}$ 상에서 정의된 벡터공간 V가 내적공간이면, 그람-슈미트 직교화 과정을 통해 임의의 기저를 정규직교기저로 바꿀 수 있다. 두 내적공간 V와 W 사이에 정의된 선형사상 $L : V \to W$이 등장사상일 때, 정규직교기저에 대한 등장사상의 행렬표현이 갖는 성질에 대해 알아보자.

$\mathbb{F}$ 상에서 정의된 두 벡터공간 V와 W의 정규직교 순서기저를 각각

$$\mathcal{U}_V = \{\mathbf{v}_1, \mathbf{v}_2, \cdots, \mathbf{v}_n\}, \quad \mathcal{U}_W = \{\mathbf{w}_1, \mathbf{w}_2, \cdots, \mathbf{w}_m\}$$

이라 하자. (따라서, $\dim_{\mathbb{F}}(V) = n$, $\dim_{\mathbb{F}}(W) = m$을 가정한다.) 이제, 등장사상 $L : V \to W$의 기저 $\mathcal{U}_V, \mathcal{U}_W$에 대한 행렬표현

$$[L]_{\mathcal{U}_V, \mathcal{W}} = \Big([L(\mathbf{v}_1)]_{\mathcal{U}_W} \; [L(\mathbf{v}_2)]_{\mathcal{U}_W} \; \cdots [L(\mathbf{v}_n)]_{\mathcal{U}_W} \Big)$$

에서 i번째 열벡터와 j번째 열벡터의 내적을 구하면, 예제 6.1.10로부터

$$\langle [L(\mathbf{v}_i)]_{\mathcal{U}_W}, [L(\mathbf{v}_j)]_{\mathcal{U}_W} \rangle = \langle L(\mathbf{v}_i), L(\mathbf{v}_j) \rangle = \langle \mathbf{v}_i, \mathbf{v}_j \rangle = \delta_{ij}$$

가 성립한다. 따라서, 행렬 $[L]_{\mathcal{U}_V, \mathcal{U}_W}$의 각 열벡터들이 정규직교집합을 이룬다. 특히, $\dim(V) = \dim(W) = n$인 경우에, $\mathbb{F} = \mathbb{C}$이면 $n \times n$ 행렬 $[L]_{\mathcal{U}_V, \mathcal{U}_W}$는 유니타리행렬이 되고, $\mathbb{F} = \mathbb{R}$이면 직교행렬이 된다.[7)]

등장사상의 행렬표현

체 $\mathbb{F}$ 상에서 정의된 두 내적공간 V_1, V_2의 정규직교 순서기저를 각각 $\mathcal{B}_1$, $\mathcal{B}_2$라 하자. 등장사상 $L : V_1 \to V_2$의 기저 $\mathcal{B}_1$, $\mathcal{B}_2$에 대해 표현한 행렬 $[L]_{\mathcal{B}_1, \mathcal{B}_2}$의 열벡터들은 정규직교집합을 이룬다.
특히, $\dim_{\mathbb{F}}(V_1) = \dim_{\mathbb{F}}(V_2) = n$인 경우, $\mathbb{F} = \mathbb{C}$이면 행렬 $[L]_{\mathcal{B}_1, \mathcal{B}_2}$는

$$[L]_{\mathcal{B}_1, \mathcal{B}_2} \big([L]_{\mathcal{B}_1, \mathcal{B}_2} \big)^* = I_n = \big([L]_{\mathcal{B}_1, \mathcal{B}_2} \big)^* [L]_{\mathcal{B}_1, \mathcal{B}_2}$$

를 만족하는 유니타리행렬이 되고, $\mathbb{F} = \mathbb{R}$이면 행렬 $[L]_{\mathcal{B}_1, \mathcal{B}_2}$는

$$[L]_{\mathcal{B}_1, \mathcal{B}_2} \big([L]_{\mathcal{B}_1, \mathcal{B}_2} \big)^{\mathrm{T}} = I_n = \big([L]_{\mathcal{B}_1, \mathcal{B}_2} \big)^{\mathrm{T}} [L]_{\mathcal{B}_1, \mathcal{B}_2}$$

를 만족하는 직교행렬이 된다.

예제 6.2.4. 실수 상에서 정의된 내적공간 $\mathbb{R}^2$에 대해, 등장사상 $L : \mathbb{R}^2 \to \mathbb{R}^2$의 정규직교기저에 대한 행렬표현이 어떤 형태인지 가능한 형태를 모두 구하시오.

7) 유니타리행렬과 직교행렬의 정의는 190 쪽을 참고하시오.

풀이 : 등장사상의 정규직교기저에 행렬표현이 직교행렬이 되므로, $\mathcal{M}_{2,2}$에서 직교행렬의 일반적인 형태를 구하면 된다. 2×2 직교행렬을 $U=\begin{pmatrix} a & b \\ c & d \end{pmatrix}$라 하면, $U^{\mathrm{T}}U=I_2$로부터 다음 연립방정식을 얻는다.

$$a^2+c^2=1, \quad b^2+d^2=1, \quad ab+cd=0$$

처음 두 방정식으로부터 해 (a,c)와 (b,d)는 각각 원 $x^2+y^2=1$ 위의 점이 되므로 구간 $[0,2\pi)$에 속하는 두 실수 θ, ϕ에 대해

$$(a,c)=(\cos\theta,\ \sin\theta), \quad (b,d)=(\cos\phi, \sin\phi)$$

라 할 수 있다. 이제, 마지막 방정식으로부터

$$0=\cos\theta\cos\phi+\sin\theta\sin\phi=\cos(\phi-\theta)$$

이므로 $\phi-\theta=\pm\frac{\pi}{2}$ 또는 $\pm\frac{3\pi}{2}$를 얻는다. 만약 $\phi=\theta+\frac{\pi}{2}$ 또는 $\phi=\theta-\frac{3\pi}{2}$이면

$$b=-\sin\theta,\ d=\cos\theta$$

가 되고, 나머지 경우에는

$$b=\sin\theta,\ d=-\cos\theta$$

가 된다. 따라서, 일반적인 직교행렬은 다음 두 가지 중의 하나이다.

$$U_1=\begin{pmatrix} \cos\theta & -\sin\theta \\ \sin\theta & \cos\theta \end{pmatrix}, \quad U_2=\begin{pmatrix} \cos\theta & \sin\theta \\ \sin\theta & -\cos\theta \end{pmatrix}$$

역으로, 각 행렬에 대해 $U_i^{\mathrm{T}}U_i=I_2=U_iU_i^{\mathrm{T}}$가 성립하므로 대응되는 선형사상이 등장사상임을 알 수 있다. □

다음 소절을 공부하고 나면, 위 예제 6.2.4의 풀이에서 직교행렬 U_1은 평면에서 원점을 중심으로 회전이동시키는 선형사상을 나타내는 행렬이고, U_2는 원점을 지나는 직선에 대해 대칭이동시키는 선형사상을 나타내는 행렬임을 알게 된다.

문제 6.2.5. $\mathcal{M}_{2,2}(\mathbb{C})$에서 유니타리행렬의 일반적인 형태는 구간 $\left[0,\frac{\pi}{2}\right]$에 속하는 임의의 실수 ϕ와 임의의 실수 θ_1, θ_2, θ_3에 대해 다음 형태가 됨을 보이시오.

$$\begin{pmatrix} \cos\phi\, z_2 & \sin\phi\, z_3 \\ -\sin\phi\, z_1\overline{z_3} & \cos\phi\, z_1\overline{z_2} \end{pmatrix} \quad (\text{단, } z_k=\cos\theta_k+i\sin\theta_k,\ (k=1,2,3))$$

가 됨을 보이시오.

(도움말 : 복소수의 극형식을 이용하여 $U^*U=I_2$와 $UU^*=I_2$로부터 얻어지는 연립방정식의 해를 구하시오.)

6.3 선형사상의 예와 행렬표현

[미리보기] 벡터공간 사이에 정의된 어떤 함수가 선형사상임을 알 때, 주어진 기저에 대한 행렬표현을 이용하면 선형사상의 구체적인 관계식을 쉽게 구할 수 있다.

예를 들어, 어떤 선형사상 $L : \mathcal{M}_{2,1} \to \mathcal{M}_{3,1}$ 의 기저 $\mathcal{B}_2 = \{\mathbf{u}_1, \mathbf{u}_2\}$ 와 $\mathcal{B}_3 = \{\mathbf{v}_1, \mathbf{v}_2, \mathbf{v}_3\}$ 에 대한 행렬표현이 3×2 행렬 A 라 할 때, 임의의 벡터 $\mathbf{x} \in \mathcal{M}_{2,1}$ 에 대한 함숫값 $L(\mathbf{x})$ 를 구해보자.

2×2 행렬 B_2 와 3×3 행렬 B_3 을 $B_2 = (\mathbf{u}_1\, \mathbf{u}_2)$, $B_3 = (\mathbf{v}_1\, \mathbf{v}_2\, \mathbf{v}_3)$ 이라 하자. 이때 주어진 벡터와 그 벡터의 기저에 대한 좌표벡터 사이의 다음 관계식

$$[\mathbf{x}]_{\mathcal{B}_2} = \begin{pmatrix} c_1 \\ c_2 \end{pmatrix} \iff \mathbf{x} = c_1\mathbf{u}_1 + c_2\mathbf{u}_2 \iff \mathbf{x} = B_2\mathbf{c} \iff [\mathbf{x}]_{\mathcal{B}_2} = \mathbf{c} = B_2^{-1}\mathbf{x} \quad (\text{단}, \mathbf{c} = \begin{pmatrix} c_1 \\ c_2 \end{pmatrix})$$

과 선형사상의 행렬표현 $[L(\mathbf{x})]_{\mathcal{B}_3} = A[\mathbf{x}]_{\mathcal{B}_2}$ 로부터

$$L(\mathbf{x}) = B_3\,[L(\mathbf{x})]_{\mathcal{B}_3} = B_3\,A\,[\mathbf{x}]_{\mathcal{B}_2} = B_3\,A\,B_2^{-1}\mathbf{x}$$

와 같이 선형사상에 대한 구체적인 관계식을 구할 수 있다.

$\mathbb{F}^n$ 에서 정의된 선형사상과 그 행렬표현

체 $\mathbb{F}$ 상에서 정의된 벡터공간 $\mathbb{F}^n$ 의 표준기저를 $\mathcal{S} = \{\mathbf{e}_1, \mathbf{e}_2, \cdots, \mathbf{e}_n\}$ 라 하자. 이때, $\mathbb{F}^n = \mathcal{M}_{1,n}$ 이므로 벡터 $\mathbf{v} = (v_1, v_2, \cdots, v_n) \in \mathbb{F}^n$ 의 표준기저에 대한 좌표벡터 $[\mathbf{v}]_{\mathcal{S}} = (v_1, v_2, \cdots, v_n)^{\mathrm{T}}$ 는 $\mathbf{v}$ 의 전치행렬 $\mathbf{v}^{\mathrm{T}}$ 에 지나지 않는다.[8] 즉, $[\mathbf{v}]_{\mathcal{S}} = \mathbf{v}^{\mathrm{T}}$ 이다.

따라서, 선형사상 $L : \mathbb{F}^n \to \mathbb{F}^n$ 의 표준기저에 대한 행렬표현을 $[L]_{\mathcal{S},\mathcal{S}}$ 라 하면,

$$[L(\mathbf{v})]_{\mathcal{S}} = [L]_{\mathcal{S},\mathcal{S}}[\mathbf{v}]_{\mathcal{S}} \iff \big([L(\mathbf{v})]_{\mathcal{S}}\big)^{\mathrm{T}} = \big([L]_{\mathcal{S},\mathcal{S}}[\mathbf{v}]_{\mathcal{S}}\big)^{\mathrm{T}} \iff L(\mathbf{v}) = \mathbf{v}\big([L]_{\mathcal{S},\mathcal{S}}\big)^{\mathrm{T}} \quad (6.11)$$

가 성립한다.

$\mathbb{R}^2$ 에서 원점을 중심으로 회전시키는 선형사상과 그 행렬표현

좌표평면 위에서 원점을 중심으로 각 점을 일정한 각만큼 회전시키는 것은 $\mathbb{R}^2$ 상에서 정의된 선형사상으로 생각할 수 있다. 즉, 회전시키기 전의 점을 정의역 $\mathbb{R}^2$ 의 벡터로 생각하고 회전이동 된 후의 점을 공역 $\mathbb{R}^2$ 의 벡터로 생각하면, 문제 6.1.5에 의해 회전이동시키는 변환이 선형사상이 됨을 확인할 수 있다. 이 선형사상을 간단히 **회전변환**이라 부른다. 이때, 선형사상의 표준기저에 대한 행렬표현을 구하면, 선형사상을 보다 쉽게 구할 수 있다.

우선, θ 만큼 회전이동시키는 선형사상을 R_θ 라 하고, 표준기저 $\mathcal{S} = \{\mathbf{e}_1, \mathbf{e}_2\}$ 에 대한 행렬표현 $[R_\theta]_{\mathcal{S},\mathcal{S}}$ 를 구해보자.

$\mathbf{e}_1 = (1, 0)$ 을 θ 만큼 회전이동시킨 점의 좌표는 $(\cos\theta, \sin\theta)$ 이고, $\mathbf{e}_2 = (0,.1)$ 을 θ 만큼

8) 책에 따라서는 $\mathbb{F}^n$ 을 처음부터 $\mathbb{F}^n = \mathcal{M}_{n,1}$ 로 정의하기도 한다.

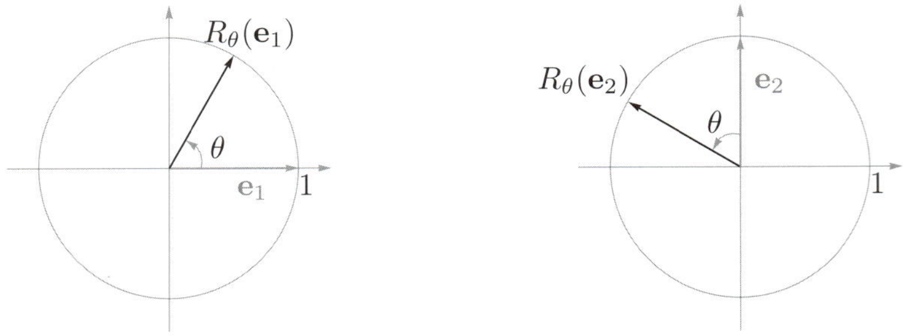

그림 6.2: 회전변환의 행렬 표현

회전이동시킨 점의 좌표는 $(-\sin\theta, \cos\theta)$ 이므로

$$[R_\theta]_{\mathcal{S},\mathcal{S}} = \Big([R_\theta(\mathbf{e}_1)]_{\mathcal{S}}\ [R_\theta(\mathbf{e}_2)]_{\mathcal{S}}\Big) = \begin{pmatrix} \cos\theta & -\sin\theta \\ \sin\theta & \cos\theta \end{pmatrix}$$

를 얻는다. 따라서, 각 θ 만큼 회전이동시키는 회전변환 R_θ 는

$$[R_\theta(x,\,y)]_{\mathcal{S}} = [R_\theta]_{\mathcal{S},\mathcal{S}}[(x,y)]_{\mathcal{S}} = \begin{pmatrix} \cos\theta & -\sin\theta \\ \sin\theta & \cos\theta \end{pmatrix}\begin{pmatrix} x \\ y \end{pmatrix}$$

로부터

$$R_\theta(x,\,y) = (\cos\theta\, x - \sin\theta\, y,\ \sin\theta\, x + \cos\theta\, y) = (x\ y)\begin{pmatrix} \cos\theta & \sin\theta \\ -\sin\theta & \cos\theta \end{pmatrix} \tag{6.12}$$

가 된다.[9)] 특히, 표준기저 $\mathcal{S}$ 에 대해 $[R_\theta]_{\mathcal{S},\mathcal{S}}$ 는 예제 6.2.4에서 살펴본 직교행렬이므로 회전변환 R_θ 는 등장사상이 된다. 앞으로 이 책에서는 회전변환 R_θ 의 표준기저에 대한 행렬표현 $[R_\theta]_{\mathcal{S},\mathcal{S}}$ 를 간단히 R_θ 로 나타내기도 한다.

문제 6.3.1. $\mathbb{R}^2$ 에서 회전변환 R_θ 에 대해, 다음이 성립함을 보이시오.
(가) 각 θ_1, θ_2 에 대해 $R_{\theta_1} \circ R_{\theta_2} = R_{\theta_1+\theta_2}$ 가 성립함을 보이시오.
(나) $\|R_\theta(\mathbf{x})\| = \|\mathbf{x}\|$ 임을 보이시오.
(나) R_θ 는 동형사상이고, 그 역사상은 $R_\theta^{-1} = R_{-\theta}$ 임을 보이시오.

$\mathbb{R}^2$ 에서 원점을 지나는 직선에 대해 대칭이동시키는 선형사상과 그 행렬표현

예제 6.1.3에서 살펴보았듯이 원점을 지나는 직선에 대한 대칭이동은 선형사상이 됨을

9) 표준기저에 대한 $\mathbf{x} = (x,y)$ 의 좌표벡터는 $[\mathbf{x}]_{\mathcal{B}} = (x,y)^{\mathrm{T}}$ 이므로 단순히 행벡터를 열벡터로 나타낸 것에 지나지 않음에 주목하자.

보일 수 있다. 이 선형사상을 간단히 **대칭변환**이라 부른다. 회전변환 R_θ 의 경우처럼 표준기저에 대한 행렬표현을 이용하여, 원점을 지나고 기울기가 $m = \tan\theta$ 인 직선에 대한 대칭변환 F_θ 를 구해보자.

우선, 점 $F_\theta(1,0)$ 과 $(1,0)$ 의 중점이 직선 $y = mx$ 위의 점이 되고, 이 두 점을 잇는 직선의 기울기가 $-m^{-1}$ 이 된다는 것을 이용하여 $F_\theta(1,0)$ 을 구하면,

$$F_\theta(1,0) = \left(\frac{1-m^2}{1+m^2}, \frac{2m}{1+m^2}\right) = (\cos 2\theta,\ \sin 2\theta)$$

가 되고, 같은 방법으로 $F_\theta(0,1)$ 을 구하면,

$$F_\theta(0,1) = \left(\frac{2m}{1+m^2}, \frac{m^2-1}{1+m^2}\right) = (\sin 2\theta,\ -\cos 2\theta)$$

가 된다. $F_\theta(1,0)$ 과 $F_\theta(0,1)$ 은 다음과 같이 그림을 이용하여 구할 수도 있다.

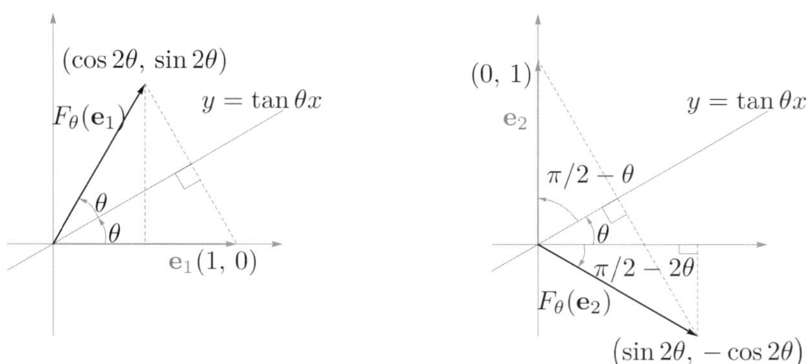

그림 6.3: 대칭변환의 행렬 표현

따라서, 대칭변환 F_θ 의 표준기저 $\mathcal{S}$ 에 대한 행렬표현 $[F_\theta]_{\mathcal{S},\mathcal{S}}$ 는

$$[F_\theta]_{\mathcal{S},\mathcal{S}} = \begin{pmatrix} \dfrac{1-m^2}{1+m^2} & \dfrac{2m}{1+m^2} \\ \\ \dfrac{2m}{1+m^2} & \dfrac{m^2-1}{1+m^2} \end{pmatrix} = \begin{pmatrix} \cos 2\theta & \sin 2\theta \\ \sin 2\theta & -\cos 2\theta \end{pmatrix}, \quad m = \tan\theta$$

가 된다. 또, 대칭변환 F_θ 는

$$[F_\theta(x,y)]_{\mathcal{S}} = [F_\theta]_{\mathcal{S},\mathcal{S}}[(x,y)]_{\mathcal{S}} = \begin{pmatrix} \cos 2\theta & \sin 2\theta \\ \sin 2\theta & -\cos 2\theta \end{pmatrix} \begin{pmatrix} x \\ y \end{pmatrix}$$

로부터

$$F_\theta(x,\ y) = (\cos 2\theta\, x + \sin 2\theta\, y,\ \sin 2\theta\, x - \cos 2\theta\, y) = \begin{pmatrix} x & y \end{pmatrix} \begin{pmatrix} \cos 2\theta & \sin 2\theta \\ \sin 2\theta & -\cos 2\theta \end{pmatrix} \quad (6.13)$$

가 된다. 특히, 표준기저 $\mathcal{S}$에 대해 $[F_\theta]_{\mathcal{S},\mathcal{S}}$는 예제 6.2.4에서 살펴본 U_2 형태의 직교행렬이므로, 대칭변환 F_θ도 등장사상이 됨을 알 수 있다. 앞으로는 대칭변환 F_θ의 표준기저에 대한 행렬표현 $[F_\theta]_{\mathcal{S},\mathcal{S}}$를 간단히 F_θ로 나타내기도 한다.

예제 6.3.1. 좌표평면의 점을 직선 $y = (\tan\varphi)\,x$에 대칭이동시킨 후, 다시 직선 $y = (\tan\theta)\,x$에 대해 대칭이동시키는 선형사상 $F_\theta \circ F_\varphi$에 대해 다음 물음에 답하시오.

(가) $F_\theta \circ F_\varphi$의 표준기저에 대한 행렬표현을 구하시오.

(나) 두 대칭변환의 합성 $F_\theta \circ F_\varphi$은 원점을 중심으로 $2(\theta-\varphi)$만큼 회전시키는 회전변환 $R_{2(\theta-\varphi)}$와 같음을 보이시오.

풀이 : (가) $[F_\theta \circ F_\varphi]_{\mathcal{S},\mathcal{S}} = [F_\theta]_{\mathcal{S},\mathcal{S}}[F_\varphi]_{\mathcal{S},\mathcal{S}}$이므로

$$\begin{aligned}
[F_\theta \circ F_\varphi]_{\mathcal{S},\mathcal{S}} &= \begin{pmatrix} \cos 2\theta & \sin 2\theta \\ \sin 2\theta & -\cos 2\theta \end{pmatrix}\begin{pmatrix} \cos 2\varphi & \sin 2\varphi \\ \sin 2\varphi & -\cos 2\varphi \end{pmatrix} \\
&= \begin{pmatrix} \cos 2\theta\cos 2\varphi + \sin 2\theta \sin 2\varphi & \cos 2\theta \sin 2\varphi - \sin 2\theta\cos 2\varphi \\ \sin 2\theta\cos 2\varphi - \cos 2\theta\sin 2\varphi & \sin 2\theta\sin 2\varphi + \cos 2\theta\cos 2\varphi \end{pmatrix} \\
&= \begin{pmatrix} \cos 2(\theta-\varphi) & -\sin 2(\theta-\varphi) \\ \sin 2(\theta-\varphi) & \cos 2(\theta-\varphi) \end{pmatrix}
\end{aligned}$$

(나) (가)에서 $[F_\theta \circ F_\varphi]_{\mathcal{S},\mathcal{S}} = [R_{2(\theta-\varphi)}]_{\mathcal{S},\mathcal{S}}$이고, 선형사상이 주어진 기저에 대한 행렬표현은 유일하므로 $F_\theta \circ F_\varphi = R_{2(\theta-\varphi)}$이다. □

문제 6.3.2. 원점을 중심으로 $\frac{\pi}{3}$만큼 회전시키는 회전변환을 원점을 지나는 두 직선에 대한 대칭변환의 합성으로 나타낼 수 있다. 두 직선의 기울기를 각각 구하시오.

문제 6.3.3. 다음 물음에 답하시오.

(가) 회전변환 R_θ와 대칭변환 F_φ의 합성 $R_\theta \circ F_\varphi$와 $F_\varphi \circ R_\theta$는 각각 대칭변환이 됨을 보이시오.

(나) 회전변환 $R_{\frac{\pi}{3}}$을 적용한 후 대칭변환 F_θ를 적용한 것이 직선 $y = x$에 대한 대칭변환이 되게 하려면 θ의 값은?

$\mathbb{F}^n$의 부분공간으로 정사영을 내리는 선형사상과 그 행렬표현

$\mathbb{F} = \mathbb{R}$ 또는 $\mathbb{C}$ 상에서 정의된 내적공간 $\mathbb{F}^n$의 일차독립인 벡터 $\mathbf{b}_1, \mathbf{b}_2, \cdots, \mathbf{b}_k$로 생성되는 부분공간을 W라 하자. 함수 $P_W : \mathbb{F}^n \to \mathbb{F}^n$이 $P_W(\mathbf{a}) = \mathrm{proj}_W(\mathbf{a})$로 정의될 때, P_W가 선형사상임을 보이고, P_W의 표준기저에 대한 행렬표현을 구해보자.

235 쪽에서 언급한 $\mathbb{F}^n$과 $\mathcal{M}_{n,1}(\mathbb{F})$의 관계를 이용하면 199 쪽의 결과를 그대로 이용할 수 있지만, 다시 한 번 정사영 벡터를 구하는 과정을 정리하면 다음과 같다.

정사영 벡터 $\mathrm{proj}_W(\mathbf{a})$는

$$\mathrm{proj}_W(\mathbf{a}) = \hat{a}_1\mathbf{b}_1 + \hat{a}_2\mathbf{b}_2 + \cdots + \hat{a}_k\mathbf{b}_k, \ (\text{각}, \ \hat{a}_i \in \mathbb{F}) \tag{6.14}$$

꼴이고, $\mathbf{a} - \mathrm{proj}_W(\mathbf{a}) \in W^{\perp}$을 만족해야 하므로 모든 $\mathbf{b}_i, \ (i = 1, 2, \cdots, k)$에 대해

$$\langle \mathbf{a} - \mathrm{proj}_W(\mathbf{a}), \mathbf{b}_i \rangle = 0 \tag{6.15}$$

을 만족해야 한다. 한편, 각 행벡터 $\{\mathbf{b}_1, \mathbf{b}_2, \cdots, \mathbf{b}_k\}$를 차례로 행으로 갖는 $k \times n$행렬을 B라 하고,[10] 계수 $\hat{a}_i$를 i번째 열의 성분으로 갖는 $1 \times k$행렬을 $\hat{\mathbf{a}}$라 할 때, 식 (6.14)은

$$\mathrm{proj}_W(\mathbf{a}) = \hat{\mathbf{a}}\,B = \begin{pmatrix} \hat{a}_1 & \hat{a}_2 & \cdots & \hat{a}_k \end{pmatrix} \begin{pmatrix} \mathbf{b}_1 \\ \mathbf{b}_2 \\ \vdots \\ \mathbf{b}_k \end{pmatrix}$$

가 된다. 또, $\mathbb{F}^n$의 두 벡터 $\mathbf{v} = (v_1, v_2, \cdots, v_n)$, $\mathbf{w} = (w_1, w_2, \cdots, w_n)$에 대해 행렬의 곱을 이용하여 내적을 나타내면

$$\langle \mathbf{v}, \mathbf{w} \rangle = \sum_{i=1}^{n} v_i \bar{w}_i = \mathrm{Tr}(\mathbf{v}\,\mathbf{w}^*) = \mathbf{v}\,\mathbf{w}^*$$

이므로, 식 (6.15)로부터

$$\begin{cases} \big(\mathbf{a} - \mathrm{proj}_W(\mathbf{a})\big)\mathbf{b}_1^* = \big(\mathbf{a} - \hat{\mathbf{a}}\,B\big)\mathbf{b}_1^* = 0 \\ \qquad\vdots \\ \big(\mathbf{a} - \mathrm{proj}_W(\mathbf{a})\big)\mathbf{b}_k^* = \big(\mathbf{a} - \hat{\mathbf{a}}\,B\big)\mathbf{b}_k^* = 0 \end{cases} \iff \Big(\mathbf{a} - \hat{\mathbf{a}}\,B\Big)\Big(\mathbf{b}_1^* \ \cdots \ \mathbf{b}_k^*\Big) = \mathbf{0}$$

이 된다. 결론적으로 정사영 벡터 $\mathrm{proj}_W(\mathbf{a})$를 구하려면 식 (6.14)의 일차결합에서 계수들로 이루어진 $\hat{\mathbf{a}} = (\hat{a}_1, \hat{a}_2, \cdots, \hat{a}_k)$를 구하면 되는데, 이 벡터를 구하기 위해서는 위 조건으로부터

$$\Big(\mathbf{a} - \hat{\mathbf{a}}\,B\Big)B^* = \mathbf{0} \iff \hat{\mathbf{a}}\,BB^* = \mathbf{a}\,B^* \tag{6.16}$$

를 만족하는 $\hat{\mathbf{a}}$을 구하면 된다. 한편, $k \times n$ 행렬 B의 각 행벡터들이 일차독립이므로 200 쪽 정리에 의해, BB^*는 항상 역행렬을 가진다. 따라서, 연립방정식 (6.16)의 해는 다음과 같고,

$$\hat{\mathbf{a}} = \mathbf{a}\,B^*\big(BB^*\big)^{-1}$$

10) 199 쪽에서 살펴보았던 $\mathcal{M}_{n,1}$의 경우에는 열벡터를 차례로 나열한 행렬을 B라고 정의하였으므로 여기서 정의한 행렬 B의 전치행렬에 해당된다.

이로부터

$$P_W(\mathbf{a}) = \mathbf{a}\, B^*\big(BB^*\big)^{-1}B \tag{6.17}$$

를 얻는다. 또, 식 (6.17)을 이용하면, 다음과 같이 P_W가 선형사상임을 보일 수 있다.

$$\begin{aligned} P_W(\mathbf{a}_1+\mathbf{a}_2) =& (\mathbf{a}_1+\mathbf{a}_2)\, B^*\big(BB^*\big)^{-1}B \\ =& \mathbf{a}_1\, B^*\big(BB^*\big)^{-1}B + \mathbf{a}_2\, B^*\big(BB^*\big)^{-1}B = P_W(\mathbf{a}_1)+P_W(\mathbf{a}_2), \\ P_W(\alpha\,\mathbf{a}) =& (\alpha\,\mathbf{a})\, B^*\big(BB^*\big)^{-1}B = \alpha\, P_W(\mathbf{a}) \end{aligned}$$

보통 W로 내린 정사영벡터를 주는 선형사상 P_W를 **정사영변환**이라 부른다.

이제, 식 (6.11)로부터 선형사상 P_W의 표준기저에 대한 행렬표현은

$$[P_W]_{\mathcal{S},\mathcal{S}} = \Big(B^*\big(BB^*\big)^{-1}B\Big)^{\mathrm{T}} = B^{\mathrm{T}}\big(\bar{B}B^{\mathrm{T}}\big)^{-1}\bar{B}$$

이다.[11)]

예제 6.3.2. $\mathbb{R}^3$의 두 벡터 $\mathbf{b}_1 = (1,1,1)$, $\mathbf{b}_2 = (0,1,2)$로 생성되는 부분공간을 W라 할 때, 정사영변환 P_W를 구하시오.

풀이 : 2×3 행렬 B에 대해 2×2 행렬 BB^*의 역행렬을 구하면,

$$B = \begin{pmatrix} 1 & 1 & 1 \\ 0 & 1 & 2 \end{pmatrix},\ BB^* = \begin{pmatrix} 1 & 1 & 1 \\ 0 & 1 & 2 \end{pmatrix}\begin{pmatrix} 1 & 0 \\ 1 & 1 \\ 1 & 2 \end{pmatrix} = \begin{pmatrix} 3 & 3 \\ 3 & 5 \end{pmatrix},\ (BB^*)^{-1} = \frac{1}{6}\begin{pmatrix} 5 & -3 \\ -3 & 3 \end{pmatrix}$$

따라서, 식 (6.17)로부터 구하는 정사영변환 P_W는

$$\begin{aligned} P_W(x,\, y,\, z) =& \begin{pmatrix} x & y & z \end{pmatrix} B^*\big(BB^*\big)^{-1}B \\ =& \frac{1}{6}\begin{pmatrix} x & y & z \end{pmatrix}\begin{pmatrix} 1 & 0 \\ 1 & 1 \\ 1 & 2 \end{pmatrix}\begin{pmatrix} 5 & -3 \\ -3 & 3 \end{pmatrix}\begin{pmatrix} 1 & 1 & 1 \\ 0 & 1 & 2 \end{pmatrix} \\ =& \frac{1}{6}\begin{pmatrix} x & y & z \end{pmatrix}\begin{pmatrix} 5 & 2 & -1 \\ 2 & 2 & 2 \\ -1 & 2 & 5 \end{pmatrix} \\ =& \frac{1}{6}(5x+2y-z,\, 2x+2y+2z,\, -x+2y+5z) \end{aligned}$$

이다. □

11) 물론 $\mathbb{F} = \mathbb{R}$일 때는 $B^* = B^{\mathrm{T}}$이 된다.

문제 6.3.4. $\mathbb{R}^3$ 의 두 벡터 $\mathbf{b}_1 = (1,\ 1,\ 0)$ $\mathbf{b}_2 = (1,\ 1,\ 1)$ 로 생성되는 부분공간을 W 라 하자. 정사영변환 P_W 를 구하시오.

문제 6.3.5. $\mathbb{R}^3$ 의 부분공간을 W 라 하자. 정사영변환 P_W 에 대해 $P_W \circ P_W = P_W$ 가 성립함을 보이시오.

서로 다른 기저에 대한 선형사상의 행렬표현 사이의 관계 : 닮음행렬

벡터의 좌표벡터가 기저에 따라 달라지듯, 벡터공간 사이에 정의된 선형사상의 기저에 대한 행렬표현도 어떤 기저를 선택하느냐에 따라 달라진다. 서로 다른 기저에 대한 좌표벡터 사이의 관계는 추이행렬을 이용하여 설명하였는데, 선형사상의 서로 다른 기저에 대한 행렬표현 사이에는 어떤 관계가 있는지 알아보자.

체 $\mathbb{F}$ 상에서 정의된 벡터공간 V 의 두 기저를 $\mathcal{B}_{V_1}$, $\mathcal{B}_{V_2}$ 라 하고, 벡터공간 W 의 두 기저를 $\mathcal{B}_{W_1}$, $\mathcal{B}_{W_2}$ 라 하자. 벡터공간의 차원을 $\dim(V) = n$ 이고 $\dim(W) = m$ 이라 하면, 좌표벡터를 대응시키는 동형사상 $\Gamma_{\mathcal{B}_{V_i}}\ (i=1,2)$ 에 의해 V 는 $\mathcal{M}_{n,1}$ 과 동형이고, W 는 $\Gamma_{\mathcal{B}_{W_i}}\ (i=1,2)$ 에 의해 $\mathcal{M}_{m,1}$ 과 동형이다. 따라서, $A_1 = [L]_{\mathcal{B}_{V_1},\mathcal{B}_{W_1}}$, $A_2 = [L]_{\mathcal{B}_{V_2},\mathcal{B}_{W_2}}$ 할 때, 선형사상 $L : V \to W$ 에 대해 다음 관계를 얻는다.

$$\begin{array}{ccc} [\mathbf{v}]_{\mathcal{B}_{V_1}} & \xrightarrow{L_{A_1}} & [L]_{\mathcal{B}_{V_1},\mathcal{B}_{W_1}}[\mathbf{v}]_{\mathcal{B}_{V_1}} \\ \Gamma^{-1}_{\mathcal{B}_{V_1}} \downarrow \cong & & \cong \uparrow \Gamma_{\mathcal{B}_{W_1}} \\ \mathbf{v} & \xrightarrow{L} & L(\mathbf{v}) \\ \Gamma_{\mathcal{B}_{V_2}} \downarrow \cong & & \cong \uparrow \Gamma^{-1}_{\mathcal{B}_{W_2}} \\ [\mathbf{v}]_{\mathcal{B}_{V_2}} & \xrightarrow{L_{A_2}} & [L]_{\mathcal{B}_{V_2},\mathcal{B}_{W_2}}[\mathbf{v}]_{\mathcal{B}_{V_2}} \end{array} \qquad \begin{array}{ccc} \mathcal{M}_{n,1}(\mathbb{F}) & \xrightarrow{L_{A_1}} & \mathcal{M}_{m,1}(\mathbb{F}) \\ \Gamma^{-1}_{\mathcal{B}_{V_1}} \downarrow \cong & & \cong \uparrow \Gamma_{\mathcal{B}_{W_1}} \\ V & \xrightarrow{L} & W \\ \Gamma_{\mathcal{B}_{V_2}} \downarrow \cong & & \cong \uparrow \Gamma^{-1}_{\mathcal{B}_{W_2}} \\ \mathcal{M}_{n,1}(\mathbb{F}) & \xrightarrow{L_{A_2}} & \mathcal{M}_{m,1}(\mathbb{F}) \end{array} \tag{6.18}$$

즉, 다음 두 관계식

$$L_{A_1} = \Gamma_{B_{W_1}} \circ L \circ \Gamma^{-1}_{B_{V_1}}, \quad L = \Gamma^{-1}_{B_{W_2}} \circ L_{A_2} \circ \Gamma_{B_{V_2}}$$

이 성립하고, 이로부터

$$L_{A_1} = \Gamma_{B_{W_1}} \circ \Gamma^{-1}_{B_{W_2}} \circ L_{A_2} \circ \Gamma_{B_{V_2}} \circ \Gamma^{-1}_{B_{V_1}} \tag{6.19}$$

가 성립함을 알 수 있다. 한편 선형사상 $\Gamma_{B_{V_2}} \circ \Gamma^{-1}_{B_{V_1}} : \mathcal{M}_{n,1}(\mathbb{F}) \to \mathcal{M}_{n,1}(\mathbb{F})$ 은 $[\mathbf{v}]_{\mathcal{B}_{V_1}}$ 를 $[\mathbf{v}]_{\mathcal{B}_{V_2}}$ 로 보내는 동형사상이므로 $n \times n$ 추이행렬[12] $P_{\mathcal{B}_{V_1},\mathcal{B}_{V_2}} = [\mathrm{id}_V]_{\mathcal{B}_{V_1},\mathcal{B}_{V_2}}$ 에 대해

$$\left(\Gamma_{B_{V_2}} \circ \Gamma^{-1}_{B_{V_1}}\right)(\mathbf{x}) = P_{\mathcal{B}_{V_1},\mathcal{B}_{V_2}}\mathbf{x} \quad (\mathbf{x} \in \mathcal{M}_{n,1}(\mathbb{F}))$$

12) 173 쪽 추이행렬의 정의와 229 쪽에서 추이행렬을 항등사상의 행렬표현으로 이해한 방법을 참고하시오.

가 된다. 같은 이유로, 선형사상 $\Gamma_{B_{W_2}} \circ \Gamma^{-1}_{B_{W_1}} : \mathcal{M}_{n,1}(\mathbb{F}) \to \mathcal{M}_{n,1}(\mathbb{F})$은 $[\mathbf{w}]_{\mathcal{B}_{W_1}}$를 $[\mathbf{w}]_{\mathcal{B}_{W_2}}$로 보내는 동형사상이므로 추이행렬 $P_{\mathcal{B}_{W_1},\mathcal{B}_{W_2}} = [\mathrm{id}_W]_{\mathcal{B}_{W_1},\mathcal{B}_{W_2}}$에 대해

$$\left(\Gamma_{B_{W_2}} \circ \Gamma^{-1}_{B_{W_1}}\right)(\mathbf{x}) = P_{\mathcal{B}_{W_1},\mathcal{B}_{W_2}}\mathbf{x} \quad (\mathbf{x} \in \mathcal{M}_{m,1}(\mathbb{F}))$$

가 된다. 따라서, 식 (6.19)로부터 다음 관계식을 얻는다.

$$[L]_{\mathcal{B}_{V_1},\mathcal{B}_{W_1}} = \left(P_{\mathcal{B}_{W_1},\mathcal{B}_{W_2}}\right)^{-1}[L]_{\mathcal{B}_{V_2},\mathcal{B}_{W_2}}\left(P_{\mathcal{B}_{V_1},\mathcal{B}_{V_2}}\right) \tag{6.20}$$

즉, 선형사상 L의 서로 다른 기저에 대한 두 가지 행렬표현은 기저변환에 따른 추이행렬을 이용하여 식 (6.20)와 같이 나타낼 수 있다.

특히, $V = W$이고, $\mathcal{B}_{V_1} = \mathcal{B}_{W_1}$, $\mathcal{B}_{V_2} = \mathcal{B}_{W_2}$이면, 식 (6.20)는

$$[L]_{\mathcal{B}_{V_1},\mathcal{B}_{V_1}} = (P_{\mathcal{B}_{V_1},\mathcal{B}_{V_2}})^{-1}\,[L]_{\mathcal{B}_{V_2},\mathcal{B}_{V_2}}\,(P_{\mathcal{B}_{V_1},\mathcal{B}_{V_2}}) \tag{6.21}$$

가 된다. 따라서, 다음 결과를 얻는다.

선형사상의 서로 다른 기저에 대한 행렬표현 사이의 관계

체 $\mathbb{F}$ 상에서 정의된 n 차원 벡터공간 V의 두 순서기저를 각각 $\mathcal{B}_1$, $\mathcal{B}_2$라 하고, 기저 $\mathcal{B}_i$ $(i = 1, 2)$에 대한 선형사상 $L : V \to V$의 행렬표현 $[L]_{\mathcal{B}_i,\mathcal{B}_i}$ $(i = 1, 2)$를 간단히 $[L]_{\mathcal{B}_i}$라 하자. 기저 $\mathcal{B}_1$에서 $\mathcal{B}_2$로의 추이행렬 $P_{\mathcal{B}_1,\mathcal{B}_2}$에 대해, 두 행렬표현 $[L]_{\mathcal{B}_1}$, $[L]_{\mathcal{B}_2}$는 다음 관계식을 만족한다.

$$[L]_{\mathcal{B}_1} = \left(P_{\mathcal{B}_1,\mathcal{B}_2}\right)^{-1}[L]_{\mathcal{B}_2}\left(P_{\mathcal{B}_1,\mathcal{B}_2}\right) \tag{6.22}$$

$A_i = [L]_{\mathcal{B}_i}$ $(i = 1, 2)$라 하고, 선형사상 $L_A : \mathcal{M}_{n,1} \to \mathcal{M}_{n,1}$을 $L_A(\mathbf{x}) = A\mathbf{x}$라 할 때, 위 관계를 그림으로 나타내면 다음과 같다.

$$\begin{array}{ccc} \mathcal{M}_{n,1} & \xrightarrow{L_{A_1}} & \mathcal{M}_{n,1} \\ \Gamma^{-1}_{\mathcal{B}_1}\big\downarrow\cong & & \cong\big\uparrow\Gamma_{\mathcal{B}_1} \\ V & \xrightarrow{L} & V \\ \Gamma_{\mathcal{B}_2}\big\downarrow\cong & & \cong\big\uparrow\Gamma^{-1}_{\mathcal{B}_2} \\ \mathcal{M}_{n,1} & \xrightarrow{L_{A_2}} & \mathcal{M}_{n,1} \end{array} \quad \Longleftrightarrow \quad \begin{array}{ccc} \mathcal{M}_{n,1} & \xrightarrow{L_{A_1}} & \mathcal{M}_{n,1} \\ P_{\mathcal{B}_1,\mathcal{B}_2}\big\downarrow\cong & \circlearrowleft & \cong\big\uparrow P^{-1}_{\mathcal{B}_1,\mathcal{B}_2} \\ \mathcal{M}_{n,1} & \xrightarrow{L_{A_2}} & \mathcal{M}_{n,1} \end{array}$$

예제 6.3.3. 벡터공간 $\mathbb{R}^2$의 표준기저를 $\mathcal{S}$라 하고, 기저 $\mathcal{T}$를 $\mathcal{T} = \{(0, 1), (-1, 1)\}$이라고 하자. 두 기저 사이의 추이행렬을 이용하여 선형사상 $L(x, y) = (x - y, x + y)$의 기저 $\mathcal{T}$에 대한 행렬표현을 구하시오.

풀이 : 표준기저 $\mathcal{S}$에 대한 L의 행렬표현 $[L]_{\mathcal{S}}$를 구하면,

$$[L]_{\mathcal{S}} = \Big([L(\mathbf{e}_1)]_{\mathcal{S}}\ [L(\mathbf{e}_2)]_{\mathcal{S}}\Big) = \begin{pmatrix} 1 & -1 \\ 1 & 1 \end{pmatrix}$$

이고, 기저 $\mathcal{T}$에서 $\mathcal{S}$로의 추이행렬 $P_{\mathcal{T},\mathcal{S}}$와 그 역행렬은

$$P_{\mathcal{T},\mathcal{S}} = \Big([(0,1)]_{\mathcal{S}}\ [(-1,1)]_{\mathcal{S}}\Big) = \begin{pmatrix} 0 & -1 \\ 1 & 1 \end{pmatrix}, \quad (P_{\mathcal{T},\mathcal{S}})^{-1} = \begin{pmatrix} 1 & 1 \\ -1 & 0 \end{pmatrix}$$

따라서, 기저 $\mathcal{T}$에 대한 L의 행렬표현 $[L]_{\mathcal{T}}$는

$$[L]_{\mathcal{T}} = P_{\mathcal{T},\mathcal{S}}^{-1}\,[L]_{\mathcal{S}}\,P_{\mathcal{T},\mathcal{S}} = \begin{pmatrix} 1 & 1 \\ -1 & 0 \end{pmatrix}\begin{pmatrix} 1 & -1 \\ 1 & 1 \end{pmatrix}\begin{pmatrix} 0 & -1 \\ 1 & 1 \end{pmatrix} = \begin{pmatrix} 0 & -2 \\ 1 & 2 \end{pmatrix}$$

이다. □

문제 6.3.6. 벡터공간 $\mathbb{R}^2$의 표준기저를 $\mathcal{S}$라 하고, 기저 $\mathcal{T}$를 $\mathcal{T} = \{(1,-1),\ (2,1)\}$이라고 하자. 두 기저사이의 추이행렬을 이용하여 선형사상 $L(x,\ y) = (3x+2y,\ x+2y)$의 기저 T에 대한 행렬표현을 구하시오.

문제 6.3.7. 실수 상에서 정의된 벡터공간 $\mathcal{P}_2$의 두 기저 $\mathcal{S}$와 $\mathcal{T}$를

$$\mathcal{S} = \{1,\ 1+x,\ 1+x+x^2\}, \quad \mathcal{T} = \{1+x,\ x+x^2,\ 1+x^2\}$$

이라 할 때, 선형사상 $L(a_0 + a_1x + a_2x^2) = a_0 - a_1 + (a_1 - a_2)x + (a_2 - a_0)x^2$의 기저 $\mathcal{S}$와 $\mathcal{T}$에 대한 행렬표현 $[L]_{\mathcal{S}}$, $[L]_{\mathcal{T}}$를 각각 구하시오. 또, $[L]_{\mathcal{S}} = P^{-1}[L]_{\mathcal{T}}P$인 가역행렬 P를 구하시오.

식 (6.22)은 $\mathcal{M}_{n,n}(\mathbb{F})$의 두 행렬 A, B와 $\mathcal{M}_{n,n}$의 가역행렬 P에 대해

$$A = P^{-1}\,B\,P \tag{6.23}$$

가 성립하는 것으로 이해할 수 있다. 일반적으로 $M_{n,n}(\mathbb{F})$의 두 행렬 A, B에 대해 식 (6.23)을 만족하는 가역행렬 $P \in M_{n,n}(\mathbb{F})$가 존재할 때, 행렬 A는 행렬 B와 **닮음행렬**라고 부른다.

문제 6.3.8. $\mathcal{M}_{n,n}(\mathbb{F})$의 세 행렬 A, B, C에 대해 다음이 성립함을 보이시오.

(가) A는 A와 닮음행렬이다.
(나) A가 B와 닮음행렬이면, B는 A와 닮음행렬이다.
(다) A가 B와 닮음행렬이고 B가 C와 닮음행렬이면, A는 C와 닮음행렬이다.

(참고 : 위의 세 조건을 만족하는 관계를 동치관계라고 한다. 또, 조건 (나)로부터 A가 B와 닮은행렬이면, 두 행렬 A, B가 서로 닮음행렬이라 할 수 있다.)

닮음행렬 사이에 변하지 않는 성질에 대해 알아보자. 예를 들어, 두 행렬 A와 B가 닮음행렬이면 $A = P^{-1}\,B\,P$인 가역행렬 P가 존재하므로 다음 식에서 보듯이 두 행렬의 행렬식과 대각합은 같아진다.

$$\det(A) = \det\big(P^{-1}\,B\,P\big) = \det\big(P^{-1}\big)\det(B)\det(P) = \det(B),$$

$$\mathrm{Tr}\big(P^{-1}\,B\,P\big) = \mathrm{Tr}\big(P\,P^{-1}\,B\big) = \mathrm{Tr}(B).$$

따라서, 이 두 성질이 성립하지 않는 행렬은 닮음행렬이 될 수 없다.

문제 6.3.9. $\mathcal{M}_{n,n}$의 두 행렬 A, B가 닮음행렬이면, 다음이 성립함을 보이시오.

(가) $\mathrm{rank}(A) = \mathrm{rank}(B)$
(나) $\mathrm{nullity}(A) = \mathrm{nullity}(B)$

식 (6.22)로부터, $\mathcal{M}_{n,n}(\mathbb{F})$의 두 행렬 A, B가 닮음행렬이면, A와 B는 어떤 n차원 벡터 공간 V의 두 기저에 대해 동일한 선형사상 L을 나타낸 행렬표현임을 알 수 있다. 즉, 어떤 행렬 $A \in \mathcal{M}_{n,n}$에 대해 A와 닮음행렬이면서 대각행렬처럼 간단한 행렬을 구하는 문제는 주어진 선형사상에 대한 행렬표현이 간단해지는 벡터공간의 기저를 찾는 문제와 동일한 문제가 된다. 주어진 행렬과 닮음행렬인 대각행렬을 찾는 문제를 행렬의 대각화라 하는데, 이런 관점에서 중요한 의미를 갖는다. 다음 장에서는 행렬의 대각화에 대해 알아본다.

문제 6.3.10. 다음 두 행렬은 $\mathbb{R}^3$의 어떤 두 기저 $\mathcal{S}$, $\mathcal{T}$에 대해, 선형사상 L_1, L_2의 기저에 대한 행렬표현 $[L_1]_{\mathcal{S}}$, $[L_2]_{\mathcal{T}}$를 각각 나타낸 것이다. $L_1 = L_2$인지를 판별하고, 그 이유를 설명하시오.

$$[L_1]_{\mathcal{S}} = \begin{pmatrix} 2 & 2 & 0 \\ 2 & 2 & 0 \\ 1 & 1 & 0 \end{pmatrix}, \quad [L_2]_{\mathcal{T}} = \begin{pmatrix} 1 & 0 & 1 \\ 1 & 1 & 0 \\ 2 & 0 & 2 \end{pmatrix}$$

(도움말 : 문제 6.2.9와 문제 앞의 설명에서 구한 닮음행렬이 될 필요조건을 이용하시오.)

CHAPTER **7**

행렬의 대각화와 그 응용

앞 장에서 공부하였듯이, $\mathcal{M}_{n,n}(\mathbb{F})$의 두 행렬이 서로 닮음행렬이면, 이 두 행렬은 어떤 n 차원 벡터공간의 두 기저에 대해 동일한 선형사상을 나타낸 행렬이 된다. 따라서, 선형사상의 특성을 쉽게 파악하기 위해서는 기저를 적절히 선택하여 대응되는 행렬표현이 될 수 있는대로 간단해지도록 하는 것이 중요한데, 이 장에서는 가능한 가장 간단한 형태의 닮음행렬을 구하는 방법과 그 응용에 대해 공부한다.

또한, 다양한 분야에서 행렬이론이 어떻게 적용될 수 있는지 살펴본다.

7.1 선형사상의 대각화와 행렬의 대각화

[미리보기] $L(x,\,y) = \frac{1}{2}(3x+y,\,x+3y)$로 정의된 선형사상 $L:\mathbb{R}^2\to\mathbb{R}^2$을 생각해보자. 이 선형사상의 표준기저 $\mathcal{S}$와 기저 $\mathcal{T}=\{(1,1),\,(1,-1)\}$에 대한 행렬표현을 각각 구하면 다음과 같다.

$$[L]_{\mathcal{S},\mathcal{S}} = \frac{1}{2}\begin{pmatrix}3 & 1\\ 1 & 3\end{pmatrix}$$

$$[L]_{\mathcal{T},\mathcal{T}} = \begin{pmatrix}2 & 0\\ 0 & 1\end{pmatrix}$$

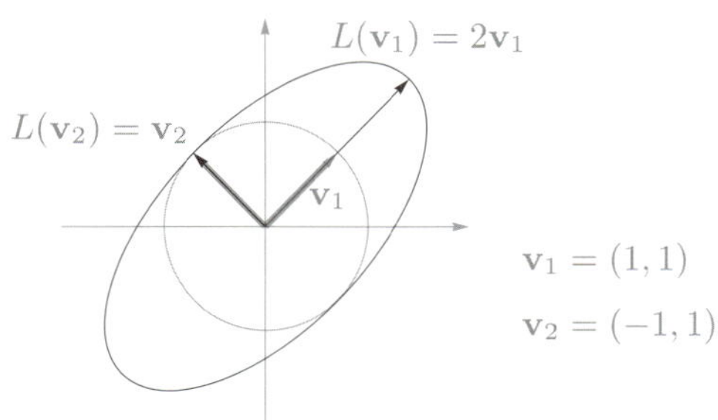

그림 7.1: 대각행렬과 닮음행렬

[그림 7.1]에서 보듯이, 주어진 선형사상은 $\mathbf{v}_1$ 방향의 벡터는 2배로 늘리고, $\mathbf{v}_2$ 방향의 벡터는 그대로 유지하는 선형사상이다. 즉, L은 끝점이 정의역의 단위원 위에 놓인 벡터를 직선 $y=x$를 따라 2배로 늘린 타원 위에 위치하도록 보내는 선형사상이다.

이처럼 $\mathbb{R}^2$ 사이에 정의된 선형사상의 경우에, $L(\mathbf{v}_i)=\lambda_i\mathbf{v}_i$가 되는 기저 $\{\mathbf{v}_1,\,\mathbf{v}_2\}$가 존재하면, 이 기저에 대한 행렬표현은 대각행렬이 되고, 그 선형사상의 특성을 쉽게 판단할 수 있다. 이 절에서는 주어진 행렬과 닮음행렬인 대각행렬이 존재할 필요충분조건을 알아보고, 닮음행렬인 대각행렬이 존재할 때 구하는 방법에 대해 소개한다.

대각화 가능한 행렬

$\mathcal{M}_{n,n}(\mathbb{F})$ 의 행렬 중 주대각선 성분이 차례로 $\lambda_1, \cdots, \lambda_n$ 인 대각행렬을 $\mathrm{Diag}(\lambda_1, \cdots, \lambda_n)$ 으로 나타내자. 이때, [미리보기] 에서 살펴본 것과 같이 일반적으로 $\mathcal{M}_{n,n}(\mathbb{F})$ 의 행렬 A 가 어떤 대각행렬과 닮음행렬이 될 때, 즉, 적당한 가역행렬 $P \in \mathcal{M}_{n,n}(\mathbb{F})$ 가 존재해서

$$P^{-1}AP = \mathrm{Diag}(\lambda_1, \lambda_2, \cdots, \lambda_n) \tag{7.1}$$

이 성립할 때, A를 **대각화 가능한 행렬**이라 하고, 행렬 P는 A를 **대각화하는 행렬**이라 한다.

A가 대각화 가능할 필요충분조건을 알아보자. 식 (7.1)을 만족하는 가역행렬 $P \in \mathcal{M}_{n,n}(\mathbb{F})$ 가 존재한다면 P 의 열벡터 $\{P_1^C, P_2^C, \cdots, P_n^C\}$ 이 일차독립이므로 다음과 같은 동치관계를 얻는다.

$$\begin{aligned} & P^{-1}AP = \mathrm{Diag}(\lambda_1, \cdots, \lambda_n) \text{ 인 가역행렬 } P \text{가 존재} \\ \Longleftrightarrow\ & AP = P\,\mathrm{Diag}(\lambda_1, \cdots, \lambda_n) \text{ 인 가역행렬 } P \text{가 존재} \\ \Longleftrightarrow\ & A\big(P_1^C\,P_2^C\,\cdots\,P_n^C\big) = \big(\lambda_1 P_1^C\,\cdots\,\lambda_n P_n^C\big) \text{ 인 가역행렬 } P = \big(P_1^C\,\cdots\,P_n^C\big) \text{이 존재} \\ \Longleftrightarrow\ & \text{일차독립인 } n \text{개의 벡터 } P_i^C\ (i = 1, 2, \cdots, n) \text{에 대해 } AP_i^C = \lambda_i P_i^C \text{ 가 성립} \end{aligned}$$

대각화 가능할 필요충분조건

행렬 $A \in \mathcal{M}_{n,n}(\mathbb{F})$ 가 대각화 가능할 필요충분조건은 다음 조건을 만족하는 $\mathcal{M}_{n,1}(\mathbb{F})$ 의 기저 $\{\mathbf{b}_1, \mathbf{b}_2, \cdots, \mathbf{b}_n\}$ 와 대응되는 $\lambda_k \in \mathbb{F}\ (k = 1, 2, \cdots, n)$ 이 존재하는 것이다.

$$A\,\mathbf{b}_k = \lambda_k\,\mathbf{b}_k\ \ (k = 1, 2, \cdots, n) \tag{7.2}$$

이때, $\mathbf{b}_k\ (k = 1, 2, \cdots, n)$ 을 차례로 열벡터로 갖는 행렬 $P = \big(\mathbf{b}_1\ \cdots\ \mathbf{b}_n\big)$ 에 대해, 행렬 A는 $P^{-1}AP = \mathrm{Diag}\big(\lambda_1\ \cdots\ \lambda_n\big)$ 과 같이 대각화된다.[a)]

a) 행렬 P 의 열벡터 $\mathbf{b}_k$ 의 순서와 대각행렬의 주대각선 성분에 나타나는 λ_k 의 순서가 같음에 유의해야 한다.

예제 7.1.1. 행렬 $A \in \mathcal{M}_{n,n}(\mathbb{F})$ 가 대각화 가능하고, 행렬 $B \in \mathcal{M}_{n,n}$ 는 A와 닮음행렬이라 하자. 이때, B도 대각화 가능함을 보이시오.

풀이 : 행렬 A를 대각화하는 행렬을 P라 하면 $P^{-1}AP = \mathrm{Diag}(\lambda_1, \cdots, \lambda_n)$ 이다. 또, 행렬 B는 A와 닮음행렬이므로 $B = Q^{-1}AQ$ 인 행렬 Q가 존재한다. 따라서,

$$\mathrm{Diag}(\lambda_1, \cdots, \lambda_n) = P^{-1}AP = P^{-1}QBQ^{-1}P = \big(Q^{-1}P\big)^{-1}B\big(Q^{-1}P\big)$$

로부터 행렬 $Q^{-1}P$는 B를 대각화하는 행렬이다. □

문제 7.1.1. 가역행렬 $A \in \mathcal{M}_{n,n}(\mathbb{F})$가 대각화 가능하면, 역행렬 A^{-1}도 대각화 가능함을 보이시오. 또, $P^{-1}AP = \mathrm{Diag}(\lambda_1, \cdots, \lambda_n)$일 때, A^{-1}를 대각화 하는 행렬 Q와 대각행렬 $Q^{-1}A^{-1}Q$를 구하시오.

문제 7.1.2. 행렬 $A \in \mathcal{M}_{n,n}(\mathbb{F})$가 대각화 가능하면, 임의의 자연수 k에 대해 A^k도 대각화 가능함을 보이시오. 또, $P^{-1}AP = \mathrm{Diag}(\lambda_1, \cdots, \lambda_n)$일 때, A^{T}를 대각화 하는 행렬 Q와 대각행렬 $Q^{-1}A^{\mathrm{T}}Q$를 구하시오.

문제 7.1.3. 행렬 $A \in \mathcal{M}_{n,n}(\mathbb{F})$가 대각화 가능하면, A^{T}도 대각화 가능함을 보이시오. 또, $P^{-1}AP = \mathrm{Diag}(\lambda_1, \cdots, \lambda_n)$일 때, A^{T}를 대각화 하는 행렬 Q와 대각행렬 $Q^{-1}A^{\mathrm{T}}Q$를 구하시오.

고윳값과 고유벡터

행렬 A에 대해 식 (7.2)를 만족하는 $\lambda \in \mathbb{F}$와 대응되는 $\mathbf{0}$아닌 벡터 $\mathbf{v}$가 존재할 때, λ를 A의 **고윳값**이라 하고 $\mathbf{v}$를 λ에 대응되는 A의 **고유벡터**라 한다.

또, $\mathbb{F}$상에서 정의된 벡터공간 V 사이에 정의된 선형사상 $L : V \to V$에 대해

$$L(\mathbf{v}) = \lambda\,\mathbf{v}$$

를 만족하는 $\mathbf{0}$ 아닌 벡터 $\mathbf{v} \in V$와 $\lambda \in \mathbb{F}$가 존재할 때, λ를 선형사상 L의 **고윳값**라 하고, $\mathbf{v}$를 λ에 대응되는 L의 **고유벡터**라 한다. V의 한 기저 $\mathcal{B}$에 대한 L의 행렬표현을 $[L]_{\mathcal{B}}$라 할 때, $\mathbf{v} \in V$가 λ에 대응되는 L의 고유벡터라면

$$[L]_{\mathcal{B}}[\mathbf{v}]_{\mathcal{B}} = [L(\mathbf{v})]_{\mathcal{B}} = [\lambda\,\mathbf{v}]_{\mathcal{B}} = \lambda[\mathbf{v}]_{\mathcal{B}}$$

가 성립하므로, $[\mathbf{v}]_{\mathcal{B}}$는 λ에 대응되는 $[L]_{\mathcal{B}}$의 고유벡터가 된다. 역으로, 선형사상 L의 기저 $\mathcal{B} = \{\mathbf{v}_1, \cdots, v_n\}$에 대한 행렬표현 $[L]_{\mathcal{B}}$의 고윳값 λ와 고유벡터 $\mathbf{b} = (b_1, \cdots, b_n)$에 대해 λ와 $\mathbf{v} = b_1\mathbf{v}_1 + \cdots + b_n\mathbf{v}_n$은 선형사상 L의 고윳값과 고유벡터가 된다.

앞 소절에서 살펴보았듯이, 행렬 $A \in \mathcal{M}_{n,n}(\mathbb{F})$가 대각화 가능할 필요충분조건은 고유벡터들로 이루어진 $\mathcal{M}_{n,1}(\mathbb{F})$의 기저가 존재하는 것이다. 또, $\mathbf{v}_i \in V$ $(i = 1, 2, \cdots, n)$이 일차독립인 것과 그 좌표벡터 $[\mathbf{v}_i]_{\mathcal{B}}$가 일차독립인 것은 동치이다. 따라서, 선형사상 $L : V \to V$에 대해 L의 고유벡터로 이루어진 V의 기저가 존재할 때, 선형사상 L이 **대각화 가능하다고** 한다. 즉, 선형사상의 대각화 가능성은 어떤 기저에 대한 선형사상의 행렬표현만 살펴보면 충분하다. 따라서, 지금부터는 행렬의 대각화에 초점을 맞춰 살펴보도록 한다.

만약 $\mathcal{M}_{n,1}$의 두 벡터 $\mathbf{v}_1$, $\mathbf{v}_2$가 고윳값 λ에 대응되는 A의 고유벡터이면 임의의 α_1, $\alpha_2 \in \mathbb{F}$에 대해

$$A(\alpha_1\mathbf{v}_1 + \alpha_2\mathbf{v}_2) = \alpha_1\,A\,\mathbf{v}_1 + \alpha_2\,A\,\mathbf{v}_2 = \alpha_1\,(\lambda\mathbf{v}_1) + \alpha_2\,(\lambda\mathbf{v}_2) = \lambda(\alpha_1\mathbf{v}_1 + \alpha_2\mathbf{v}_2)$$

이므로 $\alpha_1\mathbf{v}_1+\alpha_2\mathbf{v}_2$ 도 λ에 대한 A의 고유벡터가 된다. 즉, A의 고윳값 λ에 대응되는 A의 고유벡터들로 이루어진 집합

$$E_A(\lambda)=\{\mathbf{v}\in\mathcal{M}_{n,1}(\mathbb{F}) : A\mathbf{v}=\lambda\mathbf{v}\}$$

는 $\mathcal{M}_{n,1}(\mathbb{F})$의 부분공간이 된다. 이를 A의 고윳값 λ에 대응되는 **고유공간**이라 부른다.

예제 7.1.2. 행렬 $A=\begin{pmatrix}5 & -6\\ 2 & -2\end{pmatrix}$의 모든 고윳값과 대응되는 고유공간을 구하시오. 또, 행렬 A를 대각화하는 가역행렬 P를 구하시오.

풀이 : $\mathbf{0}$이 아닌 임의의 벡터 $\mathbf{x}=(x, y)^{\mathrm{T}}$에 대해 $A\mathbf{x}=\lambda\mathbf{x}$라 하면,

$$A\mathbf{x}=\lambda\mathbf{x} \iff (A-\lambda I_2)\mathbf{x}=\mathbf{0} \tag{7.3}$$

이다. 따라서, 오른쪽 동차연립방정식이 $\mathbf{x}\neq\mathbf{0}$인 해를 가질 필요충분조건은 $\det(A-\lambda I_2)=0$이다. 한편,

$$\det(A-\lambda I_2)=\det\begin{pmatrix}5-\lambda & -6\\ 2 & -2-\lambda\end{pmatrix}=0 \iff (\lambda-1)(\lambda-2)=0 \iff \lambda=1 \text{ 또는 } 2$$

이므로, A의 고윳값은 $\lambda_1=1$ 또는 $\lambda_2=2$이다.

이제, 각 고윳값에 대응되는 고유공간을 구해보자. $\lambda_1=1$에 대응되는 고유벡터 $\mathbf{x}=(x, y)^{\mathrm{T}}$를 구하면, 식 (7.3)에서

$$\begin{pmatrix}4 & -6\\ 2 & -3\end{pmatrix}\begin{pmatrix}x\\ y\end{pmatrix}=\begin{pmatrix}0\\ 0\end{pmatrix} \iff 2x=3y \iff \begin{pmatrix}x\\ y\end{pmatrix}=x\begin{pmatrix}1\\ \frac{2}{3}\end{pmatrix}$$

이다. 따라서, 고유공간은 1 차원 부분공간 $E_A(1)=\mathrm{span}\big(\{(3, 2)^{\mathrm{T}}\}\big)$이다.

같은 방법으로 $\lambda_2=2$에 대응되는 고유공간을 구하면

$$\begin{pmatrix}3 & -6\\ 2 & -4\end{pmatrix}\begin{pmatrix}x\\ y\end{pmatrix}=\begin{pmatrix}0\\ 0\end{pmatrix} \iff x=2y \iff \begin{pmatrix}x\\ y\end{pmatrix}=y\begin{pmatrix}2\\ 1\end{pmatrix}$$

이므로, 고유공간은 1 차원 부분공간 $E_A(2)=\mathrm{span}\big(\{(2, 1)^{\mathrm{T}}\}\big)$이 된다.

한편, 행렬 A를 대각화하는 가역행렬 P는 식 (7.2)에서 설명하였듯이, 대각행렬에 나타나는 고윳값의 순서대로 대응되는 고유벡터를 열로 갖는 행렬이므로 행렬 A는 다음 행렬 P에 의해 대각화된다.

$$P=\begin{pmatrix}3 & 2\\ 2 & 1\end{pmatrix},\quad P^{-1}=\begin{pmatrix}-1 & 2\\ 2 & -3\end{pmatrix},$$

$$P^{-1}AP=\begin{pmatrix}-1 & 2\\ 2 & -3\end{pmatrix}\begin{pmatrix}5 & -6\\ 2 & -2\end{pmatrix}\begin{pmatrix}3 & 2\\ 2 & 1\end{pmatrix}=\begin{pmatrix}1 & 0\\ 0 & 2\end{pmatrix}.$$

□

문제 7.1.4. 2×2 단위행렬 I_2의 고윳값과 대응되는 고유공간을 구하시오. 또, 고유공간의 차원을 구하시오.

예제 7.1.3. 두 행렬 $A, B \in \mathcal{M}_{n,n}(\mathbb{F})$가 닮음행렬이면, 두 행렬은 동일한 고윳값을 가짐을 보이시오.

풀이 : 가역행렬 $P \in \mathcal{M}_{n,n}(\mathbb{F})$에 대해 $A = P^{-1}BP$라 하자. 이때,

$$\begin{aligned}\det(A - \lambda I_n) &= \det\left(P^{-1}BP - \lambda I_n\right) \\ &= \det\left(P^{-1}(B - \lambda I_n)P\right) = \det\left(P^{-1}\right)\det(B - \lambda I_n)\det(P) = \det(B - \lambda I_n)\end{aligned}$$

이므로 A와 B의 고윳값은 같아짐을 알 수 있다. □

문제 7.1.5. 임의의 두 행렬 $A, B \in \mathcal{M}_{n,n}(\mathbb{F})$에 대해, AB와 BA는 동일한 고윳값을 가짐을 보이시오.

앞의 예제 7.1.2에서 서로 다른 고윳값 1, 2에 대응되는 고유벡터 $(3, 2)^{\mathrm{T}}$와 $(2, 1)^{\mathrm{T}}$은 서로 일차독립이 되는데, 실제로 서로 다른 두 고윳값에 대응되는 고유벡터는 항상 일차독립이 된다. 즉, 행렬 $A \in \mathcal{M}_{n,n}(\mathbb{F})$의 서로 다른 두 고윳값 λ_1, λ_2에 대응되는 고유벡터를 각각 $\mathbf{v}_1, \mathbf{v}_2$라 할 때, 두 벡터가 일차독립임을 보이자.

$$c_1\mathbf{v}_1 + c_2\mathbf{v}_2 = \mathbf{0} \tag{7.4}$$

에서 양변에 λ_1을 곱하면

$$c_1\lambda_1\mathbf{v}_1 + c_2\lambda_1\mathbf{v}_2 = \mathbf{0}$$

가 되고, 식 (7.4)의 양변에 행렬 A를 곱하면

$$A(c_1\mathbf{v}_1 + c_2\mathbf{v}_2) = \mathbf{0} \iff c_1\lambda_1\mathbf{v}_1 + c_2\lambda_2\mathbf{v}_2 = \mathbf{0}$$

이다. 이때, 두 식을 변끼리 빼면 $c_2(\lambda_1 - \lambda_2)\mathbf{v}_2 = \mathbf{0}$을 얻고, $\lambda_1 \neq \lambda_2$이므로 $c_2 = 0$이 된다. 따라서, 두 벡터는 일차독립이다. 일반적으로 다음이 성립한다.

서로 다른 고윳값에 대응되는 고유벡터의 일차독립성

(가) 행렬 $A \in \mathcal{M}_{n,n}(\mathbb{F})$의 서로 다른 고윳값 $\lambda_1, \cdots, \lambda_k \in \mathbb{F}$에 대응되는 고유벡터 $\mathbf{v}_1, \cdots, \mathbf{v}_k \in \mathcal{M}_{n,1}(\mathbb{F})$는 일차독립이다.

(나) 특히, 행렬 $A \in \mathcal{M}_{n,n}(\mathbb{F})$가 n개의 서로 다른 고윳값을 가지면, A는 대각화 가능하다.

증명 : (가) $\{\mathbf{v}_1, \cdots, \mathbf{v}_k\}$가 일차종속이라면 모순임을 보이자. 가정으로부터 $\{\mathbf{v}_1, \mathbf{v}_2, \cdots, \mathbf{v}_r\}$는 일차독립이고, $\{\mathbf{v}_1, \mathbf{v}_2, \cdots, \mathbf{v}_r, \mathbf{v}_{r+1}\}$은 일차종속인 $2 \le r < k$가 존재한다.[1] 따라서, 다음 식

$$c_1\mathbf{v}_1 + c_2\mathbf{v}_2 + \cdots + c_r\mathbf{v}_r + c_{r+1}\mathbf{v}_{r+1} = \mathbf{0} \tag{7.5}$$

을 만족하는 모두가 0은 아닌 $c_1, \cdots, c_{r+1} \in \mathbb{F}$가 존재한다.

이때, $A(\mathbf{v}_i) = \lambda_i\mathbf{v}_i$ $(1 \le i \le r+1)$이므로 식 (7.5)의 양변에 A를 곱하면

$$c_1\lambda_1\mathbf{v}_1 + c_2\lambda_2\mathbf{v}_2 + \cdots + c_r\lambda_r\mathbf{v}_r + c_{r+1}\lambda_{r+1}\mathbf{v}_{r+1} = \mathbf{0} \tag{7.6}$$

를 얻는다. 한편, 식 (7.5)의 양변에 λ_{r+1}을 곱하면

$$c_1\lambda_{r+1}\mathbf{v}_1 + c_2\lambda_{r+1}\mathbf{v}_2 + \cdots + c_r\lambda_{r+1}\mathbf{v}_r + c_{r+1}\lambda_{r+1}\mathbf{v}_{r+1} = \mathbf{0} \tag{7.7}$$

이므로, 식 (7.6)에서 식 (7.7)을 변끼리 빼면

$$c_1(\lambda_1 - \lambda_{r+1})\mathbf{v}_1 + c_2(\lambda_2 - \lambda_{r+1})\mathbf{v}_2 + \cdots + c_r(\lambda_r - \lambda_{r+1})\mathbf{v}_r = \mathbf{0}$$

이 된다. 이제, $\{\mathbf{v}_1, \cdots, \mathbf{v}_r\}$가 일차독립이므로

$$c_1(\lambda_1 - \lambda_{r+1}) = c_2(\lambda_2 - \lambda_{r+1}) = \cdots = c_r(\lambda_r - \lambda_{r+1}) = 0$$

이 되고, $\lambda_1, \cdots, \lambda_{r+1}$은 서로 다른 고윳값이므로 $c_i = 0$ $(1 \le i \le r)$을 얻는다. 따라서, 식 (7.5)는 $c_{r+1}\mathbf{v}_{r+1} = 0$이 되고, $\mathbf{v}_{r+1} \ne \mathbf{0}$이므로 $c_{r+1} = 0$이다. 결국 모든 c_i $(1 \le i \le r+1)$은 0이 되어, 적어도 하나의 c_i가 0이 아니라는 가정에 모순이다.

(나) A가 n개의 서로 다른 고윳값을 가지므로 n개의 일차독립인 고유벡터가 존재한다. 따라서, 이들 고유벡터는 $\mathcal{M}_{n,1}(\mathbb{F})$의 기저가 되므로 A는 대각화 가능하다.[2] □

행렬 $A \in \mathcal{M}_{n,n}(\mathbb{F})$가 대각화 가능한지를 판단하려면, 각 고윳값에 대응되는 고유벡터들이 $M_{n,1}(\mathbb{F})$의 기저를 이룰 수 있는지를 확인해야 한다. 우선

$$A\mathbf{v} = \lambda\mathbf{v} \iff (A - \lambda I_n)\mathbf{v} = \mathbf{0} \tag{7.8}$$

를 만족하는 $\lambda \in \mathbb{F}$와 $\mathbf{v} \ne \mathbf{0}$를 구해야 하는데, 식 (7.8)을 만족하는 해가 존재할 필요충분조건은 다음과 같이 $n \times n$행렬 $A - \lambda I_n$의 행렬식이 0이 되는 것이다.

$$\det(A - \lambda I_n) = \det\begin{pmatrix} A_{11}-\lambda & A_{12} & \cdots & A_{1n} \\ A_{21} & A_{22}-\lambda & \cdots & A_{2n} \\ \vdots & \vdots & \ddots & \vdots \\ A_{n1} & A_{n2} & \cdots & A_{nn}-\lambda \end{pmatrix} = 0.$$

1) 앞의 설명에 의해 $\{\mathbf{v}_1, \mathbf{v}_2\}$는 일차독립이다.

2) 246 쪽의 대각화 가능할 필요충분조건을 참고하시오.

따라서, $\mathbb{F}$에서 계수를 갖는 λ에 관한 n차 방정식

$$f(\lambda) = \det(A - \lambda I_n) = 0 \tag{7.9}$$

의 해를 구하면 모든 고윳값을 찾을 수 있고,[3] 각 고윳값 λ에 대해 고유공간 $E_A(\lambda)$를 구하면 대응되는 고유벡터들을 찾을 수 있다.[4] 따라서, 고윳값을 결정하는 식 (7.9)의 다항식이 중요한 역할을 하는데, 이 다항식을 A의 특성다항식이라 한다. 또, 식 (7.9)의 방정식을 특성방정식이라 한다. [5]

결론적으로 행렬 $A \in \mathcal{M}_{n,n}(\mathbb{F})$가 대각화 가능한지 계산을 통해 확인하는 과정을 정리하면 다음과 같다.

고윳값과 고유벡터를 구하여 대각화 가능을 확인하는 과정

행렬 $A \in \mathcal{M}_{n,n}(\mathbb{F})$가 대각화 가능인지 확인하는 방법은 다음과 같다.

(가) n차 특성방정식 $\det(A - \lambda I_n) = 0$의 해를 $\mathbb{F}$에서 구한다.

(나) (가)에서 구한 방정식의 해가 존재할 때, 서로 다른 해를 $\lambda_1, \lambda_2, \cdots, \lambda_k$ $(1 \le k \le n)$이라 하자. 이때, 각 λ_i $(1 \le i \le k)$에 대해 고유공간 $E_A(\lambda_i)$를 구한다.[a]

(다) (나)에서 구한 $E_A(\lambda_i)$ $(1 \le i \le k)$에 대해 다음 조건이

$$\dim_{\mathbb{F}}\big(E_A(\lambda_1)\big) + \dim_{\mathbb{F}}\big(E_A(\lambda_2)\big) + \cdots + \dim_{\mathbb{F}}\big(E_A(\lambda_k)\big) = n \tag{7.10}$$

이 성립하면, 행렬 A는 $\mathcal{M}_{n,n}(\mathbb{F})$의 행렬로 대각화 가능하고, 246 쪽에서처럼 대각화하는 행렬 $P \in \mathcal{M}_{n,n}(\mathbb{F})$와 대각행렬을 구할 수 있다.

a) 이것은 동차연립방정식의 해를 구하는 것이므로 가우스-조르당 소거법을 통해 쉽게 구할 수 있다.

[참고] 위 과정의 (다)를 증명하기 전에, 방정식의 해를 $\mathbb{F}$에서 구한다는 (가)의 의미부터 살펴보자. 예를 들어, 다음 행렬 A의 고윳값을 구해보자.

$$A = \begin{pmatrix} 1 & -1 \\ 1 & 1 \end{pmatrix}$$

이차방정식 $\det(A - \lambda I_2) = 0$을 구하면

$$\det\begin{pmatrix} 1-\lambda & -1 \\ 1 & 1-\lambda \end{pmatrix} = 0 \iff (1-\lambda)^2 + 1 = 0 \iff (1-\lambda) = \pm i \iff \lambda = 1 \pm i$$

3) 67 쪽의 행렬식 (3.6)으로부터 $\det(A - \lambda I_n)$은 계수가 $\mathbb{F}$인 λ에 관한 n차 다항식 $f(\lambda)$가 됨을 알 수 있다.

4) $\dim_{\mathbb{F}} E_A(\lambda)$를 고유값 λ의 기하학적 중복도라고 부른다.

5) 보통 필요하면 -1을 곱해 최고차항의 계수를 1이 되게 하고, $p_A(\lambda)$로 표시한다.

이므로, 실수의 범위에서는 고윳값이 존재하지 않고 복소수 범위에서 두 개의 고윳값을 갖는다. 따라서, 행렬 A는 $\mathcal{M}_{2,2}(\mathbb{R})$의 행렬로는 대각화 가능하지 않지만, 복소수의 범위에서 서로 다른 두 개의 고윳값을 가지므로 $\mathcal{M}_{2,2}(\mathbb{C})$의 행렬로는 대각화 가능함을 알 수 있다.

특히, 대수학의 기본정리[6)]에 의해 복소수 계수를 갖는 n차 방정식은 같은 해를 중복하여 셀 때 항상 n개의 해를 가지므로, $\mathcal{M}_{n,n}(\mathbb{C})$의 행렬에 대해서는 항상 n개의 고윳값을 구할 수 있다.

증명 : 위의 과정에서 (다)의 식 (7.10)이 성립하면 행렬 A가 대각화 가능하다는 것을 알아보자. 우선 각 고유공간의 차원이 $\dim_{\mathbb{F}}\big(E_A(\lambda_i)\big) = n_i$ $(1 \le i \le k)$라 하면 가정으로부터 $n_1 + n_2 + \cdots + n_k = n$이다.[7)]

이제, 각 $i = 1, 2, \cdots, k$에 대해 $E_A(\lambda_i)$의 기저를 $\{\mathbf{v}_1^{\lambda_i}, \mathbf{v}_2^{\lambda_i}, \cdots, \mathbf{v}_{n_i}^{\lambda_i}\}$라 하고, 수학적 귀납법을 이용하여

$$\{\mathbf{v}_1^{\lambda_1}, \cdots, \mathbf{v}_{n_1}^{\lambda_1}, \mathbf{v}_1^{\lambda_2}, \cdots, \mathbf{v}_{n_2}^{\lambda_2}, \cdots, \mathbf{v}_1^{\lambda_k}, \cdots, \mathbf{v}_{n_k}^{\lambda_k}\} = \cup_{i=1}^{k}\{\mathbf{v}_1^{\lambda_i}, \cdots, \mathbf{v}_{n_i}^{\lambda_i}\}$$

가 일차독립임을 보이자.

먼저, $E_A(\lambda_1)$의 기저와 $E_A(\lambda_2)$의 기저의 합집합이 일차독립임을 보이기 위해

$$c_{11}\mathbf{v}_1^{\lambda_1} + \cdots + c_{1n_1}\mathbf{v}_{n1}^{\lambda_1} + c_{21}\mathbf{v}_1^{\lambda_2} + \cdots + c_{2n_2}\mathbf{v}_{n_2}^{\lambda_2} = \mathbf{0} \tag{7.11}$$

라 하고, 양변에 A를 곱한 식과 양변에 λ_2를 곱한 식을 각각 구하면

$$\begin{aligned}\lambda_1 c_{11}\mathbf{v}_1^{\lambda_1} + \cdots + \lambda_1 c_{1n_1}\mathbf{v}_{n_1}^{\lambda_1} + \lambda_2 c_{21}\mathbf{v}_1^{\lambda_2} + \cdots + \lambda_2 c_{2n_2}\mathbf{v}_{n_2}^{\lambda_2} = \mathbf{0}\\ \lambda_2 c_{11}\mathbf{v}_1^{\lambda_1} + \cdots + \lambda_2 c_{1n_1}\mathbf{v}_{n_1}^{\lambda_1} + \lambda_2 c_{21}\mathbf{v}_1^{\lambda_2} + \cdots + \lambda_2 c_{2n_2}\mathbf{v}_{n_2}^{\lambda_2} = \mathbf{0}\end{aligned}$$

이다. 이 두 식을 변끼리 뺀 식

$$(\lambda_1 - \lambda_2)c_{11}\mathbf{v}_1^{\lambda_1} + \cdots + (\lambda_1 - \lambda_2)c_{1n_1}\mathbf{v}_{n_1}^{\lambda_1} = \mathbf{0}$$

에서 $\{\mathbf{v}_1^{\lambda_1}, \cdots, \mathbf{v}_{n_1}^{\lambda_1}\}$이 일차독립이고 $\lambda_1 \neq \lambda_2$이므로 $c_{11} = \cdots = c_{1n_1} = 0$이다. 이때, 식 (7.11)에서 $c_{21}\mathbf{v}_1^{\lambda_2} + \cdots + c_{2n_2}\mathbf{v}_{n_2}^{\lambda_2} = \mathbf{0}$이 되고, 다시 $\{\mathbf{v}_1^{\lambda_2}, \cdots, \mathbf{v}_{n_2}^{\lambda_2}\}$가 일차독립임을 이용하면 모든 $1 \le i \le n_2$에 대해 $c_{2i} = 0$이다. 따라서, $E_A(\lambda_1)$의 기저와 $E_A(\lambda_2)$의 기저의 합집합은 일차독립이 된다.

이제, $\cup_{i=1}^{k-1}\{\mathbf{v}_1^{\lambda_i}, \cdots, \mathbf{v}_{n_i}^{\lambda_i}\}$가 일차독립이라 가정하고, $\cup_{i=1}^{k}\{\mathbf{v}_1^{\lambda_i}, \cdots, \mathbf{v}_{n_i}^{\lambda_i}\}$가 일차독립임을 보이자.

$$c_{11}\mathbf{v}_1^{\lambda_1} + \cdots + c_{1n_1}\mathbf{v}_{n_1}^{\lambda_1} + \cdots + c_{k1}\mathbf{v}_1^{\lambda_k} + \cdots + c_{kn_k}\mathbf{v}_{n_k}^{\lambda_k} = \mathbf{0} \tag{7.12}$$

6) 150 쪽 참고

7) 각 고유공간은 $\mathcal{M}_{n,1}$의 부분공간이므로 모든 고유공간을 포함하는 부분공간의 차원이 n을 넘을 수 없다. 따라서, 일반적으로는 $n_1 + n_2 + \cdots + n_k \le n$이 성립한다.

에서 식의 양변에 A를 곱한 식과 상수 λ_k를 곱한 식을 각각 구하면

$$\lambda_1 c_{11}\mathbf{v}_1^{\lambda_1} + \cdots + \lambda_1 c_{1n_1}\mathbf{v}_{n_1}^{\lambda_1} + \cdots + \lambda_k c_{k1}\mathbf{v}_1^{\lambda_k} + \cdots + \lambda_k c_{kn_k}\mathbf{v}_{n_k}^{\lambda_k} = \mathbf{0},$$
$$\lambda_k c_{11}\mathbf{v}_1^{\lambda_1} + \cdots + \lambda_k c_{1n_1}\mathbf{v}_{n_1}^{\lambda_1} + \cdots + \lambda_k c_{k1}\mathbf{v}_1^{\lambda_k} + \cdots + \lambda_k c_{kn_k}\mathbf{v}_{n_k}^{\lambda_k} = \mathbf{0}$$

이고, 이 두 식을 변끼리 빼면 다음 식을 얻는다.

$$(\lambda_1 - \lambda_k)c_{11}\mathbf{v}_1^{\lambda_1} + \cdots + (\lambda_1 - \lambda_k)c_{1n_1}\mathbf{v}_{n_1}^{\lambda_1} + \cdots + (\lambda_{k-1} - \lambda_k)c_{(k-1)1}\mathbf{v}_1^{\lambda_{k-1}} + \cdots + (\lambda_{k-1} - \lambda_k)c_{(k-1)n_{k-1}}\mathbf{v}_{n_{k-1}}^{\lambda_{k-1}} = \mathbf{0}$$

가정에서 $\cup_{i=1}^{k-1}\{\mathbf{v}_1^{\lambda_i}, \cdots, \mathbf{v}_{n_i}^{\lambda_i}\}$가 일차독립이고, 고윳값은 서로 다르므로 $c_{11} = \cdots = c_{1n_1} = \cdots = c_{(k-1)1} = \cdots = c_{(k-1)n_{k-1}} = 0$이다. 즉, 각 $1 \le i \le k-1$와 모든 $1 \le j \le n_i$에 대해 $c_{ij} = 0$이다. 따라서, 식 (7.12)은 $c_{k1}\mathbf{v}_1^{\lambda_k} + \cdots + c_{kn_k}\mathbf{v}_{n_k}^{\lambda_k} = \mathbf{0}$이 되고, $\{\mathbf{v}_1^{\lambda_k}, \cdots, \mathbf{v}_{n_k}^{\lambda_k}\}$가 일차독립임을 이용하면 $c_{k1}, \cdots, c_{kn_k}$도 모두 0이다.

결론적으로 각 고윳값 λ_i $(1 \le i \le k)$에 대해, 고유공간의 기저를 이루는 고유벡터들이 n_i개이고, 총 n개의 고유벡터 $\cup_{i=1}^{k}\{\mathbf{v}_i^{\lambda_i}, \cdots, \mathbf{v}_{n_i}^{\lambda_i}\}$가 일차독립이므로 n차원 벡터공간 $\mathcal{M}_{n,1}(\mathbb{F})$의 기저가 된다. 따라서, A는 대각화 가능하다.[8] □

예제 7.1.4. 다음 각 행렬이 대각화 가능한지 판단하시오.

(가) $\begin{pmatrix} 4 & -2 & 1 \\ 2 & 0 & 1 \\ 2 & -2 & 3 \end{pmatrix}$ (나) $\begin{pmatrix} 0 & 0 & 1 \\ 0 & 1 & -1 \\ 0 & 0 & 1 \end{pmatrix}$

풀이 : (가) 고윳값을 구하면 다음과 같이 $\lambda = 2$ 또는 3이다.

$$\det\begin{pmatrix} 4-\lambda & -2 & 1 \\ 2 & -\lambda & 1 \\ 2 & -2 & 3-\lambda \end{pmatrix} = -(\lambda-2)^2(\lambda-3) = 0 \iff \lambda = 2 \text{ 또는 } \lambda = 3$$

$\lambda = 2$에 대응되는 고유벡터를 구하면

$$\begin{pmatrix} 2 & -2 & 1 \\ 2 & -2 & 1 \\ 2 & -2 & 1 \end{pmatrix}\begin{pmatrix} x \\ y \\ z \end{pmatrix} = \begin{pmatrix} 0 \\ 0 \\ 0 \end{pmatrix} \iff \begin{pmatrix} x \\ y \\ z \end{pmatrix} = \begin{pmatrix} x \\ y \\ 2y-2x \end{pmatrix} = x\begin{pmatrix} 1 \\ 0 \\ -1 \end{pmatrix} + y\begin{pmatrix} 0 \\ 1 \\ 2 \end{pmatrix}$$

이므로 대응되는 고유공간의 기저는 $\{(1,0,-2)^{\mathrm{T}}, (0,1,2)^{\mathrm{T}}\}$이다.

8) 246 쪽의 대각화 가능할 필요충분조건을 참고하시오.

또, $\lambda = 3$에 대응되는 고유공간은 다음과 고유벡터로 생성되는 1차원 부분공간이다.

$$\begin{pmatrix} 1 & -2 & 1 \\ 2 & -3 & 1 \\ 2 & -2 & 0 \end{pmatrix} \begin{pmatrix} x \\ y \\ z \end{pmatrix} = \begin{pmatrix} 0 \\ 0 \\ 0 \end{pmatrix} \iff \begin{pmatrix} x \\ y \\ z \end{pmatrix} = x \begin{pmatrix} 1 \\ 1 \\ 1 \end{pmatrix}$$

따라서, 서로 다른 두 고윳값에 대응되는 고유공간의 차원의 합이 3이므로 대각화 가능하다.

(나) 고윳값을 구하면 다음과 같이 $\lambda = 0$ 또는 1이다.

$$\det \begin{pmatrix} -\lambda & 0 & 1 \\ 0 & 1-\lambda & -1 \\ 0 & 0 & 1-\lambda \end{pmatrix} = -\lambda(1-\lambda)^2 = 0 \iff \lambda = 0 \text{ 또는 } \lambda = 1$$

고윳값 $\lambda = 0$에 대응되는 고유공간을 구하기 위해 다음 동차연립방정식

$$\begin{pmatrix} 0 & 0 & 1 \\ 0 & 1 & -1 \\ 0 & 0 & 1 \end{pmatrix} \begin{pmatrix} x \\ y \\ z \end{pmatrix} = \begin{pmatrix} 0 \\ 0 \\ 0 \end{pmatrix} \iff \begin{pmatrix} x \\ y \\ z \end{pmatrix} = x \begin{pmatrix} 1 \\ 0 \\ 0 \end{pmatrix}$$

을 풀면, $(1, 0, 0)^T$로 생성되는 1 차원 부분공간임을 알 수 있다.

또, 고윳값 $\lambda = 1$에 대응되는 고유공간은

$$\begin{pmatrix} -1 & 0 & 1 \\ 0 & 0 & -1 \\ 0 & 0 & 0 \end{pmatrix} \begin{pmatrix} x \\ y \\ z \end{pmatrix} = \begin{pmatrix} 0 \\ 0 \\ 0 \end{pmatrix} \iff \begin{pmatrix} x \\ y \\ z \end{pmatrix} = y \begin{pmatrix} 0 \\ 1 \\ 0 \end{pmatrix}$$

로부터 $(0, 1, 0)^T$로 생성되는 1 차원 부분공간이다. 결과적으로 서로 다른 고윳값에 대응되는 고유공간의 차원의 합이 2이므로 A는 대각화 가능하지 않다. □

문제 7.1.6. 행렬 $\begin{pmatrix} 0 & -i \\ i & 0 \end{pmatrix} \in \mathcal{M}_{2,2}(\mathbb{C})$가 대각화 가능한지 판단하시오. 또, 대각화 가능하다면 $P^{-1}AP = D$가 되는 가역행렬 $P \in \mathcal{M}_{2,2}(\mathbb{C})$와 대각행렬 $D \in \mathcal{M}_{2,2}(\mathbb{C})$를 구하시오.

문제 7.1.7. 행렬 $A = \begin{pmatrix} 0 & -1 \\ 1 & 0 \end{pmatrix} \in \mathcal{M}_{2,2}(\mathbb{R})$가 대각화 가능한지 판단하시오. 또, A가 $\mathcal{M}_{2,2}(\mathbb{C})$에서 대각화 가능한지 판단하시오.

문제 7.1.8. 행렬 $A = \begin{pmatrix} 0 & a \\ b & 0 \end{pmatrix} \in \mathcal{M}_{2,2}(\mathbb{R})$가 대각화 가능할 a, b의 조건을 구하시오. 또, 동일한 형태의 행렬 $A \in \mathcal{M}_{2,2}(\mathbb{C})$가 대각화 가능할 a, b의 조건을 구하시오.

문제 7.1.9. 행렬 $U \in \mathcal{M}_{n,n}(\mathbb{F})$가 상삼각행렬이라 할 때, U의 고윳값을 모두 구하시오. (단, U의 (i,j) 성분은 U_{ij}로 나타낸다.) 또, U의 주대각선 상의 성분이 서로 다를 때 (즉, $1 \le i \ne j \le n$이면 $U_{ii} \ne U_{jj}$일 때), U는 대각화 가능함을 보이시오.

일반적으로 $\mathcal{M}_{n,n}(\mathbb{F})$의 두 행렬 A와 B가 닮음행렬이면 두 행렬은 같은 행렬식과 대각합을 갖는다. 즉, 가역행렬 P에 대해 $P^{-1}AP = B$이면

$$\det(B) = \det(P^{-1}AP) = \big(\det(P)\big)^{-1}\det(A)\det(P) = \det(A)$$

와

$$\mathrm{Tr}(B) = \mathrm{Tr}(P^{-1}AP) = \mathrm{Tr}(APP^{-1}) = \mathrm{Tr}(A)$$

가 성립한다. 따라서, 행렬 $A \in \mathcal{M}_{n,n}(\mathbb{F})$가 대각화 가능하면, 행렬 A는 고윳값을 주대각선 성분으로 갖는 대각행렬과 닮음행렬이 되므로 행렬 A의 행렬식과 대각합은 다음과 같이 고윳값에 의해 결정된다.

대각화 가능한 행렬의 행렬식과 대각합

정사각행렬 $A \in \mathcal{M}_{n,n}(\mathbb{F})$가 대각화 가능하고, n개의 고윳값이 $\lambda_1, \lambda_2, \cdots, \lambda_n$이라 하자. 이때, 행렬 A의 행렬식과 대각합은 다음과 같다.

$$\det(A) = \prod_{k=1}^{n} \lambda_k = \lambda_1\lambda_2\cdots\lambda_n, \quad \mathrm{Tr}(A) = \sum_{k=1}^{n} \lambda_k = \lambda_1 + \lambda_2 + \cdots + \lambda_n.$$

대칭행렬, 에르미트행렬과 유니타리행렬의 고윳값

일반적으로 실수에서 정의된 $n \times n$ 행렬 A는 n개의 고윳값을 갖는다는 보장이 없지만, A가 대칭행렬인 경우에는 정확하게 n개의 고윳값이 실수 범위에서 존재한다. 우선 A를 복소수 상에서 정의된 행렬로 생각하면, 복소수 범위에서 n개의 고윳값을 갖는다. λ가 복소수 범위에서 구한 A의 고윳값이라 하고, 대응되는 고유벡터를 $\mathbf{v} \in \mathcal{M}_{n,1}(\mathbb{C})$라 하자. 이때, 1×1 행렬 $\mathbf{v}^*A\mathbf{v}$의 전치행렬은 자기 자신이고, $A^* = A^{\mathrm{T}} = A$이므로

$$\overline{\mathbf{v}^*A\mathbf{v}} = \left(\overline{\mathbf{v}^*A\mathbf{v}}\right)^{\mathrm{T}} = \left(\mathbf{v}^*A\mathbf{v}\right)^* = \mathbf{v}^*A^*\mathbf{v} = \mathbf{v}^*A\mathbf{v} \tag{7.13}$$

가 성립한다. 즉, 복소수 $\mathbf{v}^*A\mathbf{v}$가 실수임을 알 수 있다. 이제, λ가 실제로 실수가 됨을 보이자. 다음 관계식

$$A\mathbf{v} = \lambda\mathbf{v} \iff \mathbf{v}^*A\mathbf{v} = \mathbf{v}^*\big(\lambda\mathbf{v}\big) = \lambda\|\mathbf{v}\|^2 \tag{7.14}$$

에서[9], 고유벡터는 $\mathbf{0}$이 아니므로 $\|\mathbf{v}\|^2 > 0$이고 $\mathbf{v}^*A\mathbf{v}$가 실수이므로 λ는 실수가 됨을 확인할 수 있다. 또, 고윳값 $\lambda \in \mathbb{R}$에 대응되는 고유벡터는 실수 상에서 정의된 행렬 $A - \lambda I_n$의 영공간에 속하는 벡터이고, $\det(A - \lambda I_n) = 0$이 성립함을 알고 있으므로, 고유벡터 $\mathbf{v}$는 실제로 $\mathcal{M}_{n,1}(\mathbb{R})$에 속함을 알 수 있다.

$n \times n$ 대칭행렬이 실수 범위에서 n개의 고윳값을 갖는다는 증명 과정을 잘 살펴보면, $n \times n$ 복소행렬이 에르미트행렬인 경우에도 동일한 결론을 내릴 수 있음을 알 수 있다. 즉, $A \in \mathcal{M}_{n,n}(\mathbb{C})$가 에르미트행렬이면 $A^* = A$이므로 임의의 벡터 $\mathbf{v} \in \mathcal{M}_{n,1}(\mathbb{C})$에 대해 식 (7.13)이 성립한다. 또, 식 (7.14)도 성립하므로 에르미트행렬 A의 모든 고윳값이 실수임을 알 수 있다.

더구나, 행렬 $A \in \mathcal{M}_{n,n}(\mathbb{R})$가 대칭행렬이거나 $A \in \mathcal{M}_{n,n}(\mathbb{C})$가 에르미트행렬이면, 서로 다른 고윳값에 대응되는 고유벡터들이 항상 직교함을 보일 수 있다.

대칭행렬과 에르미트행렬의 고윳값과 고유벡터

$n \times n$ 행렬 A가 실수 성분을 갖는 대칭행렬이거나, 복소수 성분을 갖는 에르미트행렬이면, 다음이 성립한다.

(가) 임의의 복소 벡터 $\mathbf{v} \in \mathcal{M}_{n,1}(\mathbb{C})$에 대해, $\mathbf{v}^*A\mathbf{v}$는 실수이다.

(나) A는 n개의 고윳값을 실수 범위에서 갖는다. 특히, $A \in \mathcal{M}_{n,n}(\mathbb{R})$가 대칭행렬이면, 고윳값에 대응되는 고유벡터도 $\mathcal{M}_{n,1}(\mathbb{R})$의 벡터이다.

(다) A의 서로 다른 두 개의 고윳값에 대응되는 각각의 고유벡터는 항상 직교한다.

증명 : (다)만 증명하면 된다. λ_1과 λ_2를 A의 서로 다른 고윳값이라 하고, $\mathbf{v}_1$, $\mathbf{v}_2$를 각각 이에 대응되는 고유벡터라 하자. 이때, $\langle \mathbf{v}_1, A^*\mathbf{v}_2 \rangle = \langle \mathbf{v}_1, A\mathbf{v}_2 \rangle = \langle \mathbf{v}_1, \lambda_2\mathbf{v}_2 \rangle$이므로

$$\lambda_1\langle \mathbf{v}_1, \mathbf{v}_2 \rangle = \langle \lambda_1\mathbf{v}_1, \mathbf{v}_2 \rangle = \langle A\mathbf{v}_1, \mathbf{v}_2 \rangle = \mathbf{v}_2^*A\mathbf{v}_1 = (A^*\mathbf{v}_2)^*\mathbf{v}_1 = \langle \mathbf{v}_1, A^*\mathbf{v}_2 \rangle = \bar{\lambda}_2\langle \mathbf{v}_1, \mathbf{v}_2 \rangle$$

가 성립한다. 또, 에르미트행렬의 고윳값은 실수이므로 $\bar{\lambda}_2 = \lambda_2$가 되고, $\lambda_1 \neq \lambda_2$이므로

$$(\lambda_1 - \lambda_2)\langle \mathbf{v}_1, \mathbf{v}_2 \rangle = 0 \iff \langle \mathbf{v}_1, \mathbf{v}_2 \rangle = 0$$

이 된다. 따라서, 서로 다른 고윳값에 대응되는 고유벡터는 직교한다. □

문제 7.1.10. 복소행렬 $A \in \mathcal{M}_{n,n}(\mathbb{C})$가 $A^* = -A$를 만족할 때, 반에르미트행렬이라 한다. 반에르미트행렬의 고윳값은 모두 순허수 (즉, 실수 r에 대해 $r\,i$꼴) 임을 보이시오.

9) $\mathbf{v} \in \mathcal{M}_{n,1}(\mathbb{C})$일 때, $\|\mathbf{v}\|^2 = \langle \mathbf{v}, \mathbf{v} \rangle = \mathbf{v}^*\mathbf{v}$임을 이용하고 있다.

예제 7.1.5. $n \times n$ 에르미트행렬 A의 고윳값 λ_i $(i = 1, 2, \cdots, n)$이 서로 다를 때, 다음을 보이시오.

$$\max\{|\langle A\mathbf{v}, \mathbf{v}\rangle| : \|\mathbf{v}\| \leq 1\} = \max\{|\lambda_1|, |\lambda_2|, \cdots, |\lambda_n|\}$$

풀이 : 우선 에르미트 행렬 A의 모든 고윳값은 실수인데, 조건에서 고윳값이 서로 다르므로 n개의 고유벡터는 직교집합이 된다.[10)] 또, 고유벡터의 상수배도 고유벡터가 되므로 서로 다른 고윳값에 대한 고유벡터들로 이루어진 $\mathcal{M}_{n,1}(\mathbb{C})$의 정규직교기저 $\mathcal{B} = \{\mathbf{v}_1, \mathbf{v}_2, \cdots, \mathbf{v}_n\}$을 잡을 수 있다. ($\mathbf{v}_i$는 고윳값 λ_i에 대응되는 고유벡터라 하자.)

이때, 임의의 벡터 $\mathbf{v} \in \mathcal{M}_{n,1}$에 대해 $\mathbf{v} = c_1\mathbf{v}_1 + \cdots + c_n\mathbf{v}_n$인 복소수 c_i들이 유일하게 결정되는데, 다음 식으로부터 $\|\mathbf{v}\| \leq 1$일 때, $|c_1|^2 + \cdots + |c_n|^2 \leq 1$이 성립한다.

$$\|\mathbf{v}\|^2 = \langle \mathbf{v}, \mathbf{v}\rangle = \left\langle \sum_{i=1}^{n} c_i\mathbf{v}_i, \sum_{j=1}^{n} c_j\mathbf{v}_j \right\rangle = \sum_{i=1}^{n}\sum_{j=1}^{n} c_i\bar{c}_j\langle \mathbf{v}_i, \mathbf{v}_j\rangle = \sum_{i=1}^{n} |c_i|^2$$

또, $A\mathbf{v} = A(c_1\mathbf{v}_1 + \cdots + c_n\mathbf{v}_n) = \lambda_1 c_1\mathbf{v}_1 + \cdots + \lambda_n c_n\mathbf{v}_n$이므로 같은 방법으로 계산하면

$$\langle A\mathbf{v}, \mathbf{v}\rangle = \lambda_1|c_1|^2 + \lambda_2|c_2|^2 + \cdots + \lambda_n|c_n|^2$$

이 성립한다. 따라서 $M = \max\{|\lambda_1|, |\lambda_2|, \cdots, |\lambda_n|\}$이라 두면 $\|\mathbf{v}\| \leq 1$인 $\mathbf{v}$에 대해

$$|\langle A\mathbf{v}, \mathbf{v}\rangle| \leq |\lambda_1|\,|c_1|^2 + \cdots + |\lambda_n|\,|c_n|^2 \leq M\big(|c_1|^2 + \cdots + |c_n|^2\big) = M\|\mathbf{v}\|^2 \leq M$$

이므로

$$\max\{|\langle A\mathbf{v}, \mathbf{v}\rangle| : \|\mathbf{v}\| \leq 1\} \leq \max\{|\lambda_1|, |\lambda_2|, \cdots, |\lambda_n|\}$$

이다. 특히, $\max\{|\lambda_1|, |\lambda_2|, \cdots, |\lambda_n|\} = \lambda_k$일 때, $\mathbf{v}$를 $\mathbf{v}_k$로 잡으면

$$|\langle A\mathbf{v}_k, \mathbf{v}_k\rangle| = |\lambda_k\langle \mathbf{v}_k, \mathbf{v}_k\rangle| = |\lambda_k|$$

이므로 $\max\{|\langle A\mathbf{v}, \mathbf{v}\rangle| : \|\mathbf{v}\| \leq 1\} = \max\{|\lambda_1|, |\lambda_2|, \cdots, |\lambda_n|\}$이 성립한다. □

문제 7.1.11. 에르미트행렬 $A = \begin{pmatrix} 1 & 0 & 0 \\ 0 & 2 & 1+i \\ 0 & 1-i & 0 \end{pmatrix}$의 고윳값을 모두 구하고 실수인지 확인하시오. 또, $\max\{|\langle A\mathbf{v}, \mathbf{v}\rangle| : \|\mathbf{v}\| \leq 1\}$의 값을 구하시오.

문제 7.1.12. $n \times n$ 에르미트행렬 A가 서로 다른 고윳값을 가질 때, $\max\{\|A(\mathbf{v})\| : \|\mathbf{v}\| = 1\}$의 값을 구하시오.

---

10) 에르미트행렬의 고윳값과 고유벡터에 대한 정리 (다)에 의해 성립한다.

복소행렬 중 유니타리행렬도 에르미트행렬의 경우처럼 서로 다른 고윳값에 대응되는 고유벡터가 항상 직교한다. 우선 유니타리행렬의 고윳값이 갖는 성질부터 살펴보자.

유니타리행렬 U는 등장사상에 대응되는 행렬로써 $U^*U = I_n = UU^*$를 만족한다. 따라서, 임의의 두 벡터 $\mathbf{u}$, $\mathbf{v} \in \mathcal{M}_{n,1}(\mathbb{C})$에 대해

$$\begin{aligned} \langle U\mathbf{u}, U\mathbf{v}\rangle &= (U\mathbf{v})^*(U\mathbf{u}) = \mathbf{v}^*U^*U\mathbf{u} = \mathbf{v}^*\mathbf{u} = \langle \mathbf{u}, \mathbf{v}\rangle \\ \langle U^*\mathbf{u}, U^*\mathbf{v}\rangle &= (U^*\mathbf{v})^*(U^*\mathbf{u}) = \mathbf{v}^*UU^*\mathbf{u} = \mathbf{v}^*\mathbf{u} = \langle \mathbf{u}, \mathbf{v}\rangle \end{aligned} \tag{7.15}$$

가 성립한다. 따라서, $\mathbf{0}$이 아닌 $\mathbf{v} \in \mathcal{M}_{n,1}(\mathbb{C})$가 유니타리행렬 U의 고윳값 λ에 대응되는 고유벡터라면, 다음 등식

$$\|\mathbf{v}\|^2 = \langle \mathbf{v}, \mathbf{v}\rangle = \langle U\mathbf{v}, U\mathbf{v} = \langle \lambda\mathbf{v}, \lambda\mathbf{v}\rangle = \lambda\bar{\lambda}\langle \mathbf{v}, \mathbf{v}\rangle = |\lambda|^2\|\mathbf{v}\|^2$$

으로부터 $|\lambda|^2 = 1$이 성립한다. 즉, 유니타리행렬의 고윳값은 절대값이 1인 복소수이다.

이제 서로 다른 두 고윳값 λ_1, λ_2에 대응되는 U의 두 고유벡터 $\mathbf{v}_1$, $\mathbf{v}_2$가 직교함을 보이자. 우선, 유니타리행렬의 고윳값은 절대값이 1인 복소수이므로 $\lambda_2^{-1} = \bar{\lambda}_2$이고, 다음 식이 성립한다.

$$\lambda_2\mathbf{v}_2 = U\mathbf{v}_2 \implies U^*\lambda_2\mathbf{v}_2 = U^*U\mathbf{v}_2 = \mathbf{v}_2 \implies U^*\mathbf{v}_2 = \lambda_2^{-1}\mathbf{v}_2 = \bar{\lambda}_2\mathbf{v}_2$$

따라서, 위 결과와 등식 (7.15)를 이용하면

$$\lambda_1\langle \mathbf{v}_1, \mathbf{v}_2\rangle = \langle U\mathbf{v}_1, \mathbf{v}_2\rangle = \langle U^*U\mathbf{v}_1, U^*\mathbf{v}_2\rangle = \langle \mathbf{v}_1, U^*\mathbf{v}_2\rangle = \langle \mathbf{v}_1, \bar{\lambda}_2\mathbf{v}_2\rangle = \lambda_2\langle \mathbf{v}_1, \mathbf{v}_2\rangle$$

가 되고, $\lambda_1 \neq \lambda_2$이므로 $\langle \mathbf{v}_1, \mathbf{v}_2\rangle = 0$이 된다.

유니타리행렬의 고윳값과 고유벡터

$n \times n$ 복소행렬 U가 유니타리행렬이면 다음이 성립한다.

(가) 임의의 벡터 $\mathbf{u}$, $\mathbf{v} \in \mathcal{M}_{n,1}(\mathbb{C})$에 대해 $\langle U\mathbf{u}, U\mathbf{v}\rangle = \langle \mathbf{u}, \mathbf{v}\rangle$이고 $\|U\mathbf{u}\| = \|\mathbf{u}\|$이다.

(나) U의 고윳값 λ는 절대값이 1인 복소수이다. (즉, $|\lambda|^2 = \lambda\bar{\lambda} = 1$)

(다) U의 서로 다른 두 고윳값에 대응되는 고유벡터는 서로 직교한다.

문제 7.1.13. 벡터 $\mathbf{v} \in \mathcal{M}_{n,1}$의 크기가 $\|\mathbf{v}\| = 1$일 때, $n \times n$ 복소행렬 A를

$$A = I_n - 2\mathbf{v}\mathbf{v}^*$$

라 정의하자. 이때, A는 에르미트행렬이면서 동시에 유니타리행렬이 됨을 보이시오. 또, A의 역행렬 A^{-1}를 구하시오.

복소행렬의 삼각형화

예제 7.1.4의 (나)를 통해 고윳값이 존재하더라도 대각화 가능하지 않은 행렬이 존재함을 알았다. 즉, $\mathbb{F}$ 상에서 정의된 모든 행렬이 대각행렬과 닮음행렬이 되는 것은 아니다.

대각행렬 외에 간단한 형태의 행렬로 상삼각행렬을 들 수 있는데, 일반적으로 행렬 $A \in \mathcal{M}_{n,n}(\mathbb{F})$가 상삼각행렬 $U \in \mathcal{M}_{n,n}(\mathbb{F})$과 닮음행렬이 될 때, 즉, 가역행렬 $P \in \mathcal{M}_{n,n}(\mathbb{F})$에 의해 $P^{-1}AP = U$가 성립할 때, 행렬 A는 **삼각형화 가능**이라 한다. 이때, 행렬 P는 A를 삼각형화하는 행렬이라 한다.

대각화에 대한 결과와 달리, 임의의 복소행렬은 삼각형화 가능하다는 것을 다음과 같이 보일 수 있다.

복소행렬의 삼각형화

임의의 $n \times n$ 복소행렬 A는 삼각형화 가능하다.
특히, A의 고윳값이 λ_k $(1 \leq k \leq n)$일 때, 상삼각행렬의 대각성분은 $\lambda_1, \cdots, \lambda_n$을 재배열한 것이다.

증명 : n에 관한 귀납법을 써서 증명하려고 한다. $n = 1$일 때, 1×1 복소행렬은 그 자체로 상삼각행렬이므로 정리가 성립한다. 임의의 $(n-1) \times (n-1)$ 복소행렬이 삼각형화 가능하다고 하자. 행렬 A가 $n \times n$일 때, A의 한 고윳값을 λ_1이라 하자.[11] λ_1에 대응되는 A의 고유벡터를 $\mathbf{v}_1 \in \mathcal{M}_{n,1}(\mathbb{C})$라 할 때, $\mathbf{v}_1$을 포함하는 $\mathcal{M}_{n,1}(\mathbb{C})$의 기저 $\mathcal{B} = \{\mathbf{v}_1, \cdots, \mathbf{v}_n\}$을 잡자. 또, $L(\mathbf{x}) = A\mathbf{x}$로 정의되는 선형사상 $L : \mathcal{M}_{n,1}(\mathbb{C}) \to \mathcal{M}_{n,1}(\mathbb{C})$를 생각하자. 이때, 행렬 A는 $\mathcal{M}_{n,1}(\mathbb{C})$의 표준기저 $\mathcal{S}$에 대한 L의 행렬표현 $[L]_{\mathcal{S},\mathcal{S}}$이다.

이제, 선형사상 L의 기저 $\mathcal{B}$에 대한 행렬표현 $B_1 = [L]_{\mathcal{B},\mathcal{B}}$를 구하면, B_1은 어떤 $1 \times (n-1)$ 복소행렬 A_1과 $(n-1) \times (n-1)$ 복소행렬 A_2에 대해

$$B_1 = \begin{pmatrix} \lambda_1 & A_1 \\ \mathbf{0} & A_2 \end{pmatrix}$$

와 같은 형태가 된다.[12] 이때, 두 행렬 A와 B_1는 서로 다른 기저에 대해 동일한 선형사상 L을 나타내는 행렬이므로 닮음행렬이 되고, 적당한 가역행렬 $S_1 \in \mathcal{M}_{n,n}(\mathbb{C})$에 대해

$$B_1 = S_1^{-1}AS_1$$

가 된다.

11) n차 방정식 $\det(A - \lambda I_n) = 0$은 n개의 복소수 해를 가지므로 고윳값이 존재함을 보장할 수 있다.

12) B_1의 1열은 $[L(\mathbf{v}_1)]_{\mathcal{B}} = [\lambda_1 \mathbf{v}_1]_{\mathcal{B}} = (\lambda_1, 0, \cdots, 0)^{\mathrm{T}}$이다.

한편, $(n-1)\times(n-1)$ 복소행렬 A_2는 귀납법의 가정에 의해 삼각형화 가능하므로 $(n-1)\times(n-1)$ 가역행렬 S_2가 존재해서 다음과 같이 $(n-1)\times(n-1)$ 상삼각행렬 B_2와 닮음행렬이 된다.

$$B_2 = S_2^{-1}A_2S_2.$$

이제, $1\times(n-1)$ 영행렬과 $(n-1)\times 1$ 영행렬을 모두 $\mathbf{0}$으로 나타낼 때, $n\times n$ 행렬 S를

$$S = S_1\begin{pmatrix}1 & \mathbf{0}\\ \mathbf{0} & S_2\end{pmatrix}$$

로 정의하면, S는 가역행렬의 곱이므로 가역행렬이 된다. 또,

$$\begin{aligned}S^{-1}AS = \begin{pmatrix}1 & \mathbf{0}\\ \mathbf{0} & S_2^{-1}\end{pmatrix}(S_1^{-1}AS_1)\begin{pmatrix}1 & \mathbf{0}\\ \mathbf{0} & S_2\end{pmatrix} &= \begin{pmatrix}1 & \mathbf{0}\\ \mathbf{0} & S_2^{-1}\end{pmatrix}B_1\begin{pmatrix}1 & \mathbf{0}\\ \mathbf{0} & S_2\end{pmatrix}\\ &= \begin{pmatrix}1 & \mathbf{0}\\ \mathbf{0} & S_2^{-1}\end{pmatrix}\begin{pmatrix}\lambda_1 & A_1\\ \mathbf{0} & A_2\end{pmatrix}\begin{pmatrix}1 & \mathbf{0}\\ \mathbf{0} & S_2\end{pmatrix}\\ &= \begin{pmatrix}\lambda_1 & A_1S_2\\ \mathbf{0} & S_2^{-1}A_2S_2\end{pmatrix} = \begin{pmatrix}\lambda_1 & A_1S_2\\ 0 & B_2\end{pmatrix}\end{aligned}$$

가 되어 $S^{-1}AS$가 상삼각행렬이 되므로 A는 삼각형화 가능하다.

또, A와 상삼각행렬은 닮음행렬이므로 두 행렬의 고윳값이 같아지고, 문제 7.1.9에 의해 상삼각행렬의 고윳값과 대각성분들이 같으므로 A와 닮음행렬인 상삼각행렬의 대각성분은 A의 고윳값의 재배열이 된다. □

도전 문제 7.1.1. 행렬 $A\in\mathcal{M}_{2,2}(\mathbb{C})$가 대각화 가능하지 않을 필요충분조건은 행렬 A가 다음 행렬 B와 닮음행렬임을 보이시오.

$$B = \begin{pmatrix}a & b\\ 0 & a\end{pmatrix} \quad (\text{단}, b\neq 0)$$

(도움말 : 임의의 복소행렬은 상삼각행렬과 닮음행렬이 된다는 사실과 예제 7.1.1를 이용하시오.)

그람-슈미트 직교화과정을 이용하면, 복소행렬의 삼각형화에 대한 앞의 정리에서 A를 삼각형화하는 행렬 S가 유니타리행렬이 되도록 할 수 있다. 다음 예제를 살펴보자.

예제 7.1.6. 행렬 $A = \begin{pmatrix}1 & 1\\ -1 & 3\end{pmatrix}$는 대각화 가능하지 않음을 보이시오. 또, A와 닮음행렬인 상삼각행렬을 구하고, A를 삼각화하는 직교행렬 S를 구하시오.

풀이 : A의 고윳값을 구하면 다음과 같이 $\lambda = 2$이다.

$$\det\begin{pmatrix} 1-\lambda & 1 \\ -1 & 3-\lambda \end{pmatrix} = (\lambda-2)^2 = 0 \iff \lambda = 2$$

고윳값 $\lambda = 2$에 대응되는 고유벡터를 구하면

$$\begin{pmatrix} -1 & 1 \\ -1 & 1 \end{pmatrix}\begin{pmatrix} x \\ y \end{pmatrix} = \begin{pmatrix} 0 \\ 0 \end{pmatrix} \iff \begin{pmatrix} x \\ y \end{pmatrix} = x\begin{pmatrix} 1 \\ 1 \end{pmatrix}$$

이므로, $\lambda = 2$에 대응되는 고유공간의 차원이 1이 되어 대각화 가능하지 않다.

고윳값 $\lambda = 2$에 대응되는 노름이 1인 고유벡터를

$$\mathbf{v}_1 = \frac{1}{\sqrt{2}}\begin{pmatrix} 1 \\ 1 \end{pmatrix}$$

라 하고, $\mathbf{v}_1$을 포함하는 $\mathbb{C}^2$의 정규직교기저 $\mathcal{B} = \{\mathbf{v}_1, \mathbf{v}_2\}$를 잡기 위해 $\mathbf{v}_2$를

$$\mathbf{v}_2 = \frac{1}{\sqrt{2}}\begin{pmatrix} 1 \\ -1 \end{pmatrix}$$

라 하자.

이제, $L(\mathbf{x}) = A\mathbf{x}$로 정의되는 선형사상 $L : \mathcal{M}_{2,1}(\mathbb{C}) \to \mathcal{M}_{2,1}(\mathbb{C})$의 기저 $\mathcal{B}$에 대한 행렬표현을 구하면,

$$L(\mathbf{v}_1) = \begin{pmatrix} \sqrt{2} \\ \sqrt{2} \end{pmatrix} = 2\mathbf{v}_1, \quad L(\mathbf{v}_2) = \begin{pmatrix} 0 \\ -2\sqrt{2} \end{pmatrix} = -2\mathbf{v}_1 + 2\mathbf{v}_2$$

이므로

$$[L]_{\mathcal{B},\mathcal{B}} = \Big([L(\mathbf{v}_1)]_{\mathcal{B}}\,[L(\mathbf{v}_2)]_{\mathcal{B}}\Big) = \begin{pmatrix} 2 & -2 \\ 0 & 2 \end{pmatrix}$$

이다. 한편, 행렬 A는 $\mathcal{M}_{2,1}(\mathbb{C})$의 표준기저 $\mathcal{S}$에 대한 L의 행렬표현 $[L]_{\mathcal{S},\mathcal{S}}$이므로 기저 $\mathcal{S}$에서 기저 $\mathcal{B}$로 가는 추이행렬 $P_{\mathcal{S},\mathcal{B}}$에 대해

$$[L]_{\mathcal{B},\mathcal{B}} = P_{\mathcal{S},\mathcal{B}} A P_{\mathcal{S},\mathcal{B}}^{-1}$$

가 성립한다. 따라서, A를 삼각화하는 직교행렬 S는 추이행렬

$$P_{\mathcal{S},\mathcal{B}} = \Big([\mathbf{e}_1]_{\mathcal{B}}\,[\mathbf{e}_2]_{\mathcal{B}}\Big) = \frac{1}{\sqrt{2}}\begin{pmatrix} 1 & 1 \\ 1 & -1 \end{pmatrix}$$

이다. 실제로 다음과 같이 직교행렬 S는 A를 삼각형화한다.

$$S^{-1}AS = S^{\mathrm{T}}AS = \frac{1}{2}\begin{pmatrix} 1 & 1 \\ 1 & -1 \end{pmatrix}\begin{pmatrix} 1 & 1 \\ -1 & 3 \end{pmatrix}\begin{pmatrix} 1 & 1 \\ 1 & -1 \end{pmatrix} = \begin{pmatrix} 2 & -2 \\ 0 & 2 \end{pmatrix}$$ □

임의의 $n \times n$ 복소행렬은 예제 7.1.6에서처럼 유니타리 행렬을 이용하여 삼각형화할 수 있는데, 이를 쉬르의 정리라고 한다.

복소행렬의 삼각형화: 쉬르의 정리

임의의 $n \times n$ 복소행렬 A에 대해 U^*AU가 상삼각행렬이 되는 유니타리행렬 U가 존재한다. 이때, 상삼각행렬의 대각성분은 A의 고윳값을 재배열한 것이다.
만약, A가 실수에서 정의된 대칭행렬이면, 행렬 U는 실수에서 정의된 직교행렬이 되게 할 수 있다.

증명 : 복소행렬의 삼각형화를 증명할 때처럼 귀납법으로 증명한다. 우선 $n = 1$이면 절대값이 1인 임의의 복소수 α에 대해 $U = \alpha$라 하자. 이때, U는 유니타리행렬이고 $U^*AU = A$에서 1×1 행렬은 상삼각행렬이므로 정리가 성립한다. 이제 $n > 1$이고, 임의의 $(n-1) \times (n-1)$ 복소행렬에 대해 정리가 성립한다고 가정하자.

A가 $n \times n$ 복소행렬일 때, 한 고윳값 λ_1에 대응되는 A의 고유벡터를 $\mathbf{v}_1$이라 하자. 물론 $\|\mathbf{v}_1\| = 1$을 가정할 수 있다. $\mathbf{v}_1$을 포함하는 $\mathcal{M}_{n,1}(\mathbb{C})$의 기저를 하나 잡고, 이 기저에 그람-슈미트 직교화과정을 적용하여 얻은 정규직교기저를 $\mathcal{B} = \{\mathbf{v}_1, \mathbf{v}_2, \cdots, \mathbf{v}_n\}$이라 하자. 이때, 정규직교기저 $\mathcal{B}$의 열벡터를 차례로 나열한 행렬을 $U_0 = (\mathbf{v}_1\, \mathbf{v}_2 \cdots \mathbf{v}_n)$이라 하면 U_0는 유니타리행렬이 된다. 다음 식

$$U_0^*AU = U_0^*A(\mathbf{v}_1\, \mathbf{v}_2 \cdots \mathbf{v}_n) = (U_0^*A\mathbf{v}_1\, U_0^*A\mathbf{v}_2 \cdots U_0^*A\mathbf{v}_n)$$

에서 $\mathbf{v}_i^*\mathbf{v}_1 = \langle \mathbf{v}_1, \mathbf{v}_i \rangle = 0\ (i > 1)$이므로

$$U_0^*A\mathbf{v}_1 = U_0^*(\lambda_1\mathbf{v}_1) = \lambda_1 \begin{pmatrix} \mathbf{v}_1^*\mathbf{v}_1 \\ \mathbf{v}_2^*\mathbf{v}_1 \\ \vdots \\ \mathbf{v}_n^*\mathbf{v}_1 \end{pmatrix} = \begin{pmatrix} \lambda_1 \\ 0 \\ \vdots \\ 0 \end{pmatrix}$$

이다. 따라서, 어떤 $1 \times (n-1)$ 행렬 B와 $(n-1) \times (n-1)$ 행렬 A_1에 대해

$$U_0^*AU_0 = \begin{pmatrix} \lambda_1 & B \\ \mathbf{0} & A_1 \end{pmatrix}$$

로 쓸 수 있다.

한편, 귀납법의 가정에 의해 $U_1^*A_1U_1 = T$가 상삼각행렬이 되는 $(n-1) \times (n-1)$ 유니타리행렬 U_1이 존재한다. 이때 행렬 T의 대각성분은 A_1의 고윳값을 재배열한 것이

된다. 이제 $(n-1)\times 1$ 영행렬 $\mathbf{0}$에 대해 $n\times n$ 유니타리행렬 U_2를

$$U_2 = \begin{pmatrix} 1 & \mathbf{0}^{\mathrm{T}} \\ \mathbf{0} & U_1 \end{pmatrix}$$

로 정의하고, $U = U_0U_2$ 라 하면

$$U^*U = U_2^*(U_0^*U_0)U_2^* = U_2^*U_2 = I_n$$

이므로 U 도 유니타리행렬이다. 마지막으로 U^*AU 를 계산하면

$$\begin{aligned} U^*AU = U_2^*(U_0^*AU_0)U_2 =& U_2^* \begin{pmatrix} \lambda_1 & B \\ \mathbf{0} & A_1 \end{pmatrix} U_2 \\ =& \begin{pmatrix} 1 & \mathbf{0}^{\mathrm{T}} \\ \mathbf{0} & U_1^* \end{pmatrix} \begin{pmatrix} \lambda_1 & B \\ \mathbf{0} & A_1 \end{pmatrix} \begin{pmatrix} 1 & \mathbf{0}^{\mathrm{T}} \\ \mathbf{0} & U_1 \end{pmatrix} \\ =& \begin{pmatrix} \lambda_1 & BU_1 \\ \mathbf{0} & U_1^*A_1U_1 \end{pmatrix} = \begin{pmatrix} \lambda_1 & BU_1 \\ \mathbf{0} & T \end{pmatrix} \end{aligned}$$

가 되어 상삼각행렬이 된다. 또 다음 식

$$\begin{aligned} \det(A-\lambda I_n) =& \det\big(UU^*(A-\lambda I_n)\big) \\ =& \det\big(U^*(A-\lambda I_n)U\big) \\ =& \det(U^*AU-\lambda I_n) = \det \begin{pmatrix} \lambda_1 & BU_1 \\ \mathbf{0} & T \end{pmatrix} = (\lambda-\lambda_1)\det(T-\lambda I_{n-1}) \end{aligned}$$

로부터 상삼각행렬의 대각성분과 λ_1은 A의 고윳값을 재배열한 것임을 알 수 있다.

A가 실수 상에서 정의된 대칭행렬이면, 256쪽에서 설명하였듯이, n개의 고윳값을 실수 범위에서 갖고, 대응되는 고유벡터들의 성분은 모두 실수이다. 따라서, 위 증명과정에서 유니타리행렬을 직교행렬로 바꾸면 모든 것이 동일하게 성립한다. □

7.2 행렬의 직교대각화와 유니타리대각화

[미리보기] $n\times n$ 행렬 $A\in\mathcal{M}_{n,n}(\mathbb{F})$가 대각화 가능하다는 것은 고유벡터로 이루어진 $\mathcal{M}_{n,1}(\mathbb{F})$의 기저가 존재한다는 것이다. 즉, A가 대각화 가능할 필요충분조건은 식 (7.1) 아래의 동치조건으로부터

$$P^{-1}AP = \mathrm{Diag}(\lambda_1,\cdots,\lambda_n)$$

를 만족하는 가역행렬 P가 존재하는 것이고, 이때 P의 i 번째 열벡터 $P_i^C\in\mathcal{M}_{n,1}(\mathbb{F})$를 고윳값 λ_i에 대한 A의 고유벡터라 불렀다. 따라서, A를 대각화하는 가역행렬 P가 존재한다는 것은 고유벡터들로 이루어진 $\mathcal{M}_{n,1}(\mathbb{F})$의 기저가 존재한다는 의미이다.

한편, 복소수에서 정의된 에르미트행렬이나 실수에서 정의된 대칭행렬의 경우에, 서로 다른 고윳값에 대응되는 고유벡터들이 서로 직교함을 알고 있다 (256쪽 참고). 따라서 만약 이들 행렬이 대각화 가능하기만 하면, 각 고윳값의 고유공간에 속하는 고유벡터에 대해 그람-슈미트 직교화과정을 적용함으로써 고유벡터로 이루어진 정규직교기저를 얻을 수 있다.[13] 복소내적에 대해 n개의 열벡터들이 정규직교집합이 되는 n차 행렬은 유니타리행렬이고, n개의 열벡터들이 정규직교집합이 되는 실수행렬은 직교행렬이므로, 이때 A를 대각화하는 행렬 P는 A가 복소수에서 정의된 에르미트행렬일 때는 유니타리행렬이 되고, A가 실수에서 정의된 대칭행렬일 때는 직교행렬이 된다.

이 절에서는 보다 일반적인 상황에서 고유벡터들이 $\mathcal{M}_{n,1}(\mathbb{F})$의 정규직교기저가 될 필요충분조건에 대해 공부한다. 즉, 실수에서 정의된 행렬이 직교행렬에 의해 대각화 가능할 필요충분조건과 복소수에서 정의된 행렬이 유니타리행렬에 의해 대각화 가능할 필요충분조건에 대해 알아보자.

대칭행렬의 직교대각화

일반적으로 정규직교기저를 이루는 행렬 A의 고유벡터가 존재한다는 것은 행렬 A를 대각화하는 행렬 P가 직교행렬이거나 유니타리행렬이 됨을 의미한다. 즉, 행렬 A가 실수에서 정의된 행렬이면 $P^{\mathrm{T}}AP$가 대각행렬인 직교행렬 P가 존재한다는 뜻이고, 행렬 A가 복소수에서 정의된 행렬이면 $P^{*}AP$가 대각행렬인 유니타리행렬 P가 존재한다는 말이다. 직교행렬에 의해 대각화 가능할 때, **직교대각화 가능**하다고 하고, 유니타리행렬에 의해 대각화 가능할 때, **유니타리대각화 가능**하다고 한다. 우선, 직교대각화에 대해 알아보자.

실수에서 정의된 행렬 $A \in \mathcal{M}_{n,n}(\mathbb{R})$에 대해 $P^{\mathrm{T}}AP = D$인 직교행렬 P가 존재한다고 하자 (단, D는 대각행렬 $\mathrm{Diag}(\lambda_1, \cdots, \lambda_n)$). 이때, $A = PDP^{\mathrm{T}}$이고 $D^{\mathrm{T}} = D$이므로

$$A^{\mathrm{T}} = \left(PDP^{\mathrm{T}}\right)^{\mathrm{T}} = PD^{\mathrm{T}}P^{\mathrm{T}} = PDP^{\mathrm{T}} = A$$

가 성립한다. 따라서, A가 직교대각화 가능하면 A는 대칭행렬이다. 실제로는 그 역도 성립한다.

대칭행렬의 직교대각화

임의의 $n \times n$ 행렬 $A \in \mathcal{M}_{n,n}(\mathbb{R})$에 대해 다음이 성립한다.

$$\begin{aligned} A\text{가 대칭행렬} &\iff A\text{가 직교대각화 가능} \\ &\iff \mathcal{M}_{n,1}(\mathbb{R})\text{의 정규직교기저인 } A\text{의 고유벡터가 존재} \end{aligned}$$

증명 : A가 대칭행렬이면 직교대각화 가능하는 것을 보이면 된다. A가 대칭행렬이라면, 쉬르의 정리에 의해 $P^{\mathrm{T}}AP$가 상삼각행렬 T가 되는 직교행렬 P가 존재한다.

13) 그람-슈미트 직교화과정은 주어진 벡터들의 적절한 일차결합을 통해 정규직교집합을 만들어내는 과정이고, 각 고윳값에 대응되는 고유공간은 벡터공간이므로 그람-슈미트 직교화과정으로 얻은 벡터가 다시 이 고유공간에 속하게 된다.

즉, $A = PTP^{\mathrm{T}}$를 만족하는 직교행렬 P와 상삼각행렬 T가 존재한다. 이때, A가 대칭행렬이므로

$$PT^{\mathrm{T}}P^{\mathrm{T}} = A^{\mathrm{T}} = A = PTP^{\mathrm{T}} \implies T^{\mathrm{T}} = P^{\mathrm{T}}(PT^{\mathrm{T}}P^{\mathrm{T}})P = P^{\mathrm{T}}(PTP^{\mathrm{T}})P = T$$

가 되어 $T^{\mathrm{T}} = T$를 얻는다.

한편 T는 상삼각행렬이므로 T^{T}는 하삼각행렬이 되고, $T^{\mathrm{T}} = T$로부터 T는 실제로 대각행렬임을 알 수 있다. 또, 쉬르의 정리에서 상삼각행렬의 대각성분은 A의 고윳값을 재배열한 것이므로, $P^{\mathrm{T}}AP = T$가 실제로는 A의 직교대각화를 나타냄을 알 수 있다. □

예제 7.2.1. 대칭행렬 $A = \begin{pmatrix} 2 & 0 & 1 \\ 0 & 3 & 0 \\ 1 & 0 & 2 \end{pmatrix}$를 직교대각화하는 행렬 P를 구하시오.

풀이 : A의 특성다항식

$$\det(A - \lambda I_3) = (2-\lambda)^2(3-\lambda) - (3-\lambda) = (3-\lambda)(\lambda^2 - 4\lambda + 3) = -(\lambda-3)^2(\lambda-1)$$

에서, $\lambda = 1$ 또는 $\lambda = 3$이다.

$\lambda = 1$에 대응되는 고유공간을 구하기 위해 다음 연립방정식을 풀면,

$$\begin{pmatrix} 1 & 0 & 1 \\ 0 & 2 & 0 \\ 1 & 0 & 1 \end{pmatrix}\begin{pmatrix} x \\ y \\ z \end{pmatrix} = \begin{pmatrix} 0 \\ 0 \\ 0 \end{pmatrix} \iff \begin{pmatrix} x \\ y \\ z \end{pmatrix} = x\begin{pmatrix} 1 \\ 0 \\ -1 \end{pmatrix}$$

고유공간 $E_A(1)$은 고유벡터 $\mathbf{v}_1 = \frac{1}{\sqrt{2}}(1,\ 0,\ -1)^{\mathrm{T}}$로 생성되는 1차원 부분공간이다. 또, $\lambda = 3$에 대응되는 고유공간을 구하면,

$$\begin{pmatrix} -1 & 0 & 1 \\ 0 & 0 & 0 \\ 1 & 0 & -1 \end{pmatrix}\begin{pmatrix} x \\ y \\ z \end{pmatrix} = \begin{pmatrix} 0 \\ 0 \\ 0 \end{pmatrix} \iff \begin{pmatrix} x \\ y \\ z \end{pmatrix} = x\begin{pmatrix} 1 \\ 0 \\ 1 \end{pmatrix} + y\begin{pmatrix} 0 \\ 1 \\ 0 \end{pmatrix}$$

으로부터 $E_A(3)$은 두 고유벡터 $\mathbf{v}_2 = \frac{1}{\sqrt{2}}(1,\ 0,\ 1)^{\mathrm{T}}$와 $\mathbf{v}_3 = (0,\ 1,\ 0)^{\mathrm{T}}$로 생성되는 2차원 부분공간이다. 한편, 두 벡터 $\mathbf{v}_2$와 $\mathbf{v}_3$는 서로 직교하므로[14], $\{\mathbf{v}_1,\ \mathbf{v}_2,\ \mathbf{v}_3\}$는 $\mathcal{M}_{3,1}$의 정규직교기저가 된다.

14) 일반적으로 동일한 고유공간에 속하는 고유벡터들은 서로 직교하지 않을 수 있다. 이런 경우에는 그람-슈미트 직교화과정을 통해 정규직교집합을 만들면 된다. 특히, 서로 다른 고윳값에 대응되는 고유벡터들은 직교함을 알고 있으므로, 251 쪽 (다)에 의해 고유벡터로 이루어진 정규직교기저를 구할 수 있다.

따라서, 직교대각화하는 행렬 $P = (\mathbf{v}_1\, \mathbf{v}_2\, \mathbf{v}_3)$는 다음과 같다.

$$P = \frac{1}{\sqrt{2}}\begin{pmatrix} 1 & 1 & 0 \\ 0 & 0 & \sqrt{2} \\ -1 & 1 & 0 \end{pmatrix},$$

$$P^{\mathrm{T}}AP = \frac{1}{2}\begin{pmatrix} 1 & 0 & -1 \\ 1 & 0 & 1 \\ 0 & \sqrt{2} & 0 \end{pmatrix}\begin{pmatrix} 2 & 0 & 1 \\ 0 & 3 & 0 \\ 1 & 0 & 2 \end{pmatrix}\begin{pmatrix} 1 & 1 & 0 \\ 0 & 0 & \sqrt{2} \\ -1 & 1 & 0 \end{pmatrix} = \begin{pmatrix} 1 & 0 & 0 \\ 0 & 3 & 0 \\ 0 & 0 & 3 \end{pmatrix} \qquad \square$$

문제 7.2.1. 대칭행렬 $\begin{pmatrix} 2 & 1 & 1 \\ 1 & 2 & 1 \\ 1 & 1 & 2 \end{pmatrix}$를 직교대각화하는 행렬 P를 구하시오.

정규행렬의 유니타리대각화

대칭행렬이면 직교대각화 가능하다는 것을 증명하는 과정을 잘 살펴보면, 에르미트행렬이면 유니타리대각화 가능하다는 것도 동일하게 증명할 수 있음을 알 수 있다. 즉, n차 복소행렬 A가 에르미트행렬이라 할 때, 슈르의 정리에 의해 유니타리행렬 U가 존재해서 U^*AU는 상삼각행렬 T가 된다. 이때, $A^* = A$이므로

$$UT^*U^* = A^* = A = UTU^* \implies T^* = U^*\big(UT^*U^*\big)U = U^*\big(UTU^*\big)U = T$$

가 성립하고, 상삼각행렬 T와 하삼각행렬 T^*가 같다는 사실로부터 T는 대각성분이 모두 실수인 대각행렬이 된다. 즉, $U^*AU = T$가 대각행렬이므로 A는 유니타리대각화 가능하다. 하지만, 대칭행렬의 경우와 달리, 유니타리대각화 가능한 행렬이 반드시 에르미트행렬이 되는 것은 아니다.

실제로 A가 유니타리대각화 가능하다고 하자. 즉, $U^*AU = D = \mathrm{Diag}(\lambda_1, \cdots, \lambda_n)$를 만족하는 유니타리행렬 U가 존재한다고 하자. 이때, $A = UDU^*$이고, $A^* = UD^*U^*$이므로

$$A = A^* \iff D = D^* \iff D = \bar{D} \iff \text{모든 고윳값이 실수} \tag{7.16}$$

가 성립한다. 즉, 유니타리대각화 가능한 행렬 A가 에르미트행렬이 될 필요충분조건은 모든 고윳값이 실수인 것이다.

반면에, 대각행렬 D에 대해 $DD^* = D^*D$이므로, 유니타리대각화 가능한 행렬 A에 대해 다음 식은 항상 성립한다.

$$A^*A = UD^*\big(U^*U\big)DU^* = UD^*DU^* = UDD^*U^* = UD\big(U^*U\big)DU^* = AA^*$$

일반적으로 $n \times n$ 복소행렬 A가 $AA^* = A^*A$를 만족할 때 **정규행렬**이라 부르는데, 실제로 A가 유니타리대각화 가능할 필요충분조건은 A가 정규행렬인 것이다.

정규행렬의 유니타리대각화

임의의 $n \times n$ 복소행렬 $A \in \mathcal{M}_{n,n}(\mathbb{C})$에 대해 다음이 성립한다.

$$\begin{aligned} A\text{가 유니타리대각화 가능} &\iff A\text{가 정규행렬 (즉, } A^*A = AA^*) \\ &\iff \mathcal{M}_{n,1}(\mathbb{C})\text{의 정규직교기저인 } A\text{의 고유벡터가 존재} \end{aligned}$$

증명 : A가 정규행렬이면, 유니타리대각화 가능함을 보이자. 우선, 쉬르의 정리에 의해 $U^*AU = T$를 만족하는 유니타리행렬 U와 상삼각행렬 T가 존재하므로 $A = UTU^*$이고 $A^* = UT^*U^*$이다. 한편, 조건으로부터 A가 정규행렬이므로

$$A^*A = AA^* \iff UT^*TU^* = UTT^*U^* \iff T^*T = TT^*$$

가 되어,

$$T^*T = TT^* \tag{7.17}$$

가 성립해야 한다. 상삼각행렬 T의 (i,j) 성분을 T_{ij}로 나타낼 때 $1 \le j < i \le n$이면 $T_{ij} = 0$이다. 이제, 조건 (7.17)의 (n,n) 성분을 비교하면

$$\begin{aligned} |T_{1n}|^2 + |T_{2n}|^2 + \cdots + |T_{nn}|^2 &= \bar{T}_{1n}T_{1n} + \bar{T}_{2n}T_{2n} + \cdots + \bar{T}_{nn}T_{nn} \\ &= (T^*)_{n1}T_{1n} + (T^*)_{n2}T_{2n} + \cdots + (T^*)_{nn}T_{nn} \\ &= (T^*T)_{nn} \\ &= (TT^*)_{nn} = T_{nn}\bar{T}_{nn} = |T_{nn}|^2 \end{aligned}$$

이므로, 모든 $1 \le i < n$에 대해 $T_{in} = 0$이다. 다시, (7.17)의 $(n-1, n-1)$ 성분을 비교해보면 앞의 결과로부터 $T_{(n-1)n} = 0$이므로

$$\begin{aligned} &|T_{1(n-1)}|^2 + |T_{2(n-1)}|^2 + \cdots + |T_{(n-1)(n-1)}|^2 \\ &= \bar{T}_{1(n-1)}T_{1(n-1)} + \bar{T}_{2(n-1)}T_{2(n-1)} + \cdots + \bar{T}_{(n-1)(n-1)}T_{(n-1)(n-1)} \\ &= (T^*)_{(n-1)1}T_{1(n-1)} + (T^*)_{(n-1)2}T_{2(n-1)} + \cdots + (T^*)_{(n-1)(n-1)}T_{(n-1)(n-1)} \\ &= (T^*T)_{(n-1)(n-1)} \\ &= (TT^*)_{(n-1)(n-1)} = T_{(n-1)(n-1)}\bar{T}_{(n-1)(n-1)} + T_{(n-1)n}\bar{T}_{(n-1)n} = |T_{(n-1)(n-1)}|^2 \end{aligned}$$

을 얻는다. 따라서, 모든 $1 \le i < n-1$에 대해 $T_{i(n-1)} = 0$이다.

이 과정을 차례로 반복하여 각 $j = 2, 3, \cdots, n$에 대해 $T_{ij} = 0$ $(1 \le i < j)$를 얻고 나면, 상삼각행렬 T는 대각행렬이 되므로 증명이 끝난다. □

예제 7.2.2. 정규행렬 $A \in \mathcal{M}_{n,n}(\mathbb{C})$에 대해 다음을 보이시오.

(가) A가 에르미트행렬 $\iff$ A의 모든 고윳값이 실수

(나) A가 유니타리행렬 $\iff$ A의 모든 고윳값은 절대값이 1

풀이 : (가) A가 유니타리대각화 가능할 필요충분조건은 A가 정규행렬인 것이므로 266 쪽의 식 (7.16)에 의해 정규행렬이 에르미트행렬이 될 필요충분조건은 모든 고윳값이 실수가 되는 것임을 알 수 있다.

(나) 정규행렬 A는 유니타리대각화 가능하므로 $A = UDU^*$인 유니타리행렬 U와 대각행렬 $D = \mathrm{Diag}(\lambda_1, \cdots, \lambda_n)$이 존재한다. 만약, 모든 고윳값의 절대값이 1이면, $D^*D = \mathrm{Diag}(|\lambda_1|^2, \cdots, |\lambda_n|^2) = I_n$ 이므로

$$A^*A = \big(UD^*U^*\big)\big(UDU^*\big) = UD^*\big(U^*U\big)DU^* = UD^*DU^* = UU^* = I_n$$

이 되어 A는 유니타리행렬이 된다.[15] 역으로 정규행렬 A가 유니타리행렬이면,

$$I_n = A^*A = \big(UD^*U^*\big)\big(UDU^*\big) = UD^*DU^* \implies \mathrm{Diag}(|\lambda_1|^2, \cdots, |\lambda_n|^2) = D^*D = I_n$$

이므로 모든 고윳값의 절대값이 1이 됨을 알 수 있다. □

문제 7.2.2. 정규행렬이지만 에르미트행렬이 아닌 2×2 행렬의 예를 구하시오. 또, 정규행렬이지만 유니타리행렬이 아닌 2×2 행렬의 예를 구하시오.

문제 7.2.3. $n \times n$ 상삼각행렬 $T \in \mathcal{M}_{n,n}(\mathbb{C})$가 정규행렬이 될 필요충분조건은 T가 대각행렬임을 보이시오.

문제 7.2.4. A가 정규행렬이면, $\mathbf{v}$가 고윳값 λ에 대한 A의 고유벡터일 때 $A^*\mathbf{v}$도 λ에 대한 A의 고유벡터가 됨을 보이시오.

문제 7.2.5. 행렬 $\begin{pmatrix} 2 & i & 1 \\ -i & 3 & z_1 \\ 1 & z_2 & 3 \end{pmatrix}$가 유니타리대각화 가능할 필요충분조건을 구하시오.

문제 7.2.6. 행렬 A가 정규행렬이면, A의 서로 다른 고윳값에 대응되는 고유벡터들은 서로 직교함을 보이시오.

유니타리대각화 가능한 두 행렬 A, B에 대해 $U^*AU = D_1$, $U^*BU = D_2$를 만족하는 유니타리 행렬 U와 대각행렬 D_1, D_2가 존재하면, 두 행렬 A, B는 동시에 유니타리대각화 가능하다고 한다.

---

15) A가 $n \times n$ 행렬이므로 $A^*A = I_n$ 으로부터 $A^{-1} = A^*$가 되고, $AA^* = I_n$도 성립한다.

동시에 유니타리대각화 가능

유니타리대각화 가능한 행렬 $A, B \in \mathcal{M}_{n,n}(\mathbb{C})$가 동시에 유니타리대각화 가능할 필요충분조건은 $AB = BA$이다.

증명 : 두 행렬 A, B가 동시에 유니타리대각화 가능하다고 하자. 이때, $U^*AU = D_1$, $U^*BU = D_2$를 만족하는 유니타리행렬 U와 대각행렬 D_1, D_2가 존재하고, 대각행렬끼리는 곱셈에 대해 교환법칙이 성립하므로

$$AB = \left(U^*D_1U\right)\left(U^*D_2U\right) = U^*D_1D_2U = U^*D_2D_1U = \left(U^*D_2U\right)\left(U^*D_1U\right) = BA$$

가 성립한다.

이제, 역이 성립함을 보이기 위해 유니타리대각화 가능한 두 행렬 A, B에 대해 $AB = BA$가 성립한다고 하자. A의 서로 다른 고윳값을 $\lambda_1, \lambda_2, \cdots, \lambda_r$ $(1 \le r \le n)$이라 하고, 각 고윳값 λ_i에 대응되는 고유공간 $E_A(\lambda_i)$의 차원이 n_i라고 하자. 즉, $n_1 + n_2 + \cdots + n_r = n$이다. 이때, $E_A(\lambda_i)$의 정규직교기저를 $\{\mathbf{v}_1^{\lambda_i}, \cdots, \mathbf{v}_{n_i}^{\lambda_i}\}$라고 하면, $\cup_{i=1}^r \{\mathbf{v}_1^{\lambda_i}, \cdots, \mathbf{v}_{n_i}^{\lambda_i}\}$는 $\mathcal{M}_{n,1}(\mathbb{C})$의 정규직교기저가 된다. 따라서, 유니타리행렬

$$U_1 = \left(\mathbf{v}_1^{\lambda_1} \cdots, \mathbf{v}_{n_1}^{\lambda_1}\, \mathbf{v}_1^{\lambda_2} \cdots \mathbf{v}_{n_2}^{\lambda_2} \cdots \mathbf{v}_1^{\lambda_r} \cdots \mathbf{v}_{n_r}^{\lambda_r}\right) \tag{7.18}$$

에 대해

$$U_1^*AU_1 = \begin{pmatrix} \lambda_1 I_{n_1} & O & \cdots & O \\ O & \lambda_2 I_{n_2} & \cdots & O \\ \vdots & \vdots & \ddots & \vdots \\ O & O & \cdots & \lambda_r I_{n_r} \end{pmatrix} \tag{7.19}$$

가 성립한다(단, O는 영행렬을 의미한다).

고윳값 λ_i에 대응되는 A의 고유벡터 $\mathbf{v}_j^{\lambda_i}$ $(1 \le j \le n_i)$에 대해

$$AB\mathbf{v}_j^{\lambda_i} = BA\mathbf{v}_j^{\lambda_i} = B(\lambda_i \mathbf{v}_j^{\lambda_i}) = \lambda B\mathbf{v}_j^{\lambda_i}$$

이므로 $B\mathbf{v}_j^{\lambda_i}$는 λ_i에 대한 A의 고유벡터가 되고, $B\mathbf{v}_j^{\lambda_i} \in E_A(\lambda_i)$이다. 이때, $\{\mathbf{v}_1^{\lambda_i}, \cdots, \mathbf{v}_{n_i}^{\lambda_i}\}$는 $E_A(\lambda_i)$의 기저이므로, 각 $j = 1, 2, \cdots, n_i$에 대해

$$B\mathbf{v}_j^{\lambda_i} = b_{1j}\mathbf{v}_1^{\lambda_i} + b_{2j}\mathbf{v}_2^{\lambda_i} + \cdots + b_{n_ij}\mathbf{v}_{n_i}^{\lambda_i} \iff B\mathbf{v}_j^{\lambda_i} = \left(\mathbf{v}_1^{\lambda_i}\, \mathbf{v}_2^{\lambda_i} \cdots \mathbf{v}_{n_i}^{\lambda_i}\right)\begin{pmatrix} b_{1j} \\ \vdots \\ b_{n_ij} \end{pmatrix}$$

인 $b_{1j}, \cdots, b_{n_ij} \in \mathbb{C}$가 존재한다.

따라서, 각 $j = 1, 2, \cdots, n_i$ 에 대해 $\mathcal{M}_{n_i,1}$ 의 벡터 $\bigl(b_{1j} \cdots b_{n_i j}\bigr)^{\mathrm{T}}$ 를 $\mathbf{b}_j$ 라 할 때, $n_i \times n_i$ 행렬 $B_j = \bigl(\mathbf{b}_1 \cdots \mathbf{b}_{n_i}\bigr)$ 와 $n \times n_i$ 행렬 $\bigl(\mathbf{v}_1^{\lambda_i}\, \mathbf{v}_2^{\lambda_i} \cdots \mathbf{v}_{n_i}^{\lambda_i}\bigr)$ 에 대해

$$B\bigl(\mathbf{v}_1^{\lambda_i}\, \mathbf{v}_2^{\lambda_i} \cdots \mathbf{v}_{n_i}^{\lambda_i}\bigr) = \bigl(\mathbf{v}_1^{\lambda_i}\, \mathbf{v}_2^{\lambda_i} \cdots \mathbf{v}_{n_i}^{\lambda_i}\bigr)B_j \tag{7.20}$$

가 성립한다.

이제 각 고윳값 λ_i $(i = 1, 2, \cdots, r)$ 에 대해 식 (7.20)을 식 (7.18)의 유니타리행렬 U_1 을 이용하여 한꺼번에 나타내면

$$BU_1 = U_1 \begin{pmatrix} B_1 & O & \cdots & O \\ O & B_2 & \cdots & O \\ \vdots & \vdots & \ddots & \vdots \\ O & O & \cdots & B_r \end{pmatrix} \iff U_1^* BU_1 = \begin{pmatrix} B_1 & O & \cdots & O \\ O & B_2 & \cdots & O \\ \vdots & \vdots & \ddots & \vdots \\ O & O & \cdots & B_r \end{pmatrix}$$

를 얻는다. 한편 B 는 유니타리대각화 가능이므로

$$B^*B = BB^* \iff U_1^* B^* U_1 U_1^* B U_1 = U_1^* B U_1 U_1^* B^* U_1$$

이 성립하고, 이로부터

$$\begin{pmatrix} B_1^*B_1 & O & \cdots & O \\ O & B_2^*B_2 & \cdots & O \\ \vdots & \vdots & \ddots & \vdots \\ O & O & \cdots & B_r^*B_r \end{pmatrix} = \begin{pmatrix} B_1^* & O & \cdots & O \\ O & B_2^* & \cdots & O \\ \vdots & \vdots & \ddots & \vdots \\ O & O & \cdots & B_r^* \end{pmatrix} \begin{pmatrix} B_1 & O & \cdots & O \\ O & B_2 & \cdots & O \\ \vdots & \vdots & \ddots & \vdots \\ O & O & \cdots & B_r \end{pmatrix}$$

$$= \begin{pmatrix} B_1 & O & \cdots & O \\ O & B_2 & \cdots & O \\ \vdots & \vdots & \ddots & \vdots \\ O & O & \cdots & B_r \end{pmatrix} \begin{pmatrix} B_1^* & O & \cdots & O \\ O & B_2^* & \cdots & O \\ \vdots & \vdots & \ddots & \vdots \\ O & O & \cdots & B_r^* \end{pmatrix} = \begin{pmatrix} B_1B_1^* & O & \cdots & O \\ O & B_2B_2^* & \cdots & O \\ \vdots & \vdots & \ddots & \vdots \\ O & O & \cdots & B_rB_r^* \end{pmatrix}$$

가 성립한다. 따라서, 모든 $i = 1, 2, \cdots, r$ 에 대해 $n_i \times n_i$ 행렬 B_i 는 정규행렬이 되어 유니타리대각화 가능하다. 각 $i = 1, 2, \cdots, r$ 에 대해 B_i 를 유니타리대각화 하는 $n_i \times n_i$ 유니타리행렬을 V_i 라 하고, 대각행렬 D_i 를 $D_i = V_i^* B_i V_i$ 라 하자. 또, $n \times n$ 행렬 U_2 를

$$U_2 = \begin{pmatrix} V_1 & O & \cdots & O \\ O & V_2 & \cdots & O \\ \vdots & \vdots & \ddots & \vdots \\ O & O & \cdots & V_r \end{pmatrix}$$

라 하면, U_2도 유니타리행렬이 되고

$$U_2^*(U_1^*BU_1)U_2 = \begin{pmatrix} V_1^* & O & \cdots & O \\ O & V_2^* & \cdots & O \\ \vdots & \vdots & \ddots & \vdots \\ O & O & \cdots & V_r^* \end{pmatrix} \begin{pmatrix} B_1 & O & \cdots & O \\ O & B_2 & \cdots & O \\ \vdots & \vdots & \ddots & \vdots \\ O & O & \cdots & B_r \end{pmatrix} \begin{pmatrix} V_1 & O & \cdots & O \\ O & V_2 & \cdots & O \\ \vdots & \vdots & \ddots & \vdots \\ O & O & \cdots & V_r \end{pmatrix}$$

$$= \begin{pmatrix} D_1 & O & \cdots & O \\ O & D_2 & \cdots & O \\ \vdots & \vdots & \ddots & \vdots \\ O & O & \cdots & D_r \end{pmatrix}$$

가 성립한다. 즉, 유니타리행렬 U_1U_2는 행렬 B를 유니타리대각화한다.

한편, 식 (7.19)에서 다음 식

$$U_2^*(U_1^*AU_1)U_2$$

$$= \begin{pmatrix} V_1^* & O & \cdots & O \\ O & V_2^* & \cdots & O \\ \vdots & \vdots & \ddots & \vdots \\ O & O & \cdots & V_r^* \end{pmatrix} \begin{pmatrix} \lambda_1 I_{n_1} & O & \cdots & O \\ O & \lambda_2 I_{n_2} & \cdots & O \\ \vdots & \vdots & \ddots & \vdots \\ O & O & \cdots & \lambda_r I_{n_r} \end{pmatrix} \begin{pmatrix} V_1 & O & \cdots & O \\ O & V_2 & \cdots & O \\ \vdots & \vdots & \ddots & \vdots \\ O & O & \cdots & V_r \end{pmatrix}$$

$$= \begin{pmatrix} \lambda_1 I_{n_1} & O & \cdots & O \\ O & \lambda_2 I_{n_2} & \cdots & O \\ \vdots & \vdots & \ddots & \vdots \\ O & O & \cdots & \lambda_r I_{n_r} \end{pmatrix}$$

가 성립하므로, 유니타리행렬 U_1U_2는 행렬 A도 유니타리대각화한다. 결론적으로 행렬 A와 B는 유니타리행렬 $U = U_1U_2$에 의해 동시에 유니타리대각화 가능하다. □

문제 7.2.7. 유니타리대각화 가능한 행렬 A, $B \in \mathcal{M}_{n,n}(\mathbb{C})$가 $AB = BA$를 만족하면, 행렬 AB와 $A + B$도 유니타리대각화 가능함을 보이시오.

행렬의 스펙트럼 분해

지금까지 대칭행렬은 직교대각화 가능하고, 정규행렬은 유니타리대각화 가능함을 알았다. (특히, 정규행렬의 특별한 경우인 에르미트행렬은 모든 고윳값이 실수가 된다.) 이것을 다르게 표현해보자. 예를 들어, 행렬 $A \in \mathcal{M}_{n,n}(\mathbb{C})$가 정규행렬이고, A의 서로 다른 k $(1 \le k \le n)$개의 고윳값 λ_i $(1 \le i \le k)$에 대응되는 고유공간의 차원이 각각 n_i라고 하자.

물론, $n_1+n_2+\cdots+n_k=n$이다. 이때, 고윳값 λ_i에 대응되는 고유공간의 정규직교기저를 $\mathbf{v}_{i1}, \cdots, \mathbf{v}_{in_i}$라 하고, 유니타리행렬 U와 대각행렬 D를

$$\begin{aligned} U =&\Big(\mathbf{v}_{11},\cdots,\mathbf{v}_{1n_1},\mathbf{v}_{21},\cdots,\mathbf{v}_{2n_2},\cdots,\mathbf{v}_{k1},\cdots,\mathbf{v}_{kn_k}\Big) \\ D =&\mathrm{Diag}(\lambda_1,\cdots,\lambda_1,\lambda_2,\cdots,\lambda_2,\cdots,\lambda_k,\cdots,\lambda_k) \end{aligned}$$

로 정의하면

$$U^*AU=D \iff A=UDU^*$$

가 성립한다.

이때, $UD=\Big(\lambda_1\mathbf{v}_{11},\cdots,\lambda_1\mathbf{v}_{1n_1},\lambda_2\mathbf{v}_{21},\cdots,\lambda_2\mathbf{v}_{2n_2},\cdots,\lambda_k\mathbf{v}_{k1},\cdots,\lambda_k\mathbf{v}_{kn_k}\Big)$이므로 행렬의 곱셈에 대한 38쪽의 결과를 이용하면

$$A=UDU^*=\lambda_1(\mathbf{v}_{11}\mathbf{v}_{11}^*+\cdots+\mathbf{v}_{1n_1}\mathbf{v}_{1n_1}^*)+\cdots+\lambda_k(\mathbf{v}_{k1}\mathbf{v}_{k1}^*+\cdots\mathbf{v}_{kn_k}\mathbf{v}_{kn_k}^*) \tag{7.21}$$

를 얻는다. 이제 각 $i=1,2,\cdots,k$에 대해 계수가 1인 $n\times n$ 행렬 $\mathbf{v}_{ij}\mathbf{v}_{ij}^*$ $(1\le j\le n_i)$를 Q_{ij} $(1\le j\le n_i)$라 두면

$$Q_{ij}Q_{k\ell}=(\mathbf{v}_{ij}\mathbf{v}_{ij}^*)(\mathbf{v}_{k\ell}\mathbf{v}_{k\ell}^*)=\mathbf{v}_{ij}(\mathbf{v}_{ij}^*\mathbf{v}_{k\ell})\mathbf{v}_{k\ell}=\langle\mathbf{v}_{k\ell},\mathbf{v}_{ij}\rangle\mathbf{v}_{ij}\mathbf{v}_{k\ell}$$

이고, n개의 벡터로 이루어진 집합 $\mathcal{S}=\{\mathbf{v}_{11},\cdots,\mathbf{v}_{1n_1},\cdots,\mathbf{v}_{k1},\cdots,\mathbf{v}_{kn_k}\}$는 $\mathcal{M}_{n,1}(\mathbb{C}^n)$의 정규직교기저이므로

$$Q_{ij}^2=Q_{ij},\quad Q_{ij}Q_{k\ell}=O\ (\text{단, } i\ne j \text{ 이거나 } k\ne\ell)$$

를 얻는다. 따라서, 각 $i=1,2\cdots,k$에 대해 $n\times n$ 행렬 P_i를

$$P_i=Q_{i1}+Q_{i2}+\cdots+Q_{in_i}$$

로 정의하면 P_i는 계수가 n_i인 $n\times n$ 행렬이 되고,

$$P_i^2=P_i,\quad P_iP_j=O\ (\text{단, } i\ne j) \tag{7.22}$$

가 성립한다. 또, 복소내적공간 $\mathcal{M}_{n,1}(\mathbb{C})$의 임의의 벡터 $\mathbf{v}$를 정규직교기저 $\mathcal{S}$의 일차결합으로 나타내면

$$\begin{aligned} \mathbf{v} =&\langle\mathbf{v},\mathbf{v}_{11}\rangle\mathbf{v}_{11}+\cdots+\langle\mathbf{v},\mathbf{v}_{1n_1}\rangle\mathbf{v}_{1n_1}+\cdots+\langle\mathbf{v},\mathbf{v}_{k1}\rangle\mathbf{v}_{k1}+\cdots+\langle\mathbf{v},\mathbf{v}_{kn_k}\rangle\mathbf{v}_{kn_k} \\ =&\mathbf{v}_{11}(\mathbf{v}_{11}^*\mathbf{v})+\cdots+\mathbf{v}_{1n_1}(\mathbf{v}_{1n_1}^*\mathbf{v})+\cdots+\mathbf{v}_{k1}(\mathbf{v}_{k1}^*\mathbf{v})+\cdots+\mathbf{v}_{kn_k}(\mathbf{v}_{kn_k}^*\mathbf{v}) \\ =&(\mathbf{v}_{11}\mathbf{v}_{11}^*)\mathbf{v}+\cdots+(\mathbf{v}_{1n_1}\mathbf{v}_{1n_1}^*)\mathbf{v}+\cdots+(\mathbf{v}_{k1}\mathbf{v}_{k1}^*)\mathbf{v}+\cdots+(\mathbf{v}_{kn_k}\mathbf{v}_{kn_k}^*)\mathbf{v} \\ =&P_1\mathbf{v}+\cdots+P_k\mathbf{v} \end{aligned}$$

이므로 $P_1+P_2+\cdots+P_k=I_n$이 성립한다. 실제로 각 P_i는 고윳값 λ_i에 대응되는 고유공간 $E_A(\lambda_i)$로 떨어지는 정사영변환에 대응되고, 이런 이유로 식 (7.22)와 같은 조건을 만족하는 행렬을 정사영행렬이라 부른다.

한편, 정사영행렬 P_i를 이용하여 식 (7.21)을 정리하면

$$A = \lambda_1 P_1 + \lambda_2 P_2 + \cdots + \lambda_k P_k \tag{7.23}$$

과 같이 나타낼 수 있는데, 이를 A의 스펙트럼 분해라고 부른다.[16)]

문제 7.2.8. 식 (7.23)의 P_i에 대해 $\mathcal{M}_{n,1}(\mathbb{C})$의 부분공간 V_i를

$$V_i := \{P_i\mathbf{v} : \mathbf{v} \in \mathcal{M}_{n,1}(\mathbb{C})\}$$

로 정의하자. 이때, 다음을 보이시오.

(가) 선형사상 $L_i : \mathcal{M}_{n,1}(\mathbb{C}) \to \mathcal{M}_{n,1}(\mathbb{C})$를 $L_i(\mathbf{v}) = P_i\mathbf{v}$로 정의할 때, L_i는 λ_i의 고유공간 $E_A(\lambda_i)$로 떨어지는 정사영변환이 됨을 보이시오.

(나) 고유공간 $E_A(\lambda_i)$의 직교여공간 $E_A(\lambda_i)^\perp$ 위로 떨어지는 정사영변환을 P_i $(1 \le i \le k)$를 이용하여 나타내시오.

정사영행렬 P_i의 성질 (7.22)를 이용하면 A의 스펙트럼 분해 (7.23)으로부터

$$A^n = \lambda_1^n P_1 + \lambda_2^n P_2 + \cdots + \lambda_k^n P_k \quad (n = 1, 2, \cdots)$$

가 성립한다. 따라서, 다항식 $f(x) = a_0 + a_1 x + \cdots + a_n x^n$와 임의의 $n \times n$ 행렬 B에 대해 $n \times n$ 행렬 $f(B)$를

$$f(B) = a_0 I_n + a_1 B + \cdots + a_n B^n$$

으로 정의할 때, 식 (7.23)와 같은 스펙트럼 분해를 갖는 정규행렬 A에 대해 $I_n = P_1 + \cdots + P_k$이므로

$$\begin{aligned} f(A) =& a_0 I_n + a_1(\lambda_1 P_1 + \cdots + \lambda_k P_k) + \cdots a_n(\lambda_1^n P_1 + \cdots + \lambda_k^n P_k) \\ =& (a_0 + a_1\lambda_1 + \cdots + a_n\lambda_1^n)P_1 + \cdots + (a_0 + a_1\lambda_k + \cdots + a_n\lambda_k^n)P_k \\ =& f(\lambda_1)P_1 + \cdots + f(\lambda_k)P_k \end{aligned} \tag{7.24}$$

가 성립한다. 이 성질을 이용하여 고윳값 λ_i에 대응되는 고유벡터를 구하지 않고, 정규행렬 A의 스펙트럼 분해에 나타나는 정사영행렬 P_i를 구해보자. 우선 97쪽에서 공부한 라그랑주 보간다항식을 이용하면, k개의 점 $(\lambda_i, 1)$, $(\lambda_j, 0)$ $(1 \le j \ne i \le k)$을 지나는 $k-1$차 다항식 $f_i(x)$는

$$f_i(x) = \prod_{\substack{j=1 \\ j \ne i}}^{k} \frac{x - \lambda_j}{\lambda_i - \lambda_j}$$

가 된다. 이 다항식 $f_i(x)$에 대해 식 (7.24)를 적용하면 $f_i(\lambda_i) = 1$이고 $f_i(\lambda_j) = 0$ $(j \ne i)$이므로 다음 식이 성립한다.

$$f_i(A) = f_i(\lambda_1 P_1 + \lambda_2 P_2 + \cdots + \lambda_k P_k) = f_i(\lambda_1)P_1 + f_i(\lambda_2)P_2 + \cdots + f_i(\lambda_k)P_k = P_i.$$

16) 선형사상의 고윳값의 집합을 스펙트럼(spectrum)이라고 부르는 물리학의 용어에서 유래된 용어이다.

정규행렬의 스펙트럼 분해

정규행렬 $A \in \mathcal{M}_{n,n}(\mathbb{C})$의 서로 다른 고윳값이 $\lambda_1, \cdots, \lambda_k$이고, 각 고윳값 λ_i의 고유공간 $E_A(\lambda_i)$ 위로 떨어지는 정사영변환의 표준기저에 대한 행렬표현을 P_i라고 하면,

$$A = \lambda_1 P_1 + \cdots + \lambda_k P_k$$

가 성립한다.

또, 정사영행렬 P_i는 $k-1$차 다항식 $f_i(x) = \displaystyle\prod_{1 \leq j \neq i \leq k} \frac{x - \lambda_j}{\lambda_i - \lambda_j}$에 대해 $f_i(A)$이다.

위 스펙트럼 분해에서 행렬 A가 에르미트행렬이면 고윳값 λ_i가 모두 실수가 되고, 행렬 A가 대칭행렬이면 각 정사영행렬 $P_i \in \mathcal{M}_{n,n}(\mathbb{R})$는 $\mathcal{M}_{n,1}(\mathbb{R})$의 부분공간 $E_A(\lambda_i)$로 떨어지는 정사영행렬이 된다.

에르미트행렬 A에 식 (7.24)를 적용하는 예를 한 가지 더 살펴보자. 우선, 미적분학에서 배운 결과를 이용하면 임의의 실수 t에 대해 $e^t = \displaystyle\sum_{k=0}^{\infty} \frac{1}{k!} t^k$이 된다. 즉, 각 실수 t에 대해 수열 $\{f_n(t)\}_{n=1}^{\infty}$를 $f_n(t) = \displaystyle\sum_{k=0}^{n} \frac{1}{k!} t^k$로 정의하면 $\displaystyle\lim_{n \to \infty} f_n(t) = e^t$가 된다.

한편, 에르미트행렬 A의 고윳값은 실수이므로 고윳값 λ_i에 대해 $f_n(\lambda_i)$가 정의되고, 스펙트럼 분해를 이용하여 $f_n(A)$를 구하면

$$f_n(A) = f_n(\lambda_1)P_1 + \cdots + f_n(\lambda_k)P_k$$

이다.

이제, 행렬로 이루어진 수열 $\{A_n\}_{n=1}^{\infty}$의 극한을 다음과 같이 각 성분의 극한을 이용하여 정의하자.

$$\lim_{n \to \infty} A_n = A \iff \text{모든 } 1 \leq i, j \leq n \text{에 대해 } \lim_{n \to \infty} (A_n)_{ij} = A_{ij}$$

이때, 수열의 극한에 대한 성질로부터 $\displaystyle\lim_{n \to \infty} A_n = A$이고 $\displaystyle\lim_{n \to \infty} B_n = B$이면

$$\lim_{n \to \infty} (\alpha A_n + \beta B_n) = \alpha A + \beta B$$

가 성립함은 쉽게 보일 수 있다. 따라서,

$$\lim_{n \to \infty} f_n(A) = \lim_{n \to \infty} \Big(f_n(\lambda_i)P_1 + \cdots + f_n(\lambda_k)P_k \Big) = e^{\lambda_1}P_1 + \cdots + e^{\lambda_k}P_k$$

가 성립한다. 이런 의미로 $f(A) = e^A$를 $e^A = \displaystyle\lim_{n \to \infty} f_n(A)$로 정의한다. 이 결과는 미분방정식을 푸는데 아주 유용하게 이용된다.

예제 7.2.3. 다음 에르미트행렬 A에 대해 다음 물음에 답하시오.

$$A = \frac{1}{6}\begin{pmatrix} 10 & 1-\sqrt{3}i & 1+\sqrt{3}i \\ 1+\sqrt{3}i & 10 & 1-\sqrt{3}i \\ 1-\sqrt{3}i & 1+\sqrt{3}i & 10 \end{pmatrix}$$

(가) 행렬 A의 특성다항식은 $p_A(x) = (x-2)^2(x-1)$이다. 각 고윳값에 대응되는 정사영행렬을 구하시오. 또, A에 대한 스펙트럼 분해가 성립함을 확인하시오.

(나) 행렬 A에 대해 e^A를 구하시오.

풀이 : (가) 고윳값 $\lambda_1 = 1$에 대응되는 정사영행렬 P_1은 다항식 $f_1(x) = \dfrac{x-2}{1-2}$에 대해 $f_1(A)$이므로

$$P_1 = f_1(A) = -(A - 2I_3) = \frac{1}{6}\begin{pmatrix} 2 & -1+\sqrt{3}i & -1-\sqrt{3}i \\ -1-\sqrt{3}i & 2 & -1+\sqrt{3}i \\ -1+\sqrt{3}i & -1-\sqrt{3}i & 2 \end{pmatrix}$$

이고, $\lambda_2 = 2$에 대응되는 정사영행렬 P_2는 다항식 $f_2(x) = \dfrac{x-1}{2-1}$에 대해 $f_2(A)$이므로

$$P_2 = f_2(A) = (A - I_3) = \frac{1}{6}\begin{pmatrix} 4 & 1-\sqrt{3}i & 1+\sqrt{3}i \\ 1+\sqrt{3}i & 4 & 1-\sqrt{3}i \\ 1-\sqrt{3}i & 1+\sqrt{3}i & 4 \end{pmatrix}$$

이다. 이때, 실제로 $A = P_1 + 2P_2$가 성립함을 쉽게 확인할 수 있다.

(나) A의 스펙트럼 분해를 이용하여 e^A를 구하면

$$\begin{aligned} e^A =& e^{\lambda_1}P_1 + e^{\lambda_2}P_2 \\ =& \frac{e}{6}\begin{pmatrix} 2 & -1+\sqrt{3}i & -1-\sqrt{3}i \\ -1-\sqrt{3}i & 2 & -1+\sqrt{3}i \\ -1+\sqrt{3}i & -1-\sqrt{3}i & 2 \end{pmatrix} + \frac{e^2}{6}\begin{pmatrix} 4 & 1-\sqrt{3}i & 1+\sqrt{3}i \\ 1+\sqrt{3}i & 4 & 1-\sqrt{3}i \\ 1-\sqrt{3}i & 1+\sqrt{3}i & 4 \end{pmatrix} \end{aligned}$$

이다. □

예제 7.1.3에서 고윳값 2에 대응되는 고유공간의 정규직교기저

$$\mathbf{v}_{21} = \frac{1}{\sqrt{3}}\begin{pmatrix} 1 \\ 1 \\ 1 \end{pmatrix}, \quad \mathbf{v}_{22} = \frac{1}{2\sqrt{3}}\begin{pmatrix} 2 \\ -1+\sqrt{3}i \\ -1-\sqrt{3}i \end{pmatrix}$$

를 직접 구하여 정사영행렬 $P_2 = \mathbf{v}_{21}\mathbf{v}_{21}^* + \mathbf{v}_{22}\mathbf{v}_{22}^*$ 를 구할 수도 있지만, 예제에서처럼 구하는 것이 더 간단함을 알 수 있다.

문제 7.2.9. 행렬 $A = \begin{pmatrix} 2 & 2 \\ 2 & -1 \end{pmatrix}$ 에 대하여 다음 물음에 답하시오.

(가) 행렬 A의 스펙트럼 분해를 구하시오.

(나) 행렬 A에 대해 e^A 를 구하시오.

문제 7.2.10. 행렬 $A = \frac{1}{12}\begin{pmatrix} 5 & 1 \\ 1 & 5 \end{pmatrix}$ 에 대하여 다음 물음에 답하시오.

(가) 행렬 A의 고윳값을 구하고, 모두 1보다 작음을 보이시오.

(나) 행렬 A의 스펙트럼 분해를 구하시오.

(다) 임의의 자연수 n에 대해 수열 B_n을 $B_n = I_2 + A + A^2 + \cdots + A^n$ 으로 정의할 때,

$$\lim_{n\to\infty} B_n = (I - A)^{-1}$$

가 성립함을 보이시오.

7.3 양의 정부호행렬, 양의 준정부호행렬과 그 응용

[미리보기] 복소수 z_1, z_2에 대해 $f(z_1, z_2) = 5|z_1|^2 + (z_1\bar{z}_2 - \bar{z}_1 z_2)i + 5|z_2|^2$ 는

$$5|z_1|^2 + (z_1\bar{z}_2 - \bar{z}_1 z_2)i + 5|z_2|^2 = 5|z_1|^2 + 2\,\mathrm{Im}(z_1\bar{z}_2)i + 5|z_2|^2$$

를 만족하므로, 임의의 복소수 z_1, z_2에 대해 실수값이 됨을 알 수 있다. 이 값이 항상 음아닌 실수값을 가짐을 보이자.

식 $f(z_1, z_2)$에서 $|z_1|^2$과 $|z_2|^2$의 계수는 양의 실수이고, $z_1\bar{z}_2$와 $\bar{z}_1 z_2$의 계수는 켤레복소수인 것에 주목하면, $f(z_1, z_2)$를 다음과 같이 에르미트행렬을 이용하여

$$f(z_1, z_2) = \begin{pmatrix} \bar{z}_1 & \bar{z}_2 \end{pmatrix} \begin{pmatrix} 5 & -i \\ i & 5 \end{pmatrix} \begin{pmatrix} z_1 \\ z_2 \end{pmatrix}$$

로 나타낼 수 있다. 이때, 위 식의 에르미트행렬은 고윳값으로 4와 6을 가지고, 다음과 같이 유니타리 행렬 U에 의해 대각화된다.

$$U = \frac{1}{\sqrt{2}}\begin{pmatrix} i & 1 \\ 1 & i \end{pmatrix} \text{ 에 대해 } \begin{pmatrix} 5 & -i \\ i & 5 \end{pmatrix} = U \begin{pmatrix} 4 & 0 \\ 0 & 6 \end{pmatrix} U^*$$

따라서, 임의의 복소수 z_1, z_2에 대해 복소수 w_1, w_2를

$$\begin{pmatrix} w_1 \\ w_2 \end{pmatrix} = U^* \begin{pmatrix} z_1 \\ z_2 \end{pmatrix} \iff \begin{pmatrix} \bar{w}_1 & \bar{w}_2 \end{pmatrix} = \begin{pmatrix} \bar{z}_1 & \bar{z}_2 \end{pmatrix} U \tag{7.25}$$

로 정의하면

$$\begin{aligned} f(z_1, z_2) &= \begin{pmatrix} \bar{z}_1 & \bar{z}_2 \end{pmatrix} \begin{pmatrix} 5 & -i \\ i & 5 \end{pmatrix} \begin{pmatrix} z_1 \\ z_2 \end{pmatrix} \\ &= \begin{pmatrix} \bar{z}_1 & \bar{z}_2 \end{pmatrix} U \begin{pmatrix} 4 & 0 \\ 0 & 6 \end{pmatrix} U^* \begin{pmatrix} z_1 \\ z_2 \end{pmatrix} = \begin{pmatrix} \bar{w}_1 & \bar{w}_2 \end{pmatrix} \begin{pmatrix} 4 & 0 \\ 0 & 6 \end{pmatrix} \begin{pmatrix} w_1 \\ w_2 \end{pmatrix} = 4|w_1|^2 + 6|w_2|^2 \end{aligned}$$

을 얻는다. 특히, 위 식의 값이 0이 되는 경우는 $w_1 = w_2 = 0$인 경우 밖에 없으므로 식 (7.25)로부터 $z_1 = z_2 = 0$임을 알 수 있다.

결론적으로 위 식이 모든 z_1, z_2에 대해 항상 음아닌 실수값을 갖는 이유는 대응되는 에르미트행렬의 고윳값이 모두 음아닌 실수 값을 갖기 때문이다. 이 소절에서는 항상 양의 실수 값만을 고윳값으로 갖는 에르미트행렬과 음아닌 실수 값만을 고윳값으로 갖는 에르미트행렬에 대해 공부하고, 그 응용에 대해 살펴본다.

물론, 실수에서 정의된 대칭행렬은 에르미트행렬의 특별한 경우임을 기억하자.

양의 정부호행렬과 양의 준정부호행렬

에르미트행렬 $H \in M_{n,n}(\mathbb{C})$는 항상 실수값을 성분으로 갖는 대각행렬로 유니타리대각화 가능하다. 즉, 다음 식을 만족하는 실수 성분을 갖는 대각행렬 $D \in \mathcal{M}_{n,n}(\mathbb{R})$와 유니타리행렬 $U \in \mathcal{M}_{n,n}(\mathbb{C})$가 존재한다.

$$U^*HU = D = \mathrm{Diag}(\lambda_1, \cdots, \lambda_n) \iff H = UDU^* \tag{7.26}$$

이때, 모든 고윳값이 양의 실수인 에르미트행렬을 **양의 정부호를 갖는 행렬** 또는 간단히 **양의 정부호행렬**이라 하고, 음아닌 실수를 고윳값으로 갖는 에르미트행렬을 **양의 준정부호를 갖는 행렬** 또는 간단히 **양의 준정부호행렬**이라 부른다. 비슷하게 에르미트행렬 H의 모든 고윳값이 음의 실수이면 **음의 정부호행렬**, 양이 아닌 실수이면 **음의 준정부호행렬**이라 부른다. 또, 음의 실수와 양의 실수를 동시에 고윳값으로 가지는 에르미트행렬을 **부정부호행렬**이라 한다.

문제 7.3.1. $n \times n$ 에르미트행렬 H가 양의 준정부호행렬이면, 모든 $k = 2, 3, \cdots$에 대해 H^k도 양의 준정부호행렬이 됨을 보이시오.

에르미트행렬 $H \in \mathcal{M}_{n,n}(\mathbb{C})$가 양의 정부호행렬일 필요충분조건을 구해보자. 우선, 식 (7.44)의 유니타리행렬 U와 임의의 벡터 $\mathbf{z} \in \mathcal{M}_{n,1}(\mathbb{C})$에 대해 $\mathbf{w} = (w_1, w_2, \cdots, w_n)^{\mathrm{T}}$를 $\mathbf{w} = U^*\mathbf{z}$로 정의하면

$$\mathbf{z}^*H\mathbf{z} = \mathbf{z}^*UDU^*\mathbf{z} = \mathbf{w}^*D\mathbf{w} = \lambda_1\bar{w}_1w_1 + \cdots + \lambda_n\bar{w}_nw_n = \lambda_1|w_1|^2 + \cdots + \lambda_n|w_n|^2 \tag{7.27}$$

이 된다. 따라서, 만약 에르미트행렬 H가 양의 정부호행렬이면, 모든 고윳값에 대해 $\lambda_i > 0\,(1 \le i \le n)$이므로 $\mathbf{z}^*H\mathbf{z} \ge 0$이 성립하고,

$$\mathbf{z}^*H\mathbf{z} = 0 \iff U^*\mathbf{z} = \mathbf{w} = \mathbf{0} \iff \mathbf{z} = \mathbf{0}$$

가 된다.

이제 역을 증명하기 위해, 임의의 벡터 $\mathbf{z} \in \mathcal{M}_{n,1}(\mathbb{C})$에 대해

$$\mathbf{z}^* H \mathbf{z} \geq 0 \text{ 이고 } \mathbf{z}^* H \mathbf{z} = 0 \iff \mathbf{z} = 0$$

가 성립한다고 가정하자. 행렬 U의 열벡터 $U\mathbf{e}_i$ $(1 \leq i \leq n)$들이 정규직교기저를 이루므로 식 (7.27)에서 벡터 $\mathbf{z}$를 $\mathbf{z} = U\mathbf{e}_i$로 잡으면, 대응되는 $\mathbf{w}$는 $\mathcal{M}_{n,1}(\mathbb{C})$의 표준기저벡터 $\mathbf{e}_i$가 된다. 따라서, 각 $\mathbf{z} = U\mathbf{e}_i$ $(1 \leq i \leq n)$에 대해

$$\mathbf{z}^* H \mathbf{z} = \lambda_i \geq 0$$

이 성립한다. 또, $\mathbf{z} = U\mathbf{e}_1 \neq \mathbf{0}$이므로 $\lambda_i \neq 0$임을 알 수 있다.

위 증명과정에서 에르미트행렬 H가 양의 준정부호가 될 필요충분조건은 임의의 벡터 $\mathbf{z} \in \mathcal{M}_{n,1}(\mathbb{C})$에 대해 다음 식

$$\mathbf{z}^* H \mathbf{z} \geq 0$$

이 성립하는 것이다. 에르미트행렬이 음의 정부호나 음의 부정부호가 될 필요충분조건도 같은 방법으로 구할 수 있다.

양의 정부호, 양의 준정부호, 음의 정부호, 음의 준정부호 행렬 동치조건

$n \times n$ 에르미트행렬 H에 대해 다음이 성립한다.

(가) H가 양의 정부호행렬 $\iff$ 모든 $\mathbf{0}$ 아닌 벡터 $\mathbf{z} \in \mathcal{M}_{n,1}(\mathbb{C})$에 대해 $\mathbf{z}^* H \mathbf{z} > 0$
(나) H가 양의 준정부호행렬 $\iff$ 모든 벡터 $\mathbf{z} \in \mathcal{M}_{n,1}(\mathbb{C})$에 대해 $\mathbf{z}^* H \mathbf{z} \geq 0$
(다) H가 음의 정부호행렬 $\iff$ 모든 $\mathbf{0}$ 아닌 벡터 $\mathbf{z} \in \mathcal{M}_{n,1}(\mathbb{C})$에 대해 $\mathbf{z}^* H \mathbf{z} < 0$
(라) H가 음의 준정부호행렬 $\iff$ 모든 벡터 $\mathbf{z} \in \mathcal{M}_{n,1}(\mathbb{C})$에 대해 $\mathbf{z}^* H \mathbf{z} \leq 0$

또, 대칭행렬 $S \in \mathcal{M}_{n,n}(\mathbb{R})$가 양의 정부호 (준정부호), 음의 정부호 (준정부호)가 될 필요충분조건은 임의의 벡터 $\mathbf{x} \in \mathcal{M}_{n,1}(\mathbb{R})$에 대해서 위 식이 각각 성립하는 것이다.

문제 7.3.2. $n \times n$ 양의 준정부호행렬 H가 양의 정부호행렬이 될 필요충분조건은 $\text{rank}(H) = n$임을 보이시오.

예제 7.3.1. $n \times n$ 에르미트행렬 H가 양의 준정부호행렬이 될 필요충분조건은 적당한 $n \times n$ 행렬 $B \in \mathcal{M}_{n,n}(\mathbb{C})$에 대해

$$H = B^* B \tag{7.28}$$

가 성립하는 것임을 보이시오.

또, $n \times n$ 행렬 H가 양의 정부호행렬이 될 필요충분조건은 식 (7.28)을 만족하는 가역행렬 B가 존재하는 것임을 보이시오.

풀이 : 우선, 적당한 행렬 B에 대해 식 (7.28)이 성립한다고 하자. 이때, 임의의 벡터 $\mathbf{z} \in \mathcal{M}_{n,1}(\mathbb{C})$에 대해

$$\mathbf{z}^* H\mathbf{z} = \mathbf{z}^* B^* B\mathbf{z} = \langle B\mathbf{z}, B\mathbf{z} \rangle = \|B\mathbf{z}\|^2 \geq 0$$

이 성립하므로 H는 양의 준정부호이다.

이제, H가 양의 준정부호 행렬이라 하자. 이때, 식 (7.26)에서 모든 고윳값 λ_i가 음아닌 실수이므로 양의 제곱근 $\sqrt{\lambda_i}$를 갖고, 대각행렬 $D^{\frac{1}{2}}$를

$$D^{\frac{1}{2}} = \mathrm{Diag}(\sqrt{\lambda_1}, \cdots, \sqrt{\lambda_n})$$

라고 정의하면 $\left(D^{\frac{1}{2}}\right)^2 = D$이다. 이때, 행렬 B를 $B := UD^{\frac{1}{2}}U^*$로 정의하면

$$H = UDU^* = UD^{\frac{1}{2}}D^{\frac{1}{2}}U^* = UD^{\frac{1}{2}}U^*UD^{\frac{1}{2}}U^* = B^*B$$

가 되어 역이 성립한다.

마지막으로 H가 양의 준정부호일 때, 식 (7.28)을 만족하는 행렬 B의 계수가 n일 필요충분조건은 H가 양의 정부호임을 보이자. 우선 H가 양의 정부호이면 모든 고유값이 양수가 되어 행렬식은 0이 아니다.[17] 한편, 켤레전치행렬의 행렬식에 대한 성질[18] $\det(B^*) = \overline{\det(B)}$를 이용하면, 다음 관계식

$$0 \neq \det(H) = \det(B^*)\det(B) = |\det(B)|^2 \tag{7.29}$$

으로부터 $\det(B) \neq 0$이 되고, 따라서 B는 가역행렬이 된다.

역으로 B가 가역행렬이면 $\det(B) \neq 0$이므로 식 (7.29)에서 준정부호행렬 $H = B^*B$의 행렬식은 양수이다. 또, 준정부호행렬의 고윳값은 음이 아닌 실수이므로, 다시 행렬식과 고윳값 사이의 관계를 이용하면 H의 모든 고윳값이 양의 실수가 되어 증명이 끝난다. □

문제 7.3.3. 행렬 $A = \begin{pmatrix} 3 & 2 \\ 2 & 3 \end{pmatrix}$에 대하여 다음 물음에 답하시오.

(가) 행렬 A가 양의 정부호임을 보이시오.

(나) $A = B^{\mathrm{T}}B$를 만족하는 행렬 B를 구하시오.

---

17) 255쪽에서 공부했듯이 행렬식은 모든 고윳값의 곱이다.

18) 155쪽 켤레전치행렬의 성질을 참고하시오.

문제 7.3.4. $n \times n$ 에르미트행렬 A가 양의 준정부호행렬이고 $\text{rank}(A) = k$이면, k개의 직교벡터 $\mathbf{v}_i$ $(1 \leq i \leq k)$에 대해 $A = \mathbf{v}_1\mathbf{v}_1^* + \mathbf{v}_2\mathbf{v}_2^* + \cdots \mathbf{v}_k\mathbf{v}_k^*$가 성립함을 보이시오.

문제 7.3.5. $n \times n$ 에르미트행렬 A와 $m \times m$ 에르미트행렬 B가 각각 양의 정부호일 때, 행렬 $\left(\begin{array}{c|c} A & O \\ \hline O & B \end{array}\right)$도 양의 정부호행렬이 됨을 보이시오.

문제 7.3.6. 복소행렬 A에 대해 $A^*A = O$이 성립하면, $A = O$임을 보이시오. 특히, $n \times n$ 에르미트행렬 H가 $H^2 = O$를 만족하면 $H = O$임을 보이시오.

지금까지 살펴본 내용으로는 에르미트행렬 H가 양의 정부호인지 확인하기 위해 고윳값을 직접 구해야만 했다. 고윳값을 직접 구하지 않고 양의 정부호 또는 양의 준정부호가 되는지 확인하는 방법에 대해 알아보자.

우선, 설명을 좀 더 간편하게 하기 위해 몇 가지 용어를 정의하자. $n \times n$ 행렬 A에 대해 크기가 k인 **선행 주요소행렬** A_k는 (i, j) 성분이

$$(A_k)_{ij} = A_{ij} \ (1 \leq i,\, j \leq k)$$

인 $k \times k$ 행렬을 의미한다. 또, 행렬 A의 k차 **주요소행렬**은 $\{1, 2, \cdots, n\}$에서 $n - k$개의 자연수 ℓ을 선택한 후, 행렬 A에서 ℓ행과 ℓ열을 모두 제거하고 남은 $k \times k$ 행렬을 의미한다. 이들 행렬의 행렬식은 **주요소행렬식**이라고 부른다. 예를 들어, 3×3 행렬 A에 대해 선행 주요소행렬 A_k $(1 \leq k \leq 3)$은

$$A_1 = (A_{11}), \quad A_2 = \begin{pmatrix} A_{11} & A_{12} \\ A_{21} & A_{22} \end{pmatrix}, \quad A_3 = A$$

가 되고, k차 주요소행렬식을 모두 구하면

$$\begin{aligned} &1\text{차}:\ A_{11},\ A_{22},\ A_{33}, \\ &2\text{차}:\ \det\begin{pmatrix} A_{11} & A_{12} \\ A_{21} & A_{22} \end{pmatrix},\ \det\begin{pmatrix} A_{11} & A_{13} \\ A_{31} & A_{33} \end{pmatrix},\ \det\begin{pmatrix} A_{22} & A_{23} \\ A_{32} & A_{33} \end{pmatrix}, \\ &3\text{차}:\ \det(A) \end{aligned}$$

가 된다.

이제 에르미트행렬 H가 양의 정부호이면 H의 모든 선행 주요소행렬 H_k가 양의 정부호임을 보이자. 이를 보이기 위해, $\mathcal{M}_{k,1}(\mathbb{C})$의 임의의 벡터 $\mathbf{z}_k$와 $\mathcal{M}_{(n-k),1}(\mathbb{C})$의 영벡터 $\mathbf{0}$에

대해 벡터 $\mathbf{z} \in \mathcal{M}_{n,1}(\mathbb{C})$를 $\mathbf{z} = \begin{pmatrix} \mathbf{z}_k \\ \mathbf{0} \end{pmatrix}$로 정의하자. 이때,

$$0 \le \mathbf{z}^* H \mathbf{z} = \begin{pmatrix} \mathbf{z}_k^* & \mathbf{0} \end{pmatrix} \left(\begin{array}{c|c} H_k & * \\ \hline * & * \end{array} \right) \begin{pmatrix} \mathbf{z}_k \\ \mathbf{0} \end{pmatrix} = \mathbf{z}_k^* H_k \mathbf{z}_k$$

가 성립하므로, H가 양의 정부호행렬이면 모든 선행 주요소행렬 H_k $(1 \le k \le n)$도 양의 정부호행렬이 됨을 알 수 있다.

한편, 에르미트행렬 H의 고윳값을 이용하여 H의 행렬식을 나타내면

$$\det(H) = \det\bigl(U \operatorname{Diag}(\lambda_1, \cdots, \lambda_n)\, U^*\bigr) = \prod_{i=1}^{n} \lambda_i$$

이다. 따라서, 에르미트행렬 H가 양의 정부호이면 모든 선행 주요소행렬 H_k $(1 \le k \le n)$에 대해서도 $\det(H_k) > 0$이 성립한다. 실제로 이 명제의 역도 성립하여 **실베스터 판정법**이라고 부르는 정리를 얻는데, 역을 증명하기 위해서 다음 보조정리가 필요하다.[19)]

양의 정부호행렬과 부분공간

$n \times n$ 복소행렬 A는 에르미트행렬이고, W는 복소내적공간 $\mathcal{M}_{n,1}(\mathbb{C})$의 k 차원 부분공간이라 하자. W의 임의의 벡터 $\mathbf{w}(\neq \mathbf{0})$에 대해 $\mathbf{w}^* A \mathbf{w} > 0$이면, A는 양수인 고윳값을 적어도 k개 가진다. (단, 중근은 중복해서 계산한다.)

증명 : A의 고윳값은 실수이므로 크기가 작아지는 순서대로 나열하여 $\lambda_1 \ge \lambda_2 \ge \cdots \ge \lambda_n$라 하고, m개의 고윳값 λ_i $(1 \le i \le m)$이 양수이고 나머지 $n-m$개의 고윳값은 양수가 아니라고 하자. 또, $\mathcal{M}_{n,1}(\mathbb{C})$의 정규직교기저를 이루는 벡터 $\mathbf{v}_i$ $(1 \le i \le n)$은 고윳값 λ_i에 대응되는 고유벡터라고 하자.

이제, 만약 $m < k$이면 모순임을 보이려고 한다. $m < k$를 가정하고, $n-m$개의 벡터 $\{\mathbf{v}_{m+1}, \mathbf{v}_{m+2}, \cdots, \mathbf{v}_n\}$으로 생성되는 $\mathcal{M}_{n,1}(\mathbb{C})$의 부분공간을 V라 하자. 이때,

$$n \ge \dim_{\mathbb{C}}(V+W) = \dim_{\mathbb{C}}(V) + \dim_{\mathbb{C}}(W) - \dim_{\mathbb{C}}(V \cap W) = (n-m) + k - \dim_{\mathbb{C}}(V \cap W)$$

이므로 $\dim_{\mathbb{C}}(V \cap W) \ge k - m > 0$가 성립한다. 따라서, $V \cap W$는 영벡터가 아닌 벡터를 포함하므로, 모두가 0은 아닌 복소수 c_i $(m+1 \le i \le n)$이 존재해서

$$\tilde{\mathbf{w}} = c_{m+1}\mathbf{v}_{m+1} + c_{m+2}\mathbf{v}_{m+2} + \cdots + c_n \mathbf{v}_n \in V \cap W$$

19) 행렬의 LU분해를 이용하는 증명, 쿠랑-피셔 (Courant-Fischer) 정리를 이용한 증명 등, 다양한 방법으로 증명할 수 있지만, 여기서는 기본적인 내용만을 이용하는 George T. Gilbert (The American Mathematical Monthly, vol 98, pp.44-46) 의 증명을 이용한다.

가 성립한다. 이때, $\tilde{\mathbf{w}} \in W$ 이므로 가정에 의해 $\tilde{\mathbf{w}}^* A\tilde{\mathbf{w}} > 0$ 이어야 한다. 하지만, 고유벡터 $\mathbf{v}_i$ $(m+1 \le i \le n)$ 들은 정규직교집합을 이루고, $m+1 \le i \le n$ 에 대해 $\lambda_i \le 0$ 이므로

$$\begin{aligned}\tilde{\mathbf{w}}^* A\,\tilde{\mathbf{w}} &= \left(\bar{c}_{m+1}\mathbf{v}_{m+1}^* + \cdots + \bar{c}_n\mathbf{v}_n^*\right)A\left(c_{m+1}\mathbf{v}_{m+1} + \cdots + c_n\mathbf{v}_n\right)\\ &= \left(\bar{c}_{m+1}\mathbf{v}_{m+1}^* + \cdots + \bar{c}_n\mathbf{v}_n^*\right)\left(c_{m+1}\lambda_{m+1}\mathbf{v}_{m+1} + \cdots + c_n\lambda_n\mathbf{v}_n\right)\\ &= \lambda_{m+1}|c_{m+1}|^2 + \cdots + \lambda_n|c_n|^2 = \sum_{i=m+1}^{n}\lambda_i|c_i|^2 \le 0\end{aligned}$$

가 되어 모순이다. 따라서 $m \ge k$ 가 되어야 하므로 A 는 적어도 k 개의 양수인 고윳값을 가진다. □

양의 정부호, 음의 정부호행렬이 되기 위한 필요충분조건: 실베스터 판정법

$n \times n$ 에르미트행렬 H 가 양의 정부호가 될 필요충분조건은 모든 선행 주요소행렬 H_k 에 대해

$$\det(H_k) > 0 \quad (k = 1,\, 2,\, \cdots,\, n) \tag{7.30}$$

이 성립하는 것이다.

또, 음의 정부호행렬이 될 필요충분조건은 모든 선행 주요소행렬 H_k 에 대해

$$(-1)^k\det(H_k) > 0 \quad (k = 1,\, 2,\, \cdots,\, n) \tag{7.31}$$

이 성립하는 것이다.

증명 : 첫 번째 주장을 증명하기 위해서는 에르미트행렬 H 가 식 (7.30)을 만족하면 양의 정부호가 되는 것을 보이면 충분하다. 행렬의 차원 ℓ 에 대해 수학적 귀납법으로 증명해보자.

우선 $\ell = 1$ 일 때, 성립함은 자명하다. $\ell = n-1$ 일 때 명제가 성립한다고 가정하고, $\ell = n$ 일 때 $n \times n$ 행렬 H 가 조건 (7.30)를 만족한다고 하자. 이때, 선행 주요 소행렬 H_{n-1} 은 $(n-1)\times(n-1)$ 행렬이고, H 에 대한 조건으로부터 H_{n-1} 의 모든 선행 주요소행렬의 행렬식은 양수이다. 따라서, 수학적 귀납법의 가정으로부터 H_{n-1} 은 양의 정부호행렬이 된다.

이제 마지막 성분이 0 인 $\mathcal{M}_{n,1}(\mathbb{C})$ 의 $n-1$ 차원 부분공간을 W 라 하면, H_{n-1} 이 양의 정부호이므로 $\mathbf{0}$ 이 아닌 임의의 $\mathbf{w} \in W$ 에 대해

$$\mathbf{w}^* H\mathbf{w} > 0$$

이 성립한다. 따라서, 앞서 증명한 281쪽의 보조정리에 의해 H 는 양수인 고윳값을 적어도 $n-1$ 개 갖는다. 한편, $\det(H) = \det(H_n) > 0$ 이고, H 의 행렬식은 모든 고윳값의 곱이므로

나머지 한 개의 고윳값도 양수가 되어야 한다. 결론적으로 모든 고윳값이 양수가 되어 행렬 H는 양의 정부호가 된다.

에르미트행렬이 음의 정부호가 될 필요충분조건에 대한 증명도 비슷한 방법으로 할 수 있다. □

문제 7.3.7. $n \times n$ 에르미트행렬 H가 선행 주요소행렬 H_k $(1 \le k \le n)$에 대해 다음 조건을 만족하면 양의 준정부호행렬임을 보이시오.

$$\det(H_1) > 0,\ \det(H_2) > 0,\ \cdots\ ,\det(H_{n-1}) > 0 \ \text{ 이고 } \ \det(H_n) = \det(H) \ge 0$$

(도움말 : 실베스터 판정법의 증명 과정을 잘 살펴보시오.)

문제 7.3.8. 행렬 $A = \begin{pmatrix} a & b \\ b & d \end{pmatrix} \in \mathcal{M}_{2,2}(\mathbb{R})$에 대해 다음 물음에 답하시오.

(가) 행렬 A가 양의 정부호가 될 필요충분조건이 다음과 같음을 보이시오.

$$\mathrm{Tr}(A) > 0 \ \text{ 이고 } \ \det(A) > 0 \iff a > 0 \ \text{ 이고 } \ ad - b^2 > 0 \iff d > 0 \ \text{ 이고 } \ ad - b^2 > 0$$

(나) 행렬 A가 양의 준정부호가 될 필요충분조건이 다음과 같음을 보이시오.

$$\mathrm{Tr}(A) \ge 0 \ \text{ 이고 } \ \det(A) \ge 0 \iff a \ge 0 \ \text{ 이고 } \ d \ge 0 \ \text{ 이고 } \ ad - b^2 \ge 0$$

문제 7.3.9. 행렬 $A = \begin{pmatrix} 1 & 1 & 1 \\ 1 & 1 & 1 \\ 1 & 1 & t \end{pmatrix}$에 대해 물음에 답하시오.

(가) 행렬 A가 양의 정부호가 될 수 없음을 보이시오.

(나) 행렬 A가 양의 준정부호가 될 필요충분조건을 구하시오.

문제 7.3.10. 에르미트행렬 A가 음의 정부호가 될 필요충분조건은
A의 선행 주요소행렬 A_k $(1 \le k \le n)$에 대해 $(-1)^k \det(A_k) > 0$ $(1 \le k \le n)$임을 보이시오.

문제 7.3.11. 에르미트행렬 A가 양의 준정부호행렬이라 하자. A의 i행과 j행을 맞바꾸고, 그 상태에서 다시 i열과 j열을 맞바꾼 행렬을 $\tilde{A}$라 할 때, $\tilde{A}$도 양의 준정부호행렬이 됨을 보이시오.

도전 문제 7.3.1. $n \times n$ 에르미트행렬 H가 선행 주요소행렬 H_k에 대해

$$\det(H_k) \ge 0 \ (k = 1, 2, \cdots, n)$$

를 만족해도 양의 준정부호가 아닐 수 있음을 예를 들어 보이시오.

반면에, 가능한 모든 주요소행렬에 대해 음이 아닌 행렬식을 가지면 양의 준정부호가 됨을 보이시오.

쌍선형형식과 이차형식

행렬 $A \in \mathcal{M}_{n,n}(\mathbb{R})$에 대해 다음과 같이 정의된 함수 $Q_A : \mathcal{M}_{n,1}(\mathbb{R}) \times \mathcal{M}_{n,1}(\mathbb{R}) \to \mathbb{R}$를 생각해보자. 물론, 벡터공간 $\mathcal{M}_{n,1}(\mathbb{R})$은 벡터공간 $\mathbb{R}^n$으로 생각해도 된다.

$$Q_A(\mathbf{x}, \mathbf{y}) = \mathbf{y}^{\mathrm{T}} A\mathbf{x}, \quad \mathbf{x},\, \mathbf{y} \in \mathcal{M}_{n,1}(\mathbb{R}) \cong \mathbb{R}^n$$

임의의 $\mathbf{x}_1,\, \mathbf{x}_2 \in \mathcal{M}_{n,1}(\mathbb{R})$와 $c_1,\, c_2 \in \mathbb{R}$에 대해

$$Q_A(c_1\mathbf{x}_1 + c_2\mathbf{x}_2, \mathbf{y}) = \mathbf{y}^{\mathrm{T}} A(c_1\mathbf{x}_1 + c_2\mathbf{x}_2) = c_1\mathbf{y}^{\mathrm{T}} A\mathbf{x}_1 + c_2\mathbf{y}^{\mathrm{T}} A\mathbf{x}_2 = c_1 Q_A(\mathbf{x}_1, \mathbf{y}) + c_2 Q_A(\mathbf{x}_2, \mathbf{y})$$

이므로 $Q_A(\mathbf{x}, \mathbf{y})$를 $\mathbf{x}$에 관한 함수로 생각하면 각 $\mathbf{y}$에 대해

$$Q_A(\cdot, \mathbf{y}) : \mathcal{M}_{n,1}(\mathbb{R}) \to \mathbb{R}$$

는 선형사상이 됨을 알 수 있다. 비슷한 방법으로 $\mathbf{y}$에 관한 함수로 생각할 때도 선형사상이 되므로 $Q_A(\mathbf{x}, \mathbf{y})$를 A로 생성된 **쌍선형형식**이라 부른다.

행렬 A가 단위행렬 I_n일 때, 쌍선형형식은 $Q_{I_n}(\mathbf{x}, \mathbf{y}) = \mathbf{y}^{\mathrm{T}}\mathbf{x}$가 되어 $\mathcal{M}_{n,1}(\mathbb{R})$의 유클리드내적이 됨을 알 수 있다. 일반적으로 행렬 A가 양의 정부호이면 대응되는 쌍선형형식이 $\mathcal{M}_{n,1}(\mathbb{R})$의 내적이 됨을 보일 수 있다.

예제 7.3.2. $n \times n$ 대칭행렬 A가 양의 정부호행렬이면, 대응되는 쌍선형형식 Q_A가 $\mathcal{M}_{n,1}(\mathbb{R})$의 내적이 됨을 보이시오.[20)]

풀이 : 행렬 A가 양의 정부호행렬이므로 가역이고, 영벡터가 아닌 임의의 벡터 $\mathbf{x}$에 대해 $\mathbf{x}^{\mathrm{T}} A\mathbf{x} > 0$이다. 따라서 [내적규칙 1]이 성립한다.

또, 행렬 A가 대칭행렬이고, 1×1 행렬의 전치행렬은 자기자신이므로

$$Q_A(\mathbf{x}, \mathbf{y}) = \mathbf{y}^{\mathrm{T}} A\mathbf{x} = \left(\mathbf{y}^{\mathrm{T}} A\mathbf{x}\right)^{\mathrm{T}} = \mathbf{x}^{\mathrm{T}} A\mathbf{y} = Q_A(\mathbf{y}, \mathbf{x})$$

가 성립하여 [내적규칙 2]도 성립한다.

마지막으로 $Q_A(\mathbf{x}, \mathbf{y})$가 쌍선형이므로 [내적규칙 3]과 [내적규칙 4]가 성립하여 $Q_A(\mathbf{x}, \mathbf{y})$는 $\mathcal{M}_{n,1}(\mathbb{R})$의 내적이 된다. □

문제 7.3.12. 다음과 같이 정의된 함수 $\langle \cdot, \cdot \rangle : \mathbb{R}^3 \times \mathbb{R}^3 \to \mathbb{R}$는 $\mathbb{R}^3$의 내적이 됨을 보이시오.

$$\langle (x_1,\, x_2,\, x_3), (y_1,\, y_2,\, y_3) \rangle = 2x_1y_1 + 2x_2y_2 + 2x_3y_3 + x_1y_2 + x_1y_3 + x_2y_1 + x_2y_3 + x_3y_1 + x_3y_2$$

행렬 A로 생성된 쌍선형형식 Q_A에 대해 다음과 같이 정의된 함수 $q_A : \mathcal{M}_{n,1}(\mathbb{R}) \to \mathbb{R}$를 이차형식이라 부른다.

$$q_A(\mathbf{x}) = Q_A(\mathbf{x}, \mathbf{x})$$

20) 105쪽 내적의 정의를 참고하시오.

특히, 행렬 A가 양의 정부호를 갖는 대칭행렬일 때, q_A를 양의 정부호를 갖는 이차형식 또는 양의 정부호 이차형식이라 부른다. 양의 준정부호를 갖는 대칭행렬 A로 생성되는 이차형식은 양의 준정부호 이차형식이라 부른다.

예제 7.3.3. $\mathbb{R}^n$에서 $\mathbb{R}$로 가는 함수 $f(x_1, \cdots, x_n)$가 각 x_i $(1 \le i \le n)$에 대해 이차식이 될 때, 즉

$$f(x_1, \cdots, x_n) = \sum_{i=1}^{n}\sum_{j=1}^{n} a_{ij}x_ix_j \tag{7.32}$$

일 때, f는 어떤 대칭행렬에 대한 이차형식이 됨을 보이시오.

풀이 : 식 (7.32)에서 x_ix_j의 계수를 (i, j)성분으로 갖는 행렬을 A라 하고 $\mathbf{x}$를 $\mathbf{x} = (x_1, \cdots, x_n)^{\mathrm{T}}$라 두면, f의 정의로부터

$$f(x_1, \cdots, x_n) = \mathbf{x}^{\mathrm{T}}A\mathbf{x} = q_A(\mathbf{x})$$

가 성립한다. 이때,

$$a_{ij}x_ix_j + a_{ji}x_jx_i = 2\Big(\frac{a_{ij} + a_{ji}}{2}\Big)x_ix_j$$

가 성립하므로, 행렬 B를 $B = \frac{1}{2}A + A^{\mathrm{T}}$로 정의하면

$$q_B(\mathbf{x}) = q_A(\mathbf{x}) = f(x_1, \cdots, x_n)$$

이 성립한다. 따라서, f는 대칭행렬 B로 생성되는 이차형식이 된다. □

문제 7.3.13. 함수 $f(x_1, x_2, x_3) = x_1^2 + 2x_2^2 - x_3^2 + 2x_1x_2 + 4x_2x_3 - 6x_3x_1$는 어떤 대칭행렬 A로 생성되는 이차형식 $q_A(\mathbf{x})$ (단, $\mathbf{x} = (x_1, x_2, x_3)^{\mathrm{T}}$)가 된다. 대칭행렬 A를 구하시오.

예제 7.3.4. $x_1^2+x_2^2+x_3^2 \le r^2$일 때, 함수 $f(x_1, x_2, x_3) = 2(x_1^2+x_2^2+x_3^2+x_1x_2+x_2x_3+x_3x_1)$의 최댓값을 구하시오.

풀이 : 함수 f는 대칭행렬 A로 생성되는 이차형식이다.

$$A = \begin{pmatrix} 2 & 1 & 1 \\ 1 & 2 & 1 \\ 1 & 1 & 2 \end{pmatrix}$$

행렬 A의 특성다항식은 $p_A(x) = (x-1)^2(x-4)$이므로 양수인 고윳값 1, 4를 갖는 양의 정부호행렬이 된다. 따라서, $\mathcal{M}_{3,1}(\mathbb{R})$의 정규직교기저 $\{\mathbf{b}_1, \mathbf{b}_2, \mathbf{b}_3\}$가 존재해서

$$A = \mathbf{b}_1\mathbf{b}_1^{\mathrm{T}} + \mathbf{b}_2\mathbf{b}_2^{\mathrm{T}} + 4\mathbf{b}_3\mathbf{b}_3^{\mathrm{T}}$$

가 성립하게 할 수 있다.[21)]

이때, 임의의 벡터 $\mathbf{x}$는 정규직교기저에 대해

$$(x_1,\ x_2,\ x_3)^{\mathrm{T}} = \mathbf{x} = b_1\mathbf{b}_1 + b_2\mathbf{b}_2 + b_3\mathbf{b}_3$$

이 되고, $\|\mathbf{x}\|^2 = x_1^2 + x_2^2 + x_3^2 \le r^2 \iff b_1^2 + b_2^2 + b_3^2 \le r^2$ 이다. 이제 $\mathbf{b}_i$ $(1 \le i \le 3)$가 정규직교기저임을 이용하면

$$\begin{aligned} f(x_1, x_2, x_3) =& \mathbf{x}^{\mathrm{T}} A\mathbf{x} \\ =& \big(b_1\mathbf{b}_1^{\mathrm{T}} + b_2\mathbf{b}_2^{\mathrm{T}} + b_3\mathbf{b}_3^{\mathrm{T}}\big)\big(\mathbf{b}_1\mathbf{b}_1^{\mathrm{T}} + \mathbf{b}_2\mathbf{b}_2^{\mathrm{T}} + 4\mathbf{b}_3\mathbf{b}_3^{\mathrm{T}}\big)\big(b_1\mathbf{b}_1 + b_2\mathbf{b}_2 + b_3\mathbf{b}_3\big) \\ =& \ b_1^2 + b_2^2 + 4b_3^2 \le 4(b_1^2 + b_2^2 + b_3^2) \le 4r^2 \end{aligned}$$

이 성립한다. 따라서, $f(x_1, x_2, x_3)$의 최댓값은 $\mathbf{x} = r\mathbf{b}_3$ 일 때 $4r^2$ 이 된다.[22)] □

문제 7.3.14. $x^2 + y^2 + z^2 = 1$을 만족하는 (x, y, z)에 대해, 함수 $f(x, y, z) = 2x^2 + 2y^2 + 3z^2 + 4yz$의 최댓값과 최솟값을 구하시오.

일반적으로 이차형식 $q_A(\mathbf{x}) = \sum_{i=1}^{n}\sum_{j=1}^{n} a_{ij}x_i x_j$ 에는 $x_i x_j$ 항이 나타나지만, 예제 7.3.4의 풀이 과정에서 살펴본 것처럼 대응되는 행렬 A를 대각화하여 새로운 변수로 치환하면 제곱항만이 나타나는 이차형식으로 변형할 수 있다. 즉, 대칭행렬 A가 직교행렬 P에 의해 대각행렬 $D = \mathrm{Diag}(\lambda_1, \cdots, \lambda_n)$으로 대각화될 때, 벡터 $\mathbf{y} = (y_1,\ \cdots,\ y_n)^{\mathrm{T}}$를 $\mathbf{y} = P^{\mathrm{T}}\mathbf{x}$로 정의하면

$$q_A(\mathbf{x}) = \mathbf{x}^{\mathrm{T}} A\mathbf{x} = \mathbf{x}^{\mathrm{T}} PDP^{\mathrm{T}}\mathbf{x} = \mathbf{y}^{\mathrm{T}} D\mathbf{y} = \lambda_1 y_1^2 + \cdots + \lambda_n y_n^2 \tag{7.33}$$

을 얻는다.

이와 같이 이차형식을 생성하는 행렬의 대각화를 이용하여, 이차형식을 제곱항의 합으로 간단하게 나타내는 것을 이차형식의 대각화라고 부르자.

특히, 행렬 P가 직교행렬이므로

$$\|\mathbf{y}\|^2 = \langle \mathbf{y}, \mathbf{y}\rangle = \mathbf{y}^{\mathrm{T}}\mathbf{y} = \mathbf{x}^{\mathrm{T}} PP^{\mathrm{T}}\mathbf{x} = \mathbf{x}^{\mathrm{T}}\mathbf{x} = \langle \mathbf{x}, \mathbf{x}\rangle = \|\mathbf{x}\|^2$$

가 성립한다. 따라서, 이차형식 q_A를 생성하는 대칭행렬 A의 고윳값 중 최솟값을 $\lambda_{\min}$, 최댓값을 $\lambda_{\max}$라 하면, 식 (7.33)로부터

$$\lambda_{\min}\|\mathbf{x}\|^2 \le \lambda_{\min}\big(y_1^2 + \cdots + y_n^2\big) \le q_A(\mathbf{x}) \le \lambda_{\max}\big(y_1^2 + \cdots + y_n^2\big) \le \lambda_{\max}\|\mathbf{x}\|^2$$

를 얻는다. 이제, $q_A(\mathbf{x}) = \lambda_{\max}\|\mathbf{x}\|^2$을 만족하는 벡터 $\mathbf{x}$를 구해보자. 일반적으로 행렬 A의 고윳값 λ_i에 대응되는 고유벡터 $\mathbf{v}_i$에 대해 $q_A(\mathbf{v}_i)$를 구하면

$$q_A(\mathbf{v}_i) = \mathbf{v}_i^{\mathrm{T}} A\mathbf{v}_i = \mathbf{v}_i(\lambda_i\mathbf{v}_i) = \lambda_i\|\mathbf{v}_i\|^2$$

21) 대칭행렬에 대한 스펙트럼 분해를 이용하면 된다.

22) f의 최댓값은 $(b_1, b_2, b_3) = (0, 0, r)$일 때 성립하므로 $\mathbf{x} = r\,\mathbf{b}_3$ 일 때이다.

이다. 따라서, $q_A(\mathbf{x}) = \lambda_{\max}\|\mathbf{x}\|^2$을 만족하는 벡터 $\mathbf{x}$는 고윳값 $\lambda_{\max}$에 대응되는 고유벡터이다.

이차형식의 최솟값과 최댓값

대칭행렬 A로 생성되는 이차형식 $q_A(\mathbf{x})$와 A의 고윳값 $\lambda_1 \le \lambda_2 \le \cdots \le \lambda_n$에 대하여 다음이 성립한다.

$$\lambda_1\|\mathbf{x}\|^2 \le q_A(\mathbf{x}) \le \lambda_n\|\mathbf{x}\|^2$$

따라서, $\|\mathbf{x}\| = r$을 만족하는 $\mathbf{x}$에 대한 $q_A(\mathbf{x})$의 최댓값은 $\lambda_n r^2$이고, 최댓값을 갖는 벡터 $\mathbf{x}$는 고윳값 λ_n에 대응되는 고유벡터 중 크기가 r인 벡터이다.

문제 7.3.15. $x^2 + y^2 + z^2 = 4$를 만족하는 (x, y, z)에 대해, 함수

$$f(x, y, z) = x^2 + 2y^2 + z^2 + 2xy + 2yz + 4zx$$

의 최댓값과 최솟값을 구하시오.
또, 주어진 조건에서 $f(x, y, z)$가 최댓값이 되는 (x, y, z)와 최솟값이 되는 (x, y, z)를 각각 구하시오.

도전 문제 7.3.2. 이중적분을 이용하면 이상적분값 $\int_{-\infty}^{\infty} e^{-x^2}\,dx = \sqrt{\pi}$을 보일 수 있다. 이 결과를 이용하여, 양의 정부호를 갖는 $n \times n$ 행렬 A와 A로 생성되는 이차형식 $q_A(x_1, \cdots, x_n)$에 대해 다음을 보이시오.

$$\int_{-\infty}^{\infty} \cdots \int_{-\infty}^{\infty} e^{-q_A(x_1, \cdots, x_n)}\,dx_1 \cdots dx_n = \frac{(\sqrt{\pi})^n}{\sqrt{\det(A)}}$$

이차곡선과 이차곡면의 분류

실수 성분을 갖는 대칭행렬이 직교대각화 가능하다는 사실을 이용하여 앞 소절에서 이차형식을 대각화하는 방법과 그 응용에 대해 알아보았다. 이 소절에서는 이차곡선과 이차곡면을 분류하는 방법을 알아보자. xy 좌표평면에서 두 변수 x, y에 대한 이차방정식

$$ax^2 + 2bxy + cy^2 + dx + ey + f = 0 \tag{7.34}$$

의 해집합이 나타내는 그래프를 이차곡선이라고 한다.[23] 이때, $a, b, \cdots, f$는 실수이고, a, b, c 중 적어도 하나는 0이 아니라고 가정한다.

식 (7.34)가 계수의 값에 따라 원, 타원, 쌍곡선 또는 포물선을 나타낼 때, 이 곡선들을 비퇴화곡선이라고 한다.

23) 원뿔과 평면이 교차하여 생기는 곡선이라는 의미로 원뿔곡선이라고 부르기도 한다.

물론, 식 (7.34)는 특별한 경우에 한 점, 한 직선 또는 두 직선을 나타내거나, 그래프가 존재하지 않는 경우도 있다. 예를 들어,

$$\begin{aligned} x^2+y^2-2x-2y+2=0 &\text{ 은 한 점,}\\ x^2-4xy+4y^2=0 &\text{ 은 한 직선,}\\ x^2-y^2=0 &\text{ 은 두 직선} \end{aligned}$$

을 나타내고, $x^2+y^2+1=0$의 그래프는 존재하지 않는다. 이와 같이 비퇴화곡선이 아닌 경우의 그래프를 **퇴화곡선**이라고 한다. 지금부터 이차곡선은 비퇴화곡선을 의미한다고 하자.

이제 식 (7.34)를 대칭행렬을 이용하여 나타내면

$$\begin{pmatrix} x & y \end{pmatrix}\begin{pmatrix} a & b \\ b & c \end{pmatrix}\begin{pmatrix} x \\ y \end{pmatrix}+\begin{pmatrix} d & e \end{pmatrix}\begin{pmatrix} x \\ y \end{pmatrix}+f=0, \qquad A=\begin{pmatrix} a & b \\ b & c \end{pmatrix},\ X=\begin{pmatrix} x \\ y \end{pmatrix} \tag{7.35}$$

가 된다. 이때, 대칭행렬 A를 직교행렬 P를 이용하여 $P^{\mathrm{T}}AP=\mathrm{Diag}(\lambda_1,\lambda_2)$와 같이 직교대각화하고 $X'=(x',\,y')^{\mathrm{T}}=P^{\mathrm{T}}X$로 두면, 식 (7.35)는

$$\begin{aligned} &\begin{pmatrix} x & y \end{pmatrix}P^{\mathrm{T}}\begin{pmatrix} \lambda_1 & 0 \\ 0 & \lambda_2 \end{pmatrix}P^{\mathrm{T}}\begin{pmatrix} x \\ y \end{pmatrix}+\begin{pmatrix} d & e \end{pmatrix}\begin{pmatrix} x \\ y \end{pmatrix}+f=0,\\ \iff\ &\begin{pmatrix} x' & y' \end{pmatrix}\begin{pmatrix} \lambda_1 & 0 \\ 0 & \lambda_2 \end{pmatrix}\begin{pmatrix} x' \\ y' \end{pmatrix}+\begin{pmatrix} d & e \end{pmatrix}P\begin{pmatrix} x' \\ y' \end{pmatrix}+f=0, \end{aligned} \tag{7.36}$$

가 되고, 1×2행렬 $(d\ e)P$를 $(d'\ e')$이라 두면

$$\lambda_1x'^2+\lambda_2y'^2+d'x'+e'y'+f=0 \tag{7.37}$$

을 얻는다. $\lambda_1=\lambda_2=0$일 때는 직선의 방정식이 되어 퇴화곡선이 되므로, 비퇴화곡선의 경우에는 λ_1, λ_2 중 적어도 하나가 0이 아니다.

이제, 적어도 하나는 0이 아닌 λ_1, λ_2의 값에 따라 경우를 나누어 생각하면, 다음과 같이 이차곡선을 분류할 수 있다.

(경우 1) λ_1, λ_2 중 어느 하나가 0인 경우 : 포물선

예를 들어, $\lambda_1=0$이면,

$$\lambda_2y'^2+d'x'+e'y'+f=0 \iff \left(y'+\frac{e'}{2\lambda_2}\right)^2=-\frac{d'}{\lambda_2}\left(x'+\frac{f}{d'}-\frac{e'^2}{4\lambda_2}\right)$$

이므로, $x'y'$ 좌표평면에서 초점의 좌표가 $(p,0)=\left(-\dfrac{d'}{4\lambda_2},0\right)$인 표준형의 포물선 $y'^2=4px'$을 x'축으로 $\dfrac{e'^2}{4\lambda_2}-\dfrac{f}{d'}$ 만큼, y'축으로 $-\dfrac{e'}{2\lambda_2}$ 만큼 평행이동한 곡선이 됨을 알 수 있다.

(경우 2) $\lambda_1\lambda_2 \neq 0$인 비퇴화곡선의 경우 : $\begin{cases} \lambda_1 = \lambda_2 & \Longrightarrow \text{ 원} \\ \lambda_1 \neq \lambda_2,\ \lambda_1\lambda_2 > 0 & \Longrightarrow \text{ 타원} \\ \lambda_1 \neq \lambda_2,\ \lambda_1\lambda_2 < 0 & \Longrightarrow \text{ 쌍곡선} \end{cases}$

(경우 1)에서처럼 x'과 y' 각각에 대해 완전제곱을 만들면 적당한 m, n, k에 대해

$$\lambda_1(x'-m)^2 + \lambda_2(y'-n)^2 = k$$

이 되고, 각 경우에 비퇴화곡선이 되는 조건을 쉽게 확인하고 결과를 얻을 수 있다. 예를 들어, $\lambda_1 = \lambda_2$일 때, k/λ_1의 값이 음수이거나 0이 되면 그래프가 존재하지 않거나 한 점이 되어 퇴화곡선이 되고, 이 값이 양수이면 $x'y'$ 평면에서 원이 됨을 알 수 있다.

비퇴화 이차곡선을 분류한 과정을 살펴보면, 일반적인 이차곡선의 방정식에서

(가) 이차형식에 해당되는 부분을 대각화하여 이차식 중 서로 다른 변수가 곱해진 항을 제거하고,

(나) 평행이동을 통해 **이차곡선의 표준형**이라 부르는 다음 형태의 이차곡선을 찾는 것

$$\text{이차곡선의 표준형 : } y''^2 = 4px'',\ x''^2 = 4py'' \ \text{ 또는 } \ \lambda_1 x''^2 + \lambda_2 y''^2 = k$$

이었다.

대칭행렬의 직교대각화에 사용되는 직교행렬 P는 234 쪽에서 공부하였듯이 $\mathbb{R}^2$ 사이에서 정의된 회전변환을 나타내는 R_θ (6.12)와 원점을 지나는 직선에 대한 대칭변환을 나타내는 F_θ (6.13) 두 가지가 있다.

$$R_\theta = \begin{pmatrix} \cos\theta & -\sin\theta \\ \sin\theta & \cos\theta \end{pmatrix}, \quad F_\theta = \begin{pmatrix} \cos\theta & \sin\theta \\ \sin\theta & -\cos\theta \end{pmatrix}$$

위 식에서 보듯이, 회전변환을 나타내는 직교행렬은 행렬식이 1이 되고, 직선에 대한 대칭이동을 나타내는 직교행렬은 행렬식이 -1이 된다. 따라서, 고윳값에 대응되는 정규직교기저를 이루는 고유벡터를 잡을 때, 필요하면 한 벡터에 -1을 상수배하거나, 두 고유벡터의 순서를 바꾸어 항상 P의 행렬식이 1이 되게 할 수 있다. 따라서, 앞의 과정 (가)는 xy 좌표계를 원점을 중심으로 회전시켜 새로운 좌표계 $x'y'$을 잡는 것으로 이해할 수 있다.

예제 7.3.5. 이차곡선 $7x^2 + 2\sqrt{3}xy + 5y^2 - 16 = 0$의 표준형을 구하시오.

풀이 : 주어진 곡선을 식 (7.35)와 같이 나타내면 다음과 같다.

$$X^{\mathrm{T}}AX - 16 = 0, \quad A = \begin{pmatrix} 7 & \sqrt{3} \\ \sqrt{3} & 5 \end{pmatrix}, \ X = \begin{pmatrix} x \\ y \end{pmatrix}$$

A의 특성다항식 $p_A(x) = x^2 - 12x + 32 = (x-4)(x-8)$로부터 A의 고윳값과 대응되는 고유벡터를 구하면

$$\text{고윳값 } 4\text{일 때 고유벡터 } \mathbf{v}_1 = \frac{1}{2}\begin{pmatrix} -1 \\ \sqrt{3} \end{pmatrix}, \quad \text{고윳값 } 8\text{일 때 고유벡터 } \mathbf{v}_2 = \frac{1}{2}\begin{pmatrix} \sqrt{3} \\ 1 \end{pmatrix}$$

가 된다. 만약 행렬 P를 $P = (\mathbf{v}_1\ \mathbf{v}_2)$로 잡으면, $\det(P) = -1$이 되어 대칭변환이 된다. 따라서, P가 회전변환이 되도록 $\mathbf{v}_1$에 -1을 곱한 고유벡터로 바꾸어 다음과 같이 P를 잡으면

$$P = \frac{1}{2}\begin{pmatrix} 1 & \sqrt{3} \\ -\sqrt{3} & 1 \end{pmatrix} = \begin{pmatrix} \cos(-\pi/3) & -\sin(-\pi/3) \\ \sin(-\pi/3) & \cos(-\pi/3) \end{pmatrix},$$

$\det(P) = 1$이 되어 회전변환이 된다. 이제 $X' = (x'\ y') = P^{\mathrm{T}}X = P^{-1}X$로 두면 $A = P\,\mathrm{Diag}(4, 8)\,P^{\mathrm{T}}$이고 $X^{\mathrm{T}}AX = X'^{\mathrm{T}}\mathrm{Diag}(4, 8)X'$이다. 따라서, xy 좌표계를 원점을

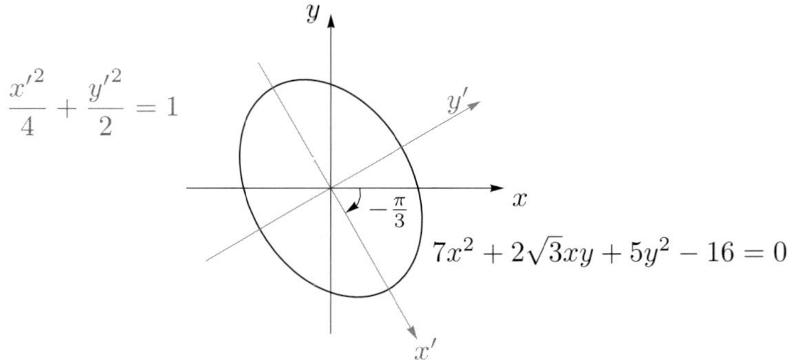

그림 7.2: 서로 다른 좌표계에서 표현한 타원의 방정식

중심으로 $-\pi/3$만큼 회전시켜 얻어지는 좌표계를 $x'y'$이라 두면,[24)] 주어진 곡선은 새로운 $x'y'$ 평면에서 다음과 같은 표준형을 갖는 타원이 됨을 알 수 있다.

$$4x'^2 + 8y'^2 = 16 \iff \frac{x'^2}{4} + \frac{y'^2}{2} = 1$$

□

문제 7.3.16. 다음 이차곡선의 표준형을 구하시오.

(가) $5x^2 - 4xy + 8y^2 + \frac{20}{\sqrt{5}}x - \frac{80}{\sqrt{5}}y + 4 = 0$

(나) $x^2 + 4xy + y^2 + 3x + y - 1 = 0$

24) $X' = P^{\mathrm{T}}X$에서 $X = (1, 0)^{\mathrm{T}}$일 때 $X' = (1/2,\ \sqrt{3}/2)^{\mathrm{T}}$가 되는데, 그 의미는 xy 좌표계에서 좌표벡터 $(1, 0)$에 대응되는 벡터의 새로운 $x'y'$ 좌표계에 대한 좌표벡터는 $(1/2,\ \sqrt{3}/2)$라는 의미이다.

문제 7.3.17. 이차곡선 $34x^2 - 24xy + 41y^2 = 50$의 그래프를 원점을 중심으로 시계방향으로 θ 만큼 회전시키면 장축이 x축 위에 놓인 표준형의 타원이 된다. $\tan\theta$의 값을 구하시오.

xyz 좌표공간에서 세 변수 x, y, z에 대한 이차방정식

$$ax^2 + by^2 + cz^2 + 2d\,xy + 2e\,yz + 2f\,zx + p\,x + q\,y + r\,z + s = 0$$

에서 이차식의 계수 $a, b, \cdots, f$가 동시에 0은 아닐 때, 해집합이 나타내는 곡면을 이차곡면이라고 한다. 이 경우에도 이차곡선의 경우처럼 행렬을 이용하여 나타내면

$$X^{\mathrm{T}}AX + BX + s = 0, \qquad A = \begin{pmatrix} a & d & f \\ d & b & e \\ f & e & c \end{pmatrix},\ B = \begin{pmatrix} p & q & r \end{pmatrix},\ X = \begin{pmatrix} x \\ y \\ z \end{pmatrix}$$

이다. 따라서, 대칭행렬의 직교대각화를 이용하여 좌표계를 적절히 회전시키면 서로 다른 변수의 곱이 나타나지 않는 간단한 형태로 변형할 수 있다.

한 가지 주의할 점은 $P^{\mathrm{T}}AP$가 대각행렬이 되게 하는 것을 좌표계를 회전시키는 것으로 이해할 수 있으려면 행렬 P의 행렬식이 1이 되도록 해야 한다는 점이다. 물론, 고윳값에 대응되는 고유벡터에 적절하게 -1을 상수배하거나 고유벡터를 나열하는 순서를 바꾸면 $\det(P) = 1$로 만드는 것은 항상 가능하다.

이차곡선의 경우처럼, 행렬 A의 고윳값 사이의 관계에 따라 이차곡면을 분류하는 것이 가능하지만, 여기서는 다루지 않는다. 대신, 다음 예를 통해 일반적인 이차곡면으로부터 표준형을 찾는 방법을 살펴보자.

예제 7.3.6. 다음 이차식이 나타내는 곡면이 무엇인지, 해당되는 곡면의 표준형을 구하시오.

$$2x^2 + 2y^2 + 5z^2 - 4xy + 2yz - 2xz + x + y = 0$$

풀이 : 주어진 식을 행렬을 이용하여 나타내면 다음과 같다.

$$\begin{pmatrix} x & y & z \end{pmatrix} \begin{pmatrix} 2 & -2 & -1 \\ -2 & 2 & 1 \\ -1 & 1 & 5 \end{pmatrix} \begin{pmatrix} x \\ y \\ z \end{pmatrix} + \begin{pmatrix} 1 & 1 & 0 \end{pmatrix} \begin{pmatrix} x \\ y \\ z \end{pmatrix} = 0$$

위 식에서 3차 행렬의 고윳값 $\lambda_1 = 0$, $\lambda_2 = 3$, $\lambda_3 = 6$에 대응되는 크기가 1인 고유벡터 $\mathbf{v}_i$를 구하면

$$\mathbf{v}_1 = \frac{1}{\sqrt{2}}\begin{pmatrix} 1 \\ 1 \\ 0 \end{pmatrix},\ \mathbf{v}_2 = \frac{1}{\sqrt{3}}\begin{pmatrix} 1 \\ -1 \\ 1 \end{pmatrix},\ \mathbf{v}_3 = \frac{1}{\sqrt{6}}\begin{pmatrix} -1 \\ 1 \\ 2 \end{pmatrix}$$

이고, 서로 다른 고윳값에 대응되는 고유벡터이므로 정규직교기저가 된다. 한편 $P = (\mathbf{v}_1\ \mathbf{v}_2\ \mathbf{v}_3)$로 두면 $\det(P) = -1$가 되므로, $\mathbf{v}_1$과 $\mathbf{v}_3$의 위치를 바꾸어 다음과 같이 P를 잡는다. (물론, 순서를 바꾸지 않고, $\mathbf{v}_1$에 -1을 곱할 수도 있다.)

$$P = \frac{1}{\sqrt{6}}\begin{pmatrix} -1 & \sqrt{2} & \sqrt{3} \\ 1 & -\sqrt{2} & \sqrt{3} \\ 2 & \sqrt{2} & 0 \end{pmatrix}$$

이제, $X' = P^{\mathrm{T}}X \iff PX' = X$를 통해 $X = (x,\ y,\ z)$에서 $X' = (x',\ y',\ z')$로 좌표계를 회전변환시키면 주어진 곡선은

$$\begin{pmatrix} x' & y' & z' \end{pmatrix}\begin{pmatrix} 6 & 0 & 0 \\ 0 & 3 & 0 \\ 0 & 0 & 0 \end{pmatrix}\begin{pmatrix} x' \\ y' \\ z' \end{pmatrix} + \frac{1}{\sqrt{6}}\begin{pmatrix} 1 & 1 & 0 \end{pmatrix}\begin{pmatrix} -1 & \sqrt{2} & \sqrt{3} \\ 1 & -\sqrt{2} & \sqrt{3} \\ 2 & \sqrt{2} & 0 \end{pmatrix}\begin{pmatrix} x' \\ y' \\ z' \end{pmatrix} = 0$$

로부터 다음과 같은 곡면이 되는데, 이 이차곡면을 **타원포물면**이라 부른다. □

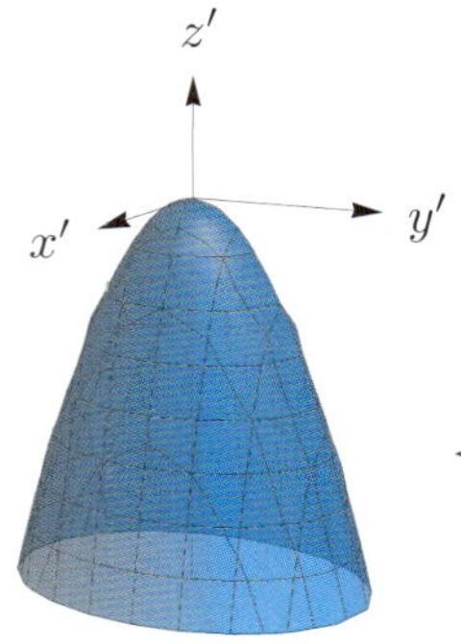

$$6x'^2 + 3y'^2 + \sqrt{2}z' = 0$$
$$\iff z' = -\frac{6}{\sqrt{2}}x'^2 - \frac{3}{\sqrt{2}}y'^2$$

그림 7.3: 타원포물면

그 밖에 타원면, 쌍곡포물면과 일엽(이엽) 타원쌍곡면의 표준형과 곡면의 개형은 [그림 7.4], [그림 7.5]와 같다.

문제 7.3.18. 다음 이차곡면은 포물기둥면이라고 부르는 이차곡면이다.

$$x^2 + y^2 + z^2 + 2xy + 2yz + 2zx - x + 2y - z = 0$$

이 곡면을 표준형 $z'^2 = ax' - by'$ 꼴로 나타내시오.

문제 7.3.19. 3×3 대칭행렬 A가 양의 정부호일 때, $X = (x,\ y,\ z)^{\mathrm{T}}$와 양수 c에 대해 식 $X^{\mathrm{T}}AX = c$는 원점을 중심으로 갖는 타원면을 나타낸다. 중심이 원점이고 반지름이 r인 구를 S_r이라 하자. 이때, 타원면의 내부에 완전히 포함되는 S_r 중 r의 최댓값과 타원면을 완전히 포함하는 S_r 중 r의 최솟값을 A의 고윳값과 c를 이용하여 각각 나타내시오.

타원면 쌍곡포물면

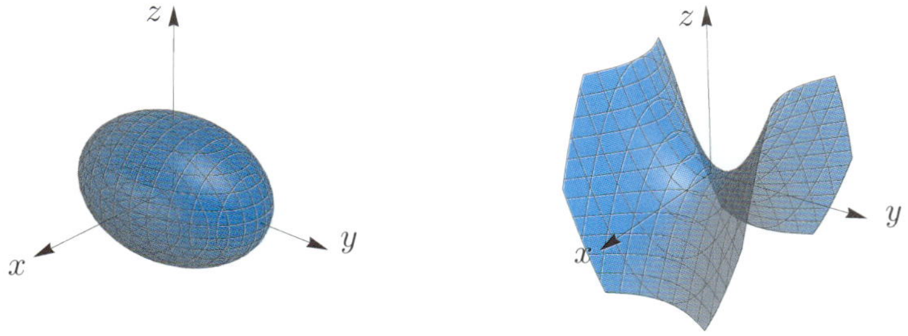

$$\frac{x^2}{a^2} + \frac{y^2}{b^2} + \frac{z^2}{c^2} = 1 \qquad \frac{x^2}{a^2} - \frac{y^2}{b^2} + z = 0$$

그림 7.4: 타원면과 쌍곡포물면

일엽 타원쌍곡면 이엽 타원쌍곡면

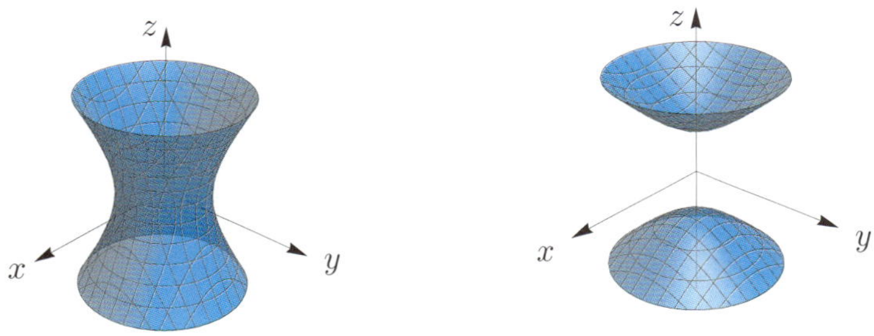

$$\frac{x^2}{a^2} + \frac{y^2}{b^2} - \frac{z^2}{c^2} = 1 \qquad \frac{x^2}{a^2} + \frac{y^2}{b^2} - \frac{z^2}{c^2} = -1$$

그림 7.5: 일엽 타원쌍곡면과 이엽 타원쌍곡면

다변수함수의 극대, 극소 판별법 [좀 더 알아보기]

미적분학에서 배운 다변수함수의 극대, 극소를 판별할 때, 이차형식이 자연스럽게 등장한다. $\mathbb{R}^n$ 의 열린집합 U 에서 정의된 다변수함수 $F : U \to \mathbb{R}$ 가 연속인 이계편도함수

$$D_{ij}(F)(x) = \frac{\partial^2 F}{\partial x_i \partial x_j}(x)$$

를 갖는다고 하자. (이 소절에서 다변수함수 F 는 항상 연속인 이계도함수를 갖는 함수로 한정지어 생각한다.) 이때, 모든 이계편도함수가 연속함수이므로 $D_{ij}(F)(x) = D_{ji}(F)(x)$ 를 만족한다.[25)]

25) 이 결과는 1734년 경 오일러가 처음 보인 것으로 알려져 있지만, 보통 Clairaut 정리라고 부른다.

또, 다변수함수에 대한 테일러정리로부터 $\mathbf{x} \in U$ 와 크기가 충분히 작은 벡터 $\mathbf{v} = (v_1, \cdots, v_n)$ 에 대해 다음 식을 만족하는 $t \in (0,1)$ 인 존재한다.

$$F(\mathbf{x}+\mathbf{v}) = F(\mathbf{x}) + \sum_{k=1}^{n} \frac{\partial F}{\partial x_k}(\mathbf{x})v_k + \frac{1}{2}\sum_{i=1}^{n}\sum_{j=1}^{n} \frac{\partial^2 F}{\partial x_i \partial x_j}(\mathbf{x}+t\,\mathbf{v})v_i v_j \tag{7.38}$$

일변수함수의 도함수에 대응되는 개념을 다변수함수로 확장한 것을 그래디언트라 하고 $\nabla F(\mathbf{x})$ 로 나타내는데, 다음과 같이 정의된다.

$$\nabla F(\mathbf{x}) = \Big(\frac{\partial F}{\partial x_1}(\mathbf{x}),\ \frac{\partial F}{\partial x_2}(\mathbf{x}),\ \cdots,\ \frac{\partial F}{\partial x_n}(\mathbf{x})\Big)$$

앞의 식 (7.38)에서 v_k 에 대한 일차식 부분을 그래디언트를 이용하여 나타내면

$$\sum_{k=1}^{n} \frac{\partial F}{\partial x_k}(\mathbf{x})\, v_k = \nabla F(\mathbf{x}) \cdot \mathbf{v}, \quad \mathbf{v} = (v_1, \cdots, v_n)^{\mathrm{T}}$$

가 되는데, 이 값은 함수 $g(t) = F(\mathbf{x}+t\mathbf{v})$ 에 대해 $g'(0)$ 에 해당하는 값, 즉 방향도함수 값이 된다. 따라서, F 의 그래디언트는 $\mathbf{v} \in \mathbb{R}^n$ 와 내적하면 $\mathbf{v}$ 방향의 방향도함수 값을 주는 벡터장이라고 생각하면 된다.

일반적으로 함수 F 와 $\|\mathbf{a}-\mathbf{x}\| < r$ 를 만족하는 모든 $\mathbf{x}$ 에 대해

$$F(\mathbf{a}) \le F(\mathbf{x})$$

를 만족하는 양수 r 이 존재할 때, $F(\mathbf{a})$ 를 F 의 극솟값이라 하고,

$$F(\mathbf{a}) \ge F(\mathbf{x})$$

를 만족하는 양수 r 이 존재할 때, $F(\mathbf{a})$ 를 F 의 극댓값이라 부르는데, 편도함수가 존재하는 함수 F 가 $\mathbf{x} = \mathbf{a}$ 에서 극댓값 또는 극솟값을 가지면 $\mathbf{x} = \mathbf{a}$ 에서의 모든 편도함수 값이 0 이 됨이 잘 알려져 있다. ($F(\mathbf{a})$ 가 극댓값 또는 극솟값이 될 때, $F(\mathbf{a})$ 가 극값을 갖는다고 한다.)

$$F(\mathbf{a}) \text{ 가 극값} \implies \nabla F(\mathbf{a}) = \mathbf{0}$$

한 가지 주의할 점은 $\mathbf{x} = \mathbf{a}$ 에서 모든 편도함수 값이 0 이라 하더라도 $F(\mathbf{a})$ 가 극값이 아닌 경우가 존재하는데, 이때, $(\mathbf{a}, F(\mathbf{a}))$ 를 F 의 안장점이라 부른다. 따라서, F 의 극값을 구하려면, 우선 $\nabla F(\mathbf{a}) = \mathbf{0}$ 이 되는 $\mathbf{x} = \mathbf{a}$ 를 구한 다음 $F(\mathbf{a})$ 가 극값이 되는지를 판단하는 방법이 필요하다. 이 소절에서는 이런 방법으로 이계도함수 판정법을 간략하게 소개한다.

편의를 위해 $\mathbb{R}^n$ 의 벡터를 $\mathcal{M}_{n,1}(\mathbb{R})$ 의 벡터로 이해하고, $n \times n$ 행렬 $H_F(\mathbf{x})$ 를

$$\Big(H_F(\mathbf{x})\Big)_{ij} = D_{ij}(F)(\mathbf{x}) \tag{7.39}$$

로 정의하자. 이때, F 의 이계도함수가 연속이므로 $H_F(\mathbf{x})$ 는 대칭행렬이 되는데, 이를 F 의 헤시안행렬이라고 부른다.

다변수함수에 대한 이계도함수 판정법은 $\nabla F(\mathbf{a}) = \mathbf{0}$일 때, F의 헤시안행렬 $H_F(\mathbf{a})$가 양의 정부호인지, 음의 정부호인지에 따라 극값 여부를 판단하는 방법이다. 우선 헤시안행렬 $H_F(\mathbf{a})$은 대칭행렬이므로 직교행렬 P에 의해 $H_F(\mathbf{a}) = P\,\mathrm{Diag}(\lambda_1, \cdots, \lambda_n)\,P^{\mathrm{T}}$ 처럼 직교대각화 가능하다.[26] 따라서, $\mathbf{w} = P^{\mathrm{T}}\mathbf{v}$로 두면 P가 직교행렬이므로 $\|\mathbf{w}\| = \|P^{\mathrm{T}}\mathbf{v}\| = \|\mathbf{v}\|$가 되고[27], $\mathbf{w}$의 성분을 $\mathbf{w} = (w_1, \cdots, w_n)^{\mathrm{T}}$라 둘 때

$$\mathbf{v}^{\mathrm{T}} H_F(\mathbf{a})\mathbf{v} = \left(P^{\mathrm{T}}\mathbf{v}\right)^{\mathrm{T}}\mathrm{Diag}(\lambda_1, \cdots, \lambda_n)\left(P^{\mathrm{T}}\mathbf{v}\right) = \lambda_1 w_1^2 + \lambda_2 w_2^2 + \cdots + \lambda_n w_n^2$$

를 얻는다. 이때, 고윳값 중 최솟값을 $\lambda_{\min}$, 최댓값을 $\lambda_{\max}$라 하면 위 식으로부터

$$\lambda_{\min}\|\mathbf{v}\|^2 \le \lambda_{\min}(w_1^2 + \cdots w_n^2) \le \mathbf{v}^{\mathrm{T}} H_F(\mathbf{a})\mathbf{v} \le \lambda_{\max}(w_1^2 + \cdots w_n^2) = \lambda_{\min}\|\mathbf{v}\|^2 \quad (7.40)$$

가 성립한다.

한편, 식 (7.38)을 벡터를 이용하여 나타내면

$$\begin{aligned} F(\mathbf{a}+\mathbf{v}) =& F(\mathbf{a}) + \nabla F(\mathbf{a})\mathbf{v} + \frac{1}{2}\mathbf{v}^{\mathrm{T}} H_F(\mathbf{a}+t\,\mathbf{v})\mathbf{v} \\ =& F(\mathbf{a}) + \nabla F(\mathbf{a})\mathbf{v} + \frac{1}{2}\mathbf{v}^{\mathrm{T}} H_F(\mathbf{a})\mathbf{v} + \frac{1}{2}\mathbf{v}^{\mathrm{T}}\Big(H_F(\mathbf{a}+t\,\mathbf{v}) - H_F(\mathbf{a})\Big)\mathbf{v} \end{aligned} \quad (7.41)$$

가 된다. 또, F의 모든 이계도함수가 연속함수이므로, 임의의 선택한 $\epsilon > 0$에 대해 벡터 $\mathbf{v}$의 크기가 충분히 작기만 하면

$$\left|\mathbf{v}^{\mathrm{T}}\Big(H_F(\mathbf{a}+t\,\mathbf{v}) - H_F(\mathbf{a})\Big)\mathbf{v}\right| < \epsilon\|\mathbf{v}\|^2 \quad (7.42)$$

이 성립하도록 할 수 있다(즉, ϵ에 대해 $\delta > 0$가 정해지고 $\|\mathbf{v}\| < \delta$인 모든 $\mathbf{v}$에 대해 위 식이 성립한다).[28]

따라서, 다음과 같이 이계도함수 판정법을 얻는다.

---

26) 헤시안행렬은 $\mathbf{a}$에 따라 달라지는 행렬이므로 고윳값 λ_i는 실제로는 $\mathbf{a}$에 따라 달라지는 값이다.

27) $\|\mathbf{w}\|^2 = \langle\mathbf{w}, \mathbf{w}\rangle = \mathbf{w}^{\mathrm{T}}\mathbf{w} = \mathbf{v}^{\mathrm{T}}PP^{\mathrm{T}}\mathbf{v} = \mathbf{v}^{\mathrm{T}}\mathbf{v} = \|\mathbf{v}\|^2$이 성립한다.

28) 각 $1 \le i, j \le n$에 대해 $\dfrac{\partial F}{\partial x_i \partial x_j}(\mathbf{x})$가 연속함수이므로 임의로 주어진 ϵ에 대해 $\delta_{ij} > 0$가 존재해서, $\|t\mathbf{v}\| \le \|\mathbf{v}\| < \delta_{ij}$인 모든 $\mathbf{v}$에 대해

$$\left|\frac{\partial F}{\partial x_i \partial x_j}(\mathbf{a}+t\mathbf{v}) - \frac{\partial F}{\partial x_i \partial x_j}(\mathbf{a})\right| < \frac{\epsilon}{n^2}$$

이 성립한다. 이제 $\delta = \min\{\delta_{ij} : 1 \le i, j \le n\}$로 두면, $\|\mathbf{v}\| < \delta$일 때 다음이 성립한다.

$$\begin{aligned} &\left|\mathbf{v}^{\mathrm{T}}\Big(H_F(\mathbf{a}+t\mathbf{v}) - H_F(\mathbf{a})\Big)\mathbf{v}\right| \\ \le& \sum_{1\le i,j\le n}\left|\frac{\partial F}{\partial x_i \partial x_j}(\mathbf{a}+t\mathbf{v}) - \frac{\partial F}{\partial x_i \partial x_j}(\mathbf{a})\right|\left|v_i v_j\right| \\ <& \sum_{1\le i,j\le n}\frac{\epsilon}{n^2}\|\mathbf{v}\|^2 = \epsilon\|\mathbf{v}\|^2 \end{aligned}$$

다변수함수의 극대, 극소에 대한 이계도함수 판정법

$\mathbb{R}^n$의 열린집합 U에서 정의된 다변수함수 F에 대해 모든 이계편도함수가 존재하고, 모든 이계편도함수가 연속함수라 하자. U의 한 점 $\mathbf{a}$에서 $\nabla F(\mathbf{a}) = \mathbf{0}$일 때, 헤시안 행렬 $H_F(\mathbf{a})$로부터 다음과 같이 $F(\mathbf{a})$가 극값이 되는지 여부를 판단할 수 있다.

(가) $\nabla F(\mathbf{a}) = \mathbf{0}$이고 헤시안행렬 $H_F(\mathbf{a})$가 양의 정부호행렬이면, $F(\mathbf{a})$는 극솟값이다.

(나) $\nabla F(\mathbf{a}) = \mathbf{0}$이고 헤시안행렬 $H_F(\mathbf{a})$가 음의 정부호행렬이면, $F(\mathbf{a})$는 극댓값이다.

(다) $\nabla F(\mathbf{a}) = \mathbf{0}$이고 헤시안행렬 $H_F(\mathbf{a})$가 부정부호이면 $(\mathbf{a},\ F(\mathbf{a}))$는 안장점이다. 실제로, $H_F(\mathbf{a})$가 양수인 고윳값 λ_+와 대응되는 고유벡터 $\mathbf{v}_+$를 가지면, $\mathbf{a}$를 지나고 $\mathbf{v}_+$에 평행한 직선 위에서 정의된 함수로 F를 제한해서 생각할 때, $F(\mathbf{a})$는 극솟값이 된다.
즉, $g(s) = F(\mathbf{a} + s\mathbf{v}_+)$에 대해 $g(0) = F(\mathbf{a})$는 극솟값이 된다. 또, $H_F(\mathbf{a})$가 음수인 고윳값 λ_-를 가지면, 비슷한 의미로 고유벡터 $\mathbf{v}_-$ 방향에 대해 정의역을 제한한 함수 $g(s) = F(\mathbf{a} + s\mathbf{v}_-)$는 $F(\mathbf{a})$를 극댓값으로 가진다.

증명 : (가) 다음 단계에 따라 $F(\mathbf{a})$가 극솟값이 됨을 보일 수 있다.

(i) $\lambda_{\min} > 0$이므로 식 (7.40)로부터 모든 $\mathbf{v}$에 대해 $\mathbf{v}^{\mathrm{T}} H_F(\mathbf{a})\mathbf{v} \geq \lambda_{\min}\|\mathbf{v}\|^2$가 성립한다.

(ii) 또, 식 (7.42)에서 $\epsilon = \frac{1}{2}\lambda_{\min}$로 잡으면, δ가 정해지고 $\|\mathbf{v}\| < \delta$인 모든 $\mathbf{v}$에 대해 다음 식이 성립한다.

$$\mathbf{v}^{\mathrm{T}}\Big(H_F(\mathbf{a} + t\,\mathbf{v}) - H_F(\mathbf{a})\Big)\mathbf{v} > -\frac{1}{2}\lambda_{\min}\|\mathbf{v}\|^2$$

(iii) (i), (ii)의 결과를 합치면, 식 (7.41)로부터

$$\|\mathbf{v}\| < \delta \implies F(\mathbf{a} + \mathbf{v}) - F(\mathbf{a}) \geq \frac{1}{2}\lambda_{\min}\|\mathbf{v}\|^2 - \frac{1}{4}\lambda_{\min}\|\mathbf{v}\|^2 = \frac{1}{4}\lambda_{\min}\|\mathbf{v}\|^2 \geq 0$$

을 얻는다. 즉, $\|\mathbf{a} - \mathbf{x}\| < \delta$를 만족하는 모든 $\mathbf{x}$에 대해 $F(\mathbf{x}) \geq F(\mathbf{a})$가 성립하므로 $F(\mathbf{a})$는 극솟값이 된다.

(나) 주어진 조건에서 $F(\mathbf{a})$가 극댓값임을 보이자.

(i) $\lambda_{\max} < 0$이므로 식 (7.40)로부터 모든 $\mathbf{v}$에 대해 $\mathbf{v}^{\mathrm{T}} H_F(\mathbf{a})\mathbf{v} \leq \lambda_{\max}\|\mathbf{v}\|^2$가 성립한다.

(ii) 또, 식 (7.42)에서 $\epsilon = \frac{1}{2}\lambda_{\max}$로 잡으면, δ가 정해지고 $\|\mathbf{v}\| < \delta$인 모든 $\mathbf{v}$에 대해 다음 식이 성립한다.

$$\mathbf{v}^{\mathrm{T}}\Big(H_F(\mathbf{a} + t\,\mathbf{v}) - H_F(\mathbf{a})\Big)\mathbf{v} < \frac{1}{2}\lambda_{\max}\|\mathbf{v}\|^2$$

(iii) (i), (ii)의 결과를 종합하면, 식 (7.41)로부터

$$\|\mathbf{v}\| < \delta \implies F(\mathbf{a}+\mathbf{v}) - F(\mathbf{a}) \le \frac{1}{2}\lambda_{\max}\|\mathbf{v}\|^2 + \frac{1}{4}\lambda_{\max}\|\mathbf{v}\|^2 = \frac{3}{4}\lambda_{\max}\|\mathbf{v}\|^2 \le 0$$

을 얻는다. 즉, $\|\mathbf{a}-\mathbf{x}\| < \delta$를 만족하는 모든 $\mathbf{x}$에 대해 $F(\mathbf{x}) \le F(\mathbf{a})$가 성립하므로 $F(\mathbf{a})$는 극댓값이 된다.

(다) $H_F(\mathbf{a})$가 부정부호이므로 양수인 고윳값 λ_+와 음수인 고윳값 λ_-가 각각 존재한다. λ_+에 대응되는 고유벡터 $\mathbf{v}_+$에 대해 함수 $g(s) = F(\mathbf{a}+s\mathbf{v}_+)$를 생각하면 식 (7.41)에서

$$\begin{aligned} g(s) =& F(\mathbf{a}+s\mathbf{v}_+) \\ =& F(\mathbf{a}) + \frac{1}{2}s^2\mathbf{v}_+^{\mathrm{T}}H_F(\mathbf{a})\mathbf{v}_+ + \frac{1}{2}s^2\big(\mathbf{v}_+^{\mathrm{T}}\big(H_F(\mathbf{a}+s\,t\,\mathbf{v}_+) - H_F(\mathbf{a})\big)\mathbf{v}_+\big) \end{aligned}$$

이다. 한편, λ_+에 대한 고유벡터의 상수배도 고유벡터가 되므로 (7.42)에서 $\epsilon = \frac{1}{2}\lambda_+$로 잡으면, δ가 정해지고 $\|\mathbf{v}_+\| < \delta$인 고유벡터 $\mathbf{v}_+$에 대해

$$\mathbf{v}_+^{\mathrm{T}}\big(H_F(\mathbf{a}+s\,t\,\mathbf{v}_+) - H_F(\mathbf{a})\big)\mathbf{v}_+ > -\frac{1}{2}\lambda_+\|\mathbf{v}_+\|^2$$

이 성립한다. 따라서,

$$\begin{aligned} g(s) =& F(\mathbf{a}+s\mathbf{v}_+) \\ =& F(\mathbf{a}) + \frac{1}{2}s^2\lambda_+\|\mathbf{v}_+\|^2 - \frac{1}{4}s^2\lambda_+\|\mathbf{v}_+\|^2 \ge F(\mathbf{a}) + \frac{1}{4}s^2\lambda_+\|\mathbf{v}_+\|^2 \ge F(\mathbf{a}) \end{aligned}$$

를 얻고, $F(\mathbf{a})$가 $g(s)$의 극솟값이 됨을 알 수 있다. $H_F(\mathbf{a})$가 음수인 고윳값을 가질 때도 비슷한 방법으로 증명하면 된다. 따라서, 방향에 따라 극댓값이 되기도 하고, 극솟값이 되기도 하므로 $(\mathbf{a},\, F(\mathbf{a}))$는 안장점이다. □

결론적으로 다변수함수 F의 극값을 구할 때는, $\nabla F(\mathbf{a}) = \mathbf{0}$을 만족하는 $\mathbf{a}$를 구하고, 헤시안행렬 $H_F(\mathbf{a})$에 대해 실베스터 판정법 또는 도전문제 7.3.1의 결과를 이용하여 양의 정부호인지, 음의 정부호인지, 부정부호인지를 판단하면 된다. 다음 예를 살펴보자.

예제 7.3.7. 함수 $F(x,\, y) = -2x^2 - 3y^2 + 4xy + 4x + 1$의 극값을 구하시오.

풀이 : 함수 F의 편도함수와 이계편도함수를 구하면,

$$\frac{\partial F}{\partial x}(x,y) = -4x + 4y + 4, \quad \frac{\partial F}{\partial y}(x,y) = -6y + 4x$$

$$\frac{\partial^2 F}{\partial x \partial x}(x,y) = -4, \quad \frac{\partial^2 F}{\partial y \partial x}(x,y) = \frac{\partial^2 F}{\partial x \partial y}(x,y) = 4, \quad \frac{\partial^2 F}{\partial y \partial y}(x,y) = -6$$

이고, $\nabla F(x, y) = (0, 0)$ 인 (x, y) 를 구하면, $(x, y) = (3, 2)$ 이다. 또, 헤시안행렬 $H_F\big((3, 2)\big)$ 의 특성다항식 $p_{H_F}(x)$ 를 구하면

$$H_F\big((3,2)\big) = \begin{pmatrix} -4 & 4 \\ 4 & -6 \end{pmatrix}, \quad p_{H_F}(x) = x^2 + 10x + 8$$

이 되어, 두 고윳값의 합이 -10 이고, 곱이 8 이므로 두 고윳값은 모두 음수임을 알 수 있다. 따라서 $F(x, y)$ 는 극댓값 $F(3, 2) = 7$ 을 갖는다.[29] □

문제 7.3.20. 다음 함수 $F(x, y, z) = y^2 + z^2 + yz - 3\cos x$ 에 대하여 다음 물음에 답하시오.

(가) 함수 F 의 극값을 모두 구하시오.

(나) 함수 F 에 대해 $(\mathbf{a}, F(\mathbf{a}))$ 가 안장점이 되는 $\mathbf{a}$ 를 구하시오. 또, 이 점 $\mathbf{a}$ 에 대해, 함수 F 의 정의역을 $\mathbf{a}$ 를 지나는 직선 상에서 정의된 함수로 제한해서 생각할 때 $F(\mathbf{a})$ 가 극댓값이 되는 방향과 극솟값이 되는 방향을 구하시오. (직선의 방향을 결정하는 벡터를 구하라는 의미이다.)

반쌍형적 형식과 에르미트형식

$n \times n$ 대칭행렬 복소내적$A \in \mathcal{M}_{n,n}(\mathbb{R})$ 가 양의 정부호이면, A 로 생성되는 쌍선형 형식 $Q_A(\mathbf{x}, \mathbf{y})$ 이 실제로 $\mathcal{M}_{n,1}(\mathbb{R}) \cong R^n$ 의 내적이 됨을 보았다. 이와 비슷하게 복소행렬 $A \in \mathcal{M}_{n,n}(\mathbb{C})$ 로부터 복소벡터공간 $\mathcal{M}_{n,1}(\mathbb{C}) \cong \mathbb{C}^n$ 의 내적과 관련이 있는 함수 $H_A : \mathcal{M}_{n,1}(\mathbb{C}) \times \mathcal{M}_{n,1}(\mathbb{C}) \to \mathbb{C}$ 를 정의할 수 있다. 즉, 임의의 복소행렬 A 에 대해 함수 H_A 를

$$H_A(\mathbf{z}, \mathbf{w}) = \mathbf{w}^* A\mathbf{z}$$

로 정의하고, A 로 생성된 반쌍형적 형식이라고 부른다. 이 명칭은 $\mathbf{w}$ 를 고정하고 H_A 를 첫 번째 변수에 대한 함수로 이해하면 선형사상이 되지만, 두 번째 변수에 대해서는 다음 식에서 알 수 있듯이 켤레복소수의 상수배로 바뀐다는 것에서 유래한다. [30]

$$\begin{aligned} H_A(\mathbf{z}, \alpha\,\mathbf{w}_1 + \beta\,\mathbf{w}_2) &= \big(\alpha\,\mathbf{w}_1 + \beta\,\mathbf{w}_2\big)^* A\mathbf{z} \\ &= \bar{\alpha}\,\mathbf{w}_1^* A\mathbf{z} + \bar{\beta}\,\mathbf{w}_2^* A\mathbf{z} = \bar{\alpha}\,H_A(\mathbf{z}, \mathbf{w}_1) + \bar{\beta}\,H_A(\mathbf{z}, \mathbf{w}_2) \end{aligned} \tag{7.43}$$

특히, 에르미트행렬 A 로 생성되는 반쌍형적 형식 H_A 를 에르미트형식이라고 부른다. H_A 가 에르미트형식이면 $A^* = A$ 이므로 다음 식이 성립한다.

$$\overline{H_A(\mathbf{z}, \mathbf{w})} = \big(H_A(\mathbf{z}, \mathbf{w})\big)^* = \big(\mathbf{w}^*\,A\,\mathbf{z}\big)^* = \mathbf{z}^*\,A\,\mathbf{w} = H_A(\mathbf{w}, \mathbf{z}) \tag{7.44}$$

29) 보다 간단하게, 7.3.1의 결과를 이용하여 $\det\big(H_F\big((3,2)\big)_1\big) = -4 < 0$ 이고 $\det\big(H_F\big((3,2)\big)_2\big) = 8 > 0$ 이므로 음의 정부호라고 할 수도 있다.

30) 함수 F 를 $F(\mathbf{w}) = H_A(\mathbf{z}, \mathbf{w})$ 로 정의하면 선형사상과 유사한 성질 $F(\alpha\mathbf{w}_1 + \beta\mathbf{w}_2) = \alpha F(\mathbf{w}_1) + \beta F(\mathbf{w}_2)$ 가 성립하는데, 이런 성질을 만족하는 벡터공간 사이의 함수를 공액선형사상이라 부른다.

이때, 에르미트행렬 A로 생성된 에르미트형식을 160 쪽에서 정의한 복소내적과 비교하면, 식 (7.43)과 (7.44)로부터 복소내적의 규칙 2, 3, 4를 만족함을 알 수 있다. 따라서, 에르미트행렬 A가 양의 정부호이면 복소내적 규칙 1이 성립하여 $H_A(\mathbf{z},\mathbf{w})$는 $\mathcal{M}_{n,1}(\mathbb{C}) \cong \mathbb{C}^n$의 복소내적이 된다. 특히, 단위행렬로 생성되는 에르미트형식은 $H_{I_n}(\mathbf{z},\mathbf{w}) = \mathbf{w}^*\mathbf{z} = z_1\bar{w}_1 + \cdots + z_n\bar{w}_n$가 되어 $\mathcal{M}_{n,1}(\mathbb{C})$의 표준기저가 된다.

에르미트형식과 복소내적

에르미트행렬 A가 양의 정부호이면, A로 생성되는 에르미트형식 $q_A(\cdot\,,\cdot) : \mathcal{M}_{n,1}(\mathbb{C}) \times \mathcal{M}_{n,1}(\mathbb{C}) \to \mathbb{C}$는 복소내적이 된다.

문제 7.3.21. 다음과 같이 정의된 함수 $\langle \cdot,\cdot \rangle : \mathbb{C}^3 \times \mathbb{C}^3 \to \mathbb{C}$는 $\mathbb{C}^3$의 내적이 됨을 보이시오.

$$\begin{aligned}&\langle (z_1,\ z_2,\ z_3), (w_1,\ w_2,\ w_3)\rangle \\ &= 3z_1\bar{w}_1 + 3z_2\bar{w}_2 + 3z_3\bar{w}_3 + i(z_2\bar{w}_1 - z_1\bar{w}_2) + 2(z_3\bar{w}_1 + z_1\bar{w}_3) + i(z_3\bar{w}_2 - z_2\bar{w}_3)\end{aligned}$$

대칭행렬로부터 이차형식을 생각할 수 있었던 것처럼, 에르미트행렬 A에 대해

$$h_A(\mathbf{z}) = H_A(\mathbf{z},\mathbf{z}) = \mathbf{z}^*A\mathbf{z} \in \mathbb{R}$$

로 정의되는 함수 $h_A : \mathcal{M}_{n,1}(\mathbb{C}) \to \mathbb{R}$를 에르미트 이차형식 (hermitian quadratic form)이라 부른다.[31] 특히, A가 양의 정부호, 양의 준정부호, 음의 정부호, 음의 준정부호, 부정부호인지에 따라 A로 생성되는 에르미트 이차형식도 각각 양의 정부호, 양의 준정부호, 음의 정부호, 음의 준정부호, 부정부호라 부른다.

다음 예제에서 알 수 있듯이, 에르미트행렬은 대응되는 이차형식에 의해 완전히 결정된다.

예제 7.3.8. 두 에르미트행렬 $A,\ B \in M_{n,n}(\mathbb{C})$에 대해 다음 조건은 $A = B$가 성립하기 위한 필요충분조건임을 보이시오.

$$\text{모든}\ \ \mathbf{z} \in \mathcal{M}_{n,1}(\mathbb{C})\ \ \text{에 대해}\ \ \mathbf{z}^*A\mathbf{z} = \mathbf{z}^*B\mathbf{z}\ \text{가 성립한다.}$$

풀이 : 모든 $\mathbf{z} \in \mathcal{M}_{n,1}(\mathbb{C})$에 대해 $\mathbf{z}^*A\mathbf{z} = 0$가 성립하면 $A = O$임을 보이면 충분하다. 조건으로부터 $(\mathbf{z}+\mathbf{w})^*A(\mathbf{z}+\mathbf{w}) = 0$이므로 다음 조건을 얻는다.

$$\begin{aligned}0 &= \mathbf{z}^*A\mathbf{z} + \mathbf{z}^*A\mathbf{w} + \mathbf{w}^*A\mathbf{z} + \mathbf{w}^*A\mathbf{w} \\ &= \mathbf{z}^*A\mathbf{w} + \mathbf{w}^*A\mathbf{z}\end{aligned} \tag{7.45}$$

특히, 표준기저 $\{\mathbf{e}_i : 1 \le i \le n\}$와 절대값이 1인 복소수 α에 대해 두 벡터 $\mathbf{z}$와 $\mathbf{w}$를 $\mathbf{z} = \mathbf{e}_i,\ \mathbf{w} = \alpha\,\mathbf{e}_j$로 잡으면, 식 (7.45)로부터 임의의 복소수 α ($|\alpha| = 1$)에 대해

$$0 = \alpha A_{ij} + \bar{\alpha}A_{ji} = \alpha A_{ij} + \overline{\alpha A_{ij}} = 2\,\mathrm{Re}(\alpha A_{ij})$$

31) 256 쪽에서 설명하였듯이, A가 에르미트행렬이면 임의의 벡터 $\mathbf{z} \in \mathcal{M}_{n,1}(\mathbb{C})$에 대해 $\mathbf{z}^*A\mathbf{z}$는 실수가 된다.

가 성립한다. 따라서, A_{ij} 의 편각을 $\theta = \arg(A_{ij})$ 라 할 때, α 를 $\alpha = \cos(-\theta) + i\sin(-\theta)$ 로 두면 $0 = 2\,\mathrm{Re}(\alpha A_{ij}) = 2|A_{ij}|$ 가 되어 $A_{ij} = 0$ 이 된다. 임의의 i, i 에 대해 A 의 (i, j) 성분 $A_{ij} = 0$ 이므로 $A = O$ 이다. □

에르미트 이차형식은 물리학이나, 전기공학, 통계학 등에 많이 응용되는데, 이때, 이차형식이 양의 정부호인지 여부를 따지는 것만큼 중요한 문제는 벡터 $\mathbf{z}$ 가 제한조건을 만족할 때 에르미트 이차형식의 최대값이나 최솟값을 구하는 것이다. 이 문제와 관련하여 에르미트행렬은 유니타리대각화 가능하고 실수인 고윳값만을 가지므로 다음 결과를 얻는다.[32)]

에르미트 이차형식의 최솟값과 최댓값

에르미트행렬 A 로 생성된 에르미트 이차형식 $h_A(\mathbf{z})$ 와 A 의 고윳값 $\lambda_1 \le \cdots \le \lambda_n$ 에 대하여 다음이 성립한다.

$$\lambda_1 \|\mathbf{z}\|^2 \le h_A(\mathbf{z}) \le \lambda_n \|\mathbf{z}\|^2$$

따라서, $\|\mathbf{z}\| = r$ 을 만족하는 $\mathbf{z}$ 에 대한 $h_A(\mathbf{x})$ 의 최댓값은 $\lambda_n r^2$ 이고, 최댓값을 갖는 벡터 $\mathbf{z}$ 는 고윳값 λ_n 에 대응되는 고유벡터 중 크기가 r 인 벡터이다.

문제 7.3.22. $\|\mathbf{z}\| = r$ 을 만족하는 $\mathbf{z}$ 에 대해 에르미트 이차형식 $h_A(\mathbf{z})$ 의 최솟값과 최댓값을 구하는 위 정리를 증명하시오.

7.4 선형대수학을 이용한 선형 미분방정식의 해법 : 행렬의 대각화

[미리보기] 구간 I 에서 n 계 도함수를 갖는 모든 실수 함수들의 집합은 구간 I 에서 정의된 연속함수들의 벡터공간 $\mathcal{C}(I)$ 의 부분집합이고, 합의 미분법과 함수의 상수배에 대한 미분법으로부터 실제로는 부분공간이 된다. 이 부분공간을 $\mathcal{D}_n(I)$ 라 하자.

구간 I 에서 이계 도함수가 존재하는 함수 $y = \phi(t) \in \mathcal{D}_2(I)$ 중에서

$$a_0(t)\phi''(t) + a_1(t)\phi'(t) + a_2(t)\phi(t) = 0$$

을 만족하는 함수를 구하는 것을 이계 동차 선형 미분방정식의 해를 구한다고 하는데, ϕ_1 과 ϕ_2 가 위 미분방정식의 해가 되면 미분의 선형성으로부터 $\phi_1 + \phi_2$ 도 해가 되고, 상수 c 에 대해 $c\phi_1$ 도 해가 됨을 쉽게 알 수 있다. 즉, 위 미분방정식의 해집합은 실수 상에서 정의된 벡터공간 $\mathcal{D}_2(I)$ 의 부분공간이 된다. 따라서, 이 부분공간의 기저를 구할 수 있으면 모든 해를 구할 수 있다.

이 절에서는 일반적인 선형 미분방정식에 대해 간략하게 소개하고, 행렬의 대각화를 이용하여 n 계 동차 선형 미분방정식과 연립 동차 선형 미분방정식의 해를 구할 수 있는 경우에 대해 공부한다.

일반적인 선형 미분방정식을 풀려면 조르당 분해가 필요한데, 이 내용은 다음 장으로 미룬다.

---

32) 287 쪽에서 대칭행렬로 생성된 이차형식에 대해 증명한 것과 본질적으로 동일하다.

선형 미분방정식 : 선형대수학을 이용한 일반적인 이론

이 소절에서는 지금까지 공부한 선형대수학의 기본적인 내용들과 행렬의 대각화를 이용하여 n계 선형 미분방정식과 1계 선형 연립 미분방정식을 일반해를 구하는 방법에 대해 공부한다.

어떤 열린구간에서 n번 미분가능한 함수 $y = \phi(x)$에 대해 n계 도함수를 다음과 같이 나타낸다.

$$\underbrace{\frac{d}{dx}\Big(\frac{d}{dx}\Big(\cdots\Big(\frac{d}{dx}}_{n\text{ 번}}\phi(x)\Big)\cdots\Big)\Big) \quad \text{또는} \quad \frac{d^n}{dx^n}\phi(x) \quad \text{또는} \quad y^{(n)}$$

이때, 함수 $a_0, a_1, \cdots, a_n, f$가 열린구간 I에서 정의된 연속함수일 때, 모든 $t \in I$에 대해 다음 식

$$a_0(t)y^{(n)} + a_1(t)y^{(n-1)} + \cdots + a_{n-1}(t)y' + a_n(t)y = f(t) \tag{7.46}$$

를 만족하는 n번 미분가능한 함수 $y = \phi(t)$를 구하는 것을 n계 **선형 미분방정식**의 해를 구한다고 한다. 또, 선형 미분방정식 (7.46)에서 모든 $t \in I$에 대해 $f(t) = 0$일 때, **선형 동차 미분방정식**이라 하고, 선형 동차 미분방정식이 아닌 선형 미분방정식을 **선형 비동차 미분방정식**이라 부른다.

우선, 적절한 초기조건이 만족되는 n계 선형 미분방정식의 해는 항상 유일하게 존재한다는 것이 다음과 같이 잘 알려져 있다.[33)]

초기조건이 주어진 n계 선형 미분방정식에 대한 해의 존재성과 유일성

함수 $a_0, a_1, \cdots, a_n, f$가 열린구간 I에서 정의된 연속함수이고, 구간 t에 속하는 모든 t에 대해 $a_0(t) \neq 0$라고 하자. 이때, 다음 초기조건을 만족하는 n계 선형 미분방정식 (7.46)의 해 $y = \phi(t)$ $(t \in I)$는 오직 하나 존재한다.

$$\phi(t_0) = c_1,\ \phi'(t_0) = c_2,\ \phi^{(2)}(t_0) = c_3,\ \phi^{(n-1)}(t_0) = c_n$$

두 함수 $y = \phi_1(t)$와 $y = \phi_2(t)$가 선형 비동차 미분방정식 (7.46)의 두 해라 하자. 이때, 두 항등식

$$a_0(t)\phi_1^{(n)}(t) + a_1(t)\phi_1^{(n-1)}(t) + \cdots + a_{n-1}(t)\phi_1'(t) + a_n(t)\phi_1(t) = f(t)$$
$$a_0(t)\phi_2^{(n)}(t) + a_1(t)\phi_2^{(n-1)}(t) + \cdots + a_{n-1}(t)\phi_2'(t) + a_n(t)\phi_2(t) = f(t)$$

을 변끼리 빼면 다음 식이 성립한다.

$$a_0(t)\big(\phi_1^{(n)}(t) - \phi_2^{(n)}(t)\big) + a_1(t)\big(\phi_1^{(n-1)}(t) - \phi_2^{(n-1)}(t)\big) + \cdots + a_n(t)\big(\phi_1(t) - \phi_2(t)\big) = 0.$$

33) 미분방정식의 해의 존재성과 유일성에 대해서는 미분방정식에 관한 서적을 참고하기 바란다.

미분작용소의 선형성[34)] 으로부터 함수 $y = \phi_1(t) - \phi_2(t)$ 에 대해 $y^{(n)} = \phi_1^{(n)}(t) - \phi_2^{(n)}(t)$ 가 성립하므로 함수 $y = \phi_1(t) - \phi_2(t)$ 는 식 (7.46)에서 $f(t)$ 가 항등적으로 0 인 선형 동차 미분방정식

$$a_0(t)y^{(n)} + a_1(t)y^{(n-1)} + \cdots + a_{n-1}(t)y' + a_n(t)y = 0 \tag{7.47}$$

의 해가 된다. 즉, 비동차 선형 미분방정식 (7.46)의 특수한 해 $y = \psi_p(t)$ 를 알고 있으면, 다른 모든 해는 동일한 형태의 동차 선형 미분방정식 (7.47)의 해 ϕ_h 에 대해 $y = \phi_h(t) + \psi_p(t)$ 의 형태가 됨을 알 수 있다.

한편, 구간 I 에서 n 계 도함수를 갖는 모든 함수들의 집합은 실수 상에서 정의된 벡터공간이 된다. 이 벡터공간을 $\mathcal{D}_n(I)$ 라 하자. 또, 미분의 선형성으로부터 두 함수 ϕ_1 과 ϕ_2 가 각각 선형 동차 미분방정식 (7.47)의 해라면 $\phi_1 + \phi_2$ 도 해가 되고, 상수 c 에 대해 $c\phi_1$ 도 해가 된다. 따라서, 선형 동차 미분방정식 (7.47)의 모든 해를 모은 집합은 벡터공간 $\mathcal{D}_n(I)$ 의 부분공간이 된다. 따라서, 이 해집합으로 이루어진 부분공간의 기저를 구할 수 있으면, 동차 미분방정식 (7.47)의 모든 해 ϕ_h 는 기저의 일차결합으로 표현할 수 있고, n 계 선형 동차 미분방정식의 해로 이루어진 부분공간의 차원은 n 이 된다.

n 계 선형 미분방정식의 일반해

함수 $a_0, a_1, \cdots, a_n, f$ 가 열린구간 I 에서 정의된 연속함수이고, 구간 t 에 속하는 모든 t 에 대해 $a_0(t) \neq 0$ 라고 할 때, n 계 선형 동차 미분방정식

$$a_0(t)y^{(n)} + a_1(t)y^{(n-1)} + \cdots + a_{n-1}(t)y' + a_n(t)y = 0$$

에 대해 n 개의 일차독립인 해 $\phi_1, \phi_2, \cdots, \phi_n$ 가 존재한다. 이때, 함수 $y = \phi_h(t)$ 가 이 미분방정식의 해라면, $\phi_h(t) = c_1\phi_1(t) + c_2\phi_2(t) + \cdots + c_n\phi_n(t)$ 를 만족하는 실수 $c_1, c_2, \cdots, c_n$ 이 유일하게 결정된다.

또, n 계 선형 비동차 미분방정식

$$a_0(t)y^{(n)} + a_1(t)y^{(n-1)} + \cdots + a_{n-1}(t)y' + a_n(t)y = f(t)$$

의 특수한 해가 $\psi_p(t)$ 이면, 비동차 미분방정식의 일반적인 해는 $y = \phi_h(t) + \psi_p(t)$ 가 된다.

34) 미분가능한 함수 f 에 대해 도함수 f' 를 대응시키는 관계는 미분가능한 모든 함수들의 집합으로 이루어진 벡터공간 V 에서 정의된 선형사상 L 로 생각할 수 있다. 왜냐하면,

$$\frac{d}{dx}(f(x) + g(x)) = \frac{d}{dx}f(x) + \frac{d}{dx}g(x), \quad \frac{d}{dx}(cf(x)) = c\frac{d}{dx}f(x)$$

이므로 $L(f+g) = L(f) + L(g)$ 와 $L(cf) = cL(f)$ 가 성립하기 때문이다.

증명 : $\mathcal{M}_{n,1}(\mathbb{R}^n)$의 표준기저 $\{\mathbf{e}_i : 1 \le i \le n\}$과 구간 I의 한 점 t_0에 대해 다음 초기조건을 만족하는 미분방정식의 해는 $y = \phi_i(t)$는 유일하게 존재한다.[35)]

$$\left(\phi_i(t_0),\, \phi_i'(t_0),\, \cdots,\, \phi_i^{(n-1)}(t_0)\right)^{\mathrm{T}} = \mathbf{e}_i, \quad (1 \le i \le n)$$

이때, n개의 함수 $\phi_1, \phi_2, \cdots, \phi_n$은 벡터공간 $\mathcal{D}_n(I)$에서 일차독립이 된다. 이를 보이기 위해 다음 식

$$c_1\phi_1(t) + c_2\phi_2(t) + \cdots + c_n\phi_n(t) = 0$$

이 구간 I에서 항등적으로 성립한다고 하자. 이때, $t = t_0$을 대입하면 $c_1 = 0$이 된다. 또, 각 $k = 1, 2, \cdots, n-1$에 대해 양변을 k번 미분한 다음 $t = t_0$을 대입하면 함수 ϕ_{k+1}에 대해서만 $\phi_{k+1}^{(k)} = 1$이고 나머지 함수 ϕ_j $(j \ne k+1)$에 대해서는 $\phi_i^{(k)}(t_0) = 0$이므로 $c_{k+1} = 0,\ (1 \le k \le n-1)$이 성립한다. 따라서, 모든 c_i $(1 \le i \le n)$이 0이므로 n개의 함수는 일차독립이다.

이제 $\{\phi_1, \phi_2, \cdots, \phi_n\}$이 주어진 동차 미분방정식의 기저가 되는 것을 보이기 위해 임의의 해 $y = \psi(t)$가 이 함수들의 일차결합으로 표현됨을 보이자. 동차 미분방정식의 해 $y = \psi(t)$에 대해 $\mathbb{R}^n$의 벡터 $\mathbf{v}$를 다음과 같이 정의하자.

$$\mathbf{v} = \left(\psi(t_0),\, \psi'(t_0),\, \cdots,\, \psi^{(n-1)}(t_0)\right)^{\mathrm{T}}$$

이때, $\mathbf{v} = c_1\mathbf{e}_1 + c_2\mathbf{e}_2 + \cdots c_n\mathbf{e}_n$을 만족하는 상수 $c_1, \cdots, c_n$이 유일하게 결정된다. 이제 이 상수 c_i $(1 \le i \le n)$에 대해 함수 ϕ를

$$\phi(t) = c\phi_1(t) + c_2\phi_2(t) + \cdots + c_n\phi_n(t)$$

라고 정의하면, 함수 ψ에 대해

$$\psi(t_0) = \phi(t_0),\ \psi'(t_0) = \phi'(t_0),\ \cdots,\ \psi^{(n-1)}(t_0) = \phi^{(n-1)}(t_0)$$

이 성립한다. 따라서, 초기조건을 만족하는 해의 유일성에 의해 두 함수 ψ와 ϕ는 구간 I 상에서 같은 함수가 된다. 따라서, n개의 함수는 동차 미분방정식의 해공간을 생성하고, 결론적으로 해공간의 기저가 된다.

또, 비동차 미분방정식의 특수한 해 ψ_p 외에 또다른 해가 ψ라면, 앞서 설명한 것처럼 $y = \psi(t) - \psi_p(t)$는 동차 미분방정식의 해가 되므로

$$\psi(t) - \psi_p(t) = \phi_h(t) = c_1\phi_1(t) + c_2\phi_2(t) + \cdots + c_n\phi_n(t)$$

를 만족하는 $c_1, \cdots, c_n$이 존재한다. 따라서, 비동차 미분방정식의 모든 해는 동차 미분방정식의 적당한 해 ϕ_h와 비동차 미분방정식의 특수해 ψ_p에 대해 $y = \phi_h(t) + \psi_p(t)$가 된다. □

35) 301쪽에서 증명없이 기술한 n계 미분방정식에 대한 해의 존재성과 유일성에 관한 정리로부터 성립한다.

구간 I 에서 $n-1$ 번 미분가능한 n 개의 함수 $\phi_1, \phi_2, \cdots, \phi_n$ 와 구간의 한 점 t 에 대해 다음과 같이 정의한 행렬식을 론스키 행렬식이라 하고, $W[\phi_1, \phi_2, \cdots, \phi_n](t)$ 로 나타낸다.

$$W[\phi_1, \phi_2, \cdots, \phi_n](t) = \det \begin{pmatrix} \phi_1(t) & \phi_2(t) & \cdots & \phi_n(t) \\ \phi'(t) & \phi_2'(t) & \cdots & \phi_n'(t) \\ \vdots & \vdots & \ddots & \vdots \\ \phi_1^{(n-1)}(t) & \phi_2^{(n-1)}(t) & \cdots & \phi_n^{(n-1)}(t) \end{pmatrix}$$

앞의 정리를 증명하는 과정에서 잡은 n 개의 함수에 대한 론스키 행렬식은

$$W[\phi_1, \phi_2, \cdots, \phi_n](t_0) = \det(I_n) = 1$$

이었다. 다음 문제는 n 개의 함수 $\phi_1, \phi_2, \cdots, \phi_n$ 이 n 계 선형 동차 미분방정식의 해일 때, 해공간의 기저가 될 필요충분조건을 알려준다.

문제 7.4.1. n 계 선형 동차 미분방정식 (7.47)의 해가 되는 n 개의 함수 $\phi_1, \phi_2, \cdots, \phi_n$ 이 벡터 공간 $\mathcal{D}_n(I)$ 에서 일차독립이 될 필요충분조건은 구간 I 에 속하는 모든 t 에 대해 론스키 행렬식이 $W[\phi_1, \phi_2, \cdots, \phi_n](t) \neq 0$ 임을 증명하시오.

예제 7.4.1. 이계 동차 미분방정식 $y'' + 2y' + y = 0$ 의 모든 해는 두 함수 $\phi_1(t) = e^{-t}$, $\phi_2(t) = te^{-t}$ 와 적당한 상수 c_1, c_2 에 대해 $y = c_1\phi_1(t) + c_2\phi_2(t)$ 가 됨을 보이시오.

풀이 : 우선 ϕ_1, ϕ_2 가 주어진 미분방정식의 해가 됨을 쉽게 확인할 수 있다. 예를 들어,

$$\phi_2''(t) + 2\phi_2'(t) + \phi_2(t) = (-2e^{-t} + te^{-t}) + 2(e^{-t} - te^{-t}) + te^{-t} = 0$$

이므로 ϕ_2 는 해가 된다.

이제 론스키 행렬식을 구하면

$$W[\phi_1, \phi_2] = \det \begin{pmatrix} e^{-t} & te^{-t} \\ -e^{-t} & e^{-t} - te^{-t} \end{pmatrix} = e^{-2t} - te^{-2t} + te^{-2t} = e^{-2t} \neq 0 \quad (t \in \mathbb{R})$$

이므로, 두 함수 $\phi_1(t)$ 와 $\phi_2(t)$ 는 $\mathcal{D}_2(\mathbb{R})$ 에서 일차독립이다. 따라서, 정리에 의해 주어진 미분방정식의 모든 해는 두 함수의 일차결합으로 표현된다. □

문제 7.4.2. 3계 동차 미분방정식 $t^3y^{(3)} - 3ty' + 3y = 0, \quad t > 0$ 의 모든 해는 세 개의 함수

$$\phi_1(t) = t, \ \phi_2(t) = t^3, \ \phi_3(t) = \frac{1}{t}, \quad (t > 0)$$

로 생성됨을 보이시오.

n계 선형 미분방정식 (7.46)에서 모든 $t \in I$에 대해 $a_0(t) \neq 0$이므로 $a_0(t) = 1$이라고 가정해도 되고, 미분방정식 (7.46)은 다음과 같이 연립 1계 선형 미분방정식으로 바꾸어 생각할 수 있다. 즉, 다음과 같이 n개의 함수를

$$y_1 = y,\ y_2 = y',\ y_3 = y^{(2)},\ \cdots,\ y_n = y^{(n-1)}$$

와 같이 정의할 때, 미분방정식 (7.46)은 다음과 같이 나타낼 수 있다.[36)]

$$\begin{cases} y_1' = y' = y_2 \\ y_2' = y^{(2)} = y_3 \\ \quad \vdots \\ y_n' = y^{(n)} = -a_1(t)y^{(n-1)} - \cdots - a_{n-1}(t)y' - a_n(t)y + f(t) \\ \qquad\quad = -a_1(t)y_n - \cdots - a_{n-1}(t)y_2 - a_n(t)y_1 + f(t) \end{cases}$$

$$\Longleftrightarrow \begin{pmatrix} y_1' \\ y_2' \\ \vdots \\ y_{n-1}' \\ y_n' \end{pmatrix} = \begin{pmatrix} 0 & 1 & & & \\ & 0 & \ddots & & \\ & & \ddots & 1 & \\ & & & 0 & 1 \\ -a_n(t) & -a_{n-1}(t) & \cdots & -a_2(t) & -a_1(t) \end{pmatrix} \begin{pmatrix} y_1 \\ y_2 \\ \vdots \\ y_{n-1} \\ y_n \end{pmatrix} + \begin{pmatrix} 0 \\ 0 \\ \vdots \\ 0 \\ f(t) \end{pmatrix}.$$

일반적으로 구간 I에서 연속인 n^2개의 함수 $a_{ij}(t)$와 구간 I에서 연속인 n개의 함수 $f_i(t)$에 대해 다음과 같이 주어진 미분방정식을 연립 (1계) 선형 미분방정식이라 부른다.

$$\begin{pmatrix} y_1' \\ y_2' \\ \vdots \\ y_n' \end{pmatrix} = \begin{pmatrix} a_{11}(t) & a_{12}(t) & \cdots & a_{1n}(t) \\ a_{21}(t) & a_{22}(t) & \cdots & a_{2n}(t) \\ \vdots & \vdots & \ddots & \vdots \\ a_{n1}(t) & a_{n2}(t) & \vdots & a_{nn}(t) \end{pmatrix} \begin{pmatrix} y_1 \\ y_2 \\ \vdots \\ y_n \end{pmatrix} + \begin{pmatrix} f_1(t) \\ f_2(t) \\ \vdots \\ f_n(t) \end{pmatrix} \tag{7.48}$$

위 연립 미분방정식에서 각 성분이 $\mathcal{D}_1(I)$의 함수인 벡터 $\mathbf{y}$를 $\mathbf{y} = (y_1, \cdots, y_n)^{\mathrm{T}}$로 나타내고, 벡터의 미분 $\mathbf{y}'$를 $\mathbf{y}' = (y_1', \ldots, y_n')^{\mathrm{T}}$라 하자. 이 표현을 따르면, $\mathbf{f}(t) = (f_1(t), \cdots, f_n(t))^{\mathrm{T}}$이다. 또, (i, j) 성분이 함수 $a_{ij}(t)$인 $n \times n$ 행렬을 $A(t)$라고 나타내면, 위 연립 미분방정식은

$$\mathbf{y}' = A(t)\mathbf{y} + \mathbf{f}(t), \quad t \in I$$

가 된다. 특히, $\mathbf{f}$가 구간 I에서 항등적으로 $\mathbf{0}$일 때를 동차 연립 미분방정식이라 하고, $\mathbf{f} \neq \mathbf{0}$일 때를 비동차 연립 미분방정식이라 부른다.

36) 이 식에서 나타나는 행렬은 특성다항식 $f(x) = a_n(t) + a_{n-1}(t)x + \cdots + a_1(t)x^{n-1} + x^n$의 동반행렬이라 부른다. 동반행렬의 정의와 성질에 대해서는 332쪽을 참고하시오.

n계 선형 미분방정식의 경우처럼 초기조건이 주어진 연립 미분방정식도 유일한 해가 존재한다는 다음 정리가 잘 알려져 있다.

초기조건이 주어진 연립 선형 미분방정식에 대한 해의 존재성과 유일성

함수 $a_{ij}\,(1 \le i,\, j \le n)$과 $f_i\,(1 \le i \le n)$이 열린구간 I에서 정의된 연속함수라 하자. 이때, 구간 I의 임의의 점 t_0과 각 성분이 상수인 임의의 벡터 $\mathbf{q} = (q_1, \cdots, q_n)^{\mathrm{T}}$에 대해, 다음 초기조건을 만족하는 연립 선형 미분방정식 (7.48)

$$\mathbf{y}' = A(t)\mathbf{y} + \mathbf{f}(t), \quad \mathbf{y}(t_0) = \mathbf{q}$$

의 해 $\mathbf{y} = \big(\phi_1(t), \phi_2(t), \cdots, \phi_n(t)\big)^{\mathrm{T}}$는 유일하게 존재한다.

선형 n계 미분방정식의 경우처럼, 연립 미분방정식의 경우에도 위 정리로부터 다음과 같은 결과를 얻을 수 있다. 각 성분이 $\mathcal{D}_1(I)$의 함수인 $n \times 1$ 벡터들로 이루어진 벡터공간을 $\mathcal{M}_{n,1}\big(\mathcal{D}_1(I)\big)$로 나타내자.

연립 선형 미분방정식의 일반해

함수 $a_{ij}\,(1 \le i,\, j \le n)$과 $f_i\,(1 \le i \le n)$이 열린구간 I에서 정의된 연속함수라 하자. 이때, 연립 선형 미분방정식 (7.48)

$$\mathbf{y}' = A(t)\mathbf{y} + \mathbf{f}(t), \quad (t \in I)$$

에 대해, 다음이 성립한다.

(가) 모든 $t \in I$에 대해 $\mathbf{f} = \mathbf{0}$일 때, 동차 미분방정식의 해들로 이루어진 집합은 $\mathcal{M}_{n,1}\big(\mathcal{D}(I)\big)$의 부분공간이 된다. 이 부분공간 (해공간)의 차원은 n이다.

(나) 동차 미분방정식의 임의의 해 $\mathbf{y}_h$는 일차독립인 n개의 해

$$\boldsymbol{\phi}_i = \big(\phi_{1i}(t), \cdots, \phi_{ni}(t)\big)^{\mathrm{T}}, \ (1 \le i \le n)$$

에 대해 $\mathbf{y}_h = c_1\boldsymbol{\phi}_1 + \cdots c_n\boldsymbol{\phi}_n$ 꼴이 된다.
또, $\boldsymbol{\phi}_1, \cdots, \boldsymbol{\phi}_n$이 동차 미분방정식의 해일 때, 이 n개의 해가 일차독립이 될 필요충분조건은 이 해를 열벡터도 갖는 $n \times n$ 행렬 $\boldsymbol{\Phi}(t) = \big(\boldsymbol{\phi}_1(t), \cdots \boldsymbol{\phi}_n(t)\big)$의 행렬식이 모든 $t \in I$에 대해 $\det\big(\boldsymbol{\Phi}(t)\big) \neq 0$을 만족하는 것이다.

(다) $\mathbf{f} \neq \mathbf{0}$인 비동차 미분방정식의 일반적인 해는 동차 미분방정식의 일반해 $\mathbf{y}_h$와 비동차 미분방정식의 특수한 해 $\mathbf{y}_p$에 대해 $\mathbf{y} = \mathbf{y}_h + \mathbf{y}_p$가 된다.

증명 : 기본적으로 선형 n계 미분방정식의 경우에 증명한 것과 비슷한 방법으로 증명할 수 있으므로, 자세한 증명은 연습문제로 남기고 핵심적인 사항만 살펴보자.

우선, 연립 동차 미분방정식의 두 해가 $\boldsymbol{\phi}_1$, $\boldsymbol{\phi}_2$라 하면

$$(\boldsymbol{\phi}_1 + \boldsymbol{\phi}_2)'(t) = \boldsymbol{\phi}_1'(t) + \boldsymbol{\phi}_2'(t) = A(t)\boldsymbol{\phi}_1(t) + A(t)\boldsymbol{\phi}_2(t) = A(t)(\boldsymbol{\phi}_1 + \boldsymbol{\phi}_2)(t)$$

이므로 $\boldsymbol{\phi}_1 + \boldsymbol{\phi}_2$도 주어진 연립 동차 미분방정식의 해가 된다. 비슷한 방법으로 상수 c에 대해 $c\boldsymbol{\phi}_1$도 해가 되므로 $\mathcal{M}_{n,1}(\mathcal{D}_1(I))$의 부분공간이 된다.

또, 구간 I의 임의의 점 t_0과 각 표준기저벡터 $\mathbf{e}_i$ $(1 \le i \le n)$에 대해, 초기조건 $\mathbf{y}(t_0) = \mathbf{e}_i$을 만족하는 해 $\mathbf{y} = \boldsymbol{\phi}_i(t)$가 유일하게 존재하고 일차독립이 됨을 보일 수 있다. 이때, 연립 동차 미분방정식의 또 다른 해 $\boldsymbol{\psi}$가 존재한다면 다음 식이 성립하는 상수 c_i $(1 \le i \le n)$이 유일하게 결정되고,

$$\boldsymbol{\psi}(t_0) = c_1\mathbf{e}_1 + \cdots + c_n\mathbf{e}_n = c_1\boldsymbol{\phi}_1(t_0) + \cdots + c_n\boldsymbol{\phi}_n(t_0)$$

모든 $t \in I$에 대해 $\boldsymbol{\psi}(t) = c_1\boldsymbol{\phi}_1(t) + \cdots + c_n\boldsymbol{\phi}_n(t)$ 가 됨을 보일 수 있다. 따라서, (가)와 (나)가 성립한다.

(다)의 경우에 앞의 정리로부터 주어진 초기조건을 만족하는 특수해 $\mathbf{y}_p$가 존재한다. 만약 $\boldsymbol{\psi}$가 비동차 미분방정식의 또 다른 해라면, $\boldsymbol{\psi} - \mathbf{y}_p$는 동차 미분방정식의 해 $\mathbf{y}_h$가 된다. 따라서, 비동차 미분방정식의 일반해는 특수해 $\mathbf{y}_p$와 동차 미분방정식의 해 $\mathbf{y}_h$의 합이 된다. □

선형 동차 미분방정식 : 대각화를 이용하여 미분방정식 풀기

지금까지 설명한 바에 따르면, 선형 n계 (비)동차 미분방정식이나 n개의 함수에 대한 연립 선형 (비)동차 미분방정식은 주어진 초기 조건을 만족하는 해가 항상 유일하게 존재한다. 이 책에서 배운 선형대수학의 기본적인 성질들을 이용하면,[37] n개의 일차독립인 해가 존재해서 모든 해는 이들의 일차결합 ϕ_h로 표현되고, 비동차 미분방정식의 경우에는 특수해 ϕ_p가 존재해서 $\phi_h + \phi_p$로 표현됨을 알았다. 하지만, 이들 해가 항상 기본적인 함수들로 표현되는 것은 아니다.

예를 들어, 수리물리학에서 많이 등장하는 베셀 방정식

$$t^2y'' + ty' + (t^2 - p^2)y = 0$$

은 상수 p에 따라 항상 해가 존재하는데, $p = \frac{1}{2}$이거나 $\frac{3}{2}$과 같이 특별한 경우를 제외하면 간단한 함수로 표현되지 않는다.

37) 앞서 미분방정식에 관한 몇 가지 정리의 증명을 이 책에서 다룬 이유이다.

이들 미분방정식의 일반적인 경우에 대한 해법은 관련서적을 참고하기로 하고, 여기서는 모든 계수가 상수인 경우에 행렬의 대각화를 이용하여 해를 구할 수 있는 경우에 대해 알아보자.[38] 특히, 선형 n계 미분방정식은 n개의 함수에 대한 연립 1계 미분방정식으로 변형할 수 있으므로, 상수행렬 A와 n개의 함수에 대한 동차 미분방정식

$$\mathbf{y}' = A\,\mathbf{y} \tag{7.49}$$

에 초점을 맞춰 살펴보자.

이 소절에서는 미분방정식 (7.49)에서 행렬 $A \in \mathcal{M}_{n,n}(\mathbb{R})$를 $\mathcal{M}_{n,n}(\mathbb{C})$의 행렬로 생각할 때 대각화 가능한 경우에 대해 공부한다.[39] $n \times n$ 행렬 A가 가역행렬 S와 대각행렬 $D = \mathrm{Diag}(\lambda_1, \cdots, \lambda_n)$에 대해 $S^{-1}AS = D$와 같이 대각화된다고 하자. 이제, $\mathbf{z} = S^{-1}\mathbf{y}$로 두면, 행렬 S^{-1}의 모든 (i,j)성분 $\left(S^{-1}\right)_{ij}$이 상수이므로 $\mathbf{z} = \big(z_1(t), \cdots, z_n(t)\big)$의 k번째 성분의 도함수 $z_k'(t)$는

$$\begin{aligned} z_k(t) &= \left(S^{-1}\right)_{k1} y_1(t) + \left(S^{-1}\right)_{k2} y_2(t) + \cdots \left(S^{-1}\right)_{kn} y_n(t) \\ \Longrightarrow z_k'(t) &= \left(S^{-1}\right)_{k1} y_1'(t) + \left(S^{-1}\right)_{k2} y_2'(t) + \cdots \left(S^{-1}\right)_{kn} y_n'(t) \end{aligned}$$

가 된다. 이때, $\mathbf{z}'(t) = S^{-1}\mathbf{y}'$이고

$$\mathbf{y}' = A\,\mathbf{y} \iff \mathbf{y}' = SDS^{-1}\mathbf{y} \iff \mathbf{z}' = \mathrm{Diag}(\lambda_1, \cdots, \lambda_n)\mathbf{z} \tag{7.50}$$

가 되므로, 모든 $1 \le i \le n$에 대해 $z_i'(t) = \lambda_i z_i(t)$를 구하는 문제로 변형된다.

(경우 1) 우선, 모든 고윳값 λ_i가 실수인 경우부터 생각해보자. 각 $i = 1, 2, \cdots, n$에 대해

$$z_i'(t) = \lambda_i z_i(t) \iff \frac{z_i'(t)}{z_i(t)} = \lambda_i \iff \frac{d}{dt}\ln\big(z_i(t)\big) = \lambda_i \iff z_i(t) = c_i e^{\lambda_i t} \tag{7.51}$$

가 되므로, $\mathbf{y} = S\mathbf{z}$로부터 다음과 같이 연립 동차 미분방정식의 해를 얻는다.

$$\begin{pmatrix} y_1 \\ y_2 \\ \vdots \\ y_n \end{pmatrix} = S \begin{pmatrix} z_1(t) \\ z_2(t) \\ \vdots \\ z_n(t) \end{pmatrix} = S \begin{pmatrix} c_1 e^{\lambda_1 t} \\ c_2 e^{\lambda_2 t} \\ \vdots \\ c_n e^{\lambda_n t} \end{pmatrix} = c_1 e^{\lambda_1 t} S_1^C + c_2 e^{\lambda_2 t} S_2^C + \cdots + c_n e^{\lambda_n t} S_n^C \tag{7.52}$$

식 (7.52)에서 A의 고윳값 λ_i에 대한 고유벡터 S_i^C를 $\mathbf{v}_i$로 나타내자. 이때, 각 성분이 함수인 벡터 $\boldsymbol{\phi}_i$를 $\boldsymbol{\phi}_i(t) = e^{\lambda_i t}\mathbf{v}_i$ $(1 \le i \le n)$로 정의하면, $\boldsymbol{\phi}_i'(t) = \lambda_i \boldsymbol{\phi}_i(t)$이고

$$A\,\boldsymbol{\phi}_i(t) = e^{\lambda_i t} A\,\mathbf{v}_i = e^{\lambda_i t}\lambda_i \mathbf{v}_i = \lambda_i \boldsymbol{\phi}_i(t) = \boldsymbol{\phi}_i'(t)$$

38) 일반적인 경우에 해를 구하는 방법을 설명하기 위해서는 행렬의 조르당 분해가 필요하다. 다음 장에서 조르당 분해를 공부한 다음, 369쪽에서 일반적인 경우를 다루기로 한다.

39) 모든 행렬이 대각화 가능한 것은 아니지만, 다음 장에서 공부하는 조르당 분해를 이용하면 대각화 되지 않는 경우에도 해를 구할 수 있다.

이므로 각 $\boldsymbol{\phi}_i(t)$는 연립 동차 미분방정식의 해가 된다. 또, $n \times n$ 행렬 $\big(\boldsymbol{\phi}_1(t)\ \boldsymbol{\phi}_2(t)\ \cdots \boldsymbol{\phi}_n(t)\big)$의 행렬식은

$$\det\Big(e^{\lambda_1 t}S_1^C\ e^{\lambda_2 t}S_2^C\ \cdots\ e^{\lambda_n t}S_n^C\Big) = e^{\lambda_1 t}e^{\lambda_2 t}\cdots e^{\lambda_n t}\det(S) \neq 0$$

이므로 n개의 해 $\boldsymbol{\phi}_i\ (1 \le i \le n)$가 일차독립이 된다. 따라서, 식 (7.52)는

$$\mathbf{y} = c_1\boldsymbol{\phi}_1(t) + \cdots + c_n\boldsymbol{\phi}_n(t)$$

와 같이 미분방정식 (7.49)의 일반해를 나타낸다.

(경우 2) 이제 행렬 $A \in \mathcal{M}_{n,n}(\mathbb{R})$를 복소행렬로 생각할 때 대각화 가능하고, 복소수 고윳값을 갖는 경우를 따져보자. 이 경우 행렬 A의 특성다항식 $p_A(x)$는 실수 계수를 갖는 n차 다항식이 되므로, 복소수 α가 방정식 $p_A(x) = 0$의 근이면 켤레복소수 $\bar{\alpha}$도 근이 된다. 따라서, $2m\ (0 \le 2m \le n)$개의 복소수 근과 $n - 2m$개의 실수근을 가질 수 있다.

이제 복소수 $\lambda = a + bi\ (a,\, b \in \mathbb{R})$에 대해 $z'(t) = \lambda z(t)$를 만족하는 복소수 함수 $z(t)$를 구해보자. 일반적으로 구간 I에서 미분가능한 함수 $f : I \to \mathbb{R}$와 $g : I \to \mathbb{R}$에 대해 복소수 값을 갖는 함수 $z(t) = f(t) + i\,g(t)$도 구간 I에서 미분가능한 함수가 되고, 그 도함수는 $z'(t) = f'(t) + i\,g'(t)$이다.

또, 임의의 복소수는 극형식으로 표현할 수 있으므로 양의 함수값을 갖는 미분가능한 함수 $r(t)$와 실수 값을 갖는 미분가능한 함수 $\theta(t)$에 대해 $z(t) = r(t)\big(\cos\theta(t) + i\sin\theta(t)\big)$로 쓸 수 있다. ($\cos\theta(t)$는 $\cos\big(\theta(t)\big)$을 간단하게 표현한 것이고, $\sin\theta(t)$도 같은 의미이다.) 따라서, 다음 동치 관계

$$\begin{aligned} & z'(t) = (a+bi)z(t) \\ \Longleftrightarrow\ & \big(r(t)\cos\theta(t)\big)' + i\big(r(t)\sin\theta(t)\big)' \\ & = r(t)\big(a\cos\theta(t) - b\sin\theta(t)\big) + i\,r(t)\big(a\sin\theta(t) + b\cos\theta(t)\big) \end{aligned}$$

로부터

$$r'(t)\cos\theta(t) - r(t)\sin\theta(t)\theta'(t) = r(t)\big(a\cos\theta(t) - b\sin\theta(t)\big) \tag{7.53}$$

$$r'(t)\sin\theta(t) + r(t)\cos\theta(t)\theta'(t) = r(t)\big(a\sin\theta(t) + b\cos\theta(t)\big) \tag{7.54}$$

를 얻는다. 이제 식 (7.53)의 양변에 $\cos\theta(t)$를 곱한 것과 (7.54)의 양변에 $\sin\theta(t)$를 곱한 것을 변끼리 더하면,

$$r'(t) = a\,r(t)$$

가 되므로 식 (7.51)에 의해 $r(t) = c\,e^{at}$를 얻는다. 또, 식 (7.54)의 양변에 $\cos\theta(t)$를 곱한 것에서 (7.53)의 양변에 $\sin\theta(t)$를 곱한 것을 변끼리 빼면,

$$r(t)\big(b - \theta'(t)\big) = 0$$

이 되는데, $r(t) = c\,e^{at} > 0$이므로 $\theta'(t) = b$로부터 $\theta(t) = bt + c$를 얻는다.

결론적으로 복소수 $\lambda = a + bi$ $(a,\ b \in \mathbb{R})$에 대해 1계 미분방정식 $z'(t) = \lambda z(t)$의 해는 다음과 같다.

$$z'(t) = (a+bi)z(t) \iff z(t) = ke^{at}\big(\cos(bt) + i\sin(bt)\big) \quad k \in \mathbb{C} \tag{7.55}$$

이제 성분이 실수인 행렬 A가 복소행렬로써 대각화 가능할 때, 미분방정식 (7.50)의 실수해를 구하는 방법을 알아보자. 우선, 행렬 A의 고윳값 중 복소수인 고윳값이 $2m$개이고 실수인 고윳값이 $r = n - 2m$개라 하자. 또, 고윳값 λ_i의 순서가 $1 \le i \le m$일 때 복소수 $\lambda_{2i-1} = a_i + b_i i,\ \lambda_{2i} = a_i - b_i i$이고 $m+1 \le i \le n$일 때 실수가 되도록 나열하였다고 하자.

이때, 행렬 A의 고윳값 λ_i에 대응되는 고유벡터 $\mathbf{v}_i$를 차례로 열벡터로 갖는 가역행렬을 $S = \big(\mathbf{v}_1\ \mathbf{v}_2\ \cdots\ \mathbf{v}_n\big)$라 하고 $\mathbf{z} = S^{-1}\mathbf{y}$라 두면, 미분방정식 $\mathbf{y}' = A\mathbf{y}$는 (7.50)으로부터 미분방정식 $z_i'(t) = \lambda_i\, z_i(t)$ $(1 \le i \le n)$으로 변형된다.

λ_i가 실수인지 복소수인지에 따라 식 (7.51)과 식 (7.55)로부터 이 미분방정식의 해를 구하면,

$$1 \le i \le m \text{ 일 때,} \qquad \begin{cases} z_{2i-1}(t) = c_{2i-1}\, e^{a_i t}\big(\cos(b_i t) + i\sin(b_i t)\big) = c_{2i-1}\, w_{2i-1}(t) \\ z_{2i}(t) = c_{2i}\, e^{a_i t}\big(\cos(b_i t) - i\sin(b_i t)\big) = c_{2i}\, w_{2i}(t) \end{cases}$$

$$2m+1 \le i \le n \text{ 일 때,} \qquad z_i = c_i e^{\lambda_i t} = c_i w_i(t)$$

가 된다.[40] (식을 간단하게 쓰기 위해 함수 $w_i(t)$를 도입하였음에 주의하자.) 따라서 식 (7.52)에서처럼 다음과 같이 $\mathbf{y}' = A\,\mathbf{y}$의 해를 구할 수 있다.

$$\begin{pmatrix} y_1 \\ y_2 \\ \vdots \\ y_n \end{pmatrix} = S \begin{pmatrix} z_1(t) \\ z_2(t) \\ \vdots \\ z_n(t) \end{pmatrix} = \sum_{i=1}^{m}\big(c_{2i-1}w_{2i-1}(t)\mathbf{v}_{2i-1} + c_{2i}w_{2i}(t)\mathbf{v}_{2i}\big) + \sum_{i=2m+1}^{n} c_i e^{\lambda_i t}\mathbf{v}_i$$

물론, 각 $1 \le i \le 2m$에 대해 $w_i(t)\mathbf{v}_i$는 $\mathbf{y}' = A\,\mathbf{y}$의 복소함수 해가 되고, n개의 해 $w_i(t)\mathbf{v}_i$ $(1 \le i \le n)$는 다음과 같이 일차독립이 된다.

$$\begin{aligned} \Big|\det\Big(w_1(t)\mathbf{v}_1\ w_2(t)\mathbf{v}_2\ \cdots\ w_n(t)\mathbf{v}_n\Big)\Big| &= \big|w_1(t)\cdots w_n(t)\big|\,\Big|\det\big(\mathbf{v}_1\ \mathbf{v}_2\ \cdots\ \mathbf{v}_n\big)\Big| \\ &= e^{(a_1+\cdots+a_{2m})t+(\lambda_{2m+1}+\cdots+\lambda_n)t}\big|\det(S)\big| \ne 0 \end{aligned}$$

이제, 각 $1 \le i \le m$에 대해 미분방정식의 두 복소함수 해 $w_{2i-1}\mathbf{v}_{2i-1},\ w_{2i}\mathbf{v}_{2i}$로부터 실수함수 해를 구하려한다. 일반적으로 행렬 A의 각 성분이 실수일 때, 복소벡터

40) 보통 복소수의 극형식 $\cos\theta + i\sin\theta$를 $e^{i\theta}$로 표시한다. 이때, $e^a e^{bi} = e^{a+bi}$가 되는데, 이 표현을 따르면 복소수 $\lambda = a+bi$에 대해 $z'(t) = \lambda z(t)$의 해는 복소수 함수 $z(t) = e^{at}\big(\cos(bt)+i\sin(bt)\big) = e^{(a+bi)t} = e^{\lambda t}$가 되어 고윳값이 실수인 경우와 같은 형태로 쓸 수 있다.

$\mathbf{v} = (v_1, \cdots, v_n)^{\mathrm{T}}$ 가 복소수 고윳값 λ에 대응되는 A의 고유벡터이면, 다음 식에서 보듯이 $\bar{\mathbf{v}} = (\bar{v}_1, \cdots, \bar{v}_n)^{\mathrm{T}}$ 는 고윳값 $\bar{\lambda}$에 대응되는 A의 고유벡터가 된다.

$$A\mathbf{v} = \lambda\mathbf{v} \iff \overline{A\mathbf{v}} = \overline{\lambda\mathbf{v}} \iff A\bar{\mathbf{v}} = \bar{\lambda}\bar{\mathbf{v}}$$

한편, 각 $1 \leq i \leq m$에 대해 $\bar{\lambda}_{2i-1} = \lambda_{2i}$ 이므로 $\bar{\mathbf{v}}_{2i-1} = \mathbf{v}_{2i}$ 이다. 또,

$$\overline{w_{2i-1}(t)} = \overline{e^{a_i t}\big(\cos(b_i t) + i\sin(b_i t)\big)} = e^{a_i t}\big(\cos(b_i t) - i\sin(b_i t)\big) = w_{2i}(t)$$

이므로, 각 $1 \leq i \leq m$에 대하여 $\overline{w_{2i-1}\mathbf{v}_{2i-1}} = w_{2i}\mathbf{v}_{2i}$ 가 성립한다.

따라서, 각 $1 \leq i \leq m$에 대해, 미분방정식 $\mathbf{y}' = A\mathbf{y}$의 두 복소함수 해 $w_{2i-1}\mathbf{v}_{2i-1}$, $w_{2i}\mathbf{v}_{2i}$ 로부터 다음과 같이 실수함수 해를 2개씩 얻을 수 있다.

$$\begin{cases} \dfrac{1}{2}\big(w_{2i-1}\mathbf{v}_{2i-1} + w_{2i}\mathbf{v}_{2i}\big) = \dfrac{1}{2}\big(w_{2i-1}\mathbf{v}_{2i-1} + \bar{w}_{2i-1}\bar{\mathbf{v}}_{2i-1}\big) = \mathrm{Re}\big(w_{2i-1}\mathbf{v}_{2i-1}\big), \\ \dfrac{1}{2i}\big(w_{2i-1}\mathbf{v}_{2i-1} - w_{2i}\mathbf{v}_{2i}\big) = \dfrac{1}{2i}\big(w_{2i-1}\mathbf{v}_{2i-1} - \bar{w}_{2i-1}\bar{\mathbf{v}}_{2i-1}\big) = \mathrm{Im}\big(w_{2i-1}\mathbf{v}_{2i-1}\big). \end{cases}$$

벡터 $\mathbf{v}_i$, $(1 \leq i \leq m)$는 $a + bi$에 대응되는 고유벡터이고, $\mathbf{v}_j$, $(2m+1 \leq j \leq n)$은 λ_i에 대응되는 고유벡터라 할 때, 결론적으로 n개의 일차독립인 실수함수 해 $\boldsymbol{\phi}_i(t)$를 다음과 같이 얻을 수 있고,[41)]

$$\begin{aligned} \boldsymbol{\phi}_{2i-1}(t) =& \mathrm{Re}\Big(e^{a_i t}\big(\cos(b_i t) + i\sin(b_i t)\big)\mathbf{v}_i\Big), \quad (1 \leq i \leq m) \\ \boldsymbol{\phi}_{2i}(t) =& \mathrm{Im}\Big(e^{a_i t}\big(\cos(b_i t) + i\sin(b_i t)\big)\mathbf{v}_i\Big), \quad (1 \leq i \leq m) \\ \boldsymbol{\phi}_j(t) =& e^{\lambda_j t}\mathbf{v}_j, \quad (2m+1 \leq j \leq n), \end{aligned}$$

$\mathbf{y}' = A\mathbf{y}$의 일반해는 $\mathbf{y}_h = c_1\boldsymbol{\phi}_1(t) + \cdots + c_n\boldsymbol{\phi}_n(t)$ 가 된다.

일반적인 경우에 설명한 내용을 실제 예제를 통해 확인해보자. 우선, 선형 연립 미분방정식을 결정하는 행렬 A가 실수 행렬로써 대각화 가능한 예부터 살펴보자.

예제 7.4.2. 다음 연립 미분방정식의 일반해를 구하시오.

$$\begin{cases} y_1' = -2y_1 + y_2 \\ y_2' = y_1 - 2y_2 \end{cases}$$

41) $w_i\mathbf{v}_i$ $(1 \leq i \leq n)$이 복소벡터공간에서 일차독립임을 알고 있고, 복소벡터공간에서 $2m$개의 $\mathrm{Re}(w_{2i-1}\mathbf{v}_{2i-1})$와 $\mathrm{Im}(w_{2i-1}\mathbf{v}_{2i-1})$의 일차결합을 통해 $2m$개의 $w_i\mathbf{v}_i$를 생성할 수 있다. 따라서, 다음 n개의 실수 함수는 실수 상에서 정의된 벡터공간의 벡터로 이해할 때도 일차독립이 된다.

$$\{\mathrm{Re}(w_{2i-1}\mathbf{v}_{2i-1}),\ \mathrm{Im}(w_{2i-1}\mathbf{v}_{2i-1}) : 1 \leq i \leq m\} \cup \{w_i\mathbf{v}_i : 2m+1 \leq i \leq n\}$$

풀이 : 주어진 미분방정식을 행렬 형태로 나타내면 $\mathbf{y}' = A\mathbf{y}$ 이고, A의 대각화는 다음과 같다.

$$A = \begin{pmatrix} -2 & 1 \\ 1 & -2 \end{pmatrix} = S \begin{pmatrix} -3 & 0 \\ 0 & -1 \end{pmatrix} S^{-1}, \quad S = \begin{pmatrix} -1 & 1 \\ 1 & 1 \end{pmatrix}$$

이제, $\mathbf{z} = S^{-1}\mathbf{y}$ 라 하면

$$\begin{cases} z_1'(t) = -3z_1(t) \\ z_2'(t) = -z_2(t) \end{cases} \iff \begin{cases} z_1(t) = c_1e^{-3t} \\ z_2(t) = c_2e^{-t} \end{cases}$$

이다. 따라서 구하는 일반해 $\mathbf{y}_h$ 는

$$\mathbf{y}_h = \begin{pmatrix} -1 & 1 \\ 1 & 1 \end{pmatrix} \begin{pmatrix} c_1e^{-3t} \\ c_2e^{-t} \end{pmatrix} = \begin{pmatrix} -c_1e^{-3t} + c_2e^{-t} \\ c_1e^{-3t} + c_2e^{-t} \end{pmatrix} = c_1 \begin{pmatrix} -e^{-3t} \\ e^{-3t} \end{pmatrix} + c_2 \begin{pmatrix} e^{-t} \\ e^{-t} \end{pmatrix}$$

가 된다. □

문제 7.4.3. 다음 연립 미분방정식의 일반해를 구하시오.

$$y_1' = 3y_1 - 2y_2, \quad y_2' = -2y_1 + 6y_2$$

문제 7.4.4. 두 팀 A와 B가 서로 상대방의 탱크를 파괴하는 컴퓨터 게임이 있다. 매 시각 A팀의 탱크 수를 $a(t)$, B팀의 탱크 수를 $b(t)$라 할 때, 각 팀의 탱크가 파괴되는 수의 순간 변화율은 그 순간 상대방 탱크 수에 비례한다. 게임을 시작할 때(즉, $t = 0$일 때), A팀의 탱크 수가 a_0, B팀의 탱크 수가 b_0라고 할 때, 다음 물음에 답하시오.

(가) 각 팀의 시각 t에서의 탱크 수를 구하시오. (도움말 : 미분방정식 $a' = -kb$, $b' = -ka$의 해를 구하면 된다.)

(나) $a_0 > b_0$ 일 때, 게임의 결과 어느 팀이 승리하는지 예측하시오.

(다) $a_0 > b_0$ 인 경우라 할 지라도 $1/\sqrt{2}a_0 < b_0$ 인 경우에 B팀이 분할정복이라는 전략을 이용하면 게임에 승리할 수 있다. 필요한 조건과 방법에 대해 생각해 보시오.

이번에는 선형 연립 미분방정식의 행렬 A가 실수범위에서는 대각화 되지 않고, 복소행렬로 볼 때 대각화 가능한 예를 살펴보자.

예제 7.4.3. 다음 연립 미분방정식의 일반해를 구하시오.

$$\begin{cases} y_1' = y_1 - y_2 \\ y_2' = y_1 + y_2 \end{cases}$$

풀이 : 주어진 미분방정식은 다음과 같이 복소수 범위에서 대각화되는 A에 대해 $\mathbf{y}' = A\mathbf{y}$ 형태이다.

$$A = \begin{pmatrix} 1 & -1 \\ 1 & 1 \end{pmatrix} = S \begin{pmatrix} 1+i & 0 \\ 0 & 1-i \end{pmatrix} S^{-1}, \quad S = \begin{pmatrix} i & -i \\ 1 & 1 \end{pmatrix}$$

이제, $\mathbf{z} = S^{-1}\mathbf{y}$라 하면, (7.55)에 의해

$$\begin{cases} z_1'(t) = (1+i)z_1(t) \\ z_2'(t) = (1-i)z_2(t) \end{cases} \iff \begin{cases} z_1(t) = c_1 e^t(\cos t + i\sin t) \\ z_2(t) = c_2 e^t(\cos t - i\sin t) \end{cases}$$

이다. 이때 일차독립인 두 복소함수 해는

$$e^t(\cos t + i\sin t)S_1^C = e^t(\cos t + i\sin t)\begin{pmatrix} i \\ 1 \end{pmatrix}, \ e^t(\cos t - i\sin t)S_2^C = e^t(\cos t - i\sin t)\begin{pmatrix} -i \\ 1 \end{pmatrix}$$

가 되고, 이 둘 사이에 $\overline{e^t(\cos t + i\sin t)} = e^t(\cos t - i\sin t)$와 $\overline{S_1^C} = S_2^C$가 성립함을 확인할 수 있다.

따라서, 주어진 미분방정식의 일차독립인 두 실수함수 해

$$\mathrm{Re}\left(e^t(\cos t + i\sin t)\begin{pmatrix} i \\ 1 \end{pmatrix}\right) = \begin{pmatrix} -e^t\sin t \\ e^t\cos t \end{pmatrix},$$

$$\mathrm{Im}\left(e^t(\cos t + i\sin t)\begin{pmatrix} i \\ 1 \end{pmatrix}\right) = \begin{pmatrix} e^t\cos t \\ e^t\sin t \end{pmatrix}$$

를 얻고, 실수에서 정의된 일반해 $\mathbf{y}_h$는 $\mathbf{y}_h = \begin{pmatrix} -c_1e^t\sin t + c_2e^t\cos t \\ c_1e^t\cos t + c_2e^t\sin t \end{pmatrix}$가 된다. □

문제 7.4.5. 다음 연립 미분방정식의 일반해를 구하시오.

$$y_1' = y_2, \quad y_2' = -y_1$$

선형 고계 동차 미분방정식이나 선형 연립 고계 동차 미분방정식은 선형 연립 1계 동차 미분방정식으로 변형하여 풀 수 있다. 그 예를 살펴보자.

예제 7.4.4. 선형 이계 동차 미분방정식 $y'' + y' + y = 0$의 일반해를 구하시오.

풀이 : $y_1 = y$, $y_2 = y'$으로 두면 주어진 미분방정식은 다음 연립 1계 미분방정식으로 변형할 수 있다.

$$\begin{pmatrix} y_1' \\ y_2' \end{pmatrix} = \begin{pmatrix} 0 & 1 \\ -1 & -1 \end{pmatrix}\begin{pmatrix} y_1 \\ y_2 \end{pmatrix}$$

복소수 α를 $\alpha = \frac{1}{2}(-1+i\sqrt{3})$으로 둘 때, 위 식의 2×2 행렬 A는 고윳값 $\lambda_1 = \alpha$에 대응되는 고유벡터 $\mathbf{v}_1 = (\bar{\alpha},\, 1)^{\mathrm{T}}$와 고윳값 $\lambda_2 = \bar{\alpha}$에 대응되는 고유벡터 $\mathbf{v}_2 = (\alpha,\, 1)^{\mathrm{T}}$를 갖는다. 따라서, 가역행렬 S를 $S = \big(\mathbf{v}_1\ \mathbf{v}_2\big)$로 정의하고, $\mathbf{z} = S^{-1}\mathbf{y}$라 하면 주어진 미분방정식은 $\mathbf{z}' = \mathrm{Diag}(\lambda_1,\, \lambda_2)\mathbf{z}$로 변형되고 다음과 같이 해를 구할 수 있다.[42)]

$$\begin{cases} z_1'(t) = \alpha z_1(t), \\ z_2'(t) = \bar{\alpha} z_2(t) \end{cases} \iff \begin{cases} z_1(t) = c_1 e^{-\frac{1}{2}t}\Big(\cos\Big(\frac{\sqrt{3}}{2}t\Big) + i\sin\Big(\frac{\sqrt{3}}{2}t\Big)\Big) \\ z_2(t) = c_2 e^{-\frac{1}{2}t}\Big(\cos\Big(\frac{\sqrt{3}}{2}t\Big) - i\sin\Big(\frac{\sqrt{3}}{2}t\Big)\Big) \end{cases}$$

따라서 주어진 미분방정식의 일차독립인 두 복소함수 해는 $\mathbf{y} = S\mathbf{z}$로부터 $\frac{1}{c_1}z_1(t)\mathbf{v}_1$와 $\frac{1}{c_2}z_2(t)\mathbf{v}_2 = \overline{\frac{1}{c_1}z_1(t)\mathbf{v}_1}$가 되고, 일차독립인 두 실수함수 해 $\mathbf{y} = (y_1,\, y_2)^{\mathrm{T}} = (y,\, y')^{\mathrm{T}}$는

$$\begin{aligned} \mathrm{Re}\big(\tfrac{1}{c_1}z_1(t)\mathbf{v}_1\big) &= \mathrm{Re}\left(e^{-\frac{1}{2}t}\left(\cos\Big(\frac{\sqrt{3}}{2}t\Big) + i\sin\Big(\frac{\sqrt{3}}{2}t\Big)\right)\begin{pmatrix}\frac{1}{2}(-1-i\sqrt{3}) \\ 1\end{pmatrix}\right) \\ &= \begin{pmatrix} e^{-\frac{1}{2}t}\left(-\frac{1}{2}\cos\Big(\frac{\sqrt{3}}{2}t\Big) + \frac{\sqrt{3}}{2}\sin\Big(\frac{\sqrt{3}}{2}t\Big)\right) \\ e^{-\frac{1}{2}t}\cos\Big(\frac{\sqrt{3}}{2}t\Big)\end{pmatrix} \\ \mathrm{Im}\big(\tfrac{1}{c_1}z_1(t)\mathbf{v}_1\big) &= \mathrm{Im}\left(e^{-\frac{1}{2}t}\left(\cos\Big(\frac{\sqrt{3}}{2}t\Big) + i\sin\Big(\frac{\sqrt{3}}{2}t\Big)\right)\begin{pmatrix}\frac{1}{2}(-1-i\sqrt{3}) \\ 1\end{pmatrix}\right) \\ &= \begin{pmatrix} e^{-\frac{1}{2}t}\left(-\frac{\sqrt{3}}{2}\cos\Big(\frac{\sqrt{3}}{2}t\Big) - \frac{1}{2}\sin\Big(\frac{\sqrt{3}}{2}t\Big)\right) \\ e^{-\frac{1}{2}t}\sin\Big(\frac{\sqrt{3}}{2}t\Big)\end{pmatrix} \end{aligned}$$

가 된다. 실제로 위의 각 해의 두 번째 성분 함수는 첫 번째 성분 함수의 도함수가 됨을 확인할 수 있다. 예를 들어, 첫 번째 해 $\mathrm{Re}(\frac{1}{c_1}z_1(t)\mathbf{v}_1)$의 첫 번째 성분 함수를 미분하면

$$\begin{aligned} &\left[e^{-\frac{1}{2}t}\left(-\frac{1}{2}\cos\Big(\frac{\sqrt{3}}{2}t\Big) + \frac{\sqrt{3}}{2}\sin\Big(\frac{\sqrt{3}}{2}t\Big)\right)\right]' \\ &= -\frac{1}{2}e^{-\frac{1}{2}t}\left(-\frac{1}{2}\cos\Big(\frac{\sqrt{3}}{2}t\Big) + \frac{\sqrt{3}}{2}\sin\Big(\frac{\sqrt{3}}{2}t\Big)\right) + e^{-\frac{1}{2}t}\left(\frac{\sqrt{3}}{4}\sin\Big(\frac{\sqrt{3}}{2}t\Big) + \frac{3}{4}\cos\Big(\frac{\sqrt{3}}{2}t\Big)\right) \\ &= e^{-\frac{1}{2}t}\cos\Big(\frac{\sqrt{3}}{2}t\Big) \end{aligned}$$

42) 앞서 언급한 것처럼 $e^{it} = \cos t + i\sin t$를 이용하면, 고윳값이 실수인 경우와 마찬가지로 $z_1(t) = e^{\alpha t} = e^{(-\frac{1}{2}+i\frac{\sqrt{3}}{2})t} = e^{-\frac{1}{2}t}e^{i\frac{\sqrt{3}}{2}t}$로부터 쉽게 구할 수도 있다.

가 되어, 두 번째 성분 함수가 됨을 확인할 수 있다. 따라서, 주어진 2계 동차 미분방정식의 일반해는 앞의 일차독립인 두 실수함수 해의 각 첫 번째 성분함수들의 선형결합이 된다. 즉, 일반해는

$$c_1 e^{-\frac{1}{2}t}\left(-\frac{1}{2}\cos\Big(\frac{\sqrt{3}}{2}t\Big)+\frac{\sqrt{3}}{2}\sin\Big(\frac{\sqrt{3}}{2}t\Big)\right)+c_2 e^{-\frac{1}{2}t}\left(-\frac{\sqrt{3}}{2}\cos\Big(\frac{\sqrt{3}}{2}t\Big)-\frac{1}{2}\sin\Big(\frac{\sqrt{3}}{2}t\Big)\right)$$

가 된다. □

문제 7.4.6. 선형 이계 미분방정식 $y''-3y'+2y=0$의 일반해를 구하시오.

문제 7.4.7. 실수 a에 대해 선형 이계 미분방정식 $y''+a^2y=0$의 일반해를 구하시오.

앞 예제에서 이계 동차 미분방정식을 연립 1계 미분방정식으로 변형하여 푸는 방법을 일반화하면, 연립 고계 동차 미분방정식을 연립 1계 동차 미분방정식으로 변형하여 풀 수 있다. 다음 문제를 통해 이를 확인해보자.

문제 7.4.8. 다음 연립 이계 동차 미분방정식의 일반해를 주어진 단계에 따라 구하시오.

$$\begin{cases} y_1''=-2y_2+y_1'+2y_2' \\ y_2''=2y_1+2y_1'-y_2' \end{cases}$$

(가) $y_3=y_1'$, $y_4=y_2'$으로 두고 $\mathbf{y}=(y_1,\, y_2,\, y_3,\, y_4)^{\mathrm{T}}$라 할 때, 주어진 연립 이계 동차 미분방정식을 네 함수에 대한 연립 1계 동차 미분방정식 $\mathbf{y}'=A\mathbf{y}$로 변형하시오.

(나) (가)에서 구한 연립 일계 미분방정식의 해를 구하고, 이를 이용하여 원래 주어진 미분방정식의 일반해를 구하시오.

CHAPTER **8**

행렬의 조르당 분해와 그 응용

n 차원 벡터공간 사이에 정의된 어떤 선형사상의 특성을 쉽게 파악할 수 있도록 벡터공간의 기저를 선택하는 것은 선택한 기저에 대한 선형사상의 행렬표현이 가능한 한 간단한 형태가 되도록 하는 것과 관련이 있다. 즉, 어떤 기저에 대한 선형사상의 행렬표현이 주어졌을 때, 다른 기저에 대한 행렬표현을 구하는 것은 주어진 행렬과 닮음행렬을 구하는 것이다.

물론 가장 간단한 형태의 행렬은 대각행렬이지만 모든 행렬이 대각화 가능한 것은 아니며, 이런 경우에도 쉬르의 정리에 의해 주어진 행렬과 닮음행렬인 상삼각행렬을 구하는 것은 항상 가능하다는 것을 배웠다. 이 장에서는 한 걸음 더 나아가 임의의 $n \times n$ 행렬이 상삼각행렬 중에서도 대각행렬과 아주 유사한 조르당행렬과 닮음행렬이 된다는 것을 보이고, 그 응용을 소개한다. 특히, 대각화되지 않는 행렬로 나타내어지는 선형 미분방정식을 풀 때, 조르당행렬은 아주 중요한 역할을 한다.

8.1 특성다항식과 최소다항식 [좀 더 알아보기]

[미리보기] 일반적으로 정사각행렬 $A \in \mathcal{M}_{n,n}(\mathbb{F})$ 와 $\mathbb{F}$ 에서 계수를 갖는 다항식 $f(x) = a_0 + a_1x + \cdots a_nx^n$ 에 대해 정사각행렬 $f(A) \in \mathcal{M}_{n,n}(\mathbb{F})$ 를

$$f(A) = a_0I_n + a_1A + \cdots + a_nA^n \tag{8.1}$$

와 같이 정의한다. 이때, $f(A) = O$ 가 되는 다항식 f 에 관심이 있다.

예를 들어, 이차 다항식 $f(x) = x^2 - 3x + 1$ 과 2×2 행렬 $A = \begin{pmatrix} 2 & 1 \\ 1 & 1 \end{pmatrix}$ 에 대해 $f(A)$ 를 구해보면 다음과 같이 영행렬 O 가 됨을 확인할 수 있다.

$$f(A) = A^2 - 3A + I_2 = \begin{pmatrix} 5 & 3 \\ 3 & 2 \end{pmatrix} - 3\begin{pmatrix} 2 & 1 \\ 1 & 1 \end{pmatrix} + \begin{pmatrix} 1 & 0 \\ 0 & 1 \end{pmatrix} = \begin{pmatrix} 0 & 0 \\ 0 & 0 \end{pmatrix}.$$

위 예에서 다항식 $f(x)$ 는 행렬 A 의 특성다항식 $p_A(x)$ 가 되는데, 이 절에서는 정사각행렬 A 의 특성다항식 $p_A(x)$ 에 대해 $p_A(A) = O$ 이 일반적으로 성립한다는 케일리-해밀턴 정리를 소개한다. 또, 행렬 A 에 대해 $f(A) = O$ 를 만족하는 가장 낮은 차수의 다항식에 대해 알아본다.

최소다항식

$\mathbb{F}$ 상에서 정의된 n차원 벡터공간 V 사이에 정의된 선형사상 $L: V \to V$와 자연수 n에 대해, n번 합성으로 얻어지는 선형사상

$$\underbrace{L \circ L \circ \cdots \circ L}_{n\text{번}} : V \to V$$

를 보통 L^n으로 나타낸다. 또, $\mathbb{F}$에서 계수를 갖는 다항함수 $f(x) = a_0 + a_1 x + \cdots + a_n x^n$에 대해 선형사상 $f(L)$은 V 사이에 정의된 항등사상 id_V와 선형사상의 합성, 합, 상수배를 이용하여 다음과 같이 정의한다.

$$f(L) := a_0\,\mathrm{id}_V + a_1\,L + \cdots + a_n L^n$$

이때, 두 선형사상의 합성 $L^n \circ L^m$에 대해

$$L^n \circ L^m = \underbrace{L \circ \cdots \circ L}_{n\text{번}} \circ \underbrace{L \circ \cdots \circ L}_{m\text{번}} = \underbrace{L \circ \cdots \circ L}_{n+m\text{번}} = L^{n+m} = L^m \circ L^n$$

이 성립하므로 이를 간단히 $L^n L^m = L^{n+m} = L^m L^n$으로 나타낼 수 있다. 또, 벡터 $L^m(\mathbf{v})$를 $\mathbf{w}$로 나타낼 때,

$$\begin{aligned}(aL^n)\circ(bL^m)(\mathbf{v}) =& aL^n(b\,\mathbf{w}) \\ =& aL^{n-1}\big(b\,L(\mathbf{w})\big) = aL^{n-2}\big(b\,L^2(\mathbf{w})\big) = \cdots = ab\,L^n(\mathbf{w}) = ab\,L^n \circ L^m(\mathbf{v})\end{aligned}$$

이므로, 합성을 곱으로 나타내는 표현에 대해

$$\begin{aligned}&(aL^n)\circ(bL^m) = abL^n \circ L^m = abL^{n+m} = abL^m \circ L^n = (bL^m)\circ(aL^n) \\ \Longleftrightarrow\ &(aL^n)(bL^m) = (bL^m)(aL^n)\end{aligned}$$

이 성립한다. 따라서, 두 다항식 $f(x) = a_0 + a_1 x + \cdots + a_n x^n$과 $g(x) = b_0 + b_1 x + \cdots + b_m x^m$에 대해 $f(L)\circ g(L)$을 $f(L)g(L)$로 나타낼 수 있고, $f(x)g(x) = g(x)f(x)$이므로

$$f(L)g(L) = g(L)f(L) \tag{8.2}$$

이 성립한다.

지금부터 선형사상 $L: V \to V$에 대해 $f(L)$이 영사상이 되는 다항함수 f가 항상 존재함을 알아보자. 우선, $\dim_{\mathbb{F}}(V) = n$이므로 임의의 벡터 $\mathbf{v} \in V$에 대해 $n+1$개의 벡터

$$\{\mathbf{v},\ L(\mathbf{v}),\ \cdots,\ L^n(\mathbf{v})\}$$

는 일차종속이 된다. 따라서, 다음 식을 만족하는 $c_i \in \mathbb{F}\ (i = 0,\,1,\,\cdots,\,n)$이 존재한다.

$$c_0\mathbf{v} + c_1 L(\mathbf{v}) + c_2 L^2(\mathbf{v}) + \cdots + c_n L^n(\mathbf{v}) = \mathbf{0} \tag{8.3}$$

이때, 위 식에서 결정된 $c_i\ (0 \le i \le n)$에 대해 다항함수 $f_{L,\mathbf{v}}$를 $f_{L,\mathbf{v}}(x) = c_0 + c_1 x + \cdots + c_n x^n$로 정의하면 식 (8.3)는

$$f_{L,\mathbf{v}}(L)(\mathbf{v}) = \mathbf{0} \tag{8.4}$$

이 되므로 $f_{L,\mathbf{v}}$를 L에 대한 벡터 $\mathbf{v}$의 **소멸다항식**이라 부른다. 특히, $\{\mathbf{v},\ L(\mathbf{v}),\ \cdots,\ L^m(\mathbf{v})\}$가 일차종속이 되는 자연수 m은 항상 존재하므로 m의 최솟값을 구할 수 있다. 이 최솟값에 대해 L에 대한 $\mathbf{v}$의 소멸다항식을 구하면 가능한 소멸다항식 중 차수가 가장 작은 다항식이 되는데, 이 중에서 최고차항의 계수가 1인 다항식을 L에 대한 벡터 $\mathbf{v}$의 **최소다항식**이라 하고, $m_{L,v}(x)$로 나타낸다.[1)]

$m_{L,\mathbf{v}}(x)$가 유일하게 존재함을 보이기 위해, $f(x)$가 L에 대한 $\mathbf{v}$의 소멸다항식이라고 하자. 이때, $m_{L,\mathbf{v}}(x)$는 $\mathbf{v}$의 소멸다항식 중 차수가 가장 낮은 다항식이므로 다항식의 나눗셈에 의해

$$f(x) = m_{L,\mathbf{v}}(x)q(x) + r(x) \quad (\text{단, } \deg(r) < \deg(m_{L,\mathbf{v}}))$$

인 다항식 $q(x)$와 $r(x)$가 존재한다 ($\deg(r)$은 다항식 $r(x)$의 차수를 나타낸다). 이때, 식 (8.2)에 의해

$$f(L) = m_{L,\mathbf{v}}(L)q(L) + r(L) = q(L)m_{L,\mathbf{v}}(L) + r(L)$$

이고 $f(L)(\mathbf{v}) = \mathbf{0}$이므로

$$\mathbf{0} = f(L)(\mathbf{v}) = q(L)m_{L,\mathbf{v}}(L)(\mathbf{v}) + r(L)(\mathbf{v}) = \mathbf{0} + r(L)(\mathbf{v})$$

가 되어 $r(L)(\mathbf{v}) = \mathbf{0}$을 얻는다. 따라서, $r(x)$가 상수함수 0이 아니면, $m_{L,\mathbf{v}}(x)$가 최소다항식이라는 것에 모순이므로 $r(x) = 0$이 된다. 즉, $f(x)$가 L에 대한 $\mathbf{v}$의 소멸다항식이면, $f(x)$는 $m_{L,\mathbf{v}}$로 나누어 떨어진다.

한편, $f(x)$가 L에 대한 $\mathbf{v}$의 최소다항식이라면, 상수 $k \in \mathbb{F}$에 대해 $f(x) = k\, m_{L,\mathbf{v}}(x)$가 되어야 하고 최고차항의 계수가 1이므로 $f(x) = m_{L,\mathbf{v}}(x)$가 된다. 즉, L에 대한 $\mathbf{v}$의 최소다항식은 유일하게 존재한다.

선형사상에 대한 벡터의 최소다항식

체 $\mathbb{F}$상에서 정의된 벡터공간 V와 선형사상 $L : V \to V$에 대하여, L에 대한 $\mathbf{v} \in V$의 최소다항식 $m_{L,\mathbf{v}}(x)$는 유일하게 존재한다. 또, $f(x)$가 L에 대한 $\mathbf{v}$의 소멸다항식이면, $f(x)$는 $m_{L,\mathbf{v}}(x)$로 나누어 떨어진다. 즉, $f(x) = m_{L,\mathbf{v}}(x)q(x)$인 다항식 $q(x)$가 존재한다.

이제, 벡터공간 V의 기저 $\mathcal{B} = \{\mathbf{b}_1,\ \mathbf{b}_2,\ \cdots,\ \mathbf{v}_n\}$를 하나 잡으면, 각 $1 \le i \le n$에 대해 (8.4)를 만족하는 L에 대한 기저벡터 $\mathbf{b}_i$의 최소다항식 $m_{L,\mathbf{b}_i}$를 구할 수 있다. 이때, 다항식 f를

$$f(x) = \prod_{i=1}^{n} m_{L,\mathbf{b}_i}(x) = m_{L,\mathbf{b}_1}(x)m_{L,\mathbf{b}_2}(x)\cdots m_{L,\mathbf{b}_n}(x) \tag{8.5}$$

1) 다항식의 계수는 체 $\mathbb{F}$에 속하므로 최고차항의 계수를 항상 1로 만들 수 있다.

로 정의하면, 이 다항식 f에 대해 $f(L)$이 영사상이 됨을 보일 수 있다. 즉, 식 (8.2)에 의해

$$m_{L,\mathbf{b}_i}(L)m_{L,\mathbf{b}_j}(L) = m_{L,\mathbf{b}_i}(L) \circ m_{L,\mathbf{b}_j}(L) = m_{L,\mathbf{b}_j}(L) \circ m_{L,\mathbf{b}_i}(L) = m_{L,\mathbf{b}_j}(L)m_{L,\mathbf{b}_i}(L)$$

이므로, 각 기저벡터 $\mathbf{b}_k$ $(1 \le k \le n)$에 대해

$$\begin{aligned} f(L)(\mathbf{b}_k) &= \Big(\prod_{i=1}^{n} m_{L,\mathbf{b}_i}(L)\Big)(\mathbf{b}_k) \\ &= \Big(\prod_{i\neq k} m_{L,\mathbf{b}_i}(L)\Big) m_{L,\mathbf{b}_k}(L)(\mathbf{b}_k) = \Big(\prod_{i\neq k} m_{L,\mathbf{b}_i}(L)\Big)(\mathbf{0}) = \mathbf{0} \end{aligned}$$

이 성립한다. 한편, 임의의 벡터 $\mathbf{v} \in V$에 대해 $\mathbf{v} = b_1\mathbf{b}_1 + \cdots + b_n\mathbf{b}_n$인 $b_i \in \mathbb{F}$가 존재하고, 선형사상의 합성과 덧셈으로 이루어진 $f(L)$도 선형사상이므로

$$f(L)(\mathbf{v}) = f(L)\Big(\sum_{i=1}^{n} b_i\mathbf{b}_i\Big) = \sum_{i=1}^{n} b_i f(L)(\mathbf{b}_i) = \sum_{i=1}^{n} b_i\mathbf{0} = \mathbf{0} \tag{8.6}$$

을 얻는다. 따라서, 임의의 벡터 $\mathbf{v}$에 대해 $f(L)(\mathbf{v}) = \mathbf{0}$이므로 $f(L)$은 영사상이 된다. 이처럼 $f(L)$이 영사상이 되는 다항식 $f(x)$를 선형사상 L의 **소멸다항식**이라 부른다.

만약, 벡터공간 V의 기저 $\mathcal{B}$에 대한 L의 행렬표현을 $A := [L]_{\mathcal{B}}$라 하면

$$[L^n]_{\mathcal{B}} = [L \circ L \circ \cdots \circ L]_{\mathcal{B}} = [L]_{\mathcal{B}}[L]_{\mathcal{B}} \cdots [L]_{\mathcal{B}} = A^n$$

이므로 식 (8.1)로부터 다항식 $f(x) = a_0 + a_1x + \cdots + a_nx^n$에 대해

$$[f(L)]_{\mathcal{B}} = a_0I_n + a_1[L]_{\mathcal{B}} + \cdots + [L]_{\mathcal{B}}^n = a_0I_n + a_1A + \cdots + A^n = f(A)$$

가 성립한다. 따라서, 어떤 다항식 $f(x)$에 대해 $f(L)$이 영사상이 되는 것과 $f([L]_{\mathcal{B}})$가 영행렬이 되는 것은 동치조건이 된다. 즉, 다항식 $f(x)$가 선형사상 L의 소멸다항식이면, $f([L]_{\mathcal{B}})$도 영행렬이 되므로 다항식 $f(x)$는 행렬 $[L]_{\mathcal{B}}$의 소멸다항식도 된다. 물론, 그 역도 성립한다.

소멸다항식의 존재성

$\mathbb{F}$ 상에서 정의된 벡터공간 V와 임의의 선형사상 $L : V \to V$에 대해, $\mathbb{F}$에서 계수를 갖는 L의 소멸다항식이 존재한다.
또, 다항식 $f(x)$에 대해 다음 동치관계가 성립한다.

$f(x)$가 선형사상 L의 소멸다항식
$\iff$ $f(x)$가 L의 기저 $\mathcal{B}$에 대한 행렬표현 $[L]_{\mathcal{B}}$의 소멸다항식

실제로 L의 소멸다항식 $f(x)$는 식 (8.5)에서 n개의 최소다항식 $m_{L,\mathbf{b}_i}$를 곱하지 않고, 이들의 최소공배수를 구해서 얻을 수도 있다.[2)]

즉, $m_{L,\mathbf{b}_i}$ $(1 \le i \le n)$의 최소공배수를 $\ell_L(x)$라 하면, 각 $m_{L,\mathbf{b}_i}$에 대해 $\ell_L(x) = g_i(x)m_{L,\mathbf{b}_i}$인 다항식 $g_i(x)$가 존재하고,

$$\ell_L(L)(\mathbf{b}_i) = g_i(L)m_{L,\mathbf{b}_i}(L)(\mathbf{b}_i) = g_i(L)(\mathbf{0}) = \mathbf{0}$$

이 성립한다. 따라서, 식 (8.6)와 동일한 방법으로 $\ell_L(x)$가 L의 소멸다항식이 됨을 보일 수 있다. 다음 예를 살펴보자.

예제 8.1.1. $\mathbb{R}^2$ 사이에 정의된 선형사상 L이 $L(x, y) = (2x + y, x + y)$로 정의될 때, L에 대한 $\mathbf{e}_i$ $(i = 1, 2)$의 최소다항식 $m_{L,\mathbf{e}_i}(x)$와 L의 소멸다항식 $f(x)$를 구하시오.

풀이 : 벡터 $\mathbf{e}_1 = (1, 0)$에 대해

$$L(\mathbf{e}_1) = (2, 1), \quad L^2(\mathbf{e}_1) = L(2, 1) = (5, 3)$$

이다. 이 때, 두 벡터 $\mathbf{e}_1$과 $L(\mathbf{e}_1$은 일차독립이고 $L^2(\mathbf{e}_1) = 3L(\mathbf{e}_1) - \mathbf{e}_1$이므로 $m_{L,\mathbf{e}_1}(x) = x^2 - 3x + 1$이다.

벡터 $\mathbf{e}_2 = (0, 1)$에 대해서도

$$L(\mathbf{e}_2) = (1, 1), \quad L^2(\mathbf{e}_2) = L(1, 1) = (3, 2)$$

로부터 $L^2(\mathbf{e}_2) = 3L(\mathbf{e}_2) - \mathbf{e}_2$가 성립하고, $\mathbf{e}_2$, $L(\mathbf{e}_2)$는 일차독립이다. 따라서 $\mathbf{e}_2$의 최소다항식도 $m_{L,\mathbf{e}_2}(x) = x^2 - 3x + 1$이 된다.

따라서, $m_{L,\mathbf{e}_1}(x) = m_{L,\mathbf{e}_2}(x)$이고, 이들의 최소공배수로부터 얻어지는 L의 소멸다항식도 $f(x) = x^2 - 3x + 1$이다. □

문제 8.1.1. $\mathbb{R}^3$ 사이에 정의된 선형사상 $L(x, y, z) = (x+y+z, x+y+z, x+y+z)$와 표준기저 $\mathcal{S} = \{\mathbf{e}_1, \mathbf{e}_2, \mathbf{e}_3\}$에 대하여 다음 물음에 답하시오.

(가) L에 대한 $\mathbf{e}_i$ $(i = 1, 2, 3)$의 최소다항식을 각각 구하시오.

(나) L의 소멸다항식을 하나 구하시오.

---

2) 두 다항식 $f(x)$와 $g(x)$의 최소공배수 $h(x)$는 $f(x)$로도 나누어 떨어지고, $g(x)$로도 나누어 떨어지는 다항식 중 차수가 가장 낮은 다항식을 의미한다. 두 다항식의 최대공약수를 구하는 유클리드 알고리즘을 이용하면, 두 다항식의 최소공배수를 쉽게 구할 수 있다. 또, n개의 다항식 $f_1(x), \cdots, f_n(x)$의 최소공배수는 두 다항식 $f_1(x)$, f_2의 최소공배수 $g_2(x)$를 구한 다음, $i = 2$부터 $n-1$까지 차례대로 두 다항식 $g_i(x)$, $f_{1+1}(x)$의 최소공배수 $g_{i+1}(x)$를 구하면 $g_n(x)$가 n개 다항식의 최소공배수가 된다. 유클리드 알고리즘을 이용하여 두 다항식의 최소공배수를 구하는 방법은 부록 422 쪽을 참고하면 된다.

앞의 정리에 의해 선형사상 $L : V \to V$에 대해 L의 소멸다항식이 항상 존재하므로, L의 소멸다항식 전체의 집합에서 차수가 가장 낮은 다항식을 생각할 수 있다.[3] 또, 다항식의 계수가 체 $\mathbb{F}$이므로 최고차항의 계수를 항상 1이 되도록 할 수 있다. 이처럼 L의 소멸다항식 중 차수가 가장 낮고, 최고차항의 계수가 1인 다항식을 L의 **최소다항식**이라 하고 $m_L(x)$로 나타낸다. 물론, L의 최소다항식 $m_L(x)$과 기저 $\mathcal{B}$에 대한 행렬표현 $A = [L]_{\mathcal{B}}$의 최소다항식 $m_A(x)$는 같다. 실제로 L의 최소다항식 $m_L(x)$는 유일하게 존재하고, L의 모든 소멸다항식은 $m_L(x)$로 나누어 떨어진다.

선형사상과 행렬의 최소다항식

체 $\mathbb{F}$상에서 정의된 벡터공간 V와 선형사상 $L : V \to V$에 대하여, L의 최소다항식 $m_L(x)$는 유일하게 존재한다. 또, $f(x)$가 L의 소멸다항식이면, $f(x)$는 $m_L(x)$로 나누어 떨어진다. 즉, $f(x) = m_L(x)q(x)$인 다항식 $q(x)$가 존재한다.

증명 : $f(x)$가 L의 소멸다항식이라 하자. 이때,

$$f(x) = m_L(x)q(x) + r(x) \quad (\text{단}, \deg(r) < \deg(m_L))$$

를 만족하는 다항식 $q(x)$, $r(x)$가 존재한다. 이때, $f(L)$과 $m_L(L)$이 영사상이므로

$$f(L) = m_L(L)q(L) + r(L)$$

로부터 $r(L)$도 영사상이 된다. 한편, $\deg(r) < \deg(m_L)$이므로 다항함수 $r(x)$는 상수함수 0이 되어야 하므로 $f(x)$는 $m_L(x)$로 나누어 떨어진다.

만약 $f(x)$도 L의 최소다항식이라면 $f(x)$는 $m_L(x)$의 상수배가 되어야 하는데, 최고차항의 계수가 1이므로 $f(x) = m_L(x)$이다. 따라서, L의 최소다항식은 유일하게 존재한다. □

선형사상 (행렬) 의 최소다항식 구하는 법

예제 8.1.1 앞에서 살펴보았듯이, V의 한 기저 $\mathcal{B} = \{\mathbf{b}_1, \cdots, \mathbf{b}_n\}$를 잡고, L에 대한 각 기저벡터의 최소다항식 $m_{L,\mathbf{b}_i}(x)$를 구하면 $m_{L,\mathbf{b}_i}$ $(1 \le i \le n)$의 최소공배수 $\ell_L(x)$가 L의 소멸다항식이 된다. 실제로 $\ell_L(x)$가 L의 최소다항식 $m_L(x)$가 됨을 보이자.

$m_L(L)$은 영사상이므로 각 기저벡터 $\mathbf{b}_i$ $(1 \le i \le n)$에 대해 $m_L(L)(\mathbf{b}_i) = \mathbf{0}$이 된다. 이때, 319 쪽 정리에 의해 $m_L(x)$는 모든 $m_{L,\mathbf{b}_i}$ $(1 \le i \le n)$으로 나누어 떨어지므로 $m_L(x)$는 n

3) 다항식 f의 차수를 $\deg(f)$로 나타낼 때, 집합 $\mathcal{N} = \{\deg(f) \in \mathbb{N} : f(L)\text{은 영사상}\}$은 자연수의 부분집합으로 공집합이 아니므로, $\mathcal{N}$의 최솟값이 존재함을 보일 수 있다.

개의 최소다항식 $m_{L,\mathbf{b}_1}$ $(1 \leq i \leq n)$의 공배수가 된다. 따라서 $\deg(m_L) \geq \deg(\ell_L)$이 성립한다. 한편, $\ell_L(x)$는 L의 소멸다항식이고 $m_L(x)$는 L의 최소다항식이므로 $\deg(\ell_L) \geq \deg(m_L)$도 성립하고, 두 다항식 $\ell(x)$와 $m_L(x)$는 모두 최고차항의 계수가 1인 다항식이므로 $\ell_L = m_L$이 된다.

선형사상의 최소다항식 구하는 방법

체 $\mathbb{F}$상에서 정의된 벡터공간 V에 대해, 선형사상 $L : V \to V$의 최소다항식 $m_L(x)$는 다음과 같이 구할 수 있다.

(단계 1) V의 한 기저 $\mathcal{B} = \{\mathbf{b}_1, \mathbf{b}_2, \cdots, \mathbf{b}_n\}$을 잡는다.

(단계 2) 각 기저벡터 $\mathbf{b}_i$ $(1 \leq i \leq n)$에 대해 $\{\mathbf{b}_i, L(\mathbf{b}_i), \cdots, L^m(\mathbf{b}_i)\}$가 일차종속이 되는 최소의 자연수 m을 구하고, 이로부터 L에 대한 $\mathbf{b}_i$의 최소다항식 $m_{L,\mathbf{b}_i}$를 구한다.
(일차종속을 확인할 때, 기저 $\mathcal{B}$에 대한 좌표벡터를 구하고, 가우스 소거법을 활용하면 된다.[a])

(단계 3) $m_{L,\mathbf{b}_1}, m_{L,\mathbf{b}_2}, \cdots, m_{L,\mathbf{b}_n}$의 최소공배수 $\ell_L(x)$를 구하면 $\ell(x)$가 L의 최소다항식 $m_L(x)$이다.
(두 다항식의 최소공배수는 부록의 유클리드 알고리즘(422쪽)을 이용하면 쉽게 구할 수 있고, 이를 반복하여 구할 수 있다.)

a) 122쪽과 170쪽 참고

예제 8.1.2. 행렬 $A = \begin{pmatrix} 2 & 1 & 1 \\ 0 & 2 & 0 \\ 0 & 0 & 2 \end{pmatrix}$의 최소다항식 $m_A(x)$를 구하시오.

풀이 : 선형사상 $L(\mathbf{v}) = A\mathbf{v}$의 최소다항식을 구하면 된다. $\mathcal{M}_{3,1}$의 표준기저 $\mathbf{e}_i$ $(1 \leq i \leq 3)$에 대해 L에 대한 $\mathbf{e}_i$의 최소다항식 $m_{L,\mathbf{e}_i}(x)$를 구하자. 우선, $L(\mathbf{e}_1) = (2, 0, 0)^{\mathrm{T}} = 2\mathbf{e}_1$이므로 $m_{L,\mathbf{e}_1}(x) = x - 2$이다.

또, $L(\mathbf{e}_2) = (1, 2, 0)^{\mathrm{T}}$는 $\mathbf{e}_2$와 일차독립이고, $L^2(\mathbf{e}_2) = (4, 4, 0)^{\mathrm{T}} = 4L(\mathbf{e}_2) - 4\mathbf{e}_2$이므로 $m_{L,\mathbf{e}_2}(x) = x^2 - 4x + 4 = (x-2)^2$이다.

마지막으로 $L(\mathbf{e}_3) = (1, 0, 2)^{\mathrm{T}}$는 $\mathbf{e}_3$와 일차독립이고, $L^2(\mathbf{e}_3) = (4, 0, 4)^{\mathrm{T}} = 4L(\mathbf{e}_3) - 4\mathbf{e}_3$이므로 $m_{L,\mathbf{e}_3}(x) = x^2 - 4x + 4 = (x-2)^2$이다.

따라서, 세 다항식의 최소공배수는 $(x-2)^2$가 되어, A의 최소다항식은 $m_A(x) = (x-2)^2$이다. □

문제 8.1.2. 다음 각 행렬의 최소다항식을 구하시오.

(가) $\begin{pmatrix} 1 & 1 & 1 \\ 1 & 1 & 1 \\ 1 & 1 & 1 \end{pmatrix}$ (나) $\begin{pmatrix} 3 & 0 & 0 \\ 0 & 2 & 1 \\ 0 & 0 & 2 \end{pmatrix}$

최소다항식의 성질

두 행렬 A와 B가 닮음행렬이면 두 행렬은 동일한 선형사상을 서로 다른 기저에 대해 표현한 행렬로 생각할 수 있다. 따라서, 닮음행렬 A와 B에 대한 최소다항식 $m_A(x)$와 $m_B(x)$는 항상 같다. 이는 다음과 같이 계산을 통해 확인할 수도 있다.

우선, $P^{-1}AP = B$일 때,

$$B^n = (P^{-1}AP)(P^{-1}AP)\cdots(P^{-1}AP) = P^{-1}A(PP^{-1})A\cdots(PP^{-1})AP = P^{-1}A^nP$$

가 성립하고,

$$a_nB^n + a_mB^m = a_nP^{-1}A^nP + a_mP^{-1}A^mP = P^{-1}(a_nA^n + a_mA^m)P$$

이므로, B의 최소다항식 $m_B(x)$에 대해

$$O = m_B(B) = P^{-1}m_B(A)P \iff m_B(A) = O$$

을 얻는다. 따라서, $m_B(x)$는 $m_A(x)$로 나누어 떨어진다. 같은 방법으로 $A = PBP^{-1}$에 대해서

$$O = m_A(A) = Pm_A(B)P^{-1}$$

가 되어 $m_A(x)$도 $m_B(x)$로 나누어 떨어진다. 따라서, $m_A(x) = m_B(x)$가 된다.

닮음행렬의 최소다항식

두 정사각행렬 $A, B \in \mathcal{M}_{n,n}(\mathbb{F})$가 닮음행렬이면, A의 최소다항식 $m_A(x)$와 B의 최소다항식 $m_B(x)$는 같다.

앞의 정리로부터 대각화 가능한 행렬 A의 최소다항식은 대각행렬 $D = P^{-1}AP$의 최소다항식과 같아진다. 대각행렬 $D = \mathrm{Diag}(\lambda_1, \cdots, \lambda_n)$의 최소다항식을 구해보자.

선형사상 $L : \mathcal{M}_{n,1}(\mathbb{F}) \to \mathcal{M}_{n,1}(\mathbb{F})$를 $L(\mathbf{v}) = D\mathbf{v}$라 하고, $\mathcal{M}_{n,1}(\mathbb{F})$의 표준기저벡터 $\mathbf{e}_1, \mathbf{e}_2, \cdots, \mathbf{e}_n$의 최소다항식 $m_{L,\mathbf{e}_i}(x)$를 구하자. 각 $\mathbf{e}_i$ $(1 \le i \le n)$에 대해, $L(\mathbf{e}_i) = \lambda_i\mathbf{e}_i$이므로 $m_{L,\mathbf{e}_i}(x) = x - \lambda_i$가 된다.

따라서, 각 기저벡터에 대해 구한 최소다항식 $m_{L,\mathbf{e}_i}(x)$ 들의 최소공배수로부터 최소다항식 $m_D(x)$ 를 구하면, 고윳값 λ_i 중 서로 다른 것이 r $(r \le n)$ 개의 고윳값 $\lambda_{i_1}, \cdots, \lambda_{i_r}$ 이라 할 때

$$m_D(x) = (x - \lambda_{i_1})(x - \lambda_{i_2}) \cdots (x - \lambda_{i_r})$$

가 된다.

대각화 가능한 행렬의 최소다항식

대각행렬 $D \in \mathcal{M}_{n,n}(\mathbb{F})$ 의 n 개의 주대각선 성분 중 서로 다른 값이 r $(r \le n)$ 개의 λ_i $(1 \le i \le r)$ 일 때, 행렬 D 의 최소다항식은 $m_D(x) = \prod_{i=1}^{r}(x - \lambda_i)$ 이다.
따라서, 대각화 가능한 행렬 $A \in \mathcal{M}_{n,n}(\mathbb{F})$ 의 서로 다른 고윳값이 $\lambda_1, \cdots, \lambda_r$ 이면, 행렬 A 의 최소다항식은 $m_A(x) = \prod_{i=1}^{r}(x - \lambda_i)$ 가 된다.

위 정리로부터 행렬 A 가 대각화 가능할 때, A 의 최소다항식은 닮음인 대각행렬의 최소다항식을 구하면 된다. 위 정리의 역도 성립함을 보일 수 있는데, 우선 위 정리를 적용하여 최소다항식을 구하는 예부터 살펴보자.

예제 8.1.3. 행렬 $A = \begin{pmatrix} 1 & 2 \\ 2 & 1 \end{pmatrix}$ 의 최소다항식을 구하시오.

풀이 : 행렬 A 가 대칭행렬이므로 A 는 직교대각화 가능하다. A 의 고윳값을 찾기 위해 특성다항식 $p_A(x)$ 를 구하면

$$p_A(x) = (x - 3)(x + 1)$$

이다. 따라서, 고윳값은 $\lambda = -1, 3$ 이고 최소다항식은 $m_A(x) = (x - 3)(x + 1)$ 이 된다. □

문제 8.1.3. 다음 행렬의 최소다항식을 구하시오.

(가) $\begin{pmatrix} 2 & 1 & 1 \\ 1 & 2 & 1 \\ 1 & 1 & 2 \end{pmatrix}$ (나) $\begin{pmatrix} 1 & -1 & 1 \\ -1 & 2 & 2 \\ 1 & 2 & 2 \end{pmatrix}$ (다) $\begin{pmatrix} 1 & -i & 1 \\ i & 2 & 2 \\ 1 & 2 & 2 \end{pmatrix}$

(도움말 : (다)의 경우처럼 특성다항식으로부터 해를 구하는 것이 쉽지 않을 때는 앞 절에서 배운대로 기저벡터에 대한 최소다항식을 구해서 최소공배수를 구하는 방법으로 계산할 수 있다.)

이제 앞 정리의 역을 증명해보자. 즉, 정사각행렬 $A \in \mathcal{M}_{n,n}(\mathbb{F})$ 의 최소다항식이 다음과 같이

$$m_A(x) = (x - \lambda_1)(x - \lambda_2) \cdots (x - \lambda_r) \quad (\text{단, } 1 \le r \le n \text{이고 } \lambda_i \in \mathbb{F})$$

$\mathbb{F}$ 에서 계수를 갖는 서로 다른 일차다항식의 곱으로 표현되면 A 가 대각화 가능함을 보이자.

우선, 각 $i = 1, 2, \cdots, r$ 에 대해 다항식 $g_i(x)$ 를

$$g_i(x) = \frac{m_A(x)}{x - \lambda_i}$$

로 정의하자. 이때, 부분분수 계산을 통해

$$\frac{1}{m_A(x)} = \frac{1}{(x-\lambda_1)(x-\lambda_2)\cdots(x-\lambda_r)} = \sum_{i=1}^{r} \frac{c_i}{x-\lambda_i}$$

를 만족하는 $c_i \in \mathbb{F}$ $(1 \le i \le r)$가 존재한다. 따라서, 양변에 $m_A(x)$를 곱하면

$$1 = c_1 g_1(x) + \cdots + c_r g_r(x) = \sum_{i=1}^{r} c_i g_i(x) \tag{8.7}$$

가 성립한다.

선형사상 $L : \mathcal{M}_{n,1}(\mathbb{F}) \to \mathcal{M}_{n,1}(\mathbb{F})$를 $L(\mathbf{v}) = A\mathbf{v}$로 정의할 때, 식 (8.7)에 의해 선형사상 $c_1g_1(L) + c_2g_2(L) + \cdots + c_rg_r(L)$은 항등사상 $\mathrm{id} = \mathrm{id}_{\mathcal{M}_{n,1}(\mathbb{F})}$가 된다. 따라서, 임의의 벡터 $\mathbf{v} \in \mathcal{M}_{n,1}(\mathbb{F})$에 대해

$$\mathbf{v} = \sum_{i=1}^{r} c_i g_i(L)(\mathbf{v}) \tag{8.8}$$

가 성립한다. 이제, $\mathcal{M}_{n,1}(\mathbb{F})$의 부분공간 V_i를 $V_i := \{g_i(L)(\mathbf{v}) : \mathbf{v} \in \mathcal{M}_{n,1}(\mathbb{F})\}$로 정의하면, 식 (8.8)은 벡터공간 $\mathcal{M}_{n,1}(\mathbb{F})$가 V_i들의 합공간

$$\mathcal{M}_{n,1}(\mathbb{F}) = V_1 + V_2 + \cdots + V_r$$

가 됨을 의미한다.[4] 실제로는 직합 $\mathcal{M}_{n,1}(\mathbb{F}) = V_1 \oplus V_2 \oplus \cdots \oplus V_r$가 되는데, 이를 증명하기 위해 서로 다른 $1 \le i \ne j \le r$에 대해 $V_i \cap V_j = \{\mathbf{0}\}$이 성립함을 보이자.

우선, 서로 다른 $1 \le k,\ \ell \le r$에 대해 다항식 $r_{k,\ell}(x)$를 다음

$$r_{k,\ell}(x) = \frac{m_A(x)}{(x-\lambda_k)(x-\lambda_\ell)}$$

과 같이 정의하면, $g_k(x)g_\ell(x) = m_A(x)r_{k,\ell}(x)$이므로 $g_k(L)g_\ell(L) = m_A(L)r_{k,\ell}(L)$은 영사상이 된다.

만약 $\mathbf{w} \in V_i \cap V_j$라면, $\mathbf{w} = g_i(L)(\mathbf{u})$인 $\mathbf{u} \in \mathcal{M}_{n,1}(\mathbb{F})$와 $\mathbf{w} = g_j(L)(\mathbf{v})$인 $\mathbf{v} \in \mathcal{M}_{n,1}(\mathbb{F})$가 존재한다.

따라서, 식 (8.8)과 $g_k(L)g_\ell(L)$ $(k \ne \ell)$이 영사상이 된다는 사실로부터

4) 일반적으로 벡터공간 V의 부분공간 $V_1, \cdots, V_r$에 대해 부분공간 $V_1 + \cdots + V_r = \{\mathbf{v}_1 + \mathbf{v}_2 + \cdots + \mathbf{v}_r : \mathbf{v}_i \in V_i\}$를 의미하고 임의의 두 부분공간 V_i와 V_j의 교집합으로 이루어진 부분공간이 $\{\mathbf{0}\}$이 되면, 이를 직합이라하고 $V_1 \oplus V_2 \oplus \cdots \oplus V_r$이 됨을 배웠다.

$$\begin{aligned}\mathbf{w} &= \sum_{k=1}^{r} c_k g_k(L)(\mathbf{w}) = \sum_{\substack{k=1\\k\neq j}}^{r} c_k g_k(L)(\mathbf{w}) + c_j g_j(L)(\mathbf{w}) \\ &= \sum_{\substack{k=1\\k\neq j}}^{r} c_k g_k(L) g_j(L)(\mathbf{v}) + c_j g_j(L) g_i(L)(\mathbf{u}) = \mathbf{0} + \cdots + \mathbf{0} = \mathbf{0}\end{aligned}$$

가 성립하므로, $1 \le i \ne j \le r$일 때 $V_i \cap V_j = \{\mathbf{0}\}$이다.

이제 각 부분공간 V_i $(1 \le i \le r)$가 실제로는 L의 고윳값 λ_i에 대한 고유공간 $E_A(\lambda_i)$가 됨을 보이자. V_i의 각 벡터 $\mathbf{v}_i$에 대해 $\mathbf{v}_i = g_i(L)(\mathbf{v})$인 $\mathbf{v} \in \mathcal{M}_{n,1}(\mathbb{F})$가 존재하고, $(x-\lambda_i)g_i(x) = m_A(x)$이므로

$$(L - \lambda_i \mathrm{id})(\mathbf{v}_i) = (L - \lambda_i \mathrm{id}) g_i(L)(\mathbf{v}) = m_A(L)(\mathbf{v}) = \mathbf{0}$$

이 성립한다. 따라서, $\mathbf{v}_i$는 고윳값 λ_i에 대한 L (또는, A)의 고유벡터이고, $V_i = E_A(\lambda_i)$이다.

결론적으로 $\mathcal{M}_{n,1}(\mathbb{F}) = E_A(\lambda_1) \oplus E_A(\lambda_2) \oplus \cdots \oplus E_A(\lambda_r)$이 성립하고, 이로부터

$$n = \dim_{\mathbb{F}}\big(E_A(\lambda_1)\big) + \dim_{\mathbb{F}}\big(E_A(\lambda_2)\big) + \cdots + \dim_{\mathbb{F}}\big(E_A(\lambda_r)\big)$$

이므로 L (또는 A)는 대각화 가능하다.[5)]

최소다항식과 대각화 가능

정사각행렬 $A \in \mathcal{M}_{n,n}(\mathbb{F})$가 대각화 가능할 필요충분조건은 A의 최소다항식 $m_A(x)$가 서로 다른 r개의 $\lambda_1, \lambda_2, \cdots, \lambda_r$에 대해 다음과 같은 꼴이 되는 것이다.

$$m_A(x) = \prod_{i=1}^{r}(x - \lambda_i).$$

이때, λ_i $(1 \le i \le r)$는 L의 서로 다른 고윳값이 되고, L의 고유공간 $E_A(\lambda_i)$는 다항식 $g_i(x) = \dfrac{m_A(x)}{x - \lambda_i}$에 대해 $E_A(\lambda_i) = \{g_i(L)(\mathbf{v}) : \mathbf{v} \in \mathcal{M}_{n,1}(\mathbb{F})\}$이다.

예제 8.1.4. 예제 8.1.2의 행렬 $A = \begin{pmatrix} 2 & 1 & 1 \\ 0 & 2 & 0 \\ 0 & 0 & 2 \end{pmatrix}$는 대각화 가능하지 않음을 보이시오.

풀이 : 예제 8.1.2에 의해 행렬 A의 최소다항식은 $m_A(x) = (x-2)^2$이다. 따라서, A는 대각화 가능하지 않다. □

5) 251 쪽의 "고윳값과 고유벡터를 구하여 대각화 가능을 확인하는 과정"의 식 (7.10)에 의해 성립한다.

문제 8.1.4. $n \times n$ 복소행렬 A가 $A^2 = A$를 만족할 때, 다음을 보이시오.

(가) A가 대각화 가능함을 보이시오.

(나) A는 적당한 $0 \le r \le n$에 대해 $\left(\begin{array}{c|c} I_r & O_{r,n-r} \\ \hline O_{n-r,r} & O_{n-r,n-r} \end{array}\right)$와 닮음행렬임을 보이시오.

케일리-해밀턴 정리

[미리보기]에서 2×2 행렬 A의 특성다항식 $m_A(x)$가 A의 소멸다항식이 됨을 알았다. 일반적으로 임의의 정사각행렬 A에 대해서 A의 특성다항식 $p_A(x)$가 소멸다항식이 된다는 것을 케일리-해밀턴 정리이라 한다.

케일리-해밀턴 정리

체 $\mathbb{F}$가 $\mathbb{R}$ 또는 $\mathbb{C}$일 때, 정사각행렬 $A \in \mathcal{M}_{n,n}(\mathbb{F})$에 대해, A의 특성다항식 $p_A(x)$는 A의 소멸다항식이 된다.
따라서, 특성다항식 $p_A(x)$는 A의 최소다항식 $m_A(x)$로 나누어 떨어진다.

증명 : 행렬 A가 $\mathcal{M}_{n,n}(\mathbb{C})$에 속하는 것으로 생각하면, 쉬르 정리에 의해 A는 상삼각행렬 T와 닮음행렬이 된다. 또, $U^*AU = T$일 때,

$$\det(T - \lambda I_n) = \det\big(U^*(A - \lambda I_n)U\big) = \det(A - \lambda I_n)$$

이므로 A의 특성다항식 $p_A(x)$와 T의 특성다항식 $p_T(x)$는 같다. 따라서, $p_T(T) = O$임을 보이면, 324쪽 설명에 의해

$$p_A(A) = p_T(A) = p_T(UTU^*) = Up_T(T)U^* = O$$

가 되어 $p_A(x)$가 A의 소멸다항식이 됨을 보일 수 있다 (위 계산에서 A를 $\mathcal{M}_{n,n}(\mathbb{C})$에 속하는 것으로 이해하여 쉬르 정리를 적용했지만, 행렬 A가 실제로 $\mathcal{M}_{n,n}(\mathbb{R})$에 속하는 경우 특성다항식 $p_A(x)$의 계수는 실수가 되므로 동일한 결과를 얻는다).

한편, 상삼각행렬 T의 주대각선 성분을 차례로 $t_{11}, t_{22}, \cdots, t_{nn}$이라 할 때, $p_T(x)$는

$$p_T(x) = (x - t_{11})(x - t_{22}) \cdots (x - t_{nn})$$

이 되고, $p_T(T) = (T - t_{11}I_n)(T - t_{22}I_n) \cdots (T - t_{nn})$ 이 된다.

이때, $T - t_{kk}I_n$ $(1 \leq k \leq n)$은 상삼각행렬로써 (k, k) 성분이 0인 행렬이므로 블록행렬의 곱셈을 이용하면

$$(T - t_{11}I_n)(T - t_{22}I_n) = \left(\begin{array}{cc|c} 0 & * & \multirow{2}{*}{$*$} \\ 0 & * & \\ \hline \multicolumn{2}{c|}{O_{n-2,2}} & * \end{array}\right)\left(\begin{array}{cc|c} * & * & \multirow{2}{*}{$*$} \\ 0 & 0 & \\ \hline \multicolumn{2}{c|}{O_{n-2,2}} & * \end{array}\right)$$

$$= \left(\begin{array}{c|c} O_{2,2} & * \\ \hline O_{n-2,2} & * \end{array}\right)$$

가 된다. (단, $O_{m,n}$은 $m \times n$ 영행렬이고, $*$는 대응되는 블록행렬을 의미한다.)

또, 위 행렬에 $T - t_{33}I_n$을 곱하면

$$(T - t_{11}I_n)(T - t_{22}I_n)(T - t_{33}) = \left(\begin{array}{ccc|c} 0 & 0 & * & \\ 0 & 0 & * & * \\ 0 & 0 & * & \\ \hline \multicolumn{3}{c|}{O_{n-3,3}} & * \end{array}\right)\left(\begin{array}{ccc|c} * & * & * & \\ 0 & * & * & * \\ 0 & 0 & 0 & \\ \hline \multicolumn{3}{c|}{O_{n-3,3}} & * \end{array}\right)$$

$$= \left(\begin{array}{c|c} O_{3,3} & * \\ \hline O_{n-3,3} & * \end{array}\right)$$

위의 계산을 차례로 반복하면, $p_T(T) = (T - t_{11}I_n)(T - t_{22}I_n)\cdots(T - t_{nn}I_n) = O$임을 보일 수 있으므로 증명이 끝난다.

또, A의 모든 소멸다항식은 최소다항식 $m_A(x)$로 나누어 떨어지므로 $p_A(x)$도 $m_A(x)$로 나누어 떨어진다. □

예제 8.1.5. 동일한 특성다항식을 갖는 두 행렬의 최소다항식은 다를 수 있음을 예를 들어 보이시오.

풀이 : 2×2 행렬 $A = I_2$와 $B = \begin{pmatrix} 1 & 1 \\ 0 & 1 \end{pmatrix}$의 특성다항식은 모두 $(x-1)^2$이다.

행렬 A는 대각행렬이므로 최소다항식이 $m_A(x) = (x-1)$이 되고, 행렬 B는 $B - I_2 \neq O$이고, 특성다항식이 최소다항식으로 나누어 떨어지므로 $m_B(x) = (x-1)^2$이 됨을 알 수 있다. 따라서, 동일한 특성다항식을 갖는 두 행렬의 최소다항식은 일반적으로 다를 수 있다. □

복소행렬의 경우에 특성다항식은 일차식의 곱으로 인수분해가 가능하다. 따라서, 행렬 $A \in \mathcal{M}_{n,n}(\mathbb{C})$의 특성다항식은 서로 다른 고윳값 $\lambda_1, \lambda_2, \cdots, \lambda_r$ $(1 \leq r \leq n)$에 대해

$$p_A(x) = (x - \lambda_1)^{n_1}(x - \lambda_2)^{n_2} \cdots (x - \lambda_r)^{n_r} \quad (n_1 + n_2 + \cdots + n_r = n)$$

꼴이 된다. 이때, A의 각 고윳값 λ_i에 대해 n_i를 **대수적 중복도**라 부른다. 반면에 고윳값 λ_i에 대응되는 고유공간 $E_A(\lambda_i)$의 차원 $\dim_{\mathbb{F}} E_A(\lambda_i)$를 λ_i의 **기하학적 중복도**라 부른다. 즉, 고유값 λ_i의 기하학적 중복도는 λ_i에 대응되는 일차독립인 고유벡터 개수의 최댓값이다.

또, 케일리-해밀턴 정리에 의해 A의 최소다항식 $m_A(x)$는

$$m_A(x) = (x-\lambda_1)^{m_1}(x-\lambda_2)^{m_2}\cdots(x-\lambda_r)^{m_r} \quad (1 \le i \le r \text{에 대해 } 1 \le m_i \le n_i)$$

꼴이 된다.[6)]

행렬의 크기가 작고, 특성다항식의 인수분해가 쉽게 될 때는 위의 방법을 이용하여 행렬 A의 최소다항식을 구할 수 있다. 즉, 각 $i = 1, 2, \cdots, r$에 대해 m_i값을 변화시키면서 직접 $m_A(A) = O$가 되는지 확인하여 최소다항식을 구할 수 있다. 하지만, 행렬의 크기가 작더라도, 문제 8.1.3의 경우처럼 인수분해가 쉽지 않은 경우에는 323 쪽의 알고리즘을 이용하여 최소다항식을 구한다.

문제 8.1.5. 다음 행렬의 최소다항식을 구하시오.

(가) $\begin{pmatrix} 0 & 1 \\ 0 & 0 \end{pmatrix}$ (나) $\begin{pmatrix} 1 & 1 \\ 0 & 1 \end{pmatrix}$ (다) $\begin{pmatrix} 1 & 1 \\ 0 & 2 \end{pmatrix}$

문제 8.1.6. 모든 성분이 실수인 3×3 행렬 중 최소다항식이 x^2+1인 행렬은 존재하지 않음을 보이시오. 또, 복소행렬 중에는 최소다항식이 x^2+1인 3×3 행렬이 존재함을 보이시오.

동반행렬

n차 정사각행렬이 주어지면 최고차항의 계수가 1인 n차 특성다항식과 n차 이하의 최소다항식을 하나씩 얻게 된다. 역으로 최고차항의 계수가 1인 n차 다항식 $f(x)$가 주어지면, 이 다항식을 특성다항식이면서 동시에 최소다항식으로 갖는 행렬이 항상 존재함을 보일 수 있다. 우선 특별한 형태의 행렬을 정의하는 것부터 시작하자.

임의의 n차 다항식 $f(x) = a_0 + a_1x + a_2x^2 + \cdots + a_{n-1}x^{n-1} + x^n$에 대해 다음과 같이 정의된 행렬 C_f를 $f(x)$의 **동반행렬**라고 한다.

$$C_f = \begin{pmatrix} 0 & & & & -a_0 \\ 1 & 0 & & & -a_1 \\ & 1 & \ddots & & \vdots \\ & & \ddots & 0 & -a_{n-2} \\ & & & 1 & -a_{n-1} \end{pmatrix} \tag{8.9}$$

6) A의 최소다항식에서 λ_i에 대한 중복도 m_i는 다음 절에서 배우는 조르당 분해를 공부할 때 중요하게 이용된다.

동반행렬의 특성다항식과 최소다항식

임의의 n차 다항식 $f(x) = a_0 + a_1x + a_2x^2 + \cdots + a_{n-1}x^{n-1} + x^n$에 대해, 식 (8.9)로 주어진 $f(x)$의 동반행렬 C_f의 특성다항식과 최소다항식은 모두 $f(x)$이다.

증명 : 선형사상 $L : \mathcal{M}_{n,1}(\mathbb{F}) \to \mathcal{M}_{n,1}(\mathbb{F})$를 $L(\mathbf{v}) = C_f\mathbf{v}$로 정의하고, $\mathcal{M}_{n,1}(\mathbb{F})$의 표준기저 $\{\mathbf{e}_1, \cdots, \mathbf{e}_n\}$의 각 벡터에 대해 $\mathbf{e}_i$의 L에 대한 최소다항식 $m_{L,\mathbf{e}_i}$를 구하자.

벡터 $\mathbf{e}_1$부터 시작하면, 다음 n개의 벡터는 일차독립이다.

$$\begin{aligned} \mathbf{e}_1 &= \mathbf{e}_1, \\ L(\mathbf{e}_1) &= \mathbf{e}_2, \\ L^2(\mathbf{e}_1) &= L(\mathbf{e}_2) = \mathbf{e}_3, \\ &\vdots \\ L^{n-1}(\mathbf{e}_1) &= L^{n-2}(\mathbf{e}_{n-1}) = \mathbf{e}_n. \end{aligned}$$

또, 다음 관계식

$$\begin{aligned} L^n(\mathbf{e}_1) &= -a_0\mathbf{e}_1 - a_1\mathbf{e}_2 - \cdots - a_{n-2}\mathbf{e}_{n-1} - a_{n-1}\mathbf{e}_n \\ &= -a_0\mathbf{e}_1 - a_1L(\mathbf{e}_1) - \cdots - a_{n-2}L^{n-2}(\mathbf{e}_1) - a_{n-1}L^{n-1}(\mathbf{e}_1) \\ \iff f(L)(\mathbf{e}_1) &= \mathbf{0} \end{aligned}$$

으로부터 L에 대한 $\mathbf{e}_1$의 최소다항식은 $m_{L,\mathbf{e}_1}(x) = f(x)$가 된다.

$m_{L,\mathbf{e}_1}(x)$가 n차 다항식이기 때문에 선형사상 L에 대한 다른 기저벡터의 최소다항식을 구하지 않아도 다음과 같이 L의 최소다항식 $m_L(x)$를 구할 수 있다.

C_f의 크기가 n이므로 특성다항식 $p_{C_f}(x)$는 최고차항의 계수가 1인 n차 다항식이고, $m_L(x)$에 의해 나누어 떨어진다. 또, $m_L(x)$는 $m_{L,\mathbf{e}_1}(x)$로 나누어 떨어지는데,

$$n = \deg(m_{L,\mathbf{e}_1}) \le \deg(m_L) \le \deg(p_{C_f}) = n, \quad m_L(x) = m_{C_f}(x)$$

가 성립하므로 $f(x) = m_{L,\mathbf{e}_1}(x) = m_{C_f}(x) = p_{C_f}(x)$가 성립한다. 따라서, C_f는 최소다항식과 특성다항식이 모두 $f(x)$인 $f(x)$의 동반행렬이다. □

문제 8.1.7. 식 (8.9)에서 주어진 $f(x)$의 동반행렬 C_f의 최소다항식과 특성다항식이 $f(x)$임을 다음 단계에 따라 직접 확인해보자. 표준기저 $\{\mathbf{e}_k : 1 \le k \le n\}$에 대해 다음 물음에 답하시오.

(가) 모든 $k = 1, 2, \cdots, n$에 대해 다음 식이 성립함을 계산을 통해 직접 보이시오.

$$f(C_f)\mathbf{e}_k = \mathbf{0}$$

(도움말 : $\mathbf{e}_k = C_f^{k-1}\mathbf{e}_1$이고, $f(C_f)C_f^{k-1} = C_f^{k-1}f(C_f)$임을 이용하시오.)

(나) 차수가 $m < n$ 인 C_f 의 소멸다항식이 존재한다면 모순임을 보이시오.
(도움말 : $\mathbf{e}_k = C_f^{k-1}\mathbf{e}_1$ 이고 $\{\mathbf{e}_k : 1 \leq k \leq n\}$ 가 일차독립임을 이용하시오.)

다음 절에서 조르당 분해를 배우고 나면, 예제 8.2.2과 문제 8.2.2에 의해 임의의 정사각행렬은 자신의 전치행렬과 닮음행렬임을 알게 된다. 또, 324 쪽에서 살펴본 것처럼 닮음행렬의 특성다항식과 최소다항식은 일치한다. 따라서, C_f 의 전치행렬의 특성다항식과 최소다항식도 $f(x) = a_0 + a_1x + \cdots + a_{n-1}x^{n-1} + x^n$ 이 된다. 따라서, 다음 행렬을 $f(x)$ 의 동반행렬로 정의하기도 한다.

$$C_f^{\mathrm{T}} = \begin{pmatrix} 0 & 1 & & & \\ & 0 & \ddots & & \\ & & \ddots & 1 & \\ & & & 0 & 1 \\ -a_0 & -a_1 & \cdots & -a_{n-2} & -a_{n-1} \end{pmatrix}$$

문제 8.1.8. 어떤 경우에는 아래와 같이 정의된 행렬을 다항식 $f(x) = a_0+a_1x+\cdots+a_{n-1}x^{n-1}+x^n$ 의 동반행렬이라고 정의하기도 한다. 다음 행렬의 특성다항식과 최소다항식이 모두 $f(x)$ 가 됨을 보이시오.

$$\begin{pmatrix} -a_{n-1} & -a_{n-2} & \cdots & -a_1 & -a_0 \\ 1 & 0 & & & \\ & 1 & \ddots & & \\ & & \ddots & 0 & \\ & & & 1 & 0 \end{pmatrix}$$

임의의 정사각행렬 A 가 자신의 특성다항식 $p_A(x)$ 의 동반행렬 C_{p_A} 와 닮음행렬이라 하자. 동반행렬의 특성다항식과 최소다항식은 일치하고, A 와 C_{p_A} 는 동일한 최소다항식을 가지므로 A 의 최소다항식과 특성다항식이 같아짐을 알 수 있다. 일반적으로 그 역도 성립하는데, 이것에 관해서는 다음 절 조르당 표준형을 공부한 후에 351쪽에서 확인하도록 한다.

동반행렬의 응용

동반행렬이 어떻게 응용되는지 간략하게 살펴보자. 그 전에 내적공간 $\mathcal{M}_{n,n}(\mathbb{C})$ 에 속하는 행렬의 노름에 대한 성질부터 복습할 필요가 있다.

우선, 벡터공간 $\mathcal{M}_{n,n}(\mathbb{C})$ 는 다음과 같이 정의된 내적에 의해 내적공간이 됨을 배웠다.

$$\langle A, B\rangle = \mathrm{Tr}\big(AB^*\big)$$

이 내적에 의해 정의된 행렬의 노름 $||A|| = \sqrt{\langle A, A\rangle} = \sqrt{\mathrm{Tr}(AA^*)}$ 을 보통 **프로베니우스 노름, 쉬르 노름, 힐버트-슈미트 노름** 등으로 부르는데, A 의 성분을 이용하여 나타내면 다음과

같다.[7)]

$$||A|| = \sqrt{\sum_{i=1}^{n}\sum_{j=1}^{n}|A_{ij}|^2} \tag{8.10}$$

이 행렬 노름에 대한 다음 두 성질을 살펴보자 (보다 많은 성질은 396 쪽을 참고하시오).

행렬 노름 (프로베니우스 노름)의 성질

$\mathcal{M}_{n,n}(\mathbb{C})$의 프로베니우스 노름 $||\cdot||$에 대해 다음이 성립한다.

(가) 임의의 $A,\ B \in \mathcal{M}_{n,n}(\mathbb{C})$에 대해 $||AB|| \le ||A||\,||B||$가 성립한다.
(나) A의 임의의 고윳값 λ에 대해 $|\lambda| \le ||A||$가 성립한다.

증명 : (가) 두 행렬 $A,\ B \in \mathcal{M}_{n,n}(\mathbb{C})$에 대해

$$\begin{aligned} ||AB||^2 &= \sum_{i=1}^{n}\sum_{j=1}^{n}|(AB)_{ij}|^2 \\ &\le \sum_{i=1}^{n}\sum_{j=1}^{n}\Big(\sum_{k=1}^{n}|A_{ik}|^2\Big)\Big(\sum_{k=1}^{n}|B_{kj}|^2\Big) \\ &= ||A||^2||B||^2 \end{aligned} \tag{8.11}$$

가 성립하므로 $||AB|| \le ||A||\,||B||$가 성립한다. 식 (8.11)에서 두 번째 부등식은 다음과 같이 내적공간 $\mathbb{C}^n$의 내적에 대한 코시-슈바르츠 부등식에 의해 성립한다.

$$\begin{aligned} |(AB)_{ij}|^2 &= |A_{i1}B_{1j} + A_{i2}B_{2j} + \cdots A_{in}B_{nj}|^2 \\ &= \big|\langle \mathbf{a}, \mathbf{b}\rangle\big|^2 \qquad (\text{단, } \mathbf{a} = (A_{i1},\ A_{i2},\ \cdots,\ A_{in}),\ \mathbf{b} = (\bar{B}_{1j},\ \bar{B}_{2j},\ \cdots,\ \bar{B}_{nj})\,) \\ &\le \langle \mathbf{a}, \mathbf{a}\rangle\ \langle \mathbf{b}, \mathbf{b}\rangle \\ &= \Big(\sum_{k=1}^{n}|A_{ik}|^2\Big)\Big(\sum_{k=1}^{n}|B_{kj}|^2\Big) \end{aligned}$$

(나) A의 고윳값 λ에 대응되는 고유벡터를 $\mathbf{v}$라 하고, $n \times n$ 행렬 B를 $B = \big(\mathbf{v}\,\mathbf{v}\,\cdots\,\mathbf{v}\big)$라 하자. 이때, 정의로부터 $||\lambda B|| = |\lambda|\,||B||$가 성립한다. 또,

$$AB = A\big(\mathbf{v}\,\mathbf{v}\,\cdots\,\mathbf{v}\big) = \big(A\mathbf{v}\,A\mathbf{v}\,\cdots\,A\mathbf{v}\big) = \big(\lambda\mathbf{v}\,\lambda\mathbf{v}\,\cdots\,\lambda\mathbf{v}\big) = \lambda B$$

로부터 $|\lambda|||B|| = ||\lambda B|| = ||AB|| \le ||A||\,||B||$가 성립하고, $||B|| \ne 0$이므로 $|\lambda| \le ||A||$를 얻는다. □

7) 내적과 무관하게 몇 가지 성질을 만족하는 함수 $\mathcal{M}_{n,n}(\mathbb{F}) \to \mathbb{R}$을 행렬의 노름이라 정의할 수 있는데, 다른 노름들과 구분하기 위해 프로베니우스 노름을 보통 $||\cdot||_2$로 나타낸다.

이제, 동반행렬이 어떻게 이용되는지 알아보자. n차 복소다항식

$$f(x) = a_0 + a_1 x + \cdots + a_{n-1}x^{n-1} + x^n$$

의 동반행렬을 C_f 라 하면 C_f 의 특성다항식은 $f(x)$ 이므로, n차 복소방정식 $f(x) = 0$의 해 α는 동반행렬 C_f 의 고윳값이 된다. 따라서, 식 (8.9)의 C_f 에 대한 프로베니우스 노름을 구하면, 앞 정리로부터 C_f 의 고윳값 α에 대해 다음 부등식이 성립한다.

$$|\alpha| \le ||C_f||, \quad ||C_f|| = \Big((n-1) + |a_0|^2 + |a_1|^2 + \cdots + |a_{n-1}|^2\Big)^{\frac{1}{2}} \tag{8.12}$$

즉, 복소평면에서 원점을 중심으로 반지름의 길이가 $||C_f||$ 인 원판 내에 $f(x) = 0$의 해가 존재함을 알 수 있다.

이 책의 수준을 넘긴 하나, 행렬의 노름에 대한 앞의 두 성질은 프로베니우스 노름이 아닌 다른 노름에 대해서도 일반적으로 성립하는 성질이다. 따라서 다른 노름을 생각하면 식 (8.12)보다 정밀한 부등식을 얻을 수 있다. 실제로 적절한 노름을 선택하면, 복소수 해에 대한 코시 경계라고 불리는 다음 식

$$|\alpha| \le 1 + \max\{|a_0|,\ |a_1|,\ \cdots,\ |a_{n-1}|\}$$

을 보일 수도 있다.

문제 8.1.9. 함수 $||\cdot|| : \mathcal{M}_{n,n}(\mathbb{F}) \to \mathbb{R}$가 (성질 1)~(성질 3)까지 세 가지 성질을 만족할 때 벡터공간의 노름이라 하고, (성질 4)까지 만족할 때 행렬 노름이라고 한다.

(성질 1) 모든 $A \in \mathcal{M}_{n,n}(\mathbb{F})$에 대해 $||A|| \ge 0$이고, $||A|| = 0 \iff A = O$이다.

(성질 2) 임의의 복소수 α에 대해 $||\alpha A|| = |\alpha|\,||A||$이다.

(성질 3) $||A+B|| \le ||A|| + ||B||$

(성질 4) $||AB|| \le ||A||\,||B||$

이때, 다음을 보이시오.

(가) 행렬 $A \in \mathcal{M}_{n,n}(\mathbb{C})$에 대해

$$||A||_1 = \sum_{i=1}^{n}\sum_{j=1}^{n} |A_{ij}|$$

로 정의된 함수 $||\cdot||_1$은 행렬 노름이 됨을 보이시오. 이 노름을 ℓ_1 노름이라 부른다.

(나) 행렬 $A \in \mathcal{M}_{n,n}(\mathbb{C})$에 대해

$$||A||_\infty = \max\{|A_{ij}| : 1 \le i,\ j \le n\}$$

로 정의된 함수 $||\cdot||_\infty$는 벡터 노름은 되지만, 행렬 노름이 되지 않음을 보이시오. 이 노름을 ℓ_∞ 노름이라 부른다.

8.2 조르당 분해 [좀 더 알아보기]

[미리보기] 조르당행렬은 주대각선 바로 위 대각선 성분을 제외한 모든 성분이 0이고, 주대각선 바로 위 대각선 성분들은 모두 0 또는 1인 행렬이다. 이 절에서는 임의의 행렬이 조르당행렬과 닮음행렬이 된다는 것을 보이고, 구체적으로 계산하는 알고리즘과 여러가지 성질에 대해 알아본다.

조르당 분해

우선 조르당블록이라 부르는 상삼각행렬부터 정의하자. 다음과 같이 $k \times k$ 행렬 중에서 주대각선 성분이 모두 λ이고 주대각선 바로 위 대각선을 따라 $k-1$개의 1이 나열되고 나머지 성분은 모두 0인 상삼각행렬을 **조르당블록**이라 하고, $J_k(\lambda)$로 나타낸다. (다음 행렬의 예에서 표시되지 않은 성분은 모두 0을 나타낸다.)

$$J_1 = (\lambda), \quad J_2 = \begin{pmatrix} \lambda & 1 \\ & \lambda \end{pmatrix}, \quad J_3(\lambda) = \begin{pmatrix} \lambda & 1 & \\ & \lambda & 1 \\ & & \lambda \end{pmatrix}, \quad J_4(\lambda) = \begin{pmatrix} \lambda & 1 & & \\ & \lambda & 1 & \\ & & \lambda & 1 \\ & & & \lambda \end{pmatrix} \cdots$$

또, 주대각선을 따라 k개의 조르당블록 $J_{n_1}(\lambda_1), \cdots, J_{n_k}(\lambda_k)$ (단, $n_1 + n_2 + \cdots + n_k = n$)이 나열된 $n \times n$ 행렬을 **조르당행렬**이라 하고, 보통 J로 나타낸다.

$$J = \begin{pmatrix} J_{n_1}(\lambda_1) & & & \\ & J_{n_2}(\lambda_2) & & \\ & & \ddots & \\ & & & J_{n_k}(\lambda_k) \end{pmatrix} \tag{8.13}$$

임의의 $n \times n$ 행렬 A에 대해 가역행렬 M이 존재해서 $M^{-1}AM = J$를 만족하는 조르당행렬 J가 존재할 때, 즉, A가 조르당행렬과 닮음행렬일 때, J를 A의 **조르당 표준형**이라 하고, $A = MJM^{-1}$를 A의 **조르당 분해**이라 부른다. 또, 식 (8.13)에서 조르당행렬 J를 간단히

$$J = J_{n_1}(\lambda_1) \oplus J_{n_2}(\lambda_2) \oplus \cdots \oplus J_{n_k}(\lambda_k) \quad \text{또는} \quad J = \text{Diag}(J_{n_1}(\lambda_1), J_{n_2}(\lambda_2), \cdots, \oplus J_{n_k}(\lambda_k))$$

와 같이 나타내기도 한다.

행렬 A가 대각화 가능할 필요충분조건은 n개의 일차독립인 고유벡터가 존재하는 것이다. 이와 유사하게 A의 조르당 분해가 가능할 필요충분조건을 알아보자. A의 조르당 표준형이 식 (8.13)의 J라 할 때, $M^{-1}AM = J$에서 행렬 M의 열벡터를 차례대로 $n_1, n_2, \cdots, n_k$개씩 묶어 다음과 같이 나타내자.

$$\mathbf{v}_{11}, \cdots, \mathbf{v}_{1n_1}, \mathbf{v}_{21}, \cdots, \mathbf{v}_{2n_2}, \cdots, \mathbf{v}_{k1}, \cdots, \mathbf{v}_{kn_k}$$

이때, 관계식 $M^{-1}AM = J \iff AM = MJ$로부터 각 $i = 1, 2, \cdots, k$에 대해 다음 식이 성립한다.

$$A\mathbf{v}_{i1} = \lambda_i \mathbf{v}_{i1}, \quad A\mathbf{v}_{ij} = \lambda \mathbf{v}_{ij} + \mathbf{v}_{i(j-1)} \ (2 \le j \le n_i) \tag{8.14}$$

역으로, 식 (8.14)를 만족하는 n개의 벡터 $\mathbf{v}_{11}, \cdots, \mathbf{v}_{1n_1}, \mathbf{v}_{21}, \cdots, \mathbf{v}_{2n_2}, \cdots, \mathbf{v}_{k1}, \cdots, \mathbf{v}_{kn_k}$가 일차독립이 되면, 이들 벡터를 차례로 열벡터로 갖는 $n \times n$ 행렬 M이 가역행렬이 되어 $AM = MJ \iff M^{-1}AM = J$가 성립한다. 따라서, J는 A의 조르당 표준형이 된다.

일반적으로 행렬 A와 A의 고윳값 λ에 대해 식 (8.14)처럼

$$A\mathbf{w}_1 = \lambda \mathbf{w}_1, \quad A\mathbf{w}_j = \lambda \mathbf{w}_j + \mathbf{w}_{j-1} \ (2 \le j \le \ell)$$

를 만족하는 벡터열 $\{\mathbf{w}_1, \mathbf{w}_2, \cdots, \mathbf{w}_\ell\}$ 을 길이가 ℓ인 **조르당 벡터열**이라고 부른다.

결론적으로 $n \times n$ 복소행렬이 조르당 분해 가능할 필요충분조건은 조르당 벡터열들로 이루어진 $\mathcal{M}_{n,1}(\mathbb{C})$의 기저가 존재하는 것이다. 또, 행렬의 모든 성분과 고윳값이 모두 실수일 때, 조르당 분해 가능할 필요충분조건은 $\mathcal{M}_{n,1}(\mathbb{R})$의 기저를 이루는 조르당 벡터열이 존재하는 것이다. 다음 정리는 임의의 복소행렬에 대해 조르당 분해가 가능함을 알려준다.

복소행렬의 조르당 분해

모든 $n \times n$ 복소행렬 A는 조르당 분해가 가능하다. 즉, $M^{-1}AM = J$인 가역행렬 $M \in \mathcal{M}_{n,n}(\mathbb{C})$와 조르당 표준형 J가 존재한다.
특히, 행렬 A가 n개의 실수인 고윳값을 가지면, 가역행렬 M의 모든 성분이 실수가 되도록 잡을 수 있다.

증명 : n에 관한 수학적 귀납법을 이용하여 증명한다. 우선 $k = 1$일 때, 조르당 분해가 가능함은 자명하다. $k < n$일 때, $k \times k$ 행렬의 조르당 분해가 가능하다고 가정하고, $n \times n$ 행렬 A에 대해 조르당 분해가 가능함을 보이자. A가 가역행렬인 경우 한 고윳값 λ에 대해 $\tilde{A}$를 $\tilde{A} = A - \lambda I_n$로 정의하면 $\tilde{A}$는 비가역행렬이 된다. 만약 $\tilde{A}$에 대해 조르당 분해가 가능함을 보일 수 있다면, $n \times n$ 가역행렬 P가 존재해서

$$P^{-1}\tilde{A}P = J \iff P^{-1}(A - \lambda I_n)P = J \iff P^{-1}AP = \lambda I_n + J$$

가 성립한다. 즉, $\tilde{A}$의 조르당 표준형 J로부터 A의 조르당 표준형 $J + \lambda I_n$을 얻을 수 있다. 따라서, $n \times n$ 행렬 A가 비가역행렬이라고 가정하고 증명하면 충분하다.

이제 A가 $n \times n$ 비가역행렬이라 하자.

[단계 1] : 이때, $\text{nullity}(A) \ge 1$이므로 열공간 $C(A)$의 차원은 $\dim(C(A)) = r < n$이다. 선형사상 $L : C(A) \to C(A)$를 $L(\mathbf{v}) = A\mathbf{v}$로 정의하고 벡터공간 $C(A)$의 기저를 $\mathcal{B}$라 하면, 기저 $\mathcal{B}$에 대한 L의 행렬표현 $[L]_\mathcal{B}$는 $r \times r$ 행렬이 된다. 따라서, 수학적 귀납법의

가정에 의해 $\mathcal{M}_{r,1}(\mathbb{C})$의 기저를 이루는 s $(s < r)$가지 종류의 $[L]_{\mathcal{B}}$에 대한 조르당 벡터열 $\mathbf{a}_{11}, \cdots, \mathbf{a}_{1n_1}, \cdots, \mathbf{a}_{s1}, \cdots, \mathbf{a}_{sn_s}$이 존재해서 다음 두 조건을 만족한다.

- $n_1 + n_2 + \cdots + n_s = r$
- 각 $i = 1, 2, \cdots, s$에 대해 $[L]_{\mathcal{B}}\mathbf{a}_{i1} = \lambda_i \mathbf{a}_{i1}$ 이고 $[L]_{\mathcal{B}}\mathbf{a}_{ij} = \lambda_i \mathbf{a}_{ij} + \mathbf{a}_{i(j-1)} \quad (2 \leq j \leq n_i)$

(주의: 위 식에서 나타나는 고윳값 λ_i $(1 \leq i \leq s)$는 서로 다른 i에 대해 동일한 고윳값일 수 있다. 즉, $i \neq j$이지만 $\lambda_i = \lambda_j$일 수도 있다. 또, A가 비가역행렬이므로 $\lambda_i = 0$인 경우도 포함되어 있다.)

이때, 조르당 벡터열의 각 벡터 $\mathbf{a}_{ij}$에 대해 $[\mathbf{v}_{ij}]_{\mathcal{B}} = \mathbf{a}_{ij}$를 만족하는 $\mathcal{M}_{n,1}$의 벡터 $\mathbf{v}_{ij}$가 유일하게 존재하고, 각 $i = 1, 2, \cdots, s$에 대해

$$A\mathbf{v}_{i1} = \lambda_i \mathbf{v}_{i1} \text{ 이고 } A\mathbf{v}_{ij} = \lambda_i \mathbf{v}_{ij} + \mathbf{v}_{i(j-1)} \quad (2 \leq j \leq n_i) \tag{8.15}$$

가 성립한다.[8)] 따라서, 각 λ_i $(1 \leq i \leq s)$에 대해 $\mathbf{v}_{i1}, \cdots, \mathbf{v}_{in_i}$는 A의 조르당 벡터열이 된다.

[단계 2] : A가 비가역행렬이므로 식 (8.15)의 고윳값 중 0이 반드시 존재한다. [단계 1]의 식 (8.15)에서 고윳값의 순서를 재배열하여 $\lambda_1 = \cdots = \lambda_\ell = 0$ $(1 \leq \ell \leq s)$라 하고, 대응되는 조르당 벡터열도 재배열된 고윳값의 순서에 맞게 배열되었다고 하자. 이때, 행렬 A의 열공간 $C(A)$와 영공간 $N(A)$로부터 얻어지는 부분공간 $C(A) \cap N(A)$는 $\{\mathbf{v}_{11}, \mathbf{v}_{21}, \cdots, \mathbf{v}_{\ell 1}\}$를 기저로 갖는 ℓ차원 부분공간이 된다. 이를 보이기 위해서 $\mathbf{w} \in C(A) \cap N(A)$라 하자. $C(A)$는 $\cup_{i=1}^{s}\{\mathbf{v}_{i1}, \mathbf{v}_{i2}, \cdots, \mathbf{v}_{in_i}\}$로 생성되므로

$$\begin{aligned}\mathbf{w} &= \sum_{i=1}^{s}\sum_{j=1}^{n_i} c_{ij}\mathbf{v}_{ij} \\ &= c_{11}\mathbf{v}_{11} + \cdots + c_{1n_1}\mathbf{v}_{1n_1} + c_{21}\mathbf{v}_{21} + \cdots + c_{2n_2}\mathbf{v}_{2n_2} + \cdots + c_{s1}\mathbf{v}_{s1} + \cdots + c_{sn_s}\mathbf{v}_{sn_s}\end{aligned}$$

인 $c_{ij} \in \mathbb{C}$가 존재한다. 이때, $\lambda_i = 0$ $(1 \leq i \leq \ell)$로부터 각 $i = 1, 2, \cdots, \ell$에 대해

$$A\mathbf{v}_{i1} = 0\,\mathbf{v}_{i1} = \mathbf{0}, \quad A\mathbf{v}_{ij} = 0\,\mathbf{v}_{i1} + \mathbf{v}_{i(j-1)} = \mathbf{v}_{i(j-1)} \ (2 \leq j \leq n_i)$$

이고, 조르당 벡터열은 식 (8.15)를 만족하므로

$$\begin{aligned}\mathbf{0} = A\mathbf{w} &= \sum_{i=1}^{s}\sum_{j=1}^{n_i} c_{ij}A\mathbf{v}_{ij} \\ &= \sum_{i=1}^{\ell}\sum_{j=2}^{n_i} c_{ij}\mathbf{v}_{i(j-1)} + \Big(\sum_{i=\ell+1}^{s} c_{i1}\lambda_i\mathbf{v}_{i1} + \sum_{i=\ell+1}^{s}\sum_{j=2}^{n_i} c_{ij}(\lambda_i\mathbf{v}_{ij} + \mathbf{v}_{i(j-1)})\Big)\end{aligned}$$

8) 227 쪽에서 공부한 주어진 기저에 대한 선형사상의 행렬표현을 이용하면 된다.

가 성립한다. 이때, $\cup_{i=1}^{s}\{\mathbf{v}_{i1}, \mathbf{v}_{i2}, \cdots, \mathbf{v}_{in_i}\}$는 일차독립이므로 $c_{11}, c_{21}, \cdots, c_{\ell 1}$을 제외한 모든 c_{ij}는 $c_{ij} = 0$이어야 한다. 따라서, $\{\mathbf{v}_{11}, \mathbf{v}_{21}, \cdots, \mathbf{v}_{\ell 1}\}$는 $C(A) \cap N(A)$의 기저가 된다.

이제, 각 $i = 1, 2, \cdots, \ell$에 대해 $\mathbf{v}_{i1}$을 포함하는 조르당 벡터열을 생각하자. 각 조르당 벡터열의 마지막 벡터 $\mathbf{v}_{in_i}$에 대해,

$$A\mathbf{y}_i = \mathbf{v}_{in_i} \tag{8.16}$$

를 만족하는 벡터 $\mathbf{y}_i$를 잡는다.[9] 이때, 각 $\lambda_1 = \cdots = \lambda_\ell = 0$에 대해 $\{\mathbf{v}_{i1}, \cdots, \mathbf{v}_{in_i}\, \mathbf{y}_i\}$는 길이가 $n_i + 1$인 조르당 벡터열이 된다.

[단계 3] : 행렬 A의 영공간 $N(A)$의 차원은 $\text{nullity}(A) = n - \text{rank}(A) = n - r$이므로 $\{\mathbf{v}_{11}, \cdots, \mathbf{v}_{\ell 1}\}$에 $n - r - \ell$개의 벡터 $\mathbf{w}_1, \mathbf{w}_2, \cdots, \mathbf{w}_{n-r-\ell}$을 추가하여 $N(A)$의 기저를 잡을 수 있다. 따라서, 고윳값 0에 대해 각 벡터 $\{\mathbf{w}_i\}$ $(1 \le i \le n - r - \ell)$는 길이가 1인 조르당 벡터열이 된다. 이때, 각 $\mathbf{w}_i$는 $C(A)$에 속하지 않음에 주목하자.

[단계 4] : [단계 1]에서 구한 r개의 일차독립인 벡터 $\cup_{i=1}^{s}\{\mathbf{v}_{i1}, \mathbf{v}_{i2}, \cdots, \mathbf{v}_{in_i}\}$, [단계 2]에서 구한 ℓ개의 벡터 $\mathbf{y}_i$ $(1 \le i \le \ell)$, [단계 3]에서 구한 $n-r-\ell$개의 벡터 $\mathbf{w}_i$ $(1 \le i \le n-r-\ell)$을 합한 n개의 벡터가 일차독립임을 보이자. 이때, 다음과 같이 조르당 벡터열을 이루는 n개의 벡터가 $\mathcal{M}_{n,1}(\mathbb{C})$의 기저가 되어 A는 조르당 분해 가능함을 보일 수 있다.

- 고윳값 0에 대응되는 길이가 $n_i + 1$인 조르당 벡터열 $\{\mathbf{v}_{i1}, \cdots, \mathbf{v}_{in_i}, \mathbf{y}_i\}$ $(1 \le i \le \ell)$
- 고윳값 0에 대응되는 길이가 1인 조르당 벡터열 $\{\mathbf{w}_i\}$ $(1 \le i \le n - r - \ell)$
- 고윳값 λ_i에 대응되는 길이가 n_i인 조르당 벡터열 $\{\mathbf{v}_{i1}, \cdots, \mathbf{v}_{in_i}\}$ $(\ell + 1 \le i \le s)$

이제, 일차독립을 보이기 위해

$$\sum_{i=1}^{s}\sum_{j=1}^{n_i} c_{ij}\mathbf{v}_{ij} + \sum_{i=1}^{\ell} d_i\mathbf{y}_i + \sum_{i=1}^{n-r-\ell} f_i\mathbf{w}_i = \mathbf{0} \tag{8.17}$$

이라 할 때, $A\mathbf{w}_i = \mathbf{0}$이고 $A\mathbf{y}_i = \mathbf{v}_{in_i}$이므로

$$\begin{aligned}\mathbf{0} &= A\Big(\sum_{i=1}^{s}\sum_{j=1}^{n_i} c_{ij}\mathbf{v}_{ij} + \sum_{i=1}^{\ell} d_i\mathbf{y}_i + \sum_{i=1}^{n-r-\ell} f_i\mathbf{w}_i\Big) \\ &= \sum_{i=1}^{s}\sum_{j=1}^{n_i} c_{ij}A\mathbf{v}_{ij} + \sum_{i=1}^{\ell} d_iA\mathbf{y}_i = \sum_{i=1}^{s}\sum_{j=1}^{n_i} c_{ij}A\mathbf{v}_{ij} + \sum_{i=1}^{\ell} d_i\mathbf{v}_{in_i}\end{aligned}$$

가 성립한다. 위 식의 마지막 등식에서 각 $\mathbf{v}_{in_i}$ $(1 \le i \le \ell)$는 고윳값 0에 대응되는 조르당 벡터열의 마지막 벡터이고, $A\mathbf{v}_{in_i} = 0\,\mathbf{v}_{in_i} + \mathbf{v}_{i(n_i-1)} = \mathbf{v}_{i(n_i-1)}$이므로 각 $\mathbf{v}_{in_i}$ $(1 \le i \le \ell)$

9) $\mathbf{v}_{in_i} \in C(A) = \text{Im}(L)$이므로 이런 $\mathbf{y}_i$를 잡을 수 있다.

은 $\cup_{i=1}^{s}\{A\mathbf{v}_{ij} : 1 \le j \le n_i\}$로 생성되는 부분공간에 속할 수 없다. 따라서, 모든 d_i는 0이어야 한다.[10)] 이때, 식 (8.17)은

$$\sum_{i=1}^{s}\sum_{j=1}^{n_i} c_{ij}\mathbf{v}_{ij} + \sum_{i=1}^{n-r-\ell} f_i\mathbf{w}_i = \mathbf{0}$$

이 되는데, 각 벡터 $\mathbf{w}_i$는 $C(A)$에 속하지 않으므로 모든 f_i는 0이 되어야 한다. 또, 벡터 $\mathbf{v}_{ij}$들이 일차독립이므로 모든 c_{ij}도 0이 되어 증명이 끝난다.

[가역행렬 M과 조르당 표준형 J] : 실제로 A의 조르당 분해에 나타나는 가역행렬 M과 조르당 표준형 J를 구성하면 다음과 같다. 고윳값 0에 대응되는 각 조르당 벡터열 $\{\mathbf{v}_{i1}, \cdots, \mathbf{v}_{in_i}\}$ $(1 \le i \le \ell)$과 $\mathbf{y}_i$ $(1 \le i \le \ell)$에 대해 $n \times (n_i + 1)$ 행렬 M_i $(1 \le i \le \ell)$을 $M_i = \begin{pmatrix}\mathbf{v}_{i1}\, \mathbf{v}_{i2} \cdots \mathbf{v}_{in_i}\, \mathbf{y}_i\end{pmatrix}$로 정의하고, 고윳값 λ_i $(\ell + 1 \le i \le s)$에 대응되는 조르당 벡터열로부터 $n \times n_i$ 행렬 M_i $(\ell + 1 \le i \le s)$를 $M_i = \begin{pmatrix}\mathbf{v}_{i1}\, \mathbf{v}_{i2} \cdots \mathbf{v}_{in_i}\end{pmatrix}$라 정의하자. 또, [단계 3]에서 구한 벡터 $\mathbf{w}_i$에 대해 $n \times (n - r - \ell)$ 행렬 M_{s+1}을 $M_{s+1} = \begin{pmatrix}\mathbf{w}_1 \cdots \mathbf{w}_{n-r-\ell}\end{pmatrix}$이라 하자. 이때, $1 \le i \le \ell$에 대해 식 (8.15)와 (8.16)에 의해

$$AM_i = \begin{pmatrix}A\mathbf{v}_{i1} \cdots A\mathbf{v}_{in_i}\, A\mathbf{y}_i\end{pmatrix} = \begin{pmatrix}\mathbf{v}_{i1} \cdots \mathbf{v}_{in_i}\, \mathbf{y}_i\end{pmatrix}\begin{pmatrix}0 & 1 & \cdots & 0 & 0\\ 0 & 0 & \cdots & 0 & 0\\ \vdots & \vdots & \ddots & \vdots & \vdots\\ 0 & 0 & \cdots & 0 & 1\\ 0 & 0 & \cdots & 0 & 0\end{pmatrix} = M_i\, J_{n_i}(0)$$

이 성립한다.

또, 같은 방법으로 $\ell + 1 \le i \le s$에 대해

$$AM_i = \begin{pmatrix}A\mathbf{v}_{i1}\, A\mathbf{v}_{i2} \cdots A\mathbf{v}_{in_i}\end{pmatrix} = M_i\begin{pmatrix}\lambda_i & 1 & \cdots & 0 & 0\\ 0 & \lambda_i & \cdots & 0 & 0\\ \vdots & \vdots & \ddots & \vdots & \vdots\\ 0 & 0 & \cdots & \lambda_i & 1\\ 0 & 0 & \cdots & 0 & \lambda_i\end{pmatrix} = M_i\, J_{n_i}(\lambda_i)$$

를 얻는다. 또, $(n - r - \ell) \times (n - r - \ell)$ 영행렬 O에 대해 $AM_{s+1} = M_{s+1}O$이다.

10) $\sum_{i=1}^{\ell}\sum_{j=2}^{n_i} c_{ij}\mathbf{v}_{i(j-1)} + \left(\sum_{i=\ell+1}^{s} c_{i1}\lambda_i\mathbf{v}_{i1} + \sum_{i=\ell+1}^{s}\sum_{j=2}^{n_i} c_{ij}(\lambda_i\mathbf{v}_{ij} + \mathbf{v}_{i(j-1)})\right) + \sum_{i=1}^{\ell} d_i\mathbf{v}_{in_i} = \mathbf{0}$ 에서 r개의 벡터 $\mathbf{v}_{ij}$들이 일차독립임을 이용하여 모든 c_{ij}와 d_i가 0임을 직접 보일 수도 있다.

이제 $n \times n$ 행렬 M을 $M = \Big(M_1 \,|\, M_2 \,|\, \cdots \,|\, M_{s+1} \Big)$로 두면

$$AM = M \begin{pmatrix} J_{n_1}(0) & & & & & & \\ & \ddots & & & & & \\ & & J_{n_\ell}(0) & & & & \\ & & & J_{n_{\ell+1}}(\lambda_{\ell+1}) & & & \\ & & & & \ddots & & \\ & & & & & J_s(\lambda_s) & \\ & & & & & & O \end{pmatrix} = M\,J$$

이므로 $M^{-1}AM = J$가 되어 A의 조르당 분해를 얻는다. (위 행렬에서 표시되지 않은 부분의 성분은 모두 0이다.)

특히, 행렬 A의 모든 성분이 실수이고, 모든 고윳값이 실수이면 고유벡터의 성분도 실수가 된다. 또, 실수에서 정의된 행렬의 영공간도 실수 상에서 정의된 벡터공간이다. 따라서, 위 증명 과정에서 M의 성분도 실수가 됨을 알 수 있다. □

임의의 복소행렬이 조르당 분해 가능함을 보이는 위 정리의 증명과정은 실제로 조르당 분해를 구할 때 그대로 사용될 수 있다. 또, 조르당 표준형의 주대각선에 나타나는 성분 λ_i들은 동일한 고윳값이 될 수도 있는데, 다음 예제를 통해 이 두 가지 사항을 확인해보자.

예제 8.2.1. 다음 행렬 A의 조르당 분해 J_A를 구하시오.

$$A = \begin{pmatrix} 9 & 0 & 0 & 8 & 8 \\ 0 & 1 & 0 & 8 & 8 \\ 0 & 0 & 1 & 0 & 0 \\ 0 & 0 & 0 & 1 & 0 \\ 0 & 0 & 0 & 0 & 9 \end{pmatrix}, \quad \tilde{A} = A - I_5 = \begin{pmatrix} 8 & 0 & 0 & 8 & 8 \\ 0 & 0 & 0 & 8 & 8 \\ 0 & 0 & 0 & 0 & 0 \\ 0 & 0 & 0 & 0 & 0 \\ 0 & 0 & 0 & 0 & 8 \end{pmatrix}$$

풀이 : A의 특성다항식은 $\det(A - \lambda I_5) = -(\lambda - 1)^3(\lambda - 9)^2$이므로 A는 고윳값 1과 9를 갖는 가역행렬이다. 따라서, 비가역행렬 $\tilde{A} = A - I_5$의 조르당 분해 $J_{\tilde{A}}$를 먼저 구하자.

[단계 1] $\tilde{A}$의 열공간 $C(\tilde{A})$의 기저를 $\mathcal{B} = \{\mathbf{e}_1, \mathbf{e}_2, \mathbf{e}_5\}$로 잡자. 이때, $L(\mathbf{v}) = \tilde{A}\mathbf{v}$로 정의된 선형사상 $L : C(\tilde{A}) \to C(\tilde{A})$의 순서기저 $\mathcal{B}$에 대한 행렬표현을 구하면,

$$[\tilde{A}]_{\mathcal{B}} = \Big([\tilde{A}\mathbf{e}_1]_{\mathcal{B}}\, [\tilde{A}\mathbf{e}_2]_{\mathcal{B}}\, [\tilde{A}\mathbf{e}_5]_{\mathcal{B}} \Big) = \begin{pmatrix} 8 & 0 & 8 \\ 0 & 0 & 8 \\ 0 & 0 & 8 \end{pmatrix}$$

이다. 이때, 문제 8.2.1로부터 $\mathbf{a}_1 = \begin{pmatrix} 8 \\ 0 \\ 0 \end{pmatrix}$, $\mathbf{a}_2 = \begin{pmatrix} 0 \\ 1 \\ 1 \end{pmatrix}$, $\mathbf{a}_3 = \begin{pmatrix} 0 \\ 8 \\ 0 \end{pmatrix}$에 대해

$$[\tilde{A}]_{\mathcal{B}}\mathbf{a}_1 = 8\mathbf{a}_1, \quad [\tilde{A}]_{\mathcal{B}}\mathbf{a}_2 = 8\mathbf{a}_2 + \mathbf{a}_1, \quad [\tilde{A}]_{\mathcal{B}}\mathbf{a}_3 = 0\mathbf{a}_3$$

가 성립한다. 따라서, $[\mathbf{v}_i]_{\mathcal{B}} = \mathbf{a}_i$ 인 벡터 $\mathbf{v}_i \in \mathcal{M}_{5,1}(\mathbb{C})$를 구하면, $\mathbf{v}_1 = 8\mathbf{e}_1$, $\mathbf{v}_2 = \mathbf{e}_2 + \mathbf{e}_5$는 고윳값 8에 대한 $\tilde{A}$의 조르당 벡터열이 되고, $\mathbf{v}_3 = 8\mathbf{e}_2$는 고윳값 0에 대한 $\tilde{A}$의 조르당 벡터열이 된다.

[단계 2] $C(\tilde{A}) \cap N(\tilde{A})$에 속하는 벡터는 [단계 1]에서 구했듯이 $\mathbf{v}_3$ 밖에 없다. $\mathbf{v}_3$를 포함하는 조르당 벡터열의 길이가 1이므로 $\mathbf{v}_3$는 이 조르당 벡터열의 처음이자 마지막 벡터이다. 이제 $\tilde{A}\mathbf{y} = \mathbf{v}_3$를 만족하는 $\mathbf{y} = (y_1\, y_2\, y_3\, y_4\, y_5)^{\mathrm{T}}$를 구하면, 연립방정식

$$8y_1 + 8y_4 + 8y_5 = 0, \quad 8y_4 + 8y_5 = 8, \quad 8y_5 = 0$$

으로부터 $y_5 = 0$, $y_4 = 1$, $y_1 = -1$이다. y_2, y_3는 임의로 잡아도 되므로 $y_2 = y_3 = 0$일 때 $\mathbf{y} = (-1\,0\,0\,1\,0)^{\mathrm{T}}$이라 하자.

[단계 3] 마지막으로 $\mathbf{v}_3$를 포함한 $N(\tilde{A})$의 기저를 구하기 위해 $\mathbf{x} = (x_1\, x_2\, x_3\, x_4\, x_5)^{\mathrm{T}}$에 관한 연립방정식 $\tilde{A}\mathbf{x} = \mathbf{0}$을 풀면

$$x_1 + x_4 + x_5 = 0, \quad x_4 + x_5 = 0, \quad x_5 = 0$$

로부터 $x_1 = x_4 = x_5 = 0$이므로 $\mathbf{x} = x_2\mathbf{e}_2 + x_3\mathbf{e}_3$이다. 따라서, $C(\tilde{A})$에 포함되지 않는 $N(\tilde{A})$의 벡터는 $\mathbf{e}_3$이다.

결론적으로, $\{\mathbf{v}_1, \mathbf{v}_2\}$는 고윳값 8에 대해 길이가 2인 조르당 벡터열, $\{\mathbf{v}_3, \mathbf{y}\}$는 고윳값 0에 대해 길이가 2인 조르당 벡터열, $\{\mathbf{e}_3\}$은 고윳값 0에 대해 길이가 1인 조르당 벡터열이 된다.

따라서, 340쪽의 설명과 같이 가역행렬 M을 $M = \big(\mathbf{v}_3 \,|\, \mathbf{y} \,|\, \mathbf{v}_1 \,|\, \mathbf{v}_2 \,|\, \mathbf{e}_3\big)$으로 잡고 역행렬 M^{-1}를 구하면, 다음과 같이 조르당 표준형 $J_{\tilde{A}} = M^{-1}\tilde{A}M$과 $J_A = M^{-1}AM$을 얻는다.

$$M^{-1} = \begin{pmatrix} 0 & \frac{1}{8} & 0 & 0 & -\frac{1}{8} \\ 0 & 0 & 0 & 1 & 0 \\ \frac{1}{8} & 0 & 0 & \frac{1}{8} & 0 \\ 0 & 0 & 0 & 0 & 1 \\ 0 & 0 & 1 & 0 & 0 \end{pmatrix}, \quad J_{\tilde{A}} = \begin{pmatrix} 0 & 1 & 0 & 0 & 0 \\ 0 & 0 & 0 & 0 & 0 \\ 0 & 0 & 8 & 1 & 0 \\ 0 & 0 & 0 & 8 & 0 \\ 0 & 0 & 0 & 0 & 0 \end{pmatrix}, \quad J_A = \begin{pmatrix} 1 & 1 & 0 & 0 & 0 \\ 0 & 1 & 0 & 0 & 0 \\ 0 & 0 & 9 & 1 & 0 \\ 0 & 0 & 0 & 9 & 0 \\ 0 & 0 & 0 & 0 & 0 \end{pmatrix}.$$

□

문제 8.2.1. 다음 각 행렬의 조르당 분해를 구하고, 고윳값에 대한 조르당 벡터열을 각각 구하시오.

(가) $\begin{pmatrix} 8 & 0 & 8 \\ 0 & 0 & 8 \\ 0 & 0 & 8 \end{pmatrix}$ (나) $\begin{pmatrix} 2 & 1 & 2 \\ 0 & 2 & 0 \\ 0 & 0 & 2 \end{pmatrix}$

예제 8.2.2. 조르당블록 $J_m(\lambda)$와 조르당행렬 $J = J_{m_1}(\lambda_1) \oplus J_{m_2}(\lambda_2) \oplus \cdots \oplus J_{m_p}(\lambda_p)$에 대하여 다음을 보이시오.

(가) 조르당블록 $J_m(\lambda)$는 $J_m(\lambda)^{\mathrm{T}}$와 닮음행렬임을 보이시오.
(나) 조르당행렬 J는 J^{T}와 닮음행렬임을 보이시오.

풀이 : $m \times m$ 행렬 Q_m은 m개의 $(k, m-k+1)$, $(1 \le k \le m)$ 성분만 1이고 나머지 성분은 모두 0인 치환행렬이라 하자. (가) $Q_m^{-1} J_m(\lambda) Q_m$을 계산하면

$$Q_m^{-1} J_m(\lambda) Q_m = \begin{pmatrix} 0 & 0 & \cdots & 0 & 1 \\ 0 & 0 & \iddots & 1 & 0 \\ \vdots & \iddots & \iddots & \iddots & \vdots \\ 0 & 1 & \iddots & 0 & 0 \\ 1 & 0 & \cdots & 0 & 0 \end{pmatrix} \begin{pmatrix} \lambda & 1 & 0 & \cdots & 0 \\ 0 & \lambda & 1 & \ddots & 0 \\ \vdots & \ddots & \ddots & \ddots & \vdots \\ 0 & 0 & \ddots & \lambda & 1 \\ 0 & 0 & \cdots & 0 & \lambda \end{pmatrix} \begin{pmatrix} 0 & 0 & \cdots & 0 & 1 \\ 0 & 0 & \iddots & 1 & 0 \\ \vdots & \iddots & \iddots & \iddots & \vdots \\ 0 & 1 & \iddots & 0 & 0 \\ 1 & 0 & \cdots & 0 & 0 \end{pmatrix}$$

로부터

$$Q_m^{-1} J_m(\lambda) Q_m = \begin{pmatrix} \lambda & 0 & 0 & \cdots & 0 \\ 1 & \lambda & 0 & \ddots & 0 \\ \vdots & \ddots & \ddots & \ddots & \vdots \\ 0 & 0 & \ddots & \lambda & 0 \\ 0 & 0 & \cdots & 1 & \lambda \end{pmatrix} = J_m(\lambda)^{\mathrm{T}}$$

이다. 따라서, 두 행렬 $J_m(\lambda)$와 $J_m(\lambda)^{\mathrm{T}}$는 서로 닮음행렬이다.

(나) $n = m_1 + m_2 + \cdots + m_p$라 할 때, $n \times n$ 행렬 Q를 $Q = Q_{m_1} \oplus Q_{m_2} \oplus \cdots \oplus Q_{m_p}$라 하자. 이때, 다음과 같이 $Q^2 = I_n$이므로 $Q^{-1} = Q$이다.

$$Q^2 = \begin{pmatrix} Q_{m_1}^2 & O & \cdots & O \\ O & Q_{m_2}^2 & \ddots & O \\ \vdots & \ddots & \ddots & \vdots \\ O & O & \cdots & Q_{m_p}^2 \end{pmatrix} = I_n$$

따라서, 다음 관계식

$$\begin{aligned} Q^{-1}JQ =& \left(Q_{m_1}^{-1}J_{m_1}(\lambda_1)Q_{m_1}\right) \oplus \left(Q_{m_2}^{-1}J_{m_2}(\lambda_2)Q_{m_2}\right) \oplus \cdots \oplus \left(Q_{m_p}^{-1}J_{m_p}(\lambda_p)Q_{m_p}\right) \\ =& J_{m_1}(\lambda_1)^{\mathrm{T}} \oplus \cdots \oplus J_{m_p}(\lambda_p)^{\mathrm{T}} = \left(J_{m_1}(\lambda_1) \oplus \cdots \oplus J_{m_p}(\lambda_p)\right)^{\mathrm{T}} = J^{\mathrm{T}} \end{aligned}$$

가 성립하여, J와 J^{T}는 닮음행렬이 된다. □

문제 8.2.2. 임의의 $n \times n$ 복소행렬 A는 자신의 전치행렬 A^{T}와 닮음행렬이 됨을 보이시오.

임의의 행렬에 대한 조르당 분해의 증명 과정에서 행렬 M을 결정할 때, 동일한 고윳값 λ에 대한 조르당 벡터열이 연이어 나열되도록 조절할 수 있다. 더구나, 동일한 고윳값 λ에 대응되는 조르당블록 $J_{m_i}(\lambda)$ $(1 \le i \le p)$의 크기가 감소하는 순서대로 대응되는 조르당 벡터를 나열할 수 있다. 이때, $n(\lambda) = m_1 + \cdots + m_p$라 하면, 조르당 표준형 J에서 λ에 대응되는 조르당블록들로 만들어진 $n(\lambda) \times n(\lambda)$ 부분행렬 J_λ와 J는 각각

$$J_\lambda = \begin{pmatrix} J_{m_1} & O & O & O \\ O & J_{m_2} & O & O \\ O & O & \ddots & O \\ O & O & O & J_{m_p} \end{pmatrix}, \quad J = \begin{pmatrix} J_{\lambda_1} & O & O & O \\ O & J_{\lambda_2} & O & O \\ O & O & \ddots & O \\ O & O & O & J_{\lambda_s} \end{pmatrix} \text{(단, } s \ge 1) \tag{8.18}$$

형태가 된다 (단, $m_1 \ge m_2 \ge \cdots \ge m_p$). 따라서, 행렬 A에 대한 조르당 표준형을 식 (8.18)처럼 구하면 유일하게 결정된다는 것을 쉽게 확인할 수 있다.[11)]

문제 8.2.3. $A^2 = I_n$을 만족하는 정사각행렬 A는 $r + s = n$을 만족하는 음아닌 정수 r, s에 대해

$$\begin{pmatrix} I_r & O \\ O & -I_s \end{pmatrix}$$

와 닮음행렬이 됨을 보이시오.

조르당 표준형의 특성과 그 응용

조르당 표준형의 특성을 잘 파악하고 있으면, 조르당 표준형을 구할 때에도 복잡한 계산을 많이 줄일 수 있다. 우선, A의 조르당 표준형이 J라면, $M^{-1}AM = J$가 성립하므로 A와 J는 동일한 특성다항식을 갖게 된다. 또, 음아닌 정수 k에 대해 $M^{-1}A^kM = J^k$이므로 $\mathrm{rank}(A^k) = \mathrm{rank}(J^k)$가 성립한다.[12)]

11) A로부터 결정된 조르당행렬 J를 조르당 표준형이라고 부르는 이유이기도 하다.

12) 일반적으로 동일한 크기의 행렬 P, B, C에 대해 $P^{-1}CP = B$이면 $N(B) = \{\mathbf{b}_1, \cdots, \mathbf{b}_\ell\} \iff N(C) = \{P\mathbf{b}_1, \cdots, P\mathbf{b}_\ell\}$이므로 $\mathrm{nullity}(B) = \mathrm{nullity}(C)$가 성립한다.

이제, 조르당 표준형의 특성을 살펴보자. $n \times n$ 행렬 A의 조르당 표준형이

$$M^{-1}AM = \begin{pmatrix} J_{n_1}(\lambda_1) & & & \\ & J_{n_2}(\lambda_2) & & \\ & & \ddots & \\ & & & J_{n_k}(\lambda_k) \end{pmatrix} \quad \begin{pmatrix} \text{단, 서로 다른 } i,\ j \text{에 대해} \\ \lambda_i = \lambda_j \text{ 일 수 있다.} \end{pmatrix}$$

일 때, 다음과 같은 성질이 성립한다.

[특성 1] 조르당블록의 개수 k는 A의 일차독립인 고유벡터의 개수와 같다.

[특성 2] A가 대각화 가능할 필요충분조건은 $n = k$인 것이다.

[특성 3] 고윳값 λ에 대응되는 조르당블록의 개수는 고윳값 λ의 기하학적 중복도가 되고, 이것은 고윳값 λ에 대응되는 고유공간의 차원이다. 즉, $\mathcal{N}(\lambda) = \{i \in \{1,\ 2,\ \cdots,\ k\} : \lambda_i = \lambda\}$라 할 때, $n(\mathcal{N}(\lambda)) = \dim(E_A(\lambda))$이다.[13] 따라서, 고윳값 λ에 대응되는 조르당블록의 크기를 모두 더한 값 $\sum_{i \in \mathcal{N}(\lambda)} n_i$ 는 λ의 대수적 중복도가 된다.

[특성 4] 행렬 A의 조르당 표준형은 A의 각 고윳값에 대한 대수적 중복도와 기하학적 중복도를 아는 것만으로 결정할 수 없고 각 조르당블록 $J_{n_i}(\lambda_i)$의 크기를 알아야 한다. 우선, 고윳값 λ_i에 대응되는 조르당블록 중 가장 큰 조르당블록의 크기는 A의 (최소다항식의 해로써) 고윳값 λ_i의 중복도 m_i이다. 또, 고윳값 λ_i에 대응되는 나머지 조르당블록의 크기는 각 $\ell = 1,\ 2,\ \cdots,\ m_i$에 대해 $\operatorname{rank}\big((A - \lambda I_n)^{\ell}\big)$를 조사하면 결정할 수 있다. 예를 들어, $\mathcal{N}(\lambda) = \{1,\ 2,\ 3,\ 4,\ 5\}$인 경우를 생각해보자.

$$M^{-1}AM = \left(\begin{array}{c} \begin{array}{|ccc|cc|cc|c|c|} \hline \lambda & 1 & 0 & & & & & & \\ 0 & \lambda & 1 & & & & & & \\ 0 & 0 & \lambda & & & & & & \\ \hline & & & \lambda & 1 & & & & \\ & & & 0 & \lambda & & & & \\ \hline & & & & & \lambda & 1 & & \\ & & & & & 0 & \lambda & & \\ \hline & & & & & & & \lambda & \\ \hline & & & & & & & & \lambda \\ \hline \end{array} & & & \\ & J_{n_6}(\lambda_6) & & \\ & & \ddots & \\ & & & J_{n_k}(\lambda_k) \end{array}\right)$$

13) 유한집합 $\mathcal{N}(\lambda)$에 대해 $n(\mathcal{N}(\lambda))$은 원소의 개수를 나타낸다.

이때, $J_{n_i}(\lambda_i) - \lambda I_n = J_{n_i}(\lambda_i - \lambda)$ 이므로

$$M^{-1}(A-\lambda I_n)M$$
$$= \begin{pmatrix} \begin{array}{|ccc|cc|cc|c|c|} \hline 0&1&0&&&&&&\\ 0&0&1&&&&&&\\ 0&0&0&&&&&&\\ \hline &&&0&1&&&&\\ &&&0&0&&&&\\ \hline &&&&&0&1&&\\ &&&&&0&0&&\\ \hline &&&&&&&0&\\ \hline &&&&&&&&0\\ \hline \end{array} & & & \\ & J_{n_6}(\lambda_6-\lambda) & & \\ & & \ddots & \\ & & & J_{n_k}(\lambda_k-\lambda) \end{pmatrix}$$

이고, 블록행렬의 곱셈을 이용하면 다음을 얻는다.

$$M^{-1}(A-\lambda I_n)^2 M$$
$$= \begin{pmatrix} \begin{array}{|ccc|cc|cc|c|c|} \hline 0&0&1&&&&&&\\ 0&0&0&&&&&&\\ 0&0&0&&&&&&\\ \hline &&&0&0&&&&\\ &&&0&0&&&&\\ \hline &&&&&0&0&&\\ &&&&&0&0&&\\ \hline &&&&&&&0&\\ \hline &&&&&&&&0\\ \hline \end{array} & & & \\ & \left(J_{n_6}(\lambda_6-\lambda)\right)^2 & & \\ & & \ddots & \\ & & & \left(J_{n_k}(\lambda_k-\lambda)\right)^2 \end{pmatrix}$$

따라서, 9×9 영행렬 O_9에 대해

$$M^{-1}(A-\lambda I_n)^3 M = \left(\begin{array}{c|c|c|c} O_9 & & & \\ \hline & \big(J_{n_6}(\lambda_6-\lambda)\big)^3 & & \\ \hline & & \ddots & \\ \hline & & & \big(J_{n_k}(\lambda_k-\lambda)\big)^3 \end{array}\right) \tag{8.19}$$

를 얻는다. $\lambda_i \neq \lambda$일 때, 조르당블록의 멱승 $\big(J_{n_i}(\lambda_i-\lambda)\big)^\ell$의 주대각선 성분은 모두 $(\lambda_i-\lambda)^\ell$이므로 $\operatorname{rank}\big(J_{n_i}(\lambda_i-\lambda)^\ell\big) = n_i$가 된다. 따라서 모든 $\ell \geq 3$에 대해

$$\operatorname{rank}(A-\lambda I_n)^\ell = \operatorname{rank}\big(M^{-1}(A-\lambda I_n)M^\ell\big) = n_6+n_7+\cdots+n_k$$

가 성립한다.[14] 이제 식을 간단하게 하기 위해 $r := n_6+n_7+\cdots+n_k$라 하고, 고윳값 λ에 대응되는 조르당블록들의 크기를 구하는 법을 살펴보자.
앞의 계산에서 보았듯이, 고윳값 0에 대응되는 $p \times p$ 조르당블록 $J_p(0)$에 대해

$$\operatorname{rank}\big(J_p(0)\big) = p-1, \quad \operatorname{rank}\big((J_p(0))^2\big) = p-2, \quad \cdots, \quad \operatorname{rank}\big((J_p(0))^p\big) = 0$$

이 성립한다. 따라서, 크기가 3인 조르당블록의 개수를 b_3, 크기가 2인 조르당블록의 개수를 b_2, 크기가 1인 조르당블록의 개수를 b_1이라 할 때, 다음 조건

$$\operatorname{rank}\big((A-\lambda I_n)^2\big) = \operatorname{rank}\big(M^{-1}(A-\lambda I_n)^2 M\big) = \operatorname{rank}\big((A-\lambda I_n)^3\big) + b_3$$

으로부터 $b_3 = 1$을 얻고, 조건

$$\begin{aligned}\operatorname{rank}\big((A-\lambda I_n)\big) =& \operatorname{rank}\big(M^{-1}(A-\lambda I_n)M\big)\\ =& \operatorname{rank}\big((A-\lambda I_n)^2\big) + b_3 + b_2 = \operatorname{rank}\big((A-\lambda I_n)^3\big) + 2b_3 + b_2\end{aligned}$$

로부터 $b_2 = 2$가 됨을 알 수 있다. 마지막으로 $b_1 = 2$라는 사실은

$$b_1 = (\lambda\text{의 대수적 중복도}) - 3b_3 - 2b_2 = 9-3-4 = 2$$

또는

$$b_1 = (\lambda\text{의 기하학적 중복도}) - b_3 - b_2 = 5-1-2 = 2$$

와 일치함을 알 수 있다.

앞에서 살펴본 조르당 표준형의 특성을 잘 이해하면, $n \times n$ 행렬 A의 조르당 표준형을 구하는 알고리즘을 다음과 같이 생각할 수 있다. 이 알고리즘은 비교적 크기가 작은 행렬의 조르당 표준형을 구할 때에 아주 유용하다.

---

14) 이때, 3은 A의 최소다항식의 해 λ에 대한 중복도를 나타낸다.

조르당 표준형을 구하는 알고리즘

[단계 1] 행렬 A의 특성다항식으로부터 A의 고윳값 λ_i와 각 고윳값 λ_i에 대한 대수적 중복도 a_i를 구한다.

$$(\lambda-\lambda_1)^{a_1}(\lambda-\lambda_2)^{a_2}\cdots(\lambda-\lambda_k)^{a_\ell} \quad (\text{단, } a_1+a_2+\cdots+a_\ell=n)$$

[단계 2] 각 고윳값 λ_i $(1\le i\le \ell)$에 대해, $m=1$부터 차례로 1씩 증가시키면

$$\operatorname{rank}\big((A-\lambda I_n)^m\big)$$

는 감소하는데, 더 이상 감소하지 않게 되는 최소의 자연수 m을 m_i라 하자. 즉, 모든 $m\ge m_i$에 대해 $\operatorname{rank}\big((A-\lambda I_n)^m\big)$는 상수값이 되고, $m<m_i$에 대해

$$\operatorname{rank}\big((A-\lambda I_n)^{m_i}\big)<\operatorname{rank}\big((A-\lambda I_n)^m\big)$$

가 성립한다. 실제로 m_i는 A의 고윳값 λ_i의 기하학적 중복도를 나타내며, λ_i에 대응되는 조르당블록 중 가장 큰 조르당블록의 크기를 나타낸다.[a)]

[단계 3] [단계 2]에서 구한 각 m_i $(1\le i\le \ell)$에 대해, λ_i에 대응되는 조르당블록 중 크기가 m_i인 조르당블록의 개수 b_{m_i}는

$$b_{m_i}=\operatorname{rank}\big((A-\lambda I_n)^{m_i-1}\big)-\operatorname{rank}\big((A-\lambda I_n)^{m_i}\big)$$

이다. $1\le j\le m_i-2$인 j에 대해 크기가 m_i-j인 조르당블록의 개수 b_{m_i-j}는 다음과 같이 점화식으로부터 계산할 수 있다.

$$b_{m_i-j}=\operatorname{rank}\big((A-\lambda I_n)^{m_i-j-1}\big)-\operatorname{rank}\big((A-\lambda I_n)^{m_i-j}\big)-b_{m_i-j+1}$$

[단계 4] [단계 2]에서 구한 각 m_i $(1\le i\le \ell)$에 대해, 크기가 1인 조르당블록의 개수 b_1은 [단계 1]에서 구한 λ_i의 대수적 중복도 a_i와 [단계 3]에서 구한 $b_2, \cdots, b_{m_i}$에 대해

$$b_1=a_i-2b_2-\cdots-m_ib_{m_i}=a_i-\sum_{j=2}^{m_i} jb_j$$

이다. 또, 이 값은 λ_i의 기하학적 중복도 g_i에 대해

$$b_1=g_i-\sum_{j=2}^{m_i} b_j$$

가 된다.

a) A의 고윳값 λ_i의 기하학적 중복도는 λ_i에 대응되는 고유공간의 차원이다.

예제 8.2.3. 행렬 A의 특성다항식이 $p_A(t) = (t+3)^4(t-4)^2$ 일 때, A의 가능한 조르당 표준형을 모두 구하시오.

풀이 : 고윳값 λ에 대응되는 조르당블록 중 가장 큰 크기를 m_λ라 하고, 고윳값 λ에 대응되는 모든 조르당블록을 대각성분으로 갖는 블록행렬을 $J(\lambda)$라 하자.

m_{-3}의 가능한 네 가지 경우 $m_{-3} = 1, 2, 3, 4$에 대해 가능한 조르당블록을 구하자. $m_{-3} = 1$일 때, $\lambda = -3$에 대응되는 $J(-3)$은

$$J(-3) = J_1(-3) \oplus J_1(-3) \oplus J_1(-3) \oplus J_1(-3) = -3I_4$$

이다. $m_{-3} = 2$인 경우에 크기가 2인 조르당블록의 개수는 1개 또는 2개이므로 가능한 $J(-3)$은

$$J(-3) = J_2(-3) \oplus J_2(-3) \quad \text{또는} \quad J(-3) = J_2(-3) \oplus J_1(-3) \oplus J_1(-3)$$

이다. $m_{-3} = 3$인 경우에는 크기가 3인 조르당블록의 개수는 1개이므로 가능한 $J(-3)$은

$$J(-3) = J_3(-3) \oplus J_1(-3)$$

이다. 마지막으로 $m_{-3} = 4$일 때는

$$J(-3) = J_4(-3)$$

이 되어, 가능한 $J(-3)$은 총 5가지이다.

비슷한 방법으로 가능한 $J(4)$은 다음과 같이 총 2가지이다.

$$J(4) = J_2(4) \quad \text{또는} \quad J(4) = J_1(4) \oplus J_1(4)$$

결론적으로 가능한 A의 조르당 표준형은 고윳값 -3에 대응되는 조르당블록부터 나열할 때, $J(-3)$과 $J(4)$의 조합으로부터 총 10가지의 $J_A = \begin{pmatrix} J(-3) & O \\ O & J(4) \end{pmatrix}$ 이다. □

문제 8.2.4. 행렬 A의 특성다항식은 $p_A(t) = (t-2)^4(t-1)^2$ 이고, 최소다항식이 6차 다항식일 때, 행렬 A의 조르당 표준형을 구하시오.

문제 8.2.5. 다음 행렬 A의 조르당 표준형을 구하시오.

$$A = \begin{pmatrix} 2 & -1 & 0 & 1 \\ 0 & 3 & -1 & 0 \\ 0 & 1 & 1 & 0 \\ 0 & -1 & 0 & 3 \end{pmatrix}$$

예제 8.2.4. $(2m+1) \times (2m+1)$ 조르당블록 $J_{2m+1}(0)$에 대해 행렬 A는 $A = \left(J_{2m+1}(0)\right)^2$으로 정의된다. A의 조르당 표준형을 구하시오.

풀이 : A의 특성다항식은 $p_A(x) = x^{2m+1}$이므로 고윳값은 0이다. 한편, $\big(J_{2m+1}(0)\big)^k = O$가 만족되는 최소의 자연수 k는 $2m+1$이므로, $A^\ell = \big(J_{2m+1}(0)\big)^{2\ell} = O$를 만족하는 최소의 자연수 ℓ은 $\ell = m+1$이다. 따라서, 고윳값 0에 대응되는 조르당블록 중 가장 큰 조르당블록의 크기는 $m+1$이다.

이제 가장 큰 조르당블록 $J_{m+1}(0)$의 개수는

$$b_{m+1} = \operatorname{rank}(A^m) = \operatorname{rank}\big((J_{2m+1}(0))^{2m}\big) = 1$$

로부터 1개이고, 크기가 1 감소한 조르당블록 $J_m(0)$의 개수는 아래에서 보듯이 1개이다.

$$\begin{aligned} b_m &= \operatorname{rank}(A^{m-1}) - \operatorname{rank}(A^m) - b_{m+1} \\ &= \operatorname{rank}\big((J_{2m+1}(0))^{2m-2}\big) - \operatorname{rank}\big((J_{2m+1}(0))^{2m}\big) - 1 = 3 - 1 - 1 = 1 \end{aligned}$$

이때, $2m+1 = (m+1)b_{m+1} + mb_m$이므로 A의 조르당 표준형은 $J_A = J_{m+1}(0) \oplus J_m(0)$이 된다. □

한편, 조르당 표준형을 구하는 알고리즘에 따라 행렬 A의 조르당 표준형을 구하고 나면, A의 최소다항식을 쉽게 구할 수 있다. 즉, 알고리즘의 [단계 2]에서 각 고윳값 λ_i $(i = 1, 2, \cdots, \ell)$에 대해 구한 m_i 값들을 이용하면 A의 최소다항식 $m_A(x)$는

$$m_A(x) = (x - \lambda_1)^{m_1} \cdots (x - \lambda_\ell)^{m_\ell}$$

가 된다.

문제 8.2.6. $2m \times 2m$ 조르당블록 $J_{2m}(0)$에 대해 행렬 A는 $A = \big(J_{2m}(0)\big)^2$으로 정의된다. A의 조르당 표준형을 구하시오.

문제 8.2.7. $A^2 = \begin{pmatrix} 0 & 1 \\ 0 & 0 \end{pmatrix}$를 만족하는 2×2 행렬 A는 존재하지 않음을 보이시오.

문제 8.2.8. $A^3 = I_n$을 만족하는 $n \times n$ 행렬 A의 가능한 조르당 표준형을 모두 구하시오.

조르당 표준형과 최소다항식

정사각행렬 A가 서로 다른 고윳값 $\lambda_1, \lambda_2, \cdots, \lambda_\ell$을 갖는다고 하자. A의 조르당 표준형에서 각 고윳값 λ_i $(1 \le i \le \ell)$에 대응되는 조르당블록 중 가장 큰 조르당블록의 크기가 m_i라고 하자. 이때, A의 최소다항식 $m_A(x)$는 다음과 같다.

$$m_A(x) = \prod_{i=1}^{\ell} (x - \lambda_i)^{m_i}$$

예제 8.2.5. 행렬 $A = \begin{pmatrix} 3 & 1 & 0 \\ -1 & 1 & 0 \\ 0 & 0 & 2 \end{pmatrix}$의 최소다항식과 조르당 표준형을 구하시오.

풀이 : 행렬 A의 특성다항식을 구하면

$$\det(A - \lambda I_3) = \det \begin{pmatrix} 3-\lambda & 1 & 0 \\ -1 & 1-\lambda & 0 \\ 0 & 0 & 2-\lambda \end{pmatrix} = -(t-2)^3$$

이다. 또, $(A - 2I_3) \neq O$이고 $(A - 2I_2)^2 = O$이므로 A의 최소다항식은 $m_A(x) = (x-2)^2$이고, 고윳값 $\lambda = 2$에 대응되는 조르당블록 중 가장 큰 조르당블록의 크기는 2이다.

한편, A의 크기가 3이므로 크기가 2인 조르당블록은 1개 밖에 될 수 없고, 크기가 1인 조르당블록도 1개이다. [15] 따라서, A의 조르당 표준형은

$$J_A = \begin{pmatrix} 2 & 1 & 0 \\ 0 & 2 & 0 \\ 0 & 0 & 2 \end{pmatrix}$$

이다. □

문제 8.2.9. 예제 8.2.5의 행렬 A와 조르당 표준형 J_A에 대해 $M^{-1}AM = J_A$가 되는 행렬 M을 구하시오.
(도움말 : 조르당 벡터열로부터 M을 구하는 336~340 쪽의 설명을 참고하시오.)

문제 8.2.10. $n \times n$ 복소행렬 A에 대해 $A^2 = A^3$가 성립하면, 행렬 A는 $r + 2t + s = n$을 만족하는 음아닌 정수 r, t, s에 대해 다음 행렬 J와 닮음행렬이 됨을 보이시오. (단, O_s는 $s \times s$ 영행렬)

$$J = I_r \oplus \underbrace{\begin{pmatrix} 0 & 1 \\ 0 & 0 \end{pmatrix} \oplus \cdots \oplus \begin{pmatrix} 0 & 1 \\ 0 & 0 \end{pmatrix}}_{t\text{개}} \oplus O_s$$

문제 8.2.11. 실수 a, b, c에 대해, 다음 행렬 A의 가능한 최소다항식을 a, b, c의 조건에 따라 모두 구하시오.

15) 일반적으로는 $\operatorname{rank}(A - 2I_3) = 1$로부터 크기가 2인 조르당블록이 한 개임을 보이지만, 이 경우에는 주어진 상황으로부터 쉽게 알 수 있다.

또, 가능한 A의 조르당 표준형을 a, b, c의 조건에 따라 모두 구하시오.

$$A = \begin{pmatrix} 0 & a & 0 & 0 \\ 0 & 0 & b & 0 \\ 0 & 0 & 0 & c \\ 0 & 0 & 0 & 0 \end{pmatrix}$$

이제 8.1절에서 미루어 둔 다음 정리를 증명하자.

특성다항식과 최소다항식이 같은 행렬

행렬 $A \in \mathcal{M}_{n,n}(\mathbb{F})$가 A의 특성다항식의 동반행렬과 닮음행렬이 될 필요충분조건은 A의 특성다항식과 최소다항식이 일치하는 것이다.

증명 : 행렬 A의 특성다항식과 최소다항식이 $f(x)$로 일치하면 A가 A의 특성다항식의 동반행렬과 닮음행렬임을 보이면 된다.

$f(x) = 0$의 서로 다른 해를 $\lambda_1, \cdots, \lambda_r$ $(1 \le r \le n)$라 하면 $f(x)$는

$$f(x) = (x - \lambda_1)^{n_1}(x - \lambda_2)^{n_2} \cdots (x - \lambda_r)^{n_r}, \quad (\text{단}, n_1 + n_2 + \cdots + n_r = n)$$

꼴이다. $f(x)$가 최소다항식이므로, 각 고윳값 λ_i에 대응되는 조르당블록 중 가장 큰 조르당블록의 크기는 n_i이다. 또, $f(x)$가 특성다항식이므로 $n_1 + \cdots + n_r = n$이다. 따라서, 각 고윳값에 대응되는 조르당블록은 1개가 되어

$$J_A = J_{n_1}(\lambda_1) \oplus J_{n_2}(\lambda_2) \oplus \cdots \oplus J_{n_r}(\lambda_r) \tag{8.20}$$

이 된다.

특성다항식과 최소다항식이 일치하는 경우에 $\lambda_1 \ge \lambda_2 \ge \cdots \ge \lambda_r$의 순서로 배열한 조르당 표준형은 항상 식 (8.20)꼴이 된다. 따라서, A의 특성다항식의 동반행렬 C_f에 대한 조르당 표준형과 A의 조르당 표준형은 일치하므로

$$M_1^{-1} C_f M_1 = J_{C_f} = J_A = M_2^{-1} A M_2 \implies C_f = (M_2 M_1^{-1})^{-1} A (M_2 M_1^{-1})$$

가 성립하고, 이로부터 A와 C_f는 닮음행렬이 된다. □

조르당블록 $J_r(\lambda)$와 임의의 자연수 n에 대해 $J_r(\lambda)^n$에 대한 공식을 구할 수 있으므로[16], 임의의 행렬 A의 조르당 분해가 $A = M\big(J_{n_1}(\lambda_1) \oplus \cdots \oplus J_{n_r}(\lambda_r)\big)M^{-1}$일 때, A^n은 블록행렬의 곱셈을 이용하여

$$A^n = M\Big(\big(J_{n_1}(\lambda_1)\big)^n \oplus \cdots \oplus \big(J_{n_r}(\lambda_r)\big)^n\Big)M^{-1}$$

와 같이 쉽게 구할 수 있다.

16) 조르당블록의 멱승에 대한 공식은 353 쪽 식 (8.22)를 참고하시오.

8.3 행렬의 대각화, 삼각형화와 조르당 분해의 응용 [좀 더 알아보기]

[미리보기] 행렬 A의 대각화나 삼각형화 그리고 조르당 분해는 선형 점화관계로부터 일반항을 구하는 문제나, 연립 선형미분방정식을 풀 때 중요하게 이용된다. 또, 마르코프 행렬의 멱승에 대한 극한을 구할 때도 대각화를 포함한 행렬의 조르당 분해는 중요하게 이용된다.

대각화나 조르당 분해를 이용하여 행렬의 멱승을 구하는 방법을 살펴보자. n차 정사각행렬 A가 $A = P\,\mathrm{Diag}(\lambda_1, \cdots, \lambda_n)P^{-1}$로 대각화 가능한 경우, A^k은 다음과 같이 쉽게 구할 수 있다.

$$\begin{aligned} A^k =& \Big(P\,\mathrm{Diag}(\lambda_1, \cdots, \lambda_n)P^{-1}\Big) \cdots \Big(P\,\mathrm{Diag}(\lambda_1, \cdots, \lambda_n)P^{-1}\Big) \\ =& P\Big(\mathrm{Diag}(\lambda_1, \cdots, \lambda_n)\Big)^k P^{-1} \\ =& P\,\mathrm{Diag}(\lambda_1^k, \cdots, \lambda_n^k)P^{-1} \end{aligned}$$

A가 대각화 가능하지 않은 경우에 A^k를 구하려면, A의 조르당 분해 $A = MJ_AM^{-1}$에서 A의 조르당 표준형 J_A가 $J_A = J_{n_1}(\lambda_1) \oplus \cdots \oplus J_{n_r}(\lambda_r)$일 때

$$\begin{aligned} A^k =& \Big(MJ_AM^{-1}\Big) \cdots \Big(MJ_AM^{-1}\Big) \\ =& M\Big(J_{n_1}(\lambda_1) \oplus \cdots \oplus J_{n_r}(\lambda_r)\Big)^k M^{-1} \\ =& M\Big(\big(J_{n_1}(\lambda_1)\big)^k \oplus \cdots \big(J_{n_r}(\lambda_r)\big)^k\Big)M^{-1} \end{aligned}$$

가 되므로, 각 조르당블록에 대해 $\big(J_{n_i}(\lambda_i)\big)^k$ $(1 \le i \le r)$을 구할 수 있으면 된다.

예를 들어, 조르당블록 $J_4(\lambda)$에 대해 4×4 행렬 N을

$$N = J_4(\lambda) - \lambda I_4$$

로 정의하면, 행렬 N은 $(i, i+1)$ $(1 \le i \le 3)$ 성분만 1이고 나머지 성분은 모두 0인 행렬이다. 특히, $k \ge 4$인 모든 k에 대해 $N^k = O$이 되므로 N을 **멱영원행렬**라고 부른다.

또, 단위행렬 I_4과 멱영행렬 N은 곱셈에 대한 교환법칙이 성립하므로, 다항식의 이항전개식

$$(x+y)^n = \sum_{k=0}^{n} \binom{n}{k} x^k y^{n-k}, \quad \text{단,} \quad \binom{n}{k} = \frac{n!}{k!(n-k)!}$$

에 대응되는 다음 식을 얻을 수 있다.

$$\begin{aligned} \big(J_4(\lambda)\big)^n =& (\lambda I_4 + N)^n = \lambda^n I_n + \sum_{k=1}^{n} \binom{n}{k} \lambda^{n-k} N^k \\ =& \lambda^n I_n + n\lambda^{n-1}N + \frac{n(n-1)}{2}\lambda^{n-2}N^2 + \frac{n(n-1)(n-2)}{6}\lambda^{n-3}N^3 \end{aligned}$$

따라서, $|\lambda| < 1$인 임의의 복소수에 대해 $\lim_{n\to\infty} \big(J_4(\lambda)\big)^n = O$이 됨을 보일 수 있다.

조르당블록의 멱승 계산

다양한 응용을 살펴보기 전에 우선 일반적인 조르당블록의 멱승을 구해보자. 각 $1 \le i \le r-1$에 대해 $(i, i+1)$ 성분만 1이고 나머지 성분은 모두 0인 $r \times r$ 행렬을 N_r라 하자. 이때, $n \ge r$인 모든 n에 대해 $(N_r)^n = O$이 성립하는데, 이런 행렬 N_r를 **멱영원행렬**이라 부른다.

예를 들어 $r=4$이면,

$$N_4=\begin{pmatrix}0&1&0&0\\0&0&1&0\\0&0&0&1\\0&0&0&0\end{pmatrix},\ N_4^2=\begin{pmatrix}0&0&1&0\\0&0&0&1\\0&0&0&0\\0&0&0&0\end{pmatrix},\ N_4^3=\begin{pmatrix}0&0&0&1\\0&0&0&0\\0&0&0&0\\0&0&0&0\end{pmatrix},\ N_4^4=\begin{pmatrix}0&0&0&0\\0&0&0&0\\0&0&0&0\\0&0&0&0\end{pmatrix}$$

이다.

한편, N_r를 이용하여 크기가 r인 조르당블록 $J_r(\lambda)$를 나타내면

$$J_r(\lambda)=\lambda I_r+N_r$$

가 되는데, I_r과 N_r은 곱셈에 대해 교환법칙이 성립하므로 다항식에 대한 이항전개로부터 조르당블록의 멱승에 대한 다음 식을 얻는다.

$$\big(J_r(\lambda)\big)^n=(\lambda I_r+N_r)^n=\lambda^n I_r+\sum_{k=1}^{n}\binom{n}{k}\lambda^{n-k}N_r^k \quad \left(\text{단, } \binom{n}{k}=\frac{n!}{k!(n-k)!}\right) \tag{8.21}$$

특히, $n\ge r$일 때, r보다 크거나 같은 모든 k에 대해 $N_r^k=O$이므로

$$\begin{aligned}\big(J_r(\lambda)\big)^n=\lambda^n I_r+n\lambda^{n-1}N_r+&\frac{n(n-1)}{2!}\lambda^{n-2}N_r^2\\ &+\cdots+\frac{n(n-1)\cdots(n-r+2)}{(r-1)!}\lambda^{n-r+1}N_r^{r-1}\end{aligned} \tag{8.22}$$

이 된다.

예제 8.3.1. 절댓값이 1보다 크거나 같은 복소수 λ에 대해, 모든 성분이 양수인 행렬 A의 조르당 표준형이 조르당블록 $J_k(\lambda)$이라 하자. 만약 $k>1$이면, 다음 조건을 만족하는 $i,\ j\ (1\le i,\ j\le k)$가 존재함을 보이시오.

$$\lim_{n\to\infty}\left(A^n\right)_{ij}=\infty$$

풀이 : $M^{-1}AM=J_k(\lambda)$를 만족하는 가역행렬 M이 존재하므로 $M^{-1}A^nM=\big(J_k(\lambda)\big)^n$이 되고, 식 (8.22)로부터 $\big(J_k(\lambda)\big)^n$의 $(1,2)$ 성분이 $n\lambda^{n-1}$이므로 다음이 성립한다.

$$\lim_{n\to\infty}\left|\big(J_k(\lambda)^n\big)_{12}\right|=\lim_{n\to\infty}n|\lambda|^{n-1}=\infty.$$

한편, 행렬 A의 모든 성분이 양수이므로 A^n의 모든 성분도 양수가 된다. 따라서, 만약 $\lim_{n\to\infty}\left(A^n\right)_{ij}=\infty$인 (i,j) 성분이 존재하지 않는다면 모든 $1\le i,\ j\le k$와 모든 $n=1,\ 2,\ \cdots$에 대해 $\left|\left(A^n\right)_{ij}\right|<K_1$를 만족하는 양수 K_1가 존재한다.

또, M 의 k^2 개의 성분 M_{ij} 의 최댓값을 K_2, M^{-1} 의 성분들의 최댓값을 K_3 라 하자. 이때,

$$\begin{aligned} \left|\left(J_k(\lambda)^n\right)_{12}\right| = \left|(M^{-1}A^nM)_{12}\right| &= \left|\sum_{i=1}^{k}(M^{-1})_{1i}(AM)_{i2}\right| \\ &= \left|\sum_{i=1}^{k}\sum_{j=1}^{k}\left(M^{-1}\right)_{1i}A_{ij}M_{j2}\right| \leq k^2K_1K_2K_3 \end{aligned}$$

이므로 $\lim_{n\to\infty}\left(J_k(\lambda)\right)^n = \infty$ 라는 사실에 모순이다. 따라서, $\lim_{n\to\infty}\left(A^n\right)_{ij} = \infty$ 인 (i,j) 성분이 존재한다. □

문제 8.3.1. 크기가 r 인 조르당블록 $J_r(\lambda)$ 에 대해 다음을 보이시오.

(가) 식 (8.22)에서 $|\lambda| < 1$ 이면 각 항에 대해 다음이 성립함을 보이시오.

$$0 \leq \lim_{n\to\infty}\left|\frac{n(n-1)\cdots(n-k+1)}{k!}\lambda^{n-k}\right| \leq \lim_{n\to\infty} n^k|\lambda|^{n-k} = 0, \ \ (1 \leq k \leq r)$$

(나) 식 (8.22)에서 $|\lambda| < 1$ 이면 다음이 성립함을 보이시오.

$$\lim_{n\to\infty}\left(J_r(\lambda)\right)^n = O$$

(단, 행렬의 극한은 274쪽에서 정의한 것처럼 각 성분에 대해 극한을 취해 얻어지는 행렬을 뜻한다.)

선형 점화관계

점화식으로 주어진 수열의 일반항을 구할 때, 행렬의 대각화를 이용하면 편리한 경우가 있다. 예를 들어, 첫 번째 항이 각각 $a_1(1), \cdots, a_r(1)$ 인 r 개의 수열 $\{a_1(n)\}_{n=1}^{\infty}$, $\{a_2(n)\}_{n=1}^{\infty}$, $\cdots$, $\{a_r(n)\}_{n=1}^{\infty}$ 이 $r \times r$ 행렬 A 에 대해 다음 연립 선형 점화관계식

$$\begin{cases} a_1(n+1) = A_{11}a_1(n) + A_{12}a_2(n) + \cdots + A_{1r}a_r(n) \\ \qquad\qquad\vdots \\ a_r(n+1) = A_{r1}a_1(n) + A_{r2}a_2(n) + \cdots + A_{rr}a_r(n) \end{cases} \iff \begin{pmatrix} a_1(n+1) \\ \vdots \\ a_r(n+1) \end{pmatrix} = A\begin{pmatrix} a_1(n) \\ \vdots \\ a_r(n) \end{pmatrix} \tag{8.23}$$

을 만족할 때, 각 수열의 일반항 $a_k(n)$ $(1 \leq k \leq r)$ 을 구하는 문제를 들 수 있다. 이런 형태의 연립 선형 점화관계는 서로 다른 종사이의 개체 수의 변화 관계라든지, 도시 사이의 인구 유동수의 변화 등을 수학적으로 모델링할 때 자주 등장한다.

또 다른 예로, 수열 $\{a(n)\}_{n=1}^{\infty}$ 의 $n+1$ 번째 항 $a(n+1)$ 이 r 개의 연속된 이전 항

$$a(n-r+1),\ a(n-r+2),\ \cdots,\ a(n)$$

에 관한 r 계 점화관계식

$$a(n+1) = c_1 a(n-r+1) + c_2 a(n-r+2) + \cdots + c_r a(n) \quad (n \geq r)$$

을 만족하는 수열을 생각할 수 있다. 이 경우에도 다음과 같이 $r \times r$ 동반행렬[17]을 이용하여 점화관계를 나타낼 수 있다.

$$\begin{pmatrix} a(n+1) \\ a(n) \\ \vdots \\ a(n-r+2) \end{pmatrix} = \begin{pmatrix} c_r & c_{r-1} & \cdots & c_1 \\ 1 & 0 & & \\ & \ddots & \ddots & \\ & & 1 & 0 \end{pmatrix} \begin{pmatrix} a(n) \\ a(n-1) \\ \vdots \\ a(n-r+1) \end{pmatrix} \tag{8.24}$$

특히, 위의 $r \times r$ 행렬을 A라 하고 다음과 같이 r 개의 새로운 수열을 정의하면,

$$a_1(n) := a(n), \quad a_2(n) := a(n-1), \quad \cdots a_r(n) := a(n-r+1) \quad (n \geq r)$$

식 (8.24)의 r 계 점화관계로 주어진 수열도 식 (8.23)의 연립 선형 점화관계식으로 주어진 수열 문제로 바꾸어 생각할 수 있다.

이처럼 수열의 점화관계를 행렬로 표현할 수 있는 경우, 상황에 맞게 행렬의 대각화, 삼각형화, 조르당 분해를 이용하면 수열의 일반항을 쉽게 구할 수 있다. 예제를 통하여 각 경우에 수열의 일반항을 구해보자.

먼저, 행렬의 대각화를 이용한 예제를 살펴보자.

예제 8.3.2. 다음 연립 선형 점화관계를 만족하는 수열 $\{a(n)\}_{n=1}^{\infty}$, $\{b(n)\}_{n=1}^{\infty}$ 의 일반항을 구하시오. 또, $\lim_{n\to\infty} a(n)/b(n)$을 구하시오.

$$\begin{cases} a(n+1) = 4a(n) - 2b(n) \\ b(n+1) = a(n) + b(n) \end{cases}, \quad \begin{cases} a(1) = 100 \\ b(1) = 10 \end{cases}$$

풀이 : 행렬 A를 $A = \begin{pmatrix} 4 & -2 \\ 1 & 1 \end{pmatrix}$, 벡터 X_n을 $X_n = \begin{pmatrix} a(n) \\ b(n) \end{pmatrix}$ 으로 정의하면, 주어진 연립 선형 점화관계는

$$X_{n+1} = AX_n \iff X_n = A^{n-1}X_1, \quad (n \geq 1)$$

로 나타낼 수 있다.

17) 332쪽 참고

이때, 행렬 A의 고윳값은 $\lambda_1 = 2$와 $\lambda_2 = 3$이고, 대응되는 고유벡터와 행렬의 대각화는 다음과 같다.

$$\text{고유벡터 : } \mathbf{v}_1 = \begin{pmatrix} 1 \\ 1 \end{pmatrix}, \ \mathbf{v}_2 = \begin{pmatrix} 2 \\ 1 \end{pmatrix},$$

$$\text{행렬의 대각화: } P = \begin{pmatrix} 1 & 2 \\ 1 & 1 \end{pmatrix} \text{ 에 대해 } A = P\,\mathrm{Diag}(2,\, 3)\,P^{-1}$$

한편, [미리보기]에서 살펴본 바와 같이 $A^{n-1} = P\,\mathrm{Diag}(2^{n-1},\, 3^{n-1})P^{-1}$이므로

$$\begin{pmatrix} a(n) \\ b(n) \end{pmatrix} = \begin{pmatrix} 1 & 2 \\ 1 & 1 \end{pmatrix} \begin{pmatrix} 2^{n-1} & 0 \\ 0 & 3^{n-1} \end{pmatrix} \begin{pmatrix} -1 & 2 \\ 1 & -1 \end{pmatrix} \begin{pmatrix} 100 \\ 10 \end{pmatrix} = \begin{pmatrix} 60 \cdot 3^n - 40 \cdot 2^n \\ 30 \cdot 3^n - 40 \cdot 2^n \end{pmatrix}$$

를 얻는다.

따라서, $\displaystyle\lim_{n\to\infty} \frac{a(n)}{b(n)} = \lim_{n\to\infty} \frac{60 \cdot 3^n - 40 \cdot 2^n}{30 \cdot 3^n - 40 \cdot 2^n} = 2$가 된다. □

문제 8.3.2. 수열 $1, 1, 2, 3, 5, 8, \cdots$는 연속한 두 항의 합이 다음 항이 되는 피보나치 수열이다. 피보나치 수열을 점화관계로 나타내면 $a(n+1) = a(n) + a(n-1),\ n \geq 2$인 2계 점화관계를 만족한다. 다음 물음에 답하시오.

(가) 이 수열의 일반항 $a(n)$을 구하시오.

(나) 극한값 $\displaystyle\lim_{n\to\infty} \frac{2^n a(n)}{(1+\sqrt{5})^n}$을 구하시오.

행렬 A가 대각화 가능하지 않은 경우에는 행렬의 삼각형화[18)]를 유용하게 이용할 수도 있다. 다음 예제를 통해 행렬의 삼각형화를 이용하는 방법을 알아보자.

예제 8.3.3. 다음 연립 선형 점화관계를 만족하는 수열의 일반항 $a(n), b(n)$을 첫째 항 $a(1), b(1)$을 이용하여 나타내시오.

$$\begin{cases} a(n+1) = a(n) + b(n) \\ b(n+1) = -a(n) + 3b(n) \end{cases}$$

풀이 : 주어진 점화관계를 행렬 2×2 행렬 A를 이용하여 나타내면 다음과 같다.

$$X_n = \begin{pmatrix} a(n) \\ b(n) \end{pmatrix}, \quad A = \begin{pmatrix} 1 & 1 \\ -1 & 3 \end{pmatrix}, \quad X_{n+1} = A\,X_n\,. \tag{8.25}$$

18) 259 쪽을 참고하시오.

A의 특성다항식 $p_A = (x-2)^2$ 으로부터 A의 고윳값은 2이고, 고윳값 2에 대응되는 고유공간은 $\mathbf{v}_1 = (1,\,1)^{\mathrm{T}}$로 생성되는 1차원 부분공간이다. 따라서, A는 대각화가능하지 않다.

이제, 259 쪽 삼각형화 가능성에 대한 정리의 증명을 따라 A를 삼각형화하기 위해, $\mathbf{v}_2$를 $\mathbf{v}_2 = (0,\,1)^{\mathrm{T}}$로 두고, $\mathcal{M}_{2,1}(\mathbb{R})$의 기저 $\mathcal{B}_1 = \{\mathbf{v}_1,\,\mathbf{v}_2\}$를 잡자. 선형사상 L을 $L(\mathbf{x}) = A\mathbf{x}$로 정의하면 표준기저에 대한 L의 행렬표현은 A이고, 기저 $\mathcal{B}$에 대한 L의 행렬표현은

$$[L]_{\mathcal{B}} = \begin{pmatrix} 2 & 1 \\ 0 & 2 \end{pmatrix}$$

가 된다. 따라서, 기저 $\mathcal{B}$에서 표준기저로 가는 추이행렬은 $P_{\mathcal{B},\mathcal{S}} = \begin{pmatrix} 1 & 0 \\ 1 & 1 \end{pmatrix}$이고, 242 쪽 기저변환에 행렬표현의 관계식 (6.22)으로부터

$$[L]_{\mathcal{B}} = P_{\mathcal{B},\mathcal{S}}^{-1}\,A\,P_{\mathcal{B},\mathcal{S}} \iff \begin{pmatrix} 2 & 1 \\ 0 & 2 \end{pmatrix} = \begin{pmatrix} 1 & 0 \\ -1 & 1 \end{pmatrix}\begin{pmatrix} 1 & 1 \\ -1 & 3 \end{pmatrix}\begin{pmatrix} 1 & 0 \\ 1 & 1 \end{pmatrix}$$

가 성립한다. 따라서, A는 행렬 $P_{\mathcal{B},\mathcal{S}}$에 의해 삼각형화된다.

이제, 추이행렬 $P_{\mathcal{B},\mathcal{S}}$에 대해 $Y_n = \big(c(n),\,d(n)\big)^{\mathrm{T}}$을 $Y_n = P_{\mathcal{B},\mathcal{S}}^{-1}X_n$으로 정의하면, $c(1) = a(1),\ d(1) = -a(1) + b(1)$이고

$$X_{n+1} = A\,X_n \iff Y_{n+1} = [L]_{\mathcal{B}}\,Y_n \iff \begin{pmatrix} c(n+1) \\ d(n+1) \end{pmatrix} = \begin{pmatrix} 2c(n) + d(n) \\ 2d(n) \end{pmatrix} \tag{8.26}$$

가 성립한다. 이때, 두 번째 성분으로부터 $d(n)$은 공비가 2인 등비수열이므로

$$d(n) = d(1)2^{n-1}$$

이 되고, 이 결과를 첫 번째 성분에 대입하면

$$c(n+1) = 2c(n) + d(1)2^{n-1}$$

이 된다. c_2부터 차례로 규칙을 찾으면

$$\begin{aligned} c(2) =& 2c(1) + d(1) \\ c(3) =& 2c(2) + d(1)2 = 2^2c(1) + 2d(1)2 \\ c(4) =& 2c(3) + d(1)2^2 = 2^3c(1) + 3d(1)2^2 \\ c(5) =& 2c(4) + d(1)2^3 = 2^4c(1) + 4d(1)2^3 \\ &\vdots \end{aligned}$$

가 되고, 수학적 귀납법을 이용하여

$$c(n) = 2^{n-1}c(1) + (n-1)d(1)2^{n-2}$$

이 됨을 보일 수 있다. 따라서, 구하는 $a(n)$, $b(n)$은 다음과 같다.

$$\begin{pmatrix} a(n) \\ b(n) \end{pmatrix} = P_{\mathcal{B},\mathcal{S}} \begin{pmatrix} c(n) \\ d(n) \end{pmatrix} = \begin{pmatrix} 1 & 0 \\ 1 & 1 \end{pmatrix} \begin{pmatrix} 2^{n-1}a(1) + (n-1)\big(b(1) - a(1)\big)2^{n-2} \\ \big(b(1) - a(1)\big)2^{n-1} \end{pmatrix}$$
$$= \begin{pmatrix} 2^{n-1}a(1) + (n-1)\big(b(1) - a(1)\big)2^{n-2} \\ 2^{n-1}a(1) + (n+1)\big(b(1) - a(1)\big)2^{n-2} \end{pmatrix} \qquad \square$$

위 예제에서 보았듯이 연립 선형 점화관계식이 $r \times r$ 행렬 A에 대해 $X_{n+1} = A\,X_n$으로 주어지고, A가 대각화 가능하지 않은 경우에 A의 삼각형화가 $T = S^{-1}\,A\,S$와 같이 상삼각행렬 T로 주어지면, $Y_n = S^{-1}X_n$으로 정의하여 $Y_{n+1} = T\,Y_n$로 변형할 수 있다. 이 때, T가 상삼각행렬이므로 $Y_n = \big(y_1(n), \cdots, y_r(n)\big)$에서 마지막 수열에 대한 점화식 $y_r(n+1) = T_{rr}y_r(n)$으로부터 $y_r(n)$을 구한 다음, 이를 $y_{r-1}(n+1) = T_{(r-1)(r-1)}y_{r-1}(n) + T_{rr}y_r(n)$에 대입하여 $y_{r-1}(n)$을 구한다. 이와 같이 역순으로 대입해 나가며 일반항을 구하면 Y_n을 구할 수 있고, $X_n = S\,Y_n$으로부터 X_n을 구할 수 있다.

마지막으로 예제 8.3.3의 연립 선형 점화관계식을 조르당 분해를 이용하여 풀어보자.

예제 8.3.4. 행렬의 조르당 분해를 이용하여 다음 연립 선형 점화관계를 만족하는 수열의 일반항 $a(n)$, $b(n)$을 첫째 항 $a(1)$, $b(1)$을 이용하여 나타내시오.

$$X_n = \begin{pmatrix} a(n) \\ b(n) \end{pmatrix}, \quad A = \begin{pmatrix} 1 & 1 \\ -1 & 3 \end{pmatrix}, \quad X_{n+1} = A\,X_n$$

풀이 : $X_{n+1} = A\,X_n$으로부터 $X_n = A^{n-1}\,X_1$이므로 A의 멱승을 계산하면 된다. 336 쪽의 단계에 따라 A의 조르당 분해를 구해보자. 우선 A가 가역행렬이므로 A의 고윳값 2에 대해 $\tilde{A} = A - 2I_2$로 두고 $\tilde{A} = \begin{pmatrix} -1 & 1 \\ -1 & 1 \end{pmatrix}$의 조르당 분해부터 구하자.

$\operatorname{rank}(\tilde{A}) = 1$이므로 $C(\tilde{A}) \cap N(\tilde{A})$는 $\mathbf{v}_1 = (1, 1)^{\mathrm{T}}$로 생성되는 1 차원 부분공간이다. 이제, $\tilde{A}\mathbf{y}_1 = \mathbf{v}_1$을 만족하는 벡터를 구하면

$$\mathbf{y}_1 = t\begin{pmatrix} 1 \\ 1 \end{pmatrix} + \begin{pmatrix} 0 \\ 1 \end{pmatrix} = \begin{pmatrix} t \\ 1+t \end{pmatrix}, \quad t \in \mathbb{R}$$

이다. 따라서, 행렬 S를 $S = (\mathbf{v}_1, \mathbf{y}_1)$로 두면 다음과 같이 $\tilde{A}$의 조르당 분해를 얻고,

$$S^{-1}\,A\,S = \begin{pmatrix} t+1 & -t \\ -1 & 1 \end{pmatrix} \begin{pmatrix} -1 & 1 \\ -1 & 1 \end{pmatrix} \begin{pmatrix} 1 & t \\ 1 & t+1 \end{pmatrix} = \begin{pmatrix} 0 & 1 \\ 0 & 0 \end{pmatrix}$$

결론적으로 A의 조르당 분해를 얻는다.

$$S^{-1}AS = \begin{pmatrix} 2 & 1 \\ 0 & 2 \end{pmatrix} \iff A = S \begin{pmatrix} 2 & 1 \\ 0 & 2 \end{pmatrix} S^{-1}$$

이제, $Y_n = \big(c(n),\, d(n)\big)^{\mathrm{T}} = S^{-1}X_n$ 으로 두면 $Y_{n+1} = J_2(2)\,Y_n \iff Y_n = \big(J_2(2)\big)^{n-1}Y_1$ 이고, 식 (8.22)로부터 2×2 조르당블록에 대해 $\big(J_2(\lambda)\big)^n = \begin{pmatrix} \lambda^n & n\lambda^{n-1} \\ 0 & \lambda^n \end{pmatrix}$ 이 성립하므로 다음과 같이 예제 8.3.3과 동일한 결과를 얻는다.

$$Y_n = \big(J_2(2)\big)^{n-1}Y_1 \iff \begin{pmatrix} c(n) \\ d(n) \end{pmatrix} = \begin{pmatrix} 2^{n-1} & (n-1)2^{n-2} \\ 0 & 2^{n-1} \end{pmatrix} \begin{pmatrix} c(1) \\ d(1) \end{pmatrix}$$

$$\begin{aligned} X_n = S\,Y_n \iff \begin{pmatrix} a(n) \\ b(n) \end{pmatrix} &= \begin{pmatrix} 1 & t \\ 1 & t+1 \end{pmatrix} \begin{pmatrix} 2^{n-1} & (n-1)2^{n-2} \\ 0 & 2^{n-1} \end{pmatrix} \begin{pmatrix} t+1 & -t \\ -1 & 1 \end{pmatrix} \begin{pmatrix} a(1) \\ b(1) \end{pmatrix} \\ &= \begin{pmatrix} 2^{n-1}a(1) + (n-1)\big(b(1) - a(1)\big)2^{n-2} \\ 2^{n-1}a(1) + (n+1)\big(b(1) - a(1)\big)2^{n-2} \end{pmatrix} \end{aligned}$$

□

문제 8.3.3. 다음 연립 선형 점화관계를 만족하는 수열 $\{a(n)\}$, $\{b(n)\}$, $\{c(n)\}$ 의 일반항을 각 수열의 첫째 항을 이용하여 나타내시오.

$$\begin{cases} a(n+1) = a(n) + b(n) + c(n) \\ b(n+1) = -a(n) + 3b(n) + c(n) \\ c(n+1) = 2c(n) \end{cases}, \quad n = 1, 2, \cdots$$

마르코프 연쇄

앞 소절에서 공부한 연립 선형 점화관계를 이용하는 예로써, 물리학, 정보통신 그리고 통계학에서 중요하게 사용되는 마르코프행렬에 대해 알아보자. 상황을 간단하게 하기 위해 $t = 0, 1, 2, \cdots$ 와 같이 불연속적으로 변화하는 시간에 따라 상태가 달라지는 물리적 체계가 있다고 가정하고, 시각이 $t = n$ 일 때

$$s_1, s_2, \cdots, s_r$$

중 어느 한 상태가 반드시 일어난다고 가정하자. 이제 시간의 변화에 따라 어떤 상태가 될 확률이 직전 상태에만 의존하는 확률과정을 마르코프 연쇄라 부른다.[19)]

19) 연속적인 시간변화를 고려하는 것을 마르코프 과정이라고 한다.

이제, 시각 $t = n$ 에서 상태 s_j 가 일어났을 때, 시각 $t = n + 1$ 에서 상태 s_i 가 일어날 확률을 p_{ij} 라고 하면 다음과 같은 $r \times r$ 행렬 P 를 얻는다.

$$P = \begin{pmatrix} p_{11} & p_{12} & \cdots & p_{1r} \\ p_{21} & p_{22} & \cdots & p_{2r} \\ \vdots & \vdots & \ddots & \vdots \\ p_{r1} & p_{r2} & \cdots & p_{rr} \end{pmatrix} \tag{8.27}$$

이때, 모든 $1 \le i, j \le r$ 에 대해

$$p_{ij} \ge 0$$

이고, 모든 $1 \le j \le r$ 에 대해

$$\sum_{i=1}^{r} p_{ij} = 1$$

이 성립한다. 일반적으로 이 두 가지 조건을 만족하는 행렬을 마르코프행렬이라 부른다.

예제 8.3.5. 어떤 물리적 체계는 시각이 $t = n$ 일 때, 세 가지 상태 s_1, s_2, s_3 중 어느 한 상태가 반드시 일어난다고 한다. 시각이 $t = n$ 에서 $t = n + 1$ 로 변할 때 상태의 변화가 다음 그림과 같다. 대응되는 마르코프행렬을 구하시오. (단, s_i 에서 s_j 로 가는 화살표와 숫자 p 는 상태 s_i 에서 s_j 로 옮겨갈 확률이 p 임을 나타낸다.)

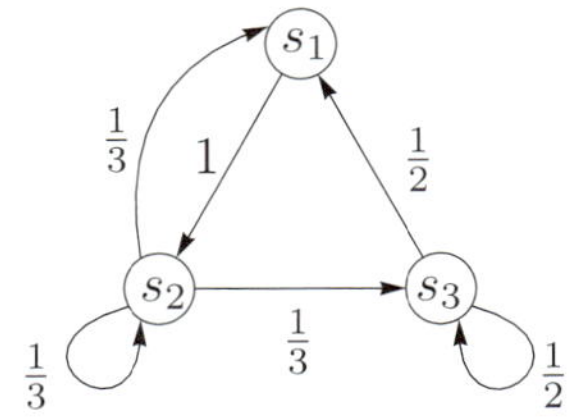

그림 8.1: 시간에 따른 상태변화

풀이 : 상태 s_j 에서 상태 s_i 로 변할 확률을 (i, j) 성분으로 갖는 마르코프행렬 P 를 구하면 다음과 같다.

$$P = \begin{pmatrix} 0 & \frac{1}{3} & \frac{1}{2} \\ 1 & \frac{1}{3} & 0 \\ 0 & \frac{1}{3} & \frac{1}{2} \end{pmatrix}.$$

□

또, $\mathcal{M}_{n,1}(\mathbb{R}) \cong \mathbb{R}^r$ 의 벡터 $\mathbf{p} = (p_1, \cdots, p_r)^{\mathrm{T}}$ 이 다음 조건

$$\text{모든 } i = 1, 2, \cdots, r \text{에 대해 } \ p_i \geq 0 \text{ 이고 } \ \sum_{i=1}^{r} p_i = 1$$

을 만족할 때, **확률벡터**라 부른다. 따라서, 마르코프행렬의 각 열벡터는 확률벡터가 된다.

이제, 식 (8.27)과 같은 마르코프행렬이 있다고 하고, $t = n$일 때 물리적 체계가 상태 $s_1, s_2, \cdots, s_r$이 될 확률을 각각 $a_1(n), a_2(n), \cdots, a_r(n)$이라 하면 벡터

$$\mathbf{a}(n) = \big(a_1(n),\, a_2(n),\, \cdots,\, a_r(n)\big)^{\mathrm{T}}$$

는 확률벡터가 된다. 또, $t = n+1$일 때 상태 s_i가 될 가능성은

$$\begin{cases} t = n\text{일 때 } s_1 \text{이고 } t = n+1 \text{ 일 때 } s_i \\ t = n\text{일 때 } s_2 \text{이고 } t = n+1 \text{ 일 때 } s_i \\ \qquad\qquad \vdots \\ t = n\text{일 때 } s_r \text{이고 } t = n+1 \text{ 일 때 } s_i \end{cases}$$

의 r가지이고, 그 확률은 각각 $p_{ij}a_j(n)$이므로

$$a_i(n+1) = \sum_{j=1}^{r} p_{ij}a_j(n)$$

을 얻는다. 이때, $\mathbf{a}(n)$의 각 성분 $a_j(n)$과 P의 각 성분 p_{ij}는 모두 음이 아닌 실수이므로 $\mathbf{a}(n+1)$의 각 성분도 음이 아닌 실수가 되고,

$$\sum_{i=1}^{r} a_i(n+1) = \sum_{i=1}^{r}\left(\sum_{j=1}^{r} p_{ij}a_j(n)\right) = \sum_{j=1}^{r}\left(\sum_{i=1}^{r} p_{ij}\right)a_j(n) = \sum_{j=1}^{r} a_j(n) = 1$$

이 성립하므로 $\mathbf{a}(n+1)$도 확률벡터가 된다.

따라서, 마르코프행렬에 대해 다음 관계식이 성립한다.

$$\mathbf{a}(n+1) = P\,\mathbf{a}(n), \quad (n = 0, 1, \cdots) \iff \mathbf{a}(n) = P^n\,\mathbf{a}(0), \quad (n = 0, 1, \cdots)$$

이때, 시간이 충분히 지남에 따라 확률벡터 $\mathbf{a}(n)$이 어떻게 변하는가 하는 것은 마르코프 연쇄에서 중요한 관심사 중 하나이다. 즉, 다음과 같이 정의된 확률벡터 $\mathbf{a}(n)$의 극한에 관심이 있다.

$$\lim_{n\to\infty} \mathbf{a}(n) = \lim_{n\to\infty} \begin{pmatrix} a_1(n) \\ \vdots \\ a_r(n) \end{pmatrix} = \begin{pmatrix} \lim_{n\to\infty} a_1(n) \\ \vdots \\ \lim_{n\to\infty} a_r(n) \end{pmatrix} \tag{8.28}$$

물론, 위 식에서 우변의 각 성분에 대해 극한이 존재한다면, 그 극한값은 0과 1사이의 값이 되어야 한다. 만약, 마르코프행렬의 모든 성분이 0보다 크면, 확률벡터 $\mathbf{a}(n)$의 초기 확률벡터

$\mathbf{a}(0)$ 에 무관하게 위 극한값이 마르코프행렬에만 의존하는 어떤 벡터로 수렴함을 보일 수 있는데, 이를 확인하기 전에 먼저 마르코프행렬의 성질부터 살펴보자.

일반적인 마르코프행렬의 성질

(가) P와 Q가 $r \times r$ 마르코프행렬이면 행렬의 곱 PQ도 마르코프행렬이다.
(나) 마르코프행렬은 1을 고윳값으로 가진다.
(다) λ가 마르코프행렬의 고윳값이면 $|\lambda| \leq 1$이다.

증명 : (가) 우선 PQ의 각 성분이 0보다 크거나 같은 것은 자명하고, 각 $1 \leq j \leq r$에 대해

$$\sum_{i=1}^{r}(PQ)_{ij} = \sum_{i=1}^{r}\left(\sum_{k=1}^{r} P_{ik}Q_{kj}\right) = \sum_{k=1}^{r}\left(\sum_{i=1}^{r} P_{ik}\right)Q_{kj} = \sum_{k=1}^{r} Q_{kj} = 1$$

이 성립하므로 PQ의 각 열벡터는 확률벡터이다. 따라서, PQ는 마르코프행렬이다.

(나) $r \times r$마르코프행렬 P의 각 열벡터는 확률벡터이므로 모든 성분이 1인 벡터 $\mathbf{v} = (1, 1, \cdots, 1)^{\mathrm{T}} \in \mathcal{M}_{r,1}(\mathbb{C})$에 대해

$$P^{\mathrm{T}}\mathbf{v} = \mathbf{v}$$

가 성립한다. 즉, $\mathbf{v}$는 P^{T}의 고윳값 1에 대응되는 고유벡터이다. 따라서, 1은 P의 고윳값도 된다 (아래 주석을 참고하시오).

(다) 복소수 λ가 $r \times r$ 마르코프행렬 P의 고윳값이라 하면 λ는 P^{T}의 고윳값도 되므로,[20] $P^{\mathrm{T}}\mathbf{w} = \lambda\,\mathbf{w}$인 고유벡터 $\mathbf{w} = (w_1, w_2, \cdots, w_r)^{\mathrm{T}} \in \mathcal{M}_{r,1}(\mathbb{C})$가 존재한다. $\mathbf{w}$의 성분 중 절댓값이 가장 큰 성분을 w_k라 하자. 이때, P의 (i, j) 성분을 P_{ij}라 하고, 등식 $P^{\mathrm{T}}\mathbf{w} = \lambda\,\mathbf{w}$의 양변에서 k번째 성분을 비교하면

$$\begin{aligned}|\lambda|\,|w_k| = |\lambda\,w_k| = \left|\sum_{j=1}^{r}(P^{\mathrm{T}})_{kj}w_j\right| &= \left|\sum_{j=1}^{r}P_{jk}w_j\right| \\ &\leq \sum_{j=1}^{r}P_{jk}|w_j| \leq \sum_{j=1}^{r}P_{jk}|w_k| = |w_k|\end{aligned} \tag{8.29}$$

이다. 따라서, $|\lambda| \leq 1$을 얻는다. □

위 정리로부터 $\lambda \in \mathbb{C}$가 마르코프행렬의 고윳값이면 $\lambda = r(\cos\theta + i\sin\theta)$ (단, $0 \leq r \leq 1$이고 $\theta \in \mathbb{R}$) 꼴이 되어야 함을 알 수 있다. 만약 마르코프행렬의 모든 성분이 양수이면 절댓값이 1인 고윳값은 $\lambda = 1$ 밖에 없고, 대응되는 기하학적 중복도가 1이 됨을 보일 수 있다.

20) P와 P^{T}는 동일한 특성다항식을 가지므로, 동일한 고윳값을 가진다. 또, 각 고윳값에 대응되는 대수적 중복도와 기하학적 중복도도 같다.

모든 성분이 양수인 마르코프행렬의 성질

모든 성분이 양수인 $r \times r$ 마르코프행렬 P의 고윳값 λ에 대해 $|\lambda|$의 최댓값은 1이고, 절댓값이 1인 고윳값은 1밖에 없다. 또, 고윳값 1에 대응되는 고유공간의 차원은 1이다. (즉, 고윳값 1의 기하학적 중복도는 1이다.[a])

a) 기하학적 중복도는 330쪽과 347쪽을 참고하시오.

증명 : 앞 정리로부터 고윳값의 크기의 최댓값은 1이다. 이제 $|\lambda| = 1$인 고윳값 λ에 대응되는 P^{T}의 고유벡터가 $\mathbf{w} = (w_1, \cdots, w_r)^{\mathrm{T}} \in \mathcal{M}_{r,1}(\mathbb{C})$라 하자. $\mathbf{w}$의 성분 중 절댓값이 가장 큰 성분이 w_k라 할 때, 식 (8.29)로부터

$$|w_k| = \left|\sum_{j=1}^{r} P^{\mathrm{T}}_{kj} w_j\right| = \left|\sum_{j=1}^{r} P_{jk} w_j\right| \leq \sum_{j=1}^{r} P_{jk}|w_j| \leq \left(\sum_{j=1}^{r} P_{jk}\right)|w_k| = |w_k|$$

가 성립한다. 이때 위 식의 양변에서 $|w_k|$를 빼면

$$0 \leq \sum_{j=1}^{r} P_{jk}\big(|w_j| - |w_k|\big) \leq 0 \implies \sum_{j=1}^{r} P_{jk}\big(|w_j| - |w_k|\big) = 0$$

이 되는데, 모든 j에 대해 $(|w_j| - |w_k|) \leq 0$이고 모든 $P_{jk} > 0$이므로 $P_{jk}\big(|w_j| - |w_k|\big) = 0$으로부터 모든 $1 \leq j \leq r$에 대해 $|w_j| = |w_k|$가 성립한다. 또, 삼각부등식에서 등호가 성립할 조건으로부터 모든 $P_{jk}w_j$가 같은 방향이 되어야 하므로, 다음 조건을 만족하는 양의 실수 t_j $(1 \leq j \leq r)$가 존재한다.

$$P_{jk}w_j = t_j P_{kk} w_k \iff w_j = \left(\frac{t_j P_{kk}}{P_{jk}}\right) w_k$$

한편, $|w_j| = |w_k|$ $(1 \leq j \leq r)$이므로 모든 $1 \leq j \leq r$에 대해 $|t_j P_{kk}/P_{jk}| = t_j P_{kk}/P_{jk} = 1$이 되어야 하고, 결론적으로 모든 $1 \leq j \leq r$에 대해 $w_j = w_k$가 성립한다.

즉, $|\lambda| = 1$일 때, $P^{\mathrm{T}}\mathbf{w} = \lambda\mathbf{w}$가 성립하면 다음이 성립한다.

- $\mathbf{w}$는 다음과 같이 모든 성분이 w_k인 벡터이다.

$$\mathbf{w} = w_k(1, 1, \cdots, 1)^{\mathrm{T}} \tag{8.30}$$

- λ에 대응되는 P^{T}의 고유공간은 벡터 $(1, 1, \cdots, 1)^{\mathrm{T}}$로 생성되는 1차원 부분공간이다.
- 등식 $P^{\mathrm{T}}\mathbf{w} = \lambda\,\mathbf{w}$의 양변에서 k번째 성분을 비교하면

$$w_k = w_k \sum_{j=1}^{r} (P^{\mathrm{T}})_{kj} = \lambda\, w_k$$

  이므로 $\lambda = 1$이 된다.

한편, P와 P^{T}는 동일한 특성다항식과 최소다항식을 가지므로 동일한 고윳값을 가지고, 각 고윳값에 대한 대수적 중복도와 기하학적 중복도도 같다. 따라서, 마르코프행렬 P의 고윳값 중 절댓값이 1인 고윳값은 1 밖에 없고, 고윳값 1에 대응되는 고유공간의 차원도 1이다. [21)] □

이제 식 (8.28)과 관련하여 마르코프 연쇄에 공부할 때 가장 기본적인 정리를 알아보자.

모든 성분이 양수인 마르코프행렬에 대한 극한정리

$r \times r$ 마르코프행렬 P의 모든 성분이 양수라고 하자. 이때, 다음이 성립한다.

(가) P의 고윳값 1에 대응되는 고유공간은 1차원 부분공간이고, 확률벡터 $\mathbf{s}$로 생성된다. (특히, 고윳값 1의 대수적 중복도는 1이다.)

(나) 모든 성분이 1인 벡터를 $\mathbf{q} = (1, 1, \cdots, 1)^{\mathrm{T}} \in \mathcal{M}_{n,1}(\mathbb{C})$라 할 때, 마르코프행렬 P^n의 극한은 계수가 1인 행렬 $S = \mathbf{s}\mathbf{q}^{\mathrm{T}}$가 된다.

$$\lim_{n\to\infty} P^n = S = \begin{pmatrix}\mathbf{s} & \mathbf{s} & \cdots & \mathbf{s}\end{pmatrix}$$

(다) 확률벡터 $\mathbf{x} \in \mathcal{M}_{r,1}(\mathbb{C})$가 임의로 주어질 때, 마르코프 연쇄

$$\mathbf{a}(0) = \mathbf{x}, \quad \mathbf{a}(n+1) = P\mathbf{a}(n), \ (n \geq 0)$$

에 대해 $\lim_{n\to\infty} \mathbf{a}(n) = \mathbf{s}$이다. 즉, 초기 확률벡터에 무관하게 마르코프 연쇄는 항상 $\mathbf{s}$로 수렴한다.

$$\lim_{n\to\infty} P^n\mathbf{x} = \mathbf{s}$$

증명 : 마르코프행렬 P의 모든 성분이 양수이므로, P의 서로 다른 k개의 고윳값은 $\lambda_1 = 1$을 포함하여

$$1 = \lambda_1 > |\lambda_2| \geq |\lambda_3| \geq \cdots \geq |\lambda_k|$$

가 성립하고, 고윳값 1에 대응되는 고유공간의 차원이 1이다. 따라서, P의 조르당 표준형 J_P에서 고윳값 1에 대응되는 조르당블록의 개수는 1개이고, 가역행렬 M에 대해

$$M^{-1}PM = J_P = J_{n_1}(1) \oplus J_{n_2}(\lambda_2) \oplus \cdots \oplus J_{n_k}(\lambda_k)$$

21) $\mathrm{rank}(P - \lambda I_r) = \mathrm{rank}\big((P - \lambda I_r)^{\mathrm{T}}\big) = \mathrm{rank}(P^{\mathrm{T}} - \lambda I_r)$이므로 $\mathrm{nullity}(P - \lambda I_r) = \mathrm{nullity}(P^{\mathrm{T}} - \lambda I_r)$이 되어 λ에 대응되는 P의 고유공간과 P^{T}의 고유공간은 동일한 차원을 갖는다. 즉, 두 행렬에 대한 λ의 기하학적 중복도는 같다. 또 다른 방법으로는, 문제 8.2.2에 의해 P와 P^{T}는 닮음행렬이 되므로, 324쪽 정리에 의해 두 행렬의 최소다항식이 같음을 보일 수도 있다.

가 된다. 따라서, 문제 8.3.1로부터

$$\begin{aligned}\lim_{n\to\infty} M^{-1}P^nM &= \lim_{n\to\infty}\Big(\big(J_{n_1}(1)\big)^n \oplus \big(J_{n_2}(\lambda_2)\big)^n \oplus\cdots\oplus \big(J_{n_k}(\lambda_k)\big)^n\Big)\\ &=\Big(\lim_{n\to\infty}\big(J_{n_1}(1)\big)^n\Big)\oplus O\oplus\cdots\oplus O\end{aligned}$$

를 얻는다.

한편, 마르코프행렬끼리의 곱셈도 마르코프행렬이 되므로 임의의 자연수 n에 대해 P^n도 마르코프행렬이 되고, P^n의 모든 (i,j) 성분은 1보다 작다. 따라서, 모든 자연수 n에 대해 $M^{-1}P^nM$의 각 (i,j)성분도 어떤 상수 K보다 작다.[22] 따라서, 예제 8.3.1에 의해 고윳값 1에 대응되는 조르당블록 $J_{n_1}(1)$에서 $n_1 = 1$이 되어야 한다. 결론적으로 다음 결과

$$\lim_{n\to\infty} M^{-1}P^nM = \mathbf{e}_1\mathbf{e}_1^{\mathrm{T}} \iff \lim_{n\to\infty} P^n = M\mathbf{e}_1\mathbf{e}_1^{\mathrm{T}}M^{-1}, \quad (\text{단, } \mathbf{e}_1 = (1, 0, \cdots, 0)^{\mathrm{T}})$$

를 얻는다.

이제, 두 벡터 $\mathbf{v}$와 $\mathbf{w}$를

$$\mathbf{v} := M\mathbf{e}_1, \quad \mathbf{w} := \big(M^{-1}\big)^{\mathrm{T}}\mathbf{e}_1$$

로 두면, $\mathbf{v}$는 P의 고윳값 1에 대응되는 고유벡터이고[23] $\lim_{n\to\infty} P^n = \mathbf{v}\mathbf{w}^{\mathrm{T}}$이다.

이때, 다음과 같이 $\mathbf{v}^{\mathrm{T}}\mathbf{w} = 1$이 된다.

$$\mathbf{v}^{\mathrm{T}}\mathbf{w} = \mathbf{e}_1^{\mathrm{T}}M^{\mathrm{T}}(M^{\mathrm{T}})^{-1}\mathbf{e}_1 = \mathbf{e}_1^{\mathrm{T}}\mathbf{e}_1 = 1 \tag{8.31}$$

또, $\mathbf{v}\mathbf{w}^{\mathrm{T}} = \lim_{n\to\infty} P^n = \lim_{n\to\infty} P^nP = \mathbf{v}\mathbf{w}^{\mathrm{T}}P$ 이므로

$$||\mathbf{v}||^2\mathbf{w}^{\mathrm{T}} = \mathbf{v}^{\mathrm{T}}\big(\mathbf{v}\mathbf{w}^{\mathrm{T}}\big) = \mathbf{v}^{\mathrm{T}}\big(\mathbf{v}\mathbf{w}^{\mathrm{T}}P\big) = ||\mathbf{v}||^2\mathbf{w}^{\mathrm{T}}P \iff P^{\mathrm{T}}\mathbf{w} = \mathbf{w}$$

가 성립한다. 따라서, 식 (8.30)으로부터 적당한 상수 t에 대해 $\mathbf{w} = t\,(1, 1, \cdots, 1)^{\mathrm{T}}$이고,

$$\mathbf{v}\mathbf{w}^{\mathrm{T}} = (t\mathbf{v})\mathbf{q}^{\mathrm{T}}$$

---

22) M^{-1}의 모든 (i,j) 성분의 절댓값 $\big|\big(M^{-1}\big)_{ij}\big|$의 최댓값을 K_1이라 하고, M의 모든 (i,j) 성분의 절댓값의 최댓값을 K_2라 하면,

$$\begin{aligned}\big|\big(M^{-1}PM\big)_{ij}\big| &= \left|\sum_{k=1}^{r}\big(M^{-1}\big)_{ik}(PM)_{kj}\right| = \left|\sum_{k=1}^{r}\big(M^{-1}\big)_{ik}P_{k\ell}M_{\ell j}\right|\\ &\le \sum_{k=1}^{r}\sum_{\ell=1}^{r}\big|\big(M^{-1}\big)_{ik}\big|\,|P_{k\ell}|\,|M_{\ell j}| \le r^2K_1K_2\end{aligned}$$

가 성립한다. 따라서, $K = r^2K_1K_2$로 잡을 수 있다.

23) 조르당 표준형을 만드는 과정에서 M의 1열은 고윳값 1의 고유벡터가 된다.
또는, $\mathbf{v}\mathbf{w}^{\mathrm{T}} = \lim_{n\to\infty} P^n = \lim_{n\to\infty} PP^n = P\mathbf{v}\mathbf{w}^{\mathrm{T}}$이므로 $P\mathbf{v} = \mathbf{v}$가 되어 $\mathbf{v}$는 고윳값 1에 대응되는 P의 고유벡터가 됨을 보일 수도 있다.

를 얻는다 (단, $\mathbf{q} = (1, 1, \cdots, 1)^{\mathrm{T}}$). 이제 벡터 $\mathbf{s}$를 $\mathbf{s} = t\mathbf{v}$로 두면

$$S = \lim_{n\to\infty} P^n = \mathbf{s}\mathbf{q}^{\mathrm{T}} = \begin{pmatrix}\mathbf{s}\ \mathbf{s}\ \cdots \mathbf{s}\end{pmatrix}$$

가 되므로, $\mathbf{s}$가 확률벡터임을 보이면 증명이 끝난다. 식 (8.31)로부터

$$1 = \mathbf{v}^{\mathrm{T}}\mathbf{w} = \mathbf{s}^{\mathrm{T}}\mathbf{q} = \begin{pmatrix}s_1 & \cdots s_r\end{pmatrix}\begin{pmatrix}1\\ \vdots \\ 1\end{pmatrix} = \sum_{i=1}^{r} s_i$$

가 성립하므로, $\mathbf{s}$의 모든 성분의 합은 1이다.

또, 임의의 확률벡터 $\mathbf{x} = (x_1, x_2, \cdots, x_r)^{\mathrm{T}}$에 대해

$$\lim_{n\to\infty} P^n\mathbf{x} = \left(\mathbf{s}\mathbf{q}^{\mathrm{T}}\right)\mathbf{x} = (x_1 + \cdots + x_n)\mathbf{s} = \mathbf{s}$$

이므로 식 (8.28) 바로 아래 설명에 의해 $\mathbf{s}$의 모든 성분은 음이 아닌 실수이다. 결론적으로 $\mathbf{s}$는 확률벡터가 되고, 임의의 초기 확률벡터에 대해 (다) 의 결과가 성립한다. □

예제 8.3.6. 0 또는 1의 값을 갖는 초기값 a_0가 주어지면, 0 또는 1을 랜덤하게 나열한 수열 $a_0, a_1, a_2, \cdots$를 생성하는 어떤 장치가 있다. 각 n에 대해 a_n과 a_{n+1}이 같아질 확률이 p라 할 때, $\lim\limits_{n\to\infty} a_n$이 0이 될 확률과 1이 될 확률을 각각 구하시오.

풀이 : 각 n에 대해 두 개의 상태 $s_1 = 0$과 $s_2 = 1$이 있고, $t = n$일 때 s_i $(i = 1, 2)$의 상태에서 $t = n+1$일 때도 s_i $(i = 1, 2)$ 상태가 될 확률은 $p_{11} = p_{22} = p$이다. 또, $t = n$에서 $t = n+1$로 변할 때, s_1 상태에서 s_2 상태, 또는 s_2 상태에서 s_1 상태로 바뀔 확률은 각각 $p_{21} = p_{12} = 1-p$이다. 따라서, 대응되는 마르코프행렬 P는 모든 성분이 양수인 행렬

$$P = \begin{pmatrix} p & 1-p \\ 1-p & p \end{pmatrix}$$

가 되고, 고윳값 1에 대응되는 고유벡터 중 성분의 합이 1인 고유벡터는 $(0.5, 0.5)^{\mathrm{T}}$이다. 따라서, $\lim_{n\to\infty} a_n = 0$이 될 확률은 $\frac{1}{2}$이고, $\lim_{n\to\infty} a_n = 1$이 될 확률도 $\frac{1}{2}$이다. □

문제 8.3.4. 사람들은 자신이 들은 말을 다른 사람에게 전달할 때, 자신이 들은 것과 반대의 이야기를 전달할 가능성이 존재하고 그 확률이 0.1이라고 가정하자. 어떤 정치인 X_0가 다음 선거에 "출마한다"라고 X_1에게 말했다고 하자. X_1은 X_2에게 그 말을 전달하고, 이 과정이 반복되어 X_n은 X_{n+1}에게 전달하는 과정이 반복된다고 하자 (단, $n = 1, 2, \cdots, N$). 이 경우, X_N에게 "출마한다"고 전해질 확률은 N이 커짐에 따라 어떤 값에 가까워지는지 구하시오.

마르코프행렬에 대한 극한정리가 성립하는 핵심적인 이유는 마르코프행렬의 고윳값 중 그 크기가 최대가 되는 고윳값은 1이고, 1의 대수적 중복도와 기하학적 중복도가 모두 1이라는 것이었다. 또, 이러한 조건은 마르코프행렬의 모든 성분이 양수이면 성립한다는 것을 보일 수 있었다. 실제로는 마르코프행렬 P에 0인 성분이 있더라도 적당한 자연수 k에 대해 P^k의 모든 성분이 양수가 되면, 동일한 극한정리가 성립한다. 마르코르행렬 P에 대해 P^k의 모든 성분이 양수가 되는 자연수 k가 존재할 때, 마르코프행렬 P를 정칙마르코프행렬이라 부른다.

정칙마르코프행렬에 대한 극한정리

$r \times r$ 정칙마르코프행렬 P에 대해 다음이 성립한다.

(가) P의 고윳값 1에 대응되는 고유공간은 1차원 부분공간이고, 확률벡터 $\mathbf{s}$로 생성된다. (특히, 고윳값 1의 대수적 중복도는 1이다.)

(나) 모든 성분이 1인 벡터를 $\mathbf{q} = (1, 1, \cdots, 1)^{\mathrm{T}} \in \mathcal{M}_{n,1}(\mathbb{C})$라 할 때, 마르코프행렬 P^n의 극한은 계수가 1인 행렬 $S = \mathbf{s}\mathbf{q}^{\mathrm{T}}$가 된다.

$$\lim_{n\to\infty} P^n = S = (\mathbf{s}\ \mathbf{s}\ \cdots\ \mathbf{s})$$

(다) 확률벡터 $\mathbf{x} \in \mathcal{M}_{r,1}(\mathbb{C})$가 임의로 주어질 때, 마르코프연쇄

$$\mathbf{a}(0) = \mathbf{x}, \quad \mathbf{a}(n+1) = P\mathbf{a}(n), \ (n \geq 0)$$

에 대해 $\lim_{n\to\infty} \mathbf{a}(n) = \mathbf{s}$이다. 즉, 초기 확률벡터에 무관하게 마르코프 연쇄는 항상 $\mathbf{s}$로 수렴한다. 즉, $\lim_{n\to\infty} P^n\mathbf{x} = \mathbf{s}$이다.

증명 : 우선, 모든 성분이 양수인 마르코프행렬 $Q = P^k$에 대해 363쪽의 정리가 성립하므로, Q의 고윳값 중 크기가 최대인 고윳값은 1이고, 크기가 1인 고윳값은 1밖에 없다. 또, Q의 고윳값 1에 대응되는 기하학적 중복도는 1이고, 대수적 중복도도 1이다.[24] 따라서, 마르코프행렬 Q에 대해 364쪽의 극한정리를 적용하면, Q의 고윳값 1에 대응되는 고유벡터 중 유일하게 결정되는 확률벡터 $\mathbf{s}$와 모든 성분이 1인 벡터 $\mathbf{q}$에 대해

$$\lim_{n\to\infty} Q^n = \mathbf{s}\mathbf{q}^{\mathrm{T}}$$

가 성립한다.

한편, 일반적으로 행렬 P의 특성다항식이

$$p_P(x) = (x-\lambda_1)^{n_1}(x-\lambda_2)^{n_2}\cdots(x-\lambda_r)^{n_r}$$

24) 모든 성분이 양수인 마르코프행렬 P^k에 대해 364쪽의 극한정리 (가)를 적용하면, P^k의 고윳값 1에 대응되는 대수적 중복도가 1임을 알 수 있다.

이면, $Q = P^k$ 의 특성다항식은 $p_Q(x) = (x-\lambda_1^k)^{n_1}(x-\lambda_2^k)^{n_2}\cdots(x-\lambda_r^k)^{n_r}$ 가 된다. 그런데, $Q = P^k$ 의 고윳값 중 1이 크기가 가장 큰 고윳값이므로 P에 대해서도 1이 크기가 가장 큰 고윳값이 되고, P의 고윳값 1의 대수적 중복도와 기하학적 중복도도 모두 1이 된다. 따라서, P의 조르당 표준형을 이용하면, 364쪽의 극한정리의 증명과 똑같은 방법으로 $\lim_{n\to\infty} P^n$ 도 존재함을 알 수 있다. 따라서,

$$\lim_{n\to\infty} P^n = \lim_{n\to\infty} P^{kn} = \lim_{n\to\infty} \left(P^k\right)^n = \mathbf{s}\mathbf{q}^{\mathrm{T}}$$

가 된다. 실제로, P의 고윳값 1에 대한 기하학적 중복도가 1이므로 (즉, 1에 대응되는 고유공간의 차원이 1이므로), P의 고윳값 1에 대응되는 고유벡터는 P^k 의 고윳값 1에 대응되는 고유벡터도 된다. 따라서, 벡터 $\mathbf{s}$는 고윳값 1에 대응되는 P의 고유벡터 중 유일한 확률벡터이다.

결론적으로 정리의 (가), (나)가 성립하고, 이로부터 (다)는 쉽게 확인할 수 있다. □

예제 8.3.7. 어느 도서관에서는 매달 보유하고 있는 도서의 30%가 대출된다. 또, 매달 대출된 도서의 80%가 반납되지만, 10%는 대출이 연장되고 10%는 분실된다고 한다. 또, 이전 달에 분실처리되었던 도서의 20%가 다시 반납된다. 처음에 90만 권의 도서로 도서관이 문을 열었고 새로 구입하는 도서가 없다고 할 때, 오랜 시간이 지난 후에 도서관에 보관되어 있을 도서, 대출 중일 도서, 분실되었을 도서의 수를 예측하시오.

풀이 : 도서관 도서에 대한 세 가지 상태를 s_1(보유), s_2(대출), s_3(분실)이라 하고, 대응되는 마르코프행렬 P를 구하자. 매달 30%의 도서가 대출되므로 $P_{11} = 0.7$, $P_{21} = 0.3$, $P_{31} = 0$이다. 또, 매달 대출되었던 도서 중 80%가 반납되므로 $P_{12} = 0.8$이고, 10%는 대출연장되고 10%는 분실되므로 $P_{22} = P_{32} = 0.1$이다. 한편, 분실되었던 도서 중 20%가 반납되므로 $P_{13} = 0.2$, $P_{23} = 0$, $P_{33} = 0.8$이다. 따라서, 대응되는 마르코프행렬 P와 P^2은 다음과 같다.

$$P = \frac{1}{10}\begin{pmatrix} 7 & 8 & 2 \\ 3 & 1 & 0 \\ 0 & 1 & 8 \end{pmatrix}, \quad P^2 = \frac{1}{100}\begin{pmatrix} 73 & 66 & 30 \\ 24 & 25 & 6 \\ 3 & 9 & 64 \end{pmatrix}$$

이때, P^2의 모든 성분이 양수이므로 정칙마르코프행렬에 대한 극한정리가 성립한다.

P의 고윳값 1에 대응되는 고유벡터 중 성분의 합이 1인 고유벡터는 $\mathbf{s} = \frac{1}{9}(6, 2, 1)^{\mathrm{T}}$이므로, 초기 확률벡터 $\mathbf{a}(0) = (1, 0, 0)^{\mathrm{T}}$에 대해 $\lim_{n\to\infty} P^n\mathbf{a}(0) = \mathbf{s}$가 된다.[25)]

따라서, n이 충분히 커짐에 따라 각 상태에 있는 도서의 수는 다음 결과에 가까워진다.

보유 도서수 : 60 만 권, 대출 도서수 : 20 만 권, 분실 도서수 : 10 만 권. □

25) 앞의 정리에서 살펴보았듯이, 실제로는 초기 확률벡터와 무관하게 극한값은 $\mathbf{s}$이다.

선형 동차 미분방정식 : 조르당 분해를 이용하여 미분방정식 풀기

앞 장의 7.4절에서 연립 미분방정식 $\mathbf{y}' = A\mathbf{y}$에서 $n \times n$ 실수행렬 A가 대각화 가능하면, n개의 일차독립인 실수함수가 존재해서 일반해를 구할 수 있음을 보였다.[26] 이 소절에서는 A가 대각화 가능하지 않은 경우, 행렬 A의 조르당 분해를 이용하여 일반해를 구하는 방법에 대해 알아본다.

일반적으로 가역행렬 M에 대해 A의 조르당 분해가 $M^{-1}AM = J_A$일 때, 연립 미분방정식 $\mathbf{y}' = A\mathbf{y}$는 $\mathbf{z} = M^{-1}\mathbf{y}$에 대해 $\mathbf{z}' = J_A\mathbf{z}$와 동치인 연립 미분방정식이 된다. 이 경우 J_A의 각 조르당블록 $J_{n_k}(\lambda_k)$에 대해 미분방정식

$$\begin{pmatrix} z_1' \\ z_2' \\ \vdots \\ z_{n_k}' \end{pmatrix} = \begin{pmatrix} \lambda_k & 1 & & \\ & \lambda_k & \ddots & \\ & & \ddots & 1 \\ & & & \lambda_k \end{pmatrix} \begin{pmatrix} z_1 \\ z_2 \\ \vdots \\ z_{n_k} \end{pmatrix}$$

를 풀 수 있으면 된다. 마지막 함수에 대해 미분방정식을 풀면 $z_{n_k}(t) = c_k e^{\lambda_k}(t)$가 되고[27], 이를 바로 앞 미분방정식에 대입하면 $z_{n_k-1}'(t) = \lambda_k z_{n_k-1}(t) + c_1 e^{\lambda_k t}$를 얻는다.

한편 연속함수 f에 대해 다음 동치관계

$$z'(t) - \lambda z(t) = e^{\lambda t} f(t) \iff \big(z'(t) - \lambda z(t)\big)e^{-\lambda t} = f(t) \iff \big(z(t)e^{-\lambda t}\big)' = f(t) \quad (8.32)$$

가 성립하므로 미분방정식 $z'(t) - \lambda z(t) = e^{\lambda t} f(t)$의 해는

$$z(t)e^{-\lambda t} = \int f(t)\,dt + c \iff z(t) = e^{\lambda t} \int f(t)\,dt + ce^{\lambda t}$$

가 된다.

따라서, $z_{n_k-1}(t) = c_1 t e^{\lambda_k t} + c_2 e^{\lambda_k t}$가 되고, 이를 다시 z_{n_k-2}에 관한 미분방정식에 대입한 후 (8.32)에 따라 푸는 과정을 반복하면 주어진 연립 미분방정식의 해를 구할 수 있다. 물론, 이렇게 구한 해들이 일차독립이 됨은 쉽게 확인할 수 있다.

다음 예제를 살펴보자.

예제 8.3.8. 다음 연립 미분방정식의 일반해를 구하시오.

$$\begin{cases} y_1' = y_1 + y_2 \\ y_2' = -y_1 + 3y_2 \end{cases}$$

또, $t = 0$일 때 초기조건 $y_1 = 1,\ y_2 = 0$을 만족하는 유일한 해를 구하시오.

---

26) A를 복소행렬로 생각하여 대각화가능한 경우에도 성립함을 보였다.

27) λ_i가 복소수인 경우에도 극형식을 이용하면 $z_{n_k}(t) = e^{\lambda_k t}$로 쓸 수 있음을 기억하자. 310쪽 주석을 참고하시오.

풀이 : 주어진 연립 미분방정식을 행렬을 이용하여 나타내면

$$\begin{pmatrix} y_1' \\ y_2 \end{pmatrix} = \begin{pmatrix} 1 & 1 \\ -1 & 3 \end{pmatrix} \begin{pmatrix} y_1 \\ y_2 \end{pmatrix}$$

이다. 이때, 행렬 A의 특성다항식은 $p_A(x) = (x-2)^2$ 이고 고윳값 2에 대응되는 고유공간은 $\mathbf{v}_1 = (1, 1)^{\mathrm{T}}$ 로 생성되는 1차원 부분공간이므로 대각화 가능하지 않다.

조르당 분해를 구하기 위해 $(A-2I_2)\mathbf{x} = \mathbf{v}_1$ 이 되는 $\mathbf{x} = (x, y)^{\mathrm{T}}$ 를 구하면 $\mathbf{x} = (x, 1+x)^{\mathrm{T}}$ 가 된다. 따라서, $x = 0$ 일 때 $\mathbf{v}_2 = (0, 1)^{\mathrm{T}}$ 로 두면 $\mathbf{v}_1$, $\mathbf{v}_2$ 는 $\lambda = 2$ 에 대한 조르당 벡터열[28] 이 되고, 가역행렬 $S = (\mathbf{v}_1\ \mathbf{v}_2)$ 에 대해 A의 조르당 표준형

$$S^{-1}AS = \begin{pmatrix} 2 & 1 \\ 0 & 2 \end{pmatrix}$$

를 얻는다.

이제 $\mathbf{z} = S^{-1}\mathbf{y}$ 로 두고 미분방정식

$$\begin{pmatrix} z_1' \\ z_2' \end{pmatrix} = \begin{pmatrix} 2 & 1 \\ 0 & 2 \end{pmatrix} \begin{pmatrix} z_1 \\ z_2 \end{pmatrix}$$

를 풀면, $z_2' = 2z_2$ 로부터 $z_2(t) = c_1e^{2t}$ 가 되고, 이를 $z_1' = 2z_1 + z_2$ 에 대입하여 $z_1' - 2z_1 = c_1e^{2t}$ 를 얻는다. 또, 식 (8.32)에서처럼 이 미분방정식을 풀면, $z_1(t) = c_1te^{2t} + c_2e^{2t}$ 가 된다.

따라서, 구하는 미분방정식의 일반해는

$$\begin{aligned} \mathbf{y}_h = S\mathbf{z} = \begin{pmatrix} 1 & 0 \\ 1 & 1 \end{pmatrix} \begin{pmatrix} c_1te^{2t} + c_2e^{2t} \\ c_1e^{2t} \end{pmatrix} &= \begin{pmatrix} c_1te^{2t} + c_2e^{2t} \\ c_1e^{2t}(1+t) + c_2e^{2t} \end{pmatrix} \\ &= c_1 \begin{pmatrix} te^{2t} \\ (1+t)e^{2t} \end{pmatrix} + c_2 \begin{pmatrix} e^{2t} \\ e^{2t} \end{pmatrix} \end{aligned}$$

가 된다. 실제로 두 실수함수 해 $\boldsymbol{\phi}_1(t) = e^{2t}\big(t, (1+t)\big)^{\mathrm{T}}$ 와 $\boldsymbol{\phi}_2(t) = e^{2t}(1, 1)^{\mathrm{T}}$ 에 대해 행렬식은

$$\det\big(\boldsymbol{\phi}_1(t)\, \boldsymbol{\phi}_2(t)\big) = -e^{4t} \neq 0$$

이므로 모든 $t \in \mathbb{R}$ 에 대해 일차독립이 됨을 알 수 있다. 따라서, 위에서 구한 $\mathbf{y}_h$ 가 일반해가 됨을 알 수 있다.

이제, 주어진 초기조건을 만족하는 유일한 해를 구하면,

$$\begin{pmatrix} 1 \\ 0 \end{pmatrix} = \begin{pmatrix} y_1 \\ y_2 \end{pmatrix} = c_1 \begin{pmatrix} 0 \\ 1 \end{pmatrix} + c_2 \begin{pmatrix} 1 \\ 1 \end{pmatrix} = \begin{pmatrix} 0 & 1 \\ 1 & 1 \end{pmatrix} \begin{pmatrix} c_1 \\ c_2 \end{pmatrix} \iff \begin{pmatrix} -1 & 1 \\ 1 & 0 \end{pmatrix} \begin{pmatrix} 1 \\ 0 \end{pmatrix} = \begin{pmatrix} c_1 \\ c_2 \end{pmatrix}$$

28) 조르당 벡터열의 정의와 이를 이용하여 조르당 분해를 하는 방법은 336쪽을 참고하시오.

에서 $c_1 = -1$ 이고 $c_2 = 1$ 이므로 $y_1 = e^{2t}(1-t),\ y_2 = -te^{2t}$ 가 된다. □

문제 8.3.5. 다음 행렬 A 에 대해 연립 미분방정식 $\mathbf{y}' = A\mathbf{y}$ 의 일반해를 구하시오.

$$A = \begin{pmatrix} 2 & 1 & 0 \\ 0 & 2 & 1 \\ 0 & 0 & 2 \end{pmatrix}$$

선형 비동차 미분방정식 : 특수해를 구하는 법

지금까지 행렬의 대각화나 조르당 분해를 이용하여 선형 동차 미분방정식을 쉽게 풀 수 있음을 알았고, 비동차 미분방정식의 일반해를 구하려면 비동차 미분방정식의 특수해를 하나 구할 수만 있으면 됨을 알았다.[29)] 또, n 계 선형 미분방정식은 n 개의 함수에 대한 선형 연립 미분방정식으로 변형할 수 있으므로, 선형 연립 비동차 미분방정식의 특수해를 하나 구할 수 있으면 충분하다.

주어진 비동차 연립 미분방정식의 특수해를 구하는 한 방법은 대응되는 동차 미분방정식의 일차독립인 해 $\boldsymbol{\phi}_1, \cdots, \boldsymbol{\phi}_n$ 와 적절한 미분조건을 만족하는 함수 u_i, $(1 \le i \le n)$ 에 대해 $y = u_1(t)\boldsymbol{\phi}_1(t) + \cdots + u_n(t)\boldsymbol{\phi}_n(t)$ 가 비동차 미분방정식의 해가 되도록 함수 u_i, $(1 \le i \le n)$ 를 구하는 것이다. 이 과정을 좀 더 간단하게 설명할 수 있도록 몇 가지 정의를 도입하자.

우선, 구간 I 에서 정의된 n 개의 함수 $\mathbf{y} = (y_1, \cdots, y_n)^{\mathrm{T}}$ 에 대한 연립 미분방정식

$$\mathbf{y}' = A\mathbf{y},\ (t \in I)$$

의 일차독립인 해 $\boldsymbol{\phi}_i = \big(\phi_{1i}(t), \cdots, \phi_{ni}(t)\big)^{\mathrm{T}},\ (1 \le i \le n)$ 에 대해, $n \times n$ 행렬 $\boldsymbol{\Phi}$ 를

$$\boldsymbol{\Phi}(t) = \Big(\boldsymbol{\phi}_1(t)\ \boldsymbol{\phi}_2(t)\ \cdots\ \boldsymbol{\phi}_n(t)\Big),\ (t \in I)$$

로 정의하고, 해의 기본행렬이라 부르자. 해의 기본행렬 $\boldsymbol{\Phi}(t)$ 는 모든 $t \in I$ 에 대해 가역행렬이 된다.[30)]

한편, 연립 동차 미분방정식의 일반해는 상수벡터 $\mathbf{c} = (c_1, \cdots, c_n)^{\mathrm{T}}$ 에 대해 $\boldsymbol{\Phi}(t)\mathbf{c}$ 가 되고, 찾으려고 하는 비동차 미분방정식의 특수해는 벡터함수 $\mathbf{u}(t) = \big(u_1(t), \cdots, u_n(t)\big)^{\mathrm{T}}$ 에 대해 $\boldsymbol{\Phi}(t)\mathbf{u}(t)$ 가 된다.

이제, 벡터함수에 대한 도함수 벡터를 $\mathbf{u}'(t) = \big(u_1'(t), \cdots, u_n'(t)\big)^{\mathrm{T}}$ 로 정의하였던 것처럼, 기본행렬 $\boldsymbol{\Phi}(t)$ 에 대한 도함수 행렬도

$$\boldsymbol{\Phi}'(t) = \Big(\boldsymbol{\phi}_1'(t)\ \boldsymbol{\phi}_2'(t)\ \cdots\ \boldsymbol{\phi}_n'(t)\Big)$$

29) 301~302 쪽의 설명을 참고하시오.

30) n 개의 해 $\boldsymbol{\phi}_i(t)$ 가 모든 $i \in I$ 에 대해 일차독립이므로, 기본행렬은 가역행렬이 된다.

로 정의한다. 이때, $\big(\mathbf{\Phi}(t)\mathbf{u}(t)\big)'$는 다음과 같이 $\mathbf{\Phi}'(t)\mathbf{u}(t) + \mathbf{\Phi}(t)\mathbf{u}'(t)$ 가 된다.

$$\big(\mathbf{\Phi}(t)\mathbf{u}(t)\big)' = \Big(\sum_{i=1}^{n} u_i(t)\boldsymbol{\phi}_i(t)\Big)' = \sum_{i=1}^{n}\big(u_i'(t)\boldsymbol{\phi}_i(t) + u_i(t)\boldsymbol{\phi}_i'(t)\big) = \mathbf{\Phi}(t)\mathbf{u}'(t) + \mathbf{\Phi}'(t)\mathbf{u}(t).$$

또, 미분과 비슷하게 벡터함수의 적분도 다음과 같이 각 성분함수의 적분으로 정의한다.

$$\int_{t_0}^{t} \mathbf{u}(t)\,dt = \Big(\int_{t_0}^{t} u_1(t)\,dt,\ \int_{t_0}^{t} u_2(t)\,dt,\ \cdots,\ \int_{t_0}^{t} u_n(t)\,dt\Big)^{\mathrm{T}}.$$

이제, 연립 비동차 미분방정식 $\mathbf{y}' = A\mathbf{y} + \mathbf{f}$의 특수해를 구해보자. 먼저, 대응되는 연립 동차 미분방정식 $\mathbf{y}' = A\mathbf{y}$ 의 일차독립인 n 개의 해 $\boldsymbol{\phi}_i$, $(1 \le i \le n)$ 에 대해 해의 기본행렬을 $\mathbf{\Phi}(t)$ 라 하면,

$$\boldsymbol{\phi}_i'(t) = A\boldsymbol{\phi}_i(t)\ (1 \le i \le n) \iff \mathbf{\Phi}'(t) = A\mathbf{\Phi}(t)$$

가 성립한다. 이때, 어떤 벡터함수 $\mathbf{u}(t)$ 에 대해 $\mathbf{\Phi}(t)\mathbf{u}(t)$ 가 연립 비동차 미분방정식의 해가 된다고 가정하자. 이때, $\mathbf{\Phi}(t)$는 동차 미분방정식에 대해 해의 기본행렬이므로 $\mathbf{\Phi}'(t) = A\mathbf{\Phi}(t)$ 가 되어 다음 동치관계가 성립한다.

$$\begin{aligned}
&\big(\mathbf{\Phi}(t)\mathbf{u}(t)\big)' = A\big(\mathbf{\Phi}(t)\mathbf{u}(t)\big) + \mathbf{f}(t)\\
\iff &\mathbf{\Phi}'(t)\mathbf{u}(t) + \mathbf{\Phi}(t)\mathbf{u}'(t) = \big(A\mathbf{\Phi}(t)\big)\mathbf{u}(t) + \mathbf{f}(t) = \mathbf{\Phi}'(t)\mathbf{u}(t) + \mathbf{f}(t)\\
\iff &\mathbf{\Phi}(t)\mathbf{u}'(t) = \mathbf{f}(t)
\end{aligned}$$

따라서, $\mathbf{\Phi}(t)\mathbf{u}(t)$ 가 연립 비동차 미분방정식의 한 해가 된다면, 구간의 한 점 $t_0 \in I$ 에 대해 벡터함수 $\mathbf{u}(t)$는 다음 조건

$$\mathbf{u}'(t) = \big(\mathbf{\Phi}(t)\big)^{-1}\mathbf{f}(t) \iff \mathbf{u}(t) - \mathbf{u}(t_0) = \int_{t=0}^{t}\big(\mathbf{\Phi}(t)\big)^{-1}\mathbf{f}(t)\,dt \tag{8.33}$$

를 만족해야 한다. ($\Longleftarrow$ 방향은 벡터함수의 각 성분함수에 대해 미적분학의 기본정리를 적용하면 성립함을 알 수 있다.)

역으로 벡터함수 $\mathbf{u}(t)$ 가 식 (8.33)를 만족하면 $\mathbf{y} = \mathbf{\Phi}(t)\mathbf{u}(t)$ 가 비동차 미분방정식 $\mathbf{y}' = A\mathbf{y} + \mathbf{f}$에 대해 초기조건 $\mathbf{y}(t_0) = \mathbf{\Phi}(t_0)\mathbf{u}(t_0)$를 만족하는 유일한 해가 됨을 보이자. 식 (8.33)로부터 $\mathbf{u}'(t) = \big(\mathbf{\Phi}(t)\big)^{-1}\mathbf{f}(t)$ 이므로

$$\begin{aligned}
\mathbf{y}' = \big(\mathbf{\Phi}(t)\mathbf{u}(t)\big)' &= \mathbf{\Phi}'(t)\mathbf{u}(t) + \mathbf{\Phi}(t)\mathbf{u}'(t)\\
&= \mathbf{\Phi}'(t)\mathbf{u}(t) + \mathbf{\Phi}(t)\big(\big(\mathbf{\Phi}(t)\big)^{-1}\mathbf{f}(t)\big) = \mathbf{\Phi}'(t)\mathbf{u}(t) + \mathbf{f}(t)
\end{aligned}$$

가 된다. 따라서, 초기조건이 주어진 미분방정식에 대한 해의 존재성과 유일성 정리로부터 초기조건을 만족하는 유일한 해임을 알 수 있다.

연립 비동차 미분방정식의 특수해

성분이 상수인 $n \times n$ 행렬 A에 대해, 연립 동차 미분방정식 $\mathbf{y}' = A\mathbf{y}$, $(t \in I)$의 일차독립인 해가 구간 I에서 정의된 미분가능한 함수 $\boldsymbol{\phi}_1(t), \cdots, \boldsymbol{\phi}_n(t)\,(t \in I)$라 하자.

이때, 기본행렬 $\mathbf{\Phi}(t) = \big(\boldsymbol{\phi}_1(t)\ \cdots \boldsymbol{\phi}_n(t)\big)$와 연속함수 $y = f(t)\,(t \in I)$에 대해 함수 $\mathbf{u}(t)$를

$$\mathbf{u}(t) = \int_{t_0}^{t} \big(\mathbf{\Phi}(t)\big)^{-1}\mathbf{f}(t)\,dt,\ (t_0 \in I)$$

로 정의하면 $\mathbf{y} = \mathbf{\Phi}(t)\mathbf{u}(t)$는 연립 비동차 미분방정식 $\mathbf{y}' = A\mathbf{y} + \mathbf{f}$의 특수해가 된다. 따라서, $\mathbf{y}' = A\mathbf{y} + \mathbf{f}$의 일반해는 임의의 상수벡터 $\mathbf{c}$에 대해

$$\mathbf{\Phi}(t)\mathbf{c} + \mathbf{\Phi}(t)\mathbf{u}(t)$$

가 된다.

예제 8.3.9. 다음 비동차 연립 미분방정식의 일반해를 구하시오.

$$\begin{cases} y_1' = y_1 + y_2 + e^{-t} \\ y_2' = y_2 \end{cases}$$

풀이 : 행렬의 조르당 분해를 이용하여 동차 미분방정식의 일차독립인 두 해를 구하면

$$\boldsymbol{\phi}_1(t) = (e^t,\, 0)^{\mathrm{T}}, \quad \boldsymbol{\phi}_2(t) = (te^t,\, e^t)^{\mathrm{T}}$$

가 된다. 이때, 기본행렬 $\mathbf{\Phi}(t)$과 그 역행렬은 모든 $t \in \mathbb{R}$에 대해

$$\mathbf{\Phi}(t) = \begin{pmatrix} e^t & te^t \\ 0 & e^t \end{pmatrix}, \quad \big(\mathbf{\Phi}(t)\big)^{-1} = \begin{pmatrix} e^{-t} & -te^{-t} \\ 0 & e^{-t} \end{pmatrix}$$

이고, $\mathbf{f}(t) = (e^{-t},\, 0)^{\mathrm{T}}$에 대해 벡터함수 $\mathbf{u}(t)$는

$$\mathbf{u}(t) = \int_0^t \big(\mathbf{\Phi}(t)\big)^{-1}\mathbf{f}(t)\,dt = \int_0^t \begin{pmatrix} e^{-2t} \\ 0 \end{pmatrix} dt = \begin{pmatrix} \int_0^t e^{-2t}\,dt \\ 0 \end{pmatrix} = \begin{pmatrix} \frac{1}{2}(1 - e^{-2t}) \\ 0 \end{pmatrix}$$

가 된다. 따라서, 특수해 $\mathbf{\Phi}(t)\mathbf{u}(t)$는

$$\mathbf{\Phi}(t)\mathbf{u}(t) = \begin{pmatrix} e^t & te^t \\ 0 & e^t \end{pmatrix} \begin{pmatrix} \frac{1}{2}(1 - e^{-2t}) \\ 0 \end{pmatrix} = \begin{pmatrix} \frac{1}{2}(e^t - e^{-t}) \\ 0 \end{pmatrix}$$

이고, 주어진 비동차 미분방정식의 일반해는

$$\mathbf{y} = \mathbf{\Phi}(t)\mathbf{c}+\mathbf{\Phi}(t)\mathbf{u}(t) = \begin{pmatrix} e^t & te^t \\ 0 & e^t \end{pmatrix}\begin{pmatrix} c_1 \\ c_2 \end{pmatrix}+\begin{pmatrix} \frac{1}{2}(e^t - e^{-t}) \\ 0 \end{pmatrix} = \begin{pmatrix} c_1e^t + c_2te^t + \frac{1}{2}(e^t - e^{-t} \\ c_2e^t \end{pmatrix}$$

가 된다. □

문제 8.3.6. 다음 연립 비동차 미분방정식의 일반해를 구하시오.

$$\begin{pmatrix} y_1' \\ y_2' \end{pmatrix} = \begin{pmatrix} 2 & 1 \\ 0 & 2 \end{pmatrix}\begin{pmatrix} y_1 \\ y_2 \end{pmatrix} + \begin{pmatrix} \sin t \\ \cos t \end{pmatrix}$$

예제 8.3.10. 다음 비동차 미분방정식의 일반해를 구하시오.

$$y'' + y = \tan t, \quad -\frac{\pi}{2} < t < \frac{\pi}{2}$$

풀이 : 주어진 이계 비동차 미분방정식을 연립 미분방정식으로 변형하기 위해 $y_1 = y,\ y_2 = y'$ 으로 정의하면,

$$\begin{pmatrix} y_1' \\ y_2' \end{pmatrix} = \begin{pmatrix} 0 & 1 \\ -1 & 0 \end{pmatrix}\begin{pmatrix} y_1 \\ y_2 \end{pmatrix} + \begin{pmatrix} 0 \\ \tan t \end{pmatrix}$$

가 되고, 복소행렬로 이해하여 대각화한 후 일차독립인 두 해를 구하면

$$\boldsymbol{\phi}_1(t) = (\cos(t),\ -\sin t)^{\mathrm{T}}, \quad \boldsymbol{\phi}_2(t) = (\sin(t),\ \cos t)^{\mathrm{T}}$$

가 됨을 알 수 있다. 이때, 기본행렬 $\mathbf{\Phi}(t)$와 그 역행렬은

$$\mathbf{\Phi}(t) = \begin{pmatrix} y_1 & y_2 \\ y_1' & y_2' \end{pmatrix} = \begin{pmatrix} \cos t & \sin t \\ -\sin t & \cos t \end{pmatrix}, \quad \big(\mathbf{\Phi}(t)\big)^{-1} = \begin{pmatrix} \cos t & -\sin t \\ \sin t & \cos t \end{pmatrix}$$

이다. 따라서, 벡터함수 $\mathbf{u}(t)$는

$$\mathbf{u}(t) = \int_0^t \begin{pmatrix} \cos t & -\sin t \\ \sin t & \cos t \end{pmatrix}\begin{pmatrix} 0 \\ \tan t \end{pmatrix} dt = \begin{pmatrix} -\int_0^t \sin t \tan t\, dt \\ \int_0^t \sin t\, dt \end{pmatrix}$$

이다. 한편,

$$\begin{aligned} -\int_0^t \sin t \tan t\, dt &= -\int_0^t \frac{1-\cos^2 t}{\cos t}\, dt \\ &= -\int_0^t \sec t - \cos t\, dt \\ &= -\int_0^t \frac{\sec t\,(\sec t + \tan t)}{(\sec t + \tan t)} - \cos t\, dt = -\ln|\sec t + \tan t| + \sin t \end{aligned}$$

이므로, 구하는 특수해 $\mathbf{\Phi}(t)\mathbf{u}(t)$ 는

$$\begin{aligned}\mathbf{\Phi}(t)\mathbf{u}(t) &= \begin{pmatrix} \cos t & \sin t \\ -\sin t & \cos t \end{pmatrix} \begin{pmatrix} -\ln|\sec t + \tan t| + \sin t \\ 1 - \cos t \end{pmatrix} \\ &= \begin{pmatrix} -\cos t \ \ln|\sec t + \tan t| + \sin t \\ \sin t \ \ln|\sec t + \tan t| + \cos t - 1 \end{pmatrix}\end{aligned}$$

이다. 따라서, 이계 비동차 미분방정식의 일반해는 연립 비동차 미분방정식의 일반해 $\mathbf{\Phi}(t)\mathbf{c} + \mathbf{\Phi}(t)\mathbf{u}(t)$ 의 첫 번째 성분으로부터

$$y = c_1 \cos t + c_2 \sin t - \cos t \ \ln|\sec t + \tan t|$$

가 된다. □

문제 8.3.7. 이계 비동차 미분방정식 $y'' + 4y' + 4y = \cos(2t)$ 의 일반해를 구하시오.

문제 8.3.8. 이계 비동차 미분방정식 $y'' + y = \sec t \ (-\pi/2 < t < \pi/2)$ 의 일반해를 구하시오.

CHAPTER **9**

행렬의 특이값 분해(SVD)와 그 응용

체 $\mathbb{F}$가 $\mathbb{R}$ 또는 $\mathbb{C}$일 때, $\mathbb{F}$상에서 정의된 n차원 벡터공간은 $\mathcal{M}_{n,1}(\mathbb{F})$와 동형이다. 따라서, 유한차원 벡터공간 사이에 정의된 모든 선형사상은 $m \times n$ 행렬 $A \in \mathcal{M}_{m,n}(\mathbb{F})$에 대해 $L(\mathbf{v}) = A\mathbf{v}$로 정의된 선형사상 $L : \mathcal{M}_{n,1}(\mathbb{F}) \to \mathcal{M}_{m,1}(\mathbb{F})$로 바꾸어 생각하면 충분하다. 물론, 이 경우 행렬 A는 두 벡터공간 $\mathcal{M}_{n,1}(\mathbb{F})$와 $\mathcal{M}_{m,1}(\mathbb{F})$의 표준기저 $\mathcal{S}_1$, $\mathcal{S}_2$에 대한 선형사상 L_A의 행렬표현 $[L_A]_{\mathcal{S}_1,\mathcal{S}_2}$이 된다.

특히, 선형사상 L의 정의역과 공역의 차원이 같은 경우, 두 벡터공간의 기저를 동일한 기저 $\mathcal{B}$로 잡으면 선형사상 L의 행렬표현 $[L]_{\mathcal{B}}$가 정사각행렬이 되고, 또 다른 기저 $\tilde{\mathcal{B}}$에 대한 행렬표현 $[L]_{\tilde{\mathcal{B}}}$와 $[L]_{\mathcal{B}}$는 닮음행렬이 됨을 배웠다.

이런 관점에서 생각하면, 벡터공간 $\mathcal{M}_{n,1}(\mathbb{F})$의 표준기저에 대한 선형사상의 행렬 표현이 A일 때, $A\mathbf{v}_i = \lambda_i \mathbf{v}_i$, $(1 \le i \le n)$을 만족하도록 $\mathcal{M}_{n,1}(\mathbb{F})$의 정규직교기저 $\mathcal{B} = \{\mathbf{v}_1, \cdots, \mathbf{v}_n\}$을 잘 선택하는 것이 행렬의 직교대각화 또는 유니타리대각화라고 생각할 수 있다.

그렇다면, 행렬의 대각화가 가능하지 않은 경우나, 두 벡터공간의 차원이 다른 경우에 이와 유사한 접근 방법을 시도할 수는 없을까? 한 가지 방법은 선형사상의 정의역의 정규직교기저 $\{\mathbf{v}_i\}$와 공역의 정규직교기저 $\{\mathbf{u}_i\}$를 다르게 잡아서 $A\mathbf{v}_i = \sigma_i \mathbf{u}_i$가 성립하도록 하는 것이다. 이를 행렬의 특이값 분해라고 하는데, 이 장에서는 임의의 행렬에 대해 특이값 분해가 항상 가능함을 보이고, 대각화 가능한 정사각행렬의 스펙트럼 분해와의 관계에 대해 살펴본다.

행렬의 특이값 분해는 이미지 압축이나 보정과 같은 이미지 처리기법, 유전자 정보와 같이 방대한 데이터에서 의미있는 데이터를 추출하는 통계 기법 등, 다양한 분야에서 유용하게 응용되고 있다. 이 장에서는 이처럼 특이값 분해가 다양한 분야에 응용될 수 있는 이유를 살펴보고, 응용의 몇 가지 예를 소개한다.

9.1 행렬의 특이값 분해와 기하학적 의미

[미리보기] 2×2 행렬 $A = \begin{pmatrix} 2 & 2 \\ -1 & 1 \end{pmatrix}$은 직교행렬이 아니므로 직교대각화 가능하지 않다. 이 행렬에 대해 $A\mathbf{v}_i = \sigma_i \mathbf{u}_i$, $(1 \le i \le 2)$를 만족하는 $\mathcal{M}_{2,1}(\mathbb{R})$의 두 정규직교기저 $\{\mathbf{v}_1, \mathbf{v}_2\}$와 $\{\mathbf{u}_1, \mathbf{u}_2\}$를 구해보자.

우선, 조건을 만족하는 두 정규직교기저가 존재한다면, 정규직교기저 $\{\mathbf{u}_1, \mathbf{u}_2\}$의 벡터에 대한 내적을 행렬의 곱으로 나타낼 때 다음 식이 성립해야 한다.

$$\delta_{ij} = \langle \mathbf{u}_i, \mathbf{u}_j \rangle = \mathbf{u}_j^{\mathrm{T}} \mathbf{u}_i = \frac{1}{\sigma_i \sigma_j} \mathbf{v}_j^{\mathrm{T}} A^{\mathrm{T}} A \mathbf{v}_i \tag{9.1}$$

이때, 행렬 $A^{\mathrm{T}}A$는 A에 관계없이 대칭행렬이 되므로 직교대각화 가능하다. 즉, $A^{\mathrm{T}}A$의 고윳값 λ_1, λ_2에 대응되는 두 고유벡터가 정규직교기저를 이룬다. 따라서, 만약 벡터 $\mathbf{v}_i$를 $A^{\mathrm{T}}A$의 고윳값 λ_i에 대응되는 고유벡터로 잡는다면, 위 식에서

$$\mathbf{v}_j^{\mathrm{T}} (A^{\mathrm{T}}A) \mathbf{v}_i = \lambda_i \mathbf{v}_j^{\mathrm{T}} \mathbf{v}_i = \lambda_i \langle \mathbf{v}_i, \mathbf{v}_j \rangle = \lambda_i \delta_{ij}$$

가 성립하고, $\sigma_i^2 = \lambda_i$, $(1 \le i \le 2)$로 두면 식 (9.1)에서 등식이 성립함을 알 수 있다.

위의 아이디어에 따라 A의 특이값 분해를 구해보자. 우선 $A^{\mathrm{T}}A$를 직교대각화하면

$$A^{\mathrm{T}}A = \begin{pmatrix} 5 & 3 \\ 3 & 5 \end{pmatrix}, \quad V = \frac{1}{\sqrt{2}} \begin{pmatrix} 1 & 1 \\ 1 & -1 \end{pmatrix} \implies V^{\mathrm{T}}AV = \begin{pmatrix} 8 & 0 \\ 0 & 2 \end{pmatrix}$$

이다. 이제, 고윳값 $\lambda_1 = 8$에 대응되는 고유벡터 $\mathbf{v}_1 = 1/\sqrt{2}(1, 1)^{\mathrm{T}}$와 고윳값 $\lambda_2 = 2$에 대응되는 고유벡터 $\mathbf{v}_2 = 1/\sqrt{2}(1, -1)^{\mathrm{T}}$에 대해

$$\mathbf{u}_1 = \frac{A\mathbf{v}_1}{||A\mathbf{v}_1||} = \frac{1}{\sqrt{8}} \begin{pmatrix} 2\sqrt{2} \\ 0 \end{pmatrix} = \begin{pmatrix} 1 \\ 0 \end{pmatrix}$$
$$\mathbf{u}_2 = \frac{A\mathbf{v}_2}{||A\mathbf{v}_2||} = \frac{1}{\sqrt{2}} \begin{pmatrix} 0 \\ -\sqrt{2} \end{pmatrix} = \begin{pmatrix} 0 \\ -1 \end{pmatrix}$$

로 정의하고, 직교행렬 V와 U를 $V = (\mathbf{v}_1\ \mathbf{v}_2)$, $U = (\mathbf{u}_1\ \mathbf{u}_2)$로 정의하면

$$\begin{cases} A\,\mathbf{v}_1 = \sqrt{8}\,\mathbf{u}_1, \\ A\,\mathbf{v}_2 = \sqrt{2}\,\mathbf{u}_2 \end{cases} \iff A(\mathbf{v}_1\ \mathbf{v}_2) = (\mathbf{u}_1\ \mathbf{u}_2)\mathrm{Diag}(\sqrt{8}, \sqrt{2}) \iff A = U\mathrm{Diag}(\sqrt{8}, \sqrt{2})V^{\mathrm{T}}$$

가 된다.

이때, 대각행렬을 보통 Σ로 쓰고, 각 성분 $\sqrt{8}$, $\sqrt{2}$를 행렬 A의 특이값이라 부른다. 또, 행렬 A를 직교행렬 U, V와 대각행렬 Σ에 대해 $A = U\Sigma V^{\mathrm{T}}$와 같이 나타내는 것을 행렬 A의 특이값 분해라 부른다. 이 절에서는 임의의 $m \times n$ 행렬 $A \in \mathcal{M}_{m,n}(\mathbb{F})$에 대해 특이값 분해가 항상 가능함을 알아본다.

행렬의 특이값 분해를 구하는 법

$n \times n$ 복소행렬 A가 정규행렬인 경우, $A = UDU^*$를 만족하는 유니타리행렬 U와 대각행렬 D가 존재함을 알고 있다. 이 절에서는 A가 유니타리대각화 가능하지 않은 정사각행렬이거나, 심지어는 $m \times n$ 행렬인 경우에도 크기가 다른 두 개의 유니타리행렬 U, V와 $m \times n$ 대각행렬 Σ에 대해 $A = U\Sigma V^*$와 같이 분해하는 것이 가능하다는 것을 보인다.

$m \times n$ 행렬 $A \in \mathcal{M}_{m,n}(\mathbb{C})$의 계수가 $\text{rank}(A) = r$이라 하자. $m \times m$ 유니타리행렬 U와 $n \times n$ 유니타리행렬 V 그리고 $m \times n$ 대각행렬 Σ에 대해

$$A = U\Sigma V^* \tag{9.2}$$

가 성립할 때, 이를 A의 **특이값 분해**라 부른다. 이때, $m\times n$ 대각행렬이란 $1 \leq i \leq \min\{m, n\}$에 대한 (i, i)성분 σ_i는 음이 아닌 실수이고 나머지 성분은 모두 0인 행렬이다. 특히 $\text{rank}(A) = r$인 A의 특이값 분해에서 대각행렬 Σ의 대각원소는

$$\sigma_1 \geq \sigma_2 \geq \cdots \geq \sigma_r > \sigma_{r+1} = \cdots = \sigma_{\min\{m,\, n\}} = 0$$

가 되도록 배열한다.

식 (9.2)의 의미를 살펴보면 다음과 같다.

- V가 유니타리행렬이라는 것은 V의 열벡터들이 $\mathcal{M}_{n,1}(\mathbb{C})$의 정규직교기저 $\{\mathbf{v}_1, \mathbf{v}_2, \cdots, \mathbf{v}_n\}$를 이룬다는 의미이다.
- U가 유니타리행렬이라는 것은 U의 열벡터들이 $\mathcal{M}_{m,1}(\mathbb{C})$의 정규직교기저 $\{\mathbf{u}_1, \mathbf{u}_2, \cdots, \mathbf{u}_m\}$를 이룬다는 의미이다.
- Σ의 (i, i) 대각성분 σ_i에 대해

$$A\mathbf{v}_i = \sigma_i \mathbf{u}_i,\ \ (1 \leq i \leq \min\{m, n\}) \tag{9.3}$$

  가 성립한다. 만약 A의 계수가 r이고 대각성분이 $\sigma_1 \geq \sigma_2 \geq \cdots \geq \sigma_{\min\{m,\, n\}}$처럼 배열되어 있다면, 식 (9.3)에서 $i > r+1$일 때 $\sigma_i = 0$이 성립한다.

식 (9.3)에서 σ_i를 A의 **특이값**이라 하고, 행렬 U의 열벡터 $\mathbf{u}_i$를 A의 **왼쪽 특이벡터**, 행렬 V의 열벡터 $\mathbf{v}_i$를 A의 **오른쪽 특이벡터**라 한다. 왼쪽, 오른쪽 특이벡터의 명칭은 식 (9.3)과 동치인 다음 식

$$\mathbf{u}_i^* A\mathbf{v}_i = \sigma_i \mathbf{u}_i^* \mathbf{u}_i = \sigma_i,\ \ (1 \leq i \leq \min\{m, n\})$$

을 생각하면 자연스럽다.

이제, 임의의 행렬 A에 대해 특이값 분해를 가능하게 하는 핵심적인 내용이 무엇인지 살펴보자. 먼저, $\mathcal{M}_{n,1}(\mathbb{C})$의 정규직교기저 $\{\mathbf{v}_i : 1 \leq i \leq n\}$가 정해질 때, $\mathbf{u}_i$를 $A\mathbf{v}_i$와 평행한 벡터로 잡으면 식 (9.3)이 성립하게 하는 것은 쉽다. 따라서, $\mathcal{M}_{n,1}(\mathbb{C})$의 정규직교기저 $\{\mathbf{v}_i : 1 \leq i \leq n\}$를 선택할 때, $i \neq j$인 i, j에 대해 $\langle A\mathbf{v}_i, A\mathbf{v}_j\rangle = 0$이 성립하도록 하는 것이 특이값 분해의 핵심이라 할 수 있다.

한편, $\mathcal{M}_{n,1}(\mathbb{C})$에서 벡터의 내적을 $\langle \mathbf{a}, \mathbf{b}\rangle = \mathbf{b}^*\mathbf{a}$처럼 행렬의 곱셈을 이용하여 나타내면

$$\langle A\mathbf{v}_i, A\mathbf{v}_j\rangle = \mathbf{v}_j^* A^* A\mathbf{v}_i$$

이고, A^*A는 에르미트행렬이므로 유니타리대각화 가능한 $n \times n$ 행렬이다. 따라서, A^*A의 고유벡터로 이루어진 $\mathcal{M}_{n,1}(\mathbb{C})$의 정규직교기저가 존재한다.

더구나, A^*A는 양의 준정부호행렬이 되므로 모든 고윳값이 음이 아닌 실수가 된다. 고윳값을 $\lambda_1 \geq \lambda_2 \geq \cdots \geq \lambda_n \geq 0$과 같이 나열하고 λ_i에 대응되는 고유벡터를 $\mathbf{v}_i$라 하자. 이때, 행렬 A에 대해 $r = \text{rank}(A) = \text{rank}(A^*A)$가 성립하므로[1], $\lambda_{r+1} = \cdots = \lambda_n = 0$이고 $n-r$개의 고유벡터 $\mathbf{v}_i$, $(r+1 \leq i \leq n)$은 A의 영공간 $N(A)$의 기저가 된다.

결론적으로 A의 특이값 분해를 가능하게 하는 유니타리행렬 V는 A^*A를 유니타리대각화 가능하게 하는 유니타리행렬 V가 된다.

$$V^*(A^*A)V = \text{Diga}(\lambda_1, \cdots, \lambda_n), \quad (\text{단, } \lambda_1 \geq \cdots \geq \lambda_n \geq 0 \text{ 이고, } i > \text{rank}(A) \text{ 이면 } \lambda_i = 0)$$

이때, V의 각 열벡터를 차례로 $\mathbf{v}_1, \cdots, \mathbf{v}_n$이라 하면 $\{\mathbf{v}_i : 1 \leq i \leq n\}$은 $\mathcal{M}_{n,1}(\mathbb{C})$의 정규직교기저가 되고 $A^*A\mathbf{v}_i = \lambda_i\mathbf{v}_i$가 성립한다. 따라서,

$$||A\mathbf{v}_i||^2 = \mathbf{v}_i^*A^*A\mathbf{v}_i = \lambda_i\mathbf{v}_i^*\mathbf{v}_i = \lambda_i \iff ||A\mathbf{v}_i|| = \sqrt{\lambda_i}$$

를 얻는다.

이제, $1 \leq i \leq \text{rank}(A)$ (단, $\text{rank}(A) \leq \min\{m, n\}$)에 대해 벡터 $\mathbf{u}_i$를

$$\mathbf{u}_i = \frac{A\mathbf{v}_i}{||A\mathbf{v}_i||}$$

로 정의하면,

$$\langle \mathbf{u}_i, \mathbf{u}_j \rangle = \mathbf{u}_j^*\mathbf{u}_i = \frac{1}{||A\mathbf{v}_i||\,||A\mathbf{v}_j||}\mathbf{v}_j^*A^*A\mathbf{v}_i = \frac{1}{\sqrt{\lambda_i}\sqrt{\lambda_j}}\lambda_i\mathbf{v}_j^*\mathbf{v}_i = \delta_{ij}$$

가 되어 $\{\mathbf{u}_i : 1 \leq i \leq \text{rank}(A)\}$는 $\mathcal{M}_{m,1}(\mathbb{C})$의 정규직교집합이 된다. 따라서, 이들 정규직교집합을 포함하는 $\mathcal{M}_{m,1}(\mathbb{C})$의 정규직교기저 $\{\mathbf{u}_i : 1 \leq i \leq m\}$을 잡을 수 있고, 이들 벡터를 차례로 열벡터로 갖는 $m \times m$ 행렬 $U = \begin{pmatrix}\mathbf{u}_1 & \mathbf{u}_2 & \cdots & \mathbf{u}_m\end{pmatrix}$는 유니타리행렬이 된다. 특히, $\mathbf{u}_i$의 정의로부터 $1 \leq i \leq \text{rank}(A)$에 대해

$$A\mathbf{v}_i = ||A\mathbf{v}_i||\mathbf{u}_i = \sqrt{\lambda_i}\mathbf{u}_i$$

가 되고, $\text{rank}(A) + 1 \leq i \leq n$에 대해 $A\mathbf{v}_i = \mathbf{0} = 0\,\mathbf{u}_i$가 성립하므로 $\sigma_i = \sqrt{\lambda_i}$는 A의 특이값이 된다.

따라서, n과 m의 대소관계에 따라 $m \times n$ 대각행렬 Σ를 각각

$$n \geq m \text{ 일 때 } \left(\begin{array}{ccc|c} \sigma_1 & & & \\ & \ddots & & O_{m,n-m} \\ & & \sigma_m & \end{array}\right), \quad n \leq m \text{ 일 때 } \left(\begin{array}{ccc} \sigma_1 & & \\ & \ddots & \\ & & \sigma_n \\ \hline & O_{m-n,n} & \end{array}\right)$$

1) 200쪽 정리의 증명과정을 참고하시오.

로 두면, $A = U\Sigma V^{\mathrm{T}}$가 되어 A의 특이값 분해를 항상 얻을 수 있다.

만약 $m \times n$행렬 A가 실수 성분을 갖는 행렬이면 $n \times n$ 직교행렬 V와 $m \times m$ 직교행렬 U, 그리고 $m \times n$ 대각행렬 Σ에 대해 똑같은 방법으로 특이값 분해를 할 수 있다.

행렬의 특이값 분해

$m \times n$ 복소행렬 A에 대해 A^*A가 $n \times n$ 유니타리행렬 V에 의해 대각화가능하다 하고, 각 $i = 1, \cdots, n$에 대해 V의 i번째 열벡터를 $\mathbf{v}_i$라 하자. 이때, 고유벡터 $\mathbf{v}_i$의 순서를 조절하여 $\mathbf{v}_i$에 대응되는 고윳값 λ_i가

$$\lambda_1 \geq \lambda_2 \geq \cdots \geq \lambda_n \geq 0$$

를 만족한다고 가정할 수 있다.
이제, $1 \leq i \leq \operatorname{rank}(A)$에 대해 벡터 $\mathbf{u}_i \in \mathcal{M}_{m,1}(\mathbb{C})$를

$$\mathbf{u}_i = \frac{A\mathbf{v}_i}{||A\mathbf{v}_i||}$$

로 정의하면 $\{\mathbf{u}_i : 1 \leq i \leq \operatorname{rank}(A)\}$는 정규직교집합이 되고, $\{\mathbf{u}_i : 1 \leq i \leq \operatorname{rank}(A)\}$를 포함하는 $\mathcal{M}_{m,1}(\mathbb{C})$의 정규직교기저를 잡을 수 있다. 이들 벡터를 차례로 열벡터로 갖는 유니타리행렬 U를 잡으면, 각 $i = 1, \cdots, \min\{m, n\}$에 대해 특이값 $\sigma_i = \sqrt{\lambda_i}$를 (i, i) 성분으로 갖는 $m \times n$ 대각행렬 Σ에 대해 A의 특이값 분해

$$A = U\Sigma V^*$$

를 얻는다. (단, $\operatorname{rank}(A) < i \leq \min\{m, n\}$에 대해 $\sigma_i = 0$이다.)

특히, 행렬 A의 모든 성분이 실수이면, U와 V는 각 성분이 실수인 직교행렬로 잡을 수 있고, A의 특이값 분해는 $A = U\Sigma V^{\mathrm{T}}$가 된다.

예제 9.1.1. 다음 행렬 A의 특이값 분해를 구하시오.

$$A = \begin{pmatrix} 1 & 1 \\ 0 & 1 \\ 1 & 0 \end{pmatrix}$$

풀이 : $A^{\mathrm{T}}A$를 대각화하면

$$A^{\mathrm{T}}A = \begin{pmatrix} 2 & 1 \\ 1 & 2 \end{pmatrix}, \quad S = \frac{1}{\sqrt{2}}\begin{pmatrix} 1 & -1 \\ 1 & 1 \end{pmatrix} \implies S^{-1}(A^{\mathrm{T}}A)S = \begin{pmatrix} 3 & 0 \\ 0 & 1 \end{pmatrix}$$

이다. 따라서 특이값 $\sigma_1 = \sqrt{3}$, $\sigma_2 = 1$에 대응되는 A의 오른쪽 특이벡터를 열벡터로 갖는 직교행렬 V는 $V = S$가 되고, 3×3 직교행렬 U의 처음 두 열벡터 $\mathbf{u}_1$, $\mathbf{u}_2$는 다음과 같이 구할 수 있다.

$$\mathbf{u}_1 = \frac{A\mathbf{v}_1}{||A\mathbf{v}_1||} = \frac{1}{\sqrt{6}}\begin{pmatrix} 2 \\ 1 \\ 1 \end{pmatrix}, \quad \mathbf{u}_2 = \frac{A\mathbf{v}_2}{||A\mathbf{v}_2||} = \frac{1}{\sqrt{2}}\begin{pmatrix} 0 \\ 1 \\ -1 \end{pmatrix}$$

이제 $\mathbf{u}_1$, $\mathbf{u}_2$와 동시에 직교하는 단위벡터 $\mathbf{u}_3$를 구하면 $\mathbf{u}_3 = 1/\sqrt{3}(-1, 1, 1)^{\mathrm{T}}$이므로 직교행렬 U는

$$U = \frac{1}{\sqrt{6}}\begin{pmatrix} 2 & 0 & -\sqrt{2} \\ 1 & \sqrt{3} & \sqrt{2} \\ 1 & -\sqrt{3} & \sqrt{2} \end{pmatrix}$$

가 된다. 이때, A의 특이값 분해

$$A = \begin{pmatrix} \frac{2}{\sqrt{6}} & \frac{0}{\sqrt{6}} & -\frac{\sqrt{2}}{\sqrt{6}} \\ \frac{1}{\sqrt{6}} & \frac{\sqrt{3}}{\sqrt{6}} & \frac{\sqrt{2}}{\sqrt{6}} \\ \frac{1}{\sqrt{6}} & -\frac{\sqrt{3}}{\sqrt{6}} & \frac{\sqrt{2}}{\sqrt{6}} \end{pmatrix}\begin{pmatrix} \sqrt{3} & 0 \\ 0 & 1 \\ 0 & 0 \end{pmatrix}\begin{pmatrix} \frac{1}{\sqrt{2}} & \frac{1}{\sqrt{2}} \\ -\frac{1}{\sqrt{2}} & \frac{1}{\sqrt{2}} \end{pmatrix}$$

를 얻는다. □

문제 9.1.1. 행렬 $\begin{pmatrix} 1 & 2 \\ 3 & 6 \end{pmatrix}$의 특이값 분해를 구하시오.

행렬 A의 특이값 분해와 AA^*, A^*A의 스펙트럼 분해 사이의 관계

계수가 r인 $m \times n$ 행렬 A의 특이값 분해가 $A = U\Sigma V^*$일 때 $\Sigma^*\Sigma$와 $\Sigma\Sigma^*$는 다음과 같이 각각 $n \times n$ 대각행렬 D_1과 $m \times m$ 대각행렬 D_2가 된다.

$$D_1 = \mathrm{Diag}(\sigma_1^2, \cdots, \sigma_r^2, 0, \cdots, 0), \quad D_2 = \mathrm{Diag}(\sigma_1^2, \cdots, \sigma_r^2, 0, \cdots, 0).$$

한편, $\mathrm{rank}(A) = \mathrm{rank}(A^*A) = \mathrm{rank}(AA^*)$이므로 다음과 같이 A^*A와 AA^*의 유니타리대각화를 얻을 수 있다.

$$A^*A = (V\Sigma^*U^*)(U\Sigma V^*) = VD_1V^*, \quad AA^* = (U\Sigma V^*)(V\Sigma^*U^*) = UD_2U^*$$

이 관계를 좀 더 살펴보자. 앞 소절에서 살펴보았듯이, $n \times n$ 행렬 V는 A^*A를 유니타리대각화하는 유니타리행렬이다. 즉, 행렬 A의 계수가 r일 때, $1 \leq i \leq r$에 대해 V의 i번째 열벡터 $\mathbf{v}_i$는 다음과 같이 고윳값 λ_i에 대응되는 A^*A의 고유벡터가 되고, 실제로 A의 특이값 $\sigma_i = \sqrt{\lambda_i}$에 대응되는 오른쪽 특이벡터가 된다.

$$(A^*A)\mathbf{v}_i = \lambda_i\mathbf{v}_i, \quad A\mathbf{v}_i = \sigma_i\mathbf{u}_i \text{ (단, } \mathbf{u}_i \text{는 } U \text{의 } i \text{번째 열벡터)} \tag{9.4}$$

또, 식 (9.4)에서 양변에 A를 곱하면

$$(AA^*)(A\mathbf{v}_i) = \lambda_i(A\mathbf{v}_i) \iff AA^*\mathbf{u}_i = \lambda_i\mathbf{u}_i$$

가 되어, $\mathbf{u}_i$는 고윳값 λ_i에 대응되는 AA^*의 고유벡터가 된다. 또,

$$\operatorname{rank}(A) = \operatorname{rank}(A^*A) = \operatorname{rank}(AA^*)$$

이므로 A^*A와 AA^*의 0이 아닌 고윳값 λ_i $(1 \le i \le \operatorname{rank}(A))$는 일치함을 알 수 있다.

한편, $\operatorname{rank}(A) < i \le m$일 때, 고윳값 $\lambda_i = 0$의 고유벡터 $\mathbf{u}_i$는 AA^*의 영공간 $N(AA^*) = N(A^*)$의 기저가 된다. 따라서, $m \times m$ 행렬 U는 AA^*를 유니타리대각화하는 유니타리행렬이 된다.

유니타리대각화를 이용한 행렬의 특이값 분해

$m \times n$ 행렬 A에 대해 A^*A를 유니타리대각화하는 $n \times n$ 유니타리행렬을 V라 하고, AA^*를 유니타리대각화하는 $m \times m$ 유니타리행렬을 U라 하자.
이때, A^*A와 AA^*의 0아닌 고윳값은 일치한다. 또 고윳값 λ_i에 대해 $\sqrt{\lambda_i}$를 (i, i) 성분으로 갖는 $m \times n$ 대각행렬을 Σ라 할 때, A의 특이값 분해는 $A = U\Sigma V^*$가 된다.
(특히, $\operatorname{rank}(A) = r$일 때, 유니타리행렬 V와 U는 A^*A와 AA^*의 고윳값이

$$\lambda_1 \ge \lambda_2 \ge \cdots \ge \lambda_r > \lambda_{r+1} = \cdots = \lambda_{\min\{m, n\}} = 0$$

을 만족하도록 잡을 수 있다.)
이 경우에도, 행렬 A의 모든 성분이 실수이면, 행렬 U와 V를 직교행렬로 잡을 수 있다.

위 정리에서 AA^*의 고윳값 λ_i에 대응되는 고유벡터가 $\mathbf{u}_i$라면,

$$AA^*\mathbf{u}_i = \lambda_i\mathbf{u}_i \Longrightarrow (A^*A)A^*\mathbf{u}_i = \lambda_i(A^*\mathbf{u}_i)$$

가 되므로 $A^*\mathbf{u}_i$는 고윳값 λ_i에 대응되는 A^*A의 고유벡터가 되고,

$$||A^*\mathbf{u}_i||^2 = \mathbf{u}_i^*AA^*\mathbf{u}_i = \lambda_i\mathbf{u}_i^*\mathbf{u}_i = \lambda_i$$

로부터 $||A^*\mathbf{u}|| = \sqrt{\lambda_i}$가 된다.

따라서, $\mathbf{v}_i$를 다음 식

$$\mathbf{v}_i = \frac{A^*\mathbf{u}_i}{||A^*\mathbf{u}_i||} \iff A\mathbf{v}_i = \frac{1}{\sqrt{\lambda_i}}AA^*\mathbf{u}_i = \sqrt{\lambda_i}\mathbf{u}_i,$$

과 같이 정의하면 $\mathbf{v}_i$는 특이값 $\sqrt{\lambda_i}$에 대한 A의 오른쪽 특이벡터가 된다.

위 결과를 종합하면, $m \times n$행렬 A의 특이값 분해를 구할 때, $m > n$일 때는 A^*A의 대각화를 통해 $n \times n$ 유니타리행렬 V를 먼저 구하는 것이 편리하고, $n > m$일 때는 AA^*의 대각화를 통해 $m \times m$ 유니타리행렬 U를 먼저 구하는 것이 효과적임을 알 수 있다.

문제 9.1.2. 행렬 $\begin{pmatrix} 1 & 0 & 0 & 1 \\ 0 & 1 & 1 & 0 \end{pmatrix}$의 특이값 분해를 구하시오.

이 소절을 마치기 전에, 유니타리대각화 가능한 $n \times n$ 행렬 A의 고윳값과 특이값의 관계를 알아보자. 계수가 r인 A의 고윳값을 절댓값이 큰 것부터 차례로 나열되도록 대각화하였다고 하자. 즉,

$$A = U_1 \operatorname{Diag}(\lambda_1, \cdots, \lambda_n)\, U_1^*, \quad (\text{ 단}, |\lambda_1| \geq \cdots \geq |\lambda_r| > |\lambda_{r+1}| = \cdots = |\lambda_n| = 0).$$

이다. 이때, 다음 식

$$A^*A = U_1 \operatorname{Diag}(\bar{\lambda}_1, \cdots, \bar{\lambda}_n)\, U_1^* U_1 \operatorname{Diag}(\lambda_1, \cdots, \lambda_n)\, U_1^* = U_1 \operatorname{Diag}(|\lambda_1|^2, \cdots, |\lambda_n|^2)\, U_1^*$$

으로부터 A^*A를 대각화하는 유니타리 행렬은 $V = U_1$이고, A의 특이값은

$$\sigma_i = \big|\lambda_i\big|, \ (1 \leq i \leq n)$$

임을 알 수 있다.

유니타리행렬 $V = U_1$의 열벡터를 1열부터 차례로 $\mathbf{v}_1, \cdots, \mathbf{v}_n$이라 하자. 이때, 각 $\mathbf{v}_i$는 A의 고윳값 λ_i에 대응되는 고유벡터이므로 $A\mathbf{v}_i = \lambda_i \mathbf{v}_i$이다. 따라서, 0보다 큰 특이값 $\sigma_i = \big|\lambda_i\big|$에 대응되는 왼쪽 특이벡터 $\mathbf{u}_i$는

$$\mathbf{u}_i = \frac{A\mathbf{v}_i}{||A\mathbf{v}_i||} = \frac{\lambda_i}{\big|\lambda_i\big|}\mathbf{v}_i, \ (1 \leq i \leq r)$$

가 된다.

이제, 각 고윳값 λ_i, $(1 \leq i \leq r)$에 대해 절댓값이 1이고 편각이 λ_i와 일치하는 복소수를 α_i라 정의하자. 또, $r+1 \leq i \leq n$에 대해서는 $\alpha_i = 1$이라 하자. 이때, 유니타리행렬 U를

$$U = \big(\alpha_1\mathbf{v}_1 \ \alpha_2\mathbf{v}_2 \ \cdots \ \alpha_n\mathbf{v}_n\big) = V \operatorname{Diag}(\alpha_1, \cdots, \alpha_n)$$

로 정의하면 A의 특이값 분해

$$A = U\Sigma V^* = \Big(V\operatorname{Diag}(\alpha_1, \cdots, \alpha_n)\Big)\operatorname{Diag}\big(\big|\lambda_1\big|, \cdots, \big|\lambda_n\big|\big)V^*$$

를 얻는다. 위 식에서 두 대각행렬의 곱을 계산하면

$$\operatorname{Diag}(\alpha_1, \cdots, \alpha_n) \operatorname{Diag}\big(\big|\lambda_1\big|, \cdots, \big|\lambda_n\big|\big) = \operatorname{Diag}(\lambda_1, \cdots, \lambda_n)$$

이 되므로, A의 특이값 분해와 대각화 사이의 관계를 알 수 있다.

유니타리대각화 가능한 행렬의 특이값 분해

계수가 r 인 $n \times n$ 행렬 A가 유니타리행렬 V에 의해

$$A = V\,\mathrm{Diag}(\lambda_1, \cdots, \lambda_n)\,V^*$$

와 같이 대각화된다고 하자. (단, $|\lambda_1| \geq \cdots \geq |\lambda_r| > |\lambda_{r+1}| = \cdots = |\lambda_n| = 0$)
이때, A의 특이값은 $\sigma_i = |\lambda_i|$, $(1 \leq i \leq n)$이고, A의 특이값 분해는 다음 식

$$U = V\mathrm{Diag}\left(\frac{\lambda_1}{|\lambda_1|}, \cdots, \frac{\lambda_r}{|\lambda_r|}, 1, \cdots, 1\right)$$

과 같이 정의된 유니타리행렬 U에 대해 $A = U\,\mathrm{Diag}(|\lambda_1|, \cdots, |\lambda_n|)V^*$가 된다.

행렬 A의 축소 특이값 분해

예제 9.1.1에서 행렬 U의 1, 2 열만으로 이루어진 3×2 부분행렬을 $\tilde{U}$라 하고, 대각행렬 Σ의 1, 2 행만으로 이루어진 2×2 부분행렬을 $\tilde{\Sigma}$라 하면

$$\tilde{U}\tilde{\Sigma}V^{\mathrm{T}} = \frac{1}{\sqrt{6}}\begin{pmatrix} 2 & 0 \\ 1 & \sqrt{3} \\ 1 & -\sqrt{3} \end{pmatrix}\begin{pmatrix} \sqrt{3} & 0 \\ 0 & 1 \end{pmatrix}\frac{1}{\sqrt{2}}\begin{pmatrix} 1 & 1 \\ -1 & 1 \end{pmatrix} = \begin{pmatrix} 1 & 1 \\ 0 & 1 \\ 1 & 0 \end{pmatrix} = A$$

가 성립한다. 즉, A의 특이값 $\sigma_1 = \sqrt{3}$과 $\sigma_2 = 1$에 대해

$$A\mathbf{v}_1 = \sigma_1\mathbf{u}_1, \quad A\mathbf{v}_2 = \sigma_2\mathbf{u}_2 \tag{9.5}$$

가 성립한다.

일반적으로 계수가 r 인 $m \times n$ 행렬 A의 0이 아닌 특이값 $\sigma_1 \geq \sigma_2 \geq \cdots \geq \sigma_r$에 대해

$$A\mathbf{v}_i = \sigma_i\mathbf{u}_i, \quad (1 \leq i \leq r)$$

를 만족하는 $\mathcal{M}_{n,1}(\mathbb{C})$의 정규직교집합 $\{\mathbf{v}_i : 1 \leq i \leq r\}$와 $\mathcal{M}_{m,1}(\mathbb{C})$의 정규직교집합 $\{\mathbf{u}_i : 1 \leq i \leq r\}$가 존재할 때, $n \times r$ 행렬 $V = (\mathbf{v}_1 \ \cdots \ \mathbf{v}_r)$와 $m \times r$ 행렬 $U = (\mathbf{u}_1 \ \cdots \ \mathbf{u}_r)$와 (i, i) 성분이 σ_i인 $r \times r$ 대각행렬 Σ에 대해 $A = U\Sigma V^*$를 A의 **축소 특이값 분해**라 한다.

A의 특이값 분해와 축소 특이값 분해의 관계는 분명하다. 즉, 계수가 r 인 A의 특이값 분해가 $A = U\Sigma V^*$이면 U와 V에서 각각 1열부터 r열까지만으로 이루어진 부분행렬 $\tilde{U}$와 $\tilde{V}$를 구하고, 대응되는 $\tilde{\Sigma}$도 주대각선을 따라 대각성분이 0인 아닌 $r \times r$ 부분대각행렬을 택하면 된다. 역으로, 축소 특이값 분해로부터 특이값 분해를 구하려면 A의 영공간 $N(A)$를 생성하는 $n - r$개의 정규직교집합을 구하여 $n \times n$ 행렬 V를 구하고, 앞서 설명한 방법대로 U를 구성하면 된다.

계수가 r인 A의 축소 특이값 분해를 이용하면 행렬 A를 계수가 1인 행렬 r개의 합으로 표현할 수 있다. 즉, 각 열벡터가 정규직교집합을 이루는 $n \times r$ 행렬 $V = \begin{pmatrix}\mathbf{v}_1 & \cdots \mathbf{v}_r\end{pmatrix}$와 역시 열벡터들이 정규직교집합을 이루는 행렬 $U = \begin{pmatrix}\mathbf{u}_1 & \cdots & \mathbf{u}_r\end{pmatrix}$에 대해 A의 축소 특이값 분해가 $A = U\mathrm{Diag}(\sigma_1, \cdots, \sigma_r)V^*$, (단, $\sigma_1 \geq \cdots \geq \sigma_r > 0$)로 주어지면, 행렬의 곱셈에 대한 38 쪽 설명으로부터

$$A = \begin{pmatrix}\mathbf{u}_1 & \cdots & \mathbf{u}_r\end{pmatrix} \begin{pmatrix}\sigma_1 & & \\ & \ddots & \\ & & \sigma_r\end{pmatrix} \begin{pmatrix}\mathbf{v}_1^* \\ \vdots \\ \mathbf{v}_r^*\end{pmatrix}$$

$$= \begin{pmatrix}\sigma_1\mathbf{u}_1 & \cdots & \sigma_r\mathbf{u}_r\end{pmatrix} \begin{pmatrix}\mathbf{v}_1^* \\ \vdots \\ \mathbf{v}_r^*\end{pmatrix} = \sigma_1\mathbf{u}_1\mathbf{v}_1^* + \cdots + \sigma_r\mathbf{u}_r\mathbf{v}_r^*$$

가 성립한다.

축소 특이값 분해를 이용하여 계수가 1인 행렬의 합으로 표현

계수가 r인 $m \times n$ 행렬 A의 축소 특이값 분해 $A = U\Sigma V^*$에 대해, $\mathcal{M}_{n,1}(\mathbb{C})$의 정규직교집합을 이루는 V의 열벡터를 $\mathbf{v}_i$ $(1 \leq i \leq r)$라 하고 $\mathcal{M}_{m,1}(\mathbb{C})$의 정규직교집합을 이루는 U의 열벡터를 $\mathbf{u}_i$ $(1 \leq i \leq r)$라 하면, A는 다음과 같이 계수가 1인 r개의 행렬의 합으로 표현된다.

$$A = \sigma_1\mathbf{u}_1\mathbf{v}_1^* + \cdots + \sigma_r\mathbf{u}_r\mathbf{v}_r^* \tag{9.6}$$

(단, σ_i는 $\sigma_1 \geq \sigma_2 \geq \cdots \geq \sigma_r > 0$인 A의 특이값)

333 쪽에서 설명하였듯이, 벡터공간 $\mathcal{M}_{m,n}(\mathbb{C})$는 다음과 같이 정의된 내적

$$\langle A, B\rangle = \mathrm{Tr}(AB^*)$$

에 의해 내적공간이 되고, 이 내적을 이용하면 행렬의 프로베니우스(또는 힐버트-슈미트) 노름을

$$||A|| = \sqrt{\langle A, A\rangle} = \sqrt{\mathrm{Tr}(AA^*)}$$

와 같이 정의할 수 있다. 따라서, 이 노름을 이용하면 두 행렬 사이의 거리를

$$d(A\,,\,B) = ||A - B|| \tag{9.7}$$

와 같이 정의할 수 있다. 한편, A의 프로베니우스 노름을 A의 성분을 이용하여 나타내면

$$||A|| = \sqrt{\sum_{i=1}^{m}\sum_{j=1}^{n}|A_{ij}|^2}$$

이므로, 두 행렬 A, B 사이의 거리 $d(A\,,\,B) = ||A - B||$는 두 행렬의 각 성분을 한 행에 차례로 늘어 놓아 $\mathbb{C}^{mn}$의 벡터로 이해한 다음, $\mathbb{C}^{mn}$에서 두 벡터 사이의 유클리드 거리를 따지는 것과 마찬가지라는 것을 알 수 있다.

또, 행렬의 프로베니우스 노름은 임의의 두 행렬 A, $B \in \mathcal{M}_{n,n}(\mathbb{C})$에 대해

$$||AB|| \leq ||A||\,||B||$$

를 만족하고, 임의의 상수 $\alpha \in \mathbb{C}$에 대해

$$||\alpha A|| = |\alpha|\,||A||$$

도 성립한다는 것을 배웠다.[2] 여기서는 노름에 대한 삼각부등식이 성립함을 알아보자. $\mathcal{M}_{n,n}(\mathbb{C})$의 내적에 대한 코시-슈바르츠 부등식을 이용하면

$$\big|\langle A, B\rangle\big| \leq ||A||\,||B||$$

이므로

$$\begin{aligned}||A+B||^2 =& \langle A+B\,,\,A+B\rangle = \langle A\,,\,A\rangle + \langle A\,,\,B\rangle + \langle B\,,\,A\rangle + \langle B\,,\,B\rangle\\ =&||A||^2 + \langle A\,,\,B\rangle + \overline{\langle A\,,\,B\rangle} + ||B||^2\\ =&||A||^2 + 2\,\mathrm{Re}\big(\langle A\,,\,B\rangle\big) + ||B||^2\\ \leq&||A||^2 + 2\big|\langle A\,,\,B\rangle\big| + ||B||^2 \leq ||A||^2 + 2||A||\,||B|| + 2||B||^2 = (||A|| + ||B||)^2\end{aligned}$$

이 성립한다. 따라서, 다음과 같이 노름에 대한 삼각부등식

$$||A+B|| \leq ||A|| + ||B|| \tag{9.8}$$

을 얻는다.

예제 9.1.2. 다음 각 물음에 답하시오.

(가) 두 벡터 $\mathbf{u} \in \mathcal{M}_{m,1}(\mathbb{C})$와 $\mathbf{v} \in \mathcal{M}_{n,1}(\mathbb{C})$에 대해 계수가 1인 행렬 $A = \mathbf{u}\mathbf{v}^*$의 힐버트-슈미트 노름이 $||A|| = ||\mathbf{u}||\,||\mathbf{v}||$가 됨을 보이시오.[3]

(나) 계수가 r인 $m \times n$ 행렬 A의 특이값이 $\sigma_1 \geq \sigma_2 \geq \cdots \geq \sigma_r > 0$일 때, 행렬 A의 힐버트-슈미트 노름은

$$||A|| = \sqrt{\sum_{i=1}^{r} \sigma_i^2} \leq \sigma_1 + \sigma_2 + \cdots + \sigma_r$$

를 만족함을 보이시오.

---

2) 333쪽 참고

3) 프로베니우스 노름을 힐버트-슈미트 노름이라고도 한다.

풀이 : (가) 대각합의 성질 $\mathrm{Tr}(XY) = \mathrm{Tr}(YX)$를 이용하여 행렬 $A = \mathbf{u}\mathbf{v}^*$에 대해 $||A||^2$을 구하면

$$\begin{aligned}||A||^2 = \langle A\,,\, A\rangle = \mathrm{Tr}\big(AA^*\big) &= \mathrm{Tr}\big((\mathbf{u}\mathbf{v}^*)(\mathbf{v}\mathbf{u}^*)\big)\\ &= \mathrm{Tr}\big(||\mathbf{v}||^2\mathbf{u}\mathbf{u}^*\big) = ||\mathbf{v}||^2\mathrm{Tr}(\mathbf{u}^*\mathbf{u}) = ||\mathbf{v}||^2||\mathbf{u}||^2\end{aligned}$$

이므로 $||A|| = ||\mathbf{u}||\,||\mathbf{v}||$이다.

(나) 계수가 r인 행렬 A의 축소 특이값 분해를 $A = U\Sigma V^*$라 하면 $\Sigma = \mathrm{Diag}(\sigma_1, \cdots, \sigma_r)$이고 $V^*V = I_r = U^*U = I_r$이므로

$$\begin{aligned}||A||^2 = \langle A\,,\, A\rangle = \mathrm{Tr}\big(AA^*\big) &= \mathrm{Tr}\big(U\Sigma V^*V\Sigma^*U^*\big)\\ &= \mathrm{Tr}\big(U\Sigma^2U^*\big) = \mathrm{Tr}\big(U^*U\Sigma^2\big) = \mathrm{Tr}\big(\Sigma^2\big) = \sum_{i=1}^{r}\sigma_i^2\end{aligned}$$

이 성립한다. 이 식으로부터 $||A|| \le \sigma_1 + \cdots + \sigma_r$이 성립함은 자명하다.

마지막 부등식은 A의 특이값 분해를 이용한 식 (9.6)과 행렬의 노름에 대한 삼각부등식으로부터 다음

$$\begin{aligned}||A|| &= ||\sigma_1\mathbf{u}_1\mathbf{v}_1^* + \cdots + \sigma_r\mathbf{u}_r\mathbf{v}_r^*||\\ &\le |\sigma_1|\,||\mathbf{u}_1\mathbf{v}_1^*|| + \cdots + |\sigma_r|\,||\mathbf{u}_r\mathbf{v}_r^*||\\ &= \sigma_1||\mathbf{u}_1||\,||\mathbf{v}_1^*|| + \cdots + \sigma_r||\mathbf{u}_r||\,||\mathbf{v}_r^*|| = \sigma_1 + \cdots + \sigma_r\end{aligned}$$

과 같이 보일 수도 있다. □

문제 9.1.3. $n \times n$ 행렬 A의 역행렬이 존재할 때, A의 특이값 분해와 A^{-1}의 특이값 분해 사이의 관계를 구하시오. 또, A의 특이값이 $\sigma_1 \ge \sigma_2 \ge \cdots \ge \sigma_n > 0$일 때, A^{-1}의 힐버트-슈미트 노름 $||A^{-1}||$을 구하시오.

특이값 분해의 기하학적 의미

행렬의 특이값 분해가 갖는 의미를 알아보기 위해 예제 9.1.1의 3×2 행렬 A의 특이값 분해 $A = U\Sigma V^{\mathrm{T}}$를 다시 살펴보자. V의 열벡터로 이루어진 $\mathcal{M}_{2,1}(\mathbb{R})$의 정규직교기저를

$$\mathbf{v}_1 = \frac{1}{\sqrt{2}}\begin{pmatrix}1\\1\end{pmatrix}, \quad \mathbf{v}_2 = \frac{1}{\sqrt{2}}\begin{pmatrix}-1\\1\end{pmatrix}$$

라 하고, U의 열벡터로 이루어진 $\mathcal{M}_{3,1}(\mathbb{R})$의 정규직교기저를

$$\mathbf{u}_1 = \frac{1}{\sqrt{6}}\begin{pmatrix}2\\1\\1\end{pmatrix}, \quad \mathbf{u}_2 = \frac{1}{\sqrt{6}}\begin{pmatrix}0\\\sqrt{3}\\-\sqrt{3}\end{pmatrix}, \quad \mathbf{u}_3 = \frac{1}{\sqrt{6}}\begin{pmatrix}-\sqrt{2}\\\sqrt{2}\\\sqrt{2}\end{pmatrix}$$

라 하자. 이때, A의 축소 특이값 분해는

$$A = \sqrt{3}\mathbf{u}_1\mathbf{v}_1^{\mathrm{T}} + \mathbf{u}_2\mathbf{v}_2^{\mathrm{T}}$$

가 된다. A가 갖는 기하학적 의미를 알아보기 위해, $L_A(\mathbf{x}) = A\mathbf{x}$로 정의된 선형사상 $L_A : \mathcal{M}_{2,1}(\mathbb{R}) \to \mathcal{M}_{3,1}(\mathbb{R})$에 의해 $\mathcal{M}_{2,1}(\mathbb{R})$의 단위원이 옮겨지는 도형을 살펴보자.

우선, $\mathcal{M}_{2,1}(\mathbb{R})(\cong \mathbb{R}^2)$의 단위원 $\{\mathbf{v} \in \mathcal{M}_{2,1}(\mathbb{R}) : ||\mathbf{v}|| = 1\}$은 정규직교기저에 대해

$$\{\mathbf{v} = x_1\mathbf{v}_1 + x_2\mathbf{v}_2 \in \mathcal{M}_{2,1}(\mathbb{R}) : x_1^2 + x_2^2 = 1\}$$

로 나타낼 수 있다. 따라서, A의 축소 특이값 분해를 이용하여 $L_A(\mathbf{v}) = A\mathbf{v}$를 구하면

$$A\mathbf{v} = \left(\sqrt{3}\mathbf{u}_1\mathbf{v}_1^{\mathrm{T}} + \mathbf{u}_2\mathbf{v}_2^{\mathrm{T}}\right)(x_1\mathbf{v}_1 + x_2\mathbf{v}_2) = \sqrt{3}x_1\mathbf{u}_1 + x_2\mathbf{u}_2$$

가 된다. 이때, $y_1 = \sqrt{3}x_1$, $y_2 = x_2$로 두면 조건 $x_1^2 + x_2^2 = 1$로부터

$$\frac{y_1^2}{3} + y_2^2 = 1$$

가 성립하므로 $\mathbf{u}_1$ 방향을 장축, $\mathbf{u}_2$ 방향을 단축으로 하는 타원이 된다. 즉, 행렬 A에 의해 정의역 $\mathcal{M}_{2,1}(\mathbb{R})(\cong \mathbb{R}^2)$의 단위원은 $\mathcal{M}_{3,1}(\mathbb{R})(\cong \mathbb{R}^3)$의 한 평면 위에 위치한 타원으로 옮겨지게 된다.

특히, A의 특이값 분해 $A = U\Sigma V^{\mathrm{T}}$에서 V^{T}는 $\mathbf{v}_1$, $\mathbf{v}_2$를 각각 $\mathbf{e}_1$, $\mathbf{e}_2$가 되도록 회전시키는 사상이고, Σ는 $\mathbf{e}_1$과 $\mathbf{e}_2$를 각각 특이값만큼 크기를 조절하여 $\sqrt{3}\,\mathbf{e}_1$, $\mathbf{e}_2$로 만드는 사상이다. 마지막으로 직교행렬 U는 회전을 통해 $\sqrt{3}\,\mathbf{e}_1$와 $\mathbf{e}_2$를 각각 $\sqrt{3}\,\mathbf{u}_1$, $\mathbf{u}_2$로 보내는 사상이다.[4)]

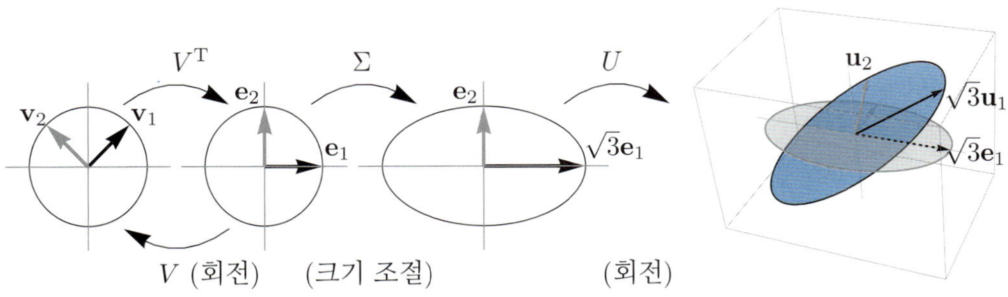

그림 9.1: 특이값 분해의 기하학적 의미

([그림 9.1]의 마지막 그림에서 회전되기 이전의 타원과 회전된 이후의 타원 내부에 색칠을 한 것은 내부가 포함되기 때문이 아니라, 두 타원을 쉽게 구분하기 위해서 표시해 둔 것이다.)

4) 289쪽에서 설명하였듯이, 직교행렬의 행렬식이 1이면 회전변환을 나타내고, 직교행렬의 행렬식이 -1이면 대칭변환을 나타낸다.

즉, 행렬 A의 특이값 분해 $A = U\Sigma V^{\mathrm{T}}$가 갖는 기하학적 의미는, 정의역에서 표준기저를 정규직교기저 $\{\mathbf{v}_i\}$로 보내는 회전 또는 대칭변환 V, 표준기저를 이루는 단위벡터들의 크기를 조절하는 변환 Σ, 그리고 다시 각 표준기저를 상공간의 정규직교기저 $\{\mathbf{u}_i\}$로 보내는 회전 또는 대칭변환 U로 분해하는 것으로 이해할 수 있다.

일반적으로 계수가 r인 $m \times n$ 행렬 $A \in \mathcal{M}_{m,n}(\mathbb{R})$의 특이값 분해 $A = U\Sigma V^{\mathrm{T}}$에 대해서도 같은 의미로 해석할 수 있다. $n \times n$ 직교행렬 V의 열벡터들이 이루는 $\mathcal{M}_{n,1}(\mathbb{R})$의 정규직교기저를 $\{\mathbf{v}_i : 1 \le i \le n\}$이라 하고, 직교행렬 U의 열벡터들이 이루는 $\mathcal{M}_{m,1}(\mathbb{R})$의 정규직교기저를 $\{\mathbf{u}_i : 1 \le i \le m\}$이라 하자.

A의 기하학적 의미를 파악하기 위해 선형사상 $L_A : \mathcal{M}_{n,1}(\mathbb{R}) \to \mathcal{M}_{m,1}(\mathbb{R})$를 $L_A(\mathbf{x}) = A\mathbf{x}$로 정의하고, $\mathcal{M}_{n,1}(\mathbb{R})$에서 단위벡터들로 이루어진 집합을

$$S^{n-1} = \{\mathbf{x} \in \mathcal{M}_{n,1}(\mathbb{R}) : ||\mathbf{x}|| = 1\}$$

이라 하자. 이때, $\mathbf{x} \in S^{n-1}$을 정규직교기저 $\{\mathbf{v}_i : 1 \le i \le n\}$의 일차결합으로 나타내면

$$\mathbf{x} = x_1\mathbf{v}_1 + \cdots x_n\mathbf{v}_n, \quad (\text{단}, x_1^2 + \cdots + x_n^2 = 1)$$

가 된다. 또, A의 특이값 $\sigma_1 \ge \sigma_2 \ge \cdots \ge \sigma_r > 0$에 대해 A의 특이값 분해를 이용하면

$$A = \sigma_1\mathbf{u}_1\mathbf{v}_1^* + \cdots \sigma_r\mathbf{u}_r\mathbf{v}_r^*$$

이므로, S^{n-1}가 옮겨진 집합 $L_A(S^{n-1}) = \{A\mathbf{x} : \mathbf{x} \in S^{n-1}\}$을 다음과 같이 정규직교기저 $\{\mathbf{u}_i : 1 \le i \le m\}$에 관한 식으로 구할 수 있다.

$$\begin{aligned} A\mathbf{x} &= (\sigma_1\mathbf{u}_1\mathbf{v}_1^* + \cdots \sigma_r\mathbf{u}_r\mathbf{v}^*)(x_1\mathbf{v}_1 + \cdots x_n\mathbf{v}_n) \\ &= \sigma_1 x_1\mathbf{u}_1 + \cdots + \sigma_r x_r\mathbf{u}_r \end{aligned} \qquad (\text{단}, x_1^2 + \cdots + x_n^2 = 1)$$

즉, 각 $1 \le i \le r$에 대해 $y_i = \sigma_i x_i$라 둘 때, $x_1^2 + \cdots + x_n^2 = 1$로부터 $x_1^2 + \cdots + x_r^2 \le 1$이므로

$$L_A(S^{n-1}) = \left\{ y_1\mathbf{u}_1 + \cdots + y_r\mathbf{u}_r : \frac{y_1^2}{\sigma_1^2} + \cdots + \frac{y_r^2}{\sigma_r^2} \le 1 \right\}$$

을 얻는다. 따라서, $\operatorname{rank}(A) = r < n$일 때는 $\mathcal{M}_{n,1}(\mathbb{R})$의 $n-1$차원 구 S^{n-1}는 A에 의해 속이 꽉 찬 r차원 타원체로 옮겨지고, $\operatorname{rank}(A) = n$인 경우에는 속이 빈 $(n-1)$차원 타원면으로 옮겨지게 된다. 이때, 타원체나 타원면의 주축은 정규직교기저 $\mathbf{u}_i$ 방향이 된다.

문제 9.1.4. $m \times n$ 실수행렬 A의 계수가 r이고, 특이값 $\sigma_1 \ge \sigma_2 \ge \cdots \ge \sigma_r > 0$에 대한 A의 특이값 분해가 $A = U\Sigma V^{\mathrm{T}}$라 하자.

(가) $||\mathbf{v}|| = 1$을 만족하는 임의의 벡터 $\mathbf{v} \in \mathcal{M}_{n,1}(\mathbb{R})$에 대하여, $||A\mathbf{v}||$의 최댓값을 구하시오.

(나) (가)에서 $||A\mathbf{v}||$가 최댓값이 되게 하는 벡터 $\mathbf{v}$는 무엇인지 설명하시오.

(다) (가)에서 $||A\mathbf{v}||$가 최대가 될 때, 벡터 $A\mathbf{v}$는 무엇인지 설명하시오.

문제 9.1.5. 행렬 $A = \begin{pmatrix} 1 & 2 & 1 & 0 \\ 2 & 0 & 1 & 1 \end{pmatrix}$ 에 대하여 다음 물음에 답하시오.

(가) $\max\{||A\mathbf{v}|| :$ 벡터 $\mathbf{v}$ 는 $||\mathbf{v}|| = 1$ 인 $\mathcal{M}_{4,1}(\mathbb{R})$ 의 벡터$\}$ 의 값을 구하시오.

(나) (가) 에서 구한 최댓값을 M 이라 할 때, $||A\mathbf{v}|| = M$ 이 되는 벡터 $A\mathbf{v}$ 를 구하시오.

행렬의 특이값 분해를 이용한 유사역행렬

앞 소절의 문제 9.1.3에서 살펴보았듯이 $n \times n$ 가역행렬 A 의 특이값 분해가 $A = U\Sigma V^*$ 이면, A^{-1} 의 특이값 분해는 $A^{-1} = V\Sigma^{-1}U^*$ 가 된다. 즉, A가 가역행렬이면 모든 특이값이 0보다 크므로, A 의 특이값 σ_i 에 대응되는 왼쪽 특이벡터 $\mathbf{u}_i$ 와 오른쪽 특이벡터 $\mathbf{v}_i$ 에 대해

$$A\mathbf{v}_i = \sigma_i \mathbf{u}_i \iff A^{-1}\mathbf{u}_i = \frac{1}{\sigma_i}\mathbf{v}_i, \quad (1 \le i \le n) \tag{9.9}$$

가 성립한다는 의미이다.

A가 비가역 정사각행렬이거나 $m \times n$ 직사각형행렬인 경우에는 역행렬을 정의할 수 없다. 하지만, A 의 특이값 분해에서 양수인 특이값에 대해 식 (9.9)를 이용하면 역행렬과 유사한 행렬을 정의할 수 있는데, 이 소절에서는 이것에 대해 알아본다.

$m \times n$ 행렬 A 의 특이값 분해가 $n \times n$ 유니타리행렬 V 와 $m \times m$ 유니타리행렬 U 에 대해 $A = U\Sigma V^*$ 로 주어진다고 하자 (물론, 주어진 행렬이 실수행렬이면 유니타리행렬은 직교행렬로 바꾸어 생각하면 된다). 이제, 주어진 A 의 특이값 분해에서 $m \times n$ 대각행렬 Σ 에 대해, Σ^{T} 를 구한 다음 0이 아닌 성분은 역수로 바꾼 $n \times m$ 대각행렬을 Σ^+ 라 하자. 예를 들면,

$$\Sigma = \begin{pmatrix} 3 & 0 & 0 & 0 \\ 0 & 1 & 0 & 0 \\ 0 & 0 & 0 & 0 \end{pmatrix} \iff \Sigma^+ = \begin{pmatrix} \frac{1}{3} & 0 & 0 \\ 0 & 1 & 0 \\ 0 & 0 & 0 \\ 0 & 0 & 0 \end{pmatrix}$$

이 된다. 이때, $m \times n$ 행렬 A 의 무어-펜로즈의 일반화된 역행렬 또는 유사역행렬이라 부르는 $n \times m$ 행렬 A^+ 는 다음과 같이 정의한다.

$$A^+ = V\Sigma^+U^* \tag{9.10}$$

뒤에 393 쪽에서 식 (9.10)에서 정의한 유사역행렬이 만족하는 네 가지 성질을 보일 수 있는데, 역으로 그 네 가지 성질을 만족하는 행렬은 유일함을 보일 수 있다. 즉, (9.10)에서 정의한 유사역행렬이 유일하게 존재한다 (393 쪽 정리를 참고하시오).

만약, A가 $n \times n$가역행렬이면 모든 특이값이 양수가 되므로 $\Sigma^+ = \Sigma^{-1}$가 된다. 따라서,

$$A^+ A = \left(V\,\Sigma^+\,U^*\right)\left(U\,\Sigma\,V^*\right) = V\,\Sigma^{-1}\Sigma\,V^* = I_n$$

이 되어 $A^+ = A^{-1}$가 됨을 알 수 있다.

예제 9.1.3. 다음 비가역행렬 A의 유사역행렬 A^+를 구하시오.

$$A = \begin{pmatrix} 1 & 1 \\ 0 & 1 \\ 1 & 0 \end{pmatrix}$$

또, $A\,A^+\,A$와 $A^+\,A\,A^+$를 구하시오.

풀이 : 예제 9.1.1에서 구한 A의 특이값 분해 $A = U\,\Sigma\,V^{\mathrm{T}}$는 다음과 같다.

$$A = \frac{1}{\sqrt{6}}\begin{pmatrix} 2 & 0 & -\sqrt{2} \\ 1 & \sqrt{3} & \sqrt{2} \\ 1 & -\sqrt{3} & \sqrt{2} \end{pmatrix}\begin{pmatrix} \sqrt{3} & 0 \\ 0 & 1 \\ 0 & 0 \end{pmatrix}\frac{1}{\sqrt{2}}\begin{pmatrix} 1 & 1 \\ -1 & 1 \end{pmatrix}$$

따라서, A의 유사역행렬은

$$\begin{aligned} A^+ =& \frac{1}{\sqrt{2}}\begin{pmatrix} 1 & -1 \\ 1 & 1 \end{pmatrix}\frac{1}{\sqrt{3}}\begin{pmatrix} 1 & 0 & 0 \\ 0 & \sqrt{3} & 0 \end{pmatrix}\frac{1}{\sqrt{6}}\begin{pmatrix} 2 & 1 & 1 \\ 0 & \sqrt{3} & -\sqrt{3} \\ -\sqrt{2} & \sqrt{2} & \sqrt{2} \end{pmatrix} \\ =& \frac{1}{3}\begin{pmatrix} 1 & -1 & 2 \\ 1 & 2 & -1 \end{pmatrix} \end{aligned}$$

이다.

한편, $A\,A^+A$와 $A^+A\,A^+$를 직접 계산하면 $A\,A^+A = A$이고 $A^+A\,A^+ = A^+$임을 확인할 수 있다. □

문제 9.1.6. 비가역행렬 $A = \begin{pmatrix} 2 & 2 \\ 1 & 1 \end{pmatrix}$의 유사역행렬을 구하시오.

$m \times n$ 행렬 A의 유사역행렬의 성질을 살펴보자. A의 계수가 r이라 하고, A의 특이값 분해 $A = U\,\Sigma\,V^*$에 대해 V의 열벡터를 차례로 $\mathbf{v}_i\ (1 \le i \le n)$, U의 열벡터를 차례로 $\mathbf{u}_i\ (1 \le i \le m)$이라 하자. 이때, $A\,A^+$를 계산하면

$$\begin{aligned} A\,A^+ = U\,\Sigma\,V^*\,V\,\Sigma^+\,U^* = U\,\Sigma\,\Sigma^+U^* =& U\,\mathrm{Diag}(\underbrace{1, \cdots, 1}_{r\text{ 개}}, \underbrace{0, \cdots, 0}_{m-r\text{ 개}})\,U^* \\ =& \mathbf{u}_1\mathbf{u}_1^* + \cdots + \mathbf{u}_r\mathbf{u}_r^* \end{aligned} \tag{9.11}$$

이다. 따라서, AA^+는 에르미트행렬이 되고, $(AA^+)^2 = AA^+$가 되어 A의 상공간으로 떨어지는 정사영행렬이 됨을 알 수 있다.[5)]

비슷한 방법으로 A^+A를 계산하면

$$\begin{aligned} A^+A = V\Sigma^+U^*U\Sigma V^* = V\Sigma^+\Sigma V^* &= V\,\mathrm{Diag}(\underbrace{1,\cdots,1}_{r\text{ 개}},\underbrace{0,\cdots,0}_{n-r\text{ 개}})V^* \\ &= \mathbf{v}_1\mathbf{v}_1^* + \cdots + \mathbf{v}_r\mathbf{v}_r^* \end{aligned} \tag{9.12}$$

이다. 따라서, A^+A도 에르미트행렬이 되고, A^*의 상공간으로 떨어지는 정사영행렬이 된다.[6)]

이번에는 $AA^+A = A$가 됨을 확인해보자. A의 특이값 분해로부터 계수가 1인 행렬들의 합으로 나타내면

$$A = \sigma_1\mathbf{u}_1\mathbf{v}_1^* + \cdots + \sigma_r\mathbf{u}_r\mathbf{v}_r^*$$

이므로

$$\begin{aligned} AA^+A = (AA^+)A &= (\mathbf{u}_1\mathbf{u}_1^* + \cdots + \mathbf{u}_r\mathbf{u}_r^*)(\sigma_1\mathbf{u}_1\mathbf{v}_1^* + \cdots + \sigma_r\mathbf{u}_r\mathbf{v}_r^*) \\ &= \sigma_1\mathbf{u}_1\mathbf{v}_1^* + \cdots + \sigma_r\mathbf{u}_r\mathbf{v}_r^* = A \end{aligned}$$

가 된다. 같은 방법으로 $A^+AA^+ = A^+$가 성립하는 것도 확인할 수 있다.

유사역행렬의 성질과 유사역행렬의 유일성

$m \times n$ 행렬 A의 계수가 r이고, A의 특이값 분해가 $n \times n$ 유니타리행렬 V와 $m \times m$ 유니타리행렬 U에 대해 $A = U\Sigma V^*$로 주어진다고 하자. 이때, A의 유사역행렬

$$A^+ = V\Sigma^+U^*$$

에 대해 다음 성질이 성립한다.

(가) $m \times m$ 행렬 AA^+는 에르미트행렬이고, A의 상공간 (즉, A의 열공간) 으로 떨어지는 정사영행렬이다.

(나) $n \times n$ 행렬 A^+A는 에르미트행렬이고, A^*의 상공간 (즉, $\overline{A}$의 행공간) 으로 떨어지는 정사영행렬이다.

(다) $AA^+A = A$

(라) $A^+AA^+ = A^+$

또, $n \times m$ 행렬 C가 위의 네 가지 성질에서 A^+가 만족하는 성질을 모두 만족하면, $C = A^+$이다. 즉, 유사역행렬은 유일하게 존재한다.

---

5) A의 상공간은 $\mathrm{span}\{A\mathbf{v}_i : 1 \le i \le r\} = \mathrm{span}\{\mathbf{u}_i : 1 \le i \le r\}$이 된다.

6) A의 영공간 $N(A)$는 $\{\mathbf{v}_i : r+1 \le i \le n\}$로 생성되고 $N(A)$의 직교여공간 $N(A)^\perp$은 $\{\mathbf{v}_i : 1 \le i \le r\}$로 생성된다. 한편, 178쪽 예제 5.4.2에 의해 $N(A)^\perp = C(A^*)$, 즉, A의 상공간이 된다.

증명 : $n \times m$ 행렬 C가 정리의 네 가지 성질을 만족한다고 하자. 우선, $AC = AA^+$ 임을 보이자. 우선 C가 성질 (가)를 만족하므로 $(AC)^* = AC$이고, A^+에 대해 (다)가 성립하므로

$$AC = (AC)^* = C^*A^* = C^*(AA^+A)^* = C^*A^*(A^+)^*A^* = (AC)^*(AA^+)^*$$

이다. 이때, AC와 AA^+는 각각 성질 (가)에 의해 에르미트행렬이므로, 위 식에서

$$(AC)^*(AA^+)^* = (AC)(AA^+) = (ACA)A^+$$

가 되고, C에 대한 성질 (다)를 이용하면 $(ACA)A^+ = AA^+$가 되므로, 결국 $AC = AA^+$가 된다. 비슷한 방법으로 $CA = A^+A$가 성립하는 것도 확인할 수 있다.

이제, 행렬 C와 A^+가 각각 성질 (라)를 만족한다는 것과 앞서 보인 두 등식 $AC = AA^+$와 $CA = A^+A$를 이용하면,

$$C = CAC = C(AC) = C(AA^+) = (CA)A^+ = (A^+A)A^+ = A^+AA^+ = A^+$$

가 되어 $C = A^+$ 임을 알 수 있다. 즉, 유사역행렬은 위의 네 가지 성질로부터 유일하게 결정된다. □

예제 9.1.4. $m \times n$ 행렬 A의 계수가 n이면 200쪽에서 공부하였듯이 $n \times n$ 행렬 A^*A는 가역행렬이 된다. 이때, 다음을 보이시오.

(가) $n \times m$ 행렬 $X = \left(A^*A\right)^{-1}A^*$에 대해 $XA = I_n$이 됨을 보이시오. 이런 의미로 행렬 X를 A의 왼쪽 역행렬이라 부른다.

(나) A의 유사역행렬 A^+가 A의 왼쪽 역행렬이 됨을 보이시오.

풀이 : (가) $\operatorname{rank}\left(A^*A\right) = \operatorname{rank}(A) = n$이므로 $n \times n$ 행렬 A^*A는 가역행렬이다. 따라서,

$$I_n = \left(A^*A\right)^{-1}\left(A^*A\right) = XA$$

로부터 X는 A의 왼쪽 역행렬이 된다.

(나) 행렬 A의 계수가 n이므로 식 (9.12)에서 $\Sigma^+\Sigma = I_n$가 성립한다. 따라서,

$$A^+A = \left(V\Sigma^+U^*\right)\left(U\Sigma V^*\right) = V\left(\Sigma^+\Sigma\right)V^* = VV^* = I_n$$

이다. 즉, A^+는 A의 왼쪽 역행렬이 된다. □

문제 9.1.7. $m \times n$ 행렬 A의 계수가 m일 때, 다음을 보이시오.

(가) AA^*가 가역행렬임을 보이시오.

(나) $n \times m$ 행렬 $Y = A^*\left(AA^*\right)^{-1}$에 대해 $AY = I_m$이 됨을 보이시오. 이런 의미로 행렬 Y를 A의 오른쪽 역행렬이라 부른다.

(다) A의 계수가 행의 개수와 같으면, 유사역행렬 A^+가 A의 오른쪽 역행렬이 됨을 보이시오.

9.2 특이값 분해의 응용

[미리보기] 예제 9.1.1에서 다루었던 행렬 A의 특이값 분해를 다시 살펴보자. 행렬 A의 축소 특이값 분해로부터 행렬 A를 계수가 1인 행렬들의 합으로 나타내면

$$A = \begin{pmatrix} 1 & 1 \\ 0 & 1 \\ 1 & 0 \end{pmatrix} = \sqrt{3}\mathbf{u}_1\mathbf{v}_1^{\mathrm{T}} + \mathbf{u}_2\mathbf{v}_2^{\mathrm{T}},$$

$$\text{단, } \mathbf{u}_1 = \frac{1}{\sqrt{6}}\begin{pmatrix} 2 \\ 1 \\ 1 \end{pmatrix},\ \mathbf{u}_2 = \frac{1}{\sqrt{6}}\begin{pmatrix} 0 \\ \sqrt{3} \\ -\sqrt{3} \end{pmatrix},\ \mathbf{v}_1 = \frac{1}{\sqrt{2}}\begin{pmatrix} 1 \\ 1 \end{pmatrix},\ \mathbf{v}_2 = \frac{1}{\sqrt{2}}\begin{pmatrix} -1 \\ 1 \end{pmatrix}$$

가 되고, 예제 9.1.2를 적용하여 A의 힐버트-슈미트 노름을 구하면 $||A|| = \sqrt{(\sqrt{3})^2 + 1} = 2$이다.

행렬에 대한 힐버트-슈미트 노름을 이용하여 두 행렬 X, Y 사이의 거리를 $d(X, Y) = ||X - Y||$라 정의하자. 이때, 이렇게 정의한 거리에 대해, 계수가 1인 행렬 중 A와 가장 가까운 행렬을 구하면 어떻게 될까? 두 벡터 $\mathbf{x} = (x_1, x_2, x_2)^{\mathrm{T}}$와 $\mathbf{y} = (y_1, y_2)^{\mathrm{T}}$에 대해 계수가 1인 행렬을 $\mathbf{x}\mathbf{y}^{\mathrm{T}}$라 두고, $||A - \mathbf{x}\mathbf{y}^{\mathrm{T}}||$를 구하면

$$||A - \mathbf{x}\mathbf{y}^{\mathrm{T}}||^2 = (1 - x_1y_1)^2 + (1 - x_1y_2)^2 + (x_2y_1)^2 + (1 - x_2y_2)^2 + (1 - x_3y_1)^2 + (x_3y_2)^2$$

가 된다. 위 식을 5개의 미지수 x_1, x_2, x_3, y_1, y_2에 대한 함수 $f(x_1, x_2, x_3, y_1, y_2)$로 이해하여 최솟값을 구하면, $\mathbf{x} = -1/2(2, 1, 1)^{\mathrm{T}}$, $\mathbf{y} = (-1, -1)^{\mathrm{T}}$일 때 최솟값 1을 가짐을 보일 수 있다.[7)]

한편, $||A - \mathbf{x}\mathbf{y}^{\mathrm{T}}||$가 최소가 되게 구한 행렬 $\mathbf{x}\mathbf{y}^{\mathrm{T}}$는 실제로 A의 특이값 분해에서 가장 큰 특이값에 대응되는 $\sqrt{3}\mathbf{u}_1\mathbf{v}_1^{\mathrm{T}}$가 됨을 쉽게 확인할 수 있다.

이 절에서는 미적분을 이용하지 않는 보다 쉬운 방법으로, 임의의 행렬 A에 대해 $||A - B||$가 최소가 되는 계수가 $k\,(1 \le k \le \mathrm{rank}(A))$ 이하인 행렬 B는 실제로 A의 특이값 분해에서 크기가 큰 순서대로 k개의 특이값에 대응되는 계수가 1인 행렬들의 합이 됨을 보인다. 또, 이러한 방법이 디지털 이미지 처리기법에서 어떻게 활용될 수 있는지 살펴본다.

특이값 분해의 또 다른 응용으로 주성분분석이라 부르는 통계기법을 들 수 있다. 간략하게 설명하면, 행렬 A의 특이값 분해에서 가장 큰 특이값에 대응되는 오른쪽 특이벡터 $\mathbf{v}_1$은 대칭행렬 $A^{\mathrm{T}}A$에 의해 단위원이 타원으로 옮겨질 때 장축방향을 나타내는 벡터가 되고, 왼쪽 특이벡터 $\mathbf{u}_1$은 대칭행렬 AA^{T}에 의해 단위원이 타원으로 옮겨질 때 장축방향을 나타내는 벡터가 된다는 특성을 자료분석에 이용하는 방법이다. 물론, 두 번째, 세 번째 특이값에 대응되는 특이벡터들에 대해서도 유사한 해석을 할 수 있다. 이 절에서는 간단한 예를 통해 주성분분석의 기본적인 아이디어를 살펴본다.

7) 일단, 각 미지수에 대한 편도함수값이 0이 되는 조건을 구한 다음 296 쪽에서 공부한 이계도함수를 이용한 극값 판정법을 이용하여 극솟값을 구하고, 극솟값 중 가장 작은 값을 구하면 최솟값이 된다.

주어진 행렬을 계수가 작은 행렬로 근사시키는 방법

$m \times n$ 행렬 A의 특이값 분해를 이용하면 A를 계수가 1인 행렬들의 합으로 쓸 수 있음을 알고 있다. 즉, A의 계수가 r이고 특이값이 $\sigma_1 \geq \sigma_2 \geq \cdots \geq \sigma_r > 0$이라 할 때,

$$A = \sigma_1 \mathbf{u}_1 \mathbf{v}_1^* + \sigma_2 \mathbf{u}_2 \mathbf{v}_2^* + \cdots + \sigma_r \mathbf{u}_r \mathbf{v}_r^* \tag{9.13}$$

와 같이 나타낼 수 있었다.

이 소절에서는 A의 특이값 분해를 이용하여 A보다 계수가 작은 행렬로 A를 근사시키는 방법에 대해 공부한다. 이를 위해, 지금까지 소개한 행렬의 힐버트-슈미트 (또는 프로베니우스) 노름의 성질을 다시 한 번 정리하자.

행렬의 힐버트-슈미트 (또는 프로베니우스) 노름의 성질

내적 $\langle A, B\rangle = \mathrm{Tr}(AB^*)$로 주어지는 내적공간 $\mathcal{M}_{m,n}(\mathbb{C})$의 노름 $||A|| = \sqrt{\langle A, A\rangle}$에 대해 다음이 성립한다.

(가) 임의의 행렬 A에 대해 $||A|| = \sqrt{\sum_{i=1}^{m}\sum_{j=1}^{n}|A_{ij}|^2}$이다.
따라서, $||A|| \geq 0$이고, $||A|| = 0 \iff A = O$이다.

(나) 임의의 $A,\ B \in \mathcal{M}_{m,n}(\mathbb{C})$에 대해 $||A+B|| \leq ||A|| + ||B||$가 성립한다.

(다) 임의의 $A,\ B \in \mathcal{M}_{n,n}(\mathbb{C})$에 대해 $||AB|| \leq ||A||\,||B||$가 성립한다.

(라) 임의의 $A \in \mathcal{M}_{m,n}$와 $\alpha \in \mathbb{C}$에 대해 $||\alpha A|| = |\alpha|\,||A||$이다.

(마) $A \in \mathcal{M}_{n,n}(\mathbb{C})$의 임의의 고윳값 λ에 대해 $|\lambda| \leq ||A||$가 성립한다.

(바) 행렬 A의 특이값 분해가 식 (9.13)와 같을 때, 행렬 A의 노름은 $||A|| = \sqrt{\sum_{i=1}^{r}\sigma_i^2}$ 이다.

(사) 행렬 A의 임의의 특이값 σ에 대해 $\sigma \leq ||A||$가 성립한다.

(아) 행렬 A를 블록행렬로 이해할 때, 노름에 대해 다음 식이 성립한다.

$$A = \begin{pmatrix} B_1 & B_2 \\ B_3 & B_4 \end{pmatrix} \implies ||A||^2 = ||B_1||^2 + ||B_2||^2 + ||B_3||^2 + ||B_4||^2$$

(자) $||A|| = ||A^*||$이다.

(차) $m \times n$ 행렬 A와 $n \times n$ 유니타리행렬 V, $m \times m$ 유니타리행렬 U에 대해 $||UAV^*|| = ||A||$이다.

증명 : 성질 (가), (다), (마)는 333쪽에서 보였고, 성질 (나), (라), (바)는 387쪽에서 성립함

을 보였다. 또, 성질 (사)는 성질 (바)로부터 얻어지고, 성질 (아)는 성질 (가)에서 곧바로 나온다.

이제, 성질 (자)가 성립하는 것은 다음과 같이 대각합의 성질로부터 쉽게 보일 수 있다.

$$||A^*||^2 = \mathrm{Tr}\big(A^*(A^*)^*\big) = \mathrm{Tr}(A^*A) = \mathrm{Tr}(AA^*) = ||A||^2$$

마지막으로 성질 (차)도 대각합의 성질로부터 나온다.

$$||UAV^*||^2 = \mathrm{Tr}\big((UAV^*)(VA^*U^*)\big) = \mathrm{Tr}(UAA^*U^*) = \mathrm{Tr}(U^*UAA^*) = \mathrm{Tr}(AA^*) = ||A||^2$$

□

이제, 특이값 분해가 식 (9.13)과 같은 $m \times n$ 행렬 A에 대해 $||A-B||$가 최소가 되는 계수가 k 이하인 $m \times n$ 행렬 B는 다음과 같이 구할 수 있음을 알아보자.

주어진 행렬을 계수가 작은 행렬로 근사시키는 최적의 방법

계수가 r인 $m \times n$ 행렬 A의 특이값 분해가 특이값 $\sigma_1 \geq \sigma_2 \geq \cdots \geq \sigma_r$에 대해 식 (9.13)와 같다고 하자. 또, 계수가 $k\,(1 \leq k \leq r)$ 이하인 $m \times n$인 행렬들의 집합을 $\mathcal{M}(k)$라 하자.

이때, $m \times n$ 행렬 $B = \displaystyle\sum_{i=1}^{k} \sigma_i \mathbf{u}_i \mathbf{v}_i^*$에 대해 다음 식이 성립한다.

$$\min\{||A-Y|| : Y \in \mathcal{M}(k)\} = ||A-B|| = \sqrt{\sum_{i=k+1}^{r} \sigma_i^2}$$

증명 : 우선, 행렬 B는 계수가 1인 행렬 k개의 합이고, $\mathbf{u}_i\ (1 \leq i \leq k)$와 $\mathbf{v}_i\ (1 \leq i \leq k)$가 각각 정규직교집합이므로 계수가 k인 행렬이다.[8] 따라서, $B \in \mathcal{M}(k)$이고, 식 (9.13)로부터 $A-B$의 특이값 분해는 $\sigma_{k+1}\mathbf{u}_{k+1}\mathbf{v}_{k+1} + \cdots + \sigma_r \mathbf{u}_r \mathbf{v}_r$ 이므로, 노름의 성질 (바)에 의해

$$||A-B|| = \sqrt{\sigma_{k+1}^2 + \cdots + \sigma_r^2}$$

이 된다. 따라서, $\min\{||A-Y|| : Y \in \mathcal{M}(k)\} \leq ||A-B||$가 성립한다.

이제, $\min\{||A-Y|| : Y \in \mathcal{M}(k)\} \geq ||A-B||$가 성립함을 보이면 증명이 끝난다.

$M(k)$에 속하는 Y 중 $\min\{||A-Y|| : Y \in \mathcal{M}(k)\} = ||A-X||$를 만족하는 X가 존재하는데,[9] 이 X의 특이값 분해가 $U_X \Sigma_X V_X^*$라 하고, $A_X = U_X^* A V_X$라고 하자.

8) 219쪽 문제 6.1.15를 참고하시오.

9) 이런 X가 존재한다는 것을 증명할 수 있지만, 이 책의 수준을 벗어나므로 받아들이기로 한다.

이때, 노름의 성질 (차)에 의해

$$||A-X|| = ||U_X A_X V_X^* - U_X \Sigma_X V_X^*|| = ||U_X(A_X - \Sigma_X)V_X^*|| = ||A_X - \Sigma_X||$$

가 된다. 한편, $m \times n$ 대각행렬 Σ_X는 $k \times k$ 대각행렬 D_X와 적당한 크기의 영행렬을 이용하여 블록행렬로 나타낼 수 있으므로, 행렬 A_X도 Σ_X의 블록행렬과 같은 크기를 갖는 블록행렬 C_i들로 나타내면 노름의 성질 (아)에 의해

$$\begin{aligned} ||A-X||^2 = ||A_X - \Sigma_X||^2 &= \left\| \begin{pmatrix} C_1 & C_2 \\ C_3 & C_4 \end{pmatrix} - \begin{pmatrix} D_X & O \\ O & O \end{pmatrix} \right\|^2 \\ &= ||C_1 - D_X||^2 + ||C_2||^2 + ||C_3||^2 + ||C_4||^2 \end{aligned} \tag{9.14}$$

가 성립한다. 지금부터 단계에 따라 C_2와 C_3은 각각 영행렬이 되고, $C_1 = D_X$가 되며 $||C_4||^2$은 A의 특이값 중 $r-k$개의 제곱의 합이 됨을 보인다. 이때, $r-k$개의 특이값 중 그 제곱의 합이 가장 작은 경우가 $\sigma_{k+1}^2 + \cdots + \sigma_r^2$이므로

$$||A-X||^2 = ||C_4||^2 \geq \sum_{i=k+1}^{r} \sigma_i^2 = ||A-B||^2$$

이 되어 $||A-X|| = ||A-B||$가 성립함이 증명된다.

(단계 1: $C_2 = O$이고 $C_3 = O$) 행렬 X는 $||A-X|| = \min\{||A-Y|| : Y \in \mathcal{M}(k)\}$를 만족하는 행렬이므로, 블록행렬 C_2와 C_3가 모두 영행렬이 됨을 보일 수 있다. 예를 들어, $C_2 \neq O$이라면 $||C_2|| \neq 0$이다. 따라서, 행렬 Y를

$$Y = U_X \begin{pmatrix} D_X & C_2 \\ O & O \end{pmatrix} V_X^*$$

로 정의하면, 행렬 Y는 계수가 k 이하인 행렬이므로 $Y \in \mathcal{M}(k)$이고

$$\begin{aligned} ||A-Y||^2 &= \left\| U_X \left(\begin{pmatrix} C_1 & C_2 \\ C_3 & C_4 \end{pmatrix} - \begin{pmatrix} D_X & C_2 \\ O & O \end{pmatrix} \right) V_X^* \right\|^2 \\ &= ||C_1 - D_X||^2 + ||C_3||^2 + ||C_4||^2 < ||A_X - \Sigma_X||^2 = ||A-X||^2 \end{aligned}$$

이 성립하여 모순이다. 비슷한 방법으로 C_3이 영행렬인 것도 보일 수 있다.

(단계 2 : $C_1 = D_X$) 또, 식 (9.14)에서 만약 $C_1 \neq D_X$라면, $\mathcal{M}(k)$에 속하는 행렬 Y를 다음과 같이 정의할 때 X의 정의에 모순이 됨을 알 수 있다.

$$\begin{aligned} Y = U_X \begin{pmatrix} C_1 & O \\ O & O \end{pmatrix} V_X^* \implies ||A-Y||^2 &= \left\| U_X \left(\begin{pmatrix} C_1 & O \\ O & C_4 \end{pmatrix} - \begin{pmatrix} C_1 & O \\ O & O \end{pmatrix} \right) V_X^* \right\|^2 \\ &= ||C_4||^2 < ||A-X||^2 \end{aligned}$$

따라서, 행렬 A는 $k \times k$ 대각행렬 D_X와 $(m-k) \times (n-k)$ 행렬 C_4에 대해 다음과 같다.

$$A = U_X \begin{pmatrix} D_X & O \\ O & C_4 \end{pmatrix} V_X^{\mathrm{T}}$$

(단계 3: $||C_4||^2$은 A의 특이값 중 $r-k$개의 제곱의 합) 이제 C_4의 특이값 분해 $C_4 = U_2 \Lambda V_2^*$를 이용하여 A를 다시 나타내면

$$A = U_X \begin{pmatrix} I_k & O \\ O & U_2 \end{pmatrix} \begin{pmatrix} D_X & O \\ O & \Lambda \end{pmatrix} \begin{pmatrix} I_k & O \\ O & V_2^* \end{pmatrix} V_X^*$$

이다. 위 식에서 $U_X \begin{pmatrix} I_k & O \\ O & U_2 \end{pmatrix}$는 $m \times m$ 유니타리행렬이고 $V_X \begin{pmatrix} I_k & O \\ O & V_2 \end{pmatrix}$는 $n \times n$ 유니타리행렬이므로 Λ에서 0이 아닌 $r-k$개의 대각성분은 모두 A의 특이값이 되는 것을 알 수 있다.

따라서, 앞서 설명한 것처럼 식 (9.14)로부터 다음이 성립하여 증명이 끝난다.

$$\min\{||A-Y|| : Y \in \mathcal{M}(k)\} = ||A-X|| = ||C_4|| = ||\Lambda|| \geq \sqrt{\sum_{i=k+1}^{r} \sigma_i^2} = ||A-B|| \qquad \square$$

디지털 이미지 처리기법에의 응용 : 노이즈의 감소

디지털 이미지는 모눈종이의 각 정사각형에 색칠을 하여 문자나 그림을 표현하는 것으로 빗대어 생각할 수 있다. 예를 들어, 픽셀 크기가 20×30인 그레이 스케일 이미지는 가로로 30개, 세로로 20개의 정사각형이 배열된 모눈종이에서, 각 사각형마다 흰색과 검은색, 회색 음영으로 글자나 그림 등을 표현한 것으로 이해할 수 있다. 이때, 모눈종이의 각 정사각형에 대응되는 것을 픽셀이라 부른다.

$$\begin{pmatrix} 0 & 0 & 0 & 0 \\ 0 & 1 & 1 & 0 \\ 0 & 1 & 1 & 0 \\ 0 & 0 & 0 & 0 \end{pmatrix}$$

그림 9.2: 픽셀크기가 4×4인 그레이 스케일 디지털 이미지와 행렬표현

또, 그레이 스케일은 회색 음영을 검은색부터 흰색까지 총 256단계로 나누어 표현하므로, 한 픽셀마다 8 비트 (bit)= 1 바이트 (byte)가 필요하게 된다.[10] 지금부터 256단계를 유리수 $k/255$ $(0 \le k \le 255)$에 대응시켜 검은색은 $0 = 0/255$, 흰색은 $1 = 255/255$로 표현한다. 따라서, 그레이 스케일로 표현된 픽셀크기가 $m \times n$인 디지털 이미지는 각 성분이 $k/256$ $(0 \le k \le 255)$인 $m \times n$ 행렬로 이해할 수 있다. 예를 들어, 앞의 [그림 9.2]는 픽셀크기가 4×4인 이미지와 대응되는 행렬표현을 보여준다.

따라서, 픽셀크기가 $m \times n$인 디지털 이미지를 전송하려면 mn 바이트의 데이터를 전송해야 하는데, 이 과정에서 노이즈가 생길 수 있다. 이런 노이즈를 제거하기 위해 행렬로 표현된 디지털 이미지에 특이값 분해를 응용할 수 있음을 알아보자.

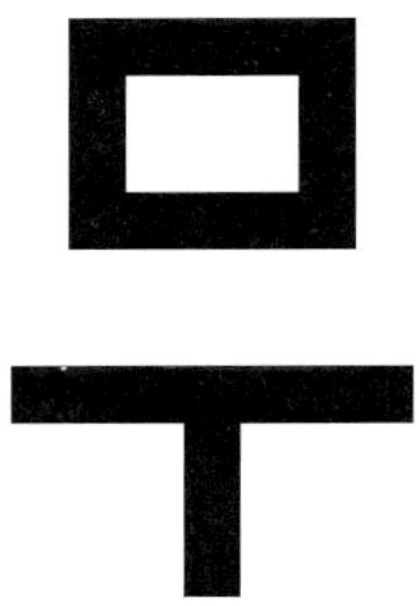

$$A = \begin{pmatrix} 1&1&1&1&1&1&1&1&1\\ 1&1&0&0&0&0&0&1&1\\ 1&1&0&1&1&1&0&1&1\\ 1&1&0&1&1&1&0&1&1\\ 1&1&0&0&0&0&0&1&1\\ 1&1&1&1&1&1&1&1&1\\ 1&1&1&1&1&1&1&1&1\\ 1&0&0&0&0&0&0&0&1\\ 1&1&1&1&0&1&1&1&1\\ 1&1&1&1&0&1&1&1&1\\ 1&1&1&1&0&1&1&1&1\\ 1&1&1&1&1&1&1&1&1 \end{pmatrix}$$

그림 9.3: 한글 "무"를 표현한 픽셀크기가 12×9인 그레이 스케일 디지털 이미지와 행렬표현

예를 들어, 계수가 5인 행렬에 대응되는 위 그림을 스캔하는 도중에 [그림 9.4]과 같이 노이즈가 생겼다고 하자. 이때, 노이즈 이미지에 대한 행렬의 계수는 9이고, 특이값 분해로부터 얻어진 특이값을 큰 값부터 감소하는 순서로 차례로 나열하면

$$\sigma_1 = 7.968,\ \sigma_2 = 2.218,\ \sigma_3 = 1.710,\ \sigma_4 = 1.001,\ \sigma_5 = 0.915,\ \sigma_6 = 0.504,\ \cdots$$

가 된다. 이제, 눈에 띄는 특이값 변화를 염두에 두고 앞 소절에서처럼 작은 계수의 행렬로 근사시키면 다음과 같이 대응되는 이미지를 얻는다.

그 결과, [그림 9.4]의 마지막 그림에서 알 수 있듯이, 계수가 5인 행렬로 근사시킬 때 원래 이미지를 잘 나타내면서 노이즈 현상도 완화되는 효과가 있음을 알 수 있다.

디지털 이미지 처리기법에의 응용 : 데이터 압축효과

픽셀크기가 $m \times n$인 그레이 스케일 디지털 이미지를 저장하는데는 mn 바이트가 필요하다. 웹페이지에 사용되는 그림처럼 고해상도의 이미지가 아니라도 충분한 경우들이 있고,

10) 컴퓨터에서 1비트 1자리 이진수라고 생각하면 된다. 8비트가 모여 1바이트가 되므로 1바이트는 8자리 이진수로 이해할 수 있고, 따라서, 00000000부터 11111111까지 $2^8 = 256$가지 정보를 표현할 수 있다.

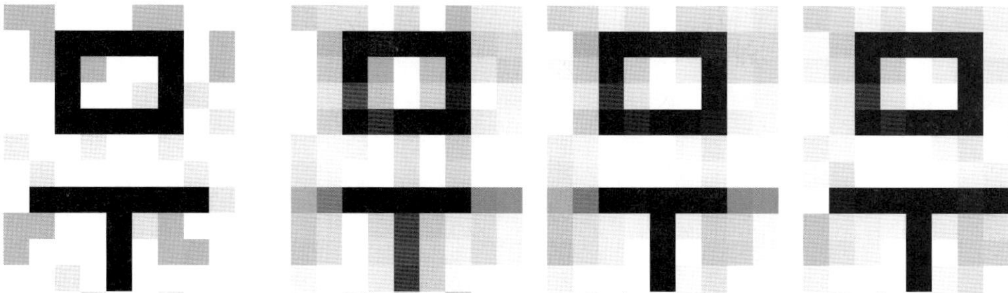

노이즈 이미지 $\sum_{i=1}^{3} \sigma_i \mathbf{u}_i \mathbf{v}_i^*$ $\sum_{i=1}^{4} \sigma_i \mathbf{u}_i \mathbf{v}_i^*$ $\sum_{i=1}^{5} \sigma_i \mathbf{u}_i \mathbf{v}_i^*$

그림 9.4: 12×9 행렬의 특이값 분해를 이용한 노이즈 감소

전송환경 등의 제약 조건으로 일부 손실이 있더라도 데이터의 용량을 줄여야 하는 경우도 생길 수 있다. 행렬에 대한 특이값 분해를 이용하여 이를 해결하는 방법을 알아보자.

계수가 r 인 $m \times n$ 실수행렬 A 의 특이값 분해가 다음과 같다고 하자.

$$A = \sum_{i=1}^{r} \sigma_i \mathbf{u}_i \mathbf{v}_i^{\mathrm{T}}, \quad \sigma_1 \geq \sigma_2 \geq \cdots \geq \sigma_r > 0$$

이때, 계수가 k 인 행렬 B 중에서 $||A - B||$ 가 최소가 되도록 하는 행렬은 $B = \sum_{i=1}^{k} \sigma_i \mathbf{u}_i \mathbf{v}_i^{\mathrm{T}}$ 가 됨을 알고 있다.[11] 행렬 B 가 디지털 이미지를 나타낸다고 하자. 이때, B 를 저장하는데 필요한 바이트 수는 $1 \leq i \leq k$ 에 대해 벡터 $\mathbf{u}_i$, $\mathbf{v}_i$ 와 특이값 σ_i 를 각각 저장하는데 필요한 바이트 수와 같다. 각 벡터는 단위벡터이므로 각 성분을 표현하는데 1 바이트씩이 필요하고 결론적으로 $2k$ 개의 벡터를 저장하는데 $k(m+n)$ 바이트가 필요하다. 또, 각 특이값을 저장하는데는 4 바이트면 충분하다. 따라서, 이미지를 저장하는데 사용할 수 있는 바이트 수 M 이 제한되어 있다면, $k(m+n+4) < M$ 을 만족하는 최대 k 를 선택하여 계수가 k 인 행렬에 대한 이미지를 근사 이미지로 사용하면 된다.

이제 픽셀크기가 591×513 인 [그림 9.5]를 생각해보자. 그레이 스케일로 표현된 이 그림에 대응되는 591×513 행렬의 계수는 513 이다. 이 그림에 대응되는 행렬의 특이값을 크기가 감소하는 순서로 나열하면 다음과 같다.

$$\sigma_1 = 253.80, \sigma_2 = 63.03, \cdots, \sigma_{10} = 16.77, \cdots, \sigma_{20} = 7.90, \cdots, \sigma_{50} = 2.78,$$
$$\cdots, \sigma_{100} = 1.21, \cdots, \sigma_{200} = 0.38, \cdots, \sigma_{300} = 0.15, \cdots, \sigma_{400} = 0.05, \cdots, \sigma_{513} = 0.005$$

[그림 9.6]은 각각 계수가 20, 50, 100 인 행렬로 근사시킨 이미지를 나타낸다. 계수가 100 인 행렬로 근사시킨 경우에 각 특이값을 저장하는데 1 바이트면 충분하므로, 저장에 필요한 바이트 수는 $100(513 + 591 + 1) = 110500$ 이다. 즉, 본래 이미지를 저장하는데 필요한 바이트 수의 36% 정도만으로 원래 이미지와 유사한 결과를 얻을 수 있다.

11) 397 쪽의 정리를 참고하시오.

저장 바이트 수
$= 591 \times 513$ 바이트
$= 303183$ 바이트

그림 9.5: 계수가 513인 591×513 행렬에 대응되는 이미지

또, 계수가 50인 행렬로 근사시킨 이미지도 원래 이미지와 비교할 때 충분한 정보를 담고 있는 것으로 볼 수 있는데, 이 경우 이미지를 저장하고 전송하는데 필요한 바이트 수는 $50(513 + 591 + 1) = 55250$ 바이트이다. 이 경우에는 원래 필요한 저장 바이트 수의 18% 만으로 필요한 정보를 저장하고 전달할 수 있음을 말해준다.

그림 9.6: 591×513 이미지의 근사 : 각각 계수가 20, 50, 100인 행렬로 근사시킨 이미지

통계학에의 응용 : 행렬의 유사역행렬을 이용한 최소제곱법

이 소절에서는 행렬의 특이값 분해가 통계학에 어떻게 응용될 수 있는지에 대해 알아보자.

우선 m개의 데이터 (x_i, y_i) $(1 \le i \le m)$이 주어졌을 때, 이 데이터의 분포를 가장 잘 설명하는 $(n-1)$차 다항함수를 최소제곱법으로 구하는 과정을 다시 살펴보자[12] (단, m이

12) 최소제곱법을 이용하여 주어진 데이터의 분포를 가장 잘 설명하는 $n-1$차 다항함수를 구하는 방법에 대해서는 205쪽에서 이미 공부하였다.

n보다 크다고 가정한다). $(n-1)$차 다항함수를 $f(x) = a_0 + a_1x + a_2x^2 + \cdots + a_{n-1}x^{n-1}$ 라 하고, 벡터 $\mathbf{f} \in \mathcal{M}_{m,1}(\mathbb{R})$와 $\mathbf{y} \in \mathcal{M}_{m,1}(\mathbb{R})$를 $\big(f(x_1), \cdots, f(x_m)\big)^{\mathrm{T}}$, $\mathbf{y} = (y_1, \cdots, y_m)^{\mathrm{T}}$ 라 할 때, $||\mathbf{f} - \mathbf{y}||$가 최소가 되도록 f의 계수 $a_0, a_1, \cdots, a_{n-1}$을 구하려 한다.

행렬을 이용하여 위 과정을 나타내면

$$\mathbf{f} = \begin{pmatrix} a_0 + a_1x_1 + \cdots + a_{n-1}x_1^{n-1} \\ a_0 + a_1x_2 + \cdots + a_{n-1}x_2^{n-1} \\ \vdots \\ a_0 + a_1x_m + \cdots + a_{n-1}x_m^{n-1} \end{pmatrix} = \begin{pmatrix} 1 & x_1 & \cdots & x_1^{n-1} \\ 1 & x_2 & \cdots & x_2^{n-1} \\ \vdots & \vdots & \ddots & \vdots \\ 1 & x_m & \cdots & x_m^{n-1} \end{pmatrix} \begin{pmatrix} a_0 \\ a_1 \\ \vdots \\ a_{n-1} \end{pmatrix}$$

이므로 $m \times n$ 행렬을 A라 할 때, 두 벡터 $A\mathbf{x}$와 $\mathbf{y}$가 $\mathcal{M}_{m,1}(\mathbb{R})$의 유클리드 거리에 대해 가장 가까워지도록 벡터 $\mathbf{x} = (a_0, a_1, \cdots, a_{n-1})^{\mathrm{T}}$를 구하라는 문제가 된다. 이를 연립방정식 $A\mathbf{x} = \mathbf{y}$의 근사해를 최소제곱법으로 구한다고 표현하기도 했다.

5.6절에서 공부하였듯이 x_i $(1 \le i \le m)$이 서로 다른 값이면 행렬 A의 계수가 n이 되고, 최소제곱법으로 연립방정식 $A\mathbf{x} = \mathbf{y}$의 근사해 $\hat{\mathbf{x}}$를 구하면[13)]

$$\hat{\mathbf{x}} = (A^{\mathrm{T}}A)^{-1}A^{\mathrm{T}}\mathbf{y}$$

가 된다.

한편, $m \times n$ 행렬 A의 계수가 n이므로, 예제 9.1.4에 의해 A의 유사역행렬 A^+은 $A^+ = (A^{\mathrm{T}}A)^{-1}A^{\mathrm{T}}$가 된다. 따라서, 연립방정식 $A\mathbf{x} = \mathbf{y}$의 근사해는 $\hat{\mathbf{x}} = A^+\mathbf{y}$가 됨을 알 수 있다.

통계학에의 응용 : 주성분분석 (PCA)

이 소절에서는 주성분분석이라는 자료분석 방법에 대해 소개한다. 1900년대 초반, 다양한 형태의 적성검사 점수 사이의 상관관계를 분석하던 심리학자들은 모든 검사에 공통적으로 영향을 주는 가설적 요인을 생각할 수 있다는 결론을 얻었다. 주성분분석은 이 과정에서 도출된 통계적 분석기법으로, 최근에는 유전자 정보 분석과 관련된 생명정보이론 등 다양한 분야에서 활용되고 있다.

지금부터 상관관계와 공분산 같은 통계학의 기본적인 개념에서 출발하여 주성분분석이 갖는 의미를 간략하게 설명하고, 행렬의 특이값 분해를 이용하여 주성분분석을 하는 방법에 대해 소개한다.

다만, 기본적인 개념을 파악하는 것이 목적이므로 일반적인 확률변수에 대한 기댓값, 분산 등을 고려하지 않고, 어떤 변수에 대응되는 유한개의 자료값이 같은 정도로 주어진 경우로

13) 205쪽 식 (5.6)을 참고하시오.

한정지어 설명하도록 한다. 즉, 변수 X에 대응되는 n개의 자료값 $x_1, x_2, \cdots, x_n$이 주어질 때, 평균 $\bar{x}$와 분산 $\mathrm{var}(X)$는

$$\bar{x} = \frac{1}{n}\sum_{i=1}^{n} x_i, \quad \mathrm{var}(X) = \frac{1}{n}\sum_{i=1}^{n}(x_i - \bar{x})^2$$

이다. 이때, 편차 벡터를 $\mathbf{x} = (x_1 - \bar{x}, \cdots, x_n - \bar{x})^{\mathrm{T}}$로 정의하면, 행렬의 곱이나 벡터의 내적을 이용하여 다음과 같이 분산을 나타낼 수 있다.

$$\mathrm{var}(X) = \frac{1}{n}\mathbf{x}^{\mathrm{T}}\mathbf{x} = \frac{1}{n}\langle \mathbf{x}, \mathbf{x} \rangle$$

우선, **상관관계**부터 설명하자.

예를 들어, 한 학기 동안 선형대수학을 수강한 학생들의 과제물 점수와 시험 점수 사이의 관련성을 분석한다고 하자. 예를 단순하게 하기 위해 수강생 7명의 과제물, 중간시험, 기말시험 성적이 다음 표와 같이 주어졌다고 하자. (단, 과제물은 50점 만점, 중간시험과 기말시험은 각각 100점 만점이다.)

학생	과제물	중간시험	기말시험
학생 1	49	100	98
학생 2	40	84	82
학생 3	39	79	67
학생 4	38	83	50
학생 5	44	91	75
학생 6	32	69	50
학생 7	38	68	40
평균	40	82	66

학생	과제물	중간시험	기말시험
학생 1	9	18	32
학생 2	0	2	16
학생 3	−1	−3	1
학생 4	−2	1	−16
학생 5	4	9	9
학생 6	−8	−13	−16
학생 7	−2	−14	−26
평균	0	0	0

표 9.1: 선형대수학 과제물과 시험성적

첫 번째 표는 각 학생의 점수를 나타내는 표이고, 두 번째 표는 각 열에 적힌 과제물, 중간시험, 기말시험 사이의 관계를 비교하기 위해 시험별로 점수의 평균이 0이 되도록 각 점수에서 해당 평균을 뺀 **편차**를 나타내는 표이다.

두 번째 표에서 과제물 점수에 대한 편차 벡터를 $\mathbf{t}_1 = (9, 0, -1, -2, 4, -8, -2)^{\mathrm{T}}$, 중간시험 점수에 대한 편차 벡터를 $\mathbf{t}_2 = (18, 2, -3, 1, 9, -13, -14)^{\mathrm{T}}$, 기말시험 점수에 대한 편차 벡터를 $\mathbf{t}_3 = (32, 16, 1, -16, 9, -16, -26)^{\mathrm{T}}$라 하자. 이때, 두 벡터 $\mathbf{t}_i$와 $\mathbf{t}_j$ 사이의 코사인 값이 1에 가까우면, 두 벡터 사이에 **양의 상관관계**가 높다고 하고, 코사인 값이 -1에

가까우면, 음의 상관관계가 높다고 한다. 또, 코사인 값이 0 이면 두 편차 벡터는 상관관계가 없다고 한다.[14)]

예를 들어, 위의 표에서 두 벡터 $\mathbf{t}_i$ 과 $\mathbf{t}_j$ 사이의 코사인 값 $\cos\theta_{ij}$ 은

$$\cos\theta_{ij} = \frac{\langle \mathbf{t}_i, \mathbf{t}_j \rangle}{||\mathbf{t}_i||\,||\mathbf{t}_j||}$$

이므로 다음과 같다.

$$\cos\theta_{12} = 0.907, \quad \cos\theta_{13} = 0.813, \quad \cos\theta_{23} = 0.878.$$

위 결과를 해석하면, 과제물 점수의 편차 벡터와 중간시험 점수의 편차 벡터 사이에 상관관계가 가장 높고, 과제물 점수의 편차 벡터와 기말시험 점수의 편차벡터 사이에 상관관계가 상대적으로 낮음을 알 수 있다. 또, 어느 경우나 양의 상관관계를 가지므로 과제물 점수가 평균보다 높으면 중간시험 점수나 기말시험 점수도 평균보다 높고, 과제물 점수가 평균보다 낮으면 중간시험 점수나 기말시험 점수도 평균보다 낮다고 말할 수 있다.

한 가지 덧붙여서, 각 벡터를 단위벡터로 만들어도 두 벡터 사이의 코사인 값은 변하지 않는다. 따라서, 각 편차 벡터를 크기로 나눈 단위벡터를 $\mathbf{u}_i = \mathbf{v}_i/||\mathbf{v}_i||$ $(1 \le i \le 3)$ 라 하고, 7×3 행렬 U 를 $U = \big(\mathbf{u}_1\ \mathbf{u}_2\ \mathbf{u}_3\big)$ 라 하자. 이때, 대칭행렬 $C = U^{\mathrm{T}}U$ 는 세 벡터의 상관관계를 나타내는 행렬이 된다. 실제로 $U^{\mathrm{T}}U$ 의 $(i,\, j)$ 성분은 다음과 같이 두 벡터 $\mathbf{t}_i$ 와 $\mathbf{t}_j$ 사이의 상관관계를 나타낸다.

$$\mathbf{u}_j^{\mathrm{T}}\mathbf{u}_i = \langle \mathbf{u}_i, \mathbf{u}_j \rangle = \frac{\langle \mathbf{t}_i, \mathbf{t}_j \rangle}{||\mathbf{t}_i||\,||\mathbf{t}_j||} = \cos\theta_{ij} \implies C = \begin{pmatrix} 1 & 0.907 & 0.813 \\ 0.907 & 1 & 0.878 \\ 0.813 & 0.878 & 1 \end{pmatrix}$$

이런 의미로 상관관계를 나타내는 행렬 C 를 **상관행렬**이라 부른다.

일반적으로, n 가지 변수 $X_1, \cdots, X_n$ 각각에 대해 자료값이 m 개씩 주어질 때, 각 변수별로 자료값에서 평균을 뺀 편차로 이루어진 벡터를 $\mathbf{x}_i$ 라 하고, 각 편차 벡터 $\mathbf{x}_i$ 를 크기로 나눈 단위벡터를 $\mathbf{u}_i$ 라 하자. 이때, $m \times n$ 행렬 $U = \big(\mathbf{u}_1\ \cdots\ \mathbf{u}_n\big)$ 에 대해 상관행렬 C 는 $C = U^{\mathrm{T}}U$ 가 된다.

통계학에서 상관행렬과 관계가 있는 또 다른 행렬로 **공분산행렬**이 있다. 변수 X 에 대한 자료값이 $x_1, x_2, \cdots, x_n$ 으로 주어지고, 변수 Y 에 대한 자료값이 $y_1, y_2, \cdots, y_n$ 으로 주어질 때, 각 변수에 대한 편차 벡터를 각각 $\mathbf{x}, \mathbf{y}$ 라 하자. 즉,

$$\mathbf{x} = (x_1 - \bar{x}, \cdots, x_n - \bar{x})^{\mathrm{T}}, \quad \mathbf{y} = (y_1 - \bar{y}, \cdots, y_n - \bar{y})^{\mathrm{T}}$$

14) 두 편차 벡터의 상관관계가 높다는 것은 두 벡터가 평행에 가깝다는 의미이고, 상관관계가 0 이라는 것은 두 벡터가 수직이라는 의미이다.

이다. 이때, 두 편차 벡터 $\mathbf{x}$와 $\mathbf{y}$의 내적을 n으로 나눈 값을 두 변수 X, Y에 대한 **공분산**이라 하고, $\text{cov}(X, Y)$로 나타낸다. 즉,

$$\text{cov}(X, Y) = \frac{1}{n}\langle \mathbf{x}, \mathbf{y} \rangle = \frac{1}{n}\mathbf{y}^{\mathrm{T}}\mathbf{x}$$

이다. 또, 실수 상에서 정의된 벡터공간의 내적에 대해서는 교환법칙이 성립하므로 $\text{cov}(Y, X) = \text{cov}(X, Y)$가 성립한다.

이제, n개의 변수 $X_1, X_2, \cdots, X_n$에 대해 각각 m개씩의 자료값이 주어질 때, 각 변수 X_i에 대한 편차 벡터를 $\mathbf{x}_i \in \mathcal{M}_{m,1}(\mathbb{R})$이라 하자. 이때, $m \times n$ 행렬 $V = \begin{pmatrix}\mathbf{x}_1 & \mathbf{x}_2 & \cdots & \mathbf{x}_n\end{pmatrix}$에 대해 $n \times n$ 행렬 S를

$$S = \frac{1}{n}V^{\mathrm{T}}V$$

로 정의하면

$$S_{ij} = \text{cov}(X_j, X_i) = \text{cov}(X_i, X_j) = S_{ji}$$

가 된다. 즉, 대칭행렬 S는 각 변수 사이의 공분산을 나타내는 행렬이 되므로 **공분산행렬**이라 부른다. 특히, 행렬 S의 (i, i) 성분은 다음과 같이 X_i의 분산이 되므로 행렬 S를 분산-공분산 행렬이라고 부르기도 한다.

$$S_{ii} = \text{cov}(X_i, X_i) = \frac{1}{n}\mathbf{x}_i^{\mathrm{T}}\mathbf{x}_i = \text{var}(X_i)$$

예를 들어, [표 9.1]에 대응되는 공분산행렬을 구하면 다음과 같다.

$$S = \frac{1}{7}\begin{pmatrix} 170 & 331 & 535 \\ 331 & 784 & 1242 \\ 535 & 1242 & 2550 \end{pmatrix} \tag{9.15}$$

이제 가상의 상황에 대해 주성분분석을 설명해보자. 학생들의 지적능력에 주된 영향을 주는 요인을 찾기 위해 m명을 대상으로 각각 n가지 종류의 시험을 치르고, 시험 종류별로 평균을 구해 학생 점수와의 편차를 기록한 $m \times n$ 행렬을 A라 하자. 즉, 행렬 A의 각 행은 특정 학생이 치른 n가지 시험에 대한 점수 편차를 나타내고, 각 열은 특정 시험에서 m명의 학생이 받은 점수와 평균의 편차 벡터를 나타낸다. A의 i번째 열벡터를 $\mathbf{a}_i$로 나타내자.

이때, $\text{rank}(A) < n$이라면 n가지 시험 중 어떤 시험은 나머지 시험 결과로부터 그 시험에 대한 학생들의 점수 편차 벡터를 설명할 수 있다는 뜻이 된다. 예를 들어, 만약 $\mathbf{a}_2 = 2\mathbf{a}_1 - \mathbf{a}_3$이라면, m명의 학생 각각에 대해 첫 번째 시험과 세 번째 시험 점수의 편차를 아는 것만으로 두 번째 시험 결과를 설명할 수 있다는 의미이다. 따라서, 요인 분석 관점에서 보면, 두 번째 시험은 불필요하다고 할 수 있다. 이런 관점에서 생각하면, 시험별로 만들어진 편차 벡터 $\mathbf{a}_i$ $(1 \leq i \leq n)$중 일차독립인 편차 벡터들만 있으면 요인 분석 관점에서 충분하다는

의미이고, 이를 수학적으로 표현하면 $\mathbf{a}_i$ $(1 \le i \le n)$ 중 일차독립인 벡터들이 열공간 $C(A)$의 기저가 된다는 것과 같은 의미이다. 현실적으로 벡터 $\mathbf{a}_i$ 들은 서로 상관관계가 있는 벡터들이 되기 쉽다.

주성분분석을 수학적으로 표현하면 A의 r차원 열공간 $C(A)$에 대해 직교기저 (즉, 통계학에서는 상관관계가 없는 편차벡터들) $\mathbf{y}_1, \mathbf{y}_2, \cdots, \mathbf{y}_r$를 구하되, 각 벡터 $\mathbf{y}_i$를 가상의 시험 또는 요인에 대한 편차벡터로 이해할 때

$$\mathrm{var}(\mathbf{y}_1) \ge \mathrm{var}(\mathbf{y}_2) \ge \cdots \ge \mathrm{var}(\mathbf{y}_r)$$

가 성립하도록 벡터를 잡는 것을 의미한다. 이때, 가장 큰 분산을 갖는 편차벡터 $\mathbf{y}_1$을 첫 번째 **주성분벡터**라 부르고, $\mathbf{y}_i$ $(1 \le i \le r)$를 i 번째 주성분벡터라 부른다.

이제 첫 번째 주성분벡터 $\mathbf{y}_1 \in \mathcal{M}_{m,1}(\mathbb{R})$을 구하는 방법을 생각해보자. A의 열공간과 상공간은 일치하므로 $\mathbf{y}_1 = A\mathbf{v}_1$을 만족하는 $\mathbf{v}_i \in \mathcal{M}_{n,1}(\mathbb{R})$이 존재한다. 이때, $\mathbf{y}_1$의 분산이 최대가 되도록 한다는 의미는 $||\mathbf{v}_1|| = 1$인 벡터 $\mathbf{v}_1$에 대해

$$\mathrm{var}(\mathbf{y}_1) = \frac{1}{m}\mathbf{y}_1^{\mathrm{T}}\mathbf{y}_1 = \frac{1}{m}\mathbf{v}_1^{\mathrm{T}}A^{\mathrm{T}}A\mathbf{v}_1$$

가 최대가 되게 한다는 의미이다. 287 쪽에서 공부하였듯이, 위 식에서 $\mathrm{var}(\mathbf{y}_1)$이 최대가 되는 경우는 벡터 $\mathbf{v}_1$이 행렬 $A^{\mathrm{T}}A$의 가장 큰 고윳값 λ_1에 대응되는 고유벡터가 될 때이다.[15] 또, 9.1 절에서 살펴보았듯이, $A^{\mathrm{T}}A$의 고유벡터는 A의 오른쪽 특이벡터에 대응된다. 따라서, 벡터 $\mathbf{v}_1$은 특이값 $\sigma_1 = \sqrt{\lambda_1}$에 대응되는 오른쪽 특이벡터가 되고, σ_1에 대응되는 왼쪽 특이벡터를 $\mathbf{u}_1$이라 할 때,

$$\mathbf{y}_1 = A\mathbf{v}_1 = \sigma_1\mathbf{u}_1$$

이 성립한다.

두 번째 주성분벡터 $\mathbf{y}_2$는 두 번째로 큰 분산을 가져야 하므로, $\mathbf{y}_2 = A\mathbf{v}_2$에서 벡터 $\mathbf{v}_2$는 $\mathbf{v}_1$과 수직이면서 크기가 1인 벡터일 때

$$\mathrm{var}(\mathbf{y}_2) = \frac{1}{m}\mathbf{y}_2^{\mathrm{T}}\mathbf{y}_2 = \frac{1}{m}\mathbf{v}_2^{\mathrm{T}}A^{\mathrm{T}}A\mathbf{v}_2$$

가 최대가 되는 벡터 $\mathbf{v}_2$를 구하면 된다. 따라서, $\mathbf{v}_2$는 $A^{\mathrm{T}}A$의 두 번째 고윳값에 대응되는 고유벡터가 된다. 결국, $\mathbf{v}_2$는 A의 특이값 중 두 번째로 큰 특이값 $\sigma_2 = \sqrt{\lambda_2}$에 대응되는 오른쪽 특이벡터가 되고, σ_2에 대응되는 왼쪽 특이벡터 $\mathbf{u}_2$에 대해

$$\mathbf{y}_2 = A\mathbf{v}_2 = \sigma_2\mathbf{u}_2$$

가 된다. 같은 방법으로, i번째 주성분벡터 $\mathbf{y}_i$는 A의 i번째 특이값 σ_i에 대응되는 오른쪽 특이벡터 $\mathbf{v}_i$에 대해 $\mathbf{y}_i = A\mathbf{v}_i$가 되고, σ_i에 대응되는 왼쪽 특이벡터 $\mathbf{u}_i$에 대해

$$\mathbf{y}_i = A\mathbf{v}_i = \sigma_i\mathbf{u}_i$$

15) 행렬 $A^{\mathrm{T}}A$는 양의 준정부호 행렬이므로 모든 고윳값은 음이 아닌 실수가 된다.

이다. 이때,

$$\langle \mathbf{y}_i, \mathbf{y}_j \rangle = \sigma_i \sigma_j \langle \mathbf{u}_i, \mathbf{u}_j \rangle = \sigma_i \sigma_j \delta_{ij}$$

가 성립하고[16], $\mathbf{y}_i$ $(1 \le i \le r)$ 사이에는 서로 상관관계가 없음을 알 수 있다. 물론, $\mathbf{y}_i$의 분산은 다음과 같으므로

$$\mathrm{var}(\mathbf{y}_i) = \frac{1}{m}\mathbf{y}_i^{\mathrm{T}}\mathbf{y}_i = \frac{1}{m}\sigma_i^2 \mathbf{u}_i^{\mathrm{T}}\mathbf{u}_i = \frac{\lambda_i}{m},$$

(단, 위 식에서 λ_i는 $A^{\mathrm{T}}A$의 고윳값 $\lambda_1 \ge \lambda_2 \cdots, \lambda_{\mathrm{rank}(A)} > 0$을 의미한다.)

$$\mathrm{var}(\mathbf{y}_1) \ge \mathrm{var}(\mathbf{y}_2) \ge \cdots \ge \mathrm{var}(\mathbf{y}_{\mathrm{rank}(A)})$$

가 성립한다.

주성분벡터 $\mathbf{y}_1$은 가상의 시험 또는 요인에 대한 편차 벡터이지만, 이를 구체화하는 방법은 n가지의 종류의 시험 $X_1, X_2, \cdots, X_n$에 가중치를 주어 생각하는 것이다. 즉, 행렬 A의 가장 큰 특이값에 대응되는 오른쪽 특이벡터 $\mathbf{v}_1$에 대해 $\mathbf{y}_1 = A\mathbf{v}_1$이므로 $\mathbf{v}_1 = (v_{11}, v_{21}, \cdots, v_{n1})^{\mathrm{T}}$라 할 때, A의 열벡터 $\mathbf{a}_i$에 대해

$$\mathbf{y}_1 = v_{11}\mathbf{a}_1 + \cdots + v_{n1}\mathbf{a}_n \tag{9.16}$$

으로 생각할 수 있다. 즉, 각 $i = 1, 2, \cdots, n$에 대해 i번째 시험점수에 v_{i1}을 곱한 것을 모두 더하는 평가가 주성분벡터 $\mathbf{y}_1$의 편차 벡터를 설명하는 가상 요인에 해당된다.

한 가지 덧붙여서, m가지 시험에 대한 학생 m명의 점수 편차를 담고 있는 행렬 A는 특이값 분해 (9.6)으로부터

$$A = \sigma_1\mathbf{u}_1\mathbf{v}_1^{\mathrm{T}} + \cdots \sigma_r\mathbf{u}_r\mathbf{v}_r^{\mathrm{T}} = \mathbf{y}_1\mathbf{v}_1^{\mathrm{T}} + \cdots + \mathbf{y}_r\mathbf{v}_r^{\mathrm{T}}$$

가 된다. 한편, 397쪽의 정리에 의해 $\mathrm{rank}(B) = 1$인 $m \times n$ 행렬 B중 A가 담고 있는 점수 편차를 가장 잘 근사시키는 행렬은 $\mathbf{y}_1\mathbf{v}_1^{\mathrm{T}}$이다. 이때, $\mathbf{y}_1$은 주성분벡터이고 $\mathbf{v}_1$은 n가지 평가요소를 이용하여 편차 벡터 $\mathbf{y}_1$을 표현하는 가중치를 담고 있는 벡터이므로, 이런 관점에서도 $\mathbf{y}_1$을 주성분벡터라고 부르는 의미를 찾을 수 있다.

예제 9.2.1. 학생들의 성향을 분석하기 위한 두 종류의 질문지 X_1, X_2에 대한 네 학생의 점수가 다음 표와 같을 때, 다음 물음에 답하시오.

	학생 1	학생 2	학생 3	학생 4
X_1	83	79	77	81
X_2	84	88	86	82

16) A의 특이값 분해에서 오른쪽 특이벡터와 왼쪽 특이벡터는 각각 정규직교집합이 된다.

(가) 각 질문지에 대한 평균을 구하고, i번째 학생의 X_j 질문지 점수에서 해당 평균을 뺀 편차를 (i, j) 성분으로 하는 4×2 행렬 A를 구하시오.

(나) 두 질문지에 대한 두 편차 벡터의 사이의 상관관계를 구하시오.

(다) 행렬 A를 근거로 학생들의 성향을 가장 잘 구분할 수 있는 가상의 요인을 설정할 때, 이 요인에 대한 편차 벡터와 해당되는 분산을 구하시오. 또, 이 편차 벡터가 $\alpha_1 X_1 + \alpha_2 X_2$의 점수에 대한 편차 벡터가 되도록 α_1, α_2를 구하시오. (단, $\alpha_1^2 + \alpha_2^2 = 1$)

풀이 : (가) X_1 과목에 대한 평균은 80, X_2 과목에 대한 평균은 85이므로, 행렬 A를 구하면

$$A = \begin{pmatrix} 3 & -1 \\ -1 & 3 \\ -3 & 1 \\ 1 & -3 \end{pmatrix}$$

이다.

(나) X_1 점수에 대한 편차 벡터는 A의 1열 $\mathbf{a}_1$이고, X_2 점수에 대한 편차 벡터는 A의 2열 $\mathbf{a}_2$이다. 이 두 벡터가 이루는 각의 코사인 값을 구하면

$$\cos\theta = \frac{\langle \mathbf{a}_1, \mathbf{a}_2 \rangle}{||\mathbf{a}_1||\,||\mathbf{a}_2||} = -\frac{3}{5}$$

이므로, 두 과목의 점수 편차는 음의 상관관계를 갖는다.

(다) 성향 차이를 가장 잘 나타내는 가상의 요인에 대한 편차 벡터는 행렬 A에 대한 주성분벡터를 의미한다. A의 특이값 분해로부터 이를 구하자.

A의 계수는 2이고, 두 특이값 $\sigma_1 = 4\sqrt{2}$, $\sigma_2 = 2\sqrt{2}$에 대응되는 오른쪽 특이벡터 $\mathbf{v}_1$, $\mathbf{v}_2$와 왼쪽 특이벡터 $\mathbf{u}_1$, $\mathbf{u}_2$는 다음과 같다.

$$\mathbf{v}_1 = \frac{1}{\sqrt{2}}\begin{pmatrix} -1 \\ 1 \end{pmatrix}, \quad \mathbf{v}_2 = \frac{1}{\sqrt{2}}\begin{pmatrix} 1 \\ 1 \end{pmatrix}, \quad \mathbf{u}_1 = \frac{1}{2}\begin{pmatrix} -1 \\ 1 \\ 1 \\ -1 \end{pmatrix}, \quad \mathbf{u}_2 = \frac{1}{2}\begin{pmatrix} 1 \\ 1 \\ -1 \\ -1 \end{pmatrix}$$

따라서, 주성분벡터는 $\mathbf{y}_1 = \sigma_1 \mathbf{u}_1 = 2\sqrt{2}(-1, 1, 1, -1)^{\mathrm{T}}$이고, $\mathbf{y}_1 = A\mathbf{v}_1$로부터

$$\alpha_1 = -1/\sqrt{2}, \quad \alpha_2 = 1/\sqrt{2}$$

를 얻는다. 또, 편차 벡터 $\mathbf{y}_1$에 대한 분산은 다음과 같다.

$$\mathrm{var}(\mathbf{y}_1) = \frac{1}{4}\mathbf{y}_1^{\mathrm{T}}\mathbf{y}_1 = 8.$$

□

CHAPTER **10**

부록 : 체와 체 위의 다항식

자연수의 집합 $\mathbb{N}$, 정수의 집합 $\mathbb{Z}$, 유리수의 집합 $\mathbb{Q}$, 실수의 집합 $\mathbb{R}$을 구분하는 방법을 생각해보자. 각 집합에서 두 수를 택해 더하거나 곱하면 다시 그 집합에 속하게 된다는 점에서는 동일하지만, 자연수의 집합은 덧셈에 대한 역원이나 곱셈에 대한 역원을 갖지 않는다. 집합 $\mathbb{N}$을 포함하면서 덧셈에 대한 역원을 갖도록 확장한 집합이 $\mathbb{Z}$이고, 곱셈에 대한 역원까지 가지도록 확장한 집합이 $\mathbb{Q}$이다. 집합 $\mathbb{R}$을 이해하기 위해서는 $\mathbb{Q}$가 갖는 대수적 구조 외에 해석학적 성질을 추가해야 한다.[1] 또, $x^2 + 1 = 0$을 만족하는 실수는 존재하지 않으므로, 이런 방정식의 해를 고려하기 위해서는 실수를 포함하는 복소수의 집합 $\mathbb{C}$를 생각하게 된다.

어떤 집합이 유리수의 집합 $\mathbb{Q}$나 실수의 집합 $\mathbb{R}$ 또는 복소수의 집합 $\mathbb{C}$와 같은 대수적 구조를 가질 때 "체"라고 부르는데, 벡터공간을 정의하는데 있어서 필수적이다.

이 부록에서는 일반적인 체에 대해서 기본적인 내용들을 설명하고, 복소수를 엄밀하게 정의하는 방법을 알아본다. 또, 체의 원소를 계수로 갖는 다항식의 기본적인 성질들을 소개한 다음, 유클리드 알고리즘을 이용하여 두 다항식의 최대공약수를 구하고, 이를 이용하여 두 다항식의 최소공배수를 구하는 방법을 소개한다.

10.1 체의 정의 [좀 더 알아보기]

[미리보기] 실수의 집합 $\mathbb{R}$에서 임의의 실수 a에 대해 $a+b=a=b+a$를 만족하는 실수 b는 0이고, 이를 덧셈에 대한 항등원이라 부른다. 또, a와 더해서 항등원 0이 되게 하는 실수를 a의 덧셈에 대한 역원이라고 하고, $-a$로 나타낸다.

이때, a에서 b를 빼는 뺄셈 $a-b$는 $a-b=a+(-b)$처럼 b의 덧셈에 대한 역원을 a에 더해주는 것으로 이해할 수 있다. 즉, 덧셈에 대한 역원이 존재하면 뺄셈이라는 연산을 할 수 있다.

곱셈에 대해서도 비슷한 일을 할 수 있다. 어떤 a와 곱하더라도 다시 a가 되게 하는 수 1이 곱셈에 대한 항등원이고, 0이 아닌 a의 곱셈에 대한 역원을 a^{-1} 또는 $\frac{1}{a}$로 나타낸다. 이때, a에서 b를 나누는 나눗셈 연산은 a에 b의 곱셈에 대한 역원을 곱하는 것으로 이해할 수 있다.

---

1) 위로 유계인 공집합이 아닌 부분집합은 항상 최소상계(상한)을 갖는다는 완비성공리를 의미한다.

이항연산

어떤 집합 S에 대하여, 곱집합 $S \times S$는 다음과 같이 정의한다.

$$S \times S = \{(x, y) : x \in S, y \in S\}$$

이때, 곱집합 $S \times S$에서 S로 가는 함수 $R : S \times S \to S$을 S에서 정의된 **이항연산** 또는 S의 이항연산이라 한다.

S의 두 원소 a, b에 대해 함숫값 $R(a, b)$를 aRb와 같이 나타내기도 한다. 예를 들어, 실수의 집합 $\mathbb{R}$에서 정의된 덧셈 $+$는 이항연산인데, $+(a, b)$를 $a + b$로 나타낸다. 또 다른 이항연산 곱셈 $\times$ (또는 $\cdot$)에 대해, $\times(a, b)$를 $a \times b$로 나타낸다.

이항연산의 정의로부터 이항연산 R의 함숫값은 다시 S의 원소가 되는데, 이를 연산에 대해 **닫혀있다**고 한다.

이항연산 $R : S \times S \to S$이 주어졌을 때,

$$S\text{의 임의의 원소 } a\text{에 대해 } R(a, e) = a = R(e, a)$$

를 만족하는 S의 원소 e가 존재할 때, e를 연산 R에 대한 a의 **항등원**이라고 한다. 예를 들어, $\mathbb{Z}$ (또는 $\mathbb{Q}$, $\mathbb{R}$)의 덧셈에 대한 항등원은 0이고, 곱셈에 대한 항등원은 1이다.

또, 이항연산 $R : S \times S \to S$에 대한 항등원 e가 존재할 때, S의 한 원소 a에 대해

$$R(a, x) = e = R(x, a)$$

를 만족하는 S의 원소 x가 존재할 때, x를 연산 R에 대한 a의 **역원**이라고 한다. 예를 들어, $\mathbb{Z}$에는 2의 덧셈에 대한 역원 -1이 있지만, 2의 곱셈에 대한 역원은 없다. 반면에, $\mathbb{Q}$나 $\mathbb{R}$에는 2의 덧셈에 대한 역원 -1 외에도 곱셈에 대한 역원 $\frac{1}{2}$이 있다.

마지막으로 이항연산 $R : S \times S \to S$이 다음 조건을 만족할 때, 각각 **결합법칙**과 **교환법칙**이 성립한다고 한다.

[결합법칙] 모든 a, b, $c \in S$에 대해, $R\big(R(a, b), c\big) = R\big(a, R(b, c)\big)$가 성립한다.
[교환법칙] 모든 a, $b \in S$에 대해, $R(a, b) = R(b, a)$가 성립한다.

예제 10.1.1. $\mathbb{R}$에서 $\mathbb{R}$로 가는 일대일대응인 함수들의 집합을 S라고 하고, 이항연산 $\circ$를

$$(f \circ g)(x) = f(g(x))$$

로 정의하자.[2] 이 연산에 대해 항등원을 구하고, 임의의 함수 f는 연산 $\circ$에 대해 역원을 가짐을 보이시오. 또, 결합법칙과 교환법칙이 성립하는지 확인하시오.

---

2) 두 함수 f와 g에 대해, 이항연산으로 정의된 함수 $f \circ g$가 어떤 함수인지 알기 위해서는 임의의 x에 대해 함숫값 $(f \circ g)(x)$가 무엇인지를 알려주면 된다.

풀이 : 우선, 각 함수가 일대일대응이고 두 함수 f, g에 대해 항상 합성함수를 생각할 수 있으므로, 이항연산에 대해 닫혀있음을 확인할 수 있다.

항등함수 $\mathrm{id}(x) = x$에 대해 $f \circ \mathrm{id}(x) = f(x) = \mathrm{id} \circ f(x)$이므로 연산 $\circ$에 대한 항등원은 항등함수 id이다. 또, 일대일대응인 함수 f는 역함수 f^{-1}를 가지고, 역함수도 일대일대응이 되므로 f^{-1}는 S에 속한다. 이때, $f \circ f^{-1}(x) = x = f^{-1} \circ f(x)$이므로 역함수 f^{-1}는 연산 $\circ$에 대한 f의 역원이다.

이제 결합법칙이 성립하는지 알아보자. 일대일대응 f, g, h에 대해

$$\big((f \circ g) \circ h\big)(x) = (f \circ g)(h(x)) = f\big(g(h(x))\big)$$
$$\big(f \circ (g \circ h)\big)(x) = f\big((g \circ h)(x)\big) = f\big(g(h(x))\big)$$

이므로 결합법칙이 성립함을 알 수 있다.

마지막으로, 함수의 합성에 대해 교환법칙은 성립하지 않는다. 이를 보이기 위해 성립하지 않는 예가 있음을 보이면 되는데, 일대일대응 $f(x) = x^3$과 $g(x) = 2x$에 대해 다음과 같이 확인할 수 있다.

$$(f \circ g)(x) = f(g(x)) = f(2x) = 8x^3, \quad (g \circ f)(x) = g(f(x)) = g(x^3) = 2x^3. \qquad \square$$

위의 예제 10.1.1에서 알 수 있듯이, 이항연산에 대해 결합법칙이 성립하면

$$(f \circ g) \circ h = f \circ (g \circ h) \text{이므로 괄호없이 } f \circ g \circ h$$

와 같이 쓸 수 있다. 또, 다음 문제에서 알 수 있듯이 결합법칙을 이용하면, 두 원소의 연산에 대해 성립하는 성질을 유한개 원소의 연산에까지 적용할 수 있다.

문제 10.1.1. 예제 10.1.1에서 $(f \circ g)^{-1} = g^{-1} \circ f^{-1}$가 성립함을 보이고, 이 성질과 결합법칙을 이용하여

$$(f_1 \circ f_2 \circ \cdots \circ f_n)^{-1} = f_n^{-1} \circ \cdots f_2^{-1} \circ f_1^{-1}$$

가 성립함을 보이시오.

체의 정의

집합 $\mathbb{F}$에 대해 다음 성질을 만족하는 두 이항연산 $+$, $\cdot$이 정의될 때,[3] 집합 $\mathbb{F}$를 체라고 한다.

(i) [덧셈과 곱셈에 대한 결합법칙]
모든 $a, b, c \in \mathbb{F}$에 대해,
$(a + b) + c = a + (b + c)$이고, $(a \cdot b) \cdot c = a \cdot (b \cdot c)$가 성립한다.

3) 이항연산의 정의로부터 $+$과 $\cdot$에 대해 닫혀있음을 가정하고 있다. 이때, $+$를 덧셈이라하고, $\cdot$를 곱셈이라고 부른다.

(ii) [덧셈과 곱셈에 대한 교환법칙]
모든 $a, b \in \mathbb{F}$에 대해,
$a + b = b + a$이고, $a \cdot b = b \cdot a$가 성립한다.

(iii) [덧셈과 곱셈에 대한 항등원이 존재]
모든 $a \in \mathbb{F}$에 대해,
- $a + e = a = e + a$인 e가 $\mathbb{F}$에 존재한다. 이때, e를 0이라고 나타낸다.
- $a \cdot \tilde{e} = a = \tilde{e} \cdot a$인 $\tilde{a}$가 $\mathbb{F}$에 존재한다. 이때, $\tilde{e}$를 1이라고 나타낸다.

(iv) [덧셈과 곱셈에 대한 역원이 존재]
모든 $a \in \mathbb{F}$에 대해,
- $a + x = 0 = x + a$인 $x \in \mathbb{F}$가 존재한다. 이때, x를 덧셈 $+$에 대한 a의 역원이라하고, $-a$로 나타낸다.
- $a \cdot x = 0 = x \cdot a$인 $x \in \mathbb{F}$가 존재한다. 이때, x를 곱셈 $\cdot$에 대한 a의 역원이라하고, a^{-1}로 나타낸다.

(v) [덧셈과 곱셈에 대한 분배법칙]
모든 a, b, c에 대해,
$(a + b) \cdot c = a \cdot c + b \cdot c$가 성립한다.

체 $\mathbb{F}$의 덧셈에 대한 항등원은 유일하게 존재한다. 이를 확인하기 위해 또 다른 항등원 e가 존재한다고 가정하고, $e + 0$의 값을 살펴보자. 우선 0이 항등원이라 생각하면 그 값은 e이고, e가 항등원이라는 것에 주목하면 그 값은 0이다. 즉,

$$e = e + 0 = 0$$

이므로 $e = 0$이 되어 덧셈에 대한 항등원이 유일함을 알 수 있다. [4)]

문제 10.1.2. 체 F의 곱셈에 대한 항등원은 유일하게 존재함을 보이시오.

항등원이 유일한 것처럼, 덧셈에 대한 역원도 유일하게 존재한다. x가 a의 덧셈에 대한 역원이라고 하자. 이때, $a + x = 0$의 양변에 덧셈에 대한 역원 $-a$를 더하면,

$$-a + (a + x) = -a + 0 \xrightarrow[\text{결합법칙}]{} (-a + a) + x = -a \longrightarrow 0 + x = -a \longrightarrow x = -a$$

이므로 $x = -a$가 되어 역원이 유일하게 존재함을 알 수 있다.

문제 10.1.3. 체 F에서 0이 아닌 원소 $a \in \mathbb{F}$의 곱셈에 대한 역원이 유일하게 존재함을 보이시오.

4) 덧셈에 대한 항등원이 유일하게 존재하기 때문에, 0이라는 이름을 붙일 수 있다.

예제 10.1.2. 체 $\mathbb{F}$의 덧셈에 대한 항등원 0과 임의의 원 $a \in \mathbb{F}$에 대해 $0 \cdot a = 0$임을 보이시오. 체 $\mathbb{F}$의 곱셈에 대한 항등원 1의 덧셈에 대한 역원은 -1이다. 이때, 임의의 원 $a \in \mathbb{F}$에 대해 $(-1) \cdot a = -a$가 성립함을 보이시오.

풀이 : $0 \cdot a = 0$임을 보이자. $0 + 0 = 0$이므로 분배법칙으로부터

$$0 \cdot a = (0 + 0) \cdot a = 0 \cdot a + 0 \cdot a$$

가 성립한다. 또, $0 \cdot a$도 $\mathbb{F}$의 원소이므로 덧셈에 대한 역원 $-(0 \cdot a)$이 존재하고, 위 식의 양변에 이 역원을 더하면,

$$0 = -(0 \cdot a) + (0 \cdot a) = \big(-(0 \cdot a) + 0 \cdot a\big) + 0 \cdot a = 0 \cdot a$$

가 되어 $0 \cdot a = 0$이 된다.

$(-1) \cdot a$는 두 원소 -1과 a의 곱한 값이고, $-a$는 a의 덧셈에 대한 역원이다. 따라서, $(-1) \cdot a$가 a의 덧셈에 대한 역원임을 보이면, 역원의 유일성으로부터 $(-1) \cdot a = -a$가 된다.

우선, $1 \cdot a = a$이므로

$$\begin{aligned} a + (-1) \cdot a &= 1 \cdot a + (-1) \cdot a \quad (\text{곱셈에 대한 항등원}) \\ &= \big(1 + (-1)\big) \cdot a \quad (\text{분배법칙}) \\ &= 0 \cdot a = 0 \end{aligned}$$

이 성립하고, 따라서 $(-1) \cdot a$는 a의 덧셈에 대한 역원이 된다. □

예제 10.1.3. 집합 $\mathbb{Z}_5 = \{0, 1, 2, 3, 4\}$의 두 원소 a, b에 대하여 두 연산 $+_m$와 $\cdot_m$을 다음과 같이 정의할 때, 각 연산에 대한 항등원과 역원이 존재함을 보이시오.

$$a +_m b = (a + b\text{를 5로 나눈 나머지})$$
$$a \cdot_m b = (a \cdot b\text{를 5로 나눈 나머지}$$

풀이 : $+_m$과 $\cdot_m$에 대한 연산결과를 표로 만들면 다음과 같다.

$+_m$	0	1	2	3	4
0	0	1	2	3	4
1	1	2	3	4	0
2	2	3	4	0	1
3	3	4	0	1	2
4	4	0	1	2	3

$\cdot_m$	0	1	2	3	4
0	0	0	0	0	0
1	0	1	2	3	4
2	0	2	4	1	3
3	0	3	1	4	2
4	0	4	3	2	1

따라서, 모든 $a \in \mathbb{Z}_5$는 덧셈에 대한 역원을 가지고, 0이 아닌 $a \in \mathbb{Z}_5$는 곱셈에 대한 역원을 가진다. 예를 들어, 2의 곱셈에 대한 역원은 3이고, 4의 곱셈에 대한 역원은 4이다. □

예제 10.13는 실제로 체가 됨을 보일 수 있다. 일반적으로 소수 p에 대해 p로 나눈 나머지로 이루어진 집합 $\mathbb{Z}_p = \{0, 1, 2, \cdots, p-1\}$은 항상 체가 됨을 보일 수 있는데, 이처럼 유한개의 원소를 가진 체를 **유한체**라 한다. 유한체는 암호 등 컴퓨터 공학에서도 중요하게 이용된다.

문제 10.1.4. 예제 10.1.3에서 정의한 $+_m$과 $\cdot_m$에 대해 집합 $\mathbb{Z}_5$는 체가 됨을 보이시오.

문제 10.1.5. 유리수의 집합 $\mathbb{Q}$와 실수의 집합 $\mathbb{R}$이 체가 됨을 보이시오.

체의 뺄셈 연산과 나눗셈 연산

집합 $\mathbb{F}$가 체이면, 덧셈 연산과 덧셈에 대한 역원을 이용하여 다음과 같이 뺄셈 $-$을 정의할 수 있다.

$$\text{임의의 } a, b \in \mathbb{F}\text{에 대하여, } a - b := a + (-b)\text{로 정의한다.}$$

비슷한 방법으로, 곱셈 연산과 곱셈에 대한 역원을 이용하여 나눗셈 $\div$을 정의할 수 있다.

$$\text{임의의 } a, b \in \mathbb{F}\text{에 대하여, } a \div b := a \cdot b^{-1}\text{로 정의한다. (단, } b \neq 0)$$

예를 들어, 실수체 $\mathbb{R}$에서, $2 - 3 = 2 + (-3) = -1$이고, $2 \div 3 = 2 \cdot \frac{1}{3} = \frac{2}{3}$이다.

결론적으로 말해, 집합 $\mathbb{F}$가 체이면, 네 가지 연산 (덧셈, 뺄셈, 곱셈, 나눗셈)이 있는 것으로 생각할 수 있다.

복소수체 $\mathbb{C}$

이 절에서는 5.1절에서 소개한 복소수를 엄밀하게 정의하는 방법을 소개한다.

집합 $\mathbb{C}$를

$$\mathbb{C} = \{(a, b) \, : \, a \in \mathbb{R}, \, b \in \mathbb{R}\}$$

라고 정의하고, 이 집합의 임의의 두 원소 (a_1, b_1)과 (a_2, b_2)에 대해 두 이항연산 $+$와 $\cdot$를 다음과 같이 정의하자.

$$\begin{aligned} &\bullet\ (a_1, b_1) + (a_2, b_2) := (a_1 + a_2, b_1 + b_2) \\ &\bullet\ (a_1, b_1) \cdot (a_2, b_2) := (a_1a_2 - b_1b_2, a_1b_2 + a_2b_1) \end{aligned} \tag{10.1}$$

곱셈의 정의에서 등식 우변의 a_1a_2는 실수에서의 곱 $a_1 \cdot a_2$를 의미한다.[5] 두 복소수 (a, b)와 (c, d)가 같다는 것은 $a = c$이고 $b = d$인 것을 의미한다.

두 연산 $+$와 $\cdot$가 정의된 집합 $\mathbb{C}$는 체가 됨을 보일 수 있는데, 이 체를 **복소수체**라 하고, 그 원소를 **복소수**라고 부른다. 또, 복소수 (a, b)에서 a를 복소수 (a, b)의 **실수부**라 하고, b를 **허수부**라 부른다.

5) 위 정의에서 등식 좌변의 $+$와 $\cdot$는 $\mathbb{C}$에서 새롭게 정의한 덧셈과 곱셈이고, 등식 우변의 $+$와 $\cdot$는 $\mathbb{R}$에서의 덧셈과 곱셈을 나타냄에 주의하자.

예제 10.1.4. $\mathbb{C}$에서 덧셈에 대한 항등원은 $(0,0)$, 곱셈에 대한 항등원은 $(1,0)$이 됨을 보이시오. 또, (a,b)의 덧셈에 대한 역원과 곱셈에 대한 역원을 각각 구하시오.

풀이 : 복소수의 덧셈과 곱셈에 대해 교환법칙이 성립함을 쉽게 보일 수 있다. 이제, 임의의 (a,b)에 대해, $(a,b)+(0,0)=(a+0,b+0)=(a,b)$이므로 $(0,0)$은 덧셈에 대한 항등원이고, $(a,b)\cdot(1,0)=(a,b)$이므로 $(1,0)$은 곱셈에 대한 항등원이 된다.

이제, $(a,b)+(x,y)=(a+x,b+y)=(0,0)$으로부터, $x=-a$, $y=-b$이므로, (a,b)의 덧셈에 대한 역원은 $(-a,-b)$이다.

또, $(a,b)\cdot(x,y)=(ax-by,ay+bx)=(1,0)$으로부터 연립일차방정식을 풀면, $(a,b)\neq(0,0)$일 때

$$(x,y)=\left(\frac{a}{a^2+b^2},\frac{-b}{a^2+b^2}\right)$$

가 (a,b)의 곱셈에 대한 역원이 된다. □

문제 10.1.6. $\mathbb{C}$는 체가 됨을 보이시오.

복소수에 대한 곱셈 정의로부터

$$(0,1)\cdot(0,1)=(-1,0)$$

이 되는데, 보통 $(0,1)$을 기호 i로 나타내고 **허수단위**라고 부른다. 이때, 복소수 (a,b)는 형식적으로 $a+bi$라고 나타내고, $(a,-b)$는 $a+(-b)i=a-bi$로 나타내는 것이 일반적이다. 복소수를 이 표현법으로 나타낼 때, 실수 a는 복소수 $(a,0)$를 나타내고, **순허수** bi는 복소수 $(0,b)$를 나타낸다. 또, 복소수 $(0,0)$은 간단히 0으로 나타낸다. 따라서, i는 $i^2=-1$을 만족하는 복소수이다.

이제, 복소수의 집합은 5.1절에서 정의한 것처럼 $\mathbb{C}=\{a+bi\ :\ a\in\mathbb{R},\ b\in\mathbb{R}\ (\text{단, } i^2=-1)\}$로 나타낼 수 있고, 두 복소수 $z_1=a_1+b_1i$와 $z_2=a_2+b_2i$에 대해 식 (10.1)에서 정의한 덧셈과 곱셈은

- $z_1+z_2=(a_1+b_1i)+(a_2+b_2i):=(a_1+a_2)+(b_1+b_2)i$
- $z_1\cdot z_2=(a_1+b_1i)\cdot(a_2+b_2i):=(a_1a_2-b_1b_2)+(a_1b_2+a_2b_1)i$

과 같이 쓸 수 있다.[6] 이때, 덧셈 및 곱셈에 대한 항등원과 $z=a+bi$의 역원은 다음과 같다.

덧셈에 대한 항등원은 0이고, 역원은 $-z=-a-bi$이다.

곱셈에 대한 항등원은 1이고, 역원은 $\dfrac{1}{z}=\dfrac{a-bi}{(a+bi)(a-bi)}=\dfrac{a}{a^2+b^2}-\dfrac{b}{a^2+b^2}$이다.

복소수 $z=a+bi$에 대해, 허수부의 부호를 바꾼 $a-bi$를 복소수 z의 **켤레복소수** 라 하고, $\bar{z}$로 나타낸다.

6) 이 표현법의 장점 중 한 가지는 두 복소수의 곱셈을 정의한 식이 형식적인 표현 $a+bi$에서의 $+$을 마치 실제 덧셈인 것처럼 생각하여 분배법칙에 따라 전개한 식과 일치한다는 점이다.

10.2 체 $\mathbb{F}$ 위의 다항식과 유클리드 알고리즘 [좀 더 알아보기]

다항식의 정의

체 $\mathbb{F}$의 원소 $a_0,\ a_1,\ \cdots,\ a_n$과 미지수 x로 이루어진 식

$$f(x) = a_0 + a_1x + \cdots + a_nx^n \quad (n = 0,\ 1,\ 2,\ \cdots)$$

를 체 $\mathbb{F}$ 위의 (x에 대한) 다항식이라 하고, $f(x) \in \mathbb{F}[x]$로 나타낸다. 이때, $a_0,\ a_1,\ \cdots,\ a_n$을 다항식 $f(x)$의 계수라 한다. 또 덧셈으로 결합되는 각 a_kx^k $(k = 0, 1, \cdots, n)$를 $f(x)$의 항이라고 하고, 항이 하나뿐인 다항식을 단항식이라 한다.

특히 위 식에서 $n = 0$일 때 (즉, $f(x) = a_0$ 꼴일 때) 상수다항식이라고 하고, $a_n \neq 0$일 때 n을 $f(x)$의 차수라 하고 $\deg\big(f(x)\big) = n$ 또는 $\deg(f) = n$으로 나타낸다. 이때, a_n은 $f(x)$의 최고차항의 계수라고 부른다.

체 $\mathbb{F}$ 위의 두 다항식 $f(x) = a_0 + a_1x + \cdots + a_nx^n$과 $g(x) = b_0 + b_1x + \cdots + b_mx^m$에 대해, 두 다항식이 같다는 것은 $n = m$이고, 모든 $k = 1, \cdots, n$에 대해 $a_k = b_k$가 성립한다는 것으로 정의한다. 또, 상수 $c \in \mathbb{F}$에 대한 상수배 $c\,f(x)$는 $c\,f(x) := c\,a_0 + c\,a_1x + \cdots + c\,a_nx^n$로 정의한다. 특히, 다항식의 항 a_kx^k에서 $a_k = 0$이면 그 항은 상수 0인 것으로 생각하고, $a_kx^k + (-1)a_\ell x^\ell$은 $a_kx^k - a_\ell x^\ell$로 쓴다.

두 다항식의 덧셈 $f(x) + g(x)$는 $N = \max\{n,\ m\}$에 대해

$$f(x) + g(x) := (a_0 + b_0) + (a_1 + b_1)x + \cdots + (a_N + b_N)x^N \in \mathbb{F}[x]$$

로 정의하는데, 원래 다항식에서 정의되지 않은 a_k 또는 b_k는 0으로 생각한다. 예를 들어, 두 다항식 $f(x) = 1 + x + 2x^2$과 $g(x) = 3 - x$의 덧셈은

$$f(x) + g(x) = (1 + 3) + \big(1 + (-1)\big)x + (2 + 0)x^2 = 4 + 0\,x + 2x^2 = 4 + 2x^2$$

이 된다.

두 단항식 $f(x) = a_kx^k$와 $g(x) = b_\ell x^\ell$의 곱셈은 $f(x)g(x) = a_kb_\ell x^{k+\ell} = g(x)f(x)$로 정의한다. 또, 일반적인 다항식의 곱셈은 덧셈과 단항식의 곱셈에 대한 교환법칙이 성립하고 덧셈과 단항식의 곱셈에 대한 분배법칙이 성립하는 것으로 생각하여 전개한 것처럼 정의한다. 즉, 두 다항식 $f(x) = a_0 + a_1x + \cdots + a_nx^n \in \mathbb{F}[x]$과 $g(x) = b_0 + b_1x + \cdots + b_mx^m \in \mathbb{F}[x]$에 대해 곱셈 $f(x)g(x)$는

$$f(x)g(x) = \sum_{i=0}^{n+m} c_i\,x^i, \quad (\text{단, } c_i = \sum_{k=0}^{i} a_kb_{i-k})$$

로 정의된다. 이때, 두 다항식의 곱셈으로 얻은 다항식에 대해 $f(x)g(x) = g(x)f(x)$가 성립하고, $\deg\big(f(x)g(x)\big) = n + m$이 됨을 쉽게 확인할 수 있다.

다항식의 나눗셈 알고리즘

차수의 대소관계가 $\deg(f) > \deg(g)$인 $\mathbb{F}$ 위의 두 다항식 $f(x)$, $g(x)$에 대해 다음 식을 만족하는 $\mathbb{F}$ 위의 두 다항식 $r(x)$와 $q(x)$가 유일하게 존재한다.

$$f(x) = g(x)q(x) + r(x) \quad (\text{단, } r(x) = 0 \text{ 또는 } 0 \le \deg(r) < \deg(q)\,)$$

이때, $q(x)$와 $r(x)$를 각각 $f(x)$를 $g(x)$로 나눌 때의 몫과 나머지라고 하고, 위의 결과를 다항식의 나눗셈 알고리즘이라 부른다. 위 식의 증명은 생략하고, 예를 통해 구하는 방법을 살펴보자.

예제 10.2.1. 실수체 위에서 정의된 두 다항식

$$f(x) = x^5 + x^2 + x + 1, \quad g(x) = x^3 + 2x + 3$$

에 대해 $f(x)$를 $g(x)$로 나눈 몫 $q(x)$와 나머지 $r(x)$를 구하시오.

풀이 : 아래와 같이 최고차항의 계수를 비교하면서 몫의 최고차항부터 차례로 구해나가면

$$\begin{array}{r l}
 & x^2 \qquad -2 \\ \cline{2-2}
x^3+2x+3 \,\big) & x^5 \qquad\qquad\quad + x^2 + x + 1 \\
 & \underline{x^5 \qquad + 2x^3 + 3x^2} \\
 & \qquad\quad -2x^3 - 2x^2 + x + 1 \\
 & \qquad\quad \underline{-2x^3 \qquad\quad -4x - 6} \\
 & \qquad\qquad\qquad -2x^2 + 5x + 7
\end{array}$$

와 같이 $(x^5 + x^2 + x + 1) = (x^3 + 2x + 3)(x^2 - 2) - 2x^2 + 5x + 7$을 얻는다. 따라서 몫은 $q(x) = x^2 - 2$이고, 나머지는 $r(x) = -2x^2 + 5x + 7$이 된다. □

문제 10.2.1. 유한체 $\mathbb{Z}_3$ 위에서 정의된 다항식 $f(x) = x^5 + x^2 + x + 1$를 $g(x) = x^3 + 2x + 2$로 나눌 때의 몫 $q(x)$와 나머지 $r(x)$를 구하시오.

다항식의 최대공약수와 최소공배수

체 $\mathbb{F}$ 위의 다항식 $f(x)$, $d(x)$에 대해

$$f(x) = d(x)\,e(x)$$

를 만족하는 다항식 $e(x) \in \mathbb{F}[x]$가 존재할 때, $d(x)$를 $f(x)$의 약수라 하고 $f(x)$를 $d(x)$의 배수라 하며, $d(x) \mid f(x)$로 나타낸다. 물론, 위 식에서 $e(x)$도 $f(x)$의 약수가 된다.

둘 이상의 다항식 $f_1(x), \cdots, f_n(x) \in \mathbb{F}[x]$에 대해 다음 두 조건을 만족시키는 다항식 $d(x) \in \mathbb{F}[x]$를 $f_1(x), \cdots, f_n(x)$의 최대공약수라 하고, $d(x)$를 $\gcd\{f_1(x), \cdots, f_n(x)\}$로 나타낸다.

[최대공약수 조건 1] 모든 $i = 1, 2, \cdots, n$에 대해 $d(x) \mid f_i(x)$가 성립한다.

[최대공약수 조건 2] 다항식 $e(x) \in \mathbb{F}[x]$가 모든 $i = 1, 2, \cdots, n$에 대해 $e(x) \mid f_i(x)$이면, $e(x) \mid d(x)$이다.

위의 [조건 1]은 $d(x)$가 각 다항식의 공통된 약수(공약수)가 된다는 뜻이고, [조건 2]는 다른 공약수 $e(x)$가 있다면 $d(x)$는 $e(x)$의 배수가 된다는 뜻이므로 결론적으로 $d(x)$가 공약수 가운데 차수가 가장 높은 공약수라는 의미가 된다.

또, 다음 두 조건을 만족하는 다항식 $\ell(x) \in \mathbb{F}[x]$를 $f_1(x), \cdots, f_n(x)$의 **최소공배수**라 하고 $\ell(x)$를 $\mathrm{lcm}\{f_1(x), \cdots, f_n(x)\}$로 나타낸다.

[최소공배수 조건 1] 모든 $i = 1, 2, \cdots, n$에 대해 $f_i(x) \mid \ell(x)$가 성립한다.

[최소공배수 조건 2] 다항식 $c(x) \in \mathbb{F}[x]$와 모든 $i = 1, 2, \cdots, n$에 대해 $f_i(x) \mid c(x)$이면, $\ell(x) \mid c(x)$이다.

따라서, 최소공배수 $\mathrm{lcm}\{f_1(x), \cdots, f_n(x)\}$는 모든 $f_i(x)$로 나누어 떨어지는 다항식 중 차수가 가장 낮은 다항식이 된다.

체 $\mathbb{F}$ 위의 다항식들의 최대공약수나 최소공배수는 상수배를 무시하면 유일하게 존재한다. 즉, $d_1(x)$와 $d_2(x)$가 모두 $f_1(x), \cdots, f_n(x)$의 최대공약수라면, $d_1(x) = k\,d_2(x)$가 되는 상수 $k \in \mathbb{F}$가 존재하고, 최소공배수에 대해서도 똑같은 성질이 성립한다. 이런 이유로 보통 최대공약수나 최소공배수를 정의할 때 최고차항의 계수가 1이라는 조건을 덧붙이기도 한다.

n개의 다항식에 대한 최대공약수는 다음

$$\begin{aligned}\gcd\{f_1(x), f_2(x), \cdots, f_n(x)\} &= \gcd\Big\{f_1(x), \gcd\{f_2(x), \cdots, f_n(x)\}\Big\} \\ &= \gcd\Big\{f_1(x), \cdots, \gcd\{f_{n-2}(x), \gcd\{f_{n-1}(x), f_n(x)\}\}\Big\}\end{aligned}$$

와 같이 두 다항식에 대한 최대공약수를 반복하여 계산함으로써 구할 수 있고, 비슷하게 최소공배수도 다음 식

$$\mathrm{lcm}\{f_1(x), f_2(x), \cdots, f_n(x)\} = \mathrm{lcm}\Big\{f_1(x), \mathrm{lcm}\{f_2(x), \cdots, f_n(x)\}\Big\}$$

를 귀납적으로 적용하여 구할 수 있다. 한편, 두 다항식 $f(x)$와 $g(x)$의 최소공배수는 두 다항식의 최대공약수 $d(x) = \gcd\{f(x), g(x)\}$를 이용하면 다음과 같이 쉽게 구할 수 있다.

$$\begin{aligned}&f(x) = d(x)\tilde{f}(x), \ \ g(x) = d(x)\tilde{g}(x) \\ \Longrightarrow\ &\mathrm{lcm}\{f(x), g(x)\} = \gcd\{f(x), g(x)\}\tilde{f}(x)\tilde{g}(x) = \frac{f(x)g(x)}{\gcd\{f(x), g(x)\}}.\end{aligned}$$

따라서, n개의 다항식에 대한 최대공약수나 최소공배수를 구하기 위해서는 두 다항식의 최대공약수를 쉽게 구할 수 있어야 하는데, 다음 소절에서 소개하는 유클리드 알고리즘을 이용하면 충분하다.

예제 10.2.2. 두 다항식 $f(x)$, $g(x)$, $h(x) \in \mathbb{F}[x]$에 대해 다음 식이 성립함을 보이시오 (단, 최대공약수의 최고차항의 계수는 1이라고 가정한다).

$$\gcd\{f(x), g(x)\} = \gcd\{f(x) - g(x)h(x), g(x)\}$$

풀이 : $d_1(x) = \gcd\{f(x), g(x)\}$라 하고, $d_2(x) = \gcd\{f(x) - g(x)h(x), g(x)\}$라 하자. 이때, $d_1(x)$의 정의로부터 $f(x) = d_1(x)\tilde{f}(x)$, $g(x) = d_1(x)\tilde{g}(x)$를 만족하는 다항식 $\tilde{f}(x)$, $\tilde{g}(x) \in \mathbb{F}[x]$가 존재하고,

$$f(x) - g(x)h(x) = d_1(x)\tilde{f}(x) - d_1(x)\tilde{g}(x)h(x) = d_1(x)\big(\tilde{f}(x) - \tilde{g}(x)h(x)\big)$$

가 되어 $d_1(x) \mid \big(f(x) - g(x)h(x)\big)$가 성립한다. 따라서, $d_1(x)$는 두 다항식 $f(x) - g(x)h(x)$와 $g(x)$의 공약수가 되고 $d_1(x) \mid d_2(x)$가 성립한다.

또, $d_2(x)$의 정의로부터 $g(x) = d_2(x)u(x)$, $f(x) - g(x)h(x) = d_2(x)v(x)$를 만족하는 $u(x)$, $v(x) \in \mathbb{F}[x]$가 존재하고,

$$f(x) = g(x)h(x) + d_2(x)v(x) = d_2(x)\big(u(x)h(x) + v(x)\big)$$

로부터 $d_2(x) \mid f(x)$가 된다. 따라서 $d_2(x)$는 $f(x)$와 $g(x)$의 공약수가 되므로 최대공약수 $d_1(x)$에 대해 $d_2(x) \mid d_1(x)$도 성립한다.

결론적으로 $d_1(x) \mid d_2(x)$와 $d_2(x) \mid d_1(x)$가 동시에 성립하고, $d_1(x)$와 $d_2(x)$의 최고차항의 계수는 1이므로 $d_1(x) = d_2(x)$를 얻는다. □

문제 10.2.2. 두 다항식 $f(x)$, $g(x) \in \mathbb{F}[x]$에 대해 $f(x) = g(x)a(x) + r(x)$ (단, $\deg(r) < \deg(a)$)가 성립할 때, $\gcd\{f(x), g(x)\} = \gcd\{g(x), r(x)\}$가 됨을 보이시오.

문제 10.2.3. 체 $\mathbb{F}$ 위의 다항식 $f(x)$가 상수함수 0이고 다항식 $g(x) \in \mathbb{F}[x]$의 최고차항의 계수가 a일 때, $\gcd\{f(x), g(x)\} = \frac{1}{a}g(x)$가 됨을 보이시오.

다항식에 대한 유클리드 알고리즘

체 $\mathbb{F}$ 위의 상수 0이 아닌 두 다항식 $f(x)$, $g(x)$에 대해 $r_0 = f(x)$, $r_1(x) = g(x)$라 하고, 다항식에 대한 나눗셈 알고리즘을 이용하여 다음과 같이 $\mathbb{F}$ 위의 다항식 $r_2(x), \cdots, r_{m+1}(x)$와 $a_0(x), \cdots, a_m(x)$를 귀납적으로 정할 수 있다 (각 단계에서 나머지의 차수가 1이상 감소해야

하므로 유한 번만에 $r_{m+2}(x) = 0$이 된다).

$$\begin{aligned}
r_0(x) &= r_1(x)a_0(x) + r_2(x), && 0 \le \deg\big(r_2(x)\big) < \deg\big(r_1(x)\big),\\
r_1(x) &= r_2(x)a_1(x) + r_3(x), && 0 \le \deg\big(r_3(x)\big) < \deg\big(r_2(x)\big),\\
&\vdots && \vdots\\
r_{m-1}(x) &= r_m(x)a_{m-1}(x) + r_{m+1}(x), && 0 \le \deg\big(r_{m+1}(x)\big) < \deg\big(r_m(x)\big),\\
r_m(x) &= r_{m+1}(x)a_m(x).
\end{aligned}$$

한편, 예제 10.2.2 또는 문제 10.2.2에 의해

$$\gcd\{r_k(x)a_{k-1}(x) + r_{k+1}(x), r_k(x)\} = \gcd\{r_k(x), r_{k+1}(x)\}$$

가 성립하므로 각 단계로부터 관계식

$$\gcd\{r_0(x), r_1(x)\} = \gcd\{r_1(x), r_2(x)\} = \cdots = \gcd\{r_m(x), r_{m+1}(x)\} = \gcd\{r_{m+1}(x), 0\}$$

을 얻는다. 또 다항식 $r_{m+1}(x)$의 최고차항의 계수를 $a \in \mathbb{F}$라 할 때, 문제 10.2.3으로부터 $\gcd\{r_{m+1}(x), 0\} = r_{m+1}(x)$를 얻는다. 따라서 위 결과를 종합하면 다항식의 최대공약수는 $\gcd\{f(x), g(x)\} = a^{-1}r_{m+1}(x)$가 된다.

위와 같이 두 다항식으로부터 최대공약수를 구하는 알고리즘을 다항식에 대한 유클리드 알고리즘 또는 유클리드 호제법이라고 부른다.

예제 10.2.3. 두 실수 계수 다항식 $f(x) = x^3 + 3x^2 + x - 1$와 $g(x) = x^2 - 1$의 최대공약수를 구하시오.

풀이 : 다항식에 대한 나눗셈 알고리즘을 반복하면

$$\begin{aligned}
x^3 + 3x^2 + x - 1 &= (x^2 - 1)(x + 3) + 2x + 2\\
x^2 - 1 &= (2x + 2)(\tfrac{1}{2}x - \tfrac{1}{2})
\end{aligned}$$

이므로, 유클리드 알고리즘에 의해 $\gcd\{f(x), g(x)\} = \frac{1}{2}(2x + 2) = x + 1$이 된다. □

문제 10.2.4. 실수 계수를 갖는 다음 세 다항식의 최소공배수를 구하시오.

$$f(x) = x^3 + 3x^2 + x - 1, \quad g(x) = x^2 - 1, \quad h(x) = x^3 + 2x^2 - x - 2$$

참고 문헌

[1] 김홍종, 미적분학 I·II, 서울대학교 출판부, 1999.

[2] 이일해, 선형대수학(삼정판), 희중당, 1991.

[3] 정재명·김명환·김홍종, 미적분학을 위한 벡터와 행렬, 서울대학교 출판부, 1995.

[4] G. T. Gilbert, *The American Mathematical Monthly*, **vol. 98**, pp. 44–46, 1991.

[5] R. A. Horn and C. R. Johnson, *Matrix Analysis*, Cambridge University Press, 1985.

[6] S. Lang, *Linear Algebra, 3/e*, Springer-Verlag, 2004

[7] D. J. S. Robinson, *A Course in Linear Algebra with Applications*, World Scientific, 2006.

[8] G. Strang, *Introduction to Linear Algebra, 4/e*, Wellesley Cambridge Press, 2009.

[9] G. Strang, *Linear Algebra and Its Applications, 4/e*, Brooks Cole, 2005.

찾아보기

이 책에서 다룬 정리와 명제에 대한 찾아보기를 먼저 제시하고, 용어에 대한 찾아보기를 나열한다. 또, 각 페이지 중 굵은 글자로 표시된 것은 용어의 정의를 설명하는 페이지이다.

□ **주요 정리 및 명제**

□ 용어

가

나

다

사

아

자

차

하 길 찬

- 서울대학교 이학박사 (수학)
- 한국전자통신연구소 선임연구원
- 국가보안기술연구소 선임연구원
- 현재 세종대학교 수학통계학부 교수

해설이 있는 **선형대수학**(이론편)

2015년 10월 15일 초판 인쇄
2015년 10월 20일 초판 발행

저 자 • 하길찬
발행자 • 오판근
발행처 • 교우사

주 소 • 서울특별시 동대문구 약령시로 8 교우빌딩 2층
전 화 • 925-2861(代), 편집부 / 925-2825, 홈쇼핑 / 969-5762
팩 스 • 925-2860

이메일 / kyowoo@kyowoo.co.kr
홈페이지 / http://www.kyowoo.co.kr
북스토어(쇼핑몰) / http://www.kyowoo.co.kr

등록번호 / 1994년 3월 24일 제6-0256호

ISBN 979-11-251-0131-4(93410)

값 30,000원